计算机与智能科学丛书

机器学习和深度学习：原理、算法、实战

(使用 Python 和 TensorFlow)

[印] 文卡塔·雷迪·科纳萨尼(Venkata Reddy Konasani)　　著
沙伦德拉·卡德雷(Shailendra Kadre)

秦　婧　韩雨童　　　　　译

清华大学出版社

北京

北京市版权局著作权合同登记号：01-2023-0681

Venkata Reddy Konasani, Shailendra Kadre

Machine Learning and Deep Learning Using Python and TensorFlow

ISBN: 978-1-260-46229-6

图书在版编目(CIP)数据

机器学习和深度学习：原理、算法、实战：使用Python 和 TensorFlow / (印) 文卡塔·雷迪·科纳萨尼，(印) 沙伦德拉·卡德雷著；秦婧，韩雨童译. —北京：清华大学出版社，2023.1

(计算机与智能科学丛书)

书名原文：Machine Learning and Deep Learning Using Python and TensorFlow

ISBN 978-7-302-62479-0

Ⅰ. ①机… Ⅱ. ①文… ②沙… ③秦… ④韩… Ⅲ. ①机器学习 ②软件工具－程序设计Ⅳ. ①TP181 ②TP311.561

中国国家版本馆 CIP 数据核字(2023)第 017024 号

责任编辑：王　军
装帧设计：孔祥峰
责任校对：成凤进
责任印制：沈　露

出版发行：清华大学出版社
　　　　网　　　址：http://www.tup.com.cn, http://www.wqbook.com
　　　　地　　　址：北京清华大学学研大厦 A 座　　　　邮　　编：100084
　　　　社 总 机：010-83470000　　　　邮　　购：010-62786544
　　　　投稿与读者服务：010-62776969, c-service@tup.tsinghua.edu.cn
　　　　质 量 反 馈：010-62772015, zhiliang@tup.tsinghua.edu.cn
印 装 者：北京鑫海金澳胶印有限公司
经　　销：全国新华书店
开　　本：170mm×240mm　　　印　　张：34.75　　　字　　数：893 千字
版　　次：2023 年 3 月第 1 版　　　印　　次：2023 年 3 月第 1 次印刷
定　　价：128.00 元

产品编号：093138-01

译 者 序

机器学习和深度学习已经成为从业人员在人工智能时代必备的技术，被广泛应用于图像识别、自然语言理解、推荐系统、语音识别等多个领域，并取得了丰硕的成果。目前，很多高校的人工智能、软件工程、计算机应用等专业均已开设了机器学习和深度学习的课程，此外，为便于让学生掌握一些大数据的分析和可视化技术，有一些非计算机专业也开设了与机器学习相关的课程。同时，企业中的一些软件开发人员也想学习相关行业中机器学习和深度学习技术应用的真实案例，而不用过多关注机器学习和深度学习中的一些数学知识。但是，在市面上能够同时满足上述需求的参考书并不多，而《机器学习和深度学习：原理、算法、实战(使用 Python 和 TensorFlow)》恰好是一本能满足高校学生及相关从业人员需求的机器学习和深度学习的参考书。

本书的作者是两位资深的行业专家并且拥有多年的企业培训经验，他们以案例式的编写方式由浅入深地讲解了机器学习和深度学习技术，让读者能够快速掌握机器学习和深度学习的原理及相关应用。在本书的翻译过程中，我们翻阅了大量资料，力求为读者献上一部贴近实际应用且通俗易懂的机器学习与深度学习方面的参考书。

最后，我要感谢给予本书指导的各位编辑。本书由秦婧和韩雨童翻译，虽然在翻译过程中进行了仔细的推敲和研究，但由于水平有限，翻译中难免有疏漏和争议之处，敬请广大读者提供宝贵意见和建议。

作 者 简 介

Venkata Reddy Konasani 是一位数据科学领域的培训讲师。他拥有 10 年的数据分析和数据科学方面的经验，并且有 6 年培训讲师经验。他擅长构建信用风险模型，擅长营销分析及社交媒体分析。

目前，Venkata 为 Oracle、IBM、CTS 及美国银行等公司定期举办数据科学方面的培训。他组织了逾 100 次关于机器学习和深度学习主题的企业培训。

Venkata 是 Statifer.com(数据科学在线学习公司)的联合创始人。他毕业于孟买印度理工学院，获得应用统计和信息学硕士学位，目前居住在印度的维杰亚瓦达。

Shailendra Kadre 在印度的班加罗尔从事管理和信息技术顾问工作。他拥有在多个领域逾 20 年的工作经验，包括数字转型、机器学习、预售、信息技术项目和产品领域。他在这些领域出色地担任了许多关键的领导角色。他曾就职于多家全球性的一流公司，如惠普有限公司、塔塔咨询服务公司和马衡达信息技术有限公司等。Shailendra 是 *Going Corporate: A Geek's Guide* 一书的作者，也是 *Practical Business Analytics Using SAS: A Hands-on Guide* 一书的合著者。

他毕业于德里印度理工学院，获得设计工程专业硕士学位。他与妻子 Meenakshi、女儿 Neha 和儿子 Vivek 在班加罗尔生活。

致　　谢

本书是团队成员始终如一、不辞辛苦工作的结晶，具有重要的意义。我们衷心感谢麦格劳-希尔教育有限公司的编辑 Lara Zoble，她一直鼓励我们做高质量的工作，并在规定的时间内完成本书。她适时的建议对这本书的形成起到了重要作用。我们也要感谢文字编辑和整个编辑团队。没有他们的鼓励和努力，就不可能完成本书。特别是文字编辑，在完成本书的收尾工作时，表现出了不厌其烦的工作态度并高质量地完成了本书的编辑。最后，我们衷心感谢麦格劳-希尔教育有限公司的全部生产、分销和营销团队，他们在本书的背后做出了很大贡献。

——Venkata Reddy Konasani

Shailendra Kadre

我感谢帮助我完成本书的所有人。数学系学生 Vrunda Paranjape，他耐心地测试了所有代码文件，并确保代码准确无误。我要感谢 Pradeep Venkataramu、Mohan Silaparasetty、Amiya Ranjan Bhowmick、Bhunnesh Kumar 和 Vijay Krishna(V2K)，他们鼓励我，使我成为更好的企业培训师。

我衷心地感谢我的朋友 Debendra 和 Sumit，以及我的培训项目中的很多学生，他们总是鼓励我将我的授课讲义改编成本书。本书的顺利完成离不开我的妻子、儿子、小女儿和其他家庭成员的牺牲和耐心，他们总是看到我工作到很晚。

我还要特别感谢 Patrick Winston(计算机科学家)、Andrew Ng(计算机科学家)和 Nando de Freitas(教授)，感谢他们给了我无尽的启发。

——Venkata

我的咨询工作始于我在 2011 年出版的 *Going Corporate: A Geek's Guide* 一书。这是一本面向极客的综合管理咨询图书。我的第二本书是 2015 年出版的 *Practical Business Analytics Using SAS: A Hands-on Guide*，该书是我与 Venkata 合著的。2021 年出版的 *Machine Learning and Deep Learning Using Python and TensorFlow* 是我在美国出版的第三本书。这是我和 Venkata 合著的第二本书。Venkata 多年从事机器学习领域的专业培训工作。他的培训经验对本书的内容至关重要。

对于本书，我要衷心地感谢我的家人和朋友 Srinivas D.、Milind Kolhatkar、Laxmi Sahu 和 Anup Parkhi，在他们不知疲倦的评审中提出了许多有益的建议，给予我很多帮助和鼓励。我的兄弟 Shailesh Kadre 和他的妻子 Neena Kadre 也在评审和建议方面提供了很多帮助，我衷心地感谢他们。与其他技术类图书一样，本书参考了该领域众多专家和杰出研究人员的工作。我必须感谢这些激励我的专家。最后但同样重要的是，我要感谢所有直接或间接帮助我完成这个项目的人。由于篇幅有限，这里不一一列出他们的名字。

不站在读者的角度编写的图书是不会受欢迎的。在设计和编写本书时，我们始终牢记专业人员和全球学生群体的需求。我们让本书的内容保持实践性和以问题为导向。本书的全部内容几乎都是根据真实案例研究编写的。所有实用的数据分析概念的解释都与案例研究相结合。本书的语言通俗易懂，便于读者理解。我希望你会喜欢本书，本书是机器学习领域的一本入门书，涵盖了高级机器学习的主题，用 5 章专门讨论了神经网络和深度学习。

编写任何图书都会给作者的家庭带来一定的困难，编写本书也不例外。我能按时完成这本书，要归功于我的妻子 Meenakshi、女儿 Neha 和儿子 Vivek。在整个图书编写过程中，他们每个人都坚定地支持我。在编写本书的最后几个月，由于 COVID-19 导致的封闭状态，家中没有了家政服务。Meenakshi 不仅白天完成了日常工作，还出色地完成了所有的家务，照顾我们的孩子和年迈的父母。没有她的支持和鼓励，我是无法按时完成本书的。

祝你好运！

——Shailendra

前　言

　　目前，市面上有关机器学习的图书主要包括两类，分别是面向学术研究的介绍机器学习理论方面的图书和代码手册类的图书。面向学术研究的机器学习理论的图书介绍了在机器学习算法中涉及的数学推导与公式，但对数据的实际应用涉及得很少。对于没有良好的统计或数学方面理论基础的读者来说，很难理解该类图书的内容。这些涉及机器学习原理的图书介绍了数据科学从业人员所面临的现实挑战，却极少谈到机器学习方面的实践。代码手册类图书主要包含代码和相关文档，缺少编码的原因和执行具体任务的逻辑方面的内容。机器学习的学术研究和它如何在工业界使用之间是有一段距离的。因此，我们需要一本书能以机器学习理论为基础并包含与其相关的在工业界的实践，而且在这些实际案例中有符合逻辑的讲解。本书的宗旨是弥补上述两类图书的空白(学术研究与工业界应用之间的空白)。

　　我们准备写一本让普通读者容易读懂的书。任何初学机器学习的读者都可以从本书开始学习。本书每章的内容分为三部分，第一部分通过类比、实例及可视化的方式来介绍该章涉及的内容，第二部分利用数学公式以一种学术风格来帮助加深理解，第三部分结合数据介绍真实的案例并通过编写代码来解决问题，从而更深入地理解相关概念。

　　本书以通俗易懂的方式编写，向普通读者解释机器学习与深度学习的概念。作为本书的作者，我们保证无论你是否有学术和编码的背景，都能从第 1 章学习到最后一章。有时读者可能会觉得解释这些概念用了太多的示例。这是因为本书严格遵循了 Python 的规则，即：

- 明了胜于晦涩
- 简洁胜于复杂
- 复杂胜于凌乱
- 间隔胜于紧凑

本书的主要内容

(1) Python 基础和统计

(2) 基本的机器学习模型

(3) 高级的机器学习模型

(4) 必要的深度学习模型

　　在开始学习机器学习前，必须要学习 Python 基础知识和统计方法。本书涵盖了 Python 基础知识，让较少接触编程和统计学的读者与其他读者站在同一起跑线上。

　　本书讨论了基本的机器学习算法。基本的机器学习算法分为线性回归、逻辑回归、决策树及聚类分析算法。这些方法并不复杂，易于创建、解释及可视化。对于这些主题，本书将以理论和实践相结合的方式给你带来轻松的阅读体验。

本书深入介绍了一些高级机器学习方法，如随机森林、Boosting(提升方法)及神经网络。你将学会使用这些模型，以及深入了解这些模型中必要的超参数。你还将学习如何在工业界的实际应用中创建和验证这些模型。

本书还将介绍深度学习的概念。与讲解机器学习时使用的框架不同，在介绍深度学习时使用的框架是 TensorFlow 和 Keras。通过在 TensorFlow 和 Keras 框架中对深度学习中概念的实践，你将学会使用 CNN、RNN 和 LSTM 等深度学习模型。

我们旨在编写一本工作手册，使你可以掌握利用 Python 语言实现机器学习和深度学习的技能。为了达到阅读本书的最佳效果，建议读者能在阅读本书时动手编写并运行相应的代码。

本书的主要特点

- 深入详尽地涵盖了机器学习和深度学习的概念。
- 作者是具备多年工作经验的该领域的工业界专家。
- 涵盖了原理、工业界的最佳实践，以及专业人员在综合应用这些模型时所遇到的问题。
- 书中实例来源于真实的工业界案例，如银行、保险、电子商务、医疗服务及自动驾驶。
- 即使是较少接触统计、数学和编程的读者，也很容易阅读本书。
- 利用可视化和类比的讲解方法，让复杂的概念变得简单易懂。
- 不需要参考或阅读其他资源即可学习本书的内容。
- 提供了数据集、代码及项目实例的下载链接。

完成本书学习后，你将具备的能力

- 使用 Python 进行数据处理。
- 使用 Python 中的统计方法和生成报告进行数据探索。
- 掌握线性回归和逻辑回归模型的创建和验证，并能使用这些模型进行预测。
- 掌握基于树的模型的创建和验证，如决策树和随机森林。
- 理解模型创建的实际应用，如特征工程和模型选择。
- 掌握高级机器学习算法的专业知识，如 Boosting 和人工神经网络方法。
- 使用 TensorFlow 和 Keras 工具编程。
- 在创建深度学习模型时处理超参数。
- 理解计算机视觉并使用 CNN 模型对数据分类。
- 序列模型的创建和验证，如 RNN 和 LSTM。

目标读者

- 任何想要学习机器学习和深度学习的人
- 数据科学的爱好者和从业人员
- 具有数学或统计学背景的本科生和研究生

- 希望进入数据科学领域的报表分析师
- 希望利用机器学习和深度学习方法创建预测模型的人
- 希望利用机器学习和深度学习方法进行数据可视化的专业人员
- 计算机视觉的爱好者
- 深度学习的爱好者
- 计算机科学工程专业的学生

预备知识

- 本书是机器学习的启蒙内容。没有严格的预备知识。
- 任何具备学士学位的读者都可以阅读本书。
- 具备高中数学知识基础即可阅读本书。
- 不需要具备高级的统计知识。
- 不需要具备高级的编程知识。

书中的实例

本书涵盖了大量的实例和案例研究。具有代表性的案例如下：
- 航空旅客的案例研究——预测一家航空公司的旅客数量
- 客户流失的案例研究——基于客户的使用情况预测一个电信公司的客户流失情况
- 客服中心客户调查案例研究——预测客户对客服中心的满意度
- 金县(King County)房屋价格预测案例——基于房屋特征预测金县的房屋价格
- 皮马印第安人糖尿病案例研究——基于诊断指标预测患者患糖尿病的概率
- 银行贷款案例研究——提供贷款前预测风险客户
- 零售业顾客细分的案例研究——基于零售业公司的顾客购买行为实现顾客细分
- 交通事故预测——基于传感器数据预测致命的交通事故
- 基于美国人口普查数据的收入预测——基于人口普查数据预测高收入人群
- 通过输入带数字的图片实现图片中的数字识别
- 通过输入目标图像实现目标检测
- 根据输入的单词序列预测下一个单词
- 机器翻译——将英语翻译成目标语言

软件和硬件的准备

软件下载链接
- Anaconda：从 https://www.anaconda.com/distribution/网站下载 Anaconda
软件版本
- Python 3.7 及以上版本
- TensorFlow 2.0 及以上版本

源码和数据集的下载

源码、数据集和参考文献请扫描封底二维码下载。

更新和勘误

GitHub 地址：https://github.com/venkatareddykonasani/ML_DL_py_TF_errata。

目　　录

第1章

机器学习与深度学习概述

人工智能(Artificial Intelligence，AI)专家 Winston 在 1992 年就提出了人工智能的定义：人工智能是"使感知、推理、执行成为可能的计算研究"。这个定义至今仍然是成立的。然而，随着过去25 年科技翻天覆地的变化，人工智能技术以前所未有的速度发展。早期的类人机器人(robot)就像我们一样直立行走，执行一些人类特有的日常任务。2015 年后，社交媒体上到处都是类人机器人表演的各种特技——跳舞、跳跃、倒立、翻筋斗。这些机器人表演的一些特技，即使对人类来说也是不容易的。近来，基于人工智能的人形机器人索菲亚被授予沙特阿拉伯公民身份，成为有史以来第一个拥有国籍的机器人。索菲亚以采访世界领导人和采访名人而闻名。索菲亚甚至在联合国发言，当然，这一切都是没有任何人为干预的。毫无疑问，这正是今天的人工智能发挥了作用。

然而，大多数用于工业和家庭的机器人并不是类人机器人。它们的外型取决于它们所执行的任务。不过，有一个事实是共同的——它们都内置了某种程度的智力。所有这些机器人和其他智能自动机背后的大脑就是我们所说的人工智能(本书中通篇与机器学习同义使用)，我们可以放心地称机器学习和深度学习算法是人工智能研究的基石。在后面的章节中，我们将详细讨论其中的诸多算法，但本章的内容仅限于作为对本书所讲内容的介绍。本章还会介绍一些在现阶段听起来可能有些陌生的术语，会对其中的部分术语加以解释。

人工智能是一个具有许多基础功能的多学科交叉研究领域。这里选取几个简单的场景进行讨论。哲学帮助人工智能科学家回答这样的问题：我们能用形式规则得出有效的结论吗？我们能利用今天现有的知识库让机器采取类似人类的行动吗？数学是人工智能的核心支柱，它帮助人工智能专业人员将规则形式化，从而得出有效的结论，我们如何才能用模糊信息进行推理呢？整个信息技术(IT)和计算领域(包括机器学习)严重依赖于现代数学的发展。人工智能在很大程度上借鉴(依赖)当今的神经科学，神经科学涉及神经系统，特别是大脑的研究。所有先进的人工智能系统的目标都是尽可能精确地模仿人类的思维。但在人工智能研究现状下，我们离这个目标还很遥远。想要达到这个目标可能还需要几十年的时间。

人工智能系统从心理学，特别是认知心理学中得到了很多启发，认知心理学把人的思维看作信息或数据的处理装置。动物和人类如何思考(和行动)的研究正在进行。所有这些知识都有助于人工智能系统的发展。控制理论与神经机械学领域也对机器学习和人工智能领域的相关研究作出了重要贡献。计算机科学与工程领域帮助构建高效的计算资源，来运行目前复杂且资源高度密集的人工智能算法(例如，具有数百万参数的深度学习算法)。

人工智能的前沿研究在当今的专家和学生中非常流行。全球许多领先的教育机构在其计算机科学系提供人工智能研究生学位。麻省理工学院(MIT)是国际领先的大学之一，甚至成立了一个单独的学院来推动机器学习和人工智能领域的发展。

1.1 人工智能与机器学习的历史

"机器学习"这个术语是在 20 世纪 50 年代被创造出来的。直到 20 世纪 80 年代，人们一直在做各种尝试，让计算机程序能像简易版人脑一样工作。正如我们所知，在 20 世纪 90 年代，机器学习从知识驱动方法转向了数据驱动方法。1997 年是 IBM 的"深蓝"计算机在国际象棋上击败世界冠军的一年，而国际象棋是一项需要达到一定的人类智力才能进行的比赛。机器学习被公认是一个独立的领域，并在 20 世纪 90 年代开始蓬勃发展。它开始借鉴统计学和概率理论领域方法进行发展。机器学习的研究发展还受到数字化过程中数据可用性的不断增加以及互联网作为分发渠道的可用性推动。Geoffrey Hinton 在 2006 年创造了"深度学习"一词。深度学习的早期应用之一是，在图像和视频中计算机被训练去观察和分辨物体。从那时起，人工智能的开发不断被领先的大学和像 IBM、谷歌和亚马逊这样的技术主力推向更高的水平。

在 21 世纪 10 年代的后半期，我们正在目睹从企业决策中使用的简单分析方法，转向在各种机器中交付更复杂的任务并使用更复杂的深度学习算法，其中包括更先进的类人机器人。人工智能逐渐被认为是未来几年人们最有希望涉足的领域之一。

下面给出了工业界流行的机器学习算法列表：

- 线性回归
- 逻辑回归
- 决策树
- 随机森林
- 梯度提升机(gradient boosted machines)
- 人工神经网络(Artificial Neural Networks, ANNs)
- 卷积神经网络(Convolution Neural Networks, CNNs)
- 循环神经网络(Recurrent Neural Networks, RNNs)
- 贝叶斯技术
- 支持向量机(Support Vector Machines, SVMs)
- 进化方法(Evolutionary approaches)
- 马尔可夫逻辑网络(Markov logic networks)
- 隐马尔可夫模型(hidden Markov model)
- 生成对抗网络(Generative Adversarial Networks, GANs)

下面是数据科学家广泛应用的编程语言列表：

- Python
- R
- SQL
- Java
- JavaScript

- MATLAB
- Scala
- Julia
- Go
- C/C++
- Ruby
- PHP
- SAS

根据项目需要，一名机器学习专家可能需要使用多种工具与编程语言。

1.2　机器学习项目的基础

机器学习，也被称为增强分析，被认为是人工智能的一个子集，与计算统计学密切相关。机器学习算法可以说是从某一组任务的经验中学习的计算机程序。这些任务执行的准确率会随着经验的积累而提高。为了达到目标准确率，机器学习算法需要用训练数据来进行训练。一旦经过训练，这些算法就会产生可以预测未来结果的能力。

机器学习在方法上与统计学的关联非常紧密，但它们的底层目标不同。描述性统计技术用于对种群(或一组数据)进行推断，而机器学习算法则寻找一般的预测模式。我们中的许多人已经了解一些关于机器学习的基本概念及简史。在各个行业中，机器学习可以用于管理和改进业务运营。然而，在使用模型做出一个预测之前，机器学习模型背后还有很多艰苦的工作。就像许多其他软件开发项目一样，为了构建一个有效的机器学习模型，数据科学团队需要通过对数据进行采集、处理及转换，来制定恰当的问题解决策略并创建原始模型。在将模型部署到实际生产环境之前，需要用大量的样本数据来训练该模型并验证结果。图 1.1 是模型构建过程的示意图，将在后面详细讨论。

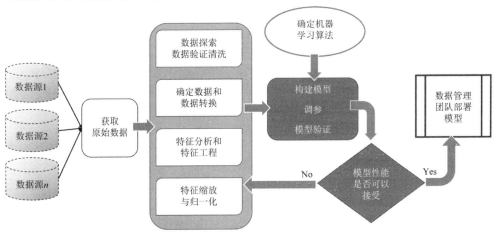

图 1.1　典型的机器学习示例

数据科学团队通常与 IT 部门一起工作。软件开发项目和数据科学项目之间有着根本的区别。软件开发项目围绕着代码的设计、开发和测试，而数据科学项目则是针对大量的数据，涉及的编码工作较少。在所有机器学习项目中，都有 70%的时间和资源会分配给数据采集、清洗，然后将数据放到可用的数据结构中(例如以表格的形式存储)。一旦数据和模型准备就绪，最重要的工作就是训练模型，训练过程通常需要大量的训练数据。一般银行和像亚马逊这样的零售网站都有大量可靠的用户交易数据，开发和部署机器学习技术是其日常业务运作的重要部分之一。

像很多其他项目一样，每个机器学习项目都需要解决一个业务问题。自然，第一步是阐述业务问题并概述战略业务目标；然后是确定任务范围。一旦任务完成并进行了适当的审查，项目所有人(通常是从业务方面)就会确定真正的利益相关者，并最终从高级管理层获得资金和所需资源的支持。

一个机器学习项目需要在项目组中有许多专家，其中一些人是数据专家，职责是以可用的格式给出干净的可用数据。业务分析师代表业务方帮助确定需求，而解决方案架构师则负责新解决方案的设计。项目团队中的数据科学家最初可能会研究多个机器学习模型，并对它们进行训练，评估哪个模型给出的结果最准确。模型评估和测试阶段的目标是得到一个最简单的模型，在能达到目标准确率的同时快速完成任务。

一旦数据科学家最终确定了最可靠的模型并量化了其性能需求，就可以将解决方案部署到生产中，这意味着它可以应用到实际业务中。数据库管理员通常负责将最终的解决方案部署到生产中。本节讨论的所有团队角色取决于项目规模和团队结构，可能因组织的不同而有所差异。

1.3 机器学习算法与传统计算机程序

众所周知，传统编程已经经过了一段时间的发展。我们都很熟悉计算机程序，大概每个人在高中或本科期间都做过一些编程(计算机程序)。正如我们所知，传统的编程通常是手工过程。一个人(程序员)编写计算机代码不过是使用许多现有编程语言中的规则。计算机能理解这个代码；然后，一个人将输入数据提供给计算机程序，根据代码规则得到所需要的输出。

另一方面，机器学习算法基于样本数据(称为训练数据)建立数学模型。模型一旦训练好，该模型就可以用来做某类预测或决策；执行任务则不需要太多显式的编程。随着输入的训练数据越来越多，预测或决策的准确性会越来越高。历史数据的输入和输出都是已知的，预测的准确性可以通过历史数据来衡量。一旦得到了期望的准确率水平，训练好的模型就可以用来对新的输入数据进行预测。这就像人类通过经验积累变得更好一样。机器学习模型几乎在每个行业都有应用，银行和其他金融机构用已知的历史数据训练模型，然后使用这些模型来预测新客户拖欠贷款的概率，这些模型中输入的数据是客户的统计数据，如收入、信用卡数量、资产和一些默认参数。

1.4 深度学习的工作原理

虽然有些机器学习模型只是简单的统计练习，但深度学习可能会引起很多人的兴趣，因为它是一个相对较新的现象，"深度学习"这个术语是在 2006 年提出的。深度学习，又称分层学习，是机器学习算法的一个子集，给定原始输入数据，深度学习逐步从多个层次中提取更高层次的表征。深度学习技术的一个常用领域是图像处理。例如，在医学图像处理应用中，给定原始像素矩阵的图像，第一个深度学习层可以仅识别图像边缘，第二、第三和第四层可以加密和合成眼睛、鼻子和面部。

深度学习过程可以自行决定哪一层提取边缘、人脸(faces)、眼睛、鼻子、面部(face);换句话说,它足够智能,可以自行决定表征提取的不同层次。

一般来说,深度学习过程可以学会解决任何需要人类思考才能解决的问题。在这项技术中,人工神经网络技术和算法从大量数据中学习时会模仿人类大脑。我们将在本书后续章节中介绍神经网络和不同类型的学习方法。深度学习需要大量的数据来训练模型,然后才能将其投入生产中使用。随着数字时代飞速发展,大量的数据及其处理技术不断发展,这是深度学习在最近几年才得到进一步发展的原因。

1.5 机器学习与深度学习的应用

机器学习在各个行业中都有广泛的应用,无论是金融业和银行、制造业,还是一般自动化或机器人技术等,不一而足。到 2021 年,至少 1/5 的领先制造商将依靠嵌入式智能技术,并且使用人工智能和其他相关技术来实现流程自动化。

1.5.1 日常生活中的应用

自动驾驶汽车如今大受欢迎。它们装有摄像机、传感器、激光器和测距仪来感知环境。自动驾驶汽车基于人工智能软件控制着转向、制动和加速,它检测和区分道路上的物体,并像人类驾驶员一样调整自己。预计这些自动驾驶汽车很可能会大大降低由人为错误引起的事故发生率。语音识别是另一个基于机器学习且具有很大潜力的领域,它可以影响我们与机器,甚至是与使用我们不熟悉的语言的人的交互方式。来自美国的旅行者可以在度假网站上利用自动语音识别技术和对话管理系统引导的整个对话来预订机票。现在这是一个很现实的应用。语音识别在许多传统意义上以人为主导的领域得到了广泛的应用,如大公司的客户服务中心。

1997 年,IBM 著名的"深蓝"计算机成为第一台在表演赛中击败国际象棋世界冠军加里·卡斯帕罗夫的人造机器。人工智能技术在游戏中发挥了很大的作用,并且让比赛变得更加精彩。你的电子邮件消息系统正用人工智能过滤垃圾邮件。通过学习算法,每天都有数十亿条信息被归类为垃圾邮件。机器翻译是计算机自动将一种语言翻译成另一种语言(翻译质量可以接受的情况)的另一个人工智能领域。翻译软件从本地语言到目标语言的翻译样本构建了一个复杂的统计模型,例如从意大利语到英语。这些示例样本可能会处理数万亿字的数据。

1.5.2 机器学习在制造业中的应用

利用机器学习算法,工厂正在减少计划外停机时间,降低维护成本,提高生产产量,并实现高达 30% 的产品质量提升。机器学习正被用于简化生产的每个阶段——优先领域是供应链优化、提高原材料的产量、质量控制、工作进度,以及从众多组合中选择最优的产品配置。利用机器学习算法,制造商可以发现一个产品及其包装中的异常。它能显著提高产品质量,防止有缺陷的货物离开制造设施。在产品质量控制中,使用机器学习的缺陷检测效率几乎可以比许多行业仍然盛行的人工检测技术的效率提高一倍。机器学习和人工智能技术具有巨大的潜力,可以提高生产吞吐量,最大限度地提高每小时的收入潜力,并通过识别和预防浪费将能源利用率提高到最佳水平。在制造业,这些技术的早期采用者看到，由于效率的提高，他们的现金流甚至翻了一番。几乎在其业务周期的每一个阶段都可以看到显著的改进，包括提高产品质量，最大限度地利用工厂和人力资源，减少几乎所有地方的浪费。

化工和制药等基于流程的制造商通过提高生产效率和产品质量，利用数据和人工智能技术(如机器学习)，使利润大大增加。即使在办公室工作中，机器学习和其他人工智能技术也可以减少重复性和常规性任务，如搜索发票号码、纸张处理和估计订单价值。在另一个不同的例子中，欧洲的一家制造厂对其所有重型机械(如用于钣金生产的气动压力机)实施了预测性维护解决方案。在此之前，工程师浪费了很多时间处理故障，而不是进行计划的维护活动。新的维护解决方案使他们能够以90%以上的准确率预测设备故障，并实施更好的维护规划。这不仅提高了设备的可靠性和正常运行时间，而且提高了产品的整体质量。

在制造业应用中，因为有监督的机器学习算法随后产生预定义的目标，实践中经常使用这类算法。分类和回归类型的机器学习算法在预测性设备维护中得到了广泛的应用。

1.5.3　机器人技术的应用

机器人技术也在某种程度上受到机器学习技术的影响和指导。它在自动驾驶汽车、无人驾驶飞机和其他视觉敏感任务中得到了应用，比如，检测和评估硅片识别和物体分类中的故障。为了保持生产率，机器人使用机器学习技术进行动态交互和障碍规避。如我们所知，医疗领域的机器人广泛使用机器学习技术。如今，医疗机器人能够完成手术和缝合等任务，胜过目前最佳的人类外科医生。这些工作一般是由训练有素的医生在医疗监督下进行的。亚马逊等在线零售商非常有效地在巨型仓库中使用基于机器学习的机器人来挑选和放置数十万形状大小各异的货物。周围有很多这样的机器人，它们使用机器学习，通过视觉、抓握、运动控制、识别物理和逻辑数据模式，采取主动行为来完成不同的任务。就机器人技术而言，机器学习技术仍处于起步阶段，但已经产生了重大影响。

我们将在后面的章节中讨论基于卷积神经网络(CNNs)检测和测量硅片中故障的系统。另外，一些机器人与控制任务使用自主学习模型，其中涉及深度学习和无监督的方法。

1.5.4　银行与金融领域的应用

银行和金融界可能是机器学习模型最重要的用户，是最早采用这些技术的领域之一。世界各地的银行和金融公司通常拥有大量准确的客户交易历史记录与人口统计信息。这些领域以定量计算为主，因此它们可以有效地使用机器学习算法进行各种金融建模。随着机器学习工具可访问性和准确性的提高、精确数据的可用性不断提升以及计算系统的改进，机器学习应用领域越来越多。机器学习在金融风险建模、客户信用评分、贷款审批等方面都有应用。一些机器学习算法也用来标定客户的投资组合，使其符合设定的财务目标和风险偏好。例如，一位职业妇女设定了一个在50岁时储存40万美元退休金的目标。根据她目前的收入、资产和风险偏好，算法专家可以非常有效地建议她如何将投资分散到不同的资产类别，以实现这一既定目标。在全球范围内，许多高级财务顾问通常使用这种基于机器学习的软件，整个过程在经验丰富的财务顾问的协助下可以更高效地运作。由于这一过程的大部分是自动化的，当客户的业务目标、风险偏好和任意控制参数随时间变化时，顾问可以轻松地建议许多投资组合，这是一个很自然的过程。机器学习模型在银行业的另一个主要应用是信用卡或贷款还款中的欺诈检测。基于输入数据(如客户人口统计信息和客户的历史交易记录),这些模型以 90%以上的准确率提醒安全团队客户可能的违约或欺诈行为。为了达到这一准确率,大型金融机构甚至使用数以百万计的客户数据样本来训练它们的欺诈检测模型,这些数据包括客户的收入、信用卡数量、贷款数量、工作、年龄、婚姻状况、保险详情等。现在,为了实现利益最大化,几乎所有全球领先的银行都具备人工智能功能,这些银行正在积极部署基于机器学习的模型和其他基于人工智能的技术。

简单线性回归在预测(或预报)和财务分析中得到了广泛的应用。逻辑回归是一种广泛使用的统计技术,用于计算意向分数。这类算法中所有选定的协变量同时包含在一个逻辑回归模型中,用来预测任务状态。意向分数是每个单元的合成预测概率。在金融、投资或商业领域中,经常利用决策树形成一个或多个行为过程。深度学习在金融领域中用于制定策略,如高频交易(HFT),其同样可以应用于银行欺诈检测。后续章节会详细讨论这些机器学习算法。

1.5.5　深度学习的应用

深度学习是机器学习的一个子集。上面讨论的大多数应用可能已经涉及深度学习算法。机器人和其他人工智能机器将深度学习技术应用于手写识别、物体检测和分类、图像分割及图像重建等视觉任务。新闻机构利用深度学习算法来识别并过滤掉负面新闻。利用数十万个基于深度学习的模型(相互协调),自动驾驶汽车可以在繁忙的道路上行驶,同时有效地避免交通事故的发生。例如,一个模型可能擅长识别行人,而同一辆自动驾驶汽车中的其他模型能精确地识别道路上的交通信号灯及快速移动的物体。所有这些工作都需要相互协调来避免意外发生;而在非自动驾驶车辆中,这些工作通常由人脑在眼睛和其他感知器官的帮助下完成。

你可能已经意识到了另一个深度学习应用案例,自动化的机器人记者已经在为各个新闻机构撰写故事和报道。这种现象已经存在了两年。自动将一种语言翻译为另一种语言的技术已经存在了很多年,例如将德语翻译成英语。而将深度学习算法应用到这项任务中可以获得极高的准确度。现在可以将给定的单词、短语或句子更准确地翻译成另一种语言,同时确保翻译文字的经典性。用户越多地使用该程序进行翻译,翻译的准确性就会越高。深度学习在游戏行业也有着广泛的应用,在游戏领域中模型学习了一个非常复杂的任务,即只根据游戏屏幕上显示的像素来玩一个计算机游戏。一些性能最好的深度学习系统是在过去十年才出现的,例如苹果手机与谷歌最新的自动翻译器等智能手机上的语音识别器。

1.6　本书的组织结构

在这本书中,我们尝试涵盖了几乎所有重要的机器学习和深度学习算法。围绕各种机器学习和深度学习算法的讨论分为 12 章。每一章都是一个完整的单元,涵盖了必要的理论和数学知识,以及案例研究和在实际数据上执行的算法的代码。

第 1 章:机器学习与深度学习概述。本章介绍了机器学习和开发机器学习模型的各个阶段。举例讨论了机器学习模型如何应用于工业领域。本章列出了所有流行的机器学习和深度学习算法,以及用于开发这些算法的工具。

第 2 章：Python 编程与统计学基础。本章介绍 Python 编程，包括用于开发的 Python 中的基本命令。讨论了 Python 中必要的软件包，如数据处理技术(子集、筛选和创建新变量)。阐述了统计学的一些基本概念，如均值、中位数和百分位数。本章还对 Python 中的数据填充做了一些介绍。

第 3 章：回归与逻辑回归。本章解释了什么是回归线，以及在项目中如何创建一个回归模型。阐述了 R-squared 作为模型性能度量的概念。然后讨论如何建立多元回归模型，包括多重共线性等概念。本章还涉及如何衡量变量的个别影响等问题，介绍了逻辑回归直线和逻辑回归模型的发展，讨论了逻辑回归中的多重共线性，以及如何衡量单个变量对整体模型的影响。

第 4 章：决策树。本章介绍了一些分割(拆分)技术、熵的概念和信息增益。详细讨论了决策树算法，并基于 Python 对该算法建立了决策树模型。验证决策树、决策树模型的剪枝和剪枝参数等概念也得到了足够详细的讨论。

第 5 章：模型选择与交叉验证。本章解释了模型验证技术、训练误差和测试误差。介绍了受试者工作者操作特征(ROC)曲线的产生和曲线下面积(AUC)的测量方法；以及模型过拟合和欠拟合的概念。本章还引入了偏差和方差之间的权衡，以及模型交叉验证技术，如 K-折交叉验证。本章阐述的工程技巧在实际项目中非常有用。

第 6 章：聚类分析。本章介绍了无监督学习。本章结合距离测度和距离矩阵的概念，深入讨论了 K-means 聚类算法。

第 7 章：随机森林和 Boosting。本章首先讨论了群体和集成模型的智慧之处。本章深入讨论了随机森林算法，它是 Bagging 算法的一种特殊形式。本章还详细讨论了随机森林中的超参数以及如何对其进行微调。在此基础上，讨论了自适应提升算法(AdaBoosting)与梯度提升算法(Gradient Boosting)，以及提升算法中的关键超参数。

第 8 章：人工神经网络。本章从对决策边界的解释开始，延伸到隐藏层与反向传播算法的问题。本章讨论了建立神经网络模型的所有步骤。本章对梯度下降以及它如何解决神经网络优化问题也有深入的说明。

第 9 章：TensorFlow 和 Keras。本章讨论了几种深度学习软件包，并进行了比较。我们沿着 TensorFlow 编程范例的构建模块学习了 TensorFlow 框架。接着学习了 Keras 及其特性。读完这一章，将可以熟悉 TensorFlow 和 Keras 中一些非常有用的命令。

第 10 章：深度学习中的超参数。本章讨论了在处理深度学习算法时必须知道的一些非常重要的超参数。在本章中，我们讨论了一些基本的深度学习概念，如正则化、学习速率、动量、激活函数及各种优化函数。

第 11 章：卷积神经网络。本章讨论了卷积核、卷积层和池化层等概念，并且讨论了卷积神经网络的详细工作。你将了解 CNN 的各种参数以及如何对其进行微调。学习完本章之后，你将能够构建一个带有实时数据的最优卷积神经网络。

第 12 章：RNN 与 LSTM。本章首先讨论时序模型，并介绍循环神经网络模型。接着讨论一些基本的概念，如通过时间的反向传播，以及与 RNN 相关的许多其他概念。你将了解梯消失的问题，并学习长短期记忆(LSTM)的概念。你还将学习其他基本概念，如控制门以及 LSTM 如何使用这些控制门。

1.7 预备知识 —— 数学基础

机器学习是关于数据和算法的。机器学习研究需要一定的数学基础。要理解这本书，只需要高中水平的数学能力。正如将在后续的章节中所看到的，最晦涩的数学分析步骤由软件来处理，所以你不必为错综复杂的数学推理或数学理论的细节而担忧。如果你的基本知识扎实，就一定能在更好地理解整个过程的同时轻松解析结果。为了在机器学习领域达到精通的水平，这里给出了一个基本数学主题的列表。想要对这些主题有一个全面的认识，需要参考标准的数学教科书。在更广泛的范围内，需要以下方面的一些基础技能。

- 函数、方程和图形
- 基础微积分
- 优化理论
- 向量和矩阵
- 基本统计学与概率论

为了快速上手，建议按具体主题攻克它。

- 线性代数：标量、向量及其运算的定义；特征值和特征向量；常用的矩阵运算
- 初等微积分：函数、导数、偏导数、微分、梯度、基本积分
- 基本统计学和概率论：总体、样本、变量及其分类、均值、中位数、众数、参数、统计量、分布测度、定量和定性分析实例、概率论的基本理论和相关概念

除了所有这些至关重要的数学基础，如果你还能学习微分方程、向量、矩阵微积分和梯度算法，将大有裨益。

1.8 术语

算法：它们可能是人工智能领域的第二个重要组成部分，第一个是可靠的数据。在人工智能语境中，算法是赋予机器学习和深度学习模型，或者机器中的神经网络的一组规则或命令，以便它能够进行自我训练，其中回归、分类和聚类是最常用的算法类型。

认知计算：任何一种能在数据挖掘、模式识别和自然语言处理等技术的帮助下像人类大脑一样进行自我训练的基于计算机的模型或算法。

自然语言处理(NLP)：自然语言处理技术通常使用人工智能来识别以任何语言(如英语或德语)进行的人类演说或对话。NLP 算法的语言解释应该与人类理解语言的方式非常相似。

监督学习：监督学习的工作方式与教师在课堂上训练学生非常相似，其中分类和回归算法就属于这一类。与另一类机器学习(无监督学习)算法相比，监督学习算法更常用。例如，我们训练一个机器学习模型来认知苹果的颜色和形状；下次遇到像这样的真实水果时，机器会将其与训练数据进行对比，并且能正确识别苹果。

无监督学习：与监督学习不同的是，无监督学习中不会向模型提供预先的训练。机器需要自己在给定的数据集中找到隐藏的结构。在无监督学习中，不提供分类或标注的数据给算法进行训练。算法必须在没有任何指导的情况下进行学习。最常用的无监督学习类型是聚类分析。

1.9　机器学习 —— 扩展视野

就像其他知识分支一样，对人工智能的前景有更广阔的视角可以帮助你成为一名聪明的技术人员。对于机器学习来说尤其如此，因为它永远具有颠覆性，影响着我们的日常生活，这与其他技术都不同。本节将讨论机器学习(和人工智能)的当前状态和未来路线图，以及机器学习中一些触及日常生活的其他问题。

1.9.1　人工智能发展现状

几年前，一些公司匆忙地进行数据分析——准确地说是大数据分析。现在，为了追赶人工智能和机器学习技术的发展，类似的企业在爆炸式增长。机器学习仍然被认为是一项研发工作。直到近期，仍然不容易探寻到产品开发所需要的基础设施平台。

机器学习现在无疑被公认为数字化转型的关键驱动因素。目前廉价的并行计算、大规模数据集和更优算法的广泛普及进一步推动了机器学习的发展。像 Netflix、Airbnb、特斯拉、Uber、阿里巴巴、腾讯、小米及许多其他公司，都已经用内部平台和模型构建了可控的机器学习功能平台。然而，大多数公司并不太容易获得这些内部尖端的机器学习能力。最近，新一代可用的机器学习平台很可能使机器学习更容易被更广泛的企业使用——不管是小型企业还是大型企业。因此，机器学习现在变得更加容易获得。现有可用的开源软件允许开发先进的自学系统。TensorFlow 就是谷歌开发的一个非常受欢迎的机器学习工具。我们将在本书的后半部分广泛使用它处理深度学习问题。

深度学习尤其受到大家的关注。谷歌、脸书、亚马逊、百度等科技巨头以及全球其他许多有前途的初创企业，通过在视觉领域和基于语言的事务中使用基于深度学习的技术取得了一些重要的成果。在我们看来，在短期内直到未来三到五年，深度学习的研究将会持续热下去。有趣的是，在另一个框架中，强化学习(RL)的发展迅猛。在过去的十年中，强化学习受到了研究者的广泛关注。谷歌和脸书等公司已经发布了多种强化学习框架。强化学习框架在训练人工智能模型模拟人类参与游戏方面取得了重大进展，这些游戏的表现与人类相当甚至优于人类。虚拟代理、NLP、图像识别和语音识别是基于人工智能的数据驱动型公司聚焦的重点领域。

kdnuggets 网站上《未来的机器学习趋势》一文中讲述了最近的研究热点。它发现了当今企业中有 3 种机器学习倾向占主导地位：基于云端的分析、算法经济和数据飞轮。数据飞轮涉及大量数据，其构建更好的基于算法的业务模型，且达到更好的业务效率和用户体验，最终获取更多的数据。这是一个数据-算法-数据的循环。许多专家断言，这些重要的发展趋势助力许多公司转变为今天所看到的数据公司。随着算法经济逐渐取代传统的业务流程管理模式，每个企业都将被迫转变为基于数据的企业。在这些所谓的数据公司中，像一些领先的大学一样，有一个可以进行内部和外部直接交流的研究社区，在这社区中可以与商业领导者共同寻找商业解决方案。

根据 McAfee Labs 的 2018 年危机报告，未来机器学习将用于检测网络入侵、在线欺诈和垃圾邮件。对于无服务器环境中的网络安全专家来说，它在检测恶意软件方面非常有用。随着网络攻击数量的不断增长，机器学习已经在协助企业改进安全方法。美国一家领先的办公打印机制造商已经在其企业级打印机和多功能设备上利用海量数据结合机器学习技术进行在线入侵(恶意软件)防御。在可预见的未来，开发人员或许可以开发基于区块链技术的工具，作为对抗网络入侵和确保数据安全的可行方式。

1.9.2　人工智能未来的影响力

企业数字化转型是当今世界的一大流行语。许多商业哲学和技术驱动着数字化转型。在所有这些推动变革的技术中,人工智能或许被认为是最具颠覆性的。说到人工智能对企业造成的影响,有必要指出的是,只有约 5%的职业可以通过现有可行的基于人工智能或机器学习的技术实现完全自动化。

许多组织的 IT 运维已经在很大程度上实现了自动化。从 CEO 的角度来看,IT 运维只是一个成本中心,如果人工智能技术能够高效且经济地使其自动化,那将会很受欢迎。从最高管理层的角度来看,财务、市场营销或任何其他对组织不具有战略影响的职能也是如此。在这种情况下,人仍然会发挥重要作用,但事情永远不会像过去一样了。在快速变化的环境中,专业人员必须在人工智能(包括物理机器人)的协助下工作。自动驾驶汽车和卡车已经触手可及。我们可能很快就能实现卡车运输公司或基于应用程序的出租车公司(如 Uber)的所有商业功能完全自动化。到目前为止,这些功能的实现还是一个悬而未决的问题。

Mike Thomas 的文章“人工智能的未来”很好地描述了人工智能如何影响各行各业。

交通:完善自动驾驶汽车可能还需要十年左右的时间。到那个时候,自动驾驶技术很可能会完全取代人类司机。研究人员和商业机构会有很大的动力在涉及自动驾驶出租车和运输卡车等车辆的公司中实现 100%的商业功能自动化。

制造业:人类工人与人工智能驱动的机器人一起执行一定范围的重复性任务,如组装和堆叠工作。机器学习和数据预测辅助的系统维护可以使设备保持平稳运行。为了降低错误率,提高可预测性,并在人类辅助下提高整个生产流程的效率,人工智能甚至在供应链中承担了许多重复性和劳动力集中的工作。

医疗:人工智能技术在医疗领域的应用相对来说处于发展初期。人工智能技术有助于实现快速精准的疾病诊断。制药公司正在加快和简化原本需要时间和资源密集型的药物研发过程。机器外科医生可以采用更好、更有效的方式协助医生进行复杂的手术。虚拟护理助手可以实时监测患者状态。借助大数据分析,会给患者带来更多个性化的治疗体验。

同样,所有其他业务,如教育、媒体、客户服务等,都受到了人工智能技术的影响。而且,我们可以确信地说,所有这些都只是冰山一角。人工智能的实际影响比人们想象的要广泛深远。

2018 年 8 月举办的三星 AI 论坛,展示了一些关于人工智能未来路线图的有趣理论。LeCun(人工智能科学家)认为,无监督学习(或自监督学习)掌握着人工智能的未来。LeCun 进一步解释了这是如何做到的。与主要依赖反复试验的 RL 模型相比,无监督学习模型可以熟练地表示心智能力,如我们所说的常识。Breazeal 的演讲聚焦于社交机器人。他解释说,在未来 10 到 20 年,我们可能会拥有具有社交能力和情感能力的智能机器人(所谓的关系型人工智能技术),它们呈现出一系列令人兴奋的优势。这些机器人将成为我们日常生活中不可或缺的一部分,从而显著提高我们的生活质量。

关于人工智能带来的突破及其未来路线图是一个激动人心和无休止的讨论,大量文献从各个角度详细地讨论了人工智能技术。

1.9.3　与人工智能相关的伦理、社会和法律问题

在前面，我们已经看到了一些人工智能的颠覆性，它同时深刻地影响着个人和整个社会。任何不考虑由此产生的伦理和社会问题的人工智能和机器学习的讨论都是不全面的。

在一篇题为"人工智能和机器人的 10 个伦理问题"的文章中，Miguel González-Fierro 讨论了与人工智能和机器人相关的 10 个重要伦理问题：错误信息和假新闻，工作岗位转移，军用机器人，算法偏见，监管，超级智能，隐私，网络安全，人工智能的错误，机器人权利。其中大部分是不言自明的。为了有一个初步的了解，我们仍将进行简短的讨论。

人们对于现代社交媒体如何被严重地滥用来传播歪曲和虚假新闻进行了全方位的探讨。计算机视觉领域的最新技术可以完全伪造视频。事实上，你几乎可以人为地创建任何视频，证明这些视频的真实性对普通人来说非常困难。而且，普通公众几乎没有任何办法查明真相。对许多年轻人来说，新闻、事实和信息的唯一来源是社交媒体。前面已经讨论了使用人工智能替代人类工作的问题。在一封公开信中，25 000 名科学家和人工智能专业人员呼吁禁止不需要人类监督的自治武器(包括军用机器人)，以避免基于人工智能的武器的全球军备竞赛。在人工智能算法的开发过程中，坚持必要性、避免偏见和歧视是一件显而易见的事情。曾报道过这样一个案例：在算法有倾向性的情况下，特定肤色的人与其他人相比，检出率更低。不过，这里我们不讨论该算法的细节。

因为立法者在制定法律时从未考虑过这种人工智能爆炸，目前基于人工智能的产品和服务大多不受监管。需要制定新的法规，使人工智能系统可以对非理性做法造成的伤害承担更多责任。许多互联网公司正在收集比它们业务所需的更多的用户信息。公司允许收集多少关于其用户的信息？又有多少是道德的？我们认为社会及立法者还没有给予人工智能系统足够的关注。另一个重要问题是隐私，剑桥分析丑闻的广泛传播，8700 万脸书的个人资料被泄露，并用于影响美国总统选举和英国退出欧盟竞选。在这个互联网民主政体下，对隐私问题的法规是否足够明确？

虽然人工智能可以在很大程度上帮助我们防范网络安全攻击，但与此同时，黑客也可以利用人工智能找到新的复杂的攻击方法。人工智能的另一个伦理问题是，机器人会犯错，但很难确定其责任。这引发了更多相关的法律问题。当机器人在情感上智能化时，它们应该有权利吗？它们将如何与人类联系起来？谁来定义机器人可以具备智能水平？我们需要对人造机器进行这样的限制吗？这些问题包括更多的公开问题，需要进行公开辩论，从而形成全球统一明确的政策指导方针。所有这些与人工智能相关的伦理、社会和法律问题并不是针对任何一个国家的，对整个地球来说都是典型的问题。一个国家开发有害的人工智能系统将影响所有人。这是一个严重的全球关切的问题，类似于今天核武器的迅速扩散，温室气体和污染造成不可逆转的环境变化。

目前，许多国家正在积极地为人工智能的技术发展建立法律环境，例如韩国从 2008 年开始实施《智能机器人开发和传播促进法》。这项法律旨在提高生活质量，促进国民经济的进步。它起草了必要的政策，以创造和促进智能机器人行业的可持续发展。另一个例子是，欧盟通过了一项关于机器人民法规则的里程碑式决议，这被广泛认为是监管人工智能技术的第一步。2015 年，欧盟还成立了与机器人技术和人工智能增长相关的法律咨询工作组。

1.10 Python 及其作为机器学习语言的潜力

Guido van Rossum 在 20 世纪 90 年代开发了 Python 编程语言。今天，Python 是最广泛应用的通用编程语言之一。Python 是一种现代脚本语言。用 Python 编写的程序直接输入解释器，Python 解释器不需要任何编译直接运行程序。Python 代码可以简单快速地获取反馈(如查找错误)。

Python 是一种跨平台编程语言。可以在 Mac、Windows、Linux 系统上运行 Python 程序。无论是在个人计算机上还是在大型服务器上，Python 程序均可以运行。即使在 iOS 和 Android 系统的平板电脑上也可以使用 Python。Python 平台上有很多第三方库，它们进一步增加了该语言的通用性和实用性，因为用于各种编程任务的大量代码已经是以库形式编写的现成代码。

值得注意的是，Python 是免费软件。下载和使用 Python 不需要支付任何费用。使用 Python 编写的任何源代码都是你自己的，你可以随意共享。Python 是一种非常通用的语言。使用 Python 可以加快软件开发速度。你可以在任何感兴趣的地方使用 Python。Python 使编程变得非常有趣。

甚至国际空间站的 Robonaut 2 机器人也使用 Python 开发其中央指挥系统。2020 年欧洲火星任务还计划使用与收集土壤样本任务相关的 Python 程序。数据科学家喜欢 Python 的内置库，这些库使模型构建项目变得更加容易。Python 的易用性使数据科学软件项目的开发速度非常快。

1.11 关于 TensorFlow

TensorFlow 库是由 Google Brain Team 开发的。它是 Google Brain 的第二代系统。TensorFlow 的构建规模可以达到任何程度，并且可以在多个 CPU 或 GPU 上运行。TensorFlow 甚至可以在移动操作系统上运行。TensorFlow 支持多种语言包，如 Python、C++或 Java。TensorFlow 库集成了不同的应用程序编程接口(API)，支持像 CNN 或 RNN 这样的深度学习架构。

TensorFlow 是一个主要用于机器学习的开源平台。它是由工具、库和社区资源组成的灵活生态系统。它为数据科学家使用机器学习的最新技术提供支持。开发人员利用 TensorFlow 可以快速构建和部署机器学习的系统。

TensorFlow 是近年来盛行的深度学习软件包。它可以用来构建任何深度学习架构，从简单的人工神经网络到 CNN 或 RNN。TensorFlow 被谷歌用于其旗下的几乎所有产品，包括谷歌邮件、照片及谷歌搜索引擎。

1.12 本章小结

近年来，搜索最多的岗位前三名分别是机器学习工程师、深度学习工程师、高级数据科学家。几年前，数据科学家是最受欢迎的。据我们的观察，2010 年前后，基本分析开始向机器学习和深度学习发生明显转变。技术领域和职称每年都在发生更大的变化。然而，现在与大约 10 年前的情况显然有所不同。

值得注意的是，在过去的几年里，一种技术并没有被另一种技术所取代，但同一个领域正在不断发展。2015 年，我们为初学者撰写了一本分析书籍；2020 年，作为作者，随着技术的发展，我们用这本关于机器学习的进阶书籍来回馈读者。我们可以把 2010 年到 2019 年称为人工智能的 10 年，这项技术将在未来几十年持续存在，会随着每一天、每一周和每一年的推移而发展。作为机器学习专家，将永远面临与它并驾齐驱的挑战。

引用谷歌首席执行官 Sundar Pichai 的话，"人工智能是人类正在努力的最重要的事情之一。它比我不知道电或火更深刻。"作为作者，我们没有更好的词汇来强调人工智能技术对人类的重要性，再次重申，它将永远存在，不断发展。

第2章

Python 编程与统计学基础

本章由三部分内容构成：Python 基础、统计学基础及数据处理的基本知识。本章首先介绍了 Python 以及 Python 的基本操作，接着介绍了 Python 中的一些数据处理技巧，然后讲解了 Python 中用于描述性统计信息的基本方法，最后讨论了数据探索和数据清洗技术的相关内容。

执行书中的所有代码示例需要读者具备 Python 的基本知识，比如，编写简单的代码段，提交代码段以供执行，调试错误等。此外，读者还需要了解一些数据操作，比如导入数据以及做数据分析前的准备。本章将学习以下 Python 操作：

- Python 的基本操作
- 编写和提交 Python 代码
- Python 中的重要包
- 使用数据集
- 处理数据时的实用技巧和方法

上手机器学习算法，除了要具备 Python 的基本知识，还需要了解一些统计学方面的基础知识，比如中心趋势和离散度的度量，这些内容对数据科学家来说都是必不可少的。本章将涵盖以下基本的描述性统计方法：

- 中心趋势的度量，如平均数和中位数
- 离散度的度量
- 百分位数和四分位数
- 变量分布

对于数据科学家来说，最重要的是要彻底地理解数据并运用自如。原始数据通常是从多个数据源获取的，在统计分析前需要进行数据清洗。此外，这些数据还需要以便于进行数据分析的格式保存。为了熟悉这些操作，在本章后面介绍以下数据探索和数据清洗技术：

- 使用连续变量的数据探索
- 使用分类和描述性变量的数据探索
- 数据清洗的技巧和方法

2.1 认识 Python

现在我们已经熟悉了 Python，本书将使用 Python 作为数据分析的编程语言。本节将介绍在编写代码前需要知道的一些基本知识。

2.1.1　为什么使用 Python

Python 是数据科学和机器学习生态系统中最流行的语言之一。Python 中的很多函数和库都可以用于数据操作、数据探索、数据清洗、构建机器学习模型、模型验证和最终实施。Guido Van Rossum 是 Python 的主要设计师。与其他语言相比，Python 简单易学。Python 最根本的魅力在于它的核心理念主要体现在其简单易读上。以下是 Python 的一些优点，这些优点会让我们不假思索地喜欢上它。

- Python 是一种开源工具。对于所有用途都是免费的，无论是个人学习还是商业用途。
- Python 的设计者有意识地努力使其语法简单易读。这就是 Python 语言在整个软件开发社区中如此受欢迎的原因。每个人都佩服 Python 的强大和简单。
- Python 有大量专门用于数据操作的函数和库，以及专门用于业务分析的统计算法，这使它成为数据科学家的首选语言。
- Python 目前被全球无数的数据科学家所使用。Python 已经在很多公司的数据科学平台和应用程序中使用。
- Python 的一个主要优点是有良好的文档记录和广泛的讨论，这个优点不能被低估。世界各地的许多用户都积极参与和 Python 相关的论坛以及互联网上的辩论。因此，在查询与 Python 代码和库相关的内容时很容易获得相应的解决方案。几乎每一个与数据科学和信息技术(IT)相关的人都会赞同 Python 使他们的生活变得更轻松这个优点。

如果我们认为 Python 仅能用于数据科学或机器学习，那就大错特错了。Python 是一种多用途编程语言，还可以用于开发多种类型的应用程序，如 Web 应用程序、常规软件开发，以及类似于企业资源计划(Enterprise Resource Planning，ERP)这样的商业应用程序。

我们欣赏 Python 是因为它的简单性和数据处理能力。此外，我们相信你也会找到其他的理由把它铭记在心。

2.1.2　Python 的版本

Python 的第一个版本要追溯到 1989 年 12 月。但是，Python 是从 2000 年开始出名的。Python 2.0 于 2000 年发布。表 2.1 显示了一些重要的版本发布日期。

表 2.1　Python 版本的发布日期

发布日期	版本
1989 年 12 月	第一个版本
1991 年 2 月	Python 0.9.0
1994 年 1 月	Python 1.0
2000 年 10 月	Python 2.0
2008 年 12 月	Python 3.0
2018 年 6 月	Python 3.7

在图 2.1 中可以看出，Python 2.0 于 2000 年发布，Python 3.0 于 2008 年发布。通常，当一种编程语言的新版本发布时，它是向后兼容的，即在 Python 2.0 中编写的任何代码都应该能在 Python 3.0 中运行，但实际上并非如此。Python 3.0 的发布是为了修复 Python 2.0 中的一些主要缺陷。在 Python 2.0 和 Python 3.0 中处理某些运算和对象的方式不同。因此，Python 3.0 与 Python 2.0 不兼容。例如，看下面的代码，在第 1 行中，我们将数字 10 存储在变量 x 中。现在，第 2 行代码只能在 Python 2.0 中运行，而在 Python 3.0 中会抛出错误，第 3 行代码只在 Python 3.0 中运行。下述代码中的第 2 行和第 3 行意思相同，但第 2 行代码仅适用于 Python 2.0，第 3 行代码仅适用于 Python 3.0。在 Python 第 2 个和第 3 个发行版中有很多这样的例子，因此该语言不具备向后兼容性。

```
x=10
print x
print(x)
```

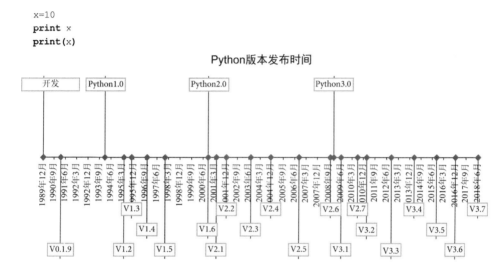

图 2.1 Python 旅程中的重大里程碑

我们需要意识到这些差异，并且要当心。在互联网上搜索代码时，需要知道当前所用的 Python 版本。目前，正在开发的 Python 有两个版本。在 Python 3.0 出现后，可以看到 Python 2.7 的发布。Python 2.0 的开发在 2020 年停止更新。

那么我们学哪一个版本呢？如果是第一次学习 Python，可以从 Python 3.0 开始，版本间的差异可以稍后再学习。

本书将使用最新的稳定版本——Python 3.7，原因显而易见。当你阅读本书时，有些语法可能已经改变，有些库可能已经更新。我们将尽可能把所有的更新添加在本书的网站上。如果你遇到与语法相关的错误或警告，这说明某些函数被弃用，建议你查找与所用代码相关的更新版本。

2.1.3 Python IDE

集成开发环境(Integrated Development Environment，IDE)是用于编写和执行代码的工具。IDE 不仅适用于 Python 语言，也适用于其他编程语言。在 IDE 中提供了一个编辑器来编写代码并在控制台上输出结果，输出结果时提供了执行代码和调试代码的选项。Python 提供了多个用于编写和执行代码的选项。对于像 Python 这样受欢迎的多用途语言，自然也有多个 IDE，每个 IDE 的来源是不同的。Spyder 就是一个受欢迎的 IDE。每个 IDE 都有其独有的特点和优势。表 2.2 显示了世界各地数据科学家使用的一些受欢迎的 IDE。

表2.2 IDE 及其特点

IDE	特点
Jupyter notebook	• 开源 • 良好的文档和演示功能 • 内置 markdown 和 HTML 特性 • 在 Web 浏览器中工作 • 在数据科学领域中非常受欢迎
Spyder	• 面向个人学习者是开源的 • IDE 与 RStudio 和 SAS 等其他流行工具非常相似 • 显式显示变量、数据集和对象 • 被数据科学家广泛使用 • 重量级软件，使用时需要充足的内存(推荐 8GB)
Idle	• 开源 • 专为 Python 开发 • 自动补全代码，语法高亮显示 • 与其他一些工具相比，是一种轻量级软件
PyCharm	• 代码编辑器既聪明又快速 • 调试、测试和部署的简易工具 • 不是开源软件
Sublime Text	• 庞大的用户群体，适用于多种语言 • 与很多 IDE 相比，它的速度更快 • 不是开源软件

我们在本书中只使用 Spyder 和 Jupyter notebook 这两个 IDE。Spyder 适用于初学者，而 Jupyter notebook 则是在数据科学专业人士中流行的 IDE。

2.1.4 安装 Python

对于初学者来说，最好考虑用一个工具管理和安装 Python 的相关功能。在本书中，我们更倾向于使用 Anaconda 作为 Python 的安装工具。Anaconda 是一个开源工具，可供个人学习者使用。同样，Anaconda 也提供了企业版。对于初学者来说，使用 Anaconda 安装 Python 可能是一种最简单的方法——这样，安装 Python 就变成了安装 Anaconda(见图 2.2)。

● 很容易下载。只要从它的官网下载并选择所需要的版本即可。首先要查看操作系统(Mac 或 Windows)，然后选择 Python 3.0 下载。Anaconda 可从 https://www.anaconda.com/distribution/#download-section 免费获得。

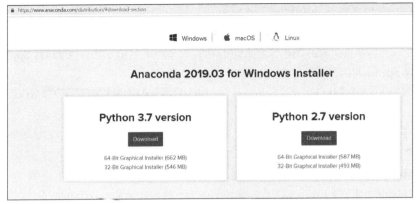

图 2.2　Anaconda 的下载网站

- 安装 Anaconda 的过程中会处理许多其他任务。它不仅安装了 Python，还安装了多个 IDE，如 Spyder、Jupyter notebook、Ipython Console 和 RStudio。
- 在安装过程中，Anaconda 会自动下载数据科学家所需要的基本软件包，并将其存储在本地。该功能有时会派上用场。
- Anaconda 提供了一个出色的用户界面(UI)导航器来处理已安装的工具、包和环境。
- 由于 Anaconda 的安装过程是一目了然的，因此这里不再详述安装过程。在个别情况下，如果遇到一些安装问题，可以在互联网上搜索相应的解决方案，并从多个解决方案中选择适合的。
- 可以从 Anaconda navigator 或其 Start 菜单中启动 Spyder。如果一切正常，应该会看到 Spyder IDE 窗口，这个过程可能需要几分钟来加载程序。Spyder 成功加载后，界面如图 2.3 所示，该界面由 3 个窗口构成。

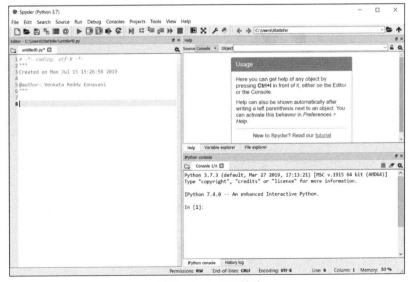

图 2.3　Spyder IDE 界面

需要注意的几个重要问题如下：

- 在少数计算机中，安装 Anaconda 后需要重新启动。
- Spyder 需要至少 8GB 的内存才能运行自如。尽管少于 8GB 的内存也能运行 Spyder，但启动 Spyder 和执行程序的时间会增加。
- 为了获得更好的体验，在使用 Spyder 时关闭后台运行的资源密集型程序(如虚拟机或容器)。

2.2 Python 编程入门

如果你知道诸如 Perl 或 VB 等脚本语言，或者 SAS 或 R 中的其他语法，那么在学习 Python 时，这些学习过的语言将派上用场。即使你没有任何编码背景也不必担心。学习 Python 一点也不困难，甚至在实际生活中的复杂问题上使用 Python 也不困难。你只需要由浅入深循序渐进地学习。只要有信心，和我们一起开始学习 Python 吧。

2.2.1 使用 Spyder IDE

如前所述，我们将在本书的前几章中使用 Spyder IDE 编写和执行代码。启动 Spyder 时，你会看到 3 个窗口——左侧是编辑器窗口，右侧是另外两个窗口。右侧底部窗口是控制台。这些窗口的具体界面如图 2.4 所示。

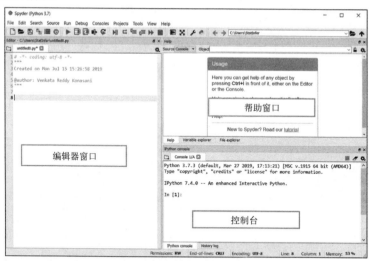

图 2.4 Spyder IDE 窗口和选项卡

- 编辑器窗口(Editor Window)
  - ◆ 这是编写代码的地方。
  - ◆ 完成代码编写后，只需要按下"F9"键或"Ctrl+Enter"组合键即可提交。
  - ◆ 如果有写好的代码文件，则可以使用"open file"选项将其加载到编辑器中。
  - ◆ 提供了自动补全代码选项，但某些包在给出自动补全建议时可能会有一些延迟。
  - ◆ 在使用该 IDE 时，大部分的时间可能都会花费在编辑器窗口中。

- 控制台窗口(Console window)
  - ◆ 此窗口位于屏幕的右侧底部。
  - ◆ 在编辑器中按下"Ctrl+Enter"组合键时，控制台上将显示代码的输出结果。
  - ◆ 控制台窗口中显示输入命令和输出结果。如果执行的代码有错误，错误信息也将显示在控制台窗口中。
  - ◆ 通常，在 Spyder 的编辑器窗口中编写代码片段，然后执行以验证它是否正常工作。在常规的软件开发风格中，是一次执行所有编写的代码，这一点与在 Spyder IDE 中编写代码不同。
- 变量资源管理器(Variable explorer)
  - a. 右侧上方有 3 个窗口标签(见图 2.5)。这 3 个窗口标签分别是帮助窗口标签(Help)、变量资源管理器窗口标签(Variable explorer)和文件资源管理器窗口标签(File explorer)。单击 Variable explorer。Variable explorer 标签在右上角窗口的底部。

图 2.5　Variable explorer

  - b. 在处理一个项目时，将导入许多数据集。你可能会创建多个变量、对象等，这些都会在变量资源管理器中显示。
  - c. 对象和变量仅在当前会话打开之前可用。
  - d. 变量资源管理器是 Spyder 中一个简单易用的窗口。它不仅显示了变量还显示了变量的属性，如大小、长度和样本值。

2.2.2　第一个代码示例

在编写代码前，要注意 Python 是一种区分大小写的语言。无论是函数名、对象名还是字符串，都是区分大小写的。例如，All_data 与 all_data 不相同。

下面使用 Python 编写一些基本的代码。转到 Spyder 的编辑器窗口并编写如图 2.6 所示的代码。

```python
print(601+49)
```

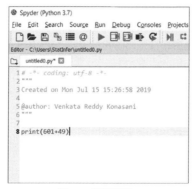

图 2.6　编辑器窗口

选中刚才编写的代码，按下“F9”键或“Ctrl+Enter”组合键。检查控制台窗口，看到输出结果了吗？In[1]是什么意思？“In”表示输入，数字“1”表示输入到控制台窗口的代码行号(见图 2.7)。它是第一行输入到控制台窗口的代码，因此用[1]表示。

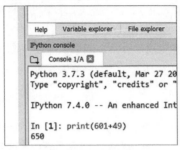

图 2.7　print 的示例

Spyder 的菜单中提供了多个选项用来提交代码并执行，但简捷的方法是选中代码片段并按下“F9”键或“Ctrl+Enter”组合键。顶部菜单栏的绿色播放按钮用于执行完整的代码文件，但通常，我们热衷于执行代码片段，而不是整个代码文件。

你在控制台窗口得到输出结果了吗？准备好再写几行代码。编写一行代码执行一次，或者一次执行所有代码。

```
print(601+49)
print(19*17)
print("Python code")
x=7
print(x)
```

上述代码的输出结果如图 2.8 所示。

```
In [7]: print(601+49)
   ...: print(19*17)
   ...: print("Python code")
   ...: x=7
   ...: print(x)
650
323
Python code
7
```

图 2.8　代码输出窗口的截屏

变量存储在变量资源管理器中：检查你的变量资源管理器(见图 2.9)。你能看到在程序中定义的变量 x 吗？

Name	Type	Size	
x	int	1	7

图 2.9　变量资源管理器中的新变量

注释怎么写？ 单行注释使用 "#" 表示(见图 2.10)。多行注释使用 3 个引号表示，单引号或双引号均可。

```
14 #Single line comments
15 """
16 Multi line
17 Commnents
18 """
```

图 2.10　IDE 中的注释

2.2.3　错误和错误信息

代码的错误在什么地方显示呢？如何检查代码是否存在问题？在控制台窗口中可以看到所有的输入和输出信息，因此，错误信息也会显示在控制台窗口中。编写下面的代码，看看会出现什么错误。

```
Print(600+900)
```

上述代码的执行结果如下所示。

```
Print(600+900)
Traceback (most recent call last):

    File "<ipython-input-2-e6e08d521061>", ine 1, in <module>
        Print(600+900)

NameError: name 'Print' is not defined
```

```
print(576-'96')
```

上述代码的执行结果如下所示。

```
print(576-'96')
Traceback (most recent call last):

    File "<ipython-input-3-cfd2e5e6ab20>", line 1, in <module>
        print(576-'96')

TypeError: unsupported operand type(s) for -: 'int' and 'str'
```

在 Spyder 中执行代码时关注错误信息很重要。如果出现错误，程序将被中止执行。例如，若第 26 行中有错误，则不会执行第 26 行之后的代码行。在下面的示例中，我们一起执行 3 行代码。第一行代码有错误，因此，在第一行代码执行后程序被中止执行。其余两行未执行，在输出结果中也不会显示变量 y 的结果。

```
print(576-'96')
y=10
print(y)
```

上述代码的执行结果如下所示。

```
Traceback (most recent call last):
```

```
File "<ipython-input-4-3501a1318948>", line 1, in <module>
    print(576-'96')

TypeError: unsupported operand type(s) for -: 'int' and 'str'
```

2.2.4　命名约定

- 每个对象名称都应该以字母开头。不允许将数字放在对象名称的开头。
- 对象名称可以包含数字，但数字要放在字母后面。
- 在变量名称中不能包含所有特殊字符。例如，允许使用下画线，但不允许使用点号和美元符号(见表 2.3 和表 2.4)。

表 2.3　Python 命名约定

1x=20	不能运行
x1=20	能运行
x.1=20	不能运行
x_1=20	能运行

表 2.4　有些情况下不会得到警告

在 Python 中变量赋值是动态为变量指定数据类型的。查看右侧单元格中的代码片段。在为 income 变量分配 12000 之前，不需要将 income 声明为整数。Python 将自动将其标识为一个整数。代码将逐行执行。如果直接尝试执行代码 z=x*y，而没有事先为 x 和 y 赋值或没有创建变量 x 和 y，就会抛出一个错误信息	`income=12000` **print**(income) 12000 z=x*y Traceback (most recent call last): 　　File "<ipython-input-8-3d9d541540c2>", 　　line 1, **in** <module> 　　　　z=x*y NameError: name 'y' **is not** defined
在执行 z=x*y 时，应该先将 x 和 y 存储在变量资源管理器中，即在使用变量前声明变量	x=20 **print**(x) y=30 z=x*y **print**(z) 600
如果将某个值存储在变量中，该值可以用任何值替换，即使是不同数据类型的值。在变量的类型被更换前，不会得到变量类型变化的警告。Python 的这个特性是需要了解并留意的	income="March" **print**(income) March

2.2.5　使用 print 输出消息

如果想将结果与消息一起输出，该怎么办？例如，age=35，不能使用 print(age)，因为它仅返回 age 的值而不能输出消息。如果希望输出"Age value is 35"这样的内容，则需要使用带有逗号的 print 函数；即 print("Age value is", age)。下面再举几个例子。

```
age=35
print("Age value is", age)

income=5000
print("income is", income , "$")

gdp_percap=59531
Country="United States"
print("GDP per capita of", Country, "is" , gdp_percap)
```

上述代码的输出结果如下所示。

```
Age value is 35
income is 5000 $
GDP per capita of United States is 59531
```

2.3　Python 中的数据类型

Python 中对象的数据类型包括数值、字符串、列表、布尔值、元组、字典和集合等。下面介绍一些常用的数据类型。当需要获得特定格式的输出时，了解待输出对象的数据类型很重要。在 Python 中访问或处理对象的方法基于该对象的数据类型。例如，处理列表与处理字典不同。

2.3.1　数值

数值是一个表示数字的数据类型。整型(int)和浮点型(float)是两种不同的表示数值的类型。在 Python 中不需要预定义对象的类型。基于存储在对象中的值，该对象将被自动设置为整型(int)或浮点型(float)。

```
sales=30000
print(sales)
print("type of object is ", type(sales))

30000
type of object is <class 'int'>
--------------------------------------
Avg_expenses =5000.25
print(Avg_expenses)
print("type of object is ", type(Avg_expenses))

5000.25
type of object is <class 'float'>
```

2.3.2 字符串

Python 提供了独特的处理字符串的方法。在 Python 中有大量的内置方法来处理字符串；而在其他语言中，则需要使用一个单独的函数来完成同样的功能。创建字符串时，字符串中的字符就被创建了索引，字符串中的每个字符都会在字符串中被赋予一个索引号(见表 2.5)。使用索引号可以访问字符串中的任何字符值。注意，在 Python 中，索引号是从 0 开始的。

表 2.5　Python 字符串操作的代码片段

字符串操作	代码
声明字符串	`name="Sheldon"` `msg="sent a mail to Jack"`
获取字符串中指定索引号的值	`print(name[0])` `print(name[1])`

对于输出的字符串中的一部分字符(即截取字符串)，需要在 print 语句中指定其起始的索引号和结束的索引号。在截取字符串时将忽略结束的索引号对应的值。例如，在输出 print(Name[0:4])的结果时，将忽略最后的索引号 4，而只输出索引号 0、1、2、3 的值	`print(name[0:4])`
	`print(name[4:6])`
	`print(msg[0:9])`
	`print(msg[9:14])`

字符串的长度可以使用 len()函数来获取	`print(len(msg))` `print(msg[9:len(msg)])`
对于字符串连接，可以简单地使用加号(+)表示	`new_msg= name +" " + msg` `print(new_msg)`

这里有一些需要注意的问题。我们可以使用方括号来检索字符串，或者更确切地说是截取字符串。例如，msg[0:7]会取出从 0 到 6 的前 7 个字符。在此过程中，索引号 7 将被忽略。在 Python 中，索引号都是从 0 开始。

现在尝试实践表 2.5 中的代码，如图 2.11 所示。

```
In [70]: name="Sheldon"
    ...: msg="sent a mail to Jack"

In [71]: print(name[0])
S

In [72]: print(name[1])
h

In [73]: print(name[0:4])
Shel

In [74]: print(name[4:6])
do

In [75]: print(msg[0:9])
sent a ma

In [76]: print(msg[9:14])
il to

In [77]: print(len(msg))
19

In [78]: print(msg[9:len(msg)])
il to Jack

In [79]: new_msg= name +" " +  msg
    ...: print(new_msg)
Sheldon sent a mail to Jack
```

图 2.11　示例代码测试截屏

2.3.3 列表

列表是元素的集合。列表中的元素被建立了索引，索引号从 0 开始。列表适用于序列类型数据的存储和迭代。创建列表可以使用方括号([])来完成。需要注意，这种类型的括号也适用于访问字符串的操作。列表看起来像一个数组，但它并不完全是一个数组。数组是兼容类型元素的集合，而列表中可以包含不同数据类型的元素(见表 2.6)。对数组的操作都会作用于数组中的每一个元素，在列表中则不是这样。表 2.6 介绍了列表的操作和相关代码，你是否愿意尝试实践表 2.6 中的代码？

表 2.6 列表的操作

列表的操作	代码
声明列表	`mylist1=["Sheldon","Tommy", "Benny"]` `print(type(mylist1))`
访问列表中的值	`print(mylist1[0])` `print(mylist1[1])`
使用 len()函数获取列表中元素的数量	`len(mylist1)`

将两个列表追加或合并为一个新的列表	`mylist2=["Ken","Bill"]`
	`new_list=mylist1 + mylist2`
	`print(new_list)`

更新列表中的元素	`print("actual list",mylist1)`
	`mylist1[0]="John"`
	`print("list after updating" ,mylist1)`

从列表中删除一个元素	`print("actual list",mylist2)`
	`del mylist2[0]`
	`print("list after deleting" ,mylist2)`

数组和列表是有区别的。在本代码中，如果 val1 和 val2 是两个数组，那么 val3 将是[7,9,8]；然而，这里 val1 是一个列表，它是 3 个元素的集合，val2 也是一个列表。将两者合并起来形成 val3 时，它就像预期的那样变成了由 6 个元素组成的列表	`val1=[1,7,6]`
	`val2=[6,2,2]`
	`val3=val1+val2`
	`print(val3)`

在一个列表中允许包含不同类型的元素	`details=["John", 1500, "LA"]` `print(details)`
列表中可以包含另一个列表	`details_all=["John", 1500, "LA",mylist1 ]` `print(details_all)`

实践表 2.6 中给出的代码，并将输出结果与图 2.12 中给出的结果进行比较。忽略图 2.12 中输入代码的行号。在学习机器学习内容之前，你应该熟悉列表的使用。在后面的内容中，做一些实际的数据分析时将会用到列表。

```
In [95]: mylist1=["Sheldon","Tommy", "Benny"]
   ...: print(type(mylist1))
<class 'list'>

In [96]: print(mylist1[0])
   ...: print(mylist1[1])
Sheldon
Tommy

In [97]: len(mylist1)
Out[97]: 3

In [98]: mylist2=["Ken","Bill"]
   ...: new_list=mylist1 + mylist2
   ...: print(new_list)
['Sheldon', 'Tommy', 'Benny', 'Ken', 'Bill']

In [99]: print("actual list",mylist1)
   ...: mylist1[0]="John"
   ...: print("list after updaring" ,mylist1)
actual list ['Sheldon', 'Tommy', 'Benny']
list after updaring ['John', 'Tommy', 'Benny']

In [100]: print("actual list",mylist2)
    ...: del mylist2[0]
    ...: print("list after deleting" ,mylist2)
actual list ['Ken', 'Bill']
list after deleting ['Bill']

In [101]: val1=[1,7,6]
    ...: val2=[6,2,2]
    ...: val3=val1+val2
    ...: print(val3)
[1, 7, 6, 6, 2, 2]
In [105]: details=["John", 1500, "LA"]
    ...: print(details)
['John', 1500, 'LA']

In [106]: details_all=["John", 1500, "LA",mylist1 ]
    ...: print(details_all)
['John', 1500, 'LA', ['John', 'Tommy', 'Benny']]
```

图 2.12   列表的操作——代码输出结果的截屏

2.3.4   字典

与目前所学的其他数据类型相比，字典类型与众不同。到目前为止，我们知道 Python 默认创建的索引号从 0 开始。如果你希望更改默认的索引号并自定义索引，该怎么办？例如，你可能希望将 customer_id 作为索引，并将多个字段作为该索引所对应的值。在有些情况下，你可能需要将账号作为索引，并将账户余额作为该索引的关联值。在上述情况中，你需要使用 Python 的字典类型来定义键值对(key-value pairs)。字典是键值对的集合。字典中的键(key)像关系数据库管理系统(RDBMS)教材中定义的主键(primary key)一样，键中存储的值是唯一的。需要通过键来访问其对应的关联值(value)。字典类型使用花括号({})定义。键和关联值之间用冒号分隔(见表 2.7)。

表 2.7   字典的操作

字典的操作	代码

定义一个字典	`city={2:"Los Angeles", 9:"Dallas" , 21:"Boston"}`
	`print(city)`
	`print(type(city))`

访问字典中的值	`print(city[9])` `print(city[2])`
打印字典中所有的键	`print(city.keys())`

（续表）

字典的操作	代码
打印字典中所有的关联值(value)	`print(city.values())`
更新字典中的一个元素值	`city[2]="New York"` `print(city)`
更新字典中的键	不能更新字典中的键
删除字典中的关联值	`del(city[2])` `print(city)`

键的值会重复吗? 不会, 键的值是不会重复的。键的值重复时, Python 不会抛出错误, 但只保存最后一个为该键设置的关联值	`country={1:"USA", 6:"Brazil" , 7:"India", 6:`
	`"France" }`
	`print(country)`

在字典中, 键的值允许是非数字的类型吗? 当然可以, 但在访问它时, 需要像使用字符串一样在访问的键值上加引号	`GDP= {"USA": 20494, "China" : 13407}`
	`print(GDP)`
	`print(GDP["USA"])`
	`print(GDP[USA])#This code does not work`

键的关联值可以是列表类型吗? 当然可以	`cust={"cust1":[19, 9500], "cust2":[21, 10000]}`
	`print(cust)`
	`print(cust["cust1"])`

为了有效地学习本书后面的机器学习内容,需要掌握字典的使用。为了更好地使用字典和列表,需要知道字典和列表之间的区别。在后续处理某些库时,将根据实际情况选择以列表或字典的形式输出结果。列表和字典的处理方式有很大区别。

现在尝试执行表 2.7 中的代码,并将你的输出结果与下面给出的输出进行比较。

```
city={2:"Los Angeles", 9:"Dallas" , 21:"Boston"}
print(city)
print(type(city))
{2: 'Los Angeles', 9: 'Dallas', 21: 'Boston'}
<class 'dict'>

print(city[9])
print(city[2])
Dallas
Los Angeles

print(city.keys())
dict_keys([2, 9, 21])

print(city.values())
dict_values(['Los Angeles', 'Dallas', 'Boston'])

city[2]="New York"
print(city)
{2: 'New York', 9: 'Dallas', 21: 'Boston'}

del(city[2])
```

```
print(city)
{9: 'Dallas', 21: 'Boston'}
country={1:"USA", 6:"Brazil" , 7:"India", 6: "France" }
print(country)
{1: 'USA', 6: 'France', 7: 'India'}

GDP= {"USA": 20494, "China" : 13407}
print(GDP)
print(GDP["USA"])
print(GDP[USA])#该代码不执行
{'USA': 20494, 'China': 13407}
20494
Traceback (most recent call last):
    File "<ipython-input-39-2de5394f85be>", line 4, in <module>
        print(GDP[USA])#This code doesn't work

NameError: name 'USA' is not defined


cust={"cust1":[19, 9500], "cust2":[21, 10000]}
print(cust)
print(cust["cust1"])
{'cust1': [19, 9500], 'cust2': [21, 10000]}
[19, 9500]
```

至此，本章已经讲述了一些重要的数据类型。Python 中还有许多数据类型，你可以根据需要学习，但重要的是，你必须彻底理解本章中讲解过的所有数据类型。

2.4 Python 中的包

现在让我们学习包，包非常切合 Python 的设计理念。如何计算 log(10)或 256 的平方根？刚开始使用 Python 时，可能会使用 log(10)或 sqrt(256)方法，得到类似于下面代码所示的结果。

```
print(log(10))
Traceback (most recent call last):
    File "<ipython-input-41-a4265d6da271>", line 1, in <module>
        print(log(10))
NameError: name 'log' is not defined

print(sqrt(256))
Traceback (most recent call last):
    File "<ipython-input-42-112b573c917c>", line 1, in <module>
      print(sqrt(256))
NameError: name 'sqrt' is not defined
```

Python 会抛出错误。这些错误不是由于错误的语法或错误的函数名所产生的。Python 是一种多用途的语言，它的核心函数中没有 log 函数也没有 sqrt 函数。Python 中包含了一个名为 math 的包。只要导入 math 包，就可以正确地使用 log 和 sqrt 函数了。下面是 math 包的使用方法。

```
import math

print(math.log(10))
```

2.302585092994046

```
print(math.sqrt(256))
```
16.0

下面是一些与包相关的常见问题，如表 2.8 所示。

表 2.8　关于包的常见问题

关于包的常见问题	解答
什么是 Python 中的包	包是一个编译良好的代码集合，涵盖了许多可重用的功能。大多数标准的数学公式和许多科学应用(数学、机器学习和其他统计功能)都是作为函数在包中建立的
包中都包含什么	包中包含子包和函数。包是由大量带有预先写好的模块的 Python 代码文件组成的，用于解决某些特定的问题
如何在代码中导入包	使用 import 命令加包名的方法。例如： `import math`
一旦导入了一个包，它能永远使用吗	在代码文件中导入了一个包，就可以使用这个包及其包，这个包在当前会话未关闭前都是有效的。在新的会话中，如果需要该包，则需再次执行 import 命令导入包
import 命令是从 Internet 获取包的吗	不是，import 命令只是将包附加到当前会话中
如何安装一个新包	需要打开 Anaconda 提示符并使用命令 pip install <package name> 例如： `pip install math`
如何才能打印所有已安装的包	使用命令 pip list 打印所有包。在 Anaconda 提示符下执行此命令
本地计算机中是否有任何预装的包	是的！幸运的是，Anaconda 处理了一些安装包的任务。安装 Anaconda 时，它已经下载并安装了本地系统中常用的包
Python 中提供的包很多，如何知道什么时候使用哪个包？包中包含什么函数	只有通过实践才了解包的用途。不需要记住包名和函数名。只需要在谷歌搜索 Python 文档，就可以找到所需要的资料

我们需要每次都写包的名字吗	是的！我们需要写包名，包名后面加函数名。
	
	`import math`
	`print(math.log(10))`
	`print(math.sqrt(256))`
	
	此外，可以给包定义别名。这是一种常规的编码方式。
	
	`import math as mt`
	`print(mt.math.log(10))`
	`print(mt.math.sqrt(256))`

记住，Python 是一种多用途语言。它包含用于 Web 应用程序开发、用户界面创建、服务器管理及软件开发社区的许多包。Python 也提供了大量的数据科学家所需要的包和函数，这也是本书中要重点关注的内容。下面是作为数据科学家经常需要使用的一些重要包。

- NumPy

- Pandas
- Matplotlib
- Scikit learn
- nltk
- TensorFlow
- SciPy

如前所述，我们不需要记住这些包名。每个包都是为了解决特定的需求而创建的。随着我们不断练习 Python 代码，这些包将自动存储在我们的脑海中。下面我们需要了解这些包的详细内容。本节只简单介绍这些包。在数据分析中需要这些包时，我们将了解这些包的更多功能。

2.4.1　NumPy

在处理数学计算时，NumPy 包必不可少。NumPy 中提供了创建数组的函数。每当需要进行复杂的数学运算时，就需要以数组和矩阵的形式存储数据。NumPy 包涵盖了对数组和矩阵进行一些快速操作的函数。在处理数学计算、排序、选择和重塑对象时，这些函数也派上了用场。NumPy 是 SciPy、ScikitLearn 和 TensorFlow 等其他几个高级包的基础包。在处理其他几个包时可能会间接使用 NumPy 包。下面是一个示例程序。

在下面的代码中，使用 np.array()函数创建一个数组，然后通过对所创建的数组 income 使用乘法运算来创建一个新数组。np.array()函数的输入参数是列表。与我们预想的一样，该乘法运算应用于数组中的每个元素。

```
import numpy as np

income = np.array([6725, 9365, 8030, 8750])
print(type(income))
<class 'numpy.ndarray'>

print(income)
[6725 9365 8030 8750]

print(income[0])
6725

expenses=income*0.65
print(expenses)
[4371.25 6087.25 5219.5 5687.5 ]

savings=income-expenses
print(savings)
[2353.75 3277.75 2810.5 3062.5 ]
```

现在我们已经意识到数组与列表不同。看看下面示例的输出结果就清楚它们的区别了。将列表 income_list 作为数组 income_array 的输入参数。当用列表 income_list 乘以 2 时，列表中元素的数量就会从 4 个增加到 8 个；而对数组 income_array 执行相同的操作时，数组中每个元素的值增加一倍。这是一个需要注意的显著差异。

```
income_list=[6725, 9365, 8030, 8750]
income_array = np.array(income_list)

print(income_list*2)
[6725, 9365, 8030, 8750, 6725, 9365, 8030, 8750]

print(income_array*2)
[13450 18730 16060 17500]
```

2.4.2　Pandas

在大多数数据分析项目中，都需要一个便捷的包，这个包可以将数据文件读入 Python 并创建 DataFrame(数据帧，也称为数据集或表)；能创建子集；能给出一些元数据的详细信息和数据集上的信息汇总，还能对数据进行排序以及合并数据集。上述这些都是数据科学家日常的操作，在 Python 中有没有这样的包可以满足所有这些数据操作任务呢？幸运的是，在 Python 中有一个名叫 Pandas 的包，它可以提供上述功能。下面是 Pandas 包的用法示例。

在下面的示例中使用了 pd.read_csv()函数。

```
import pandas as pd
bank= pd.read_csv('D:/Chapter2 Python Programming/Datasets/Bank Tele Marketing/
bank_market.csv')
print(bank)
       Cust_num  age          job   marital  ... pdays previous  poutcome   y
0             1   58   management   married  ...    -1        0   unknown  no
1             2   44   technician    single  ...    -1        0   unknown  no
2             3   33 entrepreneur   married  ...    -1        0   unknown  no
3             4   47  blue-collar   married  ...    -1        0   unknown  no
4             5   33      unknown    single  ...    -1        0   unknown  no
...         ...  ...          ...       ...  ...   ...      ...       ... ...
45206     45207   51   technician   married  ...    -1        0   unknown yes
45207     45208   71      retired  divorced  ...    -1        0   unknown yes
45208     45209   72      retired   married  ...   184        3   success yes
45209     45210   57  blue-collar   married  ...    -1        0   unknown  no
45210     45211   37 entrepreneur   married  ...   188       11     other  no

[45211 rows x 18 columns]
```

在 Python 中，导入数据文件时需要注意如下几点。

- 需要提供完整的文件路径以及文件名和扩展名。
- 路径和文件名严格区分大小写。
- 文件找不到(file-not-found)的错误可能是遇到的最多的错误，但这并不一定是文件不存在。这很可能意味着给定的文件路径不正确。因此，遇到这样的错误时，首要的事情是查看文件的路径是否有书写错误。
- 文件路径可以简单地使用 Linux 风格的路径，即使用一个正斜杠(/)遍历路径字符串。此外，还可以使用如下两种 Windows 风格的路径。
  - ◆ 使用双反斜杠(\\)。
  - ◆ 在路径的前面加入 "r"。
- 当数据中包含了不计其数的行和列时(通常是这样)，在控制台窗口输出整个数据集是不可能的；因此，在控制台窗口中显示的是截断后的输出。在后续的内容中将看到有更好的方法来探索数据。

现在让我们尝试用以下的方法读取数据集。

```
bank1= pd.read_csv('D:\\Chapter2\\Datasets\\Bank Tele Marketing\\bank_market. csv')
print(bank1)

bank2= pd.read_csv(r'D:\Chapter2\Datasets\Bank Tele Marketing\bank_market. csv')
print(bank2)
```

本节仅简单介绍了 Pandas 包，后续将深入研究 Pandas 包的主要功能。

2.4.3　Matplotlib

Matplotlib 包用于数据可视化和绘图。在进行数据分析时，如果希望以散点图、条形图或其他形式的可视化来表示数据，Matplotlib 包将会派上用场。Matplotlib 包中涵盖了许多子包和用于创建可视化图的函数。下面是一个如何使用 Matplotlib 包绘制散点图的示例。

```
#导入数据
bank=pd.read_csv('D:/Chapter2/Datasets/Bank Tele Marketing/bank_market. csv')
#输出数据中的列名
print(bank.columns)

#导入包
import matplotlib as mp

#在散点图中绘制 bank 数据集中的 age 和 balance 列的数据

mp.pyplot.scatter(bank['age'],bank['balance'])
```

下面是这段代码的输出结果。从散点图(见图 2.13)中可以看出这两个列的值之间的关系是强还是弱。

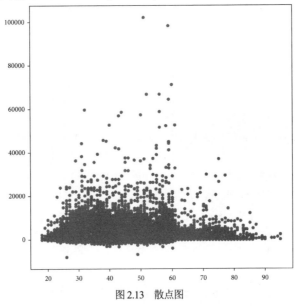

图 2.13　散点图

```
print(bank.columns)
Index(['Cust_num', 'age', 'job', 'marital', 'education', 'default',
'balance','housing', 'loan', 'contact', 'day', 'month', 'duration',
'campaign','pdays', 'previous', 'poutcome', 'y'], dtype='object')

import matplotlib as mp

mp.pyplot.scatter(bank['age'],bank['balance'])
Out[64]: <matplotlib.collections.PathCollection at 0x1ad187f27c8>
```

2.4.4　ScikitLearn

简单来说，ScikitLearn 包是用来构建和验证机器学习模型的。此外，ScikitLearn 包还用于微调机器学习模型的参数，以及计算重要的统计指标。与大多数包一样，ScikitLearn 包中包含了许多子包和函数，ScikitLearn 包中的函数有助于机器学习模型的使用和执行特定的统计分析。在机器学习模型的学习中将会经常使用 ScikitLearn 包。

2.4.5　nltk

在 Python 中，nltk 是自然语言工具包(natural language tool kit)的缩写。文本数据与数值数据的处理有很大的区别，nltk 包中提供了大量的函数用于文本数据的分析和模型构建。在 nltk 包中涵盖了所有文本挖掘和自然语言处理相关的函数。nltk 包中涵盖的内容全面而庞大。若在 Python 中处理文本数据，主要使用 nltk 包。

2.4.6　TensorFlow

在研究深度学习时特别关注编码效率和执行时间，因此需要一个能够高效处理深度学习算法的包。TensorFlow 是深度学习中一个非常受欢迎的包。与 nltk 一样，就其规模而言，TensorFlow 也是巨大的。TensorFlow 是一个完整的框架，完全遵循不同的编程范式。如果你使用深度学习算法，TensorFlow 将助你一臂之力。稍后本书将深入研究 TensorFlow 包的使用。

Python 中还包含了很多包，你可以像一名数据科学家一样在前进的旅程中探索。

2.5　Python 中的条件语句和循环语句

在介绍了 Python 的基本内容后，下面将介绍一些更常用的特性，如条件语句和循环语句(见表 2.9)。表中的内容比较容易理解。如果你在高中或毕业后选修过任何编程语言课程，可能已经学习过这些内容。现在你只需要学习 Python 的特定语法。

表 2.9　Python 中的条件语句和循环语句

说明	代码

如何编写 if 条件语句。这段代码的结果会是什么	```python
	level=60
	if level<50:
	    print("Stage1")
	print("Done with If")
	``

这段代码的结果会是什么？Python 会抛出一个错误还是跳过其中的一些错误	```python
	level=60
	if level<50:
	    print("Stage1")
	    print("Done with If")
	``

这段代码有缩进的意思吗？缩进的工作原理与括号非常相似	```python
	level=40
	if level<50:
	    print("Stage1")
	print("Done with If")
	``

使用 if-else 语句	```python
	level=60
	if level<50:
	    print("Stage1")
	else:
	    print("Stage2")
	print("Done with If")
	``

for 循环语句	```python
	names=["Tommy", "Benny", "Ken"]
	for i in names:
	    print("The name is", i)
	``

再使用一个示例演示 for 循环语句	```python
	nums=range(1,10)
	cumsum=0
	for i in nums:
	    cumsum=cumsum+i
	    print("Cumulative sum till", i ,"is", cumsum)
	``

　　我们需要注意 Python 代码中的缩进。有时可能需要使用 GitHub 或 StackOverflow 等其他代码源中已经写好的代码。这时需要检查代码是从行首开始还是从带有制表符(tab)的空格开始。如果代码是从一个制表符后开始的，这行代码很可能是条件语句或循环语句的一部分。在 Python 中，还会为错误的缩进抛出错误。

　　现在验证表 2.9 中编写的条件语句和循环语句的结果。下面给出的是表 2.9 中代码输出的结果。

```python
level=60
if level<50:
    print("Stage1")
print("Done with If")

Done with If
--------------------------------
level=60
if level<50:
    print("Stage1")
    print("Done with If")
--------------------------------
level=40
if level<50:
```

```
    print("Stage1")
print("Done with If")

Stage1
Done with If
--------------------------------
level=60
if level<50:
    print("Stage1")
else:
    print("Stage2")
print("Done with If")

Stage2
Done with If
--------------------------------
names=["Tommy", "Benny", "Ken"]
for i in names:
    print("The name is", i)

The name is Tommy
The name is Benny
The name is Ken
--------------------------------
nums=range(1,10)
cumsum=0
for i in nums:
    cumsum=cumsum+i
    print("Cumulative sum till", i ,"is", cumsum)

Cumulative sum till 1 is 1
Cumulative sum till 2 is 3
Cumulative sum till 3 is 6
Cumulative sum till 4 is 10
Cumulative sum till 5 is 15
Cumulative sum till 6 is 21
Cumulative sum till 7 is 28
Cumulative sum till 8 is 36
Cumulative sum till 9 is 45
```

在进入 2.6 节的学习前，要对本章到目前为止讨论的所有 Python 基础知识感到轻松自如，得心应手。如果对前面的内容还不熟悉，回去看看就行了。

2.6　数据处理与使用 Pandas 深入分析数据

作为一名数据科学家，你将处理不同类型的数据集，这些数据集很可能来自各种不同的数据源。你有时只需要数据集中的子集数据，需要在数据集中创建新的变量和列，合并两个数据集，或者对数据集中的数据进行排序操作。你有时可能需要上述这些数据集操作的组合。这种情况下，Pandas 包是非常好用的。本节将学习 Pandas 的一些重要方法。

2.6.1 数据导入和数据集的基本信息

首先，我们将讨论一些在数据分析项目中必不可少的文件的基本处理方法。

1. 导入带逗号分隔符的 CSV 格式文件

如前所述，在 Python 中导入文件时，需要提供完整的文件路径以及文件名和扩展名。路径需要具有特定的格式。只需要仔细查看以下代码和输出即可快速回顾之前介绍过的内容：

```python
import pandas as pd
sales= pd.read_csv('D:\\Chapter2\\Datasets\\Sales\\Sales.csv')
print(sales)
```

执行上述代码，输出结果如下。

```
print(sales)
      Cust_id         CustName    ...  Net_sales    Invoice_Amount
0     SIE39906    Garrett Bauer   ...          1               400
1     EST39196      Rama Norris   ...          2               400
2     AFG39258      Serena Carr   ...          2               400
3     CAN39302    Brendan Daniel  ...          2               400
4     POR39323    Judith Beasley  ...          2               400
..        ...              ...    ...        ...               ...
972   GUA39889  Hermione Grimes   ...        129              3870
973   TRI39891    Daryl Gilbert   ...        155              4650
974   SOU39893    Upton Lambert   ...        171              5130
975   GEO39888    Jaime Alvarado  ...        188              5640
976   ICE39892      Bert Fowler   ...        240              7200

[977 rows x 7 columns]
```

2. 导入 Microsoft Excel 文件中的数据

导入 Excel 文件时，需要提供文件名以及数据所在的工作表名。如果在路径中没有涉及工作表的名称，默认情况下 Python 会选择 Excel 文件中的第一个工作表，这可能不是你想使用的数据。请查看下面的代码和输出结果，以了解数据集的详细信息。

```python
wb_data = pd.read_excel("D:\\Chapter2\\Datasets\\World Bank Data\\World Bank
Indicators.xlsx" , "Data by country")
print(wb_data)
```

执行上述代码，输出结果如下。

```
                    Country Name ...  Finance: GDP per capita (current US$)
0                  United States ...                                46702.0
1                          China ...                                 4433.0
2                          Japan ...                                43063.0
3                        Germany ...                                39852.0
4                         France ...                                39170.0
                            ... ...                                    ...
2349                     Somalia ...                                    NaN
2350                 South Sudan ...                                    NaN
2351        St. Martin (French part) ...                              NaN
2352      Turks and Caicos Islands ...                                NaN
```

```
2353      Virgin Islands (U.S.) ...                              NaN
[2354 rows x 20 columns]
```

3. 一个数据集的详细信息

你可能想检查导入的数据是否正确，并且是否正确导入了所有数据列和行。你是怎么检查的？
在控制台窗口输出全部数据并不是解决方案。控制台窗口显示的结果可能不会输出所有值，而是输
出截断后的输出结果。下面的命令用于查看数据集的一些重要信息。让我们快速运行下面的代码，
并查看相应的输出。

print(sales.shape)给出数据中的行数和列数。sales 是数据集的名称，它包含了 977 行和 7 列。

```
print(sales.shape)
(977, 7)
```

print(sales.columns)输出所有的列名。

```
Index(['Cust_id', 'CustName', 'Product_code', 'Country_code', 'Sales_
Type','Net_sales', 'Invoice_Amount'], dtype='object')
```

print(sales.head(10))输出前 10 行。

```
     Cust_id          custName  Product_code ...  Sales_Type  Net_sales  Invoice_Amount
0   SIE39906     Garrett Bauer          HA1 ...      Direct          1             400
1   EST39196       Rama Norris          GI2 ...     Website          2             400
2   AFG39258       Serena Carr          ER3 ...     Website          2             400
3   CAN39302    Brendan Daniel          BR1 ...     Website          2             400
4   POR39323    Judith Beasley          LU4 ...     Website          2             400
5   NOR39103    Olympia Hewitt          DA1 ...       Other          3             600
6   ITA39581       Fallon Soto          DI3 ...     Website          2             800
7   TUR39194    Aquila Russell          DE1 ...     Website          4             800
8   GRE39678     Teagan Hebert          SO2 ...     Website          4             800
9   MIC39753       Emily Brooks         AN3 ...      Direct          4             800

[10 rows x 7 columns]
```

print(sales.tail(10))输出后 10 行。

```
       Cust_id          CustName  ...  Net_sales  Invoice_Amount
967   PHI39885    Cedric Ferguson  ...        420          168000
968   SAM39126     Kitra Hendrix   ...        422          168800
969   UKR39521       Hu Jacobson   ...        422          168800
970   SOM39594    Autumn Mcbride   ...        424          169600
971   NET39890     Ruth Fletcher   ...         15             450
972   GUA39889   Hermione Grimes   ...        129            3870
973   TRI39891     Daryl Gilbert   ...        155            4650
974   SOU39893    Upton Lambert    ...        171            5130
975   GEO39888    Jaime Alvarado   ...        188            5640
976   ICE39892       Bert Fowler   ...        240            7200

[10 rows x 7 columns]
```

print(sales.sample(n=10))随机输出 10 行数据。

```
          Cust_id        CustName ...   Net_sales   Invoice_Amount
777     TAI39396     Hedwig Quinn ...         374            74800
845     CON39704   Quinlan Hopper ...         420            84000
911     NOR39213       Bruce Ruiz ...         318           127200
772     BAH39687      Howard Reed ...         184            73600
527     NEW39717   Lester Buckner ...         204            40800
309     NIC39647     Chava Briggs ...         124            24800
957     SAI39179       Graham Orr ...         408           163200
794     FRE39498      Mira Clarke ...         388            77600
350     BUR39174   Blair Mckenzie ...         143            28600
569     GUI39074 Baker Strickland ...         232            46400

[10 rows x 7 columns]
```

print(sales.dtypes)显示 sales 中列的数据类型。

```
Cust_id           object
CustName          object
Product_code      object
Country_code      object
Sales_Type        object
Net_sales          int64
Invoice_Amount     int64
dtype: object
```

print(sales.describe())给出了数值类型变量的汇总。此汇总信息中包含最小值、最大值、平均值，以及非常有用的百分位数。现在只需要关注最小值、最大值和平均值。在后续的内容中还将讨论百分位数。

```
         Net_sales  Invoice_Amount
count   977.000000      977.000000
mean    219.760491    47906.591607
std     750.624569    38362.358333
min       1.000000      400.000000
25%      75.000000    20000.000000
50%     151.000000    37600.000000
75%     224.000000    68000.000000
max   15300.000000   169600.000000
```

print(sales["Invoice_Amount"].describe())　如果你对单个变量感兴趣，使用该方法即可。该方法给出了来自销售数据的单个变量"Invoice_Amount"的汇总信息。

```
count      977.000000
mean     47906.591607
std      38362.358333
min        400.000000
25%      20000.000000
50%      37600.000000
75%      68000.000000
max     169600.000000
Name:Invoice_Amount, dtype: float64
```

print(sales["Sales_Type"].value_counts())　describe()函数仅适用于数值变量。value_counts()函数可以对非数值变量 Sales_Type 进行频数统计。value_counts()函数适用于非数值变量，如 customer country、customer type 和 region(这些非数值变量没有最小值和最大值)。value_counts()函数通过给出变量所取的唯一值及其计数来统计这些值。下面是对 Sales_Type 变量使用 value_counts()函数的示例。

```
print(sales["Sales_Type"].value_counts())
Website    494
Direct     402
Other       81
Name: Sales_Type, dtype: int64
```

下面的代码有助于统计变量中的缺失值。

```
print(sum(sales["Country_code"].isnull()))
print(sum(sales["CustName"].isnull()))
print(sum(sales["Invoice_Amount"].isnull()))
```

上述代码的输出结果如下。

```
print(sum(sales["Country_code"].isnull()))
21

print(sum(sales["CustName"].isnull()))
0

print(sum(sales["Invoice_Amount"].isnull()))
0
```

2.6.2　子集和数据筛选器

现在让我们了解一些使用银行电话销售数据(Bank Tele Marketing)的子集操作。

```
bank= pd.read_csv('D:/Chapter2/Datasets/Bank Tele Marketing/bank_market.csv')
print(bank.shape)
print(bank.columns)
```

输出结果如下所示。

```
print(bank.shape)
(45211, 18)

print(bank.columns)
Index(['Cust_num', 'age', 'job', 'marital', 'education', 'default', 'balance',
'housing', 'loan', 'contact', 'day', 'month', 'duration', 'campaign', 'pdays',
'previous', 'poutcome', 'y'],
       dtype='object')
```

如何保留或去除数据集中某些列或行来创建新的数据集？下面给出了通过保留选定行创建新数据集的代码。这里涉及 head()函数，该函数用于保留数据集中指定的前 N 行数据。

```
bank1 = bank.head(5)
print(bank1)
```

```
   Cust_num    age           job   marital  ...  pdays  previous  poutcome   y
0         1     58    management   married  ...     -1         0   unknown  no
1         2     44    technician    single  ...     -1         0   unknown  no
```

2	3	33	entrepreneur	married	...	-1	0	unknown	no
3	4	47	blue-collar	married	...	-1	0	unknown	no
4	5	33	unknown	single	...	-1	0	unknown	no

```
[5 rows x 18 columns]
```

在 Python 中，数据集中行的索引号从 0 开始。可以在 iloc(索引位置)函数中设置索引号，以保留指定的行。如果只保留数据集中的指定行，则保留后的结果将被格式化为 Series 类型，而不是 DataFrame 类型。

```
bank2=bank.iloc[2]
print(bank2)
print(type(bank2))
```

输出结果如下所示。

```
Cust_num                     3
age                         33
job               entrepreneur
marital                married
education            secondary
default                     no
balance                      2
housing                    yes
loan                       yes
contact                unknown
day                          5
month                      may
duration                    76
campaign                     1
pdays                       -1
previous                     0
poutcome               unknown
y                           no
Name: 2, dtype: object
```

```
print(type(bank2))
<class 'pandas.core.series.Series'>
```

如果希望在 iloc 函数中指定多个索引号，可以将这些索引号设置为一个列表。可以预先声明列表，也可以直接在 iloc 函数中声明列表。具体的语法如[[2,9,15,25]]。这里，外部的方括号[]用于指定访问的索引号，而内部的方括号用于声明列表。

```
index_vals=[2,9,15,25]
bank3=bank.iloc[index_vals]
print(bank3)

bank3_1=bank.iloc[[2,9,15,25]]
print(bank3_1)
```

输出结果如下所示。

```
print(bank3)
    Cust_num    age           job  marital  ... pdays  previous poutcome    y
2          3     33  entrepreneur  married  ...    -1         0  unknown   no
```

```
9          10      43     technician      single   ...     -1        0   unknown   no
15         16      51        retired     married   ...     -1        0   unknown   no
25         26      44         admin.     married   ...     -1        0   unknown   no

[4 rows x 18 columns]

bank3_1=bank.iloc[[2,9,15,25]]
print(bank3_1)
     Cust_num   age            job  marital  ...  pdays  previous  poutcome    y
2           3    33   entrepreneur  married  ...     -1         0   unknown   no
9          10    43     technician   single  ...     -1         0   unknown   no
15         16    51        retired  married  ...     -1         0   unknown   no
25         26    44         admin.  married  ...     -1         0   unknown   no

[4 rows x 18 columns]
```

如果需要通过保留所选列创建新的数据集，该怎么办？很容易，只需要在数据集中指定列名即可。下面给出的代码片段用于保留两个指定列的数据。注意，这些操作不会更新原有的数据。在这个示例中只是创建一个新的数据集，而银行数据集(bank)和其 CSV 源文件中不会有任何更改。

```
bank4 = bank[["job", "age"]]
print(bank4.head(5))
```

结果如下所示。

```
bank4 = bank[["job", "age"]]
print(bank4.head(5))
            job  age
0    management   58
1    technician   44
2  entrepreneur   33
3   blue-collar   47
4       unknown   33
```

如果要通过保留选定的列和行来创建一个新的数据集，只需要在 iloc[ ]中设置相应的列名和行索引号。下面的示例中只保留了 bank 数据集中的 "job" 和 "age" 列以及它们的前 5 行数据。记住，[0:5]表示行的索引号包括 0，不包括 5。一共选择 5 行数据，即行的索引号为 0~4。

```
bank5 = bank[["job", "age"]].iloc[0:5]
print(bank5)
```

输出结果如下所示。

```
bank5 = bank[["job", "age"]].iloc[0:5]
print(bank5)
            job  age
0    management   58
1    technician   44
2  entrepreneur   33
3   blue-collar   47
4       unknown   33
```

下面是通过删除指定行创建新数据集的代码。在删除指定行时，需要使用 drop 函数并设置删除行的索引号。下面的代码删除了 4 行数据后创建了一个新的数据集 bank6。与 bank 相比，在 bank6

中删除了 Cust_num 为 1、3、5 和 7 的数据。可以通过查看客户编号(Cust_num)来验证结果。

```
bank6=bank.drop([0,2,4,6])
print(bank6.head(5))
```

结果如下所示。

```
bank6=bank.drop([0,2,4,6])
print(bank6.head(5))
   Cust_num age         job  marital  ... pdays  previous  poutcome   y
1         2  44  technician   single  ...    -1         0   unknown  no
3         4  47 blue-collar  married  ...    -1         0   unknown  no
5         6  35  management  married  ...    -1         0   unknown  no
7         8  42 entrepreneur divorced ...    -1         0   unknown  no
8         9  58     retired  married  ...    -1         0   unknown  no

[5 rows x 18 columns]
```

现在介绍如何通过删除指定的列来新建数据集。同样，需要使用 drop 函数并指定列名，但是还提供一个附加参数 axis，并将 axis 设置为 1(axis=1)。drop 函数可以用于删除行和列。在删除行时，将 axis 的值设置为 0；在删除列时，将 axis 的值设置为 1。如果未指定 axis 的值，默认为 0。在删除行时，也可以不指定 axis 的值。但在删除列时，必须将 axis 设置为 1。否则，将得到错误的结果，即不是删除列而是删除行。

```
bank7=bank.drop(["Cust_num"], axis=1)
print(bank7.head(5))
```

输出结果如下所示。

```
bank7=bank.drop(["Cust_num"], axis=1)
print(bank7.head(5))
   age          job  marital  education  ... pdays  previous  poutcome   y
0   58   management  married   tertiary  ...    -1         0   unknown  no
1   44   technician   single  secondary  ...    -1         0   unknown  no
2   33 entrepreneur  married  secondary  ...    -1         0   unknown  no
3   47  blue-collar  married    unknown  ...    -1         0   unknown  no
4   33      unknown   single    unknown  ...    -1         0   unknown  no

[5 rows x 17 columns]
```

如果删除列时没有设置 axis=1(代码如下)，那么 Python 将抛出错误。

```
bank7_1=bank.drop(["Cust_num"])
```

这是一个很长的错误消息，最后一行显示了实际的错误。

```
bank7_1=bank.drop(["Cust_num"])
Traceback (most recent call last):

File "<ipython-input-105-a0b9378992d5>", line 1, in <module>
  bank7_1=bank.drop(["Cust_num"])

  File "C:\ProgramData\Anaconda3\lib\site-packages\pandas\core\frame.py",
  line 4102, in drop
    errors=errors,
```

```
File "C:\ProgramData\Anaconda3\lib\site-packages\pandas\core\generic.py",
line 3914, in drop
  obj = obj._drop_axis(labels, axis, level=level, errors=errors)

File "C:\ProgramData\Anaconda3\lib\site-packages\pandas\core\generic.py",
line 3946, in _drop_axis
  new_axis = axis.drop(labels, errors=errors)

File "C:\ProgramData\Anaconda3\lib\site-packages\pandas\core\indexes\base.py",
line 5340, in drop
  raise KeyError("{} not found in axis".format(labels[mask]))

KeyError: "['Cust_num'] not found in axis"
```

下面是利用列值的筛选条件创建新数据集的代码。大多数时候，使用这些类型的筛选器来对数据进行筛选，得到子集，而不是使用索引获取子集。在下面的示例中，试图从年龄大于 40(age>40) 的银行数据中获取一个子集。在筛选条件中指定列名时，需要再次指定数据集名称。

```
bank8=bank[bank['age']>40]
print(bank8.shape)
```

在下面的示例中尝试从年龄大于 40(age>40)且贷款状态为“否”(loan=="no")的银行数据中获取一个子集。在演示示例前还需要了解一些 Python 语法，“=”表示赋值运算，“==”用于比较两个值是否相等，“! =”是比较两个值不相等的运算。在这个示例中，使用了两个筛选条件。当使用多个筛选条件时，还可以使用括号。

```
bank9=bank[(bank['age']>40) & (bank['loan']=="no")]
print(bank9.shape)"
```

```
bank10=bank[(bank['age']>40) | (bank['loan']=="no")]
print(bank10.shape)
```

编写上述代码并将结果与下面的输出结果进行比较。

```
print(bank8.shape)
(20494, 18)
```

```
print(bank9.shape)
(17156, 18)
```

```
print(bank10.shape)
(41305, 18)
```

2.6.3　Pandas 中实用的函数

本节将介绍 Pandas 中的两个函数。之后，就可以开始学习一些基本的统计学概念，这些概念将作为机器学习部分的基础。

1. 在 DataFrame 内创建新列或变量

下面的代码通过将 bank 数据集的 balance 列乘以 0.9 来创建一个新的变量 bal_new。在创建新变量前共有 18 列，这个新变量将成为 bank 数据集的第 19 列。

```
print(bank.shape)
print(bank.columns)
bank["bal_new"]=bank["balance"]*0.9
print(bank.shape)

print(bank.shape)
(45211, 18)

print(bank.columns)
Index(['Cust_nu', 'age','job','marita'', 'education','default', 'balance', 'housing',
 'loan','contact', 'day','month', 'duration', 'campaign', 'pdays', 'previous',
'poutcome', 'y'],
    dtype='object')

bank["bal_new"]=bank["balance"]*0.9

print(bank.shape)
(45211, 19)

print(bank.columns)
Index(['Cust_num','age','job','marital','education','default', 'balance','housing',
 'loan','contact', 'day','month', 'duration', 'campaign', 'pdays', 'previous',
'poutcome', 'y', 'bal_new'], dtype='object')
```

2. 连接数据集

用于连接数据集的函数是 **pd.merge()**，通过该函数可以执行标准的连接操作，如外连接、内连接、左外连接和右外连接。下面的示例是执行连接的代码和注释。

在下面的代码中，product1 和 product2 是两个数据集。参数 on 用于指定两个数据集中都存在的主键名。参数 how 用于设置数据集的连接类型。

```
###内连接
inner_data=pd.merge(product1, product2, on='Cust_id', how='inner')
print(inner_data.shape)
###外连接
outer_data=pd.merge(product1, product2, on='Cust_id', how='outer')
print(outer_data.shape)
###左外连接
L_outer_data=pd.merge(product1, product2, on='Cust_id', how='left')
print(L_outer_data.shape)
###右外连接
R_outer_data=pd.merge(product1, product2, on='Cust_id', how='right')
print(R_outer_data.shape)
```

如果两个数据集中主键列的名称不同，则可以使用 left_on 和 right_on 参数。

```
inner_data1=pd.merge(product1, product2, left_on='Cust_id',right_on='Cust_id', how='inner')
print(inner_data1.shape)
```

下面给出了示例代码和输出结果。

```
product1= pd.read_csv("D:/Chapter2 Python
```

```
Programming/Datasets/Orders Products/Product1_orders.csv")
print(product1.shape)
(665, 5)

print(product1.columns)
Index(['Cust_id', 'Country_code', 'Sales_Type', 'Net_sales', 'Invoice_Amount'],
dtype='object')

product2= pd.read_csv("D:/Google Drive/Training/Book/0.Chapters/Chapter2 Python
Programming/Datasets/Orders Products/Product2_orders.csv")

print(product2.shape)
(654, 5)

print(product2.columns)
Index(['Cust_id', 'CustName', 'Sales_Type', 'Net_sales', 'Invoice_Amount'],
dtype='object')

inner_data=pd.merge(product1, product2, on='Cust_id', how='inner')
print(inner_data.shape)
(342, 9)

outer_data=pd.merge(product1, product2, on='Cust_id', how='outer')
print(outer_data.shape)
(977, 9)

L_outer_data=pd.merge(product1, product2, on='Cust_id', how='left')
print(L_outer_data.shape)
(665, 9)

R_outer_data=pd.merge(product1, product2, on='Cust_id', how='right')
print(R_outer_data.shape)
(654, 9)

inner_data1=pd.merge(product1, product2, left_on='Cust_id',right_on='Cust_ id',
how='inner')

print(inner_data1.shape)
(342, 9)
```

到目前为止，我们已经熟悉了 Python 的一些基本数据处理操作。我们将频繁地使用这些命令。下面学习一些统计学的基本知识。

2.7　基本的描述性统计

假设有 10 000 个人的数据，其中包含他们的收入值。你会如何报告收入数据？你想要了解的收入数据的第一个统计内容是什么？计算收入栏的简单平均数？就像上学时学到的一样。这只是一个描述性的统计数字。除了收入的平均值，你可能也希望知道收入的最低值和最高值。上述这些统计内容都属于描述性的统计方法。下面将使用 Python 代码对数据进行更多的探索。

2.7.1 平均值

平均值是应用最广泛的描述性度量指标，用于计算数值变量的平均值。简言之，任何 n 个数值的平均值可以通过所有数值的和除以它们的个数 n 来计算。下面的示例是用 Python 编写的计算平均值的代码。

在下面的示例中将使用 Income_data 数据集。首先导入数据集，然后计算 capital-gain 列中数据的平均值。

```
income_data= pd.read_csv(r"D:\Datasets\Census Income Data\Income_data.csv")
print(income_data.shape)
print(income_data.columns)
print(income_data["capital-gain"].mean())
```

接下来显示输出结果。从输出结果中可以看出，capital-gain 列中数据的平均值在四舍五入后为 1077.65。

```
print(income_data.shape)
(32561, 15)
```

```
print(income_data.columns)
Index(['age', 'workclass', 'fnlwgt', 'education', 'education-num', 'marital-status',
'occupation', 'relationship', 'race', 'sex', 'capital-gain', 'capital-loss',
'hours-per-week', 'native-country', 'Income_band'], dtype='object')
```

```
print(income_data["capital-gain"].mean())
1077.6488437087312
```

平均值通常是统计数据时使用的第一个评测指标。使用平均值是为了获取所有数据的中心值，但更常见的说法是平均值。任何情况下都要注意平均值的计算方法。在表 2.10 给出的数据中，看起来所有的值都在 90 到 100 之间。

表 2.10　数据数组示例

客户 ID	ROI	客户 ID	ROI
1	95.86	14	92.42
2	98.01	15	97.65
3	94.71	16	91.61
4	96.02	17	99.96
5	97.46	18	93.94
6	98.45	19	94.84
7	98.79	20	95.91
8	94.84	21	96.26
9	93.63	22	99.22
10	93.94	23	93.45
11	98.49	24	98.31
12	961.3	25	99.75
13	95.21		

计算 ROI 列的平均值时，得到的结果却是 130.8。表 2.10 中的大多数数据看起来都不到 100，但平均值却是 130.8。如果仔细观察所有 ROI 列中的数据，就能知道为什么平均值在 100 以上了。那么，什么导致 ROI 的平均值变大呢？罪魁祸首就是中间的一个数据。

在 ROI 列的数据中有一个数据与其他数据不同，它的值为 961.3，而其余的 ROI 值均不足 100。ROI 的值为 961.3 的这个数据被称为异常值或离群值、离群点(outlier)。离群值可以是一个或多个，并且与大多数的数据有显著差异。离群值可能会对数据的分析结果产生重大影响。受影响最大的评测指标是平均值。离群值使"平均值"远离实际中心。以下是平均值在使用时需要注意的几个问题。

● 平均值受离群值的影响显著。

● 在存在离群值的情况下，平均值不能真实地评测数据的中心值。

● 如果离群值未消除或未适当处理，则不应该使用平均值评测数据。

是否有其他衡量数据中心倾向的方法呢？继续学习下面的内容吧。

2.7.2 中位数

中位数是一种位置的评测指标。中位数是指将数据按升序或降序排列后，取这些数据的中间位置的值。注意，这里的重点是中位数的值在一列中的位置。如果有 25 条记录，第 13 条记录值即为这 25 条记录的中位数。因此，在表 2.11 中这些数据的中位数为 96.02。中位数是数据的实际中心值。在表 2.11 中，平均数为 130.8，中位数为 96.02。

表 2.11　中位数的示例

实际数据	排序后的数据	实际数据	排序后的数据
95.86	91.61	92.42	96.26
98.01	92.42	97.65	97.46
94.71	93.45	91.61	97.65
96.02	93.63	99.96	98.01
97.46	93.94	93.94	98.31
98.45	93.94	94.84	98.45
98.79	94.71	95.91	98.49
94.84	94.84	96.26	98.79
93.63	94.84	99.22	99.22
93.94	95.21	93.45	99.75
98.49	95.86	98.31	99.96
961.3	95.91	99.75	961.3
95.21	**96.02**		

在前面的示例中，已经计算了 capital-gain 列的平均值。现在找出该列的中位数。下面是代码和输出结果。

```
print(income_data["capital-gain"].median())
```

上面的代码给出了下面的输出结果。

```
print(income_data["capital-gain"].median())
0.0
```

capital-gain 列的中位数为 0，平均值为 1077.6。平均值和中位数之间的差距是巨大的。这是一个有趣的查找离群值的问题。平均值和中位数之间的这种差异是数据中存在某些极值或离群值的一种暗示。稍后会做深入的数据分析。

现在，试着从下面的简短问答中学习中位数的使用。

- 如果数据的行数为偶数，如何计算中位数？这时，数据的中间位置有两个记录。
  - 我们可以按升序或降序排列数据，取中间两个记录的平均值，这个平均值即为中位数。例如，有 24 条记录，中位数则是第 12 条和第 13 条记录的平均值。
- 离群值总是偏高的吗？
  - 不，不一定。离群值也可以包含极低的值。
- 在表 2.10 的数据中，最高值是 961.3。如果是 9961 呢？中位数是否也会受到影响？
  - 当数据中的最高值为 9961 时，重新找出这些数据的中位数，将再次得到相同的中位数，仍然是 96.02。因此，中位数不受离群值的影响。
- 我们能说平均值和中位数之间的差异是检测离群值的唯一方法吗？
  - 不一定。平均值和中位数之间的差异只是给了我们一个数据中存在离群值的提示。检测离群值还有一些更好的方法，将在后续的内容中详细介绍。

2.7.3 方差和标准差

假设有两家公司，在最近 15 个季度里 A 公司和 B 公司的平均利润均为 1500 万(15 百万)美元。结果如表 2.12 所示。

表 2.12 公司利润示例 (单位：百万美元)

	平均利润	利润的中位数
A 公司	15	15
B 公司	15	15

如果你是长期投资者，对高风险的公司不感兴趣，会买哪一家公司的股票？我们不能单看平均值和中位数来做决定。让我们看看这两家公司的实际数据，如表 2.13 所示。

表 2.13 公司数据示例 (单位：百万美元)

A 公司	16	14	13	16	14	16	17	16	14	15	15	14	15
B 公司	4	4	20	23	10	15	14	-3	26	26	16	10	30

从最近几个季度的业绩看，A 公司在 1500 万美元左右；B 公司平均为 1500 万美元，但波动很大，有几个季度出现了亏损。通过观察中心趋势，不能判定数据中的整体离散度或扩散度，就像平均值和中位数给我们一个数据中心趋势的暗示一样。方差(Variance)是用来度量数据离散度的。

方差计算包括两个步骤。第一个步骤是计算数据的平均值并计算实际值与平均值的偏差。

表2.14　A 公司数据　　　　　　　　　　　　　　　　　　　　（单位：百万美元）

A 公司	16	14	13	16	14	16	17	16	14	15	15	14	15
平均值	15	15	15	15	15	15	15	15	15	15	15	15	15
(实际值–平均值)	1	−1	−2	1	−1	1	2	1	−1	0	0	−1	0

　　从表2.14 中看到，对 A 公司而言，实际值与平均值的偏差(Value‑Mean)非常小。B 公司则是实际值与平均值的偏差非常大(如表2.15 所示)。如果数据的偏差大，方差就大；如果数据的偏差较小，则方差较小。但是，仅计算出偏差是不够的，有些偏差是正数，有些偏差是负数。第二个步骤是计算这些偏差的平方值并求出所有偏差平方值的平均值。方差的计算结果如表 2.16 和表 2.17 所示。

表2.15　B 公司的数据　　　　　　　　　　　　　　　　　　　　（单位：百万美元）

B 公司	4	4	20	23	10	15	14	-3	26	26	16	10	30
平均值	15	15	15	15	15	15	15	15	15	15	15	15	15
(实际值–平均值)	−11	−11	5	8	−5	0	−1	−18	11	11	1	−5	15

表2.16　A 公司数据的方差　　　　　　　　　　　　　　　　　　（单位：百万美元）

A 公司	16	14	13	16	14	16	17	16	14	15	15	14	15
平均值	15	15	15	15	15	15	15	15	15	15	15	15	15
实际值–平均值	1	−1	−2	1	−1	1	2	1	−1	0	0	−1	0
(实际值–平均值)^2	1	1	4	1	1	1	4	1	1	0	0	1	0
方差 = 1.23													

表2.17　B 公司数据的方差　　　　　　　　　　　　　　　　　　（单位：百万美元）

B 公司	4	4	20	23	10	15	14	−3	26	26	16	10	30
平均值	15	15	15	15	15	15	15	15	15	15	15	15	15
实际值–平均值	−11	−11	5	8	−5	0	−1	−18	11	11	1	−5	15
(实际值–平均值)^2	121	121	25	64	25	0	1	324	121	121	1	25	225
方差=90													

　　A 公司和 B 公司的平均利润相同。然而，A 公司利润的方差为 1.23，B 公司利润的方差为 90。下面是方差的计算公式。

$$方差(x) = \frac{\sum_{i=1}^{n}(x_i - \bar{x})^2}{n}$$

　　计算方差时考虑了偏差的平方。此外，还可以使用标准差(Standard Deviation，SD)来捕获数据的离散度，标准差就是方差的平方根。

$$标准差(x) = \sqrt{方差(x)}$$

$$标准差(x) = \sqrt{\frac{\sum_{i=1}^{n}(x_i - \bar{x})^2}{n}}$$

下面的代码用于求方差和标准差。

```
bank= pd.read_csv('D:/Chapter2 Python Programming/Datasets/Bank Tele Marketing/bank_market.csv')
house_loan_yes=bank[bank["housing"]=="yes"]
house_loan_no=bank[bank["housing"]=="no"]

print(bank["balance"].std())
print(house_loan_yes["balance"].std())
print(house_loan_no["balance"].std())

print(bank["balance"].var())
print(house_loan_yes["balance"].var())
print(house_loan_no["balance"].var())
```

在上面的代码中，首先导入了银行市场数据(bank_market.csv)，然后根据银行市场数据集(bank)创建了两个子集——有住房贷款的客户数据集(house_loan_yes)和没有住房贷款的客户数据集(house_loan_no)。最后，分别计算了 bank、house_loan_yes、house_loan_no 这 3 个数据集中账户余额(balance)列的方差和标准差。结果如下所示。

```
print(bank["balance"].std())
3044.7658291686002

print(house_loan_yes["balance"].std())
2483.285760899055

print(house_loan_no["balance"].std())
3613.405338934082

print(bank["balance"].var())
9270598.954472754

print(house_loan_yes["balance"].var())
6166708.170283998

print(house_loan_no["balance"].var())
13056698.143437328
```

从输出结果可以看到，bank 数据集中账户余额(balance)的标准差为 3044。对于有住房贷款的客户来说，账户余额(balance)的标准差较小。方差和标准差是描述性统计指标。看这些指标的值，还是无法得出任何结论。使用这些指标仅仅是为了探索数据和描述潜在的数据信息。

2.8 数据探索

平均值和中位数的价值仅限于获得一些关于中心趋势的信息。对于数据分析来说，只有中心值、最小值和最大值是不够的。本节将讨论如何探索更多的数据信息，更好地理解所有可用的列。数据可以是数值的，也可以是非数值的。数值类型的变量又可以分为连续变量和离散变量。对于不同类型的数据，数据探索的方法不同。

在进行数据探索之前，注意以下问题。

● 在接触数据前，需要对数据涉及的业务问题有全面的理解。

- 根据数据所涉及的业务，尽量获取有关元数据的完整信息，如可用记录的数量、列和所有列的定义。然后找出数据中的缺失值或空格的数量。再查找唯一标识符，也称为主键，如客户 ID、机器、账号和产品编号。这里只是简单的举例。根据业务问题和数据类型，主键可以采用许多不同的形式。
- 搜集到所有数据后，根据这些数据的取值把它们归类。探索不同类型的数据所用的方法不同。以下是一些例子：
  - ◆ 数值型连续变量，如收入、销售额、债务比率、损失百分比、数量和发票金额。
  - ◆ 数值型离散变量，如每人信用卡数量、给予单个客户的贷款数量、受抚养人数量和反馈评级(1～5)。
  - ◆ 类别有限的类别变量，如性别(M 和 F)、地区(E、W、N、S)、国家代码(1、2、3、4、5)和客户类别(A、B、C、D)。类别变量的值既可以是数字，也可以是非数字。
  - ◆ 非数字变量，具有无限类或字符串类型的变量，如客户名称、客户反馈、产品描述。
  - ◆ 日期(date)变量和日期时间(datetime)变量，如订单日期、出生日期、事件的时间。
- 列名的定义要具有实际意义。例如，如果将变量的名称定义为 x1、x2 和 x3 或 var1、var2 和 var3 以存放数据，在不了解业务情境的情况下，无法对此类变量进行任何有意义的探索或分析。在分析数据前多花点时间，让列名更有实际意义，这是值得的。

现在考虑如何探索一些最常见的数据类型。

2.8.1　探索数值型连续变量

什么是数值型连续变量？如何鉴定？如果采用的是数值变量，则取其最大值和最小值。然后问自己一个问题——这个变量能取这两个极限值之间的所有值吗？如果该变量可以在两个极限值之间取任意值，则为数值型连续变量。

没有什么比例子更能说明问题了。例如，有一个损失百分比(loss percentage)变量，其最小值和最大值分别为 0.1 和 1。这个变量能在这两个极限值之间取任何值吗？能把 0.11 或 0.25 分配到该变量中吗？显而易见，答案是肯定的，因此，将损失百分比变量归为数值型连续变量。

如果有一个投诉数量(number of complaints)变量，该变量的最小值为 0，最大值为 4，它能取 0～4 的任何值吗？可以有 2.5 次投诉吗？当然，这一次的答案是否定的，该变量将自动归为离散变量(不是连续的)。

我们使用百分位数和百分位分布来探索连续变量。首先，探讨什么是百分位数。

1. 百分位数

例如，一次考试满分是 100 分，一个学生得了 68 分。她考得好吗？我们是否有资格对这个问题给出有说服力的答案？考试成绩的好坏不就是取决于试卷的难易程度，或者其他学生在同一张试卷中的表现如何吗？68 分，她的成绩可能比 90%的参加考试的同学都好。如果是那样的话，她的表现也许会受到赞赏。如果 90%的学生的成绩都比她高，而她却排在后 10%呢？图 2.14 描述了这两种情况。

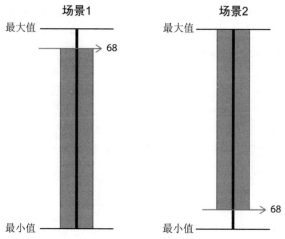

图 2.14 用百分位数演示的学生成绩示例

这里讨论了两个场景。在场景 1 中，68 分占数据总量的 90%以上。在场景 2 中，发生了恰恰相反的情况。图 2.14 表示的是考试成绩分布，称为百分位数。在场景 2 中可以很容易地分辨出 68 分不是好成绩。显然，与情景 2 相比，在情景 1 中，68 分的评价会更好。在场景 1 中，学生处于第 90 百分位数，而在场景 2 中，处于第 10 百分位数。

为了计算百分位数，将成绩(marks)数据按降序排列，并将其分成 100 个桶。问一个简单的问题：手中的数字(68)落在哪里？这个问题是间接地问它落在哪一个百分位数。如果 68 落在了第 90 百分位数，那就意味着 90%的数据低于这个数字，只有 10%的数据高于这个数字。有时，为了更好地了解数据，查看百分位数的值而不是实际的数值可能会有所帮助。事实上，在世界各地的许多竞争性考试中，重点是学生的百分位数(相对表现)，而不是实际的考试成绩。

百分位数和百分比不一样。一个人得到第 95 百分位数并不一定意味着他得到了 100 分中的 95分。尝试回答这个问题：一个在 100 分中得到 60 分的人能处于第 95 百分位数吗？如果只有 5%的学生得了 60 分以上，那么得 60 分就处于第 95 百分位数。一个在 100 分中得 95 分的人会处于第70 百分位数吗？当 30%的学生得分超过 95 分时也是可能的。百分位数应用广泛。比如，百分位数可以用于检测离群值。在接下来的几节中探索数值变量时将使用百分位数。

下面举个例子进一步探讨百分位数。Python 中的 quantiles()函数用于计算百分位数，该函数以百分位数作为输入，并给出该百分位数对应的值作为输出。这意味着，如果一个学生给出其成绩的百分位数，则可以使用这个函数得到其真实分数，前提是要知道所有学生的成绩数据。

在下面的示例中使用的变量是来自 income_data 数据集中的 capital-gain 列。在之前的讨论中，我们已经发现了这个变量存在一些猫腻。capital-gain 的平均值为 1077.6，中位数为 0。现在计算它的百分位数。下面的代码用于找出 capital-gain 的平均值和中位数，这是前面内容中的代码和相应的结果。

```
print(income_data["capital-gain"].mean())
1077.6488437087312

print(income_data["capital-gain"].median())
0.0
```

　　下面的代码使用百分位数函数 quantile() 计算 capital-gain 的百分位数。在 quantile() 函数中将 0.2 作为百分位数输入，意味着要找出处于第 20 百分位数上相对应的 capital-gain 的值。

```
print(income_data["capital-gain"].quantile(0.2))
```

上述代码的输出结果如下。

```
print(income_data["capital-gain"].quantile(0.2))
0.0
```

　　输出结果为 0.0，意味着 capital-gain 中 20% 的数据小于或等于 0，80% 的数据大于或等于 0。下面做更深入的分析，获取更多的百分位数的值。在下面的代码中，尝试获取第 0 百分位数、第 10 百分位数、第 20 百分位数，以此类推，直到第 100 百分位数的值。那么，第 0 百分位数的值是多少？没错，就是最小值，同样，第 100 百分位数的值是最大值，第 50 百分位数的值则是中位数。

```
print(income_data["capital-gain"].quantile([0,0.1,0.2,0.3,0.4,0.5,0.6,0.7,0.8,0.9,1]))
```

　　以上代码的输出结果为：

```
0.0        0.0
0.1        0.0
0.2        0.0
0.3        0.0
0.4        0.0
0.5        0.0
0.6        0.0
0.7        0.0
0.8        0.0
0.9        0.0
1.0     99999.0
```

　　输出结果与期望的不太一样。这样的结果让人摸不着头脑，不容易理解。我们研究一下输出结果，输出结果中有两列，第一列是百分位数，第二列是百分位数对应的值，即 capital-gain 列的值 (见表 2.18)。

表 2.18　百分位数的输出结果示例

百分位数	值	说明
0 (第 0 百分位数)	0	capital-gain 的最小值是 0
0.1 (第 10 百分位数)	0	capital-gain 中 10% 的数据小于或等于 0；可能剩下的 90% 大于或等于 0，但不能确定。需要验证剩余 90% 的数据
0.2 (第 20 百分位数)	0	capital-gain 中 20% 的数据小于或等于 0；可能剩下的 80% 大于或等于 0，但不能确定。需要验证剩余 80% 的数据
0.3 (第 30 百分位数)	0	capital-gain 中 30% 的数据小于或等于 0；可能剩下的 70% 大于或等于 0，但不能确定。需要验证剩余 70% 的数据
0.4 (第 40 百分位数)	0	capital-gain 中 40% 的数据小于或等于 0；可能剩下的 60% 大于或等于 0，但不能确定。需要验证剩余 60% 的数据

(续表)

百分位数	值	说明
0.5 (第50百分位数)	0	capital-gain 中 50%的数据小于或等于 0，可能剩下的 50%大于或等于 0，但不能确定。需要验证剩余的 50%的数据
0.6 (第60百分位数)	0	capital-gain 中 60%的数据小于或等于 0，可能剩下的 40%大于或等于 0，但不能确定。需要验证剩余的 40%的数据
0.7 (第70百分位数)	0	capital-gain 中 70%的数据小于或等于 0，可能剩下的 30%大于或等于 0，但不能确定。需要验证剩余的 30%的数据
0.8 (第80百分位数)	0	capital-gain 中 80%的数据小于或等于 0，可能剩下的 20%大于或等于 0，但不能确定。需要验证剩余的 20%的数据
0.9 (第90百分位数)	0	仔细看看这个值——capital-gain 中 90%的数据小于 0，剩下的 10%的数据可能大于或等于 0，但仍然不确定，需要验证剩余的 10%的数据最大值为 99999。此时是否可以得出结论，capital-gain 中有 10%的数据大于 0，90%的数据小于或等于 0 呢
1 (第100百分位数)	99999	你怎么确定只有 10%的数据大于 0？可能只是 1%或 5%的数据大于 0。如果不分析最后 10%的数据，就不能说明这 10%的数据全部大于 0。如何从第 90 百分位数到第 100 百分位数中分析这最后的 10%的数据呢

下面的示例用于分析最后 10 个百分位数的数据。需要在 quantile()函数中将百分位数的值的范围设置为 0.91～0.99。

```
print(income_data["capital-gain"].quantile([0.9,0.91,0.92,0.93,0.94,0.95,0.96,0.97,
0.98,0.99,1]))
0.90          0.0
0.91          0.0
0.92       1458.2
0.93       2885.0
0.94       3818.0
0.95       5013.0
0.96       7298.0
0.97       7688.0
0.98      14084.0
0.99      15024.0
1.00      99999.0
```

从输出结果可以看出，第 91 百分位数是 0，从第 92 百分位数开始才有大于 0 的值。这个结果表明 capital-gain 中有 91%的数据都是 0；只有 9%的数据大于 0。

- 当知道 capital-gain 的平均值接近 1077 时，是否能说明 capital-gain 中 91%的数据的值是 0？
- 当知道 capital-gain 的中位数为 0 时，是否能说明 capital-gain 中 91%的数据的值是 0？
- 当知道 capital-gain 的最小值和最大值时，是否能说明 capital-gain 中 91%的数据的值是 0？
- 你已经领略到了百分位数的魅力，对吧？它是分析数据时一个更实用的搭档吗？这些分析数据的指标将有助于你全面并深入地分析数据。

我们知道了分析连续变量可以使用百分位数。数据的百分位数不仅会展示变量的完整分布，而且有助于识别数据中的离群值。通过百分位数还可以猜出数据中离群值的百分比是多少。如果有一个连续变量，它可以取在这个变量最大值和最小值之间的任何值。若想了解这个变量的分布，使用百分位数指标对分析数据很有帮助。使用百分位数分析数据时只需要选择一个百分位数范围，并对数据进行深入分析。

下面再用一个示例来测试你对百分位数和检测离群值的理解。在 income_data 数据集中使用 hours-per-week 变量作为评测数据。从变量名称可以看出，它表示的是每周工作的小时数。我们将分析 hours-per-week 变量中的数据。通常在一周中有 5 天的正式工作时间，共计 40 小时。如果 hours-per-week 变量中的数据存在超过 60 小时的值，则可以明确断定存在离群值，且离群值在极端大值的一侧。同样，对于每周工作少于 20 小时的数据，这些离群值存在于极端小值的一侧。下面来看看数据和它的百分位数，找出离群值在极端大值一侧的确切比例。同时，也找出离群值在极端小值一侧的比例到底是多少。你能尝试自己解决这个问题而不参考下面给出的代码吗？现在你应该可以写出这段代码了。

首先，像往常一样得到标准的百分位数，并确定需要继续深入分析的区域。对于该示例来说，超过 60 小时是偏高的数据，低于 20 小时是偏低的数据。

```
print(income_data["hours-per-week"].quantile([0,0.1,0.2,0.3,0.4,0.5,0.6,0.7,0.8,0.9,1]))
0.0        1.0
0.1       24.0
0.2       35.0
0.3       40.0
0.4       40.0
0.5       40.0
0.6       40.0
0.7       40.0
0.8       48.0
0.9       55.0
1.0       99.0
```

从输出结果可以看到，第 90 百分位数的值是 55，第 10 百分位数的值是 24。但是，对小于 24 和大于 55 的限制条件不用关注。我们关注的是 20 以下和 60 以上的数据。通过前面对数据的解释和输出结果，可以看出需要向下钻取前 10 个百分位数和后 10 个百分位数，因为我们要分析的数据的限制范围是 20 和 60。继续检测极端大值一侧的离群点。

```
print(income_data["hours-per-week"].quantile([0.9,0.91,0.92,0.93,0.94,0.95,0.96,0.97,
0.98,0.99,1]))
0.90      55.0
0.91      55.0
0.92      58.0
0.93      60.0
0.94      60.0
0.95      60.0
0.96      60.0
0.97      65.0
0.98      70.0
0.99      80.0
1.00      99.0
```

从上面的输出结果可以看出有 92% 的数据小于 60，其余 8% 的数据大于或等于 60，所以这 8% 的数据可以被称为极大的离群值。如果严格按照超过 60 小时的限制，那么这个极大的离群值数据为 4%。

现在能继续查看极端小值一侧的离群值吗？下面的示例将数据向下钻取前 10 个百分位数。

```
print(income_data["hours-per-week"].quantile([0,0.01,0.02,0.03,0.04,0.05,0.06,0.07,
0.08,0.09,0.1]))
0.00      1.0
0.01      8.0
0.02     10.0
0.03     14.8
0.04     15.0
0.05     18.0
0.06     20.0
0.07     20.0
0.08     20.0
0.09     21.0
0.10     24.0
```

在上面的输出结果中，8%的数据小于或等于20小时。极端小值一侧的离群值的百分比为8%。如果严格查找小于20小时的数据，而忽略等于20小时的值，则此极端小值一侧的离群值的百分位数为5%。最后，我们得出有4%的极端大值和5%的极端小值。以上方法就是检测离群值和探索连续变量的方法。

这些离群值应该从数据中删除吗？就目前而言，知道分离离群值并单独分析就足够了。我们可以进行不同类型的数据处理。但是在本节只介绍了数据探索和离群值检测的方法。

2. 箱形图

箱形图是表示重要的百分位数的图形。重要的百分位数是指 0p、25p、50p、75p 和 100p。第 0 百分位数是最小值。第 25 百分位数也被称为第一个四分位数。第 50 百分位数被称为第二个四分位数或中位数。第 75 百分位数是第三个四分位数，第 100 百分位数是最大值或第四个四分位数。这些百分位数的划分足以对变量有很好的了解。describe()函数以汇总的形式显示了这些四分位数的结果。

```
print(income_data["age"].describe())
count    32561.000000
mean        38.581647
std         13.640433
min         17.000000
25%         28.000000
50%         37.000000
75%         48.000000
max         90.000000
Name: age, dtype: float64
```

在上面的输出结果中可以看到，age(年龄)变量的最小值是17，第25百分位数值(第一个四分位数值)为28，第二个四分位数值为37，第三个四分位数值为48，最大值为90。最小值和第一个四分位数值之间的差值是11。同样，第一个四分位数值和第二个四分位数值的差值是9；第二个四分位数值和第三个四分位数值的差值为11。最大值跃升至90，除了第三个四分位数值和最大值之间的差值较大，其他都是均等的。通过这样的结果可以看出，age 变量中的数据存在一些离群值。下面将使用箱形图显示这些百分位数的信息。

用这些百分位数绘制箱形图。通过在图上绘制这些百分位数，可以得到变量在最小值和最大值之间分布的基本情况。箱形图有助于快速识别离群值。下面的代码显示了箱形图的绘制。

```
plt.boxplot(income_data["age"])
```

上面代码绘制的箱形图如图 2.15 所示。

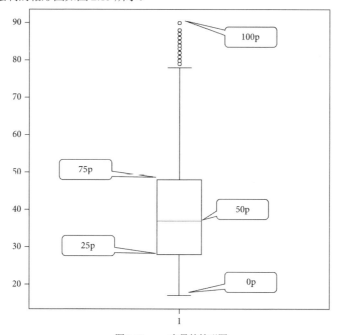

图 2.15　age 变量的箱形图

在图 2.15 中可以看到四分位数的平均分布，除了第三个四分位数。上四分位数(也称第三个四分位数)有一些离群值。为了进一步分析和检测离群值，可以使用百分位分布的形式。尽管如此，从箱形图中可以看到变量的整体分布。如果有极端的离群值，那么箱体将被压缩在图中较低的一端或较高的一端。前面已经对 capital-gain 变量进行过离群值的检测。在 capital-gain 变量中存在极端大的离群值，箱形图中的下方会被压缩。92%的数据的 capital-gain 值为 0。下面的代码演示了如何绘制箱形图来表示 capital-gain 变量(见图 2.16)。

```
print(income_data["capital-gain"].describe())
count    32561.000000
mean      1077.648844
std       7385.292085
min          0.000000
25%          0.000000
50%          0.000000
75%          0.000000
max      99999.000000
Name:capital-gain, dtype: float64

plt.boxplot(income_data["capital-gain"])
```

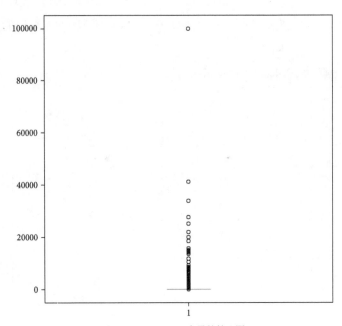

图 2.16   capital-gain 变量的箱形图

在图 2.16 中没有显示箱形的框和前 3 个四分位数，这是由于该变量中存在极端大的离群值。hours-per-week 变量的箱形图如图 2.17 所示。

```
print(income_data["hours-per-week"].describe())
plt.boxplot(income_data["hours-per-week"])
```

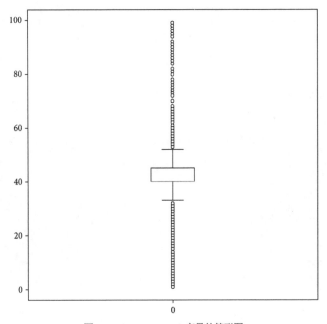

图 2.17   hours-per-week 变量的箱形图

hours-per-week 变量中同时存在极端大的离群值和极端小的离群值。箱形图虽然只是用于检测离群值是否存在的一个基本方法，但它还有助于直观地显示变量的分布。

2.8.2　探索离散变量和分类变量

如前所述，数值型离散变量是指该变量的取值数量是有限的。例如，家属的数量只能为0、1、2，绝不可能是1.5；一个人可以拥有的汽车数量是1、2、3或4——总是整数。离散变量的取值也很多，但它们与连续变量有本质的区别。为了便于记忆，可以将离散变量认为是整型，而将连续变量认为是浮点型或十进制类型。

分类变量的分类数量是有限的。这些分类值仅表示类别，没有其他含义。例如，用 region 变量表示区域，region 变量中用 4 个值保存类型：East、West、North 和 South。用 gender 变量表示性别，在大多数情况下，gender 变量的取值为男性或女性。用 payment status 变量表示付款状态，付款状态的类型可以用付款或待付款表示。分类变量中也可以使用数值表示分类，例如用 country code 变量表示国家编码，在该变量中可以将国家编码设置为 1、2 或 3，但这里的数字仍将被视为 3 个不同的类别。对于 country code 变量中的值不能进行比较，不能将 country code 中的值说成 1 小于 2。这没有任何商业意义。

探索分类变量需要创建一个频数表，类似于分组表或汇总表。频数表包含所有唯一的类别(在一个变量中)和频率计数或每种分类出现的次数。通过频数表，可以明确变量中所有的分类及其在给定数据中的权重。

下面的示例将介绍频数表的使用。在该示例中使用了收入数据集(income_data)中的 education 变量。在下面的代码中需要指定数据集中的列名"education"，并使用 Python 中的函数 value_counts() 创建所需的频数表。

```
income_data["education"].value_counts()
Out[144]:
 HS-grad        10501
 Some-college    7291
 Bachelors       5355
 Masters         1723
 Assoc-voc       1382
 11th            1175
 Assoc-acdm      1067
 10th             933
 7th-8th          646
 Prof-school      576
 9th              514
 12th             433
 Doctorate        413
 5th-6th          333
 1st-4th          168
 Preschool         51
Name: education, dtype: int64
```

在输出结果中可以很容易地记录观察结果，比如哪个类别的出现频率最高，频率最高的 3 个类是什么，以及占数据80%的最大类是什么。带百分比值的频数表有助于查看比值信息，若要获得百分比值，需要在 value_counts()函数中加入参数 normalize=True。以下是示例代码。

```
freq=income_data["education"].value_counts()

percent=income_data["education"].value_counts(normalize=True)

freq_table=pd.concat([freq,percent], axis=1, keys=["counts","percent"])

print(freq_table)
```

在上述代码中，首先创建频数表，然后使用了 normalize=True 计算百分比。最后，将频数计算结果和百分比计算结果连接到一个表中，axis=1 表示使用的是列连接。参数 keys 表示结果表中的实际列名。输出结果如下所示。

```
freq=income_data["education"].value_counts()
percent=income_data["education"].value_counts(normalize=True)
freq_table=pd.concat([freq,percent], axis=1, keys=["counts","percent"])
print(freq_table)
               counts    percent
HS-grad         10501   0.322502
Some-college     7291   0.223918
Bachelors        5355   0.164461
Masters          1723   0.052916
Assoc-voc        1382   0.042443
11th             1175   0.036086
Assoc-acdm       1067   0.032769
10th              933   0.028654
7th-8th           646   0.019840
Prof-school       576   0.017690
9th               514   0.015786
12th              433   0.013298
Doctorate         413   0.012684
5th-6th           333   0.010227
1st-4th           168   0.005160
Preschool          51   0.001566
```

从输出结果中可以看出，在统计的人口中，32%是 HS-grad，22%是 Some-college，16%是 Bachelors，还有 5%是 Masters。这 4 个类别占了所有数据的 75%。

可以用一个新变量进行分析并分组，然后为其创建一个交叉表，以便更好地理解这个变量中的数据。下面的示例将 education 与 Income_band 变量连接到一起。简言之，我们将单独获得 Income_band 变量的频数表，然后将其与 education 变量连接起来。

```
print(income_data["Income_band"].value_counts())
  <=50K   24720
  >50K     7841
Name: Income_band, dtype: int64

print(income_data["Income_band"].value_counts(normalize=True))
  <=50K   0.75919
  >50K    0.24081
Name: Income_band, dtype: float64
```

在 income_data 数据集中，只有 24%的人收入超过 5 万。现在通过 education 和 Income_band 这两个变量创建一个交叉表。在此基础上尝试得到各教育类别(education)的收入等级(Income_band)

分布。

```
cross_tab=pd.crosstab(income_data["education"],income_data['Income_band'])
cross_tab_p=cross_tab.astype(float).div(cross_tab.sum(axis=1), axis=0)
final_table=pd.concat([cross_tab,cross_tab_p], axis=1)
print(final_table)
```

```
Income_band     <=50K     >50K       <=50K        >50K
education
 10th            871        62       0.933548    0.066452
 11th           1115        60       0.948936    0.051064
 12th            400        33       0.923788    0.076212
 1st-4th         162         6       0.964286    0.035714
 5th-6th         317        16       0.951952    0.048048
 7th-8th         606        40       0.938080    0.061920
 9th             487        27       0.947471    0.052529
 Assoc-acdm      802       265       0.751640    0.248360
 Assoc-voc      1021       361       0.738784    0.261216
 Bachelors      3134      2221       0.585247    0.414753
 Doctorate       107       306       0.259080    0.740920
 HS-grad        8826      1675       0.840491    0.159509
 Masters         764       959       0.443413    0.556587
 Preschool        51         0       1.000000    0.000000
 Prof-school     153       423       0.265625    0.734375
 Some-college   5904      1387       0.809765    0.190235
```

在 Doctorate 和 Prof-school 类别中，超过 70%的人收入超过 5 万，这远远高于 25%的总人口的平均数。同样，可以在 Preschool 类别中看到另一个极端，即没有收入超过 5 万的人。通过对 income_data 数据集中的其他变量进行分组，也可以进行类似的分析。

在研究分类变量时，注意以下要点。

- 有时仅几个类就占数据的 90%。其他类加起来只有 10%或更少。在这种情况下，如果将所有数据较少的贡献类分成一组并命名为"其他类"，可能会大大简化工作。这只是许多经验丰富的数据科学家遵循的一条经验法则。你也可以根据数据的分析结果使用这种方法。
- 在某些情况下，一个数值型离散变量被分配了太多的数据值(例如一个列中的记录数量超过了所需要的数量)。在这种情况下最好使用百分位数。如果只存在有限数量的类，则使用频数表。
- 缺失值可以作为一个不同的类来处理。可以把它命名为"Missing"或"NA"。

2.8.3   探索其他类型的变量

记住，探索数据没有捷径。在分析数据前，需要对所分析的变量非常熟悉，并且有深入的了解。你需要花足够的时间检查目标数据中的每一个变量。以下是一些实用技巧。

- **字符串类型的变量在分析时价值不大**。数据中可能包含客户名称、描述或注释之类的变量。如果是纯文本数据，那么它不是结构化的。直接对文本数据进行分析具有挑战性。首先需要根据可用的数据和问题描述来评估如何分析文本数据是最好的。
- **文本数据需要区别对待**。在一列中存放客户反馈的数据。该列可能需要单独进行客户情绪分析，更适合的做法是，根据客户的情绪类型(积极或消极)将客户反馈数据转换为 - 1(积极的)或 1(消极的)。与处理其他数据不同的是，处理文本数据可能需要使用专门的自然语言处理(Natural Language Processing, NLP)技术。

- **不能直接使用日期和时间变量**。通常在分析的数据中有日期(date)或日期-时间(date-time)类型的变量。当这类变量是原始或未经处理的格式时可能没什么用。这些数据可能含有非常丰富的信息，而且能给我们重要的启示。但在分析这些数据前，需要对其进行处理。你可能需要根据日期变量创建新的变量。比如，有一个日期变量，你可能希望创建更相关的(取决于分析的类型)表示周末的变量、表示季度的变量或表示月份的变量。如果一个带详细时间的变量，那么根据该变量创建表示小时的变量可能更有用。这些新变量是根据业务分析的需求创建的。比如，快速消费品周末销售收入普遍较高，而洗衣机等家用电器类产品在每月的第一周销售收入可能会很高，或者节日期间零售网站的销售收入会异常高。

- **将非数值映射为数值**。处理非数值类型的变量时，不要只是将非数值变量转换为数值变量，例如，变量 region 的取值为 East、West、North 和 South，简单地将 East 映射为 1，West 映射为 2, North 映射为 3, South 映射为 4, 可能会适得其反。你能猜出为什么吗？东边(East)和南边(South)哪个更高？这是一个不恰当的问题，因为没有这样的排序。把非数值变量映射为数值变量之后，是否是在创建某种顺序？在处理非数值变量时有更好的方法。为 region 变量创建 4 个数值变量来表示，如表 2.19 所示。

表 2.19 将非数值变量映射为数值变量

原变量 region	派生变量 1 region_East	派生变量 2 region_West	派生变量 3 region_north	派生变量 4 region_south
East	1	0	0	0
East	1	0	0	0
West	0	1	0	0
South	0	0	0	1
North	0	0	1	0
North	0	0	1	0
West	0	1	0	0

将 region 变量映射为 4 个变量的方法称为独热编码(one-hot encoding)或创建哑变量(dummy variable)。重复一遍，独热编码是一种方法，通过这种方法，分类变量被转换成机器学习算法所需要的形式，从而可以更好地完成预测任务。在表 2.19 中有 7 行数据，只要仔细看看所有的列和对应的数据就能一目了然；对 region 变量执行独热编码操作非常简单，不再解释。

- **处理地理数据**。地理数据可能也不会直接使用。为了让地理数据在数据分析中更实用，若只提供经度和纬度信息，可能需要从地理数据中获取城市名、州名、国家名、邮政编码或结构性地址。

此外，在数据分析中还有许多其他类型的数据和数据处理技巧。后续将以需求和书中的案例为基础尽量关注数据清理和特征工程。

2.9 本章小结

本章介绍了 Python 的编程基础和统计学的基本方法，重点介绍了对于数据科学家和机器学习爱好者来说最基本的概念、命令和包。本章首先介绍了 Python 中一些实用的数据操作方法，这些方法应该是信手拈来的。接着讲解了分析数据时的基本描述性统计方法和数据探索技术，这些内容仅作为学习机器学习算法的起点，也是学习机器学习算法之前应该知道的最起码的内容。你可能想围绕本章的内容和相关主题探索更多的内容。在后面的章节中，我们一起走进机器学习算法。在学习机器学习算法前，务必在计算机中安装 Python 并完成本章所有的习题。

2.10 本章习题

1. 下载银行营销数据。该数据集包含一家葡萄牙银行电话营销活动的详细信息。
- 下载数据集并查看变量说明。
- 将其导入 Python 并对所有变量执行数据探索任务。
- 验证数据并识别缺失值和离群值。
- 清理数据，为数据分析做准备。
- 创建关于数据探索结果的详细报告，包括基本的描述性统计、必要的数据可视化图形和表格。

数据集下载：https://archive.ics.uci.edu/ ml/datasets/Bank+Marketing#。

2. 下载 Pima Indians 数据集。目的是根据对患者的诊断指标来预测糖尿病。
- 下载数据集并查看变量说明。
- 将其导入 Python 并对所有变量执行数据探索任务。
- 验证数据并识别缺失值和离群值。
- 清理数据，为分析做准备。
- 创建关于数据探索结果的详细报告。包括基本的描述性统计信息、必要的数据可视化和表。

数据集下载：https://www.kaggle.com/uciml/pima- indians-diabetes-database。

第3章

回归与逻辑回归

在机器学习中线性回归和逻辑回归是两种最基本和必要的算法。本书将讨论两种类型的算法：简单算法和黑箱方法。我们将线性回归和逻辑回归划分为简单算法。或许你已经知道机器学习算法能解决很多复杂的问题，但是，解决复杂问题的模型其底层算法也可能很复杂。本书后面的内容将讨论这些复杂的算法，但在此之前，需要弄明白简单算法。本章的内容将集中在代码讲解以及对输出结果的解释，还将介绍一些机器学习词典中的新词汇。

线性回归和逻辑回归算法是相对容易建立的，并且对非技术业务人员来说也很容易解释。这两种算法都很直观并且执行时间较短。这两种机器学习算法在全球范围内的企业已经使用了 25 年以上。大部分银行和金融机构使用这两种算法，比如在信用风险模型中使用逻辑回归模型。

本章首先介绍线性回归模型，包括建立回归线、从模型中选择或消除特征以及评测模型的准确率。然后，介绍逻辑回归模型并执行与线性回归相同的任务。鼓励读者运行本章中的代码片段并验证输出结果。本章代码使用的是 Python 3.7。若使用了 Python 的其他版本，代码可能会有一些细微的语法变化，相关的语法帮助可以从 Python 文档中查找。

3.1 什么是回归

"regression" 一词来源于拉丁语的 "regressus"，表示追溯或回到某事物。科学家 Francis Galton 首次引入了 "regression" 一词，并将其用于解释父子的身高关系。回归分析通过观察历史数据得出数据之间的模式，并利用得到的模式预测结果。本章将介绍如何实现回归分析。

首先看一下雇员的数据集(employee_profile.csv)，其中包括 3 个变量，分别是月收入(Monthly_Income)、月支出(Monthly_Expenses)以及读书花费的时间(Time_Spent_Reading_ Books)。下面的代码片段给出了包含该数据的文件路径。首先需要将数据导入 Python，然后绘制月收入(Monthly_Income)与其余两个变量的散点图(见图 3.1 和图 3.2)。在编码前，尝试回答如下问题：

- Monthly_Income 变量和 Monthly_Expenses 变量是否存在关联关系，如果存在，是正相关还是负相关？
- Monthly_Income 变量和 Time_Spent_Reading_Books 变量是否存在关联关系，如果存在，是正相关还是负相关？

我们来看看下面的代码以及相应的散点图是否有助于回答上述两个问题。

```
import pandas as pd

emp_profile=pd.read_csv(r"D:\Chapter3\5. Base Datasets\employee_profile.csv")

#列名
print(emp_profile.columns)

#前几行
emp_profile.head()

#绘制散点图
import matplotlib.pyplot as plt
plt.scatter(emp_profile["Monthly_Income"],emp_profile["Monthly_Expenses"])
plt.title('Income vs Expenses Plot')
plt.xlabel('Monthly Income')
plt.ylabel('Monthly Expenses')
plt.show()

plt.scatter(emp_profile["Monthly_Income"], emp_profile["Time_Spent_Reading_ Books"])
plt.title('Income vs Time_Spent_Reading_Books Plot')
plt.xlabel('Monthly Income')
plt.ylabel('Time_Spent_Reading_Books')
plt.show()
```

上述代码的输出结果如下。

```
print(emp_profile.columns)
Index(['EmpId', 'Monthly_Income', 'Monthly_Expenses',
'Time_Spent_Reading_Books'],
    dtype='object')
```

```
emp_profile.head()
```

	EmpId	Monthly_Income	Monthly_Expenses	Time_Spent_Reading_Books
0	1	6092	3836.80	29
1	2	2109	1422.85	14
2	3	7177	4717.05	39
3	4	6665	4330.25	1
4	5	8356	5552.40	44

图 3.1 Monthly_Income 变量与 Monthly_Expenses 变量的散点图

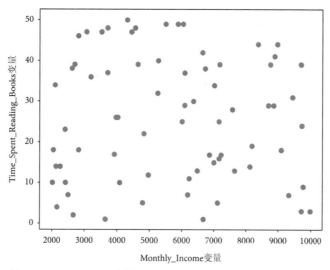

图 3.2 Monthly_Income 变量与 Time_Spent_Reading_Books 变量的散点图

从图 3.2 的散点图可以看出，图上的点是分散的，很明显月收入(Monthly_Income)与读书花费的时间(Time_Spent_Reading_Books)之间是没有关联的。在图 3.1 中可以非常明显地看出，月收入(Monthly_Income)与月支出(Monthly_Expenses)之间存在着强关联。当收入增长时，支出也会相应增长。因此，月收入变量与月支出变量之间存在较强的正相关的关系。

根据散点图，你能否回答如下问题？

- 如果月收入是 6000，则月支出的预测结果是多少？
- 同样，如果月收入是 9000，则月支出的预测结果是多少？

从散点图中可以猜出，如果月收入是 6000，则月支出的预测结果为 4000 左右；当月收入为 9000 时，则月支出的预测结果为 6000 左右，如图 3.3 所示。

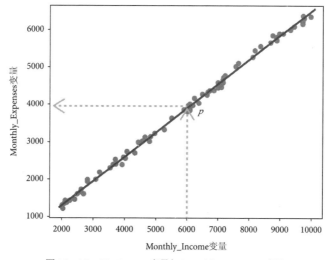

图 3.3 Monthly_Income 变量与 Monthly_Expenses 变量

这些预测结果是如何得到的呢？我们首先绘制一条线穿过数据，然后忽略真实数据，仅关注这条线。这样做是否对呢？用这种方法，我们重新将数据表示为一条直线。接着，我们从 x 轴上 6000 的位置绘制第二条线(虚线)。这条虚线与第一条线的交叉点记做 p。这样，我们就找到了 p 点对应的 y 轴上的值，即 4000。这条虚线代表了我们要找的数据，此时，这条虚线也表示了 x 和 y 的关系。正如你所看到的，这条直线穿过了大部分的数据点，因此，通过这条直线就可以根据给定的 x 值来预测 y 值。这条直线非常匹配图上的数据点，它就是回归线。你还记得在学校里学习的直线方程吗？是否与下面的方程相似？

$$y = mx + c$$

在上面的方程中，c 被称为常量或截距，m 是 x 的相关系数，也被称为斜率。如果给定了 m 和 c 的值，就可以完整地定义一个直线方程。例如，如果 m 为 0.2，c 为 5，则对应的直线方程如下所示。

$$y = 0.2x + 5$$

在回归分析中，使用相同的直线方程，但是 c 和 m 的符号表示略有不同。c 是截距，使用 β_0 表示，m 使用 β_1 表示。在回归分析中的直线方程将表示为如下形式。

$$y = \beta_0 + \beta_1 x$$

这里，β_0 和 β_1 被称为回归系数。这个直线方程也被称为回归模型。之所以将其称为模型，是因为在给定了输入值 x 后，就可以预测出输出结果 y。这样，就建立了简单的模型，在这个模型中仅表示了 x 与 y 的关系。

3.2　构建回归模型

在回归的介绍中，我们讨论了需要一条拟合数据的直线来穿过数据点。在前面的例子中数据相对简单，很容易绘制一条直线。对于给定的任何数据集，都能绘制出一条能拟合数据的直线吗？我们将在本章后面讨论这个问题。本节将讨论在预测数据时是否需要绘制散点图。假设有如下的直线方程，不需要散点图，当你知道了 x 的值，就很容易知道 y 的值。

$$y = 0.2x + 5$$

3.2.1　获取回归系数

在图 3.4 中，假设小圆点是数据点，你需要为这些数据点拟合一条回归线。现在，尝试绘制一条直接来拟合这些数据点而不考虑这条线是否是最佳回归线。在本书后面将讨论使用非直线或非线性的方式来拟合这些数据点。

对于这些数据，我们需要一条拟合数据的直线 $y = \beta_0 + \beta_1 x$。我们知道这条拟合数据的直线只需要确定 β_0 和 β_1 的值。只要确定了 β_0 和 β_1 的值，就能绘制这条直线，并能轻松地预测结果。现在面临的问题是：如何获取 β_0 和 β_1？

让我们认真观察数据点。观察从图 3.4 中由下方开始数的第 3 个点，比较其预测值和真实值。

我们发现，这个点的真实值是 40，而预测值为 30。在任意回归线中，真实值与预测值之间的差值被称为误差 e_i。对于第 3 个数据点来说，误差表示为 e_3。现在再来看第 5 个数据点，同样，你将注意到真实值和预测值之间的误差。与 e_3 类似，将第 5 个点的误差定义为 e_5。可以观察到，每个数据点都有一些误差。显然，对于最佳拟合的回归线或最佳的回归模型来说，应该保持最小的误差。

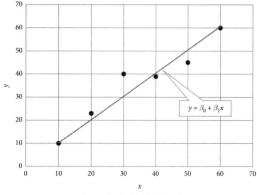

图 3.4　拟合数据的回归线

仔细观察图 3.5～图 3.7，在这些图中显示了所有误差吗？

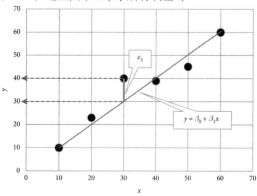

图 3.5　回归线的误差示例

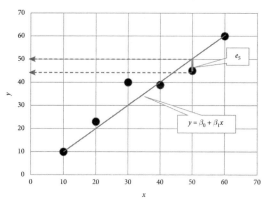

图 3.6　回归线中的所有误差

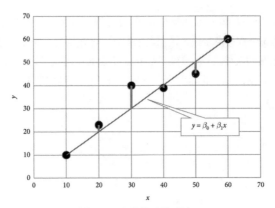

图 3.7　回归线的误差示例 2

从这些图中，可以得到如下结论：

(1) 误差值有正值也有负值。

(2) 误差值对于某些点很高，而有些点的误差值几乎为 0。

我们的目标是建立一个误差总和最小的直线。是这样吗？由于有些点的误差值是正数，有些点的误差值是负数，因此不能直接计算所有点的误差值并获取其最小值。直接使用 $\min \sum e_i$ 是不行的，需要使用 $\min \sum e_i^2$。

我们需要建立的回归线是要让误差值满足最小的误差平方和。找到最佳的回归线就是获得 β_0 和 β_1 的值。归根结底，就是 $\sum e_i^2$ 最小时得到 β_0 和 β_1 的值，你同意吗？下面让我们考虑如下目标函数：

$$\min \sum e_i^2$$
$$\min \sum (y\text{的真实值} - y\text{的预测值})_i^2$$
$$\min \sum (y - \hat{y})^2 \qquad \text{式中，} \hat{y} \text{是 } y \text{的预测值}$$
$$\min \sum (y - (\beta_0 + \beta_1 x))^2$$

我们已经有了数据的 x 和 y 值。通过这些值，在误差平方和最小时，找到 β_0 和 β_1 的值。现在我们处理的是一个优化问题。在 $\sum (y - (\beta_0 + \beta_1 x))^2$ 最小时，找到 β_0 和 β_1 的最优值。此外，使用微积分中的优化技术，也能找到 β_0 和 β_1 的值。

例如，如果将相关系数的值替换为 $\beta_0 = 2$，$\beta_1 = 1.5$，得到最小误差值 $\sum (y - (\beta_0 + \beta_1 x))^2$。假设在这次迭代中，得到的误差值为 50。在第二次迭代中，将相关系数值更改为 $\beta_0 = 19$，$\beta_1 = 1.4$，将得到的误差值为 45。继续使用不同的值替换相关系数的值，直到获取最小的误差值。不用担心，在实际的操作中，所有这些操作都是由 Python 完成的。

直接优化技术是用于函数值最小化时获取参数的方法。改变 β_0 和 β_1 的值时，回归线也会随之改变。尝试不同的相关系数，会出现不同的回归线。在误差值最小时获取相关系数，就是我们选择的最佳回归线，它可以穿过大部分的数据点。图 3.8 演示了每次迭代中 β_0 和 β_1 的值是如何被优化的。

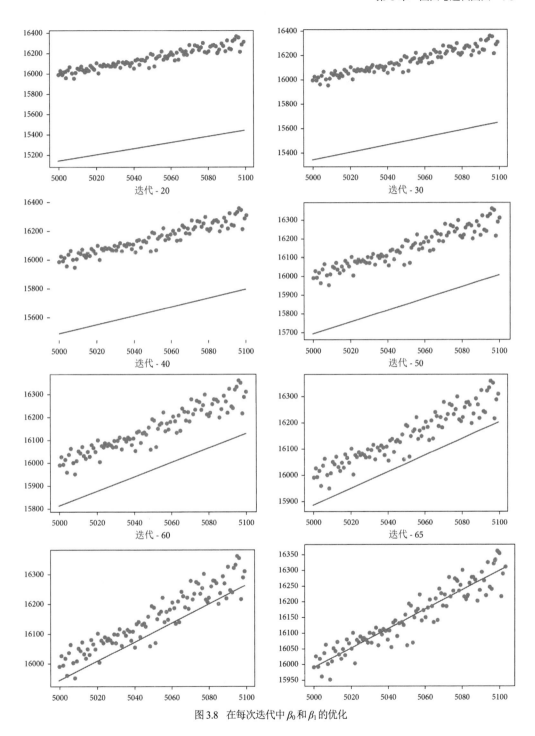

图 3.8　在每次迭代中 β_0 和 β_1 的优化

在大多数统计工具中，这些优化方法都将作为内置的函数库。我们只需要输入 x 和 y 的值，然后调用恰当的函数，其余的工作都由软件完成。所调用的内置函数将自动计算在误差最小时相关系数的值。

3.2.2　回归线示例

下面的示例中将构建回归线并预测结果。该示例中数据来源于一些航空公司。每个数据点表示每周的乘客数量，有一些直接或间接的因素会影响乘客的数量。我们将随机采集一年中不同航线的每周乘客数据。

该示例的问题定义是根据营销成本预测乘客数量。比如，营销成本为 450 万美元时，乘客数量会预测为多少呢？我们需要构建回归线，利用影响回归线的参数来预测乘客数量。在解决该问题前，需要全面理解数据集以及数据集中包含的列信息。在解决问题前了解数据是一个好习惯。表 3.1 列出了数据集中列的信息。

表 3.1　数据集中列的描述

列名	描述	其他
Passengers_count	每周乘客数	数值
marketing_cost	最近一个月的营销成本	千美元
percent_delayed_flights	本周延误航班百分比	百分数
number_of_trips	一周总行程数	数值
customer_ratings	用户反馈	1~10
poor_weather_index	恶劣天气指示器	百分数
percent_male_customers	男性乘客百分比	百分数
Holiday_week	假日周指示器	布尔型
percent_female_customers	女性乘客百分比	百分数

现在需要导入数据并将数据拟合回归线。下面的代码用于导入数据和输出数据集中的列信息。

```
air_pass=pd.read_csv(r"D:\Chapter3\Datasets\Air_Passengers.csv")
print(air_pass.columns)
```

上述代码的输出结果如下：

```
Index(['Passengers_count', 'marketing_cost', 'percent_delayed_flights',
'number_of_trips', 'customer_ratings', 'poor_weather_index', 'percent_male_ customers',
'Holiday_week', 'percent_female_customers'], dtype='object')
```

这里不需要进行详细的数据探索及验证。数据已经被格式化并且被清洗过了，因此直接进入回归分析步骤。在实际的工程中，回归分析前可能要完成数据探索及数据清洗的工作。

前面曾讨论过，该示例的问题定义是使用营销成本预测乘客数量。在该示例中，目标变量是 y，即乘客数量；自变量是 x，即营销成本。因此，我们所建立的回归模型中用到的方程如下所示。

$$y = \beta_0 + \beta_1 x$$

$$乘客数量 = \beta_0 + \beta_1(营销成本)$$

在 Python 中，使用两个软件包构建回归模型。首先使用的是 statsmodels 软件包。在本书后面的内容中，还将介绍使用 sklearn 软件包来完成相同的工作。下面的代码片段给出了回归模型的构建过程，并对代码和输出结果做了解释。

```
import statsmodels.formula.api as sm
model1 = sm.ols(formula='Passengers_count ~ marketing_cost',data=air_pass)

fitted1 = model1.fit()
fitted1.summary()
```

1. 代码解释

表 3.2 对代码进行了简要的解释。

表 3.2　代码解释

```
import statsmodels.formula.api as sm
```

- 导入 statsmodels 中的子包

```
model1 = sm.ols(formula='Passengers_count ~ marketing_cost',data=air_pass)
```

- 设置变量 y 和 x 的值。该模型的配置是 y~x。这里，y 是乘客数量，x 是营销成本。
- data 参数用于设置数据集的名称，这里是 air_pass。
- sm.ols 中的 sm 是软件包的名称，ols()函数用于最小化平方误差。通过该函数可以得到回归方程中两个系数的值(β_0 和 β_1)。ols 的全称是 "ordinary least squares"，即最小二乘法。该函数名源自最小化误差平方和。

```
fitted1 = model1.fit()
```

- 前面的步骤用于配置模型，在该步骤，构建模型。
- 在该步骤中，需要用到真实数据，通过执行优化方法来构建模型。
- 每个模型的构建都需要两个步骤。第一步用于配置模型，设置变量(x, y)和数据集；第二步则是构建模型，即拟合数据或训练。
- 执行上述代码后，可以得到 β_0 和 β_1 的值。模型的结果就存储在 fitted1 对象中。

```
fitted1.summary()
```

- 前面已经讨论过，模型的结果就存储在 fitted1 中。
- fitted1.summary()命令给出模型的摘要信息。
- 现在我们只查找 β_0 和 β_1 的值。实际输出的内容很多，将在后面的内容中讨论

2. 输出结果的解释

下面来看一下 fitted1(前面构建的模型)的输出结果，如表 3.3 所示。

表 3.3　OLS 回归模型的结果

```
                              OLS Regression Results
================================================================================
Dep. Variable:        Passengers_count   R-squared:                       0.761
Model:                             OLS   Adj. R-squared:                  0.760
Method:                  Least Squares   F-statistic:                     830.0
Date:                 Tue, 07 Apr 2020   Prob (F-statistic):           4.87e-83
Time:                         16:29:13   Log-Likelihood:                 -2453.4
No. Observations:                  263   AIC:                             4911.
Df Residuals:                      261   BIC:                             4918.
Df Model:                            1
Covariance Type:             nonrobust
================================================================================
                   coef    std err          t      P>|t|      [0.025      0.975]
--------------------------------------------------------------------------------
Intercept     5186.6868    839.019      6.182      0.000    3534.579    6838.795
marketing_cost   6.3901      0.222     28.810      0.000       5.953       6.827
================================================================================
Omnibus:                         8.874   Durbin-Watson:                   1.829
Prob(Omnibus):                   0.012   Jarque-Bera (JB):                9.679
Skew:                            0.342   Prob(JB):                     0.00791
Kurtosis:                        3.644   Cond. No.                     1.88e+04
================================================================================
```

在输出结果中有一些模型的验证指标。现在，只需要找出回归系数 β_0 和 β_1 的值。我们在输出结果的第 2 个表中找到回归方程的相关系数。β_0 是表中给出的 Intercept 参数的值，β_1 是 x 的相关系数，即 marketing_cost 参数的值。现在就可以快速建立回归模型，如下所示，该方程是使用了 Passengers_count(乘客数量)和 marketing_cost(营销成本)变量的方程。

$$y = \beta_0 + \beta_1 x$$
$$乘客数量 = \beta_0 + \beta_1(营销成本)$$
$$\text{From output } \beta_0 = 5186.6868 \text{ and } \beta_1 = 6.3901$$
$$乘客数量 = 5186.6868 + 6.3901(营销成本)$$

3. 用模型做预测

下面将使用建立好的回归模型来预测结果。当营销成本为 4500(4500 千美元，即 450 万美元)时，预测结果是多少呢？

$$乘客数量 = 5186.6868 + 6.3901 \times (4500)$$
$$乘客数量(预测值) = 33\,942$$

现在可以根据给定的营销成本值预测乘客数量。不需要再进行人工操作即可预测结果。

通过 Python 中的预测函数(predict)来完成预测工作。下面给出了预测结果的代码：

```
new_data=pd.DataFrame({"marketing_cost":[4500]})
print(fitted1.predict(new_data))
```

首先，需要创建一个 DataFrame，然后将其传递给 predict()函数即可得到预测结果。运行上述代码，结果如下所示。

```
print(fitted1.predict(new_data))
0    33942.146091
```

下面的代码演示了如何一次预测多个结果，这里，根据给定的自变量值预测 4 个结果。

```
new_data1=pd.DataFrame({"marketing_cost":[4500,3600, 3000,5000]})
print(fitted1.predict(new_data1))
```

上述代码的输出结果如下。

```
new_data1=pd.DataFrame({"marketing_cost":[4500,3600, 3000,5000]})
print(fitted1.predict(new_data1))
0    33942.146091
1    28191.054238
2    24356.993003
3    37137.197120
dtype: float64
```

回归模型是我们用到的第一个机器学习模型。它用于表示两个变量之间简单的线性关系。类似的，任何机器模型都是在给定的数据集内发现数据间的潜在模式。后续将使用复杂的模型，你将看到这些数据模式变得更加复杂。

3.3　R-squared

3.2 节讨论了回归模型的构建，以及利用它实现一些有效的预测。利用直线模型，当营销成本为 4500(4500 千美元，即 450 万美元)时，可以预测乘客数量为 33 942。现在思考如下问题：

- 如何验证预测结果的准确率或者能将预测结果作为最终的结果吗？
- 为什么在模型中仅考虑了 marketing_cost 变量？为什么没有其他变量？使用 percent_delayed_flights、number_of_trips 或 customer_ratings 变量能预测乘客数量吗？模型预测的结果会一样吗？
- 更重要的是，对于给定的数据，我们获取了所有可能的模式吗？

我们需要定义一个准确率的评测方法来回答这些问题。我们已经知道如何在回归方程 $y = \beta_0 + \beta_1 x$ 中根据变量 x 的值预测 y 的值。下一步就是验证模型的准确率。

幸运的是，我们有一些历史数据可以使用。我们准备一组 y 和 x 值，在回归模型中使用历史数据中的 x 值，然后得到相应的预测值 y。验证回归模型的准确率是指得到的预测值 y 与历史数据中的 y 值相比较。代码如下所示。

```
#从数据中预测
air_pass["passengers_count_pred"]=round(fitted1.predict(air_pass))
```

下面的代码用于输出 x 和 y 以及预测结果：

```
keep_cols=["marketing_cost", "Passengers_count", "passengers_count_pred"]
air_pass[keep_cols]
```

上述代码的输出结果如下所示。下面的结果只是实际输出结果的一部分。

	marketing_cost	Passengers_count	passengers_count_pred
0	3588.1	23291	28115.0
1	3186.3	25523	25547.0
2	3342.0	25620	26542.0
3	2512.5	19625	21242.0

4	3012.1	27231	24434.0
..	...	...	...
258	2929.8	24238	23908.0
259	4024.0	29600	30900.0
260	3003.8	28578	24381.0
261	3327.6	27426	26450.0
262	2052.1	17591	18300.0

```
[263 rows x 3 columns]
```

根据输出结果，你能回答如下问题吗？

- 对于模型的可靠性，模型的预测值接近真实值好，还是远离真实值好呢？
- 对于任意的理想模型，真实值与预测值之间的差距究竟允许是多少呢？

如果一个模型是可信的，预测值应该接近真实值。真实值与预测值之间的差值是误差。对于完美的模型来说，预测值应该精确匹配真实值。表 3.4 给出了回归模型中度量误差的方程。在表 3.4 中，y_i 是真实值，$\hat{y}_i$ 是预测值。

表 3.4　回归模型的误差方程

一个样本点的误差	$y_i - \hat{y}_i$
误差平方和(SSE)	$\sum_{i=1}^{n} (y_i - \hat{y}_i)^2$
平均绝对偏差(MAD)	$\sum_{i=1}^{n} \dfrac{\|y_i - \hat{y}_i\|}{n}$
平方绝对百分比误差(MAPE)	$\dfrac{100}{n} \sum_{i=1}^{n} \dfrac{\|y_i - \hat{y}_i\|}{n}$
均方误差(MSE)	$\sum_{i=1}^{n} \dfrac{(y_i - \hat{y}_i)^2}{n}$
均方根误差(RMSE)	$\sqrt{\mathrm{MSE}}$

所有的误差度量指标完成的都是相同的工作。误差值高表明模型是一个错误模型。下面以 SSE 为例，若是比较两个给定的模型，模型的 SSE 值越小，则模型越好。

下面使用一个数据来验证预测结果。在历史数据中，y 的真实值为 30 000，而使用模型预测的结果为 27 000。

因此，在该示例中误差值为 3000。在实际的工程中，验证所有数据点的误差值。简单的方程表示如下。

$$Y(真实值) = Y(预测值) + 误差$$
$$30\,000 = 27\,000 + 3000$$

y 处的原始数据和均值之差的平方和 = 预测数据和原始数据均值之差的平方和+误差的平方和

原始数据和均值之差的总平方和 = 回归模型的预测数据和原始数据均值之差的平方和+误差的平方和

$$\sum_{i=1}^{n} (y_i - \overline{y}_i)^2 = \sum_{i=1}^{n} (\hat{y}_i - \overline{y}_i)^2 + \sum_{i=1}^{n} (y_i - \hat{y}_i)^2$$

在 y 处的总方差=回归模型的可解释方差+未解释方差

$$SST = SSR + SSE$$

- 对于一个好模型来说，SSE 的值应该是多少呢？显然，结果应该是接近 0。
- 对于一个好模型来说，SSR 的值应该是多少呢？结果应该是接近 SST。
- 对于一个好模型来说，SSR/SST 的值应该是多少呢？结果应该是接近 1。
- SSR/SST 使用 R-squared(R^2)表示。

$$R-squared = \frac{SSR}{SST}$$

$$R-squared = \frac{可解释方差}{总方差}$$

我们使用 R-squared 评测模型的准确率、效果及拟合程度。R-squared 被称为模型的可解释方差。

- 对于一个好模型，R-squared 的值应该接近 1。
- 当比较两个模型的准确率时，R-squared 值较大的模型较好。
- R-squared 是评价预测结果的第一个评测指标。
- 在工业界中，R-squared 的最小值为 0.8。对于不同的垂直领域，可接受 R-squared 值水平也是不同的。
- R-squared 值在回归线的输出摘要中很容易找到。

下面做一个用 R-squared 评价模型的练习。构建两个预测乘客数量的模型。第一个模型使用 marketing_cost 变量预测乘客数量，第二个模型使用 customer ratings(乘客的评分)变量来预测乘客数量。构建模型后，将验证两个模型的准确率。

我们已经在前面创建了第一个模型，输出结果如表 3.5 所示。

表 3.5　OLS 回归模型的结果

```
                          OLS Regression Results
==============================================================================
Dep. Variable:     Passengers_count    R-squared:                      0.761
Model:                         OLS    Adj. R-squared:                 0.760
Method:              Least Squares    F-statistic:                    830.0
Date:             Tue, 07 Apr 2020    Prob (F-statistic):          4.87e-83
Time:                     16:29:13    Log-Likelihood:                -2453.4
No. Observations:              263    AIC:                            4911.
Df Residuals:                  261    BIC:                            4918.
Df Model:                        1
Covariance Type:         nonrobust
==============================================================================
                  coef    std err          t      P>|t|      [0.025      0.975]
------------------------------------------------------------------------------
Intercept      5186.6868    839.019      6.182      0.000    3534.579    6838.795
marketing_cost    6.3901      0.222     28.810      0.000       5.953       6.827
==============================================================================
Omnibus:                       8.874   Durbin-Watson:                   1.829
Prob(Omnibus):                 0.012   Jarque-Bera (JB):                9.679
Skew:                          0.342   Prob(JB):                      0.00791
Kurtosis:                      3.644   Cond. No.                     1.88e+04
==============================================================================
```

你在输出结果中注意到 R-squared 值了吗？下面的代码将使用 customer_ratings(乘客的评分)值来预测乘客数量，也就是创建的第二个模型。

```
model2 = sm.ols(formula='Passengers_count~customer_ratings',data=air_pass)
fitted2 = model2.fit()
fitted2.summary()
```

表 3.6 是 model2 的输出结果。

表 3.6　model2 OLS 回归模型的结果

```
                            OLS Regression Results
==============================================================================
Dep. Variable:        Passengers_count   R-squared:                    0.102
Model:                             OLS   Adj. R-squared:               0.099
Method:                  Least Squares   F-statistic:                  29.72
Date:                 Tue, 07 Apr 2020   Prob (F-statistic):        1.16e-07
Time:                         17:50:02   Log-Likelihood:             -2627.4
No. Observations:                  263   AIC:                          5259.
Df Residuals:                      261   BIC:                          5266.
Df Model:                            1
Covariance Type:             nonrobust
==============================================================================
                      coef    std err          t      P>|t|      [0.025      0.975]
------------------------------------------------------------------------------------
Intercept          2.261e+04   1192.915     18.955      0.000    2.03e+04     2.5e+04
customer_ratings   894.4643    164.083       5.451      0.000     571.369    1217.560
==============================================================================
Omnibus:                        28.234   Durbin-Watson:                2.024
Prob(Omnibus):                   0.000   Jarque-Bera (JB):            35.541
Skew:                            0.767   Prob(JB):                  1.92e-08
Kurtosis:                        3.944   Cond. No.                      27.0
==============================================================================
```

你在表 3.6 中找到 R-squared 值了吗？

比较一下两个模型的输出摘要，model1 的 R-squared 值为 0.761，而 model2 的 R-squared 值为 0.102。因此，model1 中有 76%目标变量是可解释的方差，而在 model2 中仅占 10%。根据前面对 R-squared 的定义，可以得出在模型预测结果的准确率方面，model1 要好于 model2。我们在前面已经定义了一个可接受的 R-squared 值为 80%。model1 的 R-squared 值为 76%，已经非常接近 R-squared 的可接受值。

3.4　多元回归

至此，我们只使用了一个自变量来预测目标变量的结果。在第一个模型中使用 marketing_cost 变量预测乘客数量，在第二个模型中使用 customer_ratings 变量预测乘客数量。这两个模型都是简单的回归模型。在实际生活中，有多个变量会影响预测目标变量的结果。在我们的示例中也是一样，乘客数量不仅与 marketing_cost 有关，其他变量可能也会对乘客数量有影响，包括 marketing_cost、 percent_delayed_flights、number_of_trips、customer_ratings、poor_weather_index、percent_male_customers、holiday_week 及 percent_female_customers。为了提高模型的准确率，应该在模型中采用这些变量。通常来说，应该创建一个包含所有变量的模型，并验证该模型的有效性。因此，我们现在建立一个含有多个自变量的回归模型，该模型可能会提高预测的准确率。下面回到我们熟悉的方程：

简单的线性回归方程　　　　　　$y = \beta_0 + \beta_1 x$

使用多个自变量的线性回归方程如下所示。

$$y = \beta_0 + \beta_1 x_1 + \beta_2 x_2 + \cdots + \beta_k x_k$$

多元线性回归线将显示在一个多维空间中。我们有大量的输入变量，每个变量都有自己的相关系数。如果相关系数为正数，则表示该变量与目标变量是正相关；如果相关系数是负数，则表示该变量与目标变量是负相关。在实际的生活中，建立的线性回归模型都使用了多个变量。图 3.9 是一个在三维空间中回归线的实例。这里使用了两个自变量与一个目标变量。这个模型看起来像一个平面，实际上，它就是一个多维的回归线。

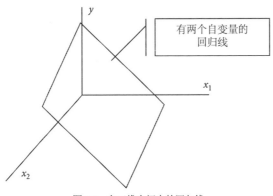

图 3.9　在三维空间中的回归线

模型建立的过程以及 R-squared 值的解释与前面的模型一样。现在应该清楚多元线性回归线就是用多个变量来预测目标结果。与简单的只使用一个自变量的回归模型相比，我们期望多元回归模型能获得更好的 R-squared 值，在多元回归模型中所用到的变量能对目标变量的预测结果有一定影响。下面介绍如何建立多元回归线。多元回归模型的代码如下所示。

```
#多元回归
import statsmodels.formula.api as sm
model3 = sm.ols(formula='Passengers_count ~ marketing_cost+percent_delayed_flights+
number_of_trips+customer_ratings+poor_weather_index+percent_female_customers+ Holiday_week
+percent_male_customers', data=air_pass)
fitted3 = model3.fit()
fitted3.summary()
```

正如你所看到的，我们需要使用所有自变量来预测乘客人数。需要注意的是，不是使用列的和，而是用每一个单独的变量。输出结果如表 3.7 所示。

表 3.7　model3 的结果

```
                         OLS Regression Results
==============================================================================
Dep. Variable:       Passengers_count   R-squared:                     0.911
Model:                            OLS   Adj. R-squared:                0.908
Method:                 Least Squares   F-statistic:                   325.3
Date:                Tue, 07 Apr 2020   Prob (F-statistic):         8.93e-129
Time:                        17:50:55   Log-Likelihood:               -2323.3
No. Observations:                 263   AIC:                           4665.
Df Residuals:                     254   BIC:                           4697.
Df Model:                           8
Covariance Type:            nonrobust
==============================================================================
                            coef    std err          t      P>|t|      [0.025      0.975]
------------------------------------------------------------------------------
Intercept                4173.3041   3.71e+04      0.113      0.910   -6.88e+04   7.71e+04
marketing_cost              4.4279      0.168     26.287      0.000       4.096      4.760
percent_delayed_flights  2.187e+04   4827.398      4.530      0.000    1.24e+04    .14e+04
number_of_trips             0.3004      0.270      1.114      0.266      -0.231      0.831
customer_ratings          546.3104     53.897     10.136      0.000     440.168    652.453
poor_weather_index       -919.5035   4520.130     -0.203      0.839   -9821.210    982.203
percent_female_customers  -15.7188    371.808     -0.042      0.966    -747.937    716.499
Holiday_week             6804.5389    598.471     11.370      0.000    5625.942    983.136
percent_male_customers     -7.3113    372.653     -0.020      0.984    -741.195    726.572
==============================================================================
Omnibus:                        0.087   Durbin-Watson:                 1.778
Prob(Omnibus):                  0.957   Jarque-Bera (JB):              0.082
Skew:                           0.041   Prob(JB):                      0.960
Kurtosis:                       2.969   Cond. No.                   1.43e+06
==============================================================================
```

表 3.7 中的结果是格式化后的效果。图 3.10 是实际输出的截图。

你看到表 3.7 中 R-squared 值了吗？事实上，在任何回归模型的输出结果中，第一个评测指标都是 R-squared。可以看到 R-squared 的值已经超过了 90%。我们已经在模型中加入了多个自变量，期待模型会变得更好。我们可以检测相关系数的符号，然后找出变量对目标变量的影响是正相关还是负相关。在模型中并不是所有的自变量对目标结果的影响都是显著的。本章后续的内容将介绍如何判断单个变量的重要性。

```
                              OLS Regression Results
==============================================================================
Dep. Variable:         Passengers_count   R-squared:                     0.911
Model:                              OLS   Adj. R-squared:                0.908
Method:                   Least Squares   F-statistic:                   325.3
Date:                 Mon, 04 Nov 2019   Prob (F-statistic):         8.93e-129
Time:                        14:31:29   Log-Likelihood:               -2323.3
No. Observations:                 263   AIC:                           4665.
Df Residuals:                     254   BIC:                           4697.
Df Model:                           8
Covariance Type:            nonrobust
==============================================================================
                            coef    std err          t      P>|t|      [0.025      0.975]
------------------------------------------------------------------------------
Intercept                4173.3041   3.71e+04      0.113      0.910   -6.88e+04    7.71e+04
marketing_cost              4.4279      0.168     26.287      0.000       4.096       4.760
percent_delayed_flights  2.187e+04   4827.398      4.530      0.000    1.24e+04    3.14e+04
number_of_trips             0.3004      0.270      1.114      0.266      -0.231       0.831
customer_ratings          546.3104     53.897     10.136      0.000     440.168     652.453
poor_weather_index       -919.5035   4520.130     -0.203      0.839   -9821.210    7982.203
percent_female_customers  -15.7188    371.808     -0.042      0.966    -747.937     716.499
Holiday_week             6804.5389    598.471     11.370      0.000    5625.942    7983.136
percent_male_customers     -7.3113    372.653     -0.020      0.984    -741.195     726.572
==============================================================================
Omnibus:                        0.087   Durbin-Watson:                   1.778
Prob(Omnibus):                  0.957   Jarque-Bera (JB):                0.082
Skew:                           0.041   Prob(JB):                        0.960
Kurtosis:                       2.969   Cond. No.                     1.43e+06
==============================================================================

Warnings:
[1] Standard Errors assume that the covariance matrix of the errors is correctly specified.
[2] The condition number is large, 1.43e+06. This might indicate that there are
strong multicollinearity or other numerical problems.
"""
```

图 3.10　截图——model3 的结果

3.5　回归中的多重共线性

多元回归线是一个非常棒的工具。通过多个自变量构建的多元回归线能帮助我们准确预测目标结果。但是，在建立多元回归模型时需要认真观察。有时模型中有太多的变量并不是一件好事，而是一场灾难。这也是构建多元回归模型所面临的一个挑战。下面使用一个示例来弄清楚多元回归模型中自变量的作用。基于客户的收入、信用卡的数量、贷款额来尝试预测客户的月支出。对于营销人员(如金融机构的销售人员)来说，了解客户的支出情况有利于他们向客户推荐适合的金融产品。

下面的代码用于导入数据并建立模型。通常需要确认数据文件的存储路径。

```
income_expenses=pd.read_csv(r"D:\Chapter3\5. Base Datasets\customer_income_
expenses.csv")


print(income_expenses.columns)


model4=sm.ols(formula='Monthly_Expenses ~ Monthly_Income_in_USD+Number_of_
Credit_cards+Number_of_personal_loans+Monthly_Income_in_Euro' ,
data=income_expenses)
fitted4 = model4.fit()
fitted4.summary()
```

上述代码的输出结果如表 3.8 所示。

表 3.8　model 4 的结果

```
                          OLS Regression Results
==========================================================================
Dep. Variable:           Monthly_Expenses    R-squared:              0.966
Model:                                OLS    Adj. R-squared:         0.964
Method:                     Least Squares    F-statistic:            483.1
Date:                    Tue, 07 Apr 2020    Prob (F-statistic):   1.31e-48
Time:                            17:58:59    Log-Likelihood:       -512.77
No. Observations:                      72    AIC:                    1036.
Df Residuals:                          67    BIC:                    1047.
Df Model:                               4
Covariance Type:                nonrobust

==========================================================================
                          coef    std err       t    P>|t|    [0.025   0.975]
--------------------------------------------------------------------------
Intercept              -72.6691   143.534   -0.506   0.614  -359.164  213.826
Monthly_Income_in_USD    7.5244   121.538    0.062   0.951  -235.066  250.115
Number_of_Credit_cards  30.2664    53.290    0.568   0.572   -76.100  136.633
Number_of_personal_loans 149.2454 104.408    1.429   0.158   -59.155  357.645
Monthly_Income_in_Euro  -7.6337   135.041   -0.057   0.955  -277.178  261.910
==========================================================================
Omnibus:                   29.413    Durbin-Watson:               2.599
Prob(Omnibus):              0.000    Jarque-Bera (JB):            5.056
Skew:                       0.104    Prob(JB):                   0.0798
Kurtosis:                   1.719    Cond. No.                 4.68e+04
==========================================================================
```

```python
print(income_expenses.columns)
Index(['id', 'Monthly_Income_in_USD', 'Number_of_Credit_cards', 'Number_of_personal_loans',
       'Monthly_Income_in_Euro', 'Monthly_Expenses'],
      dtype='object')
```

该模型是使用了 4 个自变量的标准多元回归模型。所创建模型的 **R-squared** 为 96%。从现在的结果来看还是不错的。下面观察一下每个相关系数的符号。若是负的相关系数，则意味着该自变量对预测结果会产生负面影响。

- Monthly_Income_in_USD 变量对于月支出(Monthly_Expenses)是正相关的，意味着 Monthly_Income_in_USD 值越大，则预测结果值也越大。
- Number_of_Credit_cards 变量也将对月支出(Monthly_Expenses)产生正相关的影响。
- Number_of_personal_loans 变量也将对月支出(Monthly_Expenses)产生正相关的影响。
- 最后，我们看到 Monthly_Income_in_Euro 变量对于月支出(Monthly_Expenses)有负面的影响，这就意味着该变量值越大，预测的结果越小。

最后一个变量(Monthly_Income_in_Euro)对目标变量的影响与我们的想法不一致。月支出应该与月收入成比例，而不管收入的单位是美元还是欧元。毕竟，欧元的月收入大约是美元月收入的0.9 倍。对于该实例来说，我们考虑了 1 美元是 0.9 欧元。但是是什么使预测结果显示出目标变量(Monthly_Expenses)与 Monthly_Income_in_USD 是正相关，而与 Monthly_Income_in_Euro 是负相关呢？这是什么地方出现错误了吗？我们看一下详细的情况。在下面的例子中，在模型中删除了 Monthly_Income_in_USD 变量，使用剩余的 3 个自变量来重新创建模型。代码如下所示。(输出结

果如表 3.9 所示)

```
model5=sm.ols(formula='Monthly_Expenses~Number_of_Credit_cards+Number_of_
personal_loans+Monthly_Income_in_Euro', data=income_expenses)
fitted5 = model5.fit()
fitted5.summary()
```

表 3.9　model5 的结果

```
                         OLS Regression Results
=====================================================================
Dep. Variable:      Monthly_Expenses   R-squared:              0.966
Model:                           OLS   Adj. R-squared:         0.965
Method:                Least Squares   F-statistic:            653.7
Date:               Tue, 07 Apr 2020   Prob (F-statistic):  4.71e-50
Time:                       18:26:47   Log-Likelihood:       -512.77
No. Observations:                 72   AIC:                    1034.
Df Residuals:                     68   BIC:                    1043.
Df Model:                          3
Covariance Type:           nonrobust
=====================================================================
                          coef   std err        t   P>|t|    [0.025    0.975]
---------------------------------------------------------------------
Intercept             -67.9274   120.499   -0.564   0.575  -308.379   172.524
Number_of_Credit_cards 30.1840    52.882    0.571   0.570   -75.339   135.707
Number_of_personal_loans 149.1943 103.638   1.440   0.155   -57.611   356.000
Monthly_Income_in_Euro  0.7267     0.017   43.434   0.000     0.693     0.760
=====================================================================
Omnibus:                      29.870   Durbin-Watson:           2.600
Prob(Omnibus):                 0.000   Jarque-Bera (JB):        5.071
Skew:                          0.099   Prob(JB):               0.0792
Kurtosis:                      1.715   Cond. No.             1.87e+04
=====================================================================
```

从输出结果可以看出：

- 该模型的 R-squared 值与 model4 的结果相同。因此，删除了 Monthly_Income_in_USD 变量并不会对模型的准确率有显著的影响。
- Number_of_Credit_cards 变量与月支出(Monthly_Expenses)正相关，即随着 Number_of_Credit_cards 值增加，月支出(Monthly_Expenses)的预测值也会相应提高。
- Number_of_personal_loans 也是与月支出(Monthly_Expenses)正相关的自变量。
- 令人惊喜的是，Monthly_Income_in_Euro 也成为与月支出正相关的自变量。

我们发现，Monthly_Income_in_Euro 变量在上一个模型中还是一个与月支出(Monthly_Expenses) 负相关的变量，而现在则是正相关的变量，这是矛盾的。我们并没有改变数据集，也没有更改任何数据点。在相同的数据集，同一个变量是如何产生不同结果的？这个示例就是典型的受 "多重共线性" 影响所产生的结果。下面将介绍多重共线性。

3.5.1　什么是多重共线性

前面创建了两个多自变量模型，并发现了一些有趣的现象。下面进一步分析多重共线性现象。

- 用非专业的话来说，多重共线性是自变量间的依赖关系。多重共线性表明了两个或多个自变量之间的关联。
- 多个变量给出的是相同的信息。在数据集中多个列(变量)的信息是相似的。例如，如果一个变量是 x，另一个变量是 $2x$，这两个变量并没有给出更多的信息。因此，这两个变量也不用看作两个不同的变量。正如前面遇到的问题，收入用美元表示还是用欧元表示实际上并不是两个变量。
- 如果想解释这些变量对目标变量的影响，那么自变量必须是独立的。如果这些变量是相关的，那么这些变量就被称为是多重共线性关系。
- 存在多重共线性关系的回归模型的相关系数不能被正确解释。

表 3.10 用于解释为什么多重共线性关系是一个问题。

表 3.10　为什么多重共线性关系是一个问题

在该例中，利用该方程作为回归模型	$y = x_1 + 2x_2 - x_3$
目前，假设模型中存在多重共线性关系，该方程表示预测变量之间的关系	$x_1 = 2x_3$
如果两个变量之间存在直接的关系，则在构建模型时不会同时用这两个变量，但是需要继续观察这些变量对结果的影响	$y = x_1 + 2x_2 - x_3$
将上述方程改写为	$y = x_1 + 2x_2 + x_3 - 2x_3$
我们已经知道 x_1 与 x_3 的关系，这里将 $2x_3$ 替换为 x_1	$y = x_1 + 2x_2 + 1x_3 - x_1$
这样方程就和原始的回归方程一样了	$y = 2x_2 + x_3$
在最终的方程中面临两个挑战： 在原始的方程中，x_3 与 y 是负相关的，而现在是正相关的。 以前 x_1 与 y 是正相关的，但现在从方程中移除了	$y = 2x_2 + 1x_3$
还可以将方程改写为多种形式	$y = x_1 + 2x_2 - x_3$ $y = -x_1 + 2x_1 + 2x_2 - x_3$ $y = -x_1 + 4x_3 + 2x_2 - x_3$ $y = -x_1 + 2x_2 + 3x_3$
现在会明白，由于预测变量 x_1 和 x_3 的这种相互依赖性(也称为多重共线性)，在构建模型时面临着由它带来的挑战	$x_1 = 2x_3$

从上面的例子中可以清楚地看出，多重共线性回归存在时，相关系数是不可信的。如下问题是需要深入考虑的。

- 多重共线性直接影响单个自变量的相关系数，因此不能信任多重共线性变量的相关系数。
- 多重共线性可以是多个变量的相互依赖关系造成的。一个变量不仅与另一个变量相关，有时一个变量可以影响到一组变量。例如 $x_1 = 2x_3 + 3x_2$。
- 在存在多重共线性关系的变量中删除或移除变量并不会影响 R-squared 的值。模型的预测准确率相同，因此对单个变量的解释是徒劳的。

- 在检测多重共线性时，仅观察输出结果以及单个自变量的相关系数的符号是错误的方式。有时相关系数的符号看似正确，但模型中仍然会存在多重共线性问题。因此，我们需要一种科学的方法来检测任意模型的多重共线性问题。

3.5.2　多重共线性的检测

为了发现模型中的多重共线性问题，下面采用了一种简单的技术来检测。记住，多重共线性仅与自变量(预测变量)相关。检查多重共线性问题时与目标变量无关。我们推导出一个适用于所有相互依赖组合的方法。下面是具体的过程。

- 忽略目标变量，获取所有的预测变量，将这些变量表示为 $x_1, x_2, x_3 \dots x_p$。
- 选择一个预测变量作为目标，然后使用其余的预测变量创建回归模型。在该示例中建立的模型数量为 p。
    - model1：x_1 vs. $x_2, x_3, x_4 \cdots x_p$
    - model2：x_2 vs. $x_1, x_3, x_4 \cdots x_p$
    - model3：x_3 vs. $x_1, x_2, x_4 \cdots x_p$
    - model$p$：x_p vs. $x_1, x_2, x_3 \cdots x_{p-1}$
- 验证上述的 p 个回归模型，然后，记录这些模型的 R-squared 值。如果任意一个模型的 R-squared 值超过了 80%，则表明该模型存在多重共线性问题。
- 例如，对于 model1，如果 R-squared 的值是 90%，那么 x_1 能很容易解释其余的自变量。这也就意味着使用 x_1 时不需要其余的变量。如果 model1 的 R-squared 值为 20%，就表明 x_1 中有一些其他变量中没有的独立信息。在这个实例中仅以 x_1 为例进行了介绍。相似地，也需要检测 p 个模型中的所有 R-squared 值。
- 用于检测多重共线性的评测指标为方差膨胀因子(Variance Inflation Factor，VIF)。该指标的取值来源于每个模型的 R-squared 值，公式如下所示。
- $\text{VIF} = \dfrac{1}{1-R^2}$ 或在该示例中　$\text{VIF}_i = \dfrac{1}{1-R_i^2}$
- 如果 R-squared 的值高，则 VIF 的值也高。
    - 如果 R-squared 的值是 20%，则 $\text{VIF} = \dfrac{1}{1-0.2} = \dfrac{1}{0.8} = 1.25$
    - 如果 R-squared 的值是 50%，则 $\text{VIF} = \dfrac{1}{1-0.5} = \dfrac{1}{0.5} = 2$
    - 如果 R-squared 的值是 70%，则 $\text{VIF} = \dfrac{1}{1-0.7} = \dfrac{1}{0.3} = 3.33$
    - 如果 R-squared 的值是 80%，则 $\text{VIF} = \dfrac{1}{1-0.8} = \dfrac{1}{0.2} = 5$
    - 如果 R-squared 的值是 90%，则 $\text{VIF} = \dfrac{1}{1-0.9} = \dfrac{1}{0.1} = 10$
- 有 p 列：$x_1, x_2, x_3 \dots x_p$。利用这 p 列将会构建 p 个回归模型，相应的有 p 个 VIF 值。
    - model1：x_1 vs. $x_{2,}, x_3, x_4 \dots x_p$ 　$\text{VIF}_1 = \dfrac{1}{1-R_1^2}$

◆ model$p$：x_p vs. $x_{1,},x_2,x_3 \ldots x_{p-1}$ $\text{VIF}_p = \dfrac{1}{1-R_p^2}$

- 每个自变量都有一个 VIF 值。如果 VIF 的值大于 5，则表示该自变量的模型 R-squared 值大于 80%。这就意味着其他变量都能使用该变量来解释，因此，用该自变量构建的模型就存在多重共线性。

- 在工业界和其他一些公司的通用标准中，VIF 的值大于 5。在某些案例中，也能看到 VIF 的阈值设为 4。

3.5.3 计算 VIF

下面再次关注前面的实例并检测其多重共线性。先建立一个函数，在该函数中为所有的自变量构建独立的模型。在该函数中也计算 VIF 值。代码如下所示。相关的代码解释如表 3.11 所示。

```
def vif_cal(x_vars):
    xvar_names=x_vars.columns
    for i in range(0,xvar_names.shape[0]):
        y=x_vars[xvar_names[i]]
        x=x_vars[xvar_names.drop(xvar_names[i])]
        rsq=sm.ols(formula="y~x", data=x_vars).fit().rsquared
        vif=round(1/(1-rsq),2)
        print (xvar_names[i], " VIF = " , vif)
```

表 3.11 代码解释

`def vif_cal(x_vars):`	定义一个新的函数，命名为 vif_cal。该函数的输入参数为 x_vars，我们需要将数据表中的所有预测变量传给该参数
`xvar_names=x_vars.columns`	用 xvar_names 变量保存所有列名
`for i in range(0,xvar_names.shape[0]):`	为所有变量分别构建模型；循环从 0 开始，直到将所有变量遍历完成，停止迭代
`y=x_vars[xvar_names[i]]` `x=x_vars[xvar_names.drop(xvar_names[i])]`	将第 i 个变量作为目标变量 y，其余变量作为 x。例如，如果 $i=1$，则 y 就是 x_1，其余的变量保存到 x 中
`rsq=sm.ols(formula="y~x",` `data=x_vars).fit().rsquared`	构建一个模型 y vs. x，并将 R-squared 的值保存到 rsq 中
`vif=round(1/(1-rsq),2)`	为该变量计算 VIF 值
`print (xvar_names[i], " VIF = " , vif)`	最后，输出 VIF 值

使用 VIF 函数计算每个自变量的 VIF 值。记住，我们仅需要将预测变量传递到 VIF 函数中，在数据输入前删除目标变量。

下面的代码用于计算 VIF 的真实值。Monthly_Expenses 是目标变量，需要从数据集中将其删除。变量 id 同样也可以删除，不删除的话，它对结果的意义也不大。

```
vif_cal(x_vars=income_expenses.drop(["Monthly_Expenses"], axis=1))
```

上述代码的输出结果如下：

```
id VIF = 1.07
Monthly_Income_in_USD    VIF = 65007299.17
Number_of_Credit_cards   VIF = 15.94
Number_of_personal_loans VIF = 16.15
Monthly_Income_in_Euro   VIF = 65007347.03
```

对于输出结果的解释如下：

- 输出结果显示了所有变量中 VIF 高的值。所有变量的 VIF 值都大于 5。我们会从模型中删除上面的 4 个变量吗？如果这样做，该如何建立模型？
- 在输出结果中，变量 Monthly_Income_in_USD 和 Monthly_Income_in_Euro 的 VIF 值高。但这并不意味着需要删除这些变量。如果在模型中使用了 Monthly_Income_in_USD 变量，则模型中不需要使用 Monthly_Income_in_Euro 变量，反之亦然。因此，删除这两个变量中的一个即可。在处理模型的多重共线性问题时，观测模型很重要。在模型的一次迭代后，不应该删除所有 VIF 值大于 5 的变量。一次仅应该删除一个变量，这样可以自动更新其他变量的 VIF 值。
- 我们将从 VIF 值最高的变量开始处理。删除 Monthly_Income_in_Euro 变量。在模型中留下其余 3 个变量，然后再次检测 3 个变量之间的多重共线性。

下面的代码将删除一个变量，并查找其他变量中的多重共线性问题。

```
vif_cal(x_vars=income_expenses.drop(["Monthly_Expenses","Monthly_Income_in_ Euro"],
axis=1))
```

上述代码的输出结果如下所示。

```
id VIF = 1.06
Monthly_Income_in_USD    VIF = 1.01
Number_of_Credit_cards   VIF = 15.94
Number_of_personal_loans VIF = 16.14
```

在输出结果中有两个重要的收获。由于删除了 Monthly_Income_in_Euro 变量，Monthly_Income_in_USD 变量的 VIF 值明显减小。但是，在该模型中仍然存在多重共线性的问题。Number_of_credit_cards 和 Number_of_personal_loans 变量的 VIF 值仍然大于 5。需要删除 VIF 值最高的变量，然后重新计算 VIF 值。

下面的代码用于删除一个变量，然后找出其余变量的多重共线性问题。

```
vif_cal(x_vars=income_expenses.drop(["Monthly_Expenses","Monthly_Income_in_Euro",
"Number_of_personal_loans"], axis=1))
```

上述代码的输出结果如下所示。

```
id VIF = 1.01
Monthly_Income_in_USD   VIF = 1.0
Number_of_Credit_cards  VIF = 1.01
```

在输出结果中有两个变量的 VIF 值小于 5，说明这两个变量带有独立的信息。现在可以得出结论，在建立模型时不需要使用 4 个变量，使用两个变量即可。下面使用剩余的两个变量构建回归模型。

在删除了产生多重共线性问题的变量后，下面的代码用于构建最终的回归模型。

```
model6=sm.ols(formula='Monthly_Expenses ~ Monthly_Income_in_USD+Number_of_ Credit_cards',
data=income_expenses)
fitted6 = model6.fit()
fitted6.summary()
```

上述代码的输出结果如表 3.12 所示。

表 3.12　model6 的结果

```
                            OLS Regression Results
===============================================================================
Dep. Variable:         Monthly_Expenses   R-squared:                      0.965
Model:                              OLS   Adj. R-squared:                 0.964
Method:                   Least Squares   F-statistic:                    964.5
Date:                 Tue, 07 Apr 2020   Prob (F-statistic):          3.71e-51
Time:                         19:01:24   Log-Likelihood:               -513.85
No. Observations:                   72   AIC:                            1034.
Df Residuals:                       69   BIC:                            1041.
Df Model:                            2
Covariance Type:             nonrobust
===============================================================================
                            coef    std err         t      P>|t|     [0.025     0.975]
-------------------------------------------------------------------------------
Intercept                -56.3653   121.148     -0.465     0.643   -298.049    185.319
Monthly_Income_in_USD      0.6522     0.015     43.134     0.000      0.622      0.682
Number_of_Credit_cards   103.7997    13.600      7.632     0.000     76.669    130.931
===============================================================================
Omnibus:                        34.625   Durbin-Watson:                   2.544
Prob(Omnibus):                   0.000   Jarque-Bera (JB):                5.263
Skew:                            0.067   Prob(JB):                       0.0720
Kurtosis:                        1.682   Cond. No.                     2.06e+04
===============================================================================
```

从输出结果中可以看出，模型的 **R-squared** 值并没有明显的变化。现在仅删除了一些冗余的信息，因此模型并没有受到显著的影响。在建立多元回归模型时，重要的是多重共线性问题的检测。前面已经建立了使用航空乘客数据的多元回归模型 model3。下面重新回顾一下 model3 的输出结果，如图 3.11 所示。

```
                           OLS Regression Results
==============================================================================
Dep. Variable:         Passengers_count   R-squared:                     0.911
Model:                              OLS   Adj. R-squared:                0.908
Method:                   Least Squares   F-statistic:                   325.3
Date:                 Mon, 04 Nov 2019   Prob (F-statistic):        8.93e-129
Time:                         14:31:29   Log-Likelihood:              -2323.3
No. Observations:                  263   AIC:                           4665.
Df Residuals:                      254   BIC:                           4697.
Df Model:                            8
Covariance Type:             nonrobust
==============================================================================
                            coef    std err          t      P>|t|      [0.025      0.975]
------------------------------------------------------------------------------
Intercept                4173.3041   3.71e+04      0.113      0.910   -6.88e+04    7.71e+04
marketing_cost              4.4279      0.168     26.287      0.000       4.096       4.760
percent_delayed_flights  2.187e+04   4827.398      4.530      0.000    1.24e+04    3.14e+04
number_of_trips             0.3004      0.270      1.114      0.266      -0.231       0.831
customer_ratings          546.3104     53.897     10.136      0.000     440.168     652.453
poor_weather_index       -919.5035   4520.130     -0.203      0.839   -9821.210    7982.203
percent_female_customers  -15.7188    371.808     -0.042      0.966    -747.937     716.499
Holiday_week             6804.5389    598.471     11.370      0.000    5625.942    7983.136
percent_male_customers     -7.3113    372.653     -0.020      0.984    -741.195     726.572
==============================================================================
Omnibus:                         0.087   Durbin-Watson:                  1.778
Prob(Omnibus):                   0.957   Jarque-Bera (JB):               0.082
Skew:                            0.041   Prob(JB):                       0.960
Kurtosis:                        2.969   Cond. No.                   1.43e+06
==============================================================================

Warnings:
[1] Standard Errors assume that the covariance matrix of the errors is correctly specified.
[2] The condition number is large, 1.43e+06. This might indicate that there are
strong multicollinearity or other numerical problems.
"""
```

图 3.11　截图——model3 的结果

下面的代码用于计算 model3 中自变量的 VIF 值：

```
vif_cal(x_vars=air_pass.drop(["Passengers_count","passengers_count_pred"], axis=1))
```

在代码中，x_vars 表示数据集中的所有自变量。在 x_vars 中删除了目标变量 passengers_count_pred 及 passengers_count 变量。上述代码的输出结果如下所示。

```
marketing_cost  VIF = 1.51
percent_delayed_flights  VIF = 13.4
number_of_trips  VIF = 1.03
customer_ratings  VIF = 1.06
poor_weather_index  VIF = 12.81
percent_male_customers  VIF = 990.52
Holiday_week  VIF = 1.21
percent_female_customers  VIF = 989.91
```

从输出结果可以看出，在该数据中也存在多重共线性问题。我们需要依次删除变量来解决多重共线性的问题。现在，将删除 VIF 值最高的变量。我们不能一步就删除全部 4 个变量。下面的代码用于删除 percent_male_customers 变量，然后计算其余变量的 VIF 值。

```
vif_cal(x_vars=air_pass.drop(["Passengers_count","passengers_count_pred",
"percent_male_customers"], axis=1))
```

输出结果如下所示。

```
marketing_cost  VIF = 1.51
percent_delayed_flights  VIF = 13.34
number_of_trips  VIF = 1.03
customer_ratings  VIF = 1.06
poor_weather_index  VIF = 12.78
Holiday_week  VIF = 1.2
percent_female_customers  VIF = 1.03
```

观察每个变量的 VIF 值，需要从变量列表再删除变量 percent_delayed_flights。该变量的 VIF 值是这些变量中最高的。代码如下所示。

```
vif_cal(x_vars=air_pass.drop(["Passengers_count","passengers_count_pred",
"percent_male_customers", "percent_delayed_flights"], axis=1))
```

上述代码的输出结果如下所示。

```
marketing_cost  VIF = 1.45
number_of_trips VIF = 1.02
customer_ratings  VIF = 1.06
poor_weather_index  VIF = 1.25
Holiday_week VIF = 1.2
percent_female_customers  VIF = 1.01
```

从 VIF 值的结果中可以看出，现在数据集中已经不存在多重共线性了。重新创建回归模型。最初的模型使用了 8 个变量，而现在基于 VIF 值删除变量后，仅使用 6 个自变量来构建模型。

```
import statsmodels.formula.api as sm
model7 = sm.ols(formula='Passengers_count ~ marketing_cost+number_of_trips+
customer_ratings+poor_weather_index+percent_female_customers+Holiday_week',
data=air_pass)
fitted7 = model7.fit()
fitted7.summary()
```

表 3.13 显示了最终的模型 model7 的输出结果。

表 3.13　model7 的结果

```
                        OLS Regression Results
==============================================================================
Dep. Variable:       Passengers_count   R-squared:                    0.904
Model:                            OLS   Adj. R-squared:               0.902
Method:                 Least Squares   F-statistic:                  401.2
Date:                Thu, 16 Apr 2020   Prob (F-statistic):        4.35e-127
Time:                        16:54:57   Log-Likelihood:             -2333.5
No. Observations:                 263   AIC:                          4681.
Df Residuals:                     256   BIC:                          4706.
Df Model:                           6
Covariance Type:            nonrobust
==============================================================================
                             coef    std err          t      P>|t|      [0.025      0.975]
------------------------------------------------------------------------------
Intercept                3659.6674    984.371      3.718      0.000    1721.172    5598.163
marketing_cost              4.5785      0.171     26.797      0.000       4.242       4.915
number_of_trips             0.4177      0.278      1.503      0.134      -0.130       0.965
customer_ratings          547.0027     55.782      9.806      0.000     437.152     656.853
poor_weather_index       1.855e+04   1461.863     12.691      0.000     1.57e+04    2.14e+04
percent_female_customers  -15.5571     12.302     -1.265      0.207     -39.783       8.668
Holiday_week             6802.3234    619.101     10.987      0.000    5583.144    8021.503
==============================================================================
Omnibus:                        1.354   Durbin-Watson:                 1.869
Prob(Omnibus):                  0.508   Jarque-Bera (JB):              1.134
Skew:                           0.154   Prob(JB):                      0.567
Kurtosis:                       3.094   Cond. No.                   5.53e+04
==============================================================================
```

最终创建的模型不存在多重共线性问题，在该模型中每个变量都是独立的。这是否意味着这些变量对目标结果有影响？仅通过变量的独立性并不能说明变量对目标变量的影响力。一个 x 变量和另一个变量 x 的关系是多重共线性，而 x 变量与 y 变量的关系用于评测变量 x 对 y 的影响。在 3.6 节中，将探索每个变量对目标变量的影响。

3.6 回归中各变量的影响力

在建立多元回归模型时，尝试加入多个可能提高模型准确率的自变量。例如，用 30 个自变量建立模型，R-squared 的值为 92%。现在，就用全部 30 个自变量建立回归模型，方程如下所示。

$$y = \beta_0 + \beta_1 x_1 + \beta_2 x_2 + \cdots + \beta_{30} x_{30}$$

假设考虑了多重共线性，并查出这 30 个变量是独立的。那么下一个问题是，这 30 个变量都具备影响力吗？在模型中包含了 30 个变量，但并不意味着所有变量都对目标变量有显著的影响。

- 如果删除了变量 x_{10}，R-squared 的值仍然为 92%，就说明在模型中不使用 x_{10} 也不会对模型的准确率有影响。在模型中是否需要 x_{10}？不使用 x_{10} 也不会对目标变量有影响。
- 在同一个模型中，删除变量 x_7，该模型的 R-squared 值明显下降。现在的模型中 R-squared 值小于 87%。这样可以得出结论，变量 x_7 对目标变量有影响。必须在该模型中使用 x_7 变量，从而使模型得到较高的准确率。在下面的内容中将更详细地介绍自变量对目标变量的影响力。

3.6.1 *P*-value

使用 t-test 和 *P*-value 可以检测个体变量对模型准确率的影响。如果一个变量的 *P*-value 值小于 0.05，则该变量对目标变量有显著影响。如果变量的 *P*-value 值大于或等于 0.05，可以得出结论，该变量对模型的准确率影响不大。在模型的输出结果中很容易找到变量的 *P*-value 值，即 P>|t| 列中的结果。稍后将讨论 *P*-value 背后的推导和理论。下面给出了应用 *P*-value 并删除影响较小的变量的过程。

$$y = \beta_0 + \beta_1 x_1 + \beta_2 x_2 + \cdots + \beta_{30} x_{30}$$

- 下面看一下所有变量的 *P*-value 值。
  - ◆ 如果变量的 *P*-value 值小于 0.05，则说明该变量有影响力，需要将其保留在模型中。
  - ◆ 如果变量的 *P*-value 值大于或等于 0.05，则说明该变量没有影响力，可以将其从模型中删除。
- 在最终的模型建立前，删除所有不具备影响力的自变量。

下面回到删除多重共线性变量后的 model7 中。model7 的输出结果如表 3.14 所示。

表 3.14 在移除多重共线性变量后的乘客数量预测模型的结果 (model7)

```
                              OLS Regression Results
==============================================================================
Dep. Variable:       Passengers_count    R-squared:               0.904
Model:                           OLS     Adj. R-squared:          0.902
Method:                Least Squares     F-statistic:             401.2
Date:               Thu, 16 Apr 2020     Prob (F-statistic):   4.35e-127
Time:                       16:54:57     Log-Likelihood:         -2333.5
No. Observations:                263     AIC:                     4681.
Df Residuals:                    256     BIC:                     4706.
Df Model:                          6
Covariance Type:           nonrobust
==============================================================================
                             coef    std err       t      P>|t|    [0.025     0.975]
------------------------------------------------------------------------------
Intercept                3659.6674   984.371    3.718    0.000   1721.172   5598.163
marketing_cost              4.5785     0.171   26.797    0.000      4.242      4.915
number_of_trips             0.4177     0.278    1.503    0.134     -0.130      0.965
customer_ratings          547.0027    55.782    9.806    0.000    437.152    656.853
poor_weather_index       1.855e+04  1461.863   12.691    0.000   1.57e+04   2.14e+04
percent_female_customers  -15.5571    12.302   -1.265    0.207    -39.783      8.668
Holiday_week             6802.3234   619.101   10.987    0.000   5583.144   8021.503
==============================================================================
Omnibus:                       1.354    Durbin-Watson:            1.869
Prob(Omnibus):                 0.508    Jarque-Bera (JB):         1.134
Skew:                          0.154    Prob(JB):                 0.567
Kurtosis:                      3.094    Cond. No.              5.53e+04
==============================================================================
```

从输出结果中的 P>|t| 列可以查找每个变量的 *P*-value 值。其中，有两个变量的 *P*-value 值大于 0.05。其他变量的 *P*-value 值都是 0 左右，但不一定是 0，只是表示足够小。

更准确地说，number_of_trips 的 *P*-value 值为 0.134，percent_female_customers 的 *P*-value 值 为 0.207。从模型中删除这两个变量。下面的代码用于删除这两个影响力小的变量并重新创建 模型。

```
import statsmodels.formula.api as sm
model8 = sm.ols(formula='Passengers_count ~ marketing_cost+customer_ratings+
poor_weather_index+Holiday_week', data=air_pass)
fitted8 = model8.fit()
fitted8.summary()
```

输出结果如表 3.15 所示，表中的结果已经被格式化了。图 3.12 是输出结果的实际截图。

表 3.15　删除两个没有影响力的变量后回归模型的结果(model8)

```
                    OLS Regression Results
==============================================================================
Dep. Variable:        Passengers_count   R-squared:                   0.903
Model:                             OLS   Adj. R-squared:              0.901
Method:                  Least Squares   F-statistic:                 597.2
Date:                Thu, 16 Apr 2020    Prob (F-statistic):       4.33e-129
Time:                       17:18:48     Log-Likelihood:             -2335.4
No. Observations:                 263    AIC:                         4681.
Df Residuals:                     258    BIC:                         4699.
Df Model:                           4
Covariance Type:            nonrobust
==============================================================================
                      coef    std err         t    P>|t|    [0.025    0.975]
------------------------------------------------------------------------------
Intercept         3366.1891    664.355     5.067    0.000   2057.941  4674.438
marketing_cost       4.6010      0.170    27.002    0.000      4.265     4.936
customer_ratings   539.0514     55.771     9.665    0.000    429.228   648.875
poor_weather_index 1.852e+04  1465.404    12.638    0.000    1.56e+04  2.14e+04
Holiday_week      6790.5039    618.849    10.973    0.000   5571.866  8009.142
==============================================================================
Omnibus:                        1.156   Durbin-Watson:                 1.894
Prob(Omnibus):                  0.561   Jarque-Bera (JB):              0.970
Skew:                           0.145   Prob(JB):                      0.616
Kurtosis:                       3.070   Cond. No.                   5.16e+04
==============================================================================
```

```
                    OLS Regression Results
==============================================================================
Dep. Variable:        Passengers_count   R-squared:                   0.903
Model:                             OLS   Adj. R-squared:              0.901
Method:                  Least Squares   F-statistic:                 597.2
Date:                Tue, 05 Nov 2019    Prob (F-statistic):       4.33e-129
Time:                       19:42:38     Log-Likelihood:             -2335.4
No. Observations:                 263    AIC:                         4681.
Df Residuals:                     258    BIC:                         4699.
Df Model:                           4
Covariance Type:            nonrobust
==============================================================================
                      coef    std err         t    P>|t|    [0.025    0.975]
------------------------------------------------------------------------------
Intercept         3366.1891    664.355     5.067    0.000   2057.941  4674.438
marketing_cost       4.6010      0.170    27.002    0.000      4.265     4.936
customer_ratings   539.0514     55.771     9.665    0.000    429.228   648.875
poor_weather_index 1.852e+04  1465.404    12.638    0.000    1.56e+04  2.14e+04
Holiday_week      6790.5039    618.849    10.973    0.000   5571.866  8009.142
==============================================================================
Omnibus:                        1.156   Durbin-Watson:                 1.894
Prob(Omnibus):                  0.561   Jarque-Bera (JB):              0.970
Skew:                           0.145   Prob(JB):                      0.616
Kurtosis:                       3.070   Cond. No.                   5.16e+04
==============================================================================

Warnings:
[1] Standard Errors assume that the covariance matrix of the errors is correctly specified.
[2] The condition number is large, 5.16e+04. This might indicate that there are
strong multicollinearity or other numerical problems.
"""
```

图 3.12　截图——删除两个没有影响力的变量后回归模型的结果

从输出结果可以看出，R-squared 值并没有显著变化。这是因为删除的是对目标变量影响力小的变量。如果删除一个影响力大的变量，会对模型有什么影响呢？

删除变量 marketing_cost 并构建模型的代码如下所示。

```python
import statsmodels.formula.api as sm
model9 = sm.ols(formula='Passengers_count ~ customer_ratings+poor_weather_index+
Holiday_week', data=air_pass)
fitted9 = model9.fit()
fitted9.summary()
```

图 3.13 所示是输出结果，从中可以看出，在删除了影响力大的变量后，和我们想象的一样，R-squared 值明显下降，从 90%下降到 62%。因此，必须在模型中保留该变量。在行业中，普遍遵循将变量的 *P*-value 值降到 0.05 以下的做法。

至此可以看出，变量的影响力和变量的独立性不同。在该示例中，首先在构建模型时使用 6 个独立变量，然后发现仅有 4 个变量有影响力。

```
                          OLS Regression Results
==============================================================================
Dep. Variable:        Passengers_count   R-squared:                       0.627
Model:                             OLS   Adj. R-squared:                  0.623
Method:                  Least Squares   F-statistic:                     145.2
Date:                 Tue, 05 Nov 2019   Prob (F-statistic):           3.44e-55
Time:                         19:55:03   Log-Likelihood:                 -2511.8
No. Observations:                  263   AIC:                             5032.
Df Residuals:                      259   BIC:                             5046.
Df Model:                            3
Covariance Type:             nonrobust
==============================================================================
                      coef    std err          t      P>|t|      [0.025      0.975]
------------------------------------------------------------------------------
Intercept           1.45e+04   1016.979     14.257      0.000    1.25e+04    1.65e+04
customer_ratings     834.0677   106.768      7.812      0.000     623.823    1044.312
poor_weather_index  3.379e+04  2639.293     12.801      0.000    2.86e+04     3.9e+04
Holiday_week        1.223e+04  1142.371     10.705      0.000    9979.306    1.45e+04
==============================================================================
Omnibus:                         5.814   Durbin-Watson:                   1.887
Prob(Omnibus):                   0.055   Jarque-Bera (JB):                5.509
Skew:                            0.330   Prob(JB):                       0.0636
Kurtosis:                        3.257   Cond. No.                         95.3
==============================================================================

Warnings:
[1] Standard Errors assume that the covariance matrix of the errors is correctly specified
"""
```

图 3.13　删除一个有影响力的变量后回归模型的结果变化截图

3.6.2　*P*-value 的理论

利用 t-test 推导 *P*-value，它可以被应用到所有变量中。要了解 *P*-value 的理论，需要一些基本的假设检验的知识。考虑以下的公式。

- 原假设(零假设)H_0：变量 x_p 是没有影响力的变量。$\beta_p = 0$
- 备择假设 H_1：变量 x_p 是有影响力的变量。$\beta_p \neq 0$

- 测试统计值 $t = \dfrac{\beta_p}{s(\beta_p)}$

- 如果 $t > t\left(\dfrac{\alpha}{2}; n-k-1\right)$ 或 $t < -t\left(\dfrac{\alpha}{2}; n-k-1\right)$ 并且 α 设置为 5%，则拒绝 H_0 假设。

测试结束后，如果 P-value < 0.05，则拒绝原假设。这表明变量 x_p 具有显著影响力。

3.7　构建多元回归模型的步骤

至此，已经看到在构建一个实用的多元回归模型时用到的检测指标。下面是具体的步骤。

(1) 探索数据和清理数据。处理缺失值和离群值。

(2) 使用所有的预测变量构建第一个回归模型。

(3) 查看模型的 R-squared 值。在工业基准中，模型的 R-squared 值大于或等于 80%，则认为其是好模型。

- 如果模型的 R-squared 值非常小，则查看数据并收集更多有用的预测变量。
- 如果模型的 R-squared 值能满足要求，则进入变量选择和删除的步骤。

(4) 使用 VIF 检测模型的多重共线性。

- 如果 VIF<5，则表示该变量具有独立性，因此在模型中需要保留该变量。
- 如果 VIF≥5，可以将其从模型中删除。依次删除 VIF≥5 的变量。不要一次删除所有变量。

(5) 使用 P-value 检测变量的个体影响力。

- 如果 P-value<0.05，表示该变量有影响力，在模型中应该保留该变量。
- 如果 P-value≥0.05，表示该变量没有影响力，在模型中可以删除该变量。

按照这些步骤将构建一个标准的回归模型，以解决任何商业问题。在一些实例中，可能仅对模型的整体结果感兴趣，即只考虑目标预测而不考虑个体变量的影响。在这种情况下，分析了模型的 R-squared 值后就完成了模型的构建。后面的两个步骤用于特征的选择和删除。

回归分析是我们学习的第一个机器学习模型。机器学习是通过机器发现数据背后的模式并以方程的形式获取这些模式。简单的线性回归模型并不能解决世界上所有的商业问题。在本书后面的内容中，我们将学习更多的机器学习模型。

3.8　逻辑回归模型

我们已经详细讨论了线性回归模型。下面看一个示例，基于客户的收入预测该客户是否会购买商品。在这个示例中，预测变量是收入(Income)，目标变量是购买(Bought)。购买行为用一个变量表示，该变量包含两个值——1 是 yes，0 是 no。

导入数据并构建模型的代码如下所示。

```
product_sales=pd.read_csv(r"D:\Chapter3\5. Base Datasets\Product_sales.csv")
print(product_sales.columns)
```

上述代码的输出结果如下所示。

```
Index(['Income', 'Bought'], dtype='object')

import statsmodels.formula.api as sm
model10 = sm.ols(formula='Bought ~ Income', data=product_sales)
fitted10 = model10.fit()
fitted10.summary()
```

表 3.16 所示为上述代码的输出结果。

表 3.16　model10 的输出结果

OLS Regression Results

Dep. Variable:	Bought	R-squared:	0.843
Model:	OLS	Adj. R-squared:	0.842
Method:	Least Squares	F-statistic:	2489.
Date:	Wed, 08 Apr 2020	Prob (F-statistic):	8.50e-189
Time:	10:12:13	Log-Likelihood:	96.245
No. Observations:	467	AIC:	-188.5
Df Residuals:	465	BIC:	-180.2
Df Model:1			
Covariance Type:	nonrobust		

	coef	std err	t	P>|t|	[0.025	0.975]
Intercept	-0.1805	0.015	-11.712	0.000	-0.211	-0.150
Income	2.095e-05	4.2e-07	49.886	0.000	2.01e-05	2.18e-05

Omnibus:	77.189	Durbin-Watson:	1.886
Prob(Omnibus):	0.000	Jarque-Bera (JB):	1010.549
Skew:	0.076	Prob(JB):	3.65e-220
Kurtosis:	10.205	Cond. No.	6.20e+04

显然，模型没有重大问题。现在，继续使用该模型进行预测。该模型将收入(Income)作为输入数据，预测客户是否购买商品。下面的代码用于从模型中获取预测结果。

```
new_data=pd.DataFrame({"Income":[4000]})
print(fitted10.predict(new_data))

new_data1=pd.DataFrame({"Income":[85000]})
print(fitted10.predict(new_data1))
```

上述代码的输出结果如下所示。

```
new_data=pd.DataFrame({"Income":[4000]})
print(fitted10.predict(new_data))
0     -0.096753
dtype: float64

new_data1=pd.DataFrame({"Income":[85000]})
print(fitted10.predict(new_data1))
0     1.599893
dtype: float64
```

从输出结果可以看出,当收入(Income)为 4000 时,预测值为–0.096753;当收入(Income)为 85 000 时,预测值为 1.599893。

- 这些预测结果是否错了? 或者,这个模型是否有错误?
- 目标变量值为 0 和 1(也称为 class-0 和 class-1)。这里,class-0 表示未购买,class-1 表示购买。除了这两个值以外不会出现其他值。
- 在我们的模型中,当收入(Income)为 4000 时,预测值为–0.096753。预测结果为负数是否表示客户会购买商品? 在前面的讨论中,输出结果并没有负数。
- 同样,当收入(Income)为 85 000 时,预测值为 1.599893。在这个示例中这又代表什么? 我们知道,预测值应该是 1 或者 0。预测值是 1.59 没有意义。我们无法推断出客户是否会购买商品。

下面看一下一些样本数据点,然后绘制预测变量和目标变量之间的散点图,以便更加了解数据。下面的代码用于显示数据并绘制散点图。

```
#product_sales 数据集
print(product_sales.sample(10))
```

```
#绘制散点图
import matplotlib.pyplot as plt
plt.scatter(product_sales["Income"], product_sales["Bought"])
plt.title('Income vs Bought Plot')
plt.xlabel('Income')
plt.ylabel('Bought')
plt.show()
```

输出结果如下所示(图 3.14 所示是输出结果的散点图)。注意,由于数据是随机采样的,因此可能会与你所构建的模型输出结果不同。

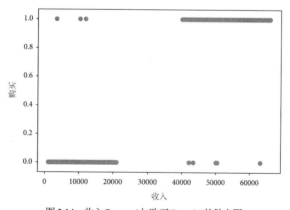

图 3.14　收入(Income)与购买(Bought)的散点图

	Income	Bought
24	40637.1	1
86	1679.7	0
386	65441.4	1
54	54463.9	1
219	1792.1	0

```
371     16418.5       0
308     63374.7       1
213      4527.4       0
378     57542.3       1
45      63725.1       1
```

从输出的结果可以清楚看到，数据的格式并不是我们所需要的线性回归线。这些数据集中在两个位置，即 class-0 和 class-1。对于这些数据，能使用线性回归线拟合吗？一条简单的直线无法表示这些数据——没有办法使用一条直线穿过所有数据点。对于图 3.14 中的数据尝试绘制一条回归线，代码如下所示。

```
pred_values= fitted10.predict(product_sales["Income"])
plt.scatter(product_sales["Income"], product_sales["Bought"])
plt.plot(product_sales["Income"], pred_values, color='green')
plt.title('Income vs Bought Plot')
plt.xlabel('Income')
plt.ylabel('Bought')
plt.show()
```

图 3.15 所示为上述代码输出结果的回归线。

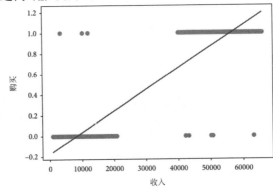

图 3.15   带回归线的收入(Income)与购买(Bought)散点图

你能看到回归线吗？这条回归线不能穿过所有数据点。我们可以得出结论：这些数据并不适合创建线性回归模型。线性回归线不适合这种离散的分类。目标变量仅是有限的值。在我们的实例中，目标变量的值仅是购买或未购买。为了更清楚地了解离散型的分类数据，下面再举几个例子。

- 在信用卡的借贷模型中，尝试预测客户是否会贷款。
- 在市场模型中，需要客户在交流中有所反馈，我们想预测客户是否有反馈。
- 在涉及网络链接的在线广告模型中，需要知道浏览者是否会点击链接。
- 在销售模型中，需要预测买与不买。
- 在垃圾邮件检测中，需要预测邮件是垃圾邮件还是非垃圾邮件。
- 在一些涉及员工留任的企业人力资源模型中，需要预测人员流失与无人员流失。

上述的所有实例都是二值预测，即 Yes 或 No。计算机将其识别为 1 或 0。实际上，会在很多商业实例中发现这种分类任务。例如，在一些银行欺诈检测模型中，要预测是否有欺诈行为，而交易中的欺诈金额可能是次要的。现实世界中的大多数问题定义都与分类有关。简单线性回归只能对连续数据做预测，不能解决与分类相关的问题。本节介绍能够成功处理这些分类任务的模型。

Logistic 函数

上面介绍了为什么不能使用线性函数或线性回归模型来处理分类问题。我们需要一个不同的函数来正确处理二值的分类问题。下面看一些非线性的函数(见图3.16)，并验证这些函数是否适合我们的数据。

非线性函数有很多。最适合我们数据集的函数是 logistic 函数。logistic 函数的最大值是 1，最小值是 0。该函数在 0 和 1 处有延长线。因此，使用 logistic 函数表示我们的数据。现在应该知道，线性函数的结果是一条直线，而 logistic 函数则是用一条 s 形曲线表示。

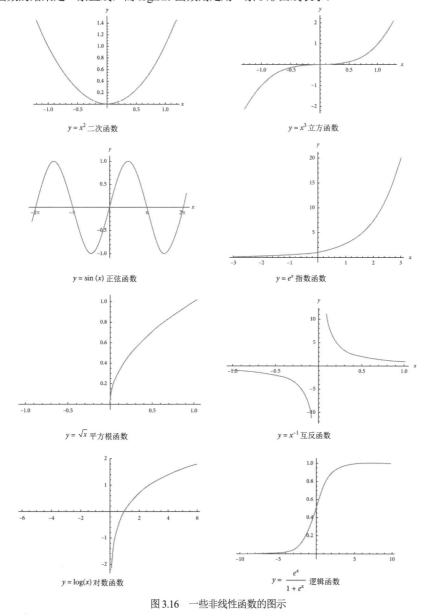

图 3.16　一些非线性函数的图示

3.9　构建逻辑回归模型

对于二值目标数据，将建立逻辑回归线。利用如下的方程来建立逻辑回归线。与线性回归线类似，逻辑回归线中也有相关系数 β_0 和 β_1 需要计算。逻辑回归的公式如下所示。

$$y = \frac{e^{\beta_0 + \beta_1 x}}{1 + e^{\beta_0 + \beta_1 x}}$$

```
import statsmodels.api as sm
logit_model=sm.Logit(product_sales["Bought"], product_sales["Income"])
#带截距的模型
logit_model1=sm.Logit(product_sales["Bought"], sm.add_constant(product_sales
["Income"]))
logit_fit1=logit_model1.fit()
logit_fit1.summary()
```

上述代码用于构建逻辑回归线。该代码的简单解释如表 3.17 所示。

表 3.17　构建一条逻辑回归线的代码

```
import statsmodels.api as sm
```

- 导入所需要的软件包。

```
logit_model=sm.Logit(product_sales["Bought"],product_sales["Income"])
```

- 这是配置模型的步骤。需要在配置模型时先设置目标变量，接着再设置预测变量。Logit()函数用于构建逻辑回归线。

```
logit_model1=sm.Logit(product_sales["Bought"],sm.add_constant(product_sales["Income"]))
```

- 该步骤与前一个步骤类似，在前一个步骤中没有给出截距值。
- 截距是一个常数。需要利用 sm.add_constant()函数获取截距值。

```
logit_fit1=logit_model1.fit()
```

- 在前面的步骤中，已经解释了模型的配置，现在是构建模型。
- 在该步骤中，真实数据已经传入到模型中并执行了优化。该步骤将构建模型。
- 在该步骤中可以得到 β_0 和 β_1 的值。在该步骤模型已经构建完成。

```
logit_fit1.summary()
```

- 该步骤用于显示模型的摘要。在模型的摘要中包含了逻辑回归的相关系数 β_0 和 β_1

执行上述代码，结果如表 3.18 所示。

表 3.18　逻辑回归的结果

```
                          Logit Regression Results
==============================================================================
Dep. Variable:                 Bought   No. Observations:                  467
Model:                          Logit   Df Residuals:                      465
Method:                           MLE   Df Model:                            1
Date:                Wed, 08 Apr 2020   Pseudo R-squ.:                  0.8525
Time:                        10:21:13   Log-Likelihood:                -47.244
converged:                       True   LL-Null:                       -320.21
Covariance Type:            nonrobust   LLR p-value:                 9.637e-121
==============================================================================
                 coef    std err          z      P>|z|      [0.025      0.975]
------------------------------------------------------------------------------
const         -7.0288      0.739     -9.505      0.000      -8.478      -5.579
Income         0.0002   2.1e-05     10.397      0.000       0.000       0.000
==============================================================================
```

从输出结果可以看出，我们可以很容易得到逻辑回归的相关系数 β_0 和 β_1。我们完成了逻辑回归线方程。利用这些相关系数，完成了逻辑回归线方程，利用该方程来进行预测。

$$y = \frac{e^{\beta_0 + \beta_1 x}}{1 + e^{\beta_0 + \beta_1 x}}$$

$$y = \frac{e^{-7.0288 + 0.0002x}}{1 + e^{-7.0288 + 0.0002x}}$$

在 3.8 节，为这些数据建立了线性回归线，并得到为 4000 和 85 000 时相应的目标值。这些预测结果是不准确的。

现在重新使用逻辑回归线构建模型并对相同的输入值进行预测。我们能得到有意义且准确的预测结果吗？

$$x = 4000; \quad y = \frac{e^{-7.0288 + 0.0002 \times 4000}}{1 + e^{-7.0288 + 0.0002 \times 4000}} = 0.01968 \cong 0$$

$$x = 85\,000; \quad y = \frac{e^{-7.0288 + 0.0002 \times 85000}}{1 + e^{-7.0288 + 0.0002 \times 85000}} = 0.99995 \cong 1$$

在 Python 中，利用 predict() 函数来完成预测，代码如下所示。

```
new_data=pd.DataFrame({"Constant":[1,1],"Income":[4000, 85000]})
print(logit_fit1.predict(new_data))
```

为了满足获取截距的要求，需要在代码中将常量值(constant)设置为 1。利用 sm.add_constant() 函数添加截距值。在使用 statsmodels.**formula**.api 时不需要这么做。但是，如果没有使用 formula API(statsmodels.api)，需要明确设置截距。需要注意这是两个不同的 API。

上述代码的输出结果如下所示。

```
print(logit_fit1.predict(new_data))
0    0.002118
1    0.999990
dtype: float64
```

当输入的收入(Income)值为 4000 时，预测的结果为 0；当输入的收入(Income)值为 85 000 时，预测的结果为 1。与 Python 的 predict()函数的结果相比，通过直接求解逻辑回归方程进行的人工计算略有不同。出现这种差异是因为在人工计算中四舍五入了 β_0 和 β_1 的值。在使用 predict()时，得到的结果是精确的结果。

下面的代码使用图形形式来显示逻辑回归线。实际上，在解决商业问题时并不需要绘制图形。下面的代码仅用于演示。

```
#准备预测变量(x-variables)数据
new_data=product_sales.drop(["Bought"], axis=1)
new_data["Constant"]=1
new_data=new_data[["Constant","Income"]]
#传递变量以获得实际值。在新列中添加实际值
new_data["pred_values"]= logit_fit1.predict(new_data)
new_data["Actual"]=product_sales["Bought"]
#对数据进行分类并绘图
new_data=new_data.sort_values(["pred_values"])
plt.scatter(new_data["Income"], new_data["Actual"])
plt.plot(new_data["Income"], new_data["pred_values"], color='green')
#添加标签和标题
plt.title('Predicted vs Actual Plot')
plt.xlabel('Income')
plt.ylabel('Bought')
plt.show()
```

图 3.17 所示为结果图。现在，你将更好地认识到，与线性回归线相比，逻辑回归线是处理分类问题的正确选择。

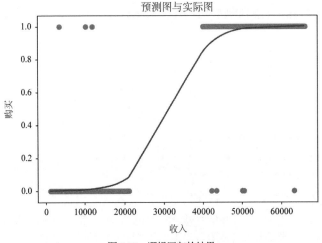

图 3.17　逻辑回归的结果

3.10　逻辑回归线的准确率

在上述的示例中，我们建立了逻辑回归模型并进行了预测。但是准确率怎么样呢？在将模型应

用到实际的商业环境前，不能知道模型的准确率吗？在线性回归中，使用 R-squared 给出模型的准确率。R-squared 值能给出在目标变量中的可解释方差。由于目标值只有 0 和 1 两个值，基于方差的评测并不适合逻辑回归。因此，我们需要不同的模型验证指标。为了更深入地了解这种准确率度量方法，输出数据集中的前几条记录。

```
print(product_sales.head(10))
```

输出结果如下：

```
       Income   Bought
0      2380.0        0
1      7351.1        0
2     48224.4        1
3      4833.0        0
4     18426.1        0
5     52709.0        1
6     54926.7        1
7     52109.3        1
8      8658.6        0
9     12227.9        0
```

下面将获取预测值，并将其与真实值进行比较。下面的代码用于从模型中获取预测值。

```
#输入新列作为截距，用于预测
product_sales["Constant"]=1
#获得预测值并放入一个新列中
product_sales["pred_Bought"]=logit_fit1.predict(product_ sales[["Constant","Income"]])
product_sales["pred_Bought"]=round(product_sales["pred_Bought"])
#用预测值更新后的数据
print(product_sales[["Bought","pred_Bought"]])
```

在上述代码中，使用 predict()函数获取输出结果。使用逻辑回归模型预测的结果是 0 和 1 之间的值。因此，我们需要对输出值进行四舍五入，这样可以得到的结果是 class-0 或 class-1。上述代码的输出结果如下所示。

```
       Bought   pred_Bought
0           0           0.0
1           0           0.0
2           1           1.0
3           0           0.0
4           0           0.0
..        ...           ...
462         0           0.0
463         0           0.0
464         1           1.0
465         1           1.0
466         1           1.0

[467 rows x 2 columns]
```

上述的输出仅包含了部分结果。输出结果中有两列，分别表示真实值和预测值。下面将验证输出结果的准确率。

计算逻辑回归模型的准确率

我们将通过一个示例来讲解如何计算准确率。假设有一个样本数据表(如表 3.19 所示)，在该表中有 10 条记录。

表 3.19　有 10 条记录的数据集

序号	真实值	预测值
1	0	0
2	1	0
3	0	0
4	1	1
5	1	1
6	1	0
7	0	0
8	1	1
9	0	0
10	0	1

在表 3.19 中共有 10 条记录。需要注意每个真实值和预测值中都仅包含 0 和 1。将这些数据创建为表 3.20 所示的矩阵形式。

表 3.20　预测类(Predicted Classes)与真实类(Actual Classes)的数据矩阵

		预测类	
		0	1
真实类	0	0 预测为 0 的次数	0 预测为 1 的次数
	1	1 预测为 0 的次数	1 预测为 1 的次数

根据表 3.19 的数据填充 Cell 列，如表 3.21 所示。预测类与真实类矩阵如表 3.22 所示。

表 3.21　真实值与预测值

序号	真实值	预测值	Cell
1	0	0	00
2	1	0	10
3	0	0	00
4	1	1	11
5	1	1	11
6	1	0	10
7	0	0	00
8	1	1	11
9	0	0	00
10	0	1	01

表 3.22　预测类与真实类的矩阵

		预测类	
		1	**1**
真实类	**0**	4	1
	1	2	3

实际值为 0，预测值为 0，实际值为 1，预测值为 1，则该模型进行了正确的分类。在这 10 条记录中，可以看到有 7 条记录分类正确，因此，准确率是 70%。

表3.20和表3.22所示的矩阵在分类算法中非常有名。这个矩阵被称为混淆矩阵(confusion matrix)。下面将创建混淆矩阵并计算模型的准确率：

$$准确率 = \frac{正确分类的记录数}{总记录数}$$

$$准确率 = \frac{cm[0,0] + cm[1,1]}{cm[0,0] + cm[0,1] + cm[1,0] + cm[1,1]}$$

在上述公式中，cm 是混淆矩阵。

$$误差 = 1 - 准确率 = \frac{cm[0,1] + cm[1,0]}{cm[0,0] + cm[0,1] + cm[1,0] + cm[1,1]}$$

利用我们的数据，创建混淆矩阵的代码如下所示。

```
from sklearn.metrics import confusion_matrix
cm1 = confusion_matrix(product_sales["Bought"], product_sales["pred_Bought"])
print(cm1)

accuracy1=(cm1[0,0]+cm1[1,1])/(cm1[0,0]+cm1[0,1]+cm1[1,0]+cm1[1,1])
print(accuracy1)
```

输出结果如下：

```
print(cm1)
[[257 5]
 [ 3 202]]

print(accuracy1)
0.9828693790149893
```

从输出结果可以看出，我们创建的逻辑回归模型的准确率为98%。在工业界，有效模型的预测结果通常大于80%。现在，我们讨论了仅使用一个预测变量的逻辑回归线。3.11 节中将讨论多元逻辑回归。

3.11　多元逻辑回归线

现在你已经了解了在解决分类问题时，需要创建逻辑回归模型。在实际问题中，大多数的回归模型包含了不止一个独立变量来预测结果。换言之，有很多因素会影响目标变量。例如，在处理信用风险模型时，为客户提供信用卡或贷款前，预测客户是否信誉良好。客户的信用值与很多自变量相关，如信用卡的数量、以前的付款、债务、平均支出、储蓄银行余额、贷款数量、交易数量等。再比如，在预测用户是否点击一个广告时，要基于用户的登录时间、以前浏览的页面、在页面上的停留时间、点击的数量等。多元逻辑回归线将在这些实例应用。多元逻辑回归仅是一个简单的逻辑回归线方程的扩展，如下所示。

$$y = \frac{e^{\beta_0 + \beta_1 x_1 + \beta_2 x_2 + \beta_3 x_3 + \cdots + \beta_k x_k}}{1 + e^{\beta_0 + \beta_1 x_1 + \beta_2 x_2 + \beta_3 x_3 + \cdots + \beta_k x_k}}$$

这里，目标变量的值仍然是 class-0 或 class-1。混淆矩阵的计算与准确率的评测与一元逻辑回归线是一样的。图 3.18 是使用两个预测变量的逻辑回归线模型的可视化结果。

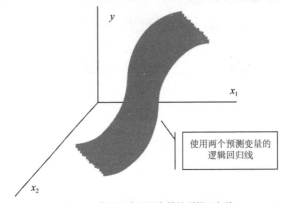

图 3.18   使用两个预测变量的逻辑回归线

下面将使用一个示例演示多元逻辑回归模型的构建。我们首先处理一个商业问题，然后探索数据和预测变量的详细信息。最后，我们将建立多元逻辑回归模型并计算其准确率。

本实例以移动电话网络公司为例，检验客户是否会流失。在过去的两年里，有一些客户停止使用该公司的网络，而另一部分人则继续使用该公司的网络。网络公司已经收集了一些内部特征来预测客户的流失。我们需要建立一个逻辑回归模型，让该模型用于预测客户是继续使用还是停止使用该公司的网络服务。实际上，模型就是预测客户流失与不流失。

很多公司都使用这种类型的流失模型。你是否曾突然停止使用一个服务，如食物配送的服务、出租车预订服务或电子商务网站？如果是，你可能得到一些惊喜的服务，这些服务是为了留住你而定制的。这就是通过流失模型实现的。公司利用这些模型预测客户将会流失还是留下。如果模型预测到客户要离开，公司将采取一些挽留的策略。如果模型预测到客户会留下，则公司会尝试一些交叉销售或追加销售。

下面回到构建(客户)流失模型，我们继续探索变量，如表 3.23 所示。该数据集是过去两年中100 000 名客户的数据。

表 3.23　流失模型的特征描述

列名	描述
Id	唯一值。可以用过它作为 cust_id
Active_cust	包含两个值：Active 与 Inactive，用于表示客户的状态
	Inactive——流失的客户
	Active——留下的客户
estimated_income	客户的月收入估计值
months_on_network	客户的在网时间，以月为单位
complaints_count	客户在两年中投诉的次数
plan_changes_count	客户在两年内改变计划的次数
relocated_new_place	标识——迁移或未迁移
monthly_bill_avg	月平均账单
CSAT_Survey_Score	内部客户满意度评分
high_talktime_flag	标识——客户的通话时长是否较长
internet_time	每月互联网使用时长

使用如下的代码构建多元逻辑回归线。这些代码与简单的逻辑回归线一样，不同的是在下面的代码中将涉及该案例中的所有自变量。

```
telco_cust=pd.read_csv(r"D:\Chapter3\5. Base Datasets\telco_data.csv")
print(telco_cust.shape)
print(telco_cust.columns)
```

输出结果如下所示。

```
print(telco_cust.shape)
(100000, 11)

print(telco_cust.columns)
Index(['Id', 'Active_cust', 'estimated_income', 'months_on_network',
    'complaints_count', 'plan_changes_count',
'relocated_new_place','monthly_bill_avg', 'CSAT_Survey_Score',
'high_talktime_flag','internet_time'], dtype='object')
```

构建模型的代码如下所示。

```
import statsmodels.api as sm
logit_model2=sm.Logit(telco_cust['Active_cust'],telco_cust[["estimated_
income"]+['months_on_network']+['complaints_count']+['plan_changes_
count']+['relocated_new_place']+['monthly_bill_avg']+["CSAT_Survey_
Score"]+['high_talktime_flag']+['internet_time']])
logit_fit2=logit_model2.fit()
logit_fit2.summary()
```

上述代码的输出结果如表 3.24 所示。表 3.24 中是已经格式化的输出结果。图 3.19 是真实的输出结果的截图。

表 3.24 model2 的逻辑回归结果

```
                              Logit Regression Results
==============================================================================
Dep. Variable:           Active_cust   No. Observations:                100000
Model:                         Logit   Df Residuals:                     99991
Method:                          MLE   Df Model:                             8
Date:                Wed, 08 Apr 2020   Pseudo R-squ.:                   0.5193
Time:                       10:53:05   Log-Likelihood:                 -32721.
converged:                      True   LL-Null:                        -68074.
Covariance Type:           nonrobust   LLR p-value:                      0.000
==============================================================================
                        coef    std err          z      P>|z|      [0.025      0.975]
------------------------------------------------------------------------------
estimated_income     5.476e-05   3.15e-05      1.740      0.082   -6.93e-06       0.000
months_on_network      -2.1605      2.473     -0.874      0.382      -7.008       2.687
complaints_count       31.7026     37.097      0.855      0.393     -41.006     104.411
plan_changes_count     -0.5828      0.011    -52.166      0.000      -0.605      -0.561
relocated_new_place    -2.4047      0.047    -51.554      0.000      -2.496      -2.313
monthly_bill_avg       -0.0035      0.000    -17.173      0.000      -0.004      -0.003
CSAT_Survey_Score       3.3119      3.710      0.893      0.372      -3.959      10.583
high_talktime_flag     -0.0354      0.020     -1.763      0.078      -0.075       0.004
internet_time           0.0079   4.68e-05    168.858      0.000       0.008       0.008
==============================================================================
```

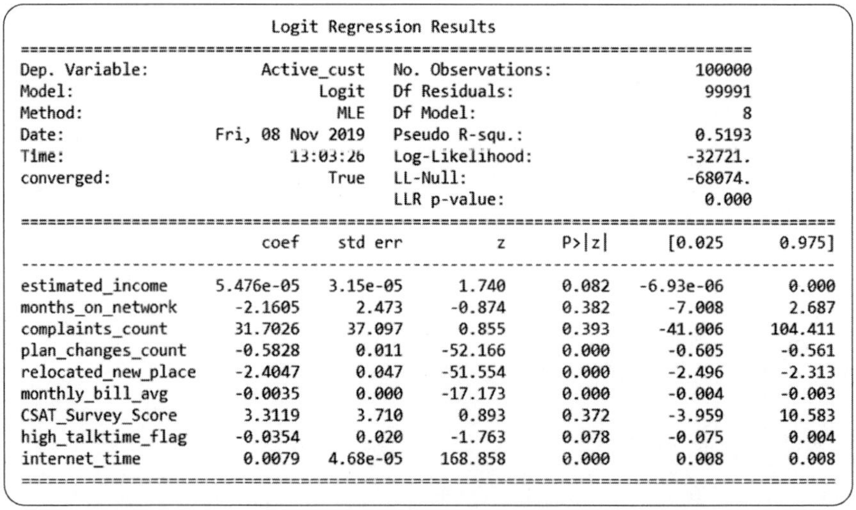

```
                              Logit Regression Results
==============================================================================
Dep. Variable:           Active_cust   No. Observations:                100000
Model:                         Logit   Df Residuals:                     99991
Method:                          MLE   Df Model:                             8
Date:                Fri, 08 Nov 2019   Pseudo R-squ.:                   0.5193
Time:                       13:03:26   Log-Likelihood:                 -32721.
converged:                      True   LL-Null:                        -68074.
                                       LLR p-value:                      0.000
==============================================================================
                        coef    std err          z      P>|z|      [0.025      0.975]
------------------------------------------------------------------------------
estimated_income     5.476e-05   3.15e-05      1.740      0.082   -6.93e-06       0.000
months_on_network      -2.1605      2.473     -0.874      0.382      -7.008       2.687
complaints_count       31.7026     37.097      0.855      0.393     -41.006     104.411
plan_changes_count     -0.5828      0.011    -52.166      0.000      -0.605      -0.561
relocated_new_place    -2.4047      0.047    -51.554      0.000      -2.496      -2.313
monthly_bill_avg       -0.0035      0.000    -17.173      0.000      -0.004      -0.003
CSAT_Survey_Score       3.3119      3.710      0.893      0.372      -3.959      10.583
high_talktime_flag     -0.0354      0.020     -1.763      0.078      -0.075       0.004
internet_time           0.0079   4.68e-05    168.858      0.000       0.008       0.008
==============================================================================
```

图 3.19 截图——model2 的逻辑回归结果

混淆矩阵和准确率需要分别计算。输出结果中也包括类似 *P*-value 的值，将在后续介绍。下面的代码给出了混淆矩阵的计算。

```
#混淆矩阵和准确率
telco_cust [ "pred_Active_cust" ]= logit_fit2 . predict ( telco_cust.drop
(["Id","Active_cust"],axis=1))
telco_cust["pred_Active_cust"]=round(telco_cust["pred_Active_cust"])

from sklearn.metrics import confusion_matrix
```

```
cm2 = confusion_matrix(telco_cust["Active_cust"], telco_cust["pred_Active cust"])
print(cm2)
accuracy2=(cm2[0,0]+cm2[1,1])/(cm2[0,0]+cm2[0,1]+cm2[1,0]+cm2[1,1])
print(accuracy2)
```

上述代码的输出结果如下所示。

```
print(cm2)
[[35985 6156]
 [ 7443 50416]]
```

```
print(accuracy2)
0.86401
```

从输出结果可以看出，该模型有良好的准确率，为 86.4%。下一步将选择所有独立变量和具有影响力的变量。

3.12　逻辑回归中的多重共线性

正如在多元线性回归中所注意到的，在存在变量相互依赖的情况下，β 系数不可信。在多元逻辑回归中也存在同样的问题。再次重申，在逻辑回归中，目标变量是一个分类变量，而在线性回归中，y 是连续的。对于预测变量，无论是逻辑回归还是线性回归都没有变化——都可以使用多个预测变量。

在逻辑回归中处理多重共线性问题，忽略目标变量，仅考虑模型中相关的预测变量。逻辑回归的多重共线性检测与线性回归一样，仍然使用 VIF 函数。使用预测变量建立模型后其 VIF>5 时，则从模型中删除该预测变量。删除变量时，每次只删除一个变量。并不是所有 VIF>5 的变量都需要一起删除。下面检测前面创建的客户流失模型数据的多重共线性问题。

VIF 函数的代码如下所示。

```
import statsmodels.formula.api as sm1
def vif_cal(x_vars):
    xvar_names=x_vars.columns
    for i in range(0,xvar_names.shape[0]):
        y=x_vars[xvar_names[i]]
        x=x_vars[xvar_names.drop(xvar_names[i])]
        rsq=sm1.ols(formula="y~x", data=x_vars).fit().rsquared
        vif=round(1/(1-rsq),2)
        print (xvar_names[i], " VIF = " , vif)
```

在我们的数据上利用 VIF 函数检测多重共线性。

```
vif_cal(x_vars=telco_cust.drop(["Id","Active_cust","pred_Active_cust"], axis=1))
```

上述代码的输出结果如下所示。

```
estimated_income   VIF =  1.02
months_on_network  VIF =  20991947.38
complaints_count   VIF =  1105768.47
plan_changes_count VIF =  1.56
relocated_new_place VIF =  1.63
monthly_bill_avg   VIF =  1.0
CSAT_Survey_Score  VIF =  22885771.92
```

```
high_talktime_flag  VIF =  1.0
internet_time VIF =  1.07
```

从输出结果可以看出，在数据中仅有少部分变量是独立的。我们需要删除 VIF 值最大的变量。删除 CSAT_Survey_Score 变量，并重新计算剩余变量的 VIF 值。

```
vif_cal(x_vars=telco_cust.drop(["Id","Active_cust","pred_Active_cust",
"CSAT_Survey_Score"], axis=1))
```

上述代码的输出结果如下：

```
estimated_income  VIF =  1.02
months_on_network  VIF =  1.03
complaints_count  VIF =1.02
plan_changes_count  VIF =  1.56
relocated_new_place  VIF =  1.63
monthly_bill_avg  VIF =  1.0
high_talktime_flag  VIF =  1.0
internet_time  VIF =  1.07
```

从上面的输出结果可以看出，所有变量都是 VIF<5。现在得出的结论是这些变量是独立的，可以在模型中使用这些变量。下面是在删除多重共线性后的模型。

```
import statsmodels.api as sm
logit_model3=sm.Logit(telco_cust['Active_cust'],telco_cust[["estimated_
income"]+['months_on_network']+['complaints_count']+['plan_changes_
count']+['relocated_new_place']+['monthly_bill_avg']+['high_talktime_
flag']+['internet_time']])
logit_fit3=logit_model3.fit()
logit_fit3.summary()
```

表 3.25 所示的输出结果是格式化的，图 3.20 是真实输出结果的截图。

表 3.25　逻辑回归的结果

```
                        Logit Regression Results
==============================================================================
Dep. Variable:          Active_cust   No. Observations:           100000
Model:                        Logit   Df Residuals:                99992
Method:                         MLE   Df Model:                        7
Date:              Wed, 08 Apr 2020   Pseudo R-squ.:              0.5193
Time:                      11:06:56   Log-Likelihood:            -32721.
converged:                     True   LL-Null:                   -68074.
Covariance Type:          nonrobust   LLR p-value:                 0.000
==============================================================================
                       coef    std err          z      P>|z|      [0.025      0.975]
------------------------------------------------------------------------------------
estimated_income    5.457e-05   3.15e-05      1.735      0.083   -7.08e-06       0.000
months_on_network      0.0474      0.001     60.421      0.000       0.046       0.049
complaints_count      -1.4164      0.024    -59.194      0.000      -1.463      -1.370
plan_changes_count    -0.5827      0.011    -52.166      0.000      -0.605      -0.561
relocated_new_place   -2.4051      0.047    -51.561      0.000      -2.496      -2.314
monthly_bill_avg      -0.0035      0.000    -17.172      0.000      -0.004      -0.003
high_talktime_flag    -0.0354      0.020     -1.760      0.078      -0.075       0.004
internet_time          0.0079   4.68e-05    168.861      0.000       0.008       0.008
==============================================================================
```

```
                        Logit Regression Results
===============================================================================
Dep. Variable:              Active_cust   No. Observations:             100000
Model:                            Logit   Df Residuals:                  99992
Method:                             MLE   Df Model:                          7
Date:                  Fri, 08 Nov 2019   Pseudo R-squ.:                0.5193
Time:                          14:23:17   Log-Likelihood:              -32721.
converged:                         True   LL-Null:                     -68074.
                                          LLR p-value:                   0.000
===============================================================================
                         coef    std err          z      P>|z|     [0.025     0.975]
-------------------------------------------------------------------------------
estimated_income      5.457e-05  3.15e-05      1.735      0.083  -7.08e-06      0.000
months_on_network        0.0474     0.001     60.421      0.000      0.046      0.049
complaints_count        -1.4164     0.024    -59.194      0.000     -1.463     -1.370
plan_changes_count      -0.5827     0.011    -52.166      0.000     -0.605     -0.561
relocated_new_place     -2.4051     0.047    -51.561      0.000     -2.496     -2.314
monthly_bill_avg        -0.0035     0.000    -17.172      0.000     -0.004     -0.003
high_talktime_flag      -0.0354     0.020     -1.760      0.078     -0.075      0.004
internet_time            0.0079  4.68e-05    168.861      0.000      0.008      0.008
===============================================================================
```

图 3.20 截图——model3 的逻辑回归结果

下面的代码用于计算混淆矩阵和准确率。

```python
telco_cust["pred_Active_cust"]=logit_fit3.predict(telco_cust.drop(["Id",
"Active_cust","pred_Active_cust","CSAT_Survey_Score"],axis=1))
telco_cust["pred_Active_cust"]=round(telco_cust["pred_Active_cust"])

from sklearn.metrics import confusion_matrix
cm3 = confusion_matrix(telco_cust["Active_cust"], telco_cust["pred_Active_ cust"])
print(cm3)

accuracy3=(cm3[0,0]+cm3[1,1])/(cm3[0,0]+cm3[0,1]+cm3[1,0]+cm3[1,1])
print(accuracy3)
```

输出结果如下所示。

```python
print(cm3)
[[35983  6158]
 [ 7442 50417]]

print(accuracy3)
0.864
```

该模型的准确率为 86.4%。下面需要查看变量的个体影响力。

3.13 变量的个体影响力

使用 VIF 函数完成了多重共线性的分析，就已经在模型中保留了所有独立变量。实际上，这些独立变量并不都具有影响力。换言之，如果在模型中使用了 20 个变量，并不意味着这些变量都对目标变量有影响力。如果删除一些变量并观察预测结果，发现并不会影响模型的准确率，则可以得出结论：在模型中可以删除这些没有影响力的变量。另一方面，如果删除一些变量后对准确率有影响，则需要在模型中保留这些变量，因此这些变量对目标变量有影响。

在线性回归中，已经使用过 *P*-value，它是通过 t-test 推导出的。在逻辑回归中也使用 *P*-value，但是它的计算方法不同。在逻辑回归中，我们使用 Z-test(Z 检验)方式推导。该方式检测是原假设(没有影响力)还是备择假设(有影响力)。使用 Z-test 来计算 *P*-value。如果 *P*-value<0.05，则拒绝原假设。这就表明拒绝了原假设中的变量没有影响力，即这个变量是具有影响力的。

另一方面，如果 *P*-value≥0.05，则接受原假设。这就表明该变量是没有影响力的，可以从模型中删除该变量。

简单来说，在模型的输出结果中，如果 *P*-value<0.05，则该变量有影响力；如果 *P*-value≥0.05，则该变量不具有影响力。对于 *P*-value 的计算不需要编写独立的代码。从输出结果的摘要中就可以看到没有影响力的变量。需要注意的是，需要在完成了多重共线性分析后剩余变量的摘要中查看。

图 3.21 所示是模型的输出结果。在该结果中已经删除了所有多重共线性变量。

```
                         Logit Regression Results
==============================================================================
Dep. Variable:            Active_cust   No. Observations:           100000
Model:                          Logit   Df Residuals:                99992
Method:                           MLE   Df Model:                        7
Date:                Fri, 08 Nov 2019   Pseudo R-squ.:              0.5193
Time:                        14:30:57   Log-Likelihood:            -32721.
converged:                       True   LL-Null:                   -68074.
                                        LLR p-value:                 0.000
==============================================================================
                        coef    std err          z      P>|z|      [0.025      0.975]
------------------------------------------------------------------------------
estimated_income     5.457e-05  3.15e-05      1.735      0.083   -7.08e-06       0.000
months_on_network       0.0474     0.001     60.421      0.000       0.046       0.049
complaints_count       -1.4164     0.024    -59.194      0.000      -1.463      -1.370
plan_changes_count     -0.5827     0.011    -52.166      0.000      -0.605      -0.561
relocated_new_place    -2.4051     0.047    -51.561      0.000      -2.496      -2.314
monthly_bill_avg       -0.0035     0.000    -17.172      0.000      -0.004      -0.003
high_talktime_flag     -0.0354     0.020     -1.760      0.078      -0.075       0.004
internet_time           0.0079  4.68e-05    168.861      0.000       0.008       0.008
==============================================================================
"""
```

图 3.21 截图——在删除了多重共线性变量后逻辑回归模型的结果

在输出结果中，我们看到 estimated_income 变量和 high_talktime_flag 变量的 *P*-value>0.05。将这两个变量从模型中删除。模型现在的准确率是 86.4%。在删除了这两个变量后模型能得到与之前一样的准确率吗？下面的代码给出了最终模型。

```
logit_model4=sm.Logit(telco_cust['Active_cust'],telco_cust[['months_
on_network']+['complaints_count']+['plan_changes_count']+['relocated_new_
place']+['monthly_bill_avg']+['internet_time']])
logit_fit4=logit_model4.fit()
logit_fit4.summary()
```

表 3.26 所示为输出结果。该输出结果是格式化后的结果。图 3.22 所示为真实输出结果的截图。

表 3.26　逻辑回归的结果

```
                      Logit Regression Results
==============================================================================
Dep. Variable:        Active_cust    No. Observations:          100000
Model:                      Logit    Df Residuals:               99994
Method:                       MLE    Df Model:                       5
Date:            Thu, 16 Apr 2020    Pseudo R-squ.:             0.5189
Time:                    18:28:59    Log-Likelihood:           -32752.
converged:                   True    LL-Null:                  -68074.
Covariance Type:        nonrobust    LLR p-value:                0.000
==============================================================================
                     coef    std err          z      P>|z|      [0.025      0.975]
------------------------------------------------------------------------------
months_on_network   0.0463      0.001     69.979      0.000       0.045       0.048
complaints_count   -1.3804      0.013   -105.503      0.000      -1.406      -1.355
plan_changes_count -0.5807      0.011    -52.132      0.000      -0.603      -0.559
relocated_new_place -2.3988     0.046    -51.593      0.000      -2.490      -2.308
monthly_bill_avg   -0.0034      0.000    -17.166      0.000      -0.004      -0.003
internet_time       0.0079   4.67e-05    169.255      0.000       0.008       0.008
==============================================================================
```

```
                      Logit Regression Results
==============================================================================
Dep. Variable:        Active_cust    No. Observations:          100000
Model:                      Logit    Df Residuals:               99994
Method:                       MLE    Df Model:                       5
Date:            Fri, 08 Nov 2019    Pseudo R-squ.:             0.5189
Time:                    14:34:28    Log-Likelihood:           -32752.
converged:                   True    LL-Null:                  -68074.
                                     LLR p-value:                0.000
==============================================================================
                     coef    std err          z      P>|z|      [0.025      0.975]
------------------------------------------------------------------------------
months_on_network   0.0463      0.001     69.979      0.000       0.045       0.048
complaints_count   -1.3804      0.013   -105.503      0.000      -1.406      -1.355
plan_changes_count -0.5807      0.011    -52.132      0.000      -0.603      -0.559
relocated_new_place -2.3988     0.046    -51.593      0.000      -2.490      -2.308
monthly_bill_avg   -0.0034      0.000    -17.166      0.000      -0.004      -0.003
internet_time       0.0079   4.67e-05    169.255      0.000       0.008       0.008
==============================================================================
```

图 3.22　截图——最终的逻辑回归模型的结果

下面给出了创建混淆矩阵和计算准确率的代码。

```
telco_cust["pred_Active_cust"] = logit_fit4.predict(telco_cust.
drop(["Id","Active_cust","pred_Active_cust","CSAT_Survey_Score","estimated_
income","high_talktime_flag"],axis=1))
telco_cust["pred_Active_cust"]=round(telco_cust["pred_Active_cust"])

from sklearn.metrics import confusion_matrix
cm4= confusion_matrix(telco_cust["Active_cust"], telco_cust["pred_Active_ cust"])
print(cm4)
```

```
accuracy4=(cm4[0,0]+cm4[1,1])/(cm4[0,0]+cm4[0,1]+cm4[1,0]+cm4[1,1])
print(accuracy4)
```

上述代码的输出结果如下所示。

```
print(cm4)
[[36010 6131]
 [ 7474 50385]]
```

```
print(accuracy4)
0.864
```

在删除了没有影响力的变量后，最终模型的准确率是 86.4%，与之前的模型一样。

3.14   构建逻辑回归模型的步骤

构建逻辑回归模型时已经学习过一些度量方法。下面总结构建可靠的逻辑回归模型的步骤。

(1) 完成数据探索、验证及数据清洗的工作。准备好用于进行数据分析的数据。

(2) 检测目标变量。如果目标变量是分类变量或类型变量，则仅考虑使用逻辑回归模型。

(3) 使用所有的预测变量来构建第一个模型。

(4) 为构建的第一个模型创建混淆矩阵并计算准确率。通常工业界的准确率标准是高于 80%。

- 如果准确率非常低，则需要更多的数据，需要收集对目标变量有影响的预测变量。

- 使用大量的预测变量重新构建模型，一旦模型满足基本的标准，就可以进入变量的选择和删除阶段。

(5) 使用 VIF 值检测多重共线性。

- 如果变量的 VIF<5，则该变量具有独立信息，可以在模型中保留该变量。

- 如果变量的 VIF≥5，则可以在数据集中删除该变量。需要依次删除变量。不要在一步中删除所有 VIF≥5 的变量。首先删除一个 VIF 值最高的变量。

- 重复上述步骤，直到所有变量的 VIF<5。

(6) 使用 P-value 值检测个体变量的影响力

- 如果 P-value<0.05，则变量有影响力，在模型中保留该变量。

- 如果 P-value≥0.05，则变量不具有影响力，在模型中删除该变量。

通过上述步骤构建标准的逻辑回归模型，以解决目标变量是分类业务的商业问题。如果构建模型只为预测目标结果，对变量的影响力不感兴趣，则到步骤(4)即可完成模型的构建。后面的两个步骤是用于选择和删除变量的。在某些业务中，仅考虑模型本身不考虑变量的影响力，而有些业务则需要考虑变量的影响力。上述步骤中的前 4 个步骤是必不可少的，剩余的步骤可以根据业务需求选择。

3.15   比较线性回归模型与逻辑回归模型

本章详细讨论了线性回归和逻辑回归。表 3.27 给出了两种回归的比较。

表 3.27　比较线性回归与逻辑回归

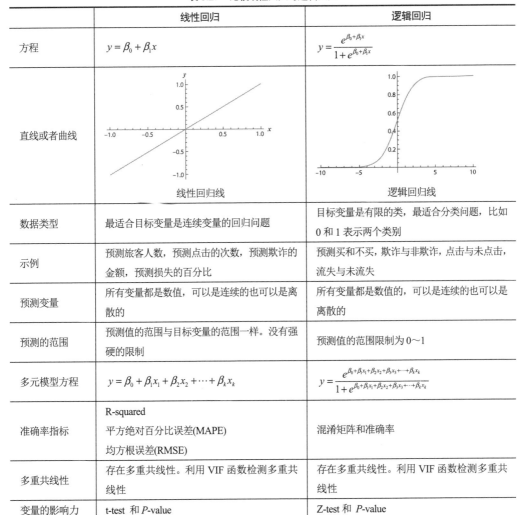

	线性回归	逻辑回归
方程	$y = \beta_0 + \beta_1 x$	$y = \dfrac{e^{\beta_0 + \beta_1 x}}{1 + e^{\beta_0 + \beta_1 x}}$
直线或者曲线	线性回归线	逻辑回归线
数据类型	最适合目标变量是连续变量的回归问题	目标变量是有限的类，最适合分类问题，比如 0 和 1 表示两个类别
示例	预测旅客人数，预测点击的次数，预测欺诈的金额，预测损失的百分比	预测买和不买，欺诈与非欺诈，点击与未点击，流失与未流失
预测变量	所有变量都是数值，可以是连续的也可以是离散的	所有变量都是数值的，可以是连续的也可以是离散的
预测的范围	预测值的范围与目标变量的范围一样。没有强硬的限制	预测值的范围限制为 0~1
多元模型方程	$y = \beta_0 + \beta_1 x_1 + \beta_2 x_2 + \cdots + \beta_k x_k$	$y = \dfrac{e^{\beta_0 + \beta_1 x_1 + \beta_2 x_2 + \beta_3 x_3 + \cdots + \beta_k x_k}}{1 + e^{\beta_0 + \beta_1 x_1 + \beta_2 x_2 + \beta_3 x_3 + \cdots + \beta_k x_k}}$
准确率指标	R-squared 平方绝对百分比误差(MAPE) 均方根误差(RMSE)	混淆矩阵和准确率
多重共线性	存在多重共线性。利用 VIF 函数检测多重共线性	存在多重共线性。利用 VIF 函数检测多重共线性
变量的影响力	t-test 和 *P*-value	Z-test 和 *P*-value

3.16　本章小结

本章首先介绍了简单的线性回归并讨论了其准确率的度量。然后讨论了多元线性回归以及在构建多元线性回归模型时的特征选择。最后，讨论了逻辑回归模型的构建及特征选择。本章仅讨论了模型的主要度量指标。后续将介绍一些新的概念，如过拟合和欠拟合。线性回归模型和逻辑回归模型是简单易懂的算法。神经网络(ANNs)是一种复杂的算法。掌握好逻辑回归对掌握神经网络算法至关重要。很好地掌握线性回归模型对于后续的逻辑回归也至关重要。简言之，本章为本书即将讨论的主题奠定了基础。请继续关注后面的内容。

3.17 本章习题

(1) 下载 Pima Indians Diabetes 数据集。基于病人的诊断数据预测其是否会患糖尿病。

● 导入数据，完成数据探索和数据清理。

● 建立机器学习模型来预测病人是否会患糖尿病。

● 执行模型验证和准确率评测。

● 寻求提高模型准确率的创新方法

数据集下载：https://www.kaggle.com/uciml/pima-indians-diabetes-database。

(2) 下载 Automobile 数据集。

● 导入数据，完成数据探索和数据清理。

● 建立机器学习模型并预测车辆的价格。

● 执行模型验证和准确率评测。

● 寻求提高模型准确率的创新方法。

数据集下载：https://archive.ics.uci.edu/ml/datasets/Automobile。

第4章

决 策 树

第 3 章介绍了使用逻辑回归处理分类问题。逻辑回归只是分类算法中的一种。本章将讨论另一种分类算法——决策树。逻辑回归最适用于符合线性相关的数据分类，而决策树则可以用于非线性数据的分类。虽然这两种算法都是分类算法，但在解决实际问题时可能会不知道选择哪种模型。在这种情况下，最好的方法是分别使用逻辑回归和决策树来处理问题，然后选择结果最准确的模型。

决策树在商界普遍用于解决客户细分类型的问题。不同行业垂直市场中的大多数营销团队只有在将客户划分为逻辑子集后才开展营销活动，因为每个子集中的营销活动并不适合所有人。营销团队需要为每个客户细分群体制定更多个性化的营销策略，从而在营销活动中获得最佳结果和 ROI(投资回报率)。例如，如果我们为了销售特定的产品，开展一项针对客户的手机短消息服务(SMS)活动，在活动中向所有客户发送相同的短信内容可能不是好想法。客户数据中可能包含了各种各样的客户，有些人可能是男性，有些是女性，有些是学生，有些是在职人员，有些甚至可能是退休人员。决策树被广泛用于处理这类客户细分业务问题。本章将详细讨论决策树算法，以及如何用 Python 构建决策树模型，接着解释如何验证基于决策树的模型，最后讨论如何选择部署在生产中的业务模型。

4.1　什么是决策树

决策树是应用最广泛的分类算法之一。每种分类方法都完全不同。在讨论逻辑回归时，我们使用了基于曲线拟合的方法，试图将逻辑函数拟合到一组数据中。从逻辑(logistic)函数的图像上可以看出，逻辑函数是一条"S"形曲线，通过这条曲线来预测数据的分类是 class0 还是 class1。在使用决策树时，将利用基于树的方法进行分类。在决策树方法中试图将数据划分为小的子集，每个子集都有一个主导类别——class0 或 class1。本节还将用一个实例来说明决策树背后的总体理念。下面的简单示例将有助于理解决策树的概念。本章后面将利用决策树来处理一个商业问题。

我们有一些来自在线网站产品销售数据。下面将讨论这些数据。表 4.1 列出了客户性别(gender)、收入等级(income band)以及客户是否订购产品(whether clients ordered the product)等详细信息。

表 4.1 一个在线网站的产品销售数据

历史数据——用于分析的数据

序号	性别	收入等级	客户是否订购该产品
1	M	High	No
2	F	Low	Yes
3	M	High	No
4	M	High	No
5	M	High	No
6	M	High	No
7	F	Low	Yes
8	M	Low	Yes
9	F	High	No
10	M	High	No
11	F	High	No
12	M	Low	No
13	F	High	No
14	F	Low	Yes
15	M	High	Yes

注：本章该例的指标值以英文表示，以便于阅读。

下面要处理的问题是利用数据集进行预测。如表 4.2 所示，需要预测两个新客户是否会购买产品。这两个新客户是有权限登录在线网站的。我们应该尽快预测客户是否会购买产品，即客户登录网站后未作任何操作前进行预测。为什么这么匆忙？如果我们能准确预测他们不会购买或会购买产品，就可以迅速向这些客户推送带有折扣优惠的广告。如果客户被预测为会购买产品，那么甚至可以向这些客户展示产品的广告，以促进交叉销售(销售不同的相关产品)和追加销售(销售同类中性价比更高的产品)。

表 4.2 新客户数据

新数据——用于预测的数据

性别	收入范围	是否订购
M	High	?
F	Low	?

查看整个表格的数据，几乎得不到任何有用的推断，但是如果将这些数据以树的形式重新排列，那么可以很好地做出客户是会购买产品的预测。下面看一下如何利用树状表示形式来做预测(见图 4.1)。

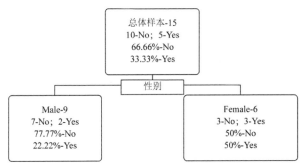

图 4.1　网站上历史销售记录的树状表示

　　图 4.1 中的树划分了一个层级。在该树中包含 15 位客户。在这 15 位客户中,已购买产品的客户有 5 位,未购买产品的客户有 10 位。class0(未购买产品的客户)的客户人数为 66.66%,class1(已购买产品的客户)的客户人数为 33.33%。更进一步观察数据:在这 15 位客户中,男性(Male)客户为 9 位,女性(Female)客户为 6 位。这些信息从哪获取呢?仅仅是通过对数据集的实际观察吗?从数据中可以看出,在 9 位男性客户中,有 7 位没有购买该产品。同样,可以对 6 位女性客户进行类似的统计。我们也有这些客户的收入等级信息。利用这些信息可以进一步对图 4.1 中的树划分多个分支,如图 4.2 所示。

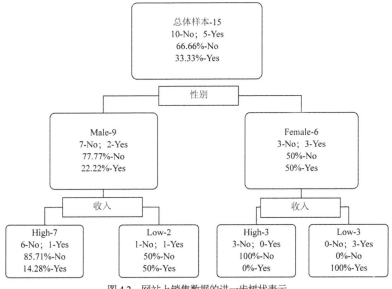

图 4.2　网站上销售数据的进一步树状表示

　　在图 4.2 中,已经成功地将所数据点以树的形式重新排列。仅观察这棵树,能预测新客户是否购买产品吗?表 4.3 仍然使用了表 4.2 中的数据。

表 4.3　新客户数据

新数据——对此数据进行预测		
性别	收入	是否订购
M	High	?
F	Low	?

表 4.3 中的第一行代表高收入的男性客户。可以预测该客户不会订购该产品。从图 4.2 的树中可以观察到，高收入群体中的男性客户(85.71%)没有购买该产品。表中第二行是指第二位客户，该客户是低收入群体中的女性。与预测第一位客户一样，我们可以自信地预测该女性客户会购买该产品。在树中的数据显示有 100%的低收入女性客户对该产品做出了购买决定。表 4.4 是根据预测结果更新的数据集。

表 4.4　对新客户数据的预测

新数据——对此数据进行预测		
性别	收入	是否订购
M	High	No
F	Low	Yes

图 4.3 中树的第一个节点是根节点。在根节点(root node)上的进一步分割称为父节点(parent node)，通过父节点连接子节点(child node)。树中的最后一个节点称为叶子节点(leaf node)。

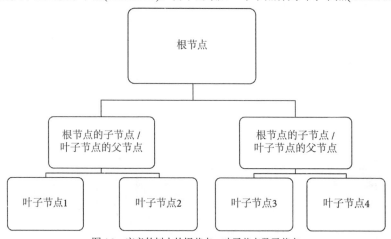

图 4.3　广义的树中的根节点、叶子节点及子节点

我们可以根据叶子节点进行预测。通过叶子节点进行预测时需要获取新的数据，然后遍历树，看看该数据适合哪个叶子节点。在我们的示例中，有两个新的数据可供预测：第一个数据(customer1)落在叶子节点 1 中，未购买产品是主导类(未购买产品的客户占多数)。与此类似，第二个数据(customer2)位于叶子节点 4 中，即购买产品是主导类(购买产品的客户占多数)。根据最终叶子节点中的主导类进行预测(如表 4.5 所示)。

表 4.5　在叶子节点中基于主导类预测结果

性别	收入	是否作为主导节点	是否订购
新数据——对此数据进行预测			
M	High	叶子节点 1	No
F	Low	叶子节点 4	Yes

　　将数据重新排列成树的形式并以此获得预测结果是一种新方法，该方法称为决策树技术。下面将讨论决策树技术。在上面的示例中，人工整理了数据并获得预测结果。对于数据量大的数据集来说，决策树算法实现了整理数据过程的自动化。这里仍然有很多待解答的问题：如何选择拆分的变量？拆分变量是随机的，还是存在一些科学逻辑？在上面的例子中只有两列数据，但实际应用中会有多列数据；在这种情况下，将如何选择要拆分的列？本章后面将解决这些问题。

4.2　划分准则：熵和信息增益

　　决策树尝试将全部数据划分为子集，每个子集都有一个单独的主导类别。整体人群的样本是不纯的，其中包括两个类别的客户(class 0 和 class 1)。通过将数据集划分为纯的子集，可以预测一个新客户(新数据)购买与不购买的行为。正如在 4.1 节中已经介绍的，我们无法仅基于整个人群预测客户购买与不购买的行为，因为在人群中既有买家也有非买家。将数据集划分为纯子集，其中一个类占主导地位时，就很容易预测客户是否会购买产品。

　　如何定义纯度和不纯度呢？如果树的一个分支包含两个类别，则称其为不纯。如果在一个分支中有50%的买家和50%的非买家的数据，那么这是一个不纯的分支。我们无法判断客户是否属于这些不纯的分支。此外，如果数据集中有100%的买家和0%的非买家，这是一个完美纯度的细分市场，就可以很容易预测属于这一群体的客户类别。

　　在实际数据中包含许多变量；我们如何将不纯的数据划分成纯的子集呢？如何选择用于拆分数据的变量呢？变量的选择是随机的吗？举个例子来更好地理解它。我们有 100 条记录，其中买家和非买家各占 50 条。我们可以选择基于收入(Income)或性别(Gender)变量划分人群。让我们研究这两个变量并找出哪个变量最适合划分数据(如表 4.6 所示)。

表 4.6　基于收入或性别变量来划分人群

(续表)

基于收入划分	基于性别划分
在根节点中买家和非买家均占 50%。基于收入划分，划分的结果与根节点得到的结果相似：	在根节点中买家和非买家均占 50%。基于性别划分后，得到如下有趣的模式：
1. 在低收入(Low)的分支中有 48%的买家，52%的非买家。	1. 在男性客户(Male)分支中有 83%的买家和 17%的非买家。
2. 在高收入(High)的分支中有 53%的买家，47%的非买家。	2. 在女性客户(Female)分支中非买家占 100%。
基于收入划分的结果没有给出特殊的信息。无论客户属于低收入分支还是高收入分支，都无法判断客户是否会购买产品。因此，收入变量并不适合用于该数据的拆分	基于性别拆分数据的结果更加明显区分了数据并具有决策性的信息。如果客户是男性，与女性相比，这类客户购买产品的概率更大。因此，性别变量适合用于该数据的划分

在上述的示例中，可以确定将继续使用性别(Gender)变量来划分人群。在该示例中只有两个变量，因此，选择最佳的划分变量很容易。实时项目的数据中包含了多个变量：如何选择具有最佳划分能力的变量？换言之，如何选择给我们带来最佳信息增益的变量？是否有量化的衡量标准或度量指标？

幸运的是，有选择最佳划分变量的度量指标，这个度量指标称为信息增益(information gain)。在上述的示例中，若计算收入和性别变量的信息增益值，则可以得出性别变量的信息增益更高。前面主要通过视觉化的方式来选择性别变量作为最佳的划分变量，后面将通过信息增益来选择最佳划分变量。首先给出熵的定义，熵用于度量样本的不纯度，将在计算信息增益的公式中使用。

4.2.1 熵：不纯度的度量

熵(Entropy)用于度量给定样本中的不纯度。熵量化了一个分支中样本的不纯度。如果在样本中两个类别的数据所占比例几乎相等，则熵是最高的。一个分支中样本是纯的(只包括同一类别的样本)，则熵是最小的。下面的公式用于计算一个分支中样本(S)的熵：

$$熵(S) = -p_1\log_2(p_1) - p_2\log_2(p_2)$$

这里，S 表示一个分支的样本，p_1 是该样本中数据属于 class1 类别的概率，p_2 是该样本中数据属于 class2 类别的概率。为什么在公式中使用 $\log_2$？公式中负号的意义是什么？我们将使用表 4.7 中的示例进一步探讨熵。

表 4.7 计算熵的示例

S1——分支 1	S2——分支 2
总记录数-100 50-Yes；50-No 50%-Yes； 50%-No	总记录数-100 1-Yes；99-No 1%-Yes； 99%-No

(续表)

S1——分支 1	S2——分支 2
分支 S1	分支 S2
$p_1 = 0.5\ p_2 = 0.5$	$p_1 = 0.5\ p_2 = 0.5$
熵 $= -p_1\log_2(p_1) - p_2\log_2(p_2)$	熵 $= -p_1\log_2(p_1) - p_2\log_2(p_2)$
$= -0.5 \times \log_2(0.5) - 0.5 \times \log_2(0.5)$	$= -0.01 \times \log_2(0.01) - 0.99 \times \log_2(0.99)$
$= -0.5 \times (-1) - 0.5 \times (-1)$	$= -0.01 \times (-6.644) - 0.99 \times (-0.014)$
熵(S1) = 1	熵(S1) = 0.081

当两种类型的样本各占 50% 时，熵的值为 1，这是熵的最大值，说明该分支中样本的不纯度最高。如果一个类在某个分支中占主导地位，则熵的值接近于 0。表 4.8 展示了一些纯分支和不纯分支的熵的计算结果示例。

表 4.8　纯分支与不纯分支熵的计算示例

分支	p_1	p_2	熵
S1	0.0001	0.9999	0.001
S2	0.01	0.99	0.081
S3	0.1	0.9	0.469
S4	0.2	0.8	0.722
S5	0.3	0.7	0.881
S6	0.4	0.6	0.971
S7	0.5	0.5	1.000
S8	0.6	0.4	0.971
S9	0.7	0.3	0.881
S10	0.8	0.2	0.722
S11	0.9	0.1	0.469
S12	0.99	0.01	0.081
S13	0.9999	0.0001	0.001

从熵的计算表中可以看出，纯分支 S1、S2、S12 和 S13 的熵接近于 0。这些纯分支的 p_1 或 p_2 接近 0。S6、S7 和 S8 这样的不纯分支的熵接近 1。下面继续利用熵的公式计算信息增益。需要注意的是熵的取值范围为 0～1。因此，纯分支的熵为 0，不纯分支的熵为 1。

4.2.2　信息增益

信息增益用于明确变量划分为节点的能力。在划分节点前通常期望该节点中是不纯的(熵的值高)。但是，在基于变量划分节点后，期望子节点的熵会减少，子节点的熵比父节点的熵更小。这就是划分变量的目标，即利用熵的变化来度量信息增益。

信息增益(x) = 变量划分前的熵 – 变量划分后的熵

变量划分前的熵通常较大，但恰当的变量将确保划分后的熵值变小。正确划分变量后，总的信息增益变大。接着，将变量划分为两个分支后，信息增益的公式更新如下：

信息增益(x) = 变量划分前的熵 – 变量划分后的熵的平均值

一个变量表示为父节点并将其划分为两个子节点，因此，我们考虑了划分后熵的平均值。然而在实际问题中，不能将两个子节点设置为相同的优先级；每个节点所包含的记录数可能会有所不同。例如，如果基于性别变量划分节点，则不能指望在男性和女性的分支中记录数量相同。有时在一个节点中包含了 90%的记录，而在另一个子节点中只有 10%的记录。由于简单的平均值会产生错误的结果，因此应该考虑节点划分后的加权平均值。在信息增益的公式加入加权平均值，修改后的形式如下：

信息增益(x) = 变量划分前的熵 – 变量划分后熵的加权平均值

信息增益(x) = 父节点的熵 – 子节点熵的加权平均值

对每个变量都计算信息增益。信息增益越大，则变量所划分的子集纯度越高。如果变量的信息增益不明显，则群体的划分将无法实现获得纯分支的目的。回到前面比较用收入和性别这两个变量划分数据的例子中。通过笼统的直觉和逻辑，我们选择了性别变量作为数据的划分变量。下面来分别计算这两个变量的信息增益值(如表 4.9 所示)。

表 4.9　基于收入和性别变量计算熵

基于收入的划分	基于性别的划分
总体样本-100 50-Yes ; 50-No 50%-Yes ; 50%-No	总体样本-100 50-Yes; 50-No 50%-Yes ; 50%-No
Low-60 29-Yes ; 31-No 48%-Yes 52%-No　　High-40 21-Yes ; 19-No 53%-Yes 47%-No	Male-60 50-Yes ; 10-No 83%-Yes 17%-No　　Female-40 0-Yes ; 40-No 0%-Yes 100%-No
总体样本-100 熵 = 1	总体样本-100 熵 = 1
Low-60 熵 = 0.999　　High-40 熵 = 0.998	Male-60 熵 = 0.650　　Female-40 熵 = 0

(续表)

基于收入的划分	基于性别的划分
父节点的熵 =1	父节点的熵 = 1
子节点中带权重的熵 = $0.6 \times 0.999 + 0.4 \times 0.998$	子节点中带权重的熵 = $0.6 \times 0.650 + 0.4 \times 0$
从收入变量中获取的信息增益 = $1 - 0.9986$	从性别变量中获取的信息增益 = $1 - 0.39$
从收入变量中获取的信息增益 = 0.0014	从性别变量中获取的信息增益 = 0.61

收入变量的信息增益为 0.0014, 性别变量的信息增益为 0.61。与性别相比, 收入变量所带来的信息增益微乎其微。因此, 选择性别变量划分数据。若在数据集中有很多变量, 则将选择信息增益最高的变量。信息增益是理解决策树的重要指标。

4.2.3 基尼系数: 与熵类似的方法

计算信息增益足以构建决策树。我们还可以使用其他方法来构建决策树。基尼系数(Gini index)能作为熵的替代方法。熵和基尼系数都用于度量分支中不纯度, 都是不纯度的量度指标。如果一个分支是纯的, 那么基尼系数和熵的值都接近最小值, 反之亦然。基尼系数的计算公式与熵的计算公式不同, 但含义与熵相同。

$$基尼系数(S) = 1 - (p_1^2 + p_2^2)$$

下面开始计算多个不纯的分支和纯的分支中的基尼系数。

假设 S1 表示的是一个不纯的分支, 那么 $p_1 = 0.5$, $p_2 = 0.5$

$$基尼系数(S1) = 1 - (0.5^2 + 0.5^2)$$

$$基尼系数(S1) = 1 - (0.25 + 0.25)$$

$$基尼系数(S1) = 1 - (0.5)$$

$$基尼系数(S1) = 0.5$$

假设 S2 是一个纯的分支, 则 $p_1 = 1$, $p_2 = 0$。

$$基尼系数(S2) = 1 - (1^2 + 0^2)$$

$$基尼系数(S2) = 1 - (1)$$

$$基尼系数(S2) = 0$$

基尼系数的取值范围是 0~0.5。不纯的分支基尼系数值接近 0.5。基尼系数和熵的计算结果见表 4.10。图 4.4 更直观地对比了基尼系数和熵的计算结果。

表 4.10 基尼系数和熵的计算结果比较

分支	p_1	p_2	熵	基尼系数
S1	0.0001	0.9999	0.001	0.000
S2	0.01	0.99	0.081	0.020
S3	0.1	0.9	0.469	0.180
S4	0.2	0.8	0.722	0.320

(续表)

分支	p_1	p_2	熵	基尼系数
S5	0.3	0.7	0.881	0.420
S6	0.4	0.6	0.971	0.480
S7	0.5	0.5	1.000	0.500
S8	0.6	0.4	0.971	0.480
S9	0.7	0.3	0.881	0.420
S10	0.8	0.2	0.722	0.320
S11	0.9	0.1	0.469	0.180
S12	0.99	0.01	0.081	0.020
S13	0.9999	0.0001	0.001	0.000

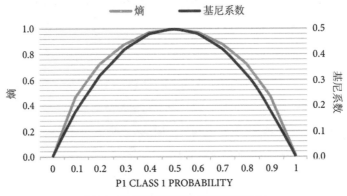

图 4.4　信息熵和基尼系数计算结果的比较

　　表 4.10 和图 4.4 显示了不同子集中熵和基尼系数的计算结果。显而易见，熵和基尼系数的计算方式相同。粗略计算表明，从 S3 到 S11，熵几乎是基尼系数的两倍。在有些数据集上，熵可能比基尼系数更有效；对于其他一些数据集，基尼系数是更优的选择。哪种度量方法更适合你的数据集？你可能需要尝试分别计算熵和基尼系数，然后找出更适合的度量方法。通常，可以任意使用熵或基尼系数，这两个度量方法并不会对模型产生重大影响。

　　除了熵和信息增益外，还有其他方法。所有方法都是要试着构建决策树。根据你的需要可以探索其他方法。下面准备利用信息增益指标来构建决策树。下面看看决策树算法，它将整个数据集分解成更小的子集。

4.3　决策树算法

　　使用决策树算法试图实现什么？我们希望通过将整个数据集分解为纯子集来建立一个分类模型。得到了纯子集就可以通过树结构遍历新的数据点，并查看它们落在哪个叶子节点。然后，可以根据该分支的主导类进行预测。决策树算法如下所示。

(1) 获取一个叶子节点。

(2) 在步骤(1)获取的叶子节点中找到最佳的划分属性。

(3) 基于步骤(2)找到的属性来划分节点。

(4) 找到每个子节点,然后重复步骤(2)和步骤(3)。

(5) 获取一个具有单个类的纯叶子节点时,停止生长树。

决策树算法包括上述五个步骤。下面将详细讨论每个步骤。

(1) 获取一个叶子节点。	在算法开始时,根节点即为叶子节点。从根节点开始构建决策树。
(2) 在步骤(1)获取的叶子节点中找到最佳的划分属性。	为了找到最佳的划分属性,需要计算该节点中所有变量的信息增益。
(3) 使用属性划分节点。	将使用信息增益最大的变量来划分节点。
(4) 找到每个子节点,然后重复步骤(2)和步骤(3)。	按照步骤(3)中的方法划分节点得到两个子节点。在每个子节点中再次计算所有变量的信息增益。继续在每个子节点中进行划分。这种方法被称为递归。
(5) 获取一个具有单个类的纯叶子节点时,停止生长树。	如果一个叶子节点是纯的,则停止该节点的划分。其余的节点则继续划分直到成为纯的节点。使用完全部的属性划分节点或者每个节点都达到了完美的纯度时,则结束节点的划分。

下面以表 4.11 所示的实例再次讲解构建决策树的 5 个步骤。

表 4.11 构建决策树的实例

步骤(1) 获取叶子节点	例如,有一个包含 10 000 条记录的数据,其中包含变量 $x_1, x_2, x_3, \cdots x_{30}$
步骤(2) 在叶子节点中找到最佳的划分属性	计算 $x_1, x_2, x_3, \cdots x_{30}$ 的信息增益。假设 x_{14} 是这些变量(属性)中信息增益最大的
步骤(3) 使用属性划分节点	使用 x_{14} 划分节点 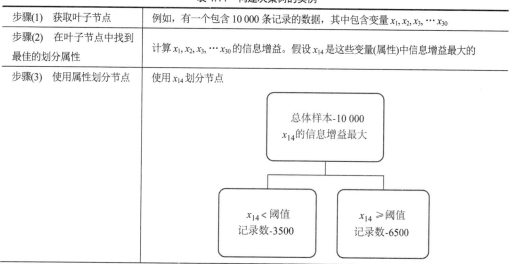

(续表)

步骤(4) 回到子节点继续重复步骤(2)和步骤(3)	在步骤(3)中得到了两个子节点。继续计算每个子节点中 30 个变量的信息增益。这两个子节点要各自计算 30 个变量的信息增益。计算信息增益的次数是翻倍的。假设 x_{20} 是叶子节点 1 信息增益最大的变量，x_9 是叶子节点 2 信息增益最大的变量。则将基于这两个变量继续划分叶子节点 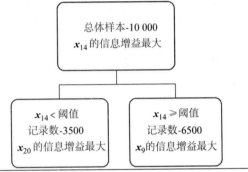
步骤(5) 获取一个具有单个类的纯叶子节点时，停止生长树	如果一个节点中样本的纯度是 100%，则该节点停止划分。其余的节点继续划分。在本例中，最左侧的节点停止划分。其余的 3 个节点需要继续依照决策树算法划分 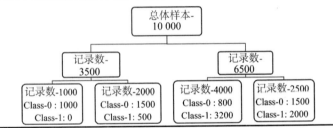

在进入真实的商业案例学习前，我们需要回答几个重要的问题。

1. 如何对一个连续型的数值变量进行划分？

- 我们可以很容易理解性别(Gender)这类变量的划分，这些变量可以直接划分。因为该变量只有两种可能的取值：男性(Male)和女性(Female)。但是，收入(Income)这类变量如何划分呢？如果收入变量的取值范围是 1000～30 000，可以将其按照 5000、6000 或 7000 划分，或按1000～30 000 划分。在这种情况下，如何获得信息增益值？

- 对于连续型变量，要考虑变量所有不同的取值，并试图计算所有变量值的信息增益。例如，我们计算收入变量所有可能划分值的信息增益，假设试图将收入变量的值划分为 1200、1500、2000……20 000、21 000、21 500……29 000。计算所有这些划分值的信息增益是一项艰巨的任务。用上述计算方法，一个变量需要计算多个划分值的信息增益。最后，选择具有最大信息增益的划分值进行划分。例如，计算使用 5000 进行划分时的信息增益值(收入<5000 和收入≥5000)，假设得到的信息增益值为 0.61。计算使用 6000 进行划分时的信息增益值(收入<6000 和收入≥6000)，假设其信息增益值为 0.72。我们可以认为 6000 是一个更好的划分值。我们将对收入变量中所有可能划分的值重复上述步骤，并选择最佳划分阈值。

- 在决策树算法中，不仅要选择最佳划分属性(变量)，而且如果属性的取值是连续型的，还需要选择最佳划分阈值(见图 4.5)。

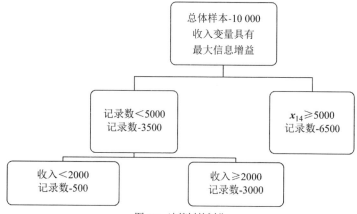

图 4.5 决策树的划分

2. 变量能否重新加入树？

- 如果变量是分类变量(如性别)，也许不会再重新加入树。如果一个变量是连续型变量(如收入)，可能会以不同的划分值重新进入树。例如，收入的第一个划分值 5000(收入<5000 和收入≥5000)，接着在收入<5000 的分支中，收入可能会以不同的划分值再次加入，例如收入<2000 和收入≥2000。我们总是要考虑变量及其划分值，看哪一个有最大的信息增益。变量是否已经在树的某个层次使用过并不重要。

- 为什么树总是采用二元分割？树中的节点是否可以分割为两个以上的子节点？为什么不能有 3 个或 4 个子节点？在下面的示例中，我们非常确定图 4.6 中的树是带有 3 个子节点的划分并有最大的纯度和信息增益。我们能将图 4.6 中的树用二叉树的形式表示吗？到目前为止，我们只看到了以二叉树形式划分的决策树。

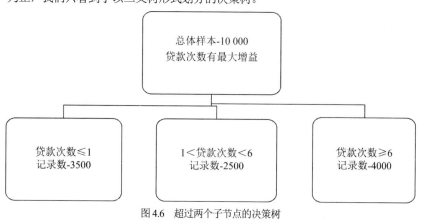

图 4.6 超过两个子节点的决策树

- 可以以二叉树形式划分图 4.6 中的决策树。按照图 4.7 所示的方式用二叉树的形式分两个步骤划分。图 4.7 所示的决策树是通过两个步骤达到了与 4.6 图中划分的 3 个节点相同的效果。

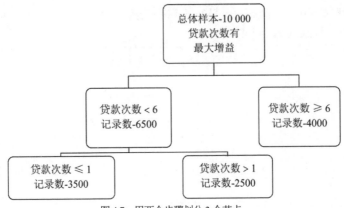

图 4.7　用两个步骤划分 3 个节点

4.4　实例研究：基于客服中心的数据对客户分类(细分)

下面通过一个示例介绍决策树模型的建立。该示例中所用的数据集是从一家银行的客户服务联络中心收集的。客户要求解决的是一些与他们的储蓄和贷款账户相关的问题，在客服人员与客户沟通后会向客户发送调查表，在反馈的结果中，有的客户满意，有的客户不满意。

4.4.1　研究目标和数据探索

我们根据现有的数据构建一个决策树模型，预测客户是否对客服人员的回复满意。我们想在发送调查表给客户前预测客户是否对客服人员的回复满意。根据客户属性，若预测出客户对回复的结果可能不满意，则将电话转接给技能评级更高、更有能力的客服人员。若预测客户对回复结果大概率会满意，则将其推荐给经验相对少的客服人员。这样的策略将有助于银行的客户服务联络中心优化资源，同时提高问题解决率。

下面的代码用于导入数据集并获取该数据集中的行数和列名。

```
#导入数据
import pandas as pd
survey_data = pd.read_csv('D:\Chapter4\Datasets\Call_center_survey.csv')

#客户总数
print(survey_data.shape)

#列名
print(survey_data.columns)

#输出示例数据
survey_data.head()
```

上述代码的输出结果如下所示。

```
print(survey_data.shape)
```

```
(12330, 7)
```

```
print(survey_data.columns)
Index(['Cust_id', 'Age', 'Account_balance', 'Personal_loan_ind', 'Home_loan_ind',
       'Prime_Customer_ind', 'Overall_Satisfaction'], dtype='object')
```

```
survey_data.head()
Out[69]:
```

	Cust_id	Age	Account_balance	Personal_loan_ind	Home_loan_ind	\
0	CX01-001	49	23974	1	0	
1	CX01-002	25	72374	0	1	
2	CX01-003	32	65532	0	0	
3	CX01-004	70	28076	0	1	
4	CX01-005	23	38974	1	1	

	Prime_Customer_ind	Overall_Satisfaction
0	1	Dis Satisfied
1	1	Satisfied
2	1	Satisfied
3	1	Dis Satisfied
4	1	Satisfied

该数据用于银行的客户服务联络中心。输出结果说明在该数据中的列名包括 Cust_id、Age、Account_balance、Personal_loan_ind、Home_loan_ind、Prime_Customer_ind 和 totall_successment。这里将 Cust_id(客户编号)作为主键。还有一些银行账号相关信息，如 Account_balance(账户余额)，客户是否有个人贷款的标志列(Personal_loan_ind)、是否有住房贷款的标志列(Home_loan_ind)以及是否为贵宾客户的标志列(Prime_Customer_ind)。这些变量都是预测变量。在该示例中，最终的目标变量是用户的满意度(Overall_Satisfaction)。在构建模型前，先看一些数据中的基本信息。此外，我们还将查看每一列的摘要，并执行基本的数据探索操作。

下面的代码输出了所有变量的摘要信息。

```
summary=survey_data.describe()
round(summary,2)
```

上述代码的输出结果如下所示。

	Age	Account_balance	Personal_loan_ind	Home_loan_ind	\
count	12330.00	12330.00	12330.0	12330.0	
mean	44.77	41177.14	0.5	0.5	
std	13.91	26432.60	0.5	0.5	
min	19.00	4904.00	0.0	0.0	
25%	35.00	20927.00	0.0	0.0	
50%	43.00	34065.00	0.0	0.0	
75%	55.00	60264.00	1.0	1.0	
max	75.00	109776.00	1.0	1.0	

	Prime_Customer_ind
count	12330.00
mean	0.58
std	0.49
min	0.00

```
25%                      0.00
50%                      1.00
75%                      1.00
max                      1.00
```

基于上述的输出结果，可以得出如下的信息。

- 年龄(Age)变量的平均值是 44。
- 账户余额(Account_balance)变量的平均值是 41 177，最小值是 4904，最大值是 109 776。
- 个人贷款的标志列(Personal_loan_ind)、房屋贷款的标志列(Home_loan_ind)和贵宾客户的标志列(Prime_Customer_ind)是分类变量。这些变量只有两个值，分别是 0 和 1。使用 value_counts()函数查看这些变量的频次表可以更好地评估对变量的总结。
- Overall_Satisfaction 变量没有出现在输出结果中。该变量也只有两个取值，分别是 Satisfied 和 Dis Satisfied。
- 我们将查看这些标志变量和类型变量的频次表。

获取频次表的代码如下所示。

```
survey_data['Overall_Satisfaction'].value_counts()
survey_data["Personal_loan_ind"].value_counts()
survey_data["Home_loan_ind"].value_counts()
survey_data["Prime_Customer_ind"].value_counts()
```

上述代码的输出结果如下所示。

```
survey_data['Overall_Satisfaction'].value_counts()
Dis Satisfied      6707
Satisfied          5623
Name: Overall_Satisfaction, dtype: int64

survey_data["Personal_loan_ind"].value_counts()
0      6213
1      6117
Name: Personal_loan_ind, dtype: int64

survey_data["Home_loan_ind"].value_counts()
0      6176
1      6154
Name: Home_loan_ind, dtype: int64
survey_data["Prime_Customer_ind"].value_counts()
1      7113
0      5217
Name: Prime_Customer_ind, dtype: int64
```

从输出结果中可以看出：

- 在所有客户数据中，6707 位客户的反馈意见是不满意，其余客户满意。不满意的客户比满意的客户多。
- 在这些客户中，有近 50%的客户有个人贷款。
- 在这些客户中，有近 50%的客户有家庭贷款。
- 在这些客户中，有近 58%的客户是贵宾客户。

下面准备构建决策树模型。在该模型中将使用 Age、Account_balance、Personal_loan_ind、

Home_loan_ind 及 Prime_Customer_ind 变量作为预测变量，使用 Overall_Satisfaction 变量作为目标变量。

4.4.2 使用 Python 构建模型

为了构建决策树模型，我们需要将非数值变量转换为数值变量。所有非数字列均可以很容易映射为 0 和 1。例如，将男性(Male)和女性(Female)分别映射为 0 和 1，这样性别列就很容易转换成数值形式。如果分类变量中包含了多个值，则需要将其转换为相应个数的哑变量(dummy variables)。例如，地区变量有 4 个取值：East(东)、West(西)、North(北)和 South(南)。对于这些取值不能直接将其映射为 1、2、3 和 4。我们需要创建 4 个与 East、West、North 及 South 相对应的列 East_ind、West_ind、North_ind 和 South_ind，新创建的列取值为二进制，即用 0 和 1 表示。

本例中所用到的预测变量都是数值变量。只需要将目标变量从分类变量转换为数值变量。以下代码用于将 Overall_Satisfaction 列从非数值的取值映射为相应的数值。

```
survey_data['Overall_Satisfaction'] = survey_data['Overall_Satisfaction'].
map( {'Dis Satisfied': 0, 'Satisfied': 1} ).astype(int)
```

将取值映射为相应的数值后，查看更新数据后的频次表的代码如下所示。

```
survey_data['Overall_Satisfaction'].value_counts()
```

上述代码输出结果如下所示。

```
survey_data['Overall_Satisfaction'].value_counts()
0    6707
1    5623
Name: Overall_Satisfaction, dtype: int64
```

将所有预测变量存储到一个名为 features 的列表中，代码如下所示。

```
features=list(survey_data.columns[1:6])
print(features)
```

上述代码的输出结果如下所示。

```
print(features)
['Age', 'Account_balance','Personal_loan_ind', 'Home_loan_ind', 'Prime_Customer_ind']
```

下面的代码用于将特征变量和目标变量分别以矩阵的方式存储。

```
X = survey_data[features]
y = survey_data['Overall_Satisfaction']
```

上面的两个矩阵将用于构建决策树模型。代码如下所示。

```
from sklearn import tree
DT_Model = tree.DecisionTreeClassifier(max_depth=2)
DT_Model.fit(X,y)
```

代码的释义如表 4.12 所示。

表4.12　代码释义

```
from sklearn import tree
```
从 sklearn 中导入软件包 tree

```
DT_Model =tree.DecisionTreeClassifier(max_depth=2)
```
DT_model：模型名称，可以任意取

```
DecisionTreeClassifier()：建立决策树模型的函数。该函数执行决策树算法。
```
max_depth:这是一个剪枝参数。虽然该参数重要，但在这里先不解释。该参数还涉及了一些概念，将在后面介绍。现在只需要了解它的语法

```
DT_Model.fit(X,y)
```
前面的步骤介绍的是配置模型。在该步骤中将为模型中提供真实数据 X 和 y。调用 DT_Model.fit()后，该算法开始计算信息增益值以及执行构建决策树模型的步骤

上述代码构建了决策树并将其存储在模型对象中。在该示例中，DT_Model 是决策树模型。上述代码没有给出任何输出摘要；所有值都将计算并存储在模型对象中。以下是上述代码生成的输出结果。

```
DT_Model.fit(X,y)
DecisionTreeClassifier(class_weight=None, criterion='gini',
max_depth=2,max_features=None, max_leaf_nodes=None,
min_impurity_decrease=0.0, min_impurity_split=None,
min_samples_leaf=1, min_samples_split=2,
min_weight_fraction_leaf=0.0, presort=False,
random_state=None, splitter='best')
```

该输出结果不是构建的决策树模型，而是构建该决策树模型时决策树函数中所用到的参数设置。我们需要绘制决策树来理解存储在 DT_Model 中的模型。

4.4.3　绘制决策树

DT_Model 中存放了构建决策树时已计算好的所有度量值。下面通过获取 DT_Model 模型中的度量值绘制决策树。代码如下所示。

```
from IPython.display import Image
from sklearn.externals.six import StringIO

import pydotplus
dot_data = StringIO()
tree.export_graphviz(DT_Model, #这里给出模型
                     out_file = dot_data,
                     filled=True,
                     rounded=True,
                     impurity=False,
                     feature_names = features)
```

```
graph = pydotplus.graph_from_dot_data(dot_data.getvalue())
Image(graph.create_png())
```

在绘制该决策树时需要用到两个 Python 包，即 graphviz 和 pydotplus，以及决策树的模型名 DT_Model。上述代码从模型中提取所有度量值，并返回包含所有细节的树状图。在某些情况下，可能会出现错误 "Graphviz executables not found." 如果出现这种情况，则需要更新路径(path)变量，以修复该错误。另外，使用基于 scikit-learn 的软件包也可以绘制决策树，代码如下所示。

```
import matplotlib.pyplot as plt
from sklearn.tree import plot_tree, export_text
plt.figure(figsize=(15,7))
plot_tree(DT_Model, filled=True,
                    rounded=True,
                    impurity=False,
                    feature_names = features)

print(export_text(DT_Model, feature_names = features))
```

上述代码的输出结果如图 4.8 所示。

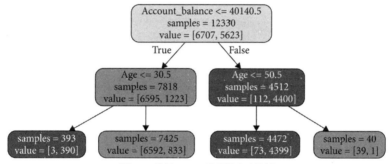

图 4.8　使用 Python 代码输出决策树

4.4.4　理解树的输出

本节将学习如何理解 4.4.3 节中所描述的树。下面是详细说明。首先从根节点开始解释(见图 4.9)。

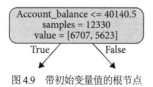

图 4.9　带初始变量值的根节点

1. 根节点

samples(样本数)

● samples 表示在该节点的样本数或记录数。根节点包含全部数据。在我们的示例中所用的数据集里有 12 330 条记录，在根节点中已经正确地表示出来了。

value(取值)

- value 表示目标变量中取值的频数。在该示例中，目标变量仅包含两个值，即 0 和 1。变量值为 0 的记录数在前面，接着是变量值为 1 的记录数。在原始的数据集中目标变量是 Dissatisfied 和 Satisfied。在创建模型前已经将 Dissatisfied 和 Satisfied 值分别映射为 0 和 1。从根节点的 value 值中可以看出，目标变量中值为 0 的样本有 6707 个，值为 1 的样本有 5623 个。

Account_balance(账户余额) <= 40140.5 (见图 4.9)

- 在决策树算法中还计算了根节点上所有变量的信息增益。前面已经学习过，需要选择信息增益值最大的变量来拆分该节点。若一个变量是连续变量，那么决策树算法也会计算出最佳拆分点。

- 在该示例中有多个预测变量，检查所有数据后得出 Account_balance 变量的信息增益最高，值为 40 140.5。在 Account_balance 变量的数据中可能不存在 40 140.5。Python 没有将拆分显示为 Account_balance = 40140 和 Account_balance > 40140，而是将其显示为 Account_balance <= 40140.5。下面将进一步解释 True 和 False。

True 和 False(真与假)

- 根节点以 Account_balance 为 40 140.5 作为界限拆分样本，将所有样本拆分为两个子节点来存储。

- 第一个子节点存放 Account_balance <= 40140.5 的样本。在该决策树中用 True 表示，即表示 Account_balance <= 40140.5 的结果为 True。

- 类似地，在 Account_balance > 40140.5 时还会生成一个子节点，表示 Account_balance <= 40140.5 的结果为 Falsc。

2. 根节点的左子节点

现在分析左子节点，该节点通过应用第一个过滤条件(Account_balance <= 40140.5)在根节点上得到，如图 4.10 所示。

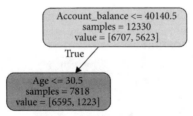

图 4.10　根节点的左子节点

- 可以将此节点称为低账户余额的客户。在该节点中包含了 7818 位客户。这意味着在 12 330 位客户中，有 7818 位客户的账户余额小于或等于 40 140.5。在该节点的 7818 位客户中，6595 位客户不满意，1223 位客户满意。

- 我们在这部分样本集合中得到了更好的纯度。最初，在根节点中 54%的人不满意，46%的人满意。这次拆分之后，该样本中有 84%的人不满意，只有 16%的人满意。

● 我们并不会在这里停止树的生长。决策树算法会寻找纯度更高的样本集合。该子集中信息增益最高的变量是年龄(Age)，其最大信息增益值为30.5。

3. 最左边的叶子节点

现在查看应用过滤条件(Age <= 30.5)在其父节点上生成的节点(见图 4.11)。

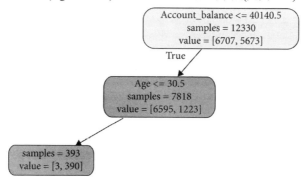

图 4.11　最左边的叶子节点

● 该节点是通过在根节点中应用两个过滤条件形成的，即 Account_balance <= 40140.5 及 Age <= 30.5。我们也可以给这个节点命名，将该节点称为低账户余额和年轻的客户。在该子集中共有 393 位客户。这意味着，在 7818 位余额较低的客户中，有 393 位客户的年龄小于等于 30.5 岁。

● 在该节点中的 393 位客户里，有 3 位客户不满意，390 位客户满意。可以看到，在这个子集中纯度要高得多。与根节点中 54%的客户不满意和 46%的客户满意的原始值相比，在该节点中，有 1%的客户不满意，有高达 99%的客户满意。这个子集中的样本几乎是纯的。因此，决策树算法可以停止该树的生长。

4. 其他节点

你可以使用上面给出的解释来相应地解释其余节点。完整的决策树如图 4.12 所示。

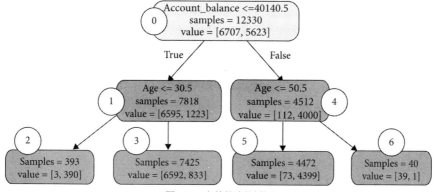

图 4.12　完整的决策树图

在图 4.12 中，为了更好地理解和讨论，为节点添加了数字编号。编号的顺序是从左到右标记的。

- 节点 0 表示根节点，节点 1 为节点 0 的左子节点，节点 2 为节点 1 的左子节点，节点 3 为节点 1 的第二个子节点。这样就构成了树的左侧结构。
- 节点 4 是根节点的右子节点，节点 5 和节点 6 是其子节点。这样就构成了整个决策树。

5. 叶子节点和规则

决策树中最关键的节点是叶子节点，叶子节点构建最终的规则，用以进行预测。决策树模型只是一组规则。这些规则来自叶子节点。规则的数量等于叶子节点的数量。下面从以下几点进一步探讨。

- 在线性回归模型中，线性回归模型的方程表示为 $y = \beta_0 + \beta_1 x_1 + \beta_2 x_2 + \cdots + \beta_k x_k$。回归方程中的系数在构建模型的过程中获得。
- 与线性回归类似，逻辑回归模型的方程表示为：

$$y = \frac{e^{\beta_0 + \beta_1 x_1 + \beta_2 x_2 + \beta_3 x_3 + \cdots + \beta_k x_k}}{1 + e^{\beta_0 + \beta_1 x_1 + \beta_2 x_2 + \beta_3 x_3 + \cdots + \beta_k x_k}}$$

在该方程中，获取参数 β 是关键。

- 在构建的决策树模型中共有 4 个叶子节点，分别是节点 2、节点 3、节点 5 和节点 6。这些节点的生成规则如下。
  - ◆ 节点 2 的规则：该节点的条件是 Account_balance <= 40140.5 和 Age <= 30.5。若在数据集中有一个客户满足该节点的两个条件，则该客户归为节点 2。对于这类客户，预测的分类结果为 1，即客户是满意的。该节点规则的伪代码是：IF (Account balance<=40140.5) and (Age<=30.5) then predicted = "1."
  - ◆ 节点 3 的规则：该节点的条件为 Account_balance <= 40140.5 和 Age > 30.5。遵循这些规则的客户都归入到节点 3 的分类中。根据节点 3 的分类，这些用户的分类预测结果为 0。在该示例中，0 表示"不满意"。该规则的伪代码形式是：IF (Account balance <= 40140.5) and (Age > 30.5) then predicted = "0."
- 节点 5 的规则：该节点的条件为 Account_balance > 40140.5 和 Age <= 50.5。遵循这些规则的客户都归入到节点 5 的分类中，预测的结果为 1，即满意。该规则的伪代码形式是：IF (Account balance > 40140.5) and (Age<=50.5) then predicted = "1."
- 节点 6 的规则：该节点的条件为 Account_balance > 40140.5 和 Age > 50.5。若客户满足这些规则，则客户被归入到节点 6 的分类中，预测的结果为 0，即不满意。该规则的伪代码形式：IF (Account balance > 40140.5) and (Age > 50.5) then predicted = "0."

综合上述规则，最终的决策树模型表示如下：

$$
y = \begin{cases}
0, IF & \left(\begin{array}{c} ((\text{Account balance} <= 40140.5) \text{and} (\text{Age} <= 30.5)) \\ \text{or} \\ ((\text{Account balance} > 40140.5) \text{and} (\text{Age} <= 50.5)) \end{array} \right) \\
1, IF & \left(\begin{array}{c} ((\text{Account balance} <= 40140.5) \text{and} (\text{Age} > 30.5)) \\ \text{or} \\ ((\text{Account balance} > 40140.5) \text{and} (\text{Age} > 50.5)) \end{array} \right)
\end{cases}
$$

在该决策树上可以看到刚才讨论的所有规则。预测的结果 1 和 0 用不同的颜色表示。所有满意的节点显示为蓝色，不满意的节点显示为橙色。下面的代码用于自动从决策树模型的叶子节点提取这些规则：

```
print(dot_data.getvalue())
```

上述代码的输出结果如下所示。

```
print(dot_data.getvalue())
digraph Tree {

node [shape=box, style="filled, rounded", color="black", fontname=helvetica]
;edge [fontname=helvetica] ;

0 [label="Account_balance <= 40140.5\nsamples = 12330\nvalue= [6707, 5623]",
fillcolor="#fbebdf"] ;

1 [label="Age <= 30.5\nsamples = 7818\nvalue = [6595, 1223]", fillcolor= "#ea985e"];

0 -> 1 [labeldistance=2.5, labelangle=45, headlabel="True"] ;

2 [label="samples = 393\nvalue = [3, 390]", fillcolor="#3b9ee5"] ;
1 -> 2 ;

3 [label="samples = 7425\nvalue = [6592, 833]",fillcolor="#e89152"];
1 -> 3 ;

4 [label="Age <= 50.5\nsamples = 4512\nvalue = [112, 4400]", fillcolor= "#3e9fe6"] ;
0 -> 4 [labeldistance=2.5, labelangle=-45, headlabel="False"] ;

5 [label="samples = 4472\nvalue = [73, 4399]",fillcolor="#3c9fe5"] ;
4 -> 5 ;

6 [label="samples = 40\nvalue = [39, 1]", fillcolor="#e6843e"] ;
4 -> 6 ;
}
```

从输出结果中可以查找叶子节点和所有的规则。在输出结果中不仅包含所有规则，还包含填充树的所有格式的细节，如颜色、边和距离。

6. 根据模型预测结果

下面将使用决策树的规则来预测结果。以年龄为 45 岁、账户余额为 65 000 的新客户为例，通过在决策树或决策树的规则中查找与客户对应的信息，该客户属于节点 5 的规则。根据该节点的主导子类，其预测结果为"1"，即"满意"。在表 4.13 中给出了更多的示例，包括客户的归属节点和预测值。

表 4.13　客户的归属节点和预测值的一些示例

年龄	账户余额	预测值	节点
25	15 000	1—满意	节点 2
56	80 000	0—不满意	节点 6
48	2 000	0—不满意	节点 3
30	76 000	1—满意	节点 5
28	25 000	1—满意	节点 2

4.4.5 小节将介绍利用预测函数实现根据预测变量(X 矩阵)数据点来获取所有预测结果。

4.4.5　验证树的准确率

在构建了决策树模型后，需要得到该决策树的构建规则。与其他统计建模的运用一样，在使用模型预测前，需要关注模型的准确率。在本示例中，目标变量的实际值是 0 和 1。我们可以得到预测值并创建混淆矩阵来获得模型的准确率。第 3 章已经讨论过混淆矩阵和准确率度量的内容。从决策树模型中获得预测值并计算模型准确率的代码如下所示。

```
predict1 = DT_Model.predict(X)
print(predict1)

from sklearn.metrics import confusion_matrix
cm = confusion_matrix(y, predict1)
print(cm)

print(sum(cm))
print(sum(sum(cm)))
total = sum(sum(cm))
#####从混淆矩阵计算准确率
accuracy = (cm[0,0]+cm[1,1])/total
print(accuracy)
```

表 4.14 逐行对上述代码进行了解释。

表 4.14　代码释义

`predict1 = DT_Model.predict(X)` `print(predict1)`	传入数据 X，predict()函数通过 X 的特征(变量)来预测结果

`from sklearn.metrics import confusion_matrix`
`cm = confusion_matrix(y, predict1)`
`print(cm)`
	根据真实值和预测值创建混淆矩阵。在该示例中，y 表示目标数据的真实值

（续表）

`print(sum(cm))`
`print(sum(sum(cm)))`
`total = sum(sum(cm))`
	sum(cm)表示按列求和的值，(sum(sum(cm)))表示混淆矩阵中实际记录的总和

`accuracy = (cm[0,0]+cm[1,1])/total` `print(accuracy)`	通过计算对角线元素和与总记录数的比来计算准确率

上述代码的输出结果如下所示。

```
predict1 = DT_Model.predict(X)
print(predict1)
[0 1 1 ... 1 1 1]

from sklearn.metrics import confusion_matrix
cm = confusion_matrix(y, predict1)
print(cm)
[[6631 76]
 [ 834 4789]]

total = sum(sum(cm))
#####从混淆矩阵计算准确率
accuracy = (cm[0,0]+cm[1,1])/total
print(accuracy)
0.9261962692619627
```

从输出结果可以看出，所构建的决策树模型的准确率是92.6%。

4.5 过拟合的问题

本节将通过一个示例来了解过拟合的概念。

4.5.1 巨大的决策树

假设一个数据集有 1000 条记录并且数据中有一些连续变量。我们开始构建决策树且决策树不断生长。我们应该在某个特定数据点停止决策树的生长，但不知道为什么绕过了所有停止决策树生长的条件，使决策树继续生长。这棵决策树可以无限生长吗？还是有一个决策树不能再生长的强制停止的数据点？图 4.13 所示为一棵完全生长的决策树的一个分支。你能找到强制决策树生长的停止数据点吗？

从图 4.13 中的决策树可以看出有一个强制停止树生长的数据点。当每个子节点只有一个记录或一个类(纯类)时，就不可能再进行下一步的拆分。在该示例中只显示了一个分支，每个分支中重复相同的拆分方法。若不控制决策树的生长，它就会充分(完全)生长。但叶子节点的最大数量永远不会超过数据中的记录数(N)。在该示例中，树在到达强制停止数据点之前最多有 1000 个叶子节点。大多数决策树都会在到达强制停止点前停止生长。数据中有一些连续变量，能使树生长到强制停止点。如果在数据中有一个分类变量，则无法在不同层次再次加入到决策树中。这样，决策树的生长将在达到最高级别的 N 个叶子节点前很早就停止了。

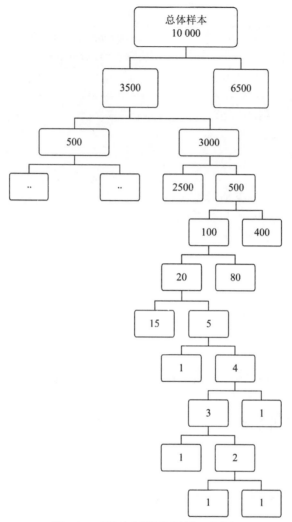

图 4.13　一棵完全生长的决策树的一个分支

　　假设一棵巨大的决策树已经长到了其强制停止点。如果数据中有 N 条记录，那么决策树几乎有 N 个叶子节点。每个叶子节点都会提供规则，最终得到的规则数量几乎是 N 条。这样的决策树的准确率是多少？准确率是百分之百。我们几乎可以准确地预测每一条记录。这样一棵决策树能是好的决策树或适合的模型吗？如果有 1000 条记录，则实际上有 1000 条规则。第一条记录是第一条规则，下一条记录将是第二条规则。将规则表示为 x_1 等于第 1 行中 x_1 的值，x_2 等于第 1 行中 x_2 的值，以此类推。在这种情况下，预测值将是第 1 行中 y 的值。需要注意的是，x_1、x_2、$\cdots x_n$ 是列变量，y 是目标变量。查找规则只能返回到数据集中。如果我们重新查看图 4.13 所示的完全生长的树，会发现根本没有模型。我们只是采用了数据的垂直格式，并以水平树的形式进行排列。然而，具有讽刺意味的是，这个决策树模型的准确率达到了 100%。实际上只是按照规则返回相应的数据，模型的准确率肯定是 100%。

在任何完全生长的决策树中，只获取与数据集相关的特定或明确的规则，这些规则只适用于特定的数据集。我们构建决策树的真实目的是对泛化模式进行建模，并获得和输入数据相关联的泛化规则。使用泛化模式的示例如下：收入≤5000 为"买家"，收入＞5000 为"非买家"。使用具体规则的示例如下：收入=5000，预测结果为"买家"；或收入=5100，预测结果为"非买家"。

我们需要构建一个模型来获取数据中的泛化模式。这些泛化模式不仅可以很好地预测输入数据集，还可以很好地处理来自所考虑的相应人群中的其他数据。一个模型所关注的内容远远超出了用于构建模型的当前数据集，我们构建的模型将应用到新的或未来的数据集。

一个完全生长的决策树只是存储数据，而不是寻找泛化模式。因此，它只对用于构建模型的数据有效，而对其他数据集无效，即使新数据集是从同一人群中采样的，也无效。这些结果使我们在建模实践中定义了两种不同类型的数据集：训练数据和测试数据。接下来将讨论训练和测试数据。

4.5.2　训练数据和测试数据

训练数据是指用于构建模型的数据集。模型从该训练数据中学习模式。训练数据对于模型是完全公开的。评估模型的准确率不能仅依靠训练数据。测试数据是指对于模型来说不公开的数据，该数据集用于验证模型的鲁棒性。

测试数据与训练数据都是从同一数据群中获取的样本，但在构建模型时暂时不用。真实的目标值在测试数据中也是已知的。模型在训练数据上的准确率高并不代表其在测试数据上会获得相同的准确率。使用训练数据建立模型并计算准确率，但也需要模型在测试数据中保持可接受的准确率。只有在训练数据和测试数据中保持相近的准确率，模型才是可靠和有用的。

在实际应用中，仅有一个可用的数据集。在这种情况下，需要从一个数据集中生成两个数据集。通常，训练数据是从数据集中随机抽取 80%的数据，用于构建模型；余下的 20%的数据在构建模型时不使用。在模型构建完成后，将所构建的模型应用于测试数据，以验证其准确率。一般的行业经验法则是训练数据占 80%，测试数据占 20%。根据情况也可以考虑训练数据占 90%，测试数据占 10%；或者训练数据占 85%，测试数据占 15%；甚至训练数据占 75%，测试数据占 25%。在选择训练数据和测试数据所占比例时，应注意以下几点。

- 训练数据和测试数据各占 50%这种等分的情况是不可取的。在构建模型时仅使用 50%的数据是不够的，而是尽可能在构建模型时使用更多的数据。
- 将数据集中的前 80%数据作为训练数据，后 20%数据作为测试数据也不行。训练数据和测试数据的划分应该是采用随机抽样的方式，以真实表示数据。数据集中前 80%的数据并不一定是随机抽样得到的。数据有时是按某一列的顺序排列的。因此，在拆分数据集时最好采用随机抽样的方式，80%的数据用于训练，其余 20%的数据用于测试。

测试数据表示未来的数据点，这些数据将作为模型运行时的输入数据，并产生预测结果。如果一个模型在测试数据上不能显示出高的准确率，就不能使用该模型预测数据。如果一个模型在训练数据上的准确率高，而在测试数据上的准确率却很低，则称该模型是过拟合模型。这就把我们带到了 4.5.3 小节要介绍的过拟合问题。

4.5.3　过拟合

下面将从如下 5 点探讨过拟合问题。

- 过拟合的模型在训练数据上的准确率高，而在测试数据上明显比训练数据上的准确率低。
- 如果模型只学习特定的模式，那么它不是泛化模式，只是一种对训练数据的存储。
- 在过拟合模型中，模型对训练数据产生相对较小的变化，而在最终产生的规则中存在显著变化。实际上，这些模型及其参数的差异较大(模型具有很大的差异)。
- 过拟合模型过于复杂，参数太多，需要简化。如果模型是一棵决策树，则这棵树是一棵分支和规则都很多的巨树，因此，这棵决策树必须被剪枝。
- 过拟合是一个通用的概念。在任何模型上都会产生过拟合的问题，无论模型是线性回归、逻辑回归还是决策树。

如何检测模型是过拟合呢？我们通过训练数据和测试数据来确定模型的准确率。如果在训练数据和测试数据中验证模型，则模型的准确率之差大于 5%属于显著差异。例如，如果在训练数据上模型的准确率是 90%，那么预计该模型在测试数据上的准确率将达到 85%或更高，否则，该模型不建议使用。

下面通过一个示例来介绍训练数据和测试数据的划分，在训练数据上构建模型，然后用测试数据验证模型。接着，分别在测试数据和训练数据上验证模型的准确率。代码如下所示。

```python
import pandas as pd
overall_data = pd.read_csv(r"D:\Book\0.Chapters\Chapter4\5. Base Datasets\
Customer_profile_data.csv")

##输出 train.info()
print(overall_data.shape)

#前几条记录
print(overall_data.head())

#数据集中包含字符串值，需要转换为数值
overall_data['Gender'] = overall_data['Gender'].map( {'Male': 1, 'Female': 0} ).
astype(int)
overall_data['Bought']=overall_data['Bought'].map({'Yes':1,'No':0}). astype(int)

#定义特征 X 与 Y
features = list(overall_data.columns[1:3])
print(features)

X = overall_data[features]
y = overall_data['Bought']

print(X.shape)
print(y.shape)
```

该代码实现了导入数据、将非数值列映射为数值列，创建特征，最后生成模型中需要的 X 和 y 矩阵。输出结果如下所示。

```
print(overall_data.shape) (109, 4)

print(overall_data.head())
   Sr_no   Age    Gender   Bought
0      1    45      Male      Yes
1      2    56      Male      Yes
2      3    49    Female      Yes
3      4    50    Female       No
4      5    75    Female       No

print(overall_data.head())
   Sr_no   Age    Gender   Bought
0      1    45         1        1
1      2    56         1        1
2      3    49         0        1
3      4    50         0        0
4      5    75         0        0

print(features)
['Age', 'Gender']

print(X.shape)
(109, 2)
print(y.shape)
(109, )
```

现在，将 X 和 y 数据拆分为训练数据和测试数据。使用 train_test_split()函数拆分 X 和 y 数据，并将拆分结果作为模型的输入数据，将数据 X 分别拆分为 X_train 和 X_test。相应地，将 y 数据拆分为 y_train 和 y_test。训练数据集的大小由 train_test_split()函数中的 train_size 参数决定。在该例中 train_size 的值为 0.8，即 80%的数据为训练数据。

```
#将 X 和 Y 数据集均拆分为训练数据和测试数据
from sklearn import model_selection
X_train, X_test, y_train, y_test = model_selection.train_test_split(X,y,
train_size = 0.8 , random_state=5)

print(X_train.shape)
print(y_train.shape)
print(X_test.shape)
print(y_test.shape)
```

上述代码的输出结果如下所示。在数据集中共有 109 条记录，其中训练数据有 87 条(80%的数据)。在 train_test_split 函数中的 random_state 参数用于生成相同随机种子的样本，即每次拆分数据都得到相同的数据划分。如果不设置 random_state 参数的值，则每次拆分数据得到的是不同的数据划分。如果每次数据拆分要得到相同的结果，就需要设置 random_state 参数。

```
X_train.shape (87, 2)
y_train.shape (87,)
```

```
X_test.shape (22, 2)
y_test.shape (22,)
```

与预想的一样，在数据的拆分结果中训练数据有 87 条记录，测试数据有 22 条记录。下面将基于训练数据构建模型，并计算该模型的准确率。

```
from sklearn import tree
#训练树模型
DT_Model1 = tree.DecisionTreeClassifier()
DT_Model1.fit(X_train,y_train)
#绘制决策树图
from IPython.display import Image
from sklearn.externals.six import StringIO
import pydotplus
dot_data = StringIO()
tree.export_graphviz(DT_Model1,
                     out_file = dot_data,
                     feature_names = features,
                     filled=True, rounded=True,
                     impurity=False)

graph = pydotplus.graph_from_dot_data(dot_data.getvalue())
Image(graph.create_png())
```

上述代码的输出结果如图 4.14 所示。

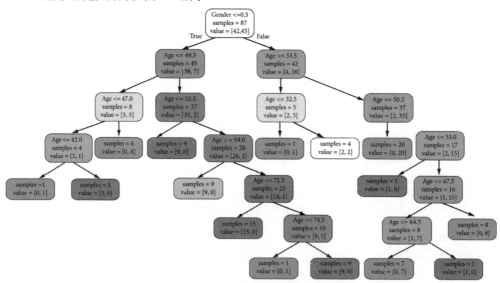

图 4.14　基于训练数据构建的决策树模型

从决策树的输出结果中可以看出，该决策树是完全生长的。在该决策树中几乎所有的叶子节点都是纯的。有时决策树太大，很难从中绘制和解释从决策树获取的值。下面将继续通过训练数据和测试数据来验证模型的准确率。代码如下所示。

```
#训练数据上的准确率
from sklearn.metrics import confusion_matrix

predict1 = DT_Model1.predict(X_train)
cm1 = confusion_matrix(y_train,predict1)
total1 = sum(sum(cm1))
accuracy1 = (cm1[0,0]+cm1[1,1])/total1
print("Train accuracy", accuracy1)

#测试数据上的准确率
predict2 = DT_Model1.predict(X_test)
cm2 = confusion_matrix(y_test,predict2)
total2 = sum(sum(cm2))
#####从混淆矩阵计算准确率
accuracy2 = (cm2[0,0]+cm2[1,1])/total2
print("Test accuracy", accuracy2)
```

上述代码的输出结果如下。

```
Train accuracy 0.9655172413793104
Test accuracy 0.7727272727272727
```

在输出结果中可以看到，模型在训练数据上的准确率为96.5%，因此，我们期待模型在测试数据上的准确率为92%或更高。该模型在测试数据上的准确率应该为92%～96%。模型在测试数据上的准确率低于92%均为过拟合。而在该示例中，模型在测试数据上的准确率为77.3%，即该模型是过拟合的。我们不能认为模型在测试数据上的准确率为77.3%就足够了，这可能只是偶然的。在未来的数据集上，可能无法获得同样的准确率。如果模型具有鲁棒性，则该模型在测试数据上的准确率应该接近96%，而不只是77%。

在讨论了过拟合问题之后，接下来将讨论如何避免决策树模型中的过拟合问题。

4.6 决策树的剪枝

为什么决策树中会出现过拟合问题？如我们所知，如果一棵决策树长得很大，通过存储训练数据的方式，模型在训练数据上的准确率为100%。我们构建模型的目标是从数据中学习泛化模式，而不是仅仅存储数据。我们必须学会如何阻止决策树的意外生长。

我们需要通过剪枝参数来"修剪(prune)"决策树，以避免过拟合问题。剪枝参数将不允许决策树的生长超过参数设置的大小。max_depth、max_leaf 和 min_sample_in_leaf 是常用的剪枝参数。下面将详细讨论这些剪枝参数。

max_depth

max_depth 参数用于设置树的最大深度。如果 max_depth=3，则树的深度不能超过 3。笼统地讲，如果对树的深度设置一个最大值的限制，那么树的生长就不会超过设置的值。当树的深度为 1

时，树有两个叶子节点。当树的深度为 2 时，树最多有 4 个叶子节点。类似地，在树的深度为 3 时，树的叶子节点不会超过 8 个。通过这种方式，可以阻止树超出所需的复杂性。以图 4.15 中的树为例。

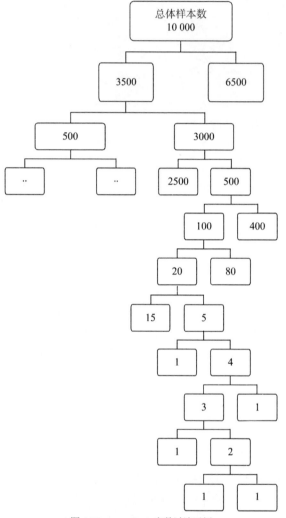

图 4.15   max_depth 参数讨论示例

在构建决策树时，如果 max_depth=2 或 max_depth=3，则生成的树会小得多(见图 4.16)。在图 4.16 中，为了更好地表示，仅展示了树的一个分支。max_depth 的值与树的分支数量相同。

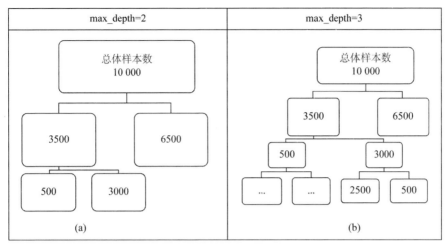

图 4.16   (a) max_depth = 2 的树；(b) max_depth = 3 的树

在配置决策树模型的参数时，需要设置 max_depth 参数。下面的代码给出了使用 max_depth 剪枝参数的示例。从决策树模型 DT_Model1 的输出结果可以看出该决策树的深度为 6，这表示该决策树是一个深度为 6 的过拟合模型。下面将尝试为 max_depth 参数设置较小的值并重新验证模型的准确率。

```
####max_depth 参数
DT_Model2 = tree.DecisionTreeClassifier(max_depth= 4)
DT_Model2.fit(X_train,y_train)
```

下面计算模型在训练数据和测试数据上的准确率，结果如下所示。

```
max_depth4 Train Accuracy 0.9425287356321839
max_depth4 Test Accuracy 0.7727272727272727
```

从输出结果可以看出，模型在 max_depth 为 4 时仍然是过拟合模型，下面尝试将 max_depth 参数设置为 2，代码如下所示。

```
####max_depth=2
DT_Model2 = tree.DecisionTreeClassifier(max_depth= 2)
DT_Model2.fit(X_train,y_train)
```

max_depth=2 时，模型在训练数据和测试数据上的准确率结果如下所示。

```
max_depth2 Train Accuracy 0.896551724137931
max_depth2 Test Accuracy 0.8636363636363636
```

从上述结果中可以看出，该模型在训练数据上的准确率为 89.6%，在测试数据上的准确率为 86.3%。此时模型的准确率比之前的结果要好得多，即在训练数据上的准确率是 94% 和在测试数据上的准确率是 77%。我们可以最终确定该模型的 max_depth 参数值为 2，此时决策树并没有过拟合问题。在设置 max_depth 参数时，需要留心。如果 max_depth 参数的值设置为小于 2，会发生什么现象呢？4.7 节将讨论这个问题。

4.7 欠拟合的挑战

为了避免过拟合问题，如果我们将树截断为深度较小的树，则模型可能无法很好地适用于训练数据。这就是说如果该模型实际上能达到90%的准确率，而通过不适当地限制树的大小降低了准确率，模型最终在训练数据上获得的准确率可能会较低，比如只有70%。这类模型被称为欠拟合模型。如果模型在训练数据上的准确率较低，则其在测试数据和未来的数据集上不可能有更高的准确率。

下面让我们了解更多欠拟合问题的细节：

- 欠拟合模型在训练数据上的准确率较低。
- 如果决策树的深度小于最佳深度，则该决策树过于简单，总会有进一步改进的余地。
- 欠拟合模型在数据中学习的模式较少。它是一个具有较少最优叶子节点和较少规则的决策树。
- 这种类型的模型也被称为带有偏差的模型。在使用该模型预测结果时会有很多错误。欠拟合模型在其参数估计中存在固有偏差。

如果模型是欠拟合的，我们需要在模型中加入更多的特征(变量)，以提高其准确率。对于决策树来说，必须增加树的规模。为了达到这一目的，可以为剪枝参数设置宽松的条件。

在前面的示例中，决策树的 max_depth 值为2，如果进一步对该决策树进行剪枝，将 max_depth 设置为1，代码如下所示。

```
DT_Model2 = tree.DecisionTreeClassifier(max_depth= 1)
DT_Model2.fit(X_train,y_train)
```

模型在训练数据和测试数据上的准确率如下所示。

```
max_depth1 Train Accuracy 0.8735632183908046
max_depth1 Test Accuracy 0.8181818181818182
```

从上述模型的准确率验证结果中可以看出，模型在训练数据上的准确率为87.3%，在测试数据上的准确率为81%。之前，在 max_depth 为2时，模型在训练数据上的准确率为89.6%，在测试数据上的准确率也与其在训练数据上非常接近。如果在 max_depth=1 时停止树的增长，将得到一个欠拟合的模型。该模型可能在未来的数据集上表现不佳。在 max_depth=1 的示例中并不是欠拟合模型的极端情况，但仍然是一个欠拟合模型。

在构建模型时，必须确保模型既不是过拟合的也不是欠拟合的。如果将模型的参数 max_depth 设置为较大值来构建一棵巨大的树，该模型是过拟合的。如果将模型的参数 max_depth 设置为最小值，最终将得到一个欠拟合模型。如何微调超参数 max_depth 呢？如何为给定的数据构建最佳的模型？参数值的设置可以利用二分搜索法实现，4.8 节将介绍该方法。

4.8 使用二分搜索法设置剪枝参数

如果在第一次尝试构建模型时无法构建和最终确定决策树模型，二分搜索法是非常有用的。在构建模型时需要创建多个模型，并选择最佳模型。决策树的最佳深度是无法根据给定的数据集猜测出来的。因此，在创建模型时必须通过试验的方式确定决策树的最佳深度。可以做以下试验。

(1) 为了找到决策树的最佳深度，首先构建一棵大树。根据训练数据，尝试获得最大可能的深度。例如，如果 max_depth 值是 20，那么所创建的树将有近一百万(2^{20})个叶子节点，可以用任何标准来创建一个大规模的决策树。根据数据的规模，可以在第一次尝试创建决策树时将 max_depth 的值取较大的数，将该模型命名为 model_1，在大多数情况下 model_1 都是过拟合的。可以在训练数据和测试数据上验证模型的准确率。

(2) 在第二次尝试中，构建一棵小树——一棵 max_depth 值为 1 的小树。这样的决策树模型很可能是欠拟合的。同样，可以在训练数据上验证模型的准确率。将该模型命名为 model_2。这两种模型都存在着挑战——model_1 是过拟合模型，model_2 是欠拟合模型。但是，我们可以通过这两个模型获得 max_depth 参数的边界值。下面我们就寻找 max_depth 的两个边界值，如图 4.17 所示。

图 4.17　供 max_depth 参数选择的两个边界值范围

(3) 在第三次尝试中，为 max_depth 参数值在 1 和 20 的中间选择一个数字，假设 max_depth=10。在训练数据上构建决策树模型，并将其命名为模型 model_3。如果 model_3 仍然是过拟合模型，则意味着需要进一步减小 max_depth 的值。如果 model_3 是欠拟合的，则需要继续增加 max_depth 的值。这里，假设 model_3 在 max_depth=10 时是过拟合的(见图 4.18)。

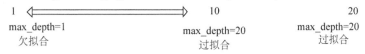

图 4.18　max_depth 值的选择范围

(4) 在第四次尝试中，为 max_depth 参数选择 1～10 中间的数值。假设 max_depth=5。再次根据训练数据建立模型，并将其命名为 model_4。如果 model_4 仍然是过拟合的，则将继续减小 max_depth 的值，否则增加 max_depth 的值。

(5) 遵循这种二分搜索法，最终将确定一个最佳决策树模型，该模型具有最适合的 max_depth 值。使用二元搜索法可能需要 4 到 5 次迭代才能得到最终的结果。

(6) 在本示例中，将采用上述二分搜索法。假设 max_depth=6 时，模型是过拟合模型。max_depth=1 时，模型是欠拟合模型。然后，再假设 max_depth=3，发现这个模型仍然是过拟合模型。最后，使用 max_depth=2，并发现这是一个最佳值。因此，使用 max_depth=2 来构建模型并使用该模型来预测结果。

继续尝试二分搜索法，当模型在训练数据上获得高准确率的结果后，在测试数据上得到与训练数据相匹配的准确率时，就可以完成该模型的构建。在构建模型的过程中，需要避免一个常见的错误。如果模型在训练数据上的准确率是 75%，在测试数据上仍然为 75%，我们倾向于此时该模型构建完成。虽然模型在训练数据和测试数据上的准确率是匹配的，但根据模型的真实潜力，仍然不能确定该模型是否是准确率最高的模型。因此，我们必须验证是否有机会获得更高准确率的模型，我们不清楚最高的准确率是多少，也许准确率可能达到85%并且模型在训练数据和测试数据上的准确率仍然是匹配的。确定模型可以用于实际生产中，需要满足如下两个基本标准。

- 模型应在训练数据上取得尽可能高的准确率。
- 模型在测试数据上取得的准确率与训练数据上的准确率相匹配。

如果在 Python 代码中不设置任何剪枝参数，会出现什么现象呢？树将自动生长到其最大深度。Python 函数不会阻止决策树的生长。max_depth 参数的默认值为 None，这意味着树将完全生长。换言之，如果不设置剪枝参数，那么树在默认情况下会出现过拟合问题。这就是为什么我们曾得到过一个过拟合模型 DT_Model1。代码如下所示。

```
DT_Model1 = tree.DecisionTreeClassifier()
DT_Model1.fit(X_train,y_train)
```

在该案例中，决策树将完全生长。在构建第一个模型(DT_Model)时，设置了 max_depth=2 以限制树的生长。代码如下所示。

```
DT_Model = tree.DecisionTreeClassifier(max_depth=2)
DT_Model.fit(X,y)
```

设置 max_depth 参数避免模型出现过拟合问题。

4.9 其他剪枝参数

max_depth 是一个剪枝参数，用于控制树的生长。max_depth 参数还可以避免模型出现过拟合和欠拟合的问题。只使用 max_depth 剪枝参数就够了吗？是否还存在其他有用的剪枝参数呢？

4.9.1 叶子节点的最大数量

设置叶子节点的最大数量可以替代 max_depth 参数的设置。假设 max_leaf_nodes=2，则树的深度不会超过 1。这是控制树生长的另一个方法。假设 max_leaf_nodes=8，树仍将被控制生长，因为当树的叶子节点大于 8 时，树就必须停止生长(见图 4.19)。

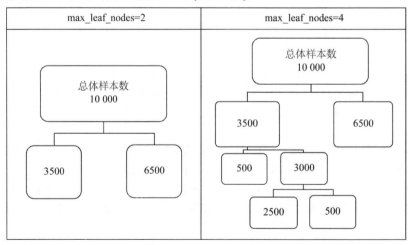

图 4.19 max_leaf_nodes 参数

下面的代码使用了 max_leaf_nodes 参数构建模型。

```
DT_Model3 = tree.DecisionTreeClassifier(max_leaf_nodes= 3)
DT_Model3.fit(X_train,y_train)
```

就过拟合和欠拟合而言，max_leaf_nodes 与 max_depth 参数可以使模型取得相同的效果。max_leaf_nodes 的值太大会导致模型过拟合，反之亦然。与调整 max_depth 参数一样，可以使用二分搜索法调整 max_leaf_nodes 参数的值。如果未指定 max_leaf_nodes 的值，则该值默认为 None，就会导致生成一棵完整的树，即一个过拟合的模型。

在构建模型的实践中，可以任选这两个剪枝参数之一。如果两个参数都设置了会发生什么呢？决策树将在指定的参数值最先出现的情况下停止生长。代码如下所示。

```
tree.DecisionTreeClassifier(max_depth=1, max_leaf_nodes=4)
```

该树最终只有两个叶子节点，模型将同时满足 max_depth 和 max_leaf_nodes 参数设置的条件。现在，为了便于查看模型构建的过程，给出的代码中颠倒了这两个参数的顺序。

```
tree.DecisionTreeClassifier(max_depth=3, max_leaf_nodes=2)
```

此时，树最终的深度为 1 并有两个叶子节点。模型同时满足了 max_depth 和 max_leaf_nodes 参数设置的条件。再举一个例子，代码如下。

```
tree.DecisionTreeClassifier(max_depth=2, max_leaf_nodes=16)
```

此时，创建的树最多只有 4 个叶子节点。

可以同时使用这两个剪枝参数，但要一次性对它们进行微调并不容易。在构建模型时很难判断哪个参数是控制树停止生长的。因此，建议首先确定 max_depth 参数的值，然后再使用 max_leaf_nodes 参数。除了这两个剪枝参数外，还有很多剪枝参数，如叶子节点中最少样本数量 (minimum samples in the leaf node) 和最小样本的分割数量 (minimum sample split)。这些剪枝参数也能完成同样的工作，控制决策树的生长。4.9.2 小节将介绍 min_samples_in_leaf_node 参数。

4.9.2　min_samples_in_leaf_node 参数

顾名思义，min_samples_in_leaf_node(叶子节点中最少样本数量)参数是指所有叶子节点应该包含的最少样本数。如果将其设置为 1，则树将变大。如果将其设置的数值较大，则树将被压缩。如果为该参数设置如下条件：每个叶子节点至少应该包含 3000 条记录，并且不希望任何节点的记录少于 3000。如果将此参数设置为很小的数字，则树会很大。图 4.20 对比了 min_samples_in_leaf_node 参数的设置。

通常，我们不使用该参数对模型进行剪枝和微调。如果需要在叶子节点中存放更多的记录，可以使用该参数。每个叶子节点都会提供规则。当考虑任何树的规则时，希望得到足够的数据满足这些规则。如果想避免规则由 30 记录或 10 条记录构成，可以设置该参数。此外，如果希望每条规则至少由 100 条记录构成，则可以设置 min_samples_in_leaf_node = 100。不对 min_samples_in_leaf_node 进行微调，而是将其作为一个常数。从一般的经验法则来说，每个叶子节点至少应该有 5% 的数据。这意味着，如果数据中有 N 条记录，则设置为 min_samples_in_leaf_node=0.05N。在 Python 中，该参数的默认值为 1，这就表示如果不设置该参数，决策树模型将是过拟合的。

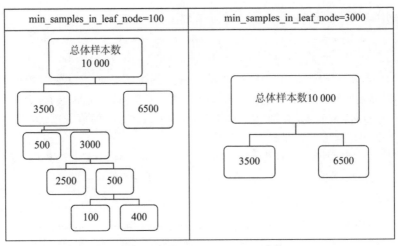

图 4.20 min_samples_in_leaf_node 参数

4.10 构建决策树模型的步骤

本章已经讨论了一些方法和度量指标。在构建决策树模型时需要遵循如下步骤：

(1) 导入数据。探索数据，验证并清理数据。

(2) 将全部数据拆分为两部分。将 80%的数据作为训练数据，剩余 20%的数据作为测试数据。

(3) 基于训练数据构建模型。

(4) 创建混淆矩阵并计算模型在训练数据上的准确率。

(5) 在测试数据上验证模型；创建混淆矩阵并计算模型在测试数据上的准确率。

(6) 比较模型在训练数据和测试数据上的准确率；使用剪枝参数来微调模型。在调节剪枝参数时，注意如下问题。

- max_depth(default = "None" – Infinity)
  - ◆ max_depth 的参数值较大会导致模型的过拟合问题。
  - ◆ max_depth 的参数值较小会导致模型的欠拟合问题。
- max_leaf_nodes(default = "None" – Infinity)
  - ◆ max_leaf_nodes 的参数值较大会导致模型的过拟合问题。
  - ◆ max_leaf_nodes 的参数值较小会导致模型的欠拟合问题。

(7) 使用不同的参数设置构建多个模型。使用二分搜索法获取最佳模型。当模型在训练数据上获得最高的准确率，且该模型在测试数据上的准确率也与之匹配时，得到最终的模型。

4.11 本章小结

决策树算法是一种常用的分类方法。决策树不仅能预测结果，也能对客户进行分类。决策树在客户分类问题中是应用最广泛的算法之一。基于此，多数的营销团队选择使用决策树模型。决策树的优势是模型具有简单性及可解释性。决策树不是类似于黑匣子的模型。决策树模型提供了易于理解的规则。这些规则很容易在任何平台上部署。如果选择模型时将模型部署和简单性作为最高优先级，决策树是首选的算法。如果要弄清楚随机森林和 Boosting 等算法，需要充分掌握决策树算法。第 5 章将详细介绍模型选择和交叉验证。

4.12　本章习题

1. 下载 IBM HR Analytics Employee Attrition & Performance 数据集。
- 导入数据。完成数据探索和数据清理。
- 构建一个机器学习模型来预测员工流失。
- 执行模型验证和准确率评测。
- 寻求提高模型准确率的创新方法。

数据集下载：https://www.kaggle.com/pavansubhasht/ibm-hr-analytics-attrition-dataset。

2. 下载 the Breast Cancer Wisconsin (Diagnostic)数据集。
- 导入数据。完成数据探索和数据清理。
- 构建一个机器学习模型对乳腺肿瘤进行分类(恶性和良性)。
- 执行模型验证和准确率评测。
- 寻求提高模型准确率的创新方法。

数据集下载：http://archive.ics.uci.edu/ml/datasets/breast+cancer+wisconsin+(diagnostic)。

第5章

模型选择和交叉验证

在获取原始数据(未加工的数据)后立即开始构建模型是不可取的。我们很少能得到足够适合的数据来构建模型。通常，需要对数据进行探索和验证。在数据验证过程中，如果发现数据中的问题，如异常值和错误值，就应该在构建模型前先进行数据清洗。

不应该在模型构建后立即部署模型，而是需要仔细验证模型。我们要确保模型符合所有验证条件，并保证模型在训练数据、测试数据及生产数据上准确率的一致性。在构建模型时，使用一些标准的模型验证技术，比如，回归分析中使用 R-squared，在分类模型中使用准确率。在某些特定情况下，这些标准的评价指标可能会失效。此时，将采用其他验证方法替代这些评价指标。本章将讨论验证模型所需要的所有关键步骤和参数。

假设去年完成了模型构建和部署的工作，并且模型运行良好，也产生了不错的效果。是否今年可以重复使用相同的模型？如果数据模式没有太大的变化，可以继续使用相同的模型。我们需要通过定期验证来监控模型的性能。换言之，我们需要证明模型在完成了一年的运行后其准确率没有下降。定期在新数据上重新验证模型，称为时间外验证(out-of-time validation)数据。需要注意的是，用于构建模型的数据不同，构建模型的数据即为训练数据。本章中将讨论管理和监控模型所涉及的步骤。

一些公司有专门的团队来完成模型监控和验证的任务。该任务由一个独立的团队执行，且这个团队不参与模型的构建。该团队监控和验证模型，以确保模型的鲁棒性，并为部署模型做好准备。在模型构建的生命周期中，模型验证是一个独立的阶段。如果在这个阶段发现问题，将回到模型构建的步骤并修复所发现的问题，以确保选择了正确的模型用于实施。本章内容主要来源于作者的实践经验。

5.1 构建模型的步骤

构建模型的生命周期分为如下 5 个步骤:
(1) 定义模型实现目标。
(2) 探索、验证及准备数据。
(3) 构建模型。
(4) 验证模型。

(5) 部署模型。

大部分模型的构建主要遵循上述 5 个步骤。但是，在构建模型时也可能存在一些特定的行业因素。例如，一些为银行业务构建的模型在部署之前需要获得监管机构的批准。有一些行业专家将数据收集工作作为一个单独的步骤。下面将细化上述 5 个构建模型的步骤。

(1) 确定构建模型的目标，需要完成如下工作：

- 定义构建模型的完整目标。
- 回答问题：我们需要用这个模型完成的预测或分类任务是什么？
- 识别输入和输出特征。

例如，构建模型的目标是利用相关特征检测金融交易中的欺诈行为。

(2) 探索、验证和准备数据所涉及的步骤如下：

- 对行和列进行必要的数据探索，并识别数据中的格式和缺失值等问题。
- 对所有列执行单变量分析，并弄清楚每个变量的分布，以此来识别异常值。
- 清洗数据并为构建模型做好准备。
- 使用哑变量将数据从非数值类型转换为数值类型。
- 使用插补技术处理异常值和缺失值。
- 对倾斜数据进行必要的转换。

例如，如果 amount_of_transaction 变量的数据中有 2%存在缺失值，则可以用该变量中其余数据的平均值或中位数值来替换这些缺失值。

(3) 构建模型，涉及如下内容：

- 选择构建模型的恰当方法。
- 明确目标变量是连续变量还是分类变量，以选择适合的回归或分类方法。
- 尝试两个或三个不同的算法来选择最合适的模型拟合数据。
- 尝试利用新的或衍生的特征，以提高模型的准确率。

例如，建立逻辑回归或决策树模型来预测是否为欺诈行为(fraud 与 non-fraud)。

(4) 验证模型，包括以下内容：

- 使用 R-squared 或准确率进行必要的模型验证。
- 在训练数据和测试数据上进行验证。
- 找出模型可能会失败的问题或事例。

例如，很多项目团队利用混淆矩阵和准确率来验证欺诈预测模型。

(5) 模型的部署，具体工作内容如下：

- 确定部署平台。部署平台包括网站、SAP 应用程序、SQL Server、Android 或其他云平台。
- 将模型的最终逻辑导出到部署平台，在逻辑回归中，导出到部署平台的是逻辑回归方程；在树模型中导出的则是一组规则。需要注意的是逻辑代码需要单独编写。
- 有些平台有现成的应用程序用于部署模型，如 flask 平台，它可以利用 REST API 快速部署模型。

例如，我们希望在 SQL Server 上部署一个决策树模型，在 SQL Server 中需要用 SQL 语言编写决策树的规则逻辑。数据科学家主要参与数据探索、模型构建和验证 3 个阶段。在实践中，通常会得到客户或业务合作伙伴制定的目标。最终部署模型的平台可能不是基于 Python 的平台，部署模型的工作可能会由相关的平台专家来完成。

5.2　模型验证指标：回归

在回归模型中，模型的输出结果是一个连续变量。目标变量的取值为输出结果中指定范围内的任何值。第 3 章中讨论过 R-squared 指标。R-squared 是适合度量模型准确率的指标。R-squared 指标涉及了模型总体的准确率及模型可解释的总方差。

此外，还有一些与 R-squared 类似的指标。这些指标用于直观地计算预测值与真实值之间的距离。下面介绍 3 个指标。

1. 平均绝对离差(Mean Absolute Deviation，MAD)指标

该指标公式如下所示。

$$\text{MAD} = \sum_{i=1}^{n} \frac{|y_i - \hat{y}_i|}{n}$$

- 从上面的公式可以看出，离差值是指预测值与真实值的离差。负离差和正离差都是误差，因此这里使用绝对离差计算。所有绝对离差的平均值称为平均绝对离差(MAD)。
- 模型分别在训练数据和测试数据上计算 MAD 指标。由于 MAD 指标给出的是预测值与真实值之间的平均离差值，因此良好的模型在训练数据和测试数据上所得到的 MAD 值都接近 0。
- 在使用 MAD 指标时无法确定计算结果的取值范围，比如，使用 1000 作为上限值，那么这个值有可能大或小。只有知道目标变量 y 的规模才能确定结果的上限。如果 y 的值是以百万为单位，那么 MAD 的上限值为 1000 就非常小；如果 y 的值在 1000 以内，那么，MAD 的上限值为 1000 就会大了。

2. 平均绝对误差百分比(Mean Absolute Percentage Error，MAPE)指标

该指标公式如下所示。

$$\text{MAPE} = \frac{100}{n} \sum_{i=1}^{n} \frac{|y_i - \hat{y}_i|}{y_i}$$

- 这里调整了 MAD 公式，并将每个离差值转换为真实结果的百分比。
- 如果仅需要知道离差值的百分比而不是真实的离差值，可以使用 MAPE 指标。
- 在使用 MAPE 指标时不需要担心目标变量的规模。无论 y 的规模如何，MAPE 值为 2% 是永远会低于 MAPE 为 10% 的。

3. 均方根误差(Root Mean Squared Error，RMSE)指标

该指标公式如下所示。

$$\text{RMSE} = \sqrt{\sum_{i=1}^{n} \frac{(y_i - \hat{y}_i)^2}{n}}$$

在比较两个模型的准确率时，RMSE 的值越低越好。

上述度量指标使用了不同的公式来评估模型的误差。根据机构或专家的选择，不同的项目采用不同的度量指标。在评估模型时必须了解常见的评估指标。

5.3 实例：华盛顿金县的房屋销售

本示例所使用的数据集是华盛顿金县(包括西雅图)的房屋销售价格信息。该数据集包含 2014 年 5 月至 2015 年 5 月出售的所有房屋的详细信息。此数据的许可证为 CC0:Public Domain。

5.3.1 研究目标和数据

本示例要处理的问题是利用卧室数量、浴室数量、建筑年限、平方英尺面积和房屋位置等特征来预测房价。该示例将讨论模型的构建以及使用度量指标验证模型。

在构建模型前，先看看数据集中的一些基本细节。导入数据并查看数据信息的代码如下所示。

```
kc_house_data = pd.read_csv(r'D:\Chapter5\
Datasets\kc_house_data.csv\kc_house_data.csv')

#获取行数和列数
print(kc_house_data.shape)

#输出列名
print(kc_house_data.columns)

#输出列类型
print(kc_house_data.dtypes)

#更多细节
kc_house_data.info()

#摘要
all_cols_summary=kc_house_data.describe()
print(round(all_cols_summary,2))
```

上述代码的输出结果如下所示。

```
print(kc_house_data.shape)
(21613, 21)

print(kc_house_data.columns)
Index(['id', 'date', 'price', 'bedrooms', 'bathrooms', 'sqft_living', 'sqft_ lot',
'floors', 'waterfront', 'view', 'condition', 'grade', 'sqft_above', 'sqft_basement',
'yr_built', 'yr_renovated', 'zipcode', 'lat', 'long', 'sqft_ living15', 'sqft_lot15'],
dtype='object')
```

该数据集由 21 613 行和 21 列构成。列名一目了然，描述了房屋情况并提供了详细信息，如卧室数量、浴室数量、楼层数量、客厅面积和建筑年份。将这些数据作为模型的输入数据，模型预测

的目标变量是 "价格(price)"。下面的代码给出了所有列的数据类型。

```
print(kc_house_data.dtypes)
id int64
date object
price int64
bedrooms int64
bathrooms float64
sqft_living int64
sqft_lot int64
floors float64
waterfront int64
view int64
condition int64
grade int64
sqft_above int64
sqft_basement int64
yr_built int64
yr_renovated int64
zipcode int64
lat float64
long float64
sqft_living15 int64
sqft_lot15 int64
```

除日期类型的变量外，其余变量均为数值类型。在本示例中将使用除日期类型变量外的其余变量来构建模型。下面利用 info()函数检查数据中缺失值的情况。

```
kc_house_data.info()
<class 'pandas.core.frame.DataFrame'>
RangeIndex: 21613 entries, 0 to 21612
Data columns (total 21 columns):
id              21613  non-null int64
date            21613  non-null object
price           21613  non-null int64
bedrooms        21613  non-null int64
bathrooms       21613  non-null float64
sqft_living     21613  non-null int64
sqft_lot        21613  non-null int64
floors          21613  non-null float64
waterfront      21613  non-null int64
view            21613  non-null int64
condition       21613  non-null int64
grade           21613  non-null int64
sqft_above      21613  non-null int64
sqft_basement   21613  non-null int64
yr_built        21613  non-null int64
yr_renovated    21613  non-null int64
zipcode         21613  non-null int64
lat             21613  non-null float64
long            21613  non-null float64
sqft_living15   21613  non-null int64
sqft_lot15      21613  non-null int64
```

从输出结果可以看出，数据集中的所有列都已经填充了数据，即没有缺失值。下面将查看每一列的信息。

```
all_cols_summary=kc_house_data.describe()
print(round(all_cols_summary,2))
```

	id	price	bedrooms	bathrooms	sqft_living	sqft_lot\
count	2.161300e+04	21613.00	21613.00	21613.00	21613.00	21613.00
mean	4.580302e+09	540088.14	3.37	2.11	2079.90	15106.97
std	2.876566e+09	367127.20	0.93	0.77	918.44	41420.51
min	1.000102e+06	75000.00	0.00	0.00	290.00	520.00
25%	2.123049e+09	321950.00	3.00	1.75	1427.00	5040.00
50%	3.904930e+09	450000.00	3.00	2.25	1910.00	7618.00
75%	7.308900e+09	645000.00	4.00	2.50	2550.00	10688.00
max	9.900000e+09	7700000.00	33.00	8.00	13540.00	1651359.00

	floors	waterfront	view	condition	grade	sqft_above \
count	21613.00	21613.00	21613.00	21613.00	21613.00	21613.00
mean	1.49	0.01	0.23	3.41	7.66	1788.39
std	0.54	0.09	0.77	0.65	1.18	828.09
min	1.00	0.00	0.00	1.00	1.00	290.00
25%	1.00	0.00	0.00	3.00	7.00	1190.00
50%	1.50	0.00	0.00	3.00	7.00	1560.00
75%	2.00	0.00	0.00	4.00	8.00	2210.00
max	3.50	1.00	4.00	5.00	13.00	9410.00

	sqft_basement	yr_built	yr_renovated	zipcode	lat	long \
count	21613.00	21613.00	21613.00	21613.00	21613.00	21613.00
mean	291.51	1971.01	84.40	98077.94	47.56	-122.21
std	442.58	29.37	401.68	53.51	0.14	0.14
min	0.00	1900.00	0.00	98001.00	47.16	-122.52
25%	0.00	1951.00	0.00	98033.00	47.47	-122.33
50%	0.00	1975.00	0.00	98065.00	47.57	-122.23
75%	560.00	1997.00	0.00	98118.00	47.68	-122.12
max	4820.00	2015.00	2015.00	98199.00	47.78	-121.32

	sqft_living15	sqft_lot15
count	21613.00	21613.00
mean	1986.55	12768.46
std	685.39	27304.18
min	399.00	651.00
25%	1490.00	5100.00
50%	1840.00	7620.00
75%	2360.00	10083.00
max	6210.00	871200.00

从上述结果中可以看出，该数据集中的数据状况良好，只有几列包含异常值。下面将构建第一个模型(version 1)并查看该模型的准确率，代码如下所示。

```
import statsmodels.formula.api as sm
model1 = sm.ols(formula='price ~ bedrooms+bathrooms+sqft_living+sqft_lot+flo
ors+waterfront+view+condition+grade+sqft_above+sqft_basement+yr_built+yr_
renovated+zipcode+lat+long+sqft_living15+sqft_lot15', data=kc_house_data)
fitted1 = model1.fit()
fitted1.summary()
```

此前一直使用 statsmodels 软件包实现回归任务。在本示例中，将尝试使用另一个软件包 sklearn

实现回归任务。sklearn 软件包与 statsmodels 软件包的语法不同，但模型的构建结果相同。R-squared 和所有其他相关回归模型的度量指标的使用方法不变。statsmodels 软件包提供了 summary() 函数，因此在前面的内容中最先使用了该软件包。sklearn 软件包没有提供 summary() 函数，因此需要人工获取数据的摘要。许多数据科学家使用 sklearn 软件包，因此也需要了解 sklearn 软件包的使用。

前面已经介绍过回归模型中必不可少的评价指标。在 sklearn 软件包中可以单独从模型对象中获取这些度量指标。首先，编写代码来获得训练数据和测试数据，代码如下所示。

```
#定义 X 数据集
X = kc_house_data[['bedrooms', 'bathrooms', 'sqft_living', 'sqft_lot', 'floors',
'waterfront', 'view', 'condition', 'grade', 'sqft_above', 'sqft_ basement', 'yr_built',
'yr_renovated', 'zipcode', 'lat', 'long', 'sqft_liv- ing15', 'sqft_lot15']]

y = kc_house_data['price']

from sklearn import model_selection
X_train, X_test, y_train, y_test = model_selection.train_test_split(X, y, test_size=0.2,
random_state=55)

print(X_train.shape)
print(y_train.shape)
print(X_test.shape)
print(y_test.shape)
```

上述代码的输出结果如下所示。

```
print(X_train.shape)
(17290, 18)

print(y_train.shape)
(17290,)

print(X_test.shape)
(4323, 18)

print(y_test.shape)
(4323,)
```

5.3.2　构建和验证模型

前面介绍过将数据集中 80% 的数据用于训练模型，其余 20% 的数据用于测试模型。下面使用 sklearn 软件包来构建模型。

```
import sklearn
model_1 = sklearn.linear_model.LinearRegression()
model_1.fit(X_train, y_train)
```

执行上述代码后，模型将被拟合并存储到 model_1 中。在 sklearn 软件包中没有 summary() 函数。获取模型的系数和 R-squared 值的代码如下所示。

```
#系数和截距
print(model_1.intercept_)
print(model_1.coef_)
```

```
#训练数据和测试数据上的 R-squared 值
from sklearn import metrics
y_pred_train=model_1.predict(X_train)
print(metrics.r2_score(y_train,y_pred_train))
```

```
y_pred_test=model_1.predict(X_test)
print(metrics.r2_score(y_test,y_pred_test))
```

上述代码的输出结果如下所示。

```
print(model_1.intercept_)
8080822.666112712
```

```
print(model_1.coef_)
[-3.76187142e+04   4.39929752e+04   1.11927627e+02   1.12260521e-01
  7.86848634e+03   5.82851207e+05   5.24147307e+04   2.56475517e+04
  9.63780999e+04   7.02315647e+01   4.16960620e+01  -2.66443082e+03
  2.22630357e+01  -5.83768676e+02   6.04058556e+05  -2.04643130e+05
  1.84979337e+01  -3.70481687e-01]
```

```
print(metrics.r2_score(y_train,y_pred_train))
0.7004310823997761
```

```
print(metrics.r2_score(y_test,y_pred_test))
0.6964362880041228
```

从输出结果可以看出，模型中的截距值(intercept)很大，这主要与目标值的规模有关。模型的相关系数以科学记数法显示。回顾一下科学记数法，如果数值中含有 e+04，则表示将数值乘以 10 000；如果数值中含有 e−02，则表示将数值除以 100。在训练数据上，模型的 R-squared 值为 0.700，即 70%；在测试数据上，模型的 R-squared 值为 0.696，即 69.6%。其他的度量指标验证结果如下所示。

```
#MAD
print("MAD on Train data : ", round(np.mean(np.abs(y_train - y_pred_train)),2))
```

```
print("MAD on Test data : ", round(np.mean(np.abs(y_test - y_pred_test)),2))
```

```
#MAPE
print("MAPE on Train data : ", round(np.mean(np.abs(y_train - y_pred_train)/
y_train),2))
```

```
print("MAPE on Test data : ", round(np.mean(np.abs(y_test - y_pred_test)/
y_test),2))
```

```
#RMSE
print("RMSE on Train data : ", round(math.sqrt(np.mean(np.abs(y_train -
y_pred_train)**2)),2))
```

```
print("RMSE on Test data :", round(math.sqrt(np.mean(np.abs(y_test
- y_pred_test)**2)),2))
```

上述代码的输出结果如下所示。

```
MAD on Train data : 125920.32
MAD on Test data : 126818.8
MAPE on Train data : 0.26
MAPE on Test data : 0.26
RMSE on Train data : 202295.52
RMSE on Test data : 196693.42
```

下面的代码用于查看平均房价及其分位数的值。

```
round(kc_house_data.price.describe())
count    21613.0
mean    540088.0
std     367127.0
min      75000.0
25%     321950.0
50%     450000.0
75%     645000.0
max    7700000.0
Name: price, dtype: float64
```

回顾 5.2 节对 MAD、MAPE 和 RMSE 的讨论。根据上述的输出结果很容易得出以下结果:

- 房价的平均值是 540 088。
- 房价的平均绝对离差值(MAD)为 125 920。
- 真实值和预测值之间的平均绝对误差百分比(MAPE)为 26%。

该示例构建的模型只是一个基本模型。在构建此模型前没有清除数据中的异常值。此外,还没有对模型做任何改进。需要注意的是我们使用了类似邮政编码这样的变量。如果在构建模型前,使用数据清理和特征工程的方法,在应用相同的数据和算法的基础上会进一步提高模型的准确率。特征工程是指从现有的数据特征中提取隐藏信息,以更有利于模型学习的过程。5.7 节将重新构建该示例的模型,尝试把该模型的准确率从现有的 70%提升到更高的值。5.4 节详细介绍一些模型验证指标。

5.4 模型验证指标: 分类

在介绍回归模型时,使用了 R-squared 和其他基于离差的验证方法。当涉及二分类任务时,模型的输出结果只有 0 和 1。基于离差的方法(即真实与预测的方法)在分类类型的问题中可能不起作用。在验证分类模型的准确率时,将创建混淆矩阵,并从真实分类和预测分类中计算准确率。

5.4.1 混淆矩阵和准确率

第 3 章讨论过混淆矩阵。通过下面的表格简单回顾一下混淆矩阵。例如,构建了一个分类模型,真实值和预测值如表 5.1 所示。

表 5.1 一个简单数据集上的真实值与预测值

序号	x_1	x_2	…	x_k	y	$\hat{y}$
1					1	1
2					1	0
3					1	1
4					0	0
5					0	0
6					0	1
7					1	1
8					0	1
9					1	1
10					0	0

有了这些真实值和预测值，就可以创建一个混淆矩阵。混淆矩阵只是真实类别和预测类别之间的交叉表(如表 5.2 所示)。

表 5.2 混淆矩阵

		预测类	
		0	**1**
真实类	**0**	0 预测为 0 的次数	0 预测为 1 的次数
	1	1 预测为 0 的次数	1 预测为 1 的次数

根据混淆矩阵计算准确率，如下所示。

$$准确率 = \frac{正确分类数}{总记录数}$$

$$= \frac{cm[0,0] + cm[1,1]}{cm[0,0] + cm[0,1] + cm[1,0] + cm[1,1]}$$

在具体实践过程中，混淆矩阵中的术语有不同的表示。将 Class0(分类为类别 0 的样本)称为正例(positive)，而 Class1(分类为类别 1 的样本)称为反例(negative)(如表 5.3 所示)。这些术语更便于通过混淆矩阵得到准确率计算公式。

表 5.3 使用恰当的术语表示混淆矩阵

		预测类	
		正例	反例
真实类	正例	真正例(TP)	假反例(FN)
	反例	假正例(FP)	真反例(TN)

$$准确率 = \frac{正确分类数}{总记录数}$$

$$= \frac{TP + TN}{TP + FN + FP + TN}$$

表 5.4 给出了表 5.1 数据中混淆矩阵和准确率的计算结果。

表 5.4　混淆矩阵示例

		预测类	
		0	**1**
真实类	**0**	3	2
	1	1	4

$$准确率 = \frac{3 + 4}{3 + 2 + 1 + 4}$$
$$= 0.7$$

5.4.2　不均衡分类的度量

下面以预测汽车中是否有炸弹为例来介绍不均衡分类。如果汽车在一个特定的平台上,我们通过各种传感器收集特定的信息。根据传感器收集的这些数据尝试预测汽车中是否有炸弹。假设有100 000 条记录的测试数据。在测试数据中只有一辆汽车上有炸弹。将模型在测试数据上应用后,预测结果是没有一辆汽车有炸弹。预测结果表明了该模型预测这 100 000 辆汽车都是安全的。下面来创建混淆矩阵,将预测结果分为两类,即 0 和 1,0 表示汽车上无炸弹,1 表示汽车上有炸弹(如表 5.5 所示)。

表 5.5　预测汽车上是否炸弹示例的混淆矩阵

		预测类	
	无炸弹	**0–无炸弹**	**1–有炸弹**
真实类	**0–无炸弹**	99 999	0
	1–有炸弹	1	0

在测试数据中有 99 999 辆汽车无炸弹,而该模型在测试数据上的预测结果都是无炸弹的汽车。我们构建的模型无法准确预测出有炸弹的汽车。从预测结果来看,该模型的预测错误只有一次。该模型在测试数据上的准确率计算公式如下所示。

$$\text{准确率} = \frac{cm[0,0] + cm[1,1]}{cm[0,0] + cm[0,1] + cm[1,0] + cm[1,1]}$$

$$= \frac{99\,999 + 0}{100\,000}$$

$$= 0.99999$$

$$= 99.999\%$$

该模型的准确率为99.999%，结果看起来是很完美的。但是，该模型是否解决了汽车中是否有炸弹的预测任务？我们为什么要构建这个模型？我们构建的模型是要预测汽车中是否有炸弹，但是这个模型是失败的。我们构建的这个模型有用吗？在模型中，所有输入数据其输出的结果均为0，即都是类别为0的记录。类别之间的巨大不平衡导致构建了错误的模型。从模型的预测结果可以看出，类别为1的数据是无法预测的。

类别为0的记录数量和类别为1的记录数量之间存在着巨大的差异[99 999条记录为类别0(class0)，1条记录为类别1(class1)]。在现实场景中，汽车上装有炸弹可能性是百万分之一。

在汽车上装炸弹只是一个例子。在两个分类的数据中，一个分类的数据量非常少的案例有很多。

- 欺诈与非欺诈(Fraud 与 Non-fraud)：在交易数据中可能只有百万分之一或更少的交易存在欺诈行为。在这些案例中，欺诈与非欺诈行为的分类数据也是分布不均衡的。
- 响应者与非响应者(Responder 与 Non-responder)：如果开展营销活动，在大多数情况下，响应营销活动的人的比例非常低。人们很少会回复营销邮件。

使用混淆矩阵计算准确率时，混淆矩阵对两个类别的样本给予同等的优先级。在存在严重的类不平衡的情况下，如果只是在经常出现的类中做好了预测工作，那么在混淆矩阵中总体准确率自然看起来是高的。在这种分类不均衡的案例中，需要考虑不同的验证指标，我们应该关注每个分类的准确率，而不是整体的准确率。下面仍然以汽车是否装有炸弹为例，尝试计算每个类分类的准确率。类别0的分类准确率通过计算被正确地预测为类别0的样本数量与类别0的样本总量的比得到(如表5.6所示)。

表5.6　利用分类预测的结果计算准确率的公式

		预测类		
		0	**1**	分类的准确率
真实类	**0**	0 预测为 0 的次数	0 预测为 1 的次数	$\dfrac{cm[0,0]}{cm[0,0] + cm[0,1]}$
	1	1 预测为 0 的次数	1 预测为 1 的次数	$\dfrac{cm[1,1]}{cm[1,0] + cm[1,1]}$

表5.7 给出的是利用分类预测结果计算准确率的公式的另一种表示方法。

表 5.7　利用分类预测的结果计算准确率的公式的另一种表示方法

		预测类		
		正例	反例	分类的准确率
真实类	正例	真正例(TP)	假反例(FN)	$\dfrac{TP}{TP+PN}$
	反例	假正例(FP)	真反例(TN)	$\dfrac{TN}{FP+TN}$

表 5.8 给出了计算汽车是否有炸弹的示例中分类准确率的计算结果。

表 5.8　汽车炸弹示例的分类准确率计算方法

		预测类		
		0–无炸弹	1–有炸弹	分类的准确率
真实类	0–无炸弹	99 999	0	99 999/99 999
	1–有炸弹	1	0	0/1

class0 是汽车上无炸弹的分类，其准确率为 100%

class1 是汽车上有炸弹的分类，其准确率为 0。

在本例中观察到，混淆矩阵中的整体准确率是由 class0 决定的。但是，我们关注的是 class1，它的预测准确率为 0。这是一个典型的示例，其整体的准确率不能提供正确的结果，因此需要计算每个分类的准确率。按照行业标准将 class0 的准确率称为灵敏度(sensitivity)，而 class1 的准确率称为特异度(specificity)。

1. 灵敏度

灵敏度是第一个分类的准确率，按照惯例将其表示为 class0 或 P(positive class，正例类)。当一个模型能正确预测大量的与 class0 相关的数据时，则该模型的灵敏度较高。

$$灵敏度 = \frac{0预测为0的次数}{0的总次数}$$
$$= \frac{cm[0,0]}{cm[0,0]+cm[0,1]}$$
$$= \frac{真正例(TP)}{真正例(TP)+假反例(FN)}$$

在有些案例中，灵敏度是至关重要的。下面来看一下表 5.9 中的混淆矩阵。在表中尝试为客户提供个人贷款前对客户的优劣进行预测。劣质客户是指违约客户，优质客户则为非违约客户。这类模型被称为信用风险模型。

表5.9　灵敏度和特异度

真实类		预测类		
		0-劣质客户	1-优质客户	分类的准确率
	0-劣质客户	模型预测劣质客户为劣质客户	模型预测劣质客户为优质客户	灵敏度
	1-优质客户	模型预测优质客户为劣质客户	模型预测优质客户为优质客户	特异度

在表 5.9 所示的混淆矩阵中，我们关心的是什么呢？我们不担心对角线元素。预测劣质客户为劣质客户，预测优质客户是优质客户，这样的结果是正确的预测结果。在表中有两种类型的错误预测，分别是将劣质客户预测为优质客户和将优质客户预测为劣质客户。下面让我们看看在混淆矩阵中的这些单元格的业务含义。

当模型预测客户是优质客户时，就可以批准该客户的贷款。如果模型预测客户是劣质客户，将拒绝该客户的贷款申请。在混淆矩阵中存在两种错误批准贷款的情况，第一种情况是错误地批准客户的贷款，第二种情况则是错误地拒绝了客户的贷款。从商业的角度来看，这两种错误都是严重的错误。在实际应用中都应该最小化这两种错误的发生。然而，在这两种错误中，致命的错误是错误地批准了客户的贷款(如表 5.10 所示)。

表5.10　借贷应用中的敏感度与特异度

真实类		预测类		
		0-劣质客户	1-优质客户	分类的准确率
	0-劣质客户	拒绝贷款	批准贷款	灵敏度
	1-优质客户	拒绝贷款	批准贷款	特异度

cm[0,1]与 cm[1,0]中的错误是不同的，这表明批准劣质客户的贷款申请与拒绝优质客户的贷款申请是不同的。批准一笔不良贷款，银行可能会失去全部本金，而拒绝一个优质客户，银行可能只会损失利润。通常，在信用风险行业中更倾向于 class0 或劣质客户类的分类准确率。因此，灵敏度在这种案例中变得非常重要。灵敏度也有一些不同的叫法，如召回率、命中率或真正率(TPR)。

2. 特异度

特异度是指第二个分类的准确率，即 class1。特异度的值是指在 class1 的所有记录中，模型将数据正确预测为 class1 类的次数。

$$特异度 = \frac{1预测为1的次数}{1的总次数}$$

$$= \frac{cm[1,1]}{cm[1,0] + cm[1,1]}$$

$$= \frac{真反例(TN)}{假正例(FP) + 真反例(TN)}$$

特异度对我们来说也很重要。例如，我们将交易分为诚信交易(非欺诈交易)和欺诈交易两类。class0 为诚信交易；class1 为欺诈交易(见表 5.11)。

表 5.11　诚信交易(Good Transaction)与欺诈交易(Fraud Transaction)案例的灵敏度与特异度

		预测类		
		0-诚信交易	**1-欺诈交易**	**分类的准确率**
真实类	**0-诚信交易**	模型预测一个诚信交易是诚信交易	模型预测一个诚信交易是欺诈交易	灵敏度
	1-欺诈交易	模型预测一个欺诈交易是诚信交易	模型预测一个欺诈交易是欺诈交易	特异度

与灵敏度一样，表 5.11 中仍然存在两种类型的错误。第一种类型是模型将诚信交易预测为欺诈交易；第二种类型是模型将欺诈交易预测为诚信交易。表 5.12 给出了这些预测结果的业务含义。

表 5.12　基于灵敏度和特异度的交易预测

		预测类		
		0-诚信交易	**1-欺诈交易**	**分类的准确率**
真实类	**0-诚信交易**	接受交易	拒绝交易	灵敏度
	1-欺诈交易	接受交易	拒绝交易	特异度

错误地拒绝一个交易可能会让客户多次尝试交易，而错误地接受一个交易会造成很大的损失。cm[0,1]与 cm[1,0]中的错误不同——这两种错误具有不同的业务含义。从技术上来说，这两种情况都是错误。但是，这里的特异度更为严重。在欺诈检测模型中，关注的是欺诈类。这种案例非常少见。特异度也称为选择度或真负率。

在类不均衡的案例中，我们不关心模型整体的准确率，而是更关注对我们来说很重要的类别。有时灵敏度很重要，而在某些案例中，特异度又是需要优先考虑的。我们需要根据数据和问题定义来确定重要的类别。下面通过一个示例来计算模型的准确率、灵敏度和特异度。

3. 案例研究：信用风险模型

下面的案例研究是一个信用风险模型，用于发现潜在的欠款人。客户的信用评分是根据信用风险模型确定的。该案例使用的数据集在 kaggle.com 网站上，它是为 "Give me some credit" 竞赛创建的。在 kaggle.com 网站上注册并登录后才能使用该数据集。

一家银行想要预测客户是优质客户还是劣质客户。该银行已经收集了两年的客户历史数据。我们将根据这些历史数据构建一个模型并使用它来预测新数据中的欠款人。下面的代码用于导入并查看数据。

```python
import pandas as pd
credit_risk_data = pd.read_csv(r'D:\Chapter5\5. Base Datasets\loans_data\
credit_risk_data_v1.csv')

#获取行数和列数
print(credit_risk_data.shape)

#输出列名
print(credit_risk_data.columns)

#输出列类型
print(credit_risk_data.dtypes)
```

上述代码的输出结果如下所示。

```
print(credit_risk_data.shape)
(150008, 10)
print(credit_risk_data.columns)
Index(['Cust_num', 'Bad', 'Credit_Limit', 'Late_Payments_Count', 'Card_Utilization_Percent',
'Age', 'Debt_to_income_ratio', 'Monthly_Income', 'Num_loans_personal_loans',
Family_dependents'], dtype='object')

print(credit_risk_data.dtypes)
Cust_num                      int64
Bad                           int64
Credit_Limit                  int64
Late_Payments_Count           int64
Card_Utilization_Percent      float64
Age                           int64
Debt_to_income_ratio          float64
Monthly_Income                int64
Num_loans_personal_loans      int64
Family_dependents             int64
dtype: object
```

从输出结果中可以看到，该数据集中有 150 008 条记录和 8 列。这些列名一目了然。所有列的数据类型都是数值型的。表 5.13 对列做了简要描述。

表5.13　列的描述

列名	描述
Cust_num	客户 ID 或号码
Bad	劣质客户指示器，目标变量，默认值为 1
Credit_Limit	客户信用卡额度
Late_Payments_Count	客户逾期付款的次数
Card_Utilization_Percent	客户信用额度平均利用率

(续表)

列名	描述
Age	客户年龄
Debt_to_income_ratio	债务收入比
Monthly_Income	月收入
Num_loans_personal_loans	个人贷款额
Family_dependents	受抚养人人数

下面的代码用于查看数据的摘要信息。

```
pd.set_option('display.max_columns', None)  #该选项显示所有列

all_cols_summary=credit_risk_data.describe()
print(round(all_cols_summary,2))
```

输出结果如下所示。

```
print(round(all_cols_summary,2))
             Cust_num          Bad      Credit_Limit     Late_Payments_Count   \
count      150008.00    150008.00         150008.00                150008.00
mean        75004.50         0.07           6311.85                     0.26
std         43303.72         0.25           5221.25                     0.74
min             1.00         0.00            100.00                     0.00
25%         37502.75         0.00           4000.00                     0.00
50%         75004.50         0.00           4900.00                     0.00
75%        112506.25         0.00           7400.00                     0.00
max        150008.00         1.00           0000.00                    13.00

          Card_Utilization_Percent           Age      Debt_to_income_ratio   \
count                    150008.00     150008.00                 150008.00
mean                         30.38         52.30                      0.30
std                          33.41         14.77                      0.20
min                           0.00         21.00                      0.00
25%                           3.00         41.00                      0.18
50%                          15.40         52.00                      0.27
75%                          50.70         63.00                      0.38
max                         100.00        109.00                      1.00

            Monthly_Income    Num_loans_personal_loans    Family_dependents
count            150008.00                   150008.00            150008.00
mean               6324.28                        1.02                 0.74
std                7847.86                        1.11                 1.11
min                1000.00                        0.00                 0.00
25%                4042.00                        0.00                 0.00
50%                4817.00                        1.00                 0.00
75%                7400.00                        2.00                 1.00
max              835040.00                       14.00                10.00
```

从输出结果可以看出，数据集中数据是完整有效的。在数据集中数据没有缺失值，也没有明显的异常值。下面将直接利用该数据来构建模型。在构建模型前使用如下代码创建训练数据集和测试数据集。

```
#定义 X 数据集
X = credit_risk_data[['Credit_Limit', 'Late_Payments_Count',
'Card_Utilization_Percent', 'Age', 'Debt_to_income_ratio',
'Monthly_Income', 'Num_loans_personal_loans', 'Family_dependents']]

y = credit_risk_data['Bad']

from sklearn import model_selection
X_train, X_test, y_train, y_test = model_selection.train_test_split(X, y,
test_size=0.2, random_state=55)

print(X_train.shape)
print(y_train.shape)
print(X_test.shape)
print(y_test.shape)
```

输出结果如下所示。

```
print(X_train.shape)
(120006, 8)

print(y_train.shape)
(120006,)

print(X_test.shape)
(30002, 8)

print(y_test.shape)
(30002,)
```

构建模型并验证模型准确率的代码如下所示。

```
#构建模型
from sklearn.linear_model import LogisticRegression
model_2= LogisticRegression()

model_2.fit(X_train,y_train)

#系数和截距
print(model_2.intercept_)
print(model_2.coef_)

##训练数据上的混淆矩阵计算
from sklearn.metrics import confusion_matrix

y_pred_train=model_2.predict(X_train)
cm1 = confusion_matrix(y_train,y_pred_train)
print(cm1)

##训练数据上的准确率
accuracy1=(cm1[0,0]+cm1[1,1])/(cm1[0,0]+cm1[0,1]+cm1[1,0]+cm1[1,1])
print(accuracy1)
```

输出结果如下所示。

```
print(model_2.intercept_)
[-0.12910986]
```

```
print(model_2.coef_)
[[-9.88263513e-05 6.44961913e-01 1.07038983e-02 -5.95174153e-02
  -3.06946836e-03 1.23630184e-05 1.22022670e-01 4.07276702e-02]]
```

```
print(cm1)
[[111264 650]
 [ 7465 627]]
```

```
print(accuracy1)
0.932378381080946
```

从上述的运行结果可以看出，模型在训练数据上的整体准确率较好。下面看看模型在测试数据上的效果。使用如下代码计算模型在测试数据上的准确率。

```
##测试数据上的混淆矩阵
y_pred_test=model_2.predict(X_test)
cm2 = confusion_matrix(y_test,y_pred_test)
print(cm2)

#####测试数据上的准确率
accuracy2=(cm2[0,0]+cm2[1,1])/(cm2[0,0]+cm2[0,1]+cm2[1,0]+cm2[1,1])
print(accuracy2)
```

输出结果如下所示。

```
print(cm2)
[[27920 147]
 [ 1806 129]]
```

```
print(accuracy2)
0.934904339710686
```

可以看出，模型在训练数据和测试数据上的准确率是非常接近的，整体准确率均为93%。如果只考虑模型的准确率，该模型是非常不错的。在该案例中仅考虑准确率可以吗？

前面介绍过对于信用风险模型而言，模型的整体准确率并不是合适的衡量标准。一个劣质客户和一个优质客户是不同的。在这些数据中，90%以上是优质客户，只有不到10%的客户是劣质客户。通过如下代码来查看数据中的优质客户(0)和劣质客户(1)出现的频次。

```
credit_risk_data['Bad'].value_counts()
0    139981
1     10027
Name: Bad, dtype: int64
```

从结果中可以看出，在150 008 条记录中 class1 的样本数量少于 15 000 条，即 class1 类的样本低于10%。这表明数据中存在严重的分类不平衡。需要记住，在本例中，劣质客户用 class1 表示，因此需要关注 class1 类分类的准确率，而不是模型的整体准确率。以下代码用于计算模型的灵敏度和特异度。

```
##训练数据的灵敏度
Sensitivity1=cm1[0,0]/(cm1[0,0]+cm1[0,1])
print(round(Sensitivity1,3))
0.994

##训练数据的特异度
Specificity1=cm1[1,1]/(cm1[1,0]+cm1[1,1])
print(round(Specificity1,3))
0.077

##测试数据的灵敏度
Sensitivity2=cm2[0,0]/(cm2[0,0]+cm2[0,1])
print(round(Sensitivity2,3))
0.995

##测试数据的特异度
data Specificity2=cm2[1,1]/(cm2[1,0]+cm2[1,1])
print(round(Specificity2,3))
0.067
```

模型在训练数据和测试数据上的灵敏度均为 99%，结果接近完美，但重要的是特异度。模型在训练数据和测试数据上的特异度都很差。模型在训练数据上的特异度为 7.7%，在测试数据上的特异度为 6.7%。该模型需要充分改进才能正确预测 class1 类。

如何提高模型的特异度？现在已经构建了模型。有一个小技巧有助于提高模型的特异度。我们可以用阈值进行实验。默认情况下，逻辑回归使用概率值作为预测结果。接着，以 0.5 为阈值预测样本所属的类别。按照惯例，如果预测值小于 0.5，则将其预测为 class0，否则为 class1(见图 5.1)。

图 5.1　用于分类的默认阈值

如果在模型中不设置阈值，则样本的预测值低于 0.5 在 Python 中都归属于 class0。假设 class1 是汽车上有炸弹的类，class0 是汽车上无炸弹的类。对于一辆汽车，如果该模型给出的预测值为 0.3，由于 0.3<0.5，则可以将该汽车归类为无炸弹的汽车吗？或者，由于汽车上有炸弹是一种非常罕见的情况，并且数据中存在巨大的类别不平衡的问题，是否应该将阈值设置为较低的值，比如，阈值为 0.2，并将任何高于 0.2 样本归属于 class1？在任何情况下，如果数据中存在类别不平衡问题，都会将阈值降低到 0.2 或 0.25、0.3，以增大找到 class1 的机会。在调整阈值的过程中，可能会将 class0 中的一些数据错误分类为 class1，这种情况是允许的，由于我们更关注 class1，因此可以对一些数据进行误分类。在我们的示例中，这意味着要检测汽车上有炸弹这样的罕见事件，就应该降低阈值。如前所述，在降低阈值的过程中，可能会将一些无炸弹的汽车误分类为有炸弹的汽车，但这仍然比错过一辆有炸弹的汽车更安全。降低阈值在汽车是否装有炸弹的分类任务中是适用的，因为在该商业案例中，模型预测结果的特异度比敏感度更重要(见图 5.2)。

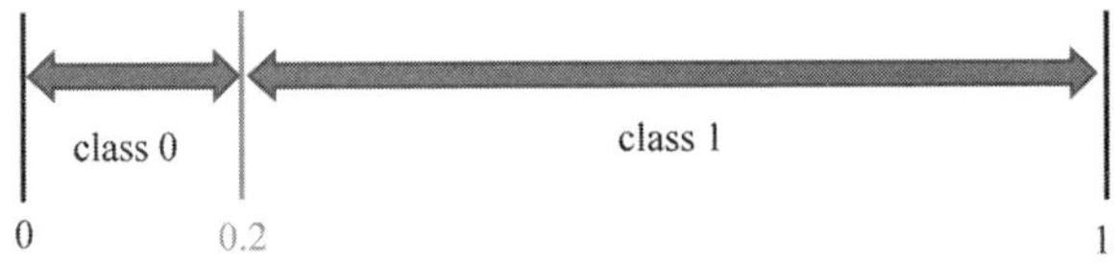

图 5.2　降低阈值

图 5.2 显示了降低阈值以增加模型特异度的情况。有时可能会关注 class0，现在的目标是增加 class0 的预测。我们将阈值从 0.5 增加到 0.8 以增加灵敏度(见图 5.3)。

图 5.3　增加阈值

图 5.3 显示了增加阈值以增加灵敏度和特异度的示例。在前面的例子中，已经使用混淆矩阵计算了灵敏度和特异度。我们没有在模型中设置阈值，表示模型使用的是默认阈值，即 0.5。表 5.14 解释了以下代码，该代码用于输出逻辑回归模型对样本分类的预测概率，然后根据不同的阈值对样本进行归类。

```
y_pred_prob=model_2.predict_proba(X_train)
print(y_pred_prob.shape)
print(y_pred_prob)
print(y_pred_prob[0,])
print(y_pred_prob[0,0])
print(y_pred_prob[0,1])
print(y_pred_prob[0:5,1])
print(y_pred_prob[:,1])


y_pred_prob_1=y_pred_prob[:,1]
##默认阈值为 0.5
threshold=0.5
y_pred_class=y_pred_prob_1*0
y_pred_class[y_pred_prob_1>threshold]=1
```

表 5.14　代码释义

代码	释义
y_pred_prob=model_2.predict_proba(X_train)	predict_prob()函数用于预测概率。该函数给出了模型在训练数据上将数据归类为 class0 和 class1 的概率
print(y_pred_prob.shape)	NX2 的矩阵，N 表示训练数据的行数，2 表示分为两类
print(y_pred_prob)	输出一些预测值
print(y_pred_prob[0,])	输出预测结果的第一行
print(y_pred_prob[0,0])	输出预测结果中第一行第一列的值，即 class0 类在第一行数据的概率

(续表)

代码	释义
print(y_pred_prob[0,1])	输出预测结果中第一行第二列的值，即 class1 类在第一行数据的概率
print(y_pred_prob[0:5,1])	输出前 5 行数据预测为 class1 的概率
print(y_pred_prob[:,1]	将预测结果中 class1 的概率值保存在新变量中
y_pred_prob_1=y_pred_prob[:,1]	
##默认阈值为 0.5	
threshold=0.5	定义阈值
y_pred_**class**=y_pred_prob_1*0	创建变量 y_pred_class，并设置默认值 0
y_pred_class[y_pred_prob_1>threshold]=1	如果数据的概率值大于 0.5，则将 y_pred_class 中对应的位置设置为 1，其余为 0

上述代码的输出结果如下所示。

```
print(y_pred_prob.shape)
(120006, 2)

print(y_pred_prob)
[[0.96335718 0.03664282]
 [0.93137997 0.06862003]
 [0.74255004 0.25744996]
 ...
 [0.94355759 0.05644241]
 [0.93345083 0.06654917]
 [0.99098599 0.00901401]]

print(y_pred_prob[0,])
[0.96335718 0.03664282]

print(y_pred_prob[0,0])
0.9633571764052702

print(y_pred_prob[0,1])
0.0366428235947298

print(y_pred_prob[0:5,1])
[0.03664282 0.06862003 0.25744996 0.0425129 0.07394386]

print(y_pred_prob[:,1])
[0.03664282 0.06862003 0.25744996 ... 0.05644241 0.06654917 0.00901401]

y_pred_prob_1=y_pred_prob[:,1]

print(y_pred_class)
[0. 0. 0. ... 0. 0. 0.]
```

现在，创建混淆矩阵并重新计算不同阈值时模型的灵敏度和特异度。

```
##混淆矩阵与准确率
cm3 = confusion_matrix(y_train,y_pred_class)
print("confusion Matrix with Threshold ", threshold, "\n",cm3)
accuracy3=(cm3[0,0]+cm3[1,1])/(cm3[0,0]+cm3[0,1]+cm3[1,0]+cm3[1,1])
print("Accuracy is ", round(accuracy3,3))

##训练数据上的灵敏度与特异度
Sensitivity3=cm3[0,0]/(cm3[0,0]+cm3[0,1])
print("Sensitivity is", round(Sensitivity3,3))

Specificity3=cm3[1,1]/(cm3[1,0]+cm3[1,1])
print("Specificity is ", round(Specificity3,3))
```

上述代码的输出结果如下所示。

```
confusion Matrix with Threshold 0.5
 [[111264650]
 [ 7465 627]]
Accuracy is 0.932
Sensitivity is 0.994
Specificity is 0.077
```

从上述结果中可以看出，阈值为0.5时模型的预测结果与使用默认设置的效果相同。这些结果与前面在训练数据上预测的结果相同。需要注意的是，在该示例的问题定义中，class1对我们很重要，因此需要最大化检测到class1的概率。下面将通过降低阈值尝试将特异度从低于10%提高到更高的数值。此时，可以对灵敏度的值妥协一些。在上述代码中只需要改变阈值，其他不变，代码如下所示。

```
##新阈值为 0.2
threshold=0.2
y_pred_class=y_pred_prob_1*0
y_pred_class[y_pred_prob_1>threshold]=1

##混淆矩阵与准确率
cm3 = confusion_matrix(y_train,y_pred_class)
print("confusion Matrix with Threshold ", threshold, "\n",cm3)
accuracy3=(cm3[0,0]+cm3[1,1])/(cm3[0,0]+cm3[0,1]+cm3[1,0]+cm3[1,1])
print("Accuracy is ", round(accuracy3,3))

##训练数据上的灵敏度与特异度
Sensitivity3=cm3[0,0]/(cm3[0,0]+cm3[0,1])
print("Sensitivity is", round(Sensitivity3,3))

Specificity3=cm3[1,1]/(cm3[1,0]+cm3[1,1])
print("Specificity is ", round(Specificity3,3))
```

上述代码的输出结果如下所示。

```
confusion Matrix with Threshold 0.2
 [[1046977217]
 [ 5389 2703]]
Accuracy is 0.895
Sensitivity is 0.936
Specificity is 0.334
```

将阈值设置为 0.2 时模型的特异度从不足 10%提高到 33%。下面继续减小阈值，将其设置为 0.1。

```
##新阈值为 0.1
threshold=0.1
y_pred_class=y_pred_prob_1*0
y_pred_class[y_pred_prob_1>threshold]=1

##混淆矩阵与准确率
cm3 = confusion_matrix(y_train,y_pred_class)
print("confusion Matrix with Threshold ", threshold, "\n",cm3)
accuracy3=(cm3[0,0]+cm3[1,1])/(cm3[0,0]+cm3[0,1]+cm3[1,0]+cm3[1,1])
print("Accuracy is ", round(accuracy3,3))

##训练数据上的灵敏度与特异度
Sensitivity3=cm3[0,0]/(cm3[0,0]+cm3[0,1])
print("Sensitivity is", round(Sensitivity3,3))

Specificity3=cm3[1,1]/(cm3[1,0]+cm3[1,1])
print("Specificity is ", round(Specificity3,3))
```

阈值为 0.1 时，模型的输出结果如下所示。

```
confusion Matrix with Threshold 0.1
 [[89538 22376]
 [ 3294 4798]]
Accuracy is 0.786
Sensitivity is 0.8
Specificity is 0.593
```

当阈值设置为 0.1 时，模型的特异度从 7%提高到 59%。但是，灵敏度已经从 99%降至 80%。如果进一步降低阈值，特异度将以降低敏感度为代价增加。如果继续把优质客户归类为劣质客户，银行将失去可观的生意。因此，模型必须权衡灵敏度和特异度。下面将讨论在满足灵敏度和特异度的情况下如何选择最佳阈值。

4. ROC 与 AUC

在某些案例中，灵敏度很重要，而在另一些案例中，特异度更重要。降低阈值可以增加特异度，而提高阈值则会增加灵敏度。灵敏度和特异度之间的关联关系是需要重点考虑的。降低阈值时，特异度增加，但同时灵敏度降低。我们专注于提高一个类的准确率，而另一个类的准确率会降低，这在商业术语中称为净效应(net effect)。这种净效应现象是否存在风险？

用阈值为 0.1 的模型再次验证前面示例的结果。

```
confusion Matrix with Threshold 0.1
 [[89538 22376]
 [ 3294 4798]]
Accuracy is 0.786
Sensitivity is 0.8
Specificity is 0.593
```

从输出结果中可以看到，通过降低阈值，特异度有所增加。但是，灵敏度已从 99% 降至 80%。如果只想关注特异度，为什么不将阈值设置为 0.01？下面给出了阈值为 0.01 时模型的结果。

```
confusion Matrix with Threshold 0.01
 [[14646 97268]
 [ 179 7913]]
Accuracy is 0.188
Sensitivity is 0.131
Specificity is 0.978
```

从输出结果中可以看出，模型在阈值为 0.01 时特异度为 97.8%。当客户是劣质客户时，会以高准确率预测他或她是劣质客户。但是，如果客户是优质客户，也会将其归类为劣质客户。对阈值的设置过于严格，导致将每个客户都归类为劣质客户。由于错误地将许多优质客户归类为劣质客户，我们拒绝了他们的贷款申请。如果拒绝了优质客户的申请，这不是损失了机会吗？假设将阈值设置为 0；意味着将拒绝所有客户的贷款申请。通过预测结果来拒绝所有贷款申请，不会批准任何不良贷款，因为我们根本不为任何客户提供贷款。需要注意的是，任何业务都不能以这样的方式工作，而是必须要权衡利弊。

灵敏性和特异度是向相反方向变化的：如果一个值增加，另一个值将减少。我们需要先确定分类中的优先类。我们努力使模型的收益最大化，但同时应该尽量减少相关的损失，因为两者是相辅相成的。ROC 曲线有助于选择所需要的最佳灵敏度和特异度。ROC 表示受试者工作特征(Receiver Operating Characteristic)。

在 ROC 曲线中，y 轴上是真正例率(True-Positive Rate，即灵敏度)，x 轴上是假正例率(False-Positive Rate，即 1-特异度)。如果得到阈值为 0.5 的一对灵敏度和特异度的值，改变阈值，灵敏度和特异度都会发生改变。ROC 曲线是通过考虑所有阈值的可能性创建的。我们尝试 0 和 1 之间的所有阈值，并记录相应的灵敏度和特异度的值。注意 ROC 曲线 x 轴上的值为假正例率(1-特异度)，如图 5.4 所示。

图 5.4 中的虚线为对角线。在这条线上，灵性度和特异度的值是相同的。这条线是根据模型创建的，该模型为这两个类提供了同样的机会。

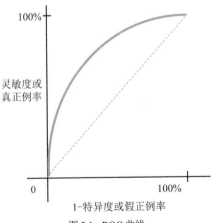

图 5.4　ROC 曲线

为了理解 ROC 曲线，我们将以一个模型为例。该模型用于预测客户是否响应营销活动。简单地说，该模型预测客户是否会回复营销消息或邮件。class-0 为响应者，class-1 为未响应者。在该案例中，灵敏度是指预测响应者为响应者的准确率，即真正例率。特异度是指预测未响应者为未响应者，即真反例率。但是，我们希望结果可以预测假正例率，它是指错误地将未响应者预测为响应者，如表 5.15 所示。

表 5.15 预测客户是否为响应者的混淆矩阵

真实类		预测类		
		响应者	未响应者	分类的准确率
	响应者	真正例(TP)	假反例(FN)	$\dfrac{TP}{TP+FN}$
	未响应者	假正例(FP)	真反例(TN)	$\dfrac{TN}{FP+TN}$

表 5.15 代表给定的阈值。随着阈值的改变，灵敏度和特异度都会发生改变。ROC 曲线有助于确定最佳的灵敏度和特异度组合以及与之相关的阈值。下面介绍 ROC 曲线上的 3 种方案：强硬的 (Aggressive)、保守的(Defensive)和稳健的(Moderate)。查看图 5.5 中的 ROC 曲线图。

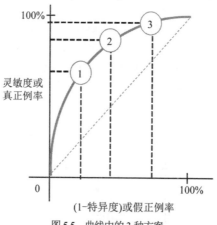

图 5.5 曲线中的 3 种方案

下面分别介绍 ROC 曲线的 3 种方案。

方案 1：保守型
- 在图 5.5 ROC 曲线上标注 "1" 的位置，模型的灵敏度为 65%，相应的(1 - 特异度)为 25%。
- 在该位置上，模型正确预测了 65%的响应者；模型错误预测了 25%的响应者。换句话说，为了正确地得到 65%的响应者，错误地将 25%的未响应者预测为响应者。
- 保守的情况下，模型的目标是获得少量的响应者。

方案 2：稳健型
- 在 ROC 曲线上标注 "2" 的位置，模型的灵敏度为 80%，相应的(1 - 特异度)为 45%。

- 为了获得识别 80%响应者的准确率，错误地将 45%的未响应者识别为响应者。在这种情况下，我们获得了更多的响应者，但与此同时，分类错误的概率也在增加。
- 与方案 1 相比，通过增加误分类，得到了更多的响应者。

方案 3: 强硬型

- 在 ROC 曲线上标注"3"的位置，模型的灵敏度为 95%，相应的(1-特异度)为 75%。
- 为了获得识别 95%响应者的准确率，错误地将 75%的未响应者识别为响应者。在这种情况下，假正例太多了。
- 虽然在该方案中获得了最高的响应者预测的准确率，但是错误太多了。

表 5.16 总结了上述这 3 种方案。

表 5.16 真正例率和假正例率

方案	灵敏度，真正例率(%正确预测率)	1-特异度，假正例率(%错误预测率)
保守型	65	25
稳健型	80	45
强硬型	95	75

我们向业务团队介绍这 3 种方案。业务部门将根据预算、风险因素及其他因素做出判断。例如，如果正在开展电子邮件的营销活动，可以选择强硬型的方案。如果我们向未响应者发送电子邮件，不会有重大损失。但是，如果正在进行电话营销活动，那么每次通话都会产生一定的成本。我们有联络中心的代理从事这些活动。在这种案例中，我们可能不会采取强硬型方案，因为强硬型方案中错误太多了。根据业务条件和营销预算，我们可能更倾向于采取稳健型和保守型方案。如果活动的预算较高，则我们有能力继续采用强硬型方案。刚入行的新公司可能更看重增长，通常会采取强硬型方案。对于一家拥有足够客户的老牌公司来说，保守型方案可能是更好的选择，即损失相对较少的一种方案。选择何种方案取决于公司类型和所从事的业务类型。

与 ROC 相关的度量指标是 AUC(Area Under the Curve，曲线下的面积)。在图 5.6 中有两条 ROC 曲线。

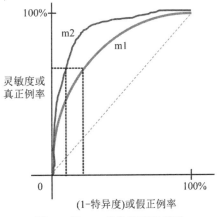

图 5.6 用 ROC 曲线表示两个模型

这两条 ROC 曲线代表了两个模型——m1 和 m2。哪种模型更好呢？在给定的灵敏度下，哪个模型会犯更多的错误？例如，在 65% 的灵敏度下，m1 的错误率是 25%，m2 的错误率是 10%。值得注意的是，m2 在每个样本上的表现都优于 m1。m2 曲线下的面积大于 m1 曲线下的面积。AUC 是模型性能的另一个度量指标。图 5.7 中的曲线图及其阴影部分以图形方式解释了 AUC。

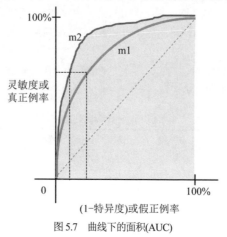

图 5.7　曲线下的面积(AUC)

在样本分类不均衡的情况下，AUC 是更好的度量指标。AUC 是根据 ROC 曲线计算的，考虑了所有的阈值。如果 AUC 的值接近 1，则认为模型良好。下面来学习绘制 ROC 曲线并计算 AUC 的值。

```
from sklearn.metrics import roc_curve, auc
import matplotlib.pyplot as plt

False_positive_rate,True_positive_rate,thresholds =roc_curve(y_train, y_pred_prob_1)

plt.figure(figsize=(10,10))
plt.title('ROC Curve',fontsize=15)
plt.plot(False_positive_rate, True_positive_ rate)
plt.plot([0,1],[0,1],'r--')
plt.ylabel('True Positive Rate(Sensitivity)',fontsize=15)
plt.xlabel('False Positive Rate(1-Specificity)',fontsize=15)
plt.show()
```

上述代码中 roc_curve() 是重要的函数。该函数将 y 的真实值和相应的 y 的预测值作为输入。该函数考虑所有阈值，并返回一个包含阈值、假正例率和真正例率的表。图 5.8 所示是上述代码输出的 ROC 曲线图。

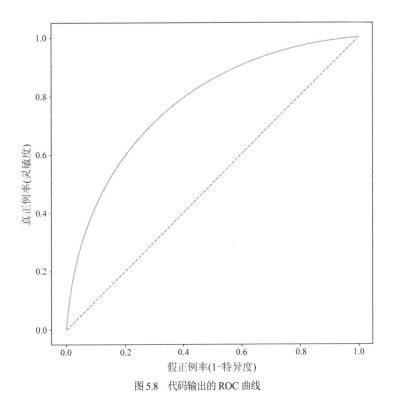

图 5.8 代码输出的 ROC 曲线

下面的代码用于计算 AUC 的值。

```
###AUC(曲线下的面积)
auc = auc(False_positive_rate, True_positive_rate)
print(auc)
```

上述代码的输出结果如下所示。

```
print(auc)
0.7749199563244183
```

AUC 是一个用于模型比较的实用指标。模型中的虚线为对角线。ROC 曲线离虚线越远,模型就越好。另一个度量指标是基尼系数,它是根据 ROC 曲线和对角线之间的面积得出的。

5. F1 Score

准确率是一个主要的验证指标。我们讨论了灵敏度和特异度等指标,它们对于类别不均衡的情况非常有用。此外,还有一些可以用于验证模型的指标。所有这些验证指标都想告诉我们所验证的模型有多好。不同行业采用不同的验证指标。

F1 Score 可以看作灵敏度和特异度的扩展。灵敏度更倾向于关注单个类的准确率。F1 Score 也针对单独的分类进行计算(如表 5.17 所示)。

表 5.17　讨论 F1 Score 的分类准确率的公式

		预测类		
		正例	反例	分类的准确率
真实类	正例	真正例(TP)	假反例(FN)	$\dfrac{TP}{TP+FN}$
	反例	假正例(FP)	真反例(TN)	$\dfrac{TN}{FP+TN}$

　　灵敏度是真正例率，也被称为召回率(recall)。灵敏度的值是指在正例类的所有记录中，有多少个样本被正确预测。如果只关注一个类，灵敏度有助于计算模型预测的准确率。考虑单个类的预测准确率还有一种度量方法，就是计算所有预测结果的正例中有多少个是正例。它是表 5.17 第一列表示的准确率。该度量方法称为精确率(precision)，如表 5.18 所示。

表 5.18　召回率和精确率

		预测类		
		正例	反例	分类的准确率
真实类	正例	真正例(TP)	假反例(FN)	召回率 $= \dfrac{TP}{TP+FN}$
	反例	假正例(FP)	真反例(TN)	
	精确率 $= \dfrac{TP}{TP+FP}$			

　　F1 Score 是召回率和精确率的调和平均值。调和平均值是算术平均值的倒数。当处理分数时，调和平均值是首选方法。

$$F1\ Score = 调和平均值(召回率,精确率)$$

$$F1\ Score = \frac{2}{\dfrac{1}{召回率} + \dfrac{1}{精确率}}$$

$$F1\ Score = \frac{2\times精确率\times召回率}{精确率+召回率}$$

　　F1 Score 比灵敏度稍好，因为在公式中增加了一个维度。虽然灵敏度和特异度很容易解释和比较，但 F1 Score 作为调和平均值不容易解释。以下代码用于计算 F1 Score。

```
##F1 Score
from sklearn.metrics import f1_score

##阈值为 0.5
threshold=0.5
y_pred_class=y_pred_prob_1*0
y_pred_class[y_pred_prob_1>threshold]=1
```

```
print(f1_score(y_train, y_pred_class))

##阈值为 0.2
threshold=0.2
y_pred_class=y_pred_prob_1*0
y_pred_class[y_pred_prob_1>threshold]=1
print(f1_score(y_train, y_pred_class))
```

上述代码的输出结果如下。需要注意的是，对于不同的阈值，F1 Score 的值也不相同。

```
threshold=0.5 f1_score 0.13384566122318287
threshold=0.2 f1_score 0.30013324450366424
```

此外，还有几个用于分类的验证指标。可以根据需要探索。我们已经充分讨论了上述验证指标，5.5 节将介绍权衡偏差-方差(bias-variance trade-off)。

5.5 权衡偏差与方差

在构建模型时，关注的是如何最大限度地充分利用数据。我们希望有一个预测结果准确率高的最优模型。集中精力提高模型的准确率时，可能会遇到两类问题：过拟合问题和欠拟合问题。虽然第 4 章详细介绍了相关内容，但本节将使用一个新的案例研究来详细说明这两类问题。

5.5.1 过拟合的问题：方差

如前所述，用于构建模型的数据集称为训练数据，用于测试模型鲁棒性的数据集称为测试数据。以下是过拟合模型的特点。为了更好地理解过拟合模型，我们尝试给出了一些过拟合模型的不同解释。

- 过拟合模型在训练数据上运行良好，而在测试数据上运行失败。这说明该模型在训练数据上的准确率较高，而在测试数据上的准确率偏低。
- 过拟合模型不学习训练数据中的泛化模式，而是尝试只学习与训练数据相关的特定模式。该模型总是试图存储训练数据，而不是学习泛化模式。
- 训练数据的微小变化会导致模型参数的显著变化。由于参数变化较大，当数据变化后，过拟合模型也称为具有较大方差(variance)的模型或高方差模型。
- 有时一些数据点不符合泛化规则，这种数据点称为数据中的噪声。例如，数据中的泛化规则(模式)是"如果年龄<25 岁，那么大多数客户都是买家"。在一些数据点，年龄<25 岁，但属于非买家类别。如果模型尝试存储的数据中有这些噪声点，模型最终将成为过拟合的。
- 在决策树模型中，如果树的深度大于所需要的值，则称为过拟合模型。在回归模型中，如果添加了多个多项式项，将得到过拟合模型。

如何检测模型是过拟合的呢？利用训练数据构建模型，然后将其应用到测试数据中，如果准确率或其他验证指标的值变差了，则模型为过拟合模型。普遍的行业标准是模型在训练数据和测试数据上预测的准确率相差 5%。例如，如果模型在训练数据上的准确率为 90%，在测试数据上的准确率低于 85%，则该模型被认为是过拟合的。

5.5.2 欠拟合问题：偏差

在实践中经常出现过拟合问题。为了避免这种情况，会试图降低模型的复杂性。有时，我们倾向于接受准确率较低的模型，即使该模型可能会具有更高的准确率。这类模型被称为欠拟合模型。下面给出了欠拟合模型的特点。

- 欠拟合模型在训练数据上没有取得很好的预测结果，在测试数据上的预测结果肯定会受到影响。如果模型在训练数据上表现出较低的准确率，甚至不需要使用测试数据对其进行评估。
- 欠拟合模型可能过于简单，无法学习训练数据中存在的所有泛化模式。
- 在欠拟合模型中，训练数据的微小变化不会导致模型发生任何变化。
- 欠拟合模型的参数不一定准确。这些模型在预测中有一些固有的偏差。欠拟合模型也称为具有大量偏差的模型或高偏差模型。
- 在决策树模型中，如果树的深度小于所需要的值，则会生成欠拟合模型。

如何检测模型是欠拟合的呢？我们按照熟悉的步骤在训练数据上构建模型，如果模型的准确率低于基本标准，那么它是欠拟合模型。识别欠拟合模型是一个棘手的问题。我们要对数据的类型和数据的预期准确率有一个基本目标。对于某些模型，80%的准确率很高；对于有些模型来说，80%的准确率可能较低。毫无疑问，我们尽量不采用欠拟合模型。高准确率的模型总是会被采纳的，但我们很少会接受一个准确率低的模型。

5.5.3 权衡偏差与方差

模型应该既不是过拟合的也不是欠拟合的，换言之，模型既不应该有方差也不应该有偏差。下面是过拟合模型和欠拟合模型的一个图解。在图 5.9～图 5.11 中，y 轴表示目标变量，x 轴表示输入数据。3 个图上的圆点表示训练数据，即给定输入变量 x 的对应目标变量 y 的真实值。3 种类型的模型拟合曲线在 3 个不同的图中进行了描述。

在过拟合模型中，回归线将穿过所有数据点，如图 5.9 所示。

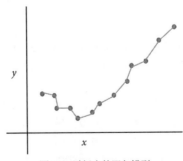

图 5.9　过拟合的回归模型

在欠拟合模型中，回归线会错过大多数的数据点，如图 5.10 所示。

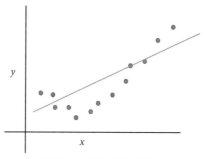

图 5.10　欠拟合模型的回归线

在最佳模型中，回归线穿过大多数的数据点并获取数据中的完整模式，如图 5.11 所示。

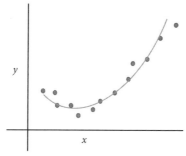

图 5.11　最佳的拟合曲线

模型中的广义误差可分为三部分：不可约误差、偏差和方差。不是每个模型的准确率都是 100% 的。数据中总会存在一些无法减少的固有误差，这类误差称为不可约误差。偏差是由欠拟合引起的，方差是由过拟合引起的。

$$总方差 = 不可约误差 + 偏差^2 + 方差$$

上述公式的数学表示如下：

$$模型 Y = f(X) + \varepsilon$$
$$不可约误差 \mathrm{Var}\,(\varepsilon) = \sigma^2$$
$$模型误差 = E[(Y - \hat{f}(x_0))^2 \mid X = x_0]$$
$$模型误差 = \sigma^2 + [E\hat{f}(x_0) - f(x_0)]^2 + E[\hat{f}(x_0) - E\hat{f}(x_0)]^2$$
$$模型误差 = \sigma^2 + 偏差^2(\hat{f}(x_0)) + \mathrm{Var}(\hat{f}(x_0))$$
$$模型误差 = 不可约误差 + 偏差^2 + 方差$$

偏差和方差是朝相反方向变化的。如果增加模型的复杂度，则方差增加，偏差减小；如果降低模型的复杂度，则方差减小，但偏差增加。为了减小偏差和方差，需要构建具有最佳复杂度的模型。

图 5.12 描述了偏差和方差与模型复杂度的关系。随着模型复杂度的增加，偏差减小，但方差增加。方差在某一点很低，但在某个特定的复杂度之后会增加。我们知道，在决策树模型中，随着树的增长，方差也会增加。

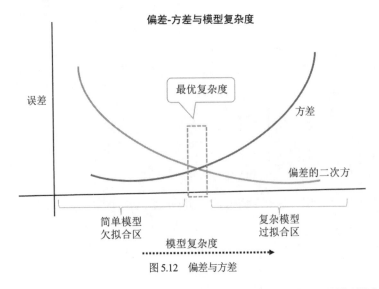

图 5.12　偏差与方差

图 5.13 展示了模型在训练-测试过程中的误差与模型复杂度的关系。随着模型的复杂度增加，训练误差减小。模型甚至可能达到零误差状态。但是，随着复杂度的增加，在特定的复杂度之后，测试中的误差将增加。

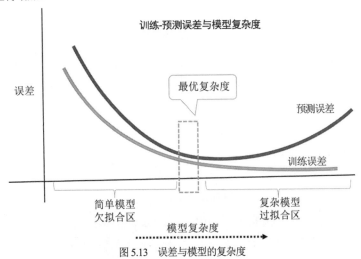

图 5.13　误差与模型的复杂度

5.5.4　案例研究：皮马印第安人糖尿病预测

本实例中所用的数据集最初是由美国糖尿病、消化和肾脏疾病研究所共享的。研究的目标是根据一些诊断指标预测一个人是否患有糖尿病。在该数据集中包含的诊断指标包括怀孕(Pregnancies)、血糖(Glucose)、血压(Blood Pressure)、皮肤厚度(SkinThickness)、胰岛素(Insulin)、体重指数(BMI)、糖尿病谱系功能(Diabetes PedigreeFunction)和年龄(Age)。目标变量名为 Outcome，它有两个值：0 和 1。Class-0 表示未患有糖尿病，Class-1 表示患有糖尿病。表 5.19 给出了这些诊断指标的详细描述。

表5.19　特征描述

列名(或特征名)	描述
Pregnancies	怀孕次数
Glucose	口服葡萄糖耐量试验中 2 小时的血糖浓度
Blood Pressure	血压(mm Hg)
SkinThickness	皮肤厚度(mm)
Insulin	2 小时血清胰岛素(μ/ml)
BMI	体重指数[体重(kg)/身高(m)^2]
DiabetesPedigreeFunction	糖尿病谱系功能
Age	年龄
Outcome	取值为 0 和 1。Class-1 表示患有糖尿病

在浏览了列信息后，将把这些数据导入 Python 中。在建模前还需要一些关于数据的基本统计操作，代码如下所示。

```
diabetes_data= pd.read_csv(r'D:\Chapter5\5.Base Datasets\pima\diabetes. csv')

#获取行数和列数
print(diabetes_data.shape)

#输出列名
print(diabetes_data.columns)

#输出列类型
print(diabetes_data.dtypes)
```

上述代码的输出结果如下所示。

```
print(diabetes_data.shape) (768, 9)

print(diabetes_data.columns)
Index(['Pregnancies', 'Glucose', 'BloodPressure', 'SkinThickness', 'Insulin','BMI',
'DiabetesPedigreeFunction', 'Age', 'Outcome'], dtype='object')

print(diabetes_data.dtypes)
Pregnancies               int64
Glucose                   int64
BloodPressure             int64
SkinThickness             int64
Insulin                   int64
BMI                       float64
DiabetesPedigreeFunction  float64
Age                       int64
Outcome                   int64
dtype: object
```

在数据集中有 768 条记录。所有列的数据类型都是数值类型。下面的代码用于获取所有列的摘要信息。

```
#摘要
pd.set_option('display.max_columns', None) #显示所有列

all_cols_summary=diabetes_data.describe()
print(round(all_cols_summary,2))
```

输出结果如下所示。

```
print(round(all_cols_summary,2))
```

	Pregnancies	Glucose	BloodPressure	SkinThickness	Insulin	BMI
count	768.00	768.00	768.00	768.00	768.00	768.00
mean	3.85	120.89	69.11	20.54	79.80	31.99
std	3.37	31.97	19.36	15.95	115.24	7.88
min	0.00	0.00	0.00	0.00	0.00	0.00
25%	1.00	99.00	62.00	0.00	0.00	27.30
50%	3.00	117.00	72.00	23.00	30.50	32.00
75%	6.00	140.25	80.00	32.00	127.25	36.60
max	17.00	199.00	122.00	99.00	846.00	67.10

	DiabetesPedigreeFunction	Age	Outcome
count	768.00	768.00	768.00
mean	0.47	33.24	0.35
std	0.33	11.76	0.48
min	0.08	21.00	0.00
25%	0.24	24.00	0.00
50%	0.37	29.00	0.00
75%	0.63	41.00	1.00
max	2.42	81.00	1.00

从上述的摘要中可以看到，数据是足够干净的，可以直接用该数据建模。该数据已经清理过，应该是有人把这些数据有意地清洗到现在的状态。下面使用如下代码定义训练数据和测试数据。

```
#定义 X 数据集
X = diabetes_data[['Pregnancies', 'Glucose', 'BloodPressure', 'SkinThickness',
'Insulin', 'BMI', 'DiabetesPedigreeFunction', 'Age']]

y = diabetes_data[['Outcome']]

#创建训练数据和测试数据
from sklearn import model_selection
X_train, X_test, y_train, y_test = model_selection.train_test_split(X, y, test_size=0.2,
random_state=33)

print(X_train.shape)
print(y_train.shape)
print(X_test.shape)
print(y_test.shape)
```

random_state 参数用于每次获得相同的随机样本。上述代码的输出结果如下所示。

```
print(X_train.shape)
(614, 8)
```

```
print(y_train.shape)
(614, 1)
```

```
print(X_test.shape)
(154, 8)
```

```
print(y_test.shape)
(154, 1)
```

我们接着来构建决策树，代码如下所示。

```
from sklearn.tree import DecisionTreeClassifier
diabetes_tree1= DecisionTreeClassifier()
diabetes_tree1.fit(X_train, y_train)
```

```
#计算在训练数据和测试数据上的准确率
print("Max Depth = None")
print("Train data Accuracy", diabetes_tree1.score(X_train, y_train))
print("Test data Accuracy", diabetes_tree1.score(X_test, y_test))
```

输出结果如下所示。score()函数用于直接计算模型的准确率。在该函数中创建了混淆矩阵并给出准确率的值。

```
Max Depth = None
Train data Accuracy 1.0
Test data Accuracy 0.70
```

从输出结果可以看出，该模型是过拟合的。这是一个高方差模型的例子。我们将尽量降低模型的复杂度，简化模型。在该例中，需要减小树的大小。如果模型是欠拟合的，则将略微增加模型的复杂度。构建模型的最终目标是得到一个具有最佳复杂度的模型。考虑到模型中的所有迭代，将使用交叉验证的方法来确定最佳模型，交叉验证方法将在 5.6 节介绍。

5.6　交叉验证

在介绍决策树时已经讨论了训练数据和测试数据的概念。交叉验证是指在训练数据上构建模型并在测试数据上验证模型。在构建模型的最初几次试验中发现，达到最佳复杂度可能有些棘手，需要花一些时间。在确定最佳的模型复杂度前，需要构建和验证许多模型，以使模型在训练数据和测试数据上保持准确率的一致性。在一些算法中存在一些超参数，通过调整这些超参数来增加或降低模型的复杂度，例如，决策树模型对 max_depth 超参数的变化非常敏感。下面将以一个模型为例介绍调整 max_depth 参数对模型准确率的影响。

5.6.1　交叉验证：一个示例

在本例中，与往常一样，在训练数据上构建模型，计算其准确率，并最终在测试数据上进行验证。如果模型在训练数据上的准确率高，而在测试数据上的准确率较低，则模型是过拟合的。如果模型在训练数据上的准确率较低，则认为是欠拟合的模型。如前所述，检测过拟合模型可能有点复杂；而只需要查看模型在训练数据上的准确率，就可以检测出模型是否欠拟合。

下面给出了使用不同的 max_depth 参数值构建模型的代码。在这段代码中只有 max_depth 参数发生变化。

```
##用剪枝参数构建模型
from sklearn.tree import DecisionTreeClassifier
diabetes_tree1= DecisionTreeClassifier(max_depth=1)
diabetes_tree1.fit(X_train, y_train)

#计算训练数据和测试数据上的准确率
print("Max Depth = 1")
print("Train data Accuracy", diabetes_tree1.score(X_train, y_train))
print("Test data Accuracy", diabetes_tree1.score(X_test, y_test))
```

上述模型的输出结果如下所示。

```
Max Depth = 1
Train data Accuracy 0.74
Test data Accuracy 0.71
```

上面的模型不是过拟合的。这个模型有可能是欠拟合的。下面将 max_depth 参数值设置大一些。

```
##用剪枝参数构建模型
print("Max Depth = 6")
from sklearn.tree import DecisionTreeClassifier
diabetes_tree1= DecisionTreeClassifier(max_depth=6)
diabetes_tree1.fit(X_train, y_train)

#计算训练数据和测试数据上的准确率
print("Train data Accuracy", diabetes_tree1.score(X_train, y_train))
print("Test data Accuracy", diabetes_tree1.score(X_test, y_test))
```

上述模型的输出结果如下所示。

```
Max Depth = 6
Train data Accuracy 0.86
Test data Accuracy 0.68
```

上面的模型是过拟合的。下面尝试把 max_depth 的值调小一些。

```
##用剪枝参数构建模型
print("Max Depth = 3")
from sklearn.tree import DecisionTreeClassifier
diabetes_tree1= DecisionTreeClassifier(max_depth=3)
diabetes_tree1.fit(X_train, y_train)

#计算训练数据和测试数据上的准确率
print("Train data Accuracy", diabetes_tree1.score(X_train, y_train))
print("Test data Accuracy", diabetes_tree1.score(X_test, y_test))
```

上述模型的输出结果如下所示。

```
Max Depth = 3
Train data Accuracy 0.78
Test data Accuracy 0.74
```

从结果可以看出,该模型既不是过拟合模型也不是欠拟合模型。再看一下 max_depth=2 时模型的结果和最终的模型。

```
##用剪枝参数构建模型
print("Max Depth = 2")
from sklearn.tree import DecisionTreeClassifier
diabetes_tree1= DecisionTreeClassifier(max_depth=2)
diabetes_tree1.fit(X_train, y_train)

#计算训练数据和测试数据上的准确率
print("Train data Accuracy", diabetes_tree1.score(X_train, y_train))
print("Test data Accuracy", diabetes_tree1.score(X_test, y_test))
```

上述模型的输出结果如下。

```
Max Depth = 2
Train data Accuracy 0.79
Test data Accuracy 0.75
```

从输出结果可以看出,max_depth=6 时,决策树模型是过拟合的,max_depth=1 时决策树模型是欠拟合的。在这些结果中,可以将 max_depth=3 或 max_depth=2 时的模型作为最终的决策树模型,因为模型在训练数据上的准确率较高(无偏差),模型的准确率在测试数据上与训练数据上的差值小于或等于 5%(无方差)。

5.6.2　K-折交叉验证

使用训练数据与测试数据进行模型验证时,可能会产生一些疑问。如果碰巧遇到有偏差的测试数据呢?如果我们用的测试数据不能表示总体数据呢?将一个过拟合模型用在测试数据上会怎么样?如果模型仅在一组训练数据和测试数据上运行良好,该怎么办?或者,如果模型在其他数据集上运行失败,怎么办?大多数情况下,在训练数据上构建模型,在测试数据上验证模型的方法是有效的,但作为数据科学家,总是要寻找一种鲁棒性更好的方法来获得最佳的模型准确率。

许多数据科学家更喜欢 K-折交叉验证方法。K-折交叉验证方法是训练-测试数据交叉验证方法的扩展。与其他一些方法相比,K-折交叉验证方法通常会产生偏差较小的模型。因为 K-折交叉验证方法确保了总体数据(原始数据集)的每一个值都有机会出现在训练数据和测试数据中。如果项目团队的输入数据(总体)数量有限,这也是一种好方法。下面是 K-折交叉验证方法的步骤。

第一步:获取整个数据集,并将其划分为 K 个子集(K 折)。通常,K 是一个 5～10 的数字。如果 K=5,则每个子集中包含整体数据 20%的数据。如果 K=10,则每个子集中包含整体数据 10%的数据(见图 5.14)。

总体数据

图 5.14　数据划分为 K 个子集

第二步:构建 K 个模型。在建立第一个模型时,将第一个 K-1 折(总共 10 个 K 折的数据中的前 9 个折数据)作为训练数据,并将最后一折数据(K10)作为测试数据。构建并微调最适合这对训练数据和测试数据的模型。通过变换测试数据重复上述步骤。每一折中的数据都将成为模型的一次测试数据。为便于理解，图 5.15 提供了 10 折交叉验证图示。

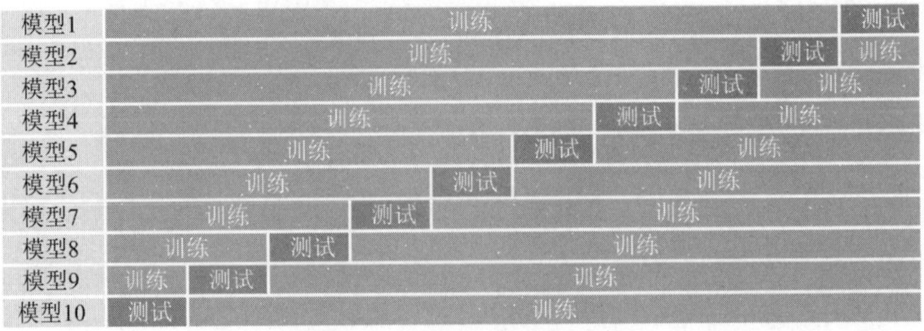

图 5.15　10 折交叉验证方法的图示

第三步：计算所有模型的准确率(如果是 10 折交叉验证，则创建 10 个模型)。注意，上述所有 K 个模型都是针对训练数据和测试数据的组合而构建和微调的。这不是一个模型应用于多个数据集的情况。下面计算所有 K 个模型的平均准确率(如果是 10 折交叉验证，则计算 10 个模型)并计算最终的结果。在我们的示例中，构建了 10 个不同的模型，需要计算这 10 个模型的平均准确率。

K-折交叉验证重复训练-测试场景 K 次。由于 K-折交叉验证方法将平均值作为最终结果，因此它提供了最佳的准确率。应该将 K-折交叉验证方法看作是一种模型验证方法，而不是一种模型构建方法。例如，如果一个 K-折交叉验证方法构建的模型其最终的准确率为 80%，那么提供 80%以上准确率的模型都是过拟合的，而提供 80%以下准确率的模型都是欠拟合的。

在 10 折交叉验证中，必须构建 10 个模型。在真实的案例中，构建的模型会超过 10 个。在构建单个模型时，会尝试多次迭代，因为可能无法一次获得最佳的模型。我们必须尝试给超参数设置不同的值以获得在测试数据和训练数据上的最佳模型。对于 10 折交叉验证，我们需要重复 10 次构建模型的过程。

使用 K-折交叉验证方法的代码如下所示。

```
####K-折交叉验证
diabetes_tree_KF = DecisionTreeClassifier(max_depth=3)
#10 折的简单 K-折交叉验证
from sklearn.model_selection import
KFold kfold = KFold(n_splits=10)

##检查 10 折模型的准确率
from sklearn import model_selection
acc10 = model_selection.cross_val_score(diabetes_tree_KF,X, y,cv=kfold)
print(acc10)
print(acc10.mean())
```

我们需要利用 KFold()函数并为其设置 n_splits 参数，n_splits 表示数据被拆分的数量。在本例中，使用的是 10 折交叉验证，因此将 n_splits 设置为 10。在决策树模型中设置 max_depth=3。实际上，我们必须进行多次迭代，并对每个模型进行微调，以得到最佳的准确率模型。在构建模型时，可以在利用 KFold()函数时更改决策树深度(max_depth 的值)。在最终输出的所有这 10 棵树中，其深度可能不是 3。上述代码的输出结果如下所示。

```
print(acc10)
```

```
[0.67532468 0.77922078 0.7012987 0.64935065 0.77922078
 0.81818182 0.83116883 0.83116883 0.67105263 0.71052632]
```

```
print(acc10.mean())
0.7446514012303486
```

从输出结果可以看出，模型的最佳准确率是 74.4%。准确率高于 74.4%的模型都是过拟合的，准确率低于 74.4%的模型都是欠拟合的。

K-折交叉验证方法的时间复杂度非常高。若模型要达到最佳准确率，需要多次迭代和大量时间。下面将讨论一种更实用的方法，该方法可以用于获得模型的最佳准确率。

5.6.3　训练集–验证集–留出交叉验证方法

本节将直接进入训练集-验证集-留出交叉验证方法的讲解。该方法将数据分为三部分，分别为训练数据、验证数据和留出数据。

- 训练数据：该数据集用于构建模型。我们从这些数据中学习数据的模式。
- 验证数据：该数据集用于验证模型和超参数的值。实际上使用该数据集来微调参数并最终确定模型的参数。根据验证数据的预测结果，最终确定(微调)模型及其参数。
- 留出数据：这与最终的测试数据类似，在微调模型及其参数时没有使用过该部分数据。我们仅使用这些数据来测试最终确定的模型。注意，在使用留出数据前，已经在验证数据上最终确定了模型及其参数。我们不使用留出数据来微调参数。它仅用于测试最终模型的鲁棒性。

训练集-测试集交叉验证的问题是在训练数据和测试数据上存在过拟合模型的可能性。此外，K-折交叉验证方法面临的挑战则是计算成本高(时间复杂度大)。训练集-验证集-留出法可以看作上述两个方法的折中方案。很多专家也将这种方法称为 train-test1-test2 方法。

下面给出了训练集-验证集-留出交叉验证方法的代码。在代码中将测试数据拆分为两部分。

```
####训练集–验证集–留出交叉验证方法
from sklearn import model_selection

##将全部数据分为训练数据和测试数据
X_train, X_test, y_train, y_test = model_selection.train_test_split(X, y, test_size=0.3,
random_state=99)

##将测试数据分为验证数据和留出数据
X_val, X_hold, y_val, y_hold =
model_selection.train_test_split(X_test, y_test,test_size=0.5 ,
random_state=11)

print(X_train.shape)
print(y_train.shape)
print(X_val.shape)
print(y_val.shape)
print(X_hold.shape)
print(y_hold.shape)
```

从上述代码中可以看出，首先将整个数据分为两部分：70%的数据作为训练数据，其余 30%作为测试数据。然后，在接下来的一行代码中将测试数据分为两部分：50%的测试数据用于模型验证，其余 50%作为留出数据。拆分后将总数据的 15%作为了验证数据。输出结果如下所示。

```
print(X_train.shape)
(537, 8)

print(y_train.shape)
(537, 1)

print(X_val.shape)
(115, 8)
print(y_val.shape)
(115, 1)

print(X_hold.shape)
(116, 8)

print(y_hold.shape)
(116, 1)
```

使用不同超参数构建模型的代码如下所示。

```
##用剪枝参数构建模型
print("Max Depth 6")
from sklearn.tree import DecisionTreeClassifier
diabetes_tree1= DecisionTreeClassifier(max_depth=6)
diabetes_tree1.fit(X_train, y_train)

#计算训练数据和测试数据上的准确率
print("Train data Accuracy", diabetes_tree1.score(X_train, y_train))
print("Validation data Accuracy", diabetes_tree1.score(X_val, y_val))

##用剪枝参数构建模型
print("Max Depth 1")
from sklearn.tree import DecisionTreeClassifier
diabetes_tree1= DecisionTreeClassifier(max_depth=1)
diabetes_tree1.fit(X_train, y_train)

#计算训练数据和测试数据上的准确率
print("Train data Accuracy", diabetes_tree1.score(X_train, y_train))
print("Validation data Accuracy", diabetes_tree1.score(X_val, y_val))

##用剪枝参数构建模型
print("Max Depth 3")
from sklearn.tree import DecisionTreeClassifier
diabetes_tree1= DecisionTreeClassifier(max_depth=3)
diabetes_tree1.fit(X_train, y_train)

#计算训练数据和测试数据上的准确率
print("Train data Accuracy", diabetes_tree1.score(X_train, y_train))
print("Validation data Accuracy", diabetes_tree1.score(X_val, y_val))
```

在上述代码中使用了不同的 max_depth 值。输出结果如下所示。

```
Max Depth 6
Train data Accuracy 0.8957169459962756
Validation data Accuracy 0.7130434782608696

Max Depth 1
Train data Accuracy 0.7411545623836127
Validation data Accuracy 0.6869565217391305

Max Depth 3
Train data Accuracy 0.7746741154562383
Validation data Accuracy 0.7304347826086957
```

在 max_depth 值为 3 时模型在训练数据和验证数据上的准确率差异小于 5%，因此，最终确定模型的 max_depth 值为 3。最后，继续在留出数据集上测试最终的模型(max_depth=3)。代码如下所示。

```
#最终模型和结果
print("Max Depth 3")
print("Train data Accuracy", diabetes_tree1.score(X_train, y_train))
print("Validation data Accuracy", diabetes_tree1.score(X_val, y_val))
print("Holdout data Accuracy", diabetes_tree1.score(X_hold, y_hold))
```

输出结果如下所示。

```
Max Depth 3
Train data Accuracy 0.7746741154562383
Validation data Accuracy 0.7304347826086957
Holdout data Accuracy 0.7758620689655172
```

从输出结果中可以看出，该模型在留出数据集上仍然得到了很好的准确率。在这 3 个数据集中，模型在留出数据集的准确率是最高的。然而，在实践中情况可能并非如此。我们尝试找到在 3 个数据集上保持一致的准确率水平的模型，这样的模型是具有鲁棒性的。本节讨论的方法是从业人员在交叉验证方面使用最广泛的方法。但是，还有一些其他的交叉验证方法，如留一交叉验证(Leave One Out Cross Validation，LOOCV)和自助交叉验证(Bootstrap Cross Validation)。

5.7　特征工程的技巧和诀窍

我们已经讨论了一些用于构建模型的标准的机器学习算法。回归算法适用于连续型的目标变量。逻辑回归和决策树算法用于解决分类问题。我们还讨论了模型的验证指标。所有算法都提供了代码并可在各种软件包中使用。软件包中还包括所有模型验证指标。我们想到的一个主要问题是："如果所有算法及其代码都适用于每个人，那么每个人都必须有相同的结果。如果我们提供数据集并举办数据科学竞赛，那么每个人都会得到相同的结果。优胜者与其他人的区别是什么？特征工程是将标准模型与性能最佳的模型区分开的步骤。

我们已经在现有数据上构建了满足准确率水平的模型。如何在现有模型的基础上再提高模型的准确率？是否可以使用相同的算法和数据集，但可以获得更高的模型准确率？如何让模型学习数据集中无法直接获得的隐藏模式？可以调整现有数据集中的列并从数据中派生新列，并使模型从这些列中学习吗？如何根据业务知识添加、编辑或增强特征？所有这些问题的答案就是使用"特征工程"。

5.7.1 什么是特征工程

特征工程(Feature Engineering)是指有意在现有的特征中派生新特征。下面举个例子，假设有一个只有两列数据的数据集，该数据集存储图书销售信息，包括销售日期(Date)和销售额(Sales)，如表 5.20 所示。

表 5.20　图书销售数据的销售日期和销售额

日期(Date)	销售额(Sales)
2019-06-27	6087
2019-07-05	9489
2019-07-08	9868
2019-07-13	**17461**
2019-06-13	9560
2019-05-17	8696
2019-05-18	**17148**
2019-05-14	7216
2019-05-05	**14110**
2019-05-29	7348
2019-05-26	**18708**
2019-06-01	**13550**
2019-06-17	9247
2019-06-29	**13443**
2019-07-18	7614
2019-06-25	8833
2019-06-21	9206
2019-05-26	**13264**
2019-06-07	8297
2019-05-28	7138

如果将这些数据直接输入机器学习模型中，模型可能无法直接找到隐藏的模式。根据商业经验，书店经理知道周末的销售额几乎是工作日的两倍。数据中不直接显示周末与工作日的销售信息。即使将日期变量分为日期、月份和年份三部分，模型也无法单独导出周末销售模式。下面推导一个新的特征，用 Weekend_indicator 表示，用 1 表示是周末，0 表示是工作日(如表 5.21 所示)。

表 5.21 带周末指示符列(Weekend_indicator)的销售数据

日期(Date)	周末指示符(Weekend_indicator)	销售额(Sales)
2019-06-27	0	6087
2019-07-05	0	9489
2019-07-08	0	9868
2019-07-13	**1**	**17461**
2019-06-13	0	9560
2019-05-17	0	8696
2019-05-18	**1**	**17148**
2019-05-14	0	7216
2019-05-05	**1**	**14110**
2019-05-29	0	7348
2019-05-26	**1**	**18708**
2019-06-01	**1**	**13550**
2019-06-17	0	9247
2019-06-29	**1**	**13443**
2019-07-18	0	7614
2019-06-25	0	8833
2019-06-21	0	9206
2019-05-26	**1**	**13264**
2019-06-07	0	8297
2019-05-28	0	7138

在添加了新的字段 Weekend_indicator 后，Weekend_indicator 提供了一些有价值的信息。如果 Weekend_ind=1，则销售额在 11 000 以上；否则，销售额将低于 10 000。这是特征工程的一个例子。在数据集中虽然有工作日和周末的销售信息，但不是模型可以理解的形式。通过在数据集添加一个新特征(列)，可以识别数据中的底层模式。在该特征工程示例中，是根据业务知识添加新特征(列)。在特征工程中，为了获得更好的结果，人工推导特征并将其加入到模型中。特征工程需要统计和业务领域的知识。有时，信息隐藏在普通的字段中，如日期、纬度、经度及区域。特征工程方法不是跨数据集和行业的标准方法。我们需要仔细研究数据并用业务经验来创建新的有用特征。只有通过实践和经验，才能获得关于特征工程的直觉和知识。本节将讨论一些让特征工程更有效的技巧和诀窍。

再次回顾案例研究：美国金县的房屋销售。在该示例中，必须将特定的特征作为输入来预测房屋价格。我们构建一个回归模型并得出 R-squared 值为 70%。我们使用的是原始数据，没有添加任何派生的特征。

可以使用相同的数据并利用特征工程技术来提高 R-squared 值吗？构建基本模型并计算其 R-squared 值的代码如下所示。

```
#定义 X 数据集
X = kc_house_data[['bedrooms', 'bathrooms', 'sqft_living', 'sqft_lot', 'floors',
'waterfront', 'view', 'condition', 'grade', 'sqft_above', 'sqft_ basement', 'yr_built',
```

```
'yr_renovated', 'zipcode', 'lat', 'long', 'sqft_ living15', 'sqft_lot15']]

y = kc_house_data['price']

from sklearn import model_selection
X_train, X_test, y_train, y_test = model_selection.train_test_split(X, y, test_size=0.2,
random_state=55)

print(X_train.shape)
print(y_train.shape)
print(X_test.shape)
print(y_test.shape)

import sklearn
model_1 = sklearn.linear_model.LinearRegression()
model_1.fit(X_train, y_train)

#系数与截距
print(model_1.intercept_)
print(model_1.coef_)

#在训练数据上计算 R-squared 值
from sklearn import metrics
y_pred_train=model_1.predict(X_train)
print(metrics.r2_score(y_train,y_pred_train))

#在测试数据上计算 R-squared 值
y_pred_test=model_1.predict(X_test)
print(metrics.r2_score(y_test,y_pred_test))

#RMSE
print("RMSE on Train data : ", round(math.sqrt(np.mean(np.abs(y_train -
y_pred_train)**2)),2))
print("RMSE on Test data : ", round(math.sqrt(np.mean(np.abs(y_test -
y_pred_test)**2)),2))
```

上述代码的输出结果如下所示。

```
print(model_1.intercept_)
8080822.666112712

print(model_1.coef_)
[-3.76187142e+04    4.39929752e+04    1.11927627e+02    1.12260521e-01
  7.86848634e+03    5.82851207e+05    5.24147307e+04    2.56475517e+04
  9.63780999e+04    7.02315647e+01    4.16960620e+01   -2.66443082e+03
  2.22630357e+01   -5.83768676e+02    6.04058556e+05   -2.04643130e+05
  1.84979337e+01   -3.70481687e-01]

print(metrics.r2_score(y_train,y_pred_train))
0.7004310823997761

print(metrics.r2_score(y_test,y_pred_test))
0.6964362880041228

RMSE on Train data : 202295.52
RMSE on Test data : 196693.42
```

从输出结果可以看出,在给定的训练数据和测试数据上,模型的 R-squared 值约为 70%,RMSE 值约为 200 000。5.7.2 节将进一步探讨该示例。我们将讨论独热编码(one hot encoding)方法,它有时像魔法一样有效。下面将介绍独热编码如何影响模型的构建。

5.7.2 创建哑变量或独热编码

创建哑变量是获取数据中隐藏信息的最基本也最简单的一种方法。创建的哑变量可以表示非数值变量,也可以表示分类变量。第 2 章已经讨论过哑变量的创建。首先,确定并列出数据集中的所有分类变量。在有些数据集中,有些列采用的是数值类型,但仍然需要将它们转换为哑变量。在本例中,我们将 zip-code(邮政编码)作为一个数值类型的变量。但是,zip-code 的数值没有任何明显的模式。

下面的代码为所有离散变量、分类变量与目标变量创建箱形图。第 2 章曾详细讨论过箱形图。

卧室的数量(bedrooms)与房屋价格(price)

```python
import matplotlib.pyplot as plt
import seaborn as sns
plt.figure(figsize=(10,10))
sns.boxplot( x=kc_house_data["bedrooms"],y=kc_house_data["price"])
plt.title('Bedrooms vs House Price', fontsize=20)
```

从图 5.16 所示的箱形图可以推断——随着卧室数量的增加,房屋价格也会上涨。

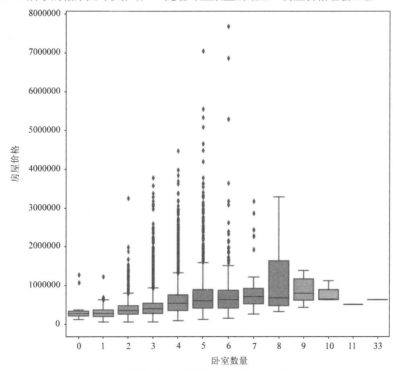

图 5.16 卧室数量与房屋价格的箱形图

浴室数量(bathrooms)与房屋价格(price)

```
plt.figure(figsize=(10,10))
sns.boxplot( x=kc_house_data["bathrooms"],y=kc_house_data["price"])
plt.title('Bathrooms vs House Price', fontsize=20)
```

从图 5.17 所示的箱形图可以推断——随着浴室数量的增加，房屋价格也会上涨。

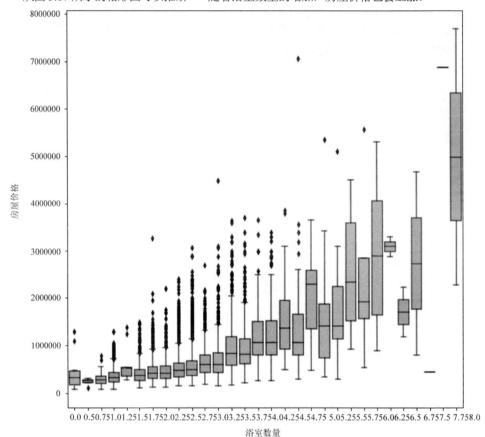

图 5.17　浴室数量与房屋价格的箱形图

楼层数(floors)与房屋价格(price)

```
plt.figure(figsize=(10,10))
sns.boxplot( x=kc_house_data["floors"],y=kc_house_data["price"])
plt.title('Floors vs House Price', fontsize=20)
```

从图 5.18 所示的箱形图可以推断——楼层数与房屋价格没有直接关系。独热编码在这种情况可能会对分析楼层数与房屋价格的关系有所帮助。

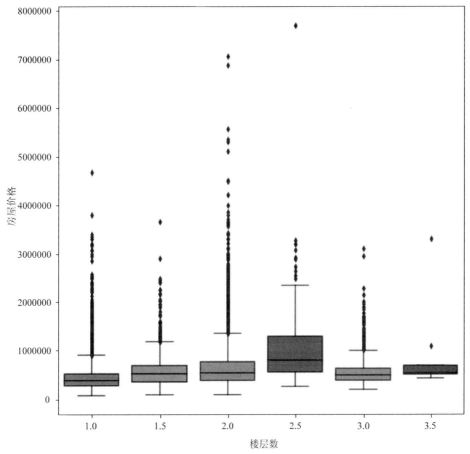

图 5.18　楼层数与房屋价格的箱形图

是否在滨海区(waterfront)与房屋价格(price)

```
plt.figure(figsize=(10,10))
sns.boxplot( x=kc_house_data["waterfront"],y=kc_house_data["price"])
plt.title('Waterfront vs House Price', fontsize=20)
```

从图 5.19 所示的箱形图可以推断——是否在滨海区与房屋价格有很强的关联。

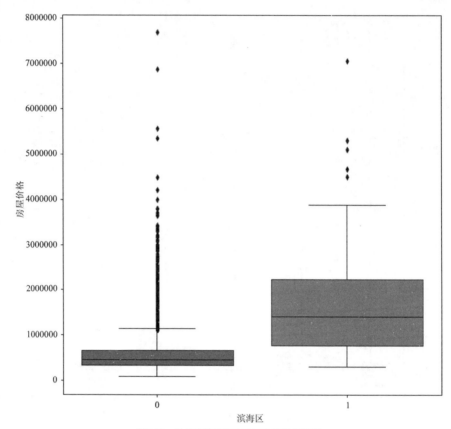

图 5.19　是否在滨海区与房屋价格的箱形图

实看数(实际看房的人数，view)与房屋价格(price)

```
plt.figure(figsize=(10,10))
sns.boxplot( x=kc_house_data["view"],y=kc_house_data["price"])
plt.title('View vs House Price', fontsize=20)
```

从图 5.20 所示的箱形图可以推断——房屋价格随着实看数的增加而增加。

条件设施(condition)与房屋价格(price)

```
plt.figure(figsize=(10,10))
sns.boxplot( x=kc_house_data["condition"],y=kc_house_data["price"])
plt.title('Condition vs House Price', fontsize=20)
```

从图 5.21 所示的箱型图推断——条件设施与房屋价格没有直接的强关联。

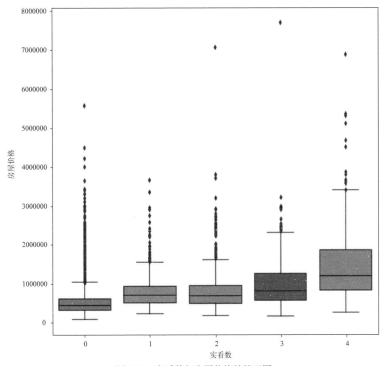

图 5.20　实看数与房屋价格的箱形图

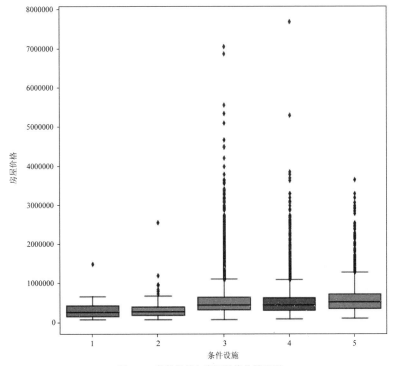

图 5.21　条件设施与房屋价格的箱形图

房屋评分(grade)与房屋价格(price)

```
plt.figure(figsize=(10,10))
sns.boxplot( x=kc_house_data["grade"],y=kc_house_data["price"])
plt.title('Grade vs House Price', fontsize=20)
```

从图 5.22 所示的箱型图推断——房屋价格随着房屋评分的增加而增加。

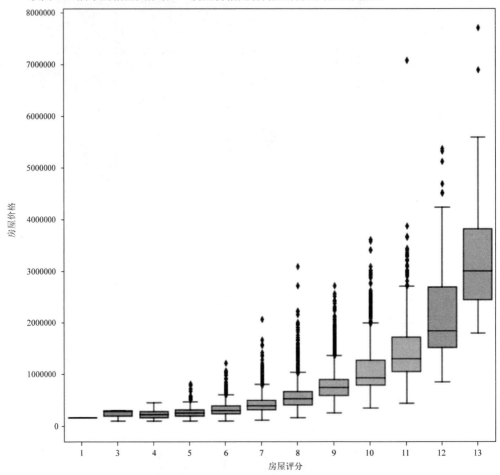

图 5.22　房屋评分与房屋价格的箱形图

邮政编码(zipcode)与房屋价格(price)

```
plt.figure(figsize=(10,10))
sns.boxplot( x=kc_house_data["zipcode"],y=kc_house_data["price"])
plt.title('Zipcode vs House Price', fontsize=20)
```

从图 5.23 所示的箱形图推断——房屋价格似乎与邮政编码没有关系。

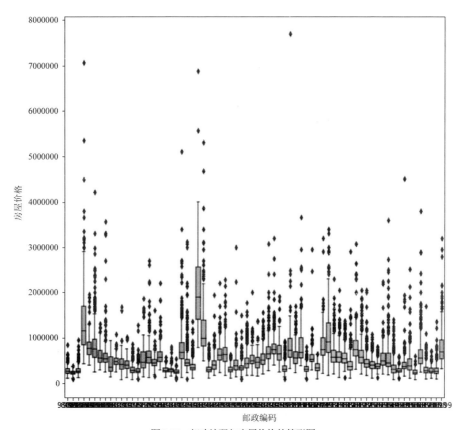

图 5.23　邮政编码与房屋价格的箱形图

　　至此，我们都是在模型中直接利用这些变量，没有对变量做任何更改。如果将这些变量转换成哑变量再推断，可能会得到更多的数据模式。使用以下代码创建新的哑变量。创建哑变量并验证哑变量对模型的影响是一个好方法。

```python
from sklearn.preprocessing import OneHotEncoder

kc_house_data.shape
categorical_vars=['bedrooms', 'bathrooms', 'floors', 'waterfront', 'view', 'condition',
'grade', 'zipcode']

encoding=OneHotEncoder()
encoding.fit(kc_house_data[categorical_vars])
onehotlabels = encoding.transform(kc_house_data[categorical_vars]).toarray()
onehotlabels_data=pd.DataFrame(onehotlabels)

print(kc_house_data.shape)

kc_house_data1 = kc_house_data.drop(categorical_vars,axis = 1)
print(kc_house_data1.shape)

kc_house_data_onehot=kc_house_data1.join(onehotlabels_data)
```

```
print(kc_house_data_onehot.shape)
```

OneHotEncoder()函数的作用是：将分类类型的列转换为用独热编码表示的列。在 fit()函数中需要指定需要转换为独热编码的列名。transform()函数用于将列的值转换为用独热编码表示的列。被转换为用独热编码表示的列的数量取决于所要表示的变量中唯一值的数量。接着，删除原有的列，并使用用独热编码表示的列更新数据集。上述代码的输出结果如下所示。

```
print(kc_house_data.shape)
(21613, 21)

print(kc_house_data1.shape)
(21613, 13)

print(kc_house_data_onehot.shape)
(21613, 132)
```

下面将使用更新后的数据集来构建回归线。创建训练数据和测试数据的代码如下所示。

```
col_names = kc_house_data_onehot.columns.values
print(col_names)

x_col_names=col_names[3:]
print(x_col_names)

X = kc_house_data_onehot[x_col_names]
y = kc_house_data_onehot['price']

from sklearn import model_selection
X_train, X_test, y_train, y_test = model_selection.train_test_split(X, y, test_size=0.2,
random_state=55)

print(X_train.shape)
print(y_train.shape)
print(X_test.shape)
print(y_test.shape)
```

上述代码的输出结果如下所示。

```
col_names = kc_house_data_onehot.columns.values
print(col_names)
['id' 'date' 'price' 'sqft_living' 'sqft_lot' 'sqft_above' 'sqft_basement' 'yr_built'
'yr_renovated' 'lat' 'long' 'sqft_living15' 'sqft_lot15' 0 1 2 3 4 5 6 7 8 9 10 11 12
13 14 15 16 17 18 19 20 21 22 23 24 25 26 27 28 29 30 31 32 33 34 35 36 37 38 39 40
41 42 43 44 45 46 47 48 49 50 51 52 53 54 55 56 57 58 59 60 61 62 63 64 65 66 67 68
69 70 71 72 73 74 75 76 77 78 79 80 81 82 83 84 85 86 87 88 89 90 91 92 93 94 95 96
97 98 99 100 101 102 103 104 105 106 107 108 109 110 111 112 113 114 115 116 117 118]

x_col_names=col_names[3:]
print(x_col_names)
['sqft_living' 'sqft_lot' 'sqft_above' 'sqft_basement' 'yr_built' 'yr_renovated' 'lat'
'long' 'sqft_living15' 'sqft_lot15' 0 1 2 3 4 5 6 7 8 9 10 11 12 13 14 15 16 17 18 19
20 21 22 23 24 25 26 27 28 29 30 31 32 33 34 35 36 37 38 39 40 41 42 43 44 45 46 47 48
49 50 51 52 53 54 55 56 57 58 59 60 61 62 63 64 65 66 67 68 69 70 71 72 73 74 75 76 77
78 79 80 81 82 83 84 85 86 87 88 89 90 91 92 93 94 95 96 97 98 99 100 101 102 103 104
```

```
105 106 107 108 109 110 111 112 113 114 115 116 117 118]

print(X_train.shape)
(17290, 129)

print(y_train.shape)
(17290,)

print(X_test.shape)
(4323, 129)

print(y_test.shape)
(4323,)
```

下面开始构建模型。记住，在前面构建回归模型时，模型的 R-square 值为 70%，RMSE 值约为 200 000。构建模型的代码如下所示。

```
import sklearn
model_1 = sklearn.linear_model.LinearRegression()
model_1.fit(X_train, y_train)

#系数和截距
print(model_1.intercept_)
print(model_1.coef_)

#在训练数据上计算 R-squared 值
from sklearn import metrics
y_pred_train=model_1.predict(X_train)
print(metrics.r2_score(y_train,y_pred_train))

#在测试数据上计算 R-squared 值
y_pred_test=model_1.predict(X_test)
print(metrics.r2_score(y_test,y_pred_test))

#RMSE
print("RMSE on Train data : ", round(math.sqrt(np.mean(np.abs(y_train -
y_pred_train)**2)),2))
print("RMSE on Test data : ", round(math.sqrt(np.mean(np.abs(y_test -
y_pred_test)**2)),2))
```

上述代码的输出结果如下所示。

```
Train data R-Squared : 0.8430167450266046
Test data R-Squared : 0.8244800765868934
RMSE on Train data : 146441.63
RMSE on Test data : 149564.36
```

从输出结果中得到一个好消息：模型的 R-squared 值从 70%提高到 84%，RMSE 值从 200 000 下降到 145 000。在更新后的数据集上模型有非常显著的改进。模型的 R-squared 值提高说明了用独热编码方式表示列是有效的。这里唯一有质疑的变量是邮政编码(zipcode)，它有太多不重复的值。

重新回顾整个模型的构建过程也确信这种方法很好。即使模型在测试数据集上验证 R-squared 值，其准确率也非常好。通过使用相同的数据和构建模型的方法，我们获得了更好的准确率。所有的功劳都归于特征工程。

此外，还有一些验证方法可用于验证模型，这些方法在本书中没有讨论。你可以将其他的验证方法作为练习来探究。5.7.3 节将讨论如何探索一些特殊的变量，如经度、纬度、日期及其他主题。

5.7.3　处理经度和纬度

根据日常经验，我们知道房屋价格是受地理位置影响的。房屋的位置可以通过经度(Longitude)和纬度(Latitude)最科学地获取。模型可能无法直接从经度和纬度的数值中学习到它们对房屋价格的影响。我们通过从经度和纬度派生一些新特征来让模型更好地学习。首先，尝试建立房屋价格与经纬度值之间的关系，代码如下所示。

```
###房屋价格与经纬度
bubble_col= kc_house_data["price"] > kc_house_data["price"].quantile(0.7)

import matplotlib.pyplot as plt
plt.figure(figsize=(12,12))
plt.scatter(kc_house_data["long"],kc_house_data["lat"], c=bubble_col,cmap="RdYlGn",s=10)
plt.title('House Price vs Longitude and Latitude', fontsize=20)
plt.xlabel('Longitude', fontsize=15)
plt.ylabel('Latitude', fontsize=15)
plt.show()
```

上述代码尝试在经度和纬度之间绘制散点图。房屋价格在图上已经用颜色标出。如果房屋价格处于前 30 个百分点，则气泡颜色将填充为绿色(灰度图中为黑色)。上述代码输出结果如图 5.24 所示。

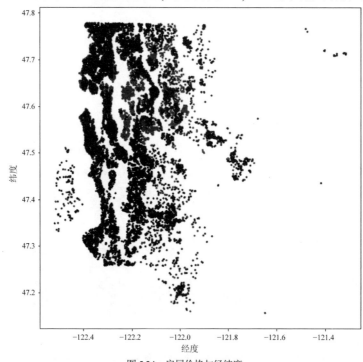

图 5.24　房屋价格与经纬度

将图 5.24 用图 5.25 所示的灰度图表示。使用参数 cmap="Greys"生成灰度图。

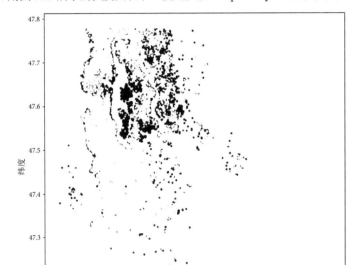

图 5.25　房屋价格与经纬度(灰度图)

从图 5.25 上并没有看出房屋价格受经度和纬度的显著影响。下面将创建一个额外的特征来提取经度和纬度以外的最大信息。我们把高价房屋创建成一个中心值,然后计算每个房屋与该中心的距离。这是一种根据直觉的方法,即靠近高价房屋位置的房屋价格高;远离高价房屋位置的房屋价格低。查找高价房屋的地理中心的代码如下所示。

```
high_long_mean=kc_house_data["long"][bubble_col].mean()
high_lat_mean=kc_house_data["lat"][bubble_col].mean()

import matplotlib.pyplot as plt
plt.figure(figsize=(12,12))
plt.scatter(kc_house_data["long"],kc_house_data["lat"], c=bubble_col, cmap="RdYlGn",s=10)
plt.scatter(high_long_mean,high_lat_mean, c="balck", s=1000)
plt.title('House Price vs Longitude and Latitude', fontsize=20)
plt.xlabel('Longitude', fontsize=15)
plt.ylabel('Latitude', fontsize=15)
plt.show()
```

x 轴上坐标值为 high_long_mean、y 轴上坐标值为 high_lat_mean 的点是高价房屋所在的中心位置。该代码的输出结果如图 5.26 所示。

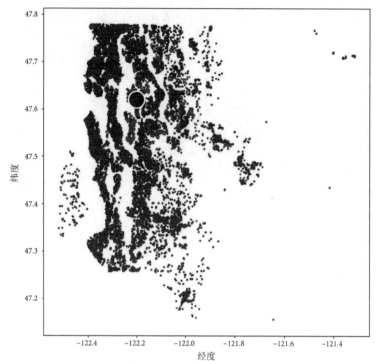

图 5.26 房屋价格与带高价房屋中心位置的经度和纬度

在图 5.26 中找到了高价房屋所在的中心点。创建一列，将其用于表示房屋的位置距此高价房屋中心的距离。该列将在稍后的模型构建中使用。然后，可以验证增加了距离变量后是否能提高模型的准确率。最后，还将通过绘制散点图来了解房屋价格与这个新的距离变量之间的关系。在下面的代码中，对房屋价格取对数，以便更好地对其可视化。

```
##从中心位置到每处房屋的距离
kc_house_data["High_cen_distance"]=np.sqrt((kc_house_data["long"]-high_
long_mean) ** 2 + (kc_house_data["lat"] - high_lat_mean) ** 2)

plt.figure(figsize=(15,15))
plt.scatter(kc_house_data["High_cen_distance"],np.log(kc_house_data["price"]))
plt.title('House Price vs Distance from center', fontsize=20)
plt.xlabel('Distance from center', fontsize=15)
plt.ylabel('log(house price)', fontsize=15)
```

上述代码的输出结果如图 5.27 所示。

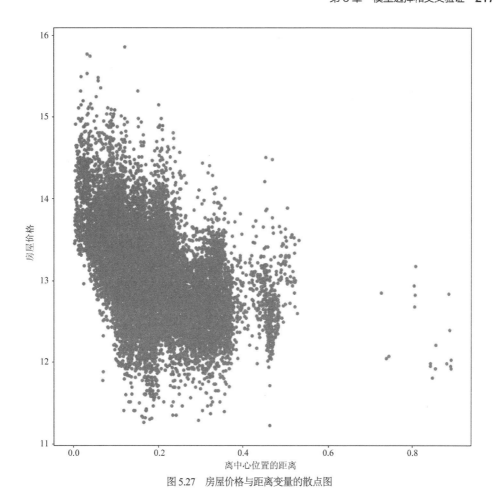

图 5.27　房屋价格与距离变量的散点图

从图 5.27 可以看出，随着变量 x (距离中心位置的距离)的增加，变量 y (房屋价格)下降。我们不能将这种变化称为强关联的模式，但也确实存在这样一种模式。下面在最初的标准模型中使用该距离变量。代码如下所示。

```
#定义 X 数据集
col_names = kc_house_data.columns.values
print(col_names)

x_col_names=col_names[3:]
print(x_col_names)

X = kc_house_data[x_col_names]
y = kc_house_data['price']

from sklearn import model_selection
X_train, X_test, y_train, y_test = model_selection.train_test_split(X, y,
test_size=0.2, random_state=55)

print(X_train.shape)
```

```
print(y_train.shape)
print(X_test.shape)
print(y_test.shape)

import sklearn
model_1 = sklearn.linear_model.LinearRegression()
model_1.fit(X_train, y_train)

#系数和截距
print(model_1.intercept_)
print(model_1.coef_)

#在训练数据上计算 R-squared 值
from sklearn import metrics
y_pred_train=model_1.predict(X_train)
print("Train data R-Squared : ", metrics.r2_score(y_train,y_pred_train))

#在测试数据上计算 R-squared 值
y_pred_test=model_1.predict(X_test)
print("Test data R-Squared : " , metrics.r2_score(y_test,y_pred_test))

#RMSE
print("RMSE on Train data : ", round(math.sqrt(np.mean(np.abs(y_train -
y_pred_train)**2)),2))
print("RMSE on Test data :", round(math.sqrt(np.mean(np.abs(y_test -
y_pred_test)**2)),2))
```

上述代码的输出结果如下所示。

```
print(x_col_names)
['bedrooms' 'bathrooms' 'sqft_living' 'sqft_lot' 'floors' 'waterfront' 'view' 'condition'
'grade' 'sqft_above' 'sqft_basement' 'yr_built' 'yr_renovated' 'zipcode' 'lat' 'long'
'sqft_living15' 'sqft_lot15' 'High_cen_distance']

print(X_train.shape)
(17290, 19)

print(y_train.shape)
(17290,)

print(X_test.shape)
(4323, 19)

print(y_test.shape)
(4323,)

Train data R-Squared : 0.7148088489464938
Test data R-Squared : 0.7090610925035006
RMSE on Train data : 197381.26
RMSE on Test data : 192559.88
```

从输出结果可以看出，模型的 R-squared 值仅增加了 1%，RMSE 值减少了 5000。从准确率的
验证结果来看，这种改进方法没有取得实质性的效果。有时，这种派生的特征会显著改进模型的效

果——关键是要在时间和资源允许的情况下，使用新的派生变量尝试尽可能多次的迭代。我们熟悉金县的位置后有助于向数据集中添加新的特征，从而进一步提高准确率。例如，可以再派生一个特征 top_city_indicator，这个特征的名称一目了然，即是否为顶级城市。图 5.28 显示了金县的地图。

图 5.28　金县的地图

我们可以精心挑选西雅图(Seattle)和雷德蒙(Redmond)这样的城市，并赋予它们更多的权重值。金县还有更多的城镇和非自治地区。这些城镇的房屋价格都不一样。如果进行深入研究，可能会发现越来越多的隐藏模式，但获取这些模式并不容易。特征工程需要更多的耐心和时间，有时会消耗大量资源。下面将探讨如何处理日期类型的变量。

5.7.4　处理日期类型的变量

在特征工程中应该考虑日期类型的变量。日期类型和日期时间类型的变量有固定的格式，如 DD-MM-YY-HH-MM-SS 等。DD-MM-YY-HH-MM-SS 格式使模型很难学习任何模式。可以通过如下步骤更有效地处理日期类型变量。

- 将一个单独的日期时间类型(DataTime)的列拆分为多个列。例如，将用 DD-MM-YY-HH-MM-SS 格式表示的列拆分为 6 个不同的列，即月份、月份、年份、小时、分钟和秒。一般情况下，分钟和秒不会产生任何重大影响。
- 可以根据日期时间类型的列创建新的派生变量，如星期几、周末、月初、月底、季度、半年、假日、一年中的一周、年初、年终等。可以直接使用这些派生变量，也可以将这些派生变量表示为独热编码的形式。
- 如果知道季节会对预测结果产生影响，也可以在数据集中增加一个表示季节的列。例如，如果冬季的销售额很高，那么可以增加一个是否为冬季(winter_index)的列。

- 在知道了日期后，可能会根据日期列的取值得出年龄或间隔时间。例如，如果有开户日期的列，那么就可以得出账户的开户时长。

在我们的示例中有 3 个与日期相关的变量，代码如下所示。

```
print(kc_house_data.columns)
date_vars = ['date', 'yr_built', 'yr_renovated']
kc_house_dates=kc_house_data[date_vars]
kc_house_dates.head()
```

上述代码的输出结果如下所示。

```
          date yr_built    yr_renovated
0 20141013T000000    1910            1987
1 20140611T000000    1940            2001
2 20140919T000000    2001               0
3 20140804T000000    2001               0
4 20150413T000000    2009               0
```

在数据集中，名为 date 的变量表示销售日期。通过该变量可以派生出售出房屋的年份(sale_year)、月份(sale_month)和日(day_sold)。还可以通过建筑时间变量(yr_built)派生出房屋房龄(age_of_house)。还可以根据 yr_renovated 变量派生出一个新的变量——房屋是否翻新(Ind_renovated)。下面的代码用于创建上述变量。

```
kc_house_dates['sale_year'] = np.int64([d[0:4] for d in
kc_house_dates["date"]])

kc_house_dates['sale_month'] = np.int64([d[4:6] for d in
kc_house_dates["date"]])

kc_house_dates['day_sold'] = np.int64([d[6:8] for d in
kc_house_dates["date"]])

kc_house_dates['age_of_house'] = kc_house_dates['sale_year']
- kc_house_dates['yr_built']

kc_house_dates['Ind_renovated'] = kc_house_dates['yr_renovated']>0
```

为了了解每个新添加的列与房屋价格的关系，将为每个新变量绘制单独的箱型图(见图 5.29～图 5.33)。

销售年份(sale_year)与房屋价格(price)

```
plt.figure(figsize=(10,10))
sns.boxplot( x=kc_house_dates['sale_year'],y=kc_house_data["price"])
plt.title('sale_year vs House Price', fontsize=20)
```

从图 5.29 所示的箱形图可以看出，销售年份与房屋价格没有直接关系。

销售月份(sale_month)与房屋价格(price)

```
plt.figure(figsize=(10,10))
sns.boxplot( x=kc_house_dates['sale_month'],y=kc_house_data["price"])
plt.title('sale_month vs House Price', fontsize=20)
```

从图 5.30 所示的箱形图可以看出，销售月份与房屋价格没有直接关系。

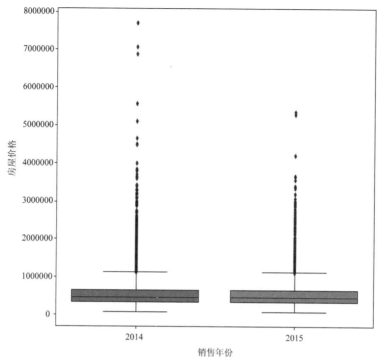

图 5.29　销售年份与房屋价格的箱形图

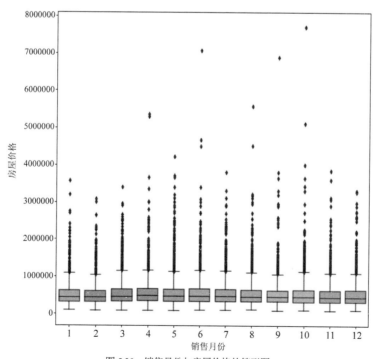

图 5.30　销售月份与房屋价格的箱形图

销售日(day_sold)与房屋价格(price)

```
plt.figure(figsize=(10,10))
sns.boxplot( x=kc_house_dates['day_sold'],y=kc_house_data["price"])
plt.title('day_sold vs House Price', fontsize=20)
```

从图 5.31 所示的箱形图推断——销售日与房屋价格没有直接关系。

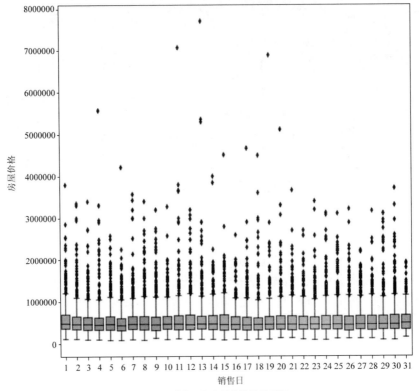

图 5.31　销售日与房屋价格的箱形图

房龄(age_of_house)与房屋价格(price)

```
plt.figure(figsize=(10,10))
plt.scatter(kc_house_dates["age_of_house"],kc_house_data["price"])
plt.title('age_of_house vs House Price', fontsize=20)
```

从图 5.32 所示的箱形图推断——房龄与房屋价格没有直接关系。这一结果令人惊讶。

房屋翻新(Ind_renovated)与房屋价格(price)

```
plt.figure(figsize=(10,10))
sns.boxplot( x=kc_house_dates['Ind_renovated'],y=kc_house_data["price"])
plt.title('Ind_renovated vs House Price', fontsize=20)
```

从图 5.33 所示的箱形图可以推断——房屋翻新对房屋价格是有影响的。这一结果符合我们的直觉和行业经验。

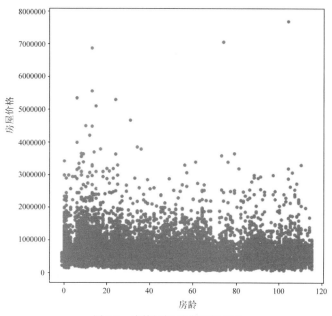

图 5.32　房龄与房屋价格的箱形图

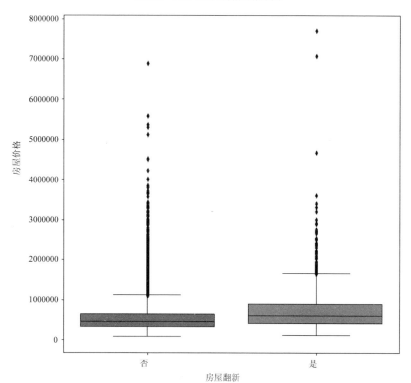

图 5.33　房屋翻新与房屋价格的箱形图

下面的代码用于利用新变量构建模型。我们添加这些变量来验证模型是否可以进一步提高其准确率。

```
##用日期型变量构建模型
kc_house_dates1=kc_house_dates.drop(date_vars, axis=1) #只保留新派生的变量
kc_house_with_dates=kc_house_data.join(kc_house_dates1)
print(kc_house_with_dates.shape)


###用日期型变量构建模型

#定义 X 数据集
col_names = kc_house_with_dates.columns.values
print(col_names)


x_col_names=col_names[3:]
print(x_col_names)


X = kc_house_with_dates[x_col_names]
y = kc_house_with_dates['price']

from sklearn import model_selection
X_train, X_test, y_train, y_test = model_selection.train_test_split(X, y, test_size=0.2,
random_state=55)


print(X_train.shape)
print(y_train.shape)
print(X_test.shape)
print(y_test.shape)
```

上述代码的输出结果如下所示。

```
print(x_col_names)
['bedrooms' 'bathrooms' 'sqft_living' 'sqft_lot' 'floors' 'waterfront' 'view' 'condition'
 'grade' 'sqft_above' 'sqft_basement' 'yr_built' 'yr_renovated' 'zipcode' 'lat' 'long'
 'sqft_living15' 'sqft_lot15' 'High_cen_distance' 'sale_year' 'sale_month''day_sold'
 'age_of_house' 'Ind_renovated']


print(X_train.shape)
(17290,24)


print(y_train.shape)
(17290,)


print(X_test.shape)
(4323,24)


print(y_test.shape)
(4323,)
```

下面来使用这些新创建的变量来构建模型。

```
import sklearn
model_1 = sklearn.linear_model.LinearRegression()
model_1.fit(X_train, y_train)


#系数和截距
```

```
print(model_1.intercept_)
print(model_1.coef_)
```

```
#在训练数据上计算 R-squared 值
from sklearn import metrics
y_pred_train=model_1.predict(X_train)
print("Train data R-Squared : ", metrics.r2_score(y_train,y_pred_train))
```

```
#在测试数据上计算 R-squared 值
y_pred_test=model_1.predict(X_test)
print("Test data R-Squared : " , metrics.r2_score(y_test,y_pred_test))
```

```
#RMSE
print("RMSE on Train data : ", round(math.sqrt(np.mean(np.abs(y_train -
y_pred_train)**2)),2))
print("RMSE on Test data :", round(math.sqrt(np.mean(np.abs(y_test -
y_pred_test)**2)),2))
```

上述代码的输出结果如下所示。

```
Train data R-Squared : 0.7172127242618249
Test data R-Squared : 0.710839122114219
RMSE on Train data : 196547.63
RMSE on Test data : 191970.57
```

同样，我们只看到了微小的提高——R-squared 值增加了 1%，RMSE 减少了 5000。以这种方式构建的模型在提高准确率方面效果也不显著。如果愿意，你可以根据直觉和行业知识尝试使用更多的派生特征，如一周中的账单日。下面将讨论如何使用数据转换方法让数值类型的变量变得更高效。

5.7.5　数据转换

前面讨论了如何将独热编码方法应用于分类变量，还讨论了如何获取更多的日期类型变量。那么，连续变量如何处理呢？我们可以对这些变量进行转换(transformations)。如果有些变量使用指数值表示，那么可以对其进行对数转换，以获得更好的预测结果。在某些案例中，如果数据是倾斜的(类别不均衡的)，也可以使用对数转换对其进行规范化。在应用对数或平方根转换变量之前，必须确保变量中没有负值。或者，我们可以尝试其他一些基于情境的转换。本节将讨论多种转换方法。

有时可以从现有数据中派生出多项式项。我们可以通过用平均值或中位数替换异常值的方式来处理异常值。如果这种方法可以提高模型的准确率，甚至可以对数据集中的目标列进行转换。

以预测房屋价格的案例为例，下面的代码用于绘制连续变量与目标变量关系的散点图。

```
grid_plot1= sns.PairGrid(kc_house_data, y_vars=["price"], x_vars=["sqft_liv- ing",
"sqft_lot"], height=5)
grid_plot1.map(sns.regplot)

grid_plot2 = sns.PairGrid(kc_house_data, y_vars=["price"], x_vars=["sqft_ above",
"sqft_basement"], height=5)
grid_plot2.map(sns.regplot)

grid_plot3 = sns.PairGrid(kc_house_data, y_vars=["price"], x_vars=["sqft_ living15",
"sqft_lot15"], height=5)
grid_plot3.map(sns.regplot)
```

在上述代码中，参数 sns.regplot 用于绘制散点图并构建回归线。散点图有助于我们了解这两个变量之间的关系。上述代码的输出结果如图 5.34 所示。

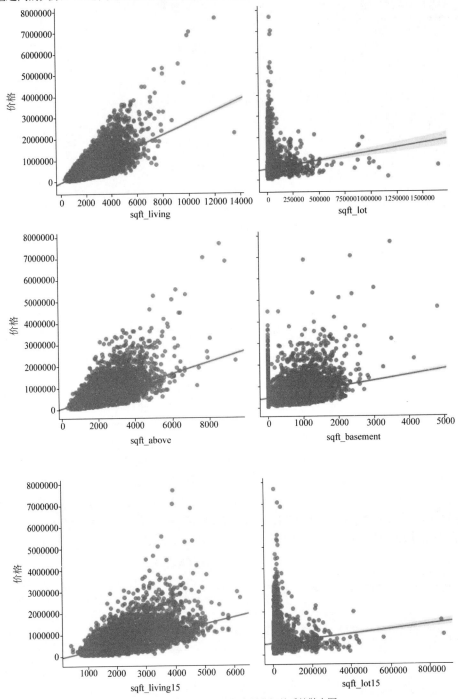

图 5.34 连续变量与目标变量之间关系的散点图

从图 5.34 所示的散点图可以看到一些变量，如房屋面积(sqft_living)、建筑面积(sqft_above)、房屋的使用面积(sqft_living15)与价格变量有直接关系。房屋价格有几个极端值。房屋价格变量的分布如代码所示。

```
#目标变量的直方图
plt.figure(figsize=(10,10))
sns.distplot(kc_house_data["price"])
plt.title('House Price distribution', fontsize=20)
```

上述代码的输出结果如图 5.35 所示。

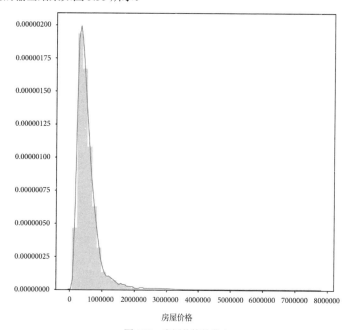

图 5.35　房屋价格的分布

从图 5.35 中可以看出，数据分布是倾斜的。我们需要对这些数据进行异常值处理或使用对数转换。下面的代码用于创建 log_price 变量并绘制转换后的变量的分布图。

```
#对数转换
kc_house_data["log_price"]=np.log(kc_house_data["price"])
plt.figure(figsize=(10,10))
sns.distplot(kc_house_data["log_price"])
plt.title('log(House Price) distribution', fontsize=20)
```

上述代码的输出结果如图 5.36 所示。

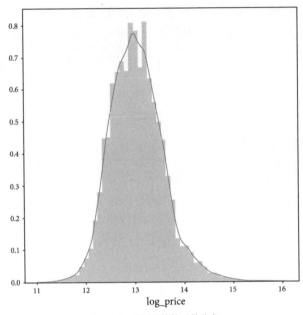

图 5.36　房屋价格的对数分布

从图 5.36 可以看出，进行对数转换后的房屋价格的倾斜度可以忽略。我们尝试通过对目标变量进行对数转换来构建模型。与前面一样，将新构建的模型与原始模型进行比较。下面的代码用于在经过对数转换后的数据集上构建模型。

```
###用转换后的变量构建模型
#定义 X 数据集
X = kc_house_data[['bedrooms', 'bathrooms', 'sqft_living', 'sqft_lot', 'floors',
'waterfront', 'view', 'condition', 'grade', 'sqft_above', 'sqft_ basement', 'yr_built',
'yr_renovated', 'zipcode', 'lat', 'long', 'sqft_liv- ing15', 'sqft_lot15']]

y = kc_house_data['log_price']

from sklearn import model_selection
X_train, X_test, y_train, y_test = model_selection.train_test_split(X, y, test_size=0.2,
random_state=55)

import sklearn
model_1 = sklearn.linear_model.LinearRegression()
model_1.fit(X_train, y_train)

#系数和截距
print(model_1.intercept_)
print(model_1.coef_)

#在训练数据上计算 R-squared 值
from sklearn import metrics
y_pred_train=model_1.predict(X_train)
print("Train data R-Squared : ", metrics.r2_score(y_train,y_pred_train))
```

```
#在测试数据上计算R-squared值
y_pred_test=model_1.predict(X_test)
print("Test data R-Squared : " , metrics.r2_score(y_test,y_pred_test))

#RMSE
print("RMSE on Train data : ", round(math.sqrt(np.mean(np.abs(y_train -
y_pred_train)**2)),2))
print("RMSE on Test data :", round(math.sqrt(np.mean(np.abs(y_test -
y_pred_test)**2)),2))
```

输出结果如下所示。

```
Train data R-Squared : 0.7718064095694628
Test data R-Squared : 0.7644327349746673
RMSE on Train data : 0.25
RMSE on Test data : 0.25
```

从输出结果可以看出，模型的 R-squared 值显著增加，已经提高到 77%。对目标变量进行对数转换后无法比较 RMSE 的值。我们也可以对预测变量进行转换。对数转换方法只是一个示例。平方根、平方、立方根、立方、逆和分块也可以应用到转换方法中，可以使用这些转换方法在给定的数据集中获得更好的结果。

我们不能保证每个新特征都能提高模型的准确率。在我们的示例中，独热编码和对数转换方法都取得了良好的效果。但是，在日期、经度和纬度变量上的特征工程并没有显示出对准确率的明显改进。对于特定类型的数据集，利用一种特殊的特征工程技巧是有效的。什么样的方法最适合现有的数据集则需要不断动手实践。具备行业领域的知识，对数据、实践和经验的充分理解都会对寻找适当的方法处理数据有所帮助。

5.8 节将讨论如何处理分类不均衡的问题。我们还将讨论在构建模型之前需要进行的调整，以便模型能够了解与稀少事件相关的模式。

5.8 处理类的不均衡

让我们先回顾一下。在讨论灵敏度和特异度时，讨论了类的不均衡问题。在一些分类问题中，目标变量中的分类存在样本分类不均衡问题。在某些案例中，整体精度主要由单个类别决定。如果我们对该类不感兴趣，那么即使模型的整体准确率看起来很好，但该模型无法实现预测目标。接着，我们关注每个类别的准确率，即灵敏度和特异度。当时还讨论了在分类不均衡的情况下模型的验证方法。本节将讨论在构建模型前需要进行数据的转换，以便模型能够了解与出现少的事件相关的模式。

我们将重新分析信用风险数据，并尝试解决其类别的不均衡问题。下面给出了信用风险模型的混淆矩阵、准确率、灵敏度和特异度。

```
print(cm1)
[[111264 650]
 [ 7465 627]]

print(accuracy1)
```

```
0.932
```

```python
print(round(Sensitivity1,3))
0.994
```

```python
print(round(Specificity1,3))
0.077
```

从上述结果可以看出，模型的准确率为93%，主要由 class0 类决定。模型的灵敏度为99%，特异度为7.7%。我们构建这个模型是为了在发放贷款前确定是客户是否为劣质客户。class1 表示该数据集中的"劣质客户"，数据具有严重的类别不均衡。class1 中的数据占全部数据的不足10%。我们构建模型的目的是通过某种方法提高特异度。在前面的内容中，尝试过改变阈值来提高特异度。下面将学习处理类不均衡数据的其他方法。

过采样和欠采样

在实践中，通常对寻找欺诈交易或识别贷款违约者的特定类更感兴趣，而这些只是少数样本。但是，通常情况下，与整体数据相比，我们感兴趣的类别中所占比例非常低。因此，该模型无法学习或者发现难以掌握与小部分数据相关的模式。我们可以通过从样本多的类别(但不重要)中提取很少的记录并从样本少的类别(感兴趣的类)中提取多个记录来采样吗？如果 class0 对我们来说不重要，那么将在数据样本中减少 class0 的记录，增加 class1 的记录。例如，如果数据集中包括欺诈和非欺诈两类样本，那么我们将获取非欺诈记录的子集和全部的欺诈记录集。通过增加一些重复的记录，甚至可以增加"欺诈"(Fraud)类中的记录数。

获取样本数量多的类别中的数据子集称为欠采样。重复样本数量少的类别中的数据称为过采样。我们将尝试从类别不均衡的数据集中创建一个类别均衡的数据集。期望模型能够找到与均衡数据中存在的少数样本相关的模式。在某种程度上，我们是向模型发送了倾斜(类别不均衡)的数据，以便模型能够关注样本少的类别。由于我们关注的是少数样本的类别，这种创建均衡数据的方式非常有效(见图 5.37)。

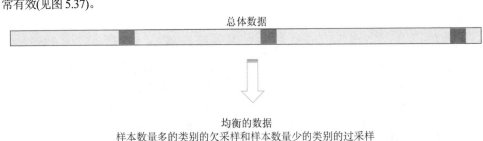

图 5.37 过采样和欠采样

我们尝试使用欠采样和过采样方法来解决信用风险问题。下面的代码给出了均衡的采样方法。

```python
import pandas as pd
credit_risk_data = pd.read_csv(r'D:\Chapter5\5. Base Datasets\loans_data\
credit_risk_data_v1.csv')
```

```
print("Actual Data :", credit_risk_data.shape)

#目标列的频次
freq=credit_risk_data['Bad'].value_counts()
print(freq)
print((freq/freq.sum())*100)

#划分数据类别
credit_risk_class0 = credit_risk_data[credit_risk_data['Bad'] == 0]
credit_risk_class1 = credit_risk_data[credit_risk_data['Bad'] == 1]

print("Class0 Actual :", credit_risk_class0.shape)
print("Class1 Actual :", credit_risk_class1.shape)
```

上述代码的输出结果如下所示。

```
Actual Data : (150008, 10)
Overall Data
0       139981
1        10027

print((freq/freq.sum())*100)
0    93.31569
1     6.68431
Name: Bad, dtype: float64

Class0 Actual : (139981, 10)
Class1 Actual : (10027, 10)
```

从输出结果中可以看出，class1 中样本数量不足 10%。下面开始对数据进行过采样和欠采样。

```
##对 class0 中的数据进行欠采样
##考虑 class0 中的一半样本
credit_risk_class0_under = credit_risk_class0.
sample(int(0.5*len(credit_risk_class0)))
print("Class0 Undersample :", credit_risk_class0_under.shape)

##对 class1 中的数据进行过采样
#将样本数量增加到 4 倍
credit_risk_class1_over = credit_risk_class1.sample(4*len(credit_risk_class1),
replace=True)
print("Class1 Oversample :", credit_risk_class1_over.shape)

#将所获得的数据连接起来创建最终的均衡数据集
credit_risk_balanced=pd.concat([credit_risk_class0_under, credit_risk_class1_ over])
print("Final Balanced Data :", credit_risk_balanced.shape)

#平均数据集中目标列的频次
freq=credit_risk_balanced['Bad'].value_counts()
print(freq)
print((freq/freq.sum())*100)
```

在上述代码中，sample()函数用于从数据中采样。在欠采样时，从 class0 中采集了 50%的记录。

在过采样时，将 class1 中记录增加到 4 倍。在过采样时需要利用 replace=True 参数。输出结果如下所示。

```
Class0 Undersample : (69990, 10)
Class1 Oversample : (40108, 10)

Final Balanced Data : (110098, 10) Balanced Data

0     69990
1     40108

print((freq/freq.sum())*100)
0     63.570637
1     36.429363
```

从输出结果中可以看到，在采样前 class1 占总体数据(原始数据样本)的 6%。在均衡类别的数据中，class1 占总体数据的 36%。下面将构建一个在均衡类别数据上的模型。期望更新后的模型能够显示出更好的特异度。代码如下所示。

```python
X = credit_risk_balanced[['Credit_Limit', 'Late_Payments_Count',
'Card_Utilization_Percent', 'Age', 'Debt_to_income_ratio', 'Monthly_Income',
'Num_loans_personal_loans', 'Family_dependents']]

y = credit_risk_balanced['Bad']

from sklearn import model_selection
X_train, X_test, y_train, y_test = model_selection.train_test_split(X, y, test_size=0.2,
random_state=55)

print(X_train.shape)
print(y_train.shape)
print(X_test.shape)
print(y_test.shape)

#构建模型
from sklearn.linear_model import LogisticRegression
model_2= LogisticRegression()
###对其余变量上的活跃客户进行逻辑回归拟合#######
model_2.fit(X_train,y_train)

#系数和截距
print(model_2.intercept_)
print(model_2.coef_)

##训练数据上的混淆矩阵计算
from sklearn.metrics import confusion_matrix

y_pred_train=model_2.predict(X_train)
cm1 = confusion_matrix(y_train,y_pred_train)
print(cm1)

##训练数据上的准确率
```

```
accuracy1=(cm1[0,0]+cm1[1,1])/(cm1[0,0]+cm1[0,1]+cm1[1,0]+cm1[1,1])
print(accuracy1)

##测试数据上的混淆矩阵
y_pred_test=model_2.predict(X_test)
cm2 = confusion_matrix(y_test,y_pred_test)
print(cm2)

#####测试数据上的准确率
accuracy2=(cm2[0,0]+cm2[1,1])/(cm2[0,0]+cm2[0,1]+cm2[1,0]+cm2[1,1])
print(accuracy2)

#目标变量的频次
credit_risk_data['Bad'].value_counts()

#训练数据上的灵敏度与特异度
Sensitivity1=cm1[0,0]/(cm1[0,0]+cm1[0,1])
print(round(Sensitivity1,3))

Specificity1=cm1[1,1]/(cm1[1,0]+cm1[1,1])
print(round(Specificity1,3))

#测试数据上的灵敏度与特异度
Sensitivity2=cm2[0,0]/(cm2[0,0]+cm2[0,1])
print(round(Sensitivity2,3))

#特异度
Specificity2=cm2[1,1]/(cm2[1,0]+cm2[1,1])
print(round(Specificity2,3))
```

在均衡的数据上构建模型，其结果如下所示。

```
Confusion Matrix on Train Data
[[47911 8062]
 [13850 18255]]
Accuracy on Train data 0.7512205090942119
Sensitivity Train data 0.856
Specificity Train data 0.569

Confusion Matrix on Test Data
[[11955 2062]
 [ 3414 4589]]
Accuracy on Test data 0.7513169845594914
Sensitivity Test data 0.853
Specificity Test data 0.573
```

在所有案例中，我们都在寻找一种具有高特异度的模型。通过创建类别均衡的数据，将模型的特异度从 7% 提高到了 57%。过采样和欠采样是处理类不均衡的一种方法。此外，还有一些其他方法，如合成采样和聚类中心。如果本节讨论的技术在你的数据样本中不起作用，你可以研究其他采样方法。

5.9　本章小结

　　本章全面讨论了回归和分类问题的各种模型验证指标。首先介绍了每个验证指标的优缺点，然后讲述了过拟合模型和欠拟合模型，以及大多数模型都存在过拟合的问题。我们需要仔细调整超参数。此外，还讨论了特征工程的一些技巧和诀窍。特征工程涉及了大量的创造性和行业知识。本章讨论的概念是解决实际业务问题的基础。本章的内容是模型构建生命周期的重要组成部分。在实际项目中需要根据具体情况选择相应的技术。

　　在后面的章节中，将探索具有多个超参数的更复杂的机器学习算法，需要仔细微调每个超参数，以避免过拟合或欠拟合。请继续关注后面的内容。

5.10　本章习题

　　1. 下载 the New York taxi fare 预测数据
- 导入数据。完成对数据的必要探索和清理。
- 构建一个机器学习模型来预测正确的票价。
- 执行模型验证并测量模型的准确率。
- 寻求提高模型准确率的创新方法。
- 在"日期"和"位置"列添加特征工程技巧，以提高模型的准确率。

　　数据集下载：https://console.cloud.google.com/bigquery 和 https://www.kaggle.com/c/new-york-city-taxi-fare-prediction/data。(该链接中的数据集是个大数据集。可以随机抽取上百万行样本。)

　　2. 下载 default of credit card clients Data Set
- 导入数据. 完成对数据的必要探索和清理。
- 构建一个机器学习模型来预测违约客户。
- 执行模型验证并测量模型的准确率。
- 寻求提高模型准确性的创新方法。

　　数据集下载：https://archive.ics.uci.edu/ml/datasets/default+of+credit+card+ clients。

第 6 章

聚 类 分 析

前几章讨论了线性回归、逻辑回归和决策树等概念。这些算法对于理解高级的机器学习算法至关重要。线性回归、逻辑回归和决策树等模型简单且易于解释。在这 3 种算法所用的数据集中都有一个目标变量和一个预测变量列表。如果在数据集中没有目标变量，那么这些算法是没有用的。例如，决策树需要目标变量来计算信息熵和信息增益，以对数据进行分类。在线性回归中，必须给出目标变量 y 的信息。即使在逻辑回归这种分类模型中，也需要目标变量 y。使用目标变量处理数据的机器学习算法称为 "有监督学习" (Supervised Learning)算法。换句话说，在具有输入和输出对的训练数据上构建模型称为有监督学习。该数据也称为带标记的数据。有监督学习算法仅适用于带标记的数据。

在某些案例中，没有带标记的数据，因为目标变量并不是在所有案例中都存在。在仅有 x 变量的情况下，怎么构建模型呢？处理无标记数据的机器学习算法称为 "无监督学习" (Unsupervised Learning)算法。下面列举了一些无监督学习的数据集。

- 训练数据中仅有交易详细信息，如金额、时间、地点和产品类型，但数据中并没有标记出每个交易是诚信的还是欺诈的。
- 历史数据中含有交易详细信息，如贷款次数、月收入和卡的平均使用率，但数据中并没有标记客户是否违约的任何信息。
- 在客户细分案例中，数据集中含有客户资料的详细信息，如收入、年龄、地区和支出。数据集中没有标记出客户属于 "购买" 或 "不购买" 的类别。

你可能有很多疑问，例如，在什么情况下，数据没有任何目标变量的信息？对于无标记的数据，分析这些数据的目的是什么？如何分析没有目标变量的数据？哪种算法适用于此类无标记数据？我们将在本章详细回答这些问题，将探索一种重要的无监督学习算法。

6.1 无监督学习

机器学习算法通常分为两大类：有监督学习和无监督学习。如果数据是带有标记信息的，则采用有监督学习算法；对于无标记信息的数据，则使用无监督学习算法。有监督学习和无监督学习的数据集如表 6.1 所示。

表 6.1　有监督学习和无监督学习的数据集

有监督学习数据集						无监督学习数据集				
x_1	x_2	x_3	..	x_p	y	x_1	x_2	x_3	..	x_p

　　无监督学习有两种重要的算法。第一种算法用于处理列，称为主成分分析法(Principal Component Analysis，PCA)，用于找出具有最多信息的列的线性组合。第二种算法是聚类分析，用于客户细分。聚类分析将整个数据集划分为更小的子集，使子集内的客户彼此非常相似。聚类分析听起来很像决策树。决策树算法也可以用于将整个数据集划分为更小的子集。聚类分析和决策树在用于客户细分时，唯一的区别是所使用的数据不同。决策树是一种有监督学习算法，聚类分析是一种无监督学习算法。值得一提的是，在计算机视觉应用中，利用聚类方法将地理空间图像划分为不同的区域，并检测边界和对象。下面将深入了解聚类分析的详细内容。

6.1.1　聚类分析

　　聚类是指将数据划分为簇(子集)，在特定簇内，所有元素彼此相似，并且与其他簇中的元素不同。在市场调查中，聚类分析用于将具有相似属性的人员分组，以开展有针对性的市场营销活动。在保险业中，聚类分析用于识别具有相似属性的人群，以便确定保险费率。图 6.1 演示了一个简单的聚类案例。

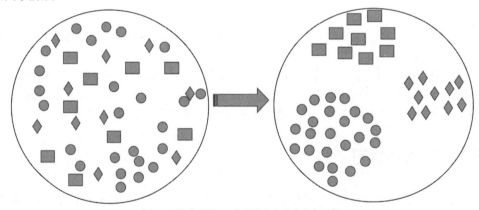

图 6.1　聚类分析——将所有客户分为多个子集

　　由于数据中没有目标变量，只能使用所有输入变量来发现数据的相似性，从而将总体数据划分为更小的子集，这个子集就称为簇。在形成簇时，目标是使簇内的样本点距离保持最小，同时使簇

间距离最大。这里的距离是指数据之间的不相似。接下来，将利用聚类分析处理一个案例研究的
示例。

6.1.2　案例研究：批发客户数据的客户细分

一家超市想给客户邮寄一些促销品和优惠券。选择少数几个客户并向他们提供促销优惠不合
理。如你所料，这种方法可能不会有明显的效果。如何才能最好地提供这些促销优惠给客户，以增
加收入并让客户满意？不是所有客户都适用于一种营销方案，对所有客户采用统一的营销方案是无
效的。我们将把客户分成几个子集，并应用特定市场细分的交叉销售和追加销售策略。下面来查看
批发客户的数据集并获得数据的详细信息。

1. 数据

该案例研究所用的数据集是 Wholesale Customers Data Set (批发客户的数据集)。该数据集是公
开数据集，可在 https://archive.ics.uci.edu/ml/datasets/wholesale+customers 网站获取。该数据集含有客
户在不同类别的商品(如牛奶、食品杂货、冷冻食品、新鲜食品、洗涤剂和纸张)上的年度支出。数
据集中的每一行代表一个客户信息。每列表示产品的类型。数据中的值是以货币单位计量的年度合
计支出。下面的代码用于导入数据和获取一些数据中的统计信息。

```
#加载 Wholesale Customers Data set 数据集
cust_data = pd.read_csv(r"D:\Chapter6\Datasets\Wholesale\Wholesale_customers_data.csv")

#行数和列数
print(cust_data.shape)

#数据集信息
cust_data.info()

#样本
pd.set_option('display.max_columns', None) #用该选项(None) 显示所有列
cust_data.sample(n=5, random_state=77)
```

上述代码的输出结果如下所示。

```
print(cust_data.shape)
(440, 9)

print(cust_data.columns.values)
['Cust_id' 'Channel' 'Region' 'Fresh' 'Milk' 'Grocery' 'Frozen' 'Detergents_Paper'
'Delicatessen']

cust_data.info()
<class 'pandas.core.frame.DataFrame'>
RangeIndex: 440 entries, 0 to 439
Data columns (total 9 columns):
Cust_id          440 non-null int64
Channel          440 non-null int64
Region           440 non-null int64
Fresh            440 non-null int64
```

```
Milk                    440 non-null int64
Grocery                 440 non-null int64
Frozen                  440 non-null int64
Detergents_Paper        440 non-null int64
Delicatessen            440 non-null int64
dtypes: int64(9)
memory usage: 31.1 KB
```

在该数据集中包含440行和9列数据。数据集中前三列的列名分别是Cust_id、Channel和Region。其他列表示商品的类型。Channel(渠道)代表客户的类型——零售客户和商业客户；商业客户用HoReCa(Hotel-Restaurants-Café)表示。顾名思义，Region 表示客户所在的地区。下面将查看各个变量的信息，以便更好地理解数据。

```
pd.set_option('display.max_columns', None) #用该选项显示所有列
cust_data.sample(n=5, random_state=77)
       Cust_id     Channel    Region     Fresh      Milk     Grocery     Frozen   \
45          46           2         3      5181     22044       21531       1740
223        224           2         1      2790      2527        5265       5612
64          65           1         3      4760      1227        3250       3724
366        367           1         3      9561      2217        1664       1173
288        289           1         3     16260       594        1296        848


       Detergents_Paper     Delicatessen
45                 7353             4985
223                 788             1360
64                 1247             1145
366                 222              447
288                 445               25
```

在上述输出结果中显示了5条随机记录。在sample方法中通过设置random_state参数随机采样，相同的 random_state 参数值可以再次生成相同的样本。Channel 列中有两个值：1 表示商业客户(Hotel-Restaurants-Café，HoReCa)，2 表示零售客户(retail)。Region 列有 3 个值：1 表示 Lisbon(里斯本)、2 表示 Oporto(波尔图)和 3 表示 Other (其他地区)。其余各列显示了不同产品类型的年度支出。下面的代码用于获取列中数据的统计信息。

```
#频次
cust_data["Channel"].value_counts()
cust_data["Region"].value_counts()
```

上述代码的输出结果如下所示。

```
cust_data["Channel"].value_counts()
1        298
2        142
Name: Channel, dtype: int64

cust_data["Region"].value_counts()
3        316
1         77
2         47

Name: Region, dtype: int64
```

从输出结果可以看出，Channel 列有两个取值：1(商业客户)和 2(零售客户)。Channel 的值为 1 的次数最多。Region 列中有 3 个取值，分别是 1、2、3，分别对应 Lisbon(里斯本)、Oporto(波尔图)以及 Other(其他)。Other 是该 Region 变量中出现次数最多的值。

下面查看数据集中每个变量的摘要。

```
round(cust_data.describe(),2)
        Cust_id    Channel    Region      Fresh       Milk    Grocery     Frozen
count    440.00     440.00    440.00     440.00     440.00     440.00     440.00
mean     220.50       1.32      2.54   12000.30    5796.27    7951.28    3071.93
std      127.16       0.47      0.77   12647.33    7380.38    9503.16    4854.67
min        1.00       1.00      1.00       3.00      55.00       3.00      25.00
25%      110.75       1.00      2.00    3127.75    1533.00    2153.00     742.25
50%      220.50       1.00      3.00    8504.00    3627.00    4755.50    1526.00
75%      330.25       2.00      3.00   16933.75    7190.25   10655.75    3554.25
max      440.00       2.00      3.00  112151.00   73498.00   92780.00   60869.00

         Detergents_Paper    Delicatessen
count              440.00          440.00
mean              2881.49         1524.87
std               4767.85         2820.11
min                  3.00            3.00
25%                256.75          408.25
50%                816.50          965.50
75%               3922.00         1820.25
max              40827.00        47943.00
```

在上述输出结果中，可以暂时不考虑 Channel 和 Region 列，重点关注其余的数值类型的列。商品类别为 "Fresh" 的类别是最主要的支出，与其他商品相比，新鲜食品(Fresh)的平均支出最高。平均值和百分位值的结果都表明 Fresh 类别的商品是客户的主要支出。同样，购买最少的商品是熟食(Delicatessen)类商品。这 6 个表示商品类别的列中都存在一些异常值，稍后将讨论这些异常值。下面将对这 6 个表示商品类别的变量绘制箱形图，用可视化的方式表示这些变量(见图 6.2)。

```
#箱形图
plt.figure(figsize=(10,10))
plt.title("All the variables box plots", size=20)
sns.boxplot(x="variable",y="value", data=pd.melt(cust_data[['Fresh', 'Milk', 'Grocery',
'Frozen', 'Detergents_Paper', 'Delicatessen']]))
plt.show()
```

从图 6.2 中可以看出，新鲜食品(Fresh)是最畅销的，其次是食品杂货(Grocery)和牛奶(Milk)。熟食(Delicatessen)类商品是卖得最少的。我们已经对数据集有了一些基本的了解，下面将继续介绍本案例研究的目标。

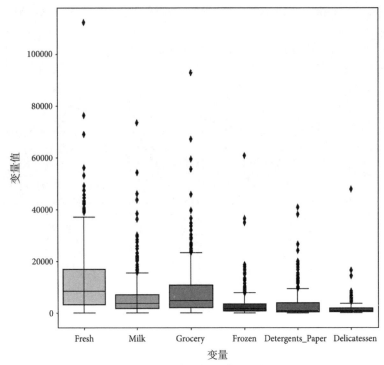

图 6.2 所有表示商品类型的变量的箱形图

2. 业务问题及研究目标

本案例实现的目标是向每位客户推送不同的营销方案(促销优惠)。向每位客户发送单一的报价对营销没有帮助。我们应该将全部客户划分为子集，并为每个子集中的客户发送适合该子集客户的优惠信息。这些优惠对每个子集都是唯一的。通过向客户发送这些促销优惠信息，希望能推动交叉销售(Cross-selling)和追加销售(Upselling)策略。

交叉销售是一种销售技巧，用于激励客户购买与已购买商品相关的其他商品。追加销售则是引导客户购买更多商品或购买相关且昂贵的商品。例如，如果我们在餐厅点了一个汉堡，商家会提供两个报价。报价 1：买两个汉堡，打八五折。报价 2：将汉堡、炸薯条和软饮料配成一个套餐，然后打八折。报价 1 属于追加销售。报价 2 属于交叉销售。

以下是我们案例研究中要实现的完整目标。

- 新鲜食品(Fresh)是最畅销的商品。在客户中是否有一部分客户所购买的新鲜食品类商品的数量少于其他类型的商品，如食品杂货(Grocery)或牛奶(Milk)？如果有这样一类客户，将获取该类客户，并向他们发送有关新鲜食品的促销优惠信息。
- 找到在新鲜食品上消费多、在冷冻食品上消费少的客户。尝试利用交叉销售方法向这些客户销售冷冻食品。
- 找到在食品杂货类(Grocery)商品上消费较少的客户群体，并向他们发送与食品杂货相关的促销优惠信息。

下面将利用聚类分析算法来解决上述问题。让我们从 6.2 节开始深入了解聚类分析。

6.2　距离的度量

聚类分析的核心思想是将整个群体划分为若干个子集。子集中的记录是同质的。子集中的记录(客户)应该彼此相似。首先需要了解什么是相似性和差异性。试着通过一个例子来理解差异性。从数据集中抽取样本(仅 5 条记录)用于以下两个场景中。

- 场景 1：只考虑 Fresh 列，根据输出结果找到两个非常相似的客户。
- 场景 2：选取 Fresh 和 Grocery 两列。查看这两列的值，找出相似的客户。

```
cust_data_sample=cust_data.sample(n=5, random_state=11)
cust_data_sample[["Cust_id", "Fresh", "Grocery"]]
```

上述代码的输出结果如下所示。

Cust_id	Fresh	Grocery
46	5181	21531
224	2790	5265
65	4760	3250
367	9561	1664
289	16260	1296

场景 1：只考虑 Fresh 列。从输出结果可以看出 Cust_id 为 46 和 65 的客户非常相似。Cust_id 为 46 的客户在 Fresh 类别商品上的年度支出为 5181，与该样本最接近的支出为 4760，来自 Cust_id 为 65 的客户。

场景 2：考虑 Fresh 和 Grocery 两列。在场景 1 中，很容易找到相似的客户。现在考虑用两列查找相似的客户。Cust_id 为 46 和 65 的客户彼此并不接近，Cust_id 为 46 的客户在 Grocery 类别商品上支出最高。现在将这 5 个客户看作空间中的 5 个点。用 x 轴坐标表示 Fresh 类别的支出，用 y 轴坐标表示 Grocery 类别的支出来绘制散点图。绘制散点图的代码如下所示。

```
plt.figure(figsize=(10,10))
plt.title("Fresh and Grocery spending plot", size=20)
plot=sns.scatterplot(x="Fresh",y="Grocery", data=cust_data_sample, s=500)
for i in list(cust_data_sample.index):
    plot.text(cust_data_sample.Fresh[i],
    cust_data_sample.Grocery[i],
    cust_data_sample.Cust_id[i], size=20)
```

上述代码的输出结果如图 6.3 所示。

x 轴上的数据表示 Fresh 类商品的支出，y 轴上的数据表示 Grocery 类商品的支出。将 Cust_id 的值标记为每个点的标签。从图 6.3 可以看到，Cust_id 为 65 和 224 的客户非常接近。可以得出结论：这两个客户相似。通过查看 Cust_id 为 65 和 224 的数据能够确认这两个客户相似。由于在示例中只有 5 个点，可以很容易地绘制散点图来表示这些点。在实践中，数据集中的数据量巨大。因此，我们需要一个能够量化任意给定两点之间的相似性和差异性的度量方法。在传统的解析几何中，如何求两点之间的距离？使用欧式距离(也称欧几里得距离)公式？没错，就是它。

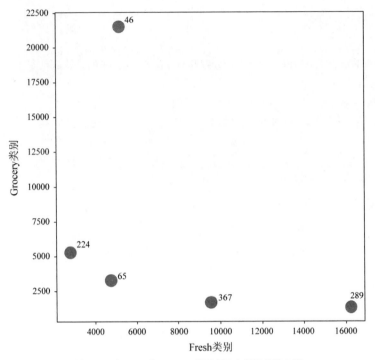

图 6.3　在 Fresh 和 Grocery 类别商品上消费的散点图

6.2.1　欧几里得距离

假设在二维空间中有(x_1, y_1)和(x_2, y_2)两个点。它们之间的距离计算公式如下所示。

$$D = \sqrt{(x_2 - x_1)^2 + (y_2 - y_1)^2}$$

该公式用于度量两点之间的标准距离，称为欧几里得距离。也可以将其可视化为两点之间绘制的直线的长度。我们将使用欧几里得距离作为差异性的度量方法。把每位客户看作空间中的一个点，并找出每位客户之间的距离。我们可以使用欧几里得距离公式来量化任何给定的两个客户之间的差异性。欧几里得距离公式可以扩展到多个维度的空间中。在三维空间中，两个点(x_1, y_1, z_1)和(x_2, y_2, z_2)之间的距离计算公式如下：

$$D = \sqrt{(x_2 - x_1)^2 + (y_2 - y_1)^2 + (z_2 - z_1)^2}$$

将上述公式扩展到多维度空间中，公式如下所示。

$$D = \sqrt{(x_2 - x_1)^2 + (y_2 - y_1)^2 + \cdots + (k_2 - k_1)^2}$$

以 Cust_id 为 224 和 65 的这两位客户为例，计算他们之间的距离。

```
Cust_id      Fresh       Grocery
     46       5181         21531
    224       2790          5265
     65       4760          3250
```

367	9561	1664
289	16260	1296

Cust_id 为 224 的客户是第一个数据点，它的坐标值为(2790,5265)，Cust_id 为 65 的客户是第二个数据点，它的坐标值为(4760,3250)。计算这两个数据点的欧几里得距离。

$$(x_1, y_1) = (2790, 5265)$$
$$(x_2, y_2) = (4760, 3250)$$
$$D = \sqrt{(x_2 - x_1)^2 + (y_2 - y_1)^2}$$
$$= \sqrt{(4760 - 2790)^2 + (3250 - 5265)^2}$$
$$= 2818$$

6.2.2 节将进一步处理其余客户的数据。

6.2.2　距离矩阵

在采样的数据集中包括 5 位客户。需要找出每位客户与其他客户之间的距离，距离计算的结果类似一个矩阵。在数据集中，每位客户与每位其他客户之间距离的矩阵称为距离矩阵。在采样数据集中，距离矩阵的大小为 5×5。如果有 N 位客户，则距离矩阵的大小为 N×N。距离矩阵的大小与输入数据集中的列数无关。所有列都将用于计算距离。如果一个数据矩阵的大小表示为 N×K，则距离矩阵的大小表示为 N×N。如表 6.2 所示。

表 6.2　数据矩阵与距离矩阵

数据矩阵					距离矩阵					
	x_1	x_2	x_3	···	x_K		1	2	3	···	···	N
1						1	0	d(1,2)				
2						2	d(2,1)	0				
3						3			0			
···						···				0		
···						···					0	
N						N						0

距离矩阵中对角线上的元素全部为 0。d(1,2)表示客户 1(Customer-1)和客户 2(Customer-2)之间的距离，与 d(2,1)的值相同。距离矩阵是对称的，矩阵中对角线上的元素都是 0。下面将为采样数据集创建距离矩阵，代码如下所示。

```python
def distance_cal(data_frame):
  distance_matrix=np.zeros((data_frame.shape[0],data_frame.shape[0]))
    for i in range(0 , data_frame.shape[0]):
      for j in range(0 , data_frame.shape[0]):
        distance_matrix[i, j]=
round(np.sqrt(sum((data_frame.iloc[i] - data_frame.iloc[j])**2)))
  return(distance_matrix)

distance_matrix=distance_cal(cust_data_sample[["Fresh", "Grocery"]])
```

```
print(distance_matrix)
print(distance_matrix[0,0])
print(distance_matrix[1,0])
print(distance_matrix[2,1])
```

在上述代码中，编写了一个函数来遍历数据集中的所有数据行，并计算一行到其他每一行的距离。最后，该函数以二维数组的形式生成距离矩阵。上述代码的输出结果如下所示。

```
print(distance_matrix)
[[    0.   16441.   18286.   20344.   23069.]
 [16441.      0.    2818.    7669.   14043.]
 [18286.   2818.      0.    5056.   11665.]
 [20344.   7669.   5056.      0.    6709.]
 [23069.  14043.  11665.   6709.      0.]]

print(distance_matrix[0,0])
0.0

print(distance_matrix[1,0])
16441.0

print(distance_matrix[2,1])
2818.0
```

客户 ID(Cust_id)分别为 46、224、65、367 和 289，这些客户数据分别对应矩阵中的每一行，行索引分别为 0、1、2、3 和 4。距离矩阵以相同的顺序返回相应的距离。

● distance_matrix[1,0]表示的是 Cust_id 为 224 与 46 的距离为 16 441。
● distance_matrix[2,1]表示的是 Cust_id 为 65 与 224 的距离为 2818。

从距离矩阵可以看出，客户对(65,224)的距离是最接近的，即他们是最相似的客户。客户对(289,46)(distance_matrix[0,4])是距离最远的，因此他们是最不相似的。上述结果可以通过查看图 6.3 所示的散点图来验证。距离度量是聚类分析中最关键的度量。该度量方法用于量化数据之间的差异。利用距离矩阵，可以实现聚类。

欧几里得距离是应用最广泛的距离度量之一。此外，还有其他一些距离度量方法。与欧几里得距离略有不同，曼哈顿距离(Manhattan Distance)的计算公式如下所示。

$$曼哈顿距离 = \sum |x_2 - x_1| + |y_2 - y_1| + \cdots$$

6.3 节将讨论如何基于客户的相似性实现聚类。*K*-means 聚类算法是最常用的聚类算法。

6.3 *K*-means 聚类算法

聚类算法是把整体数据作为模型的输入，然后将客户细分作为输出。*K*-means 是聚类算法，其输出结果是 *K* 个簇。在构建簇时需要设置参数 *K*。如果 *K*=10，那么 *K*-means 算法的结果是生成 10 个簇。下面给出了 *K*-means 聚类算法的步骤。

6.3.1　聚类算法的步骤

(1) 初始化：设置聚类的簇数 K 的值，从数据中随机选择 K 个点，称为簇中心。

(2) 分配：将每个数据点分配到离其最近的簇中心。

(3) 更新：获取簇中所有记录的平均值并重新计算簇中心。更新簇中心的样本点。

(4) 重新分配：如果簇中心发生变化，则返回到步骤(2)。

(5) 停止条件：重复步骤(2)、(3)和(4)，直到簇中心不再改变。

分配-更新-重新分配是该算法的 3 个重要步骤。我们将通过一个示例来理解该算法。下面以图 6.4 所示的数据点为例在表 6.3 中讲解聚类分析的步骤。

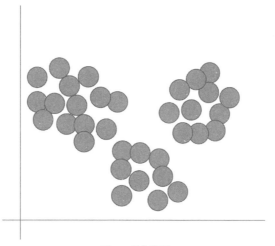

图 6.4　输入数据

表 6.3　创建聚类(簇)的步骤

算法步骤	可视化
步骤(1)　初始化：设置聚类的簇数 K，从数据点随机选择 K 个点，即簇中心。如果有明确的数据先验知识，可以直接确定簇中心。在该实例中设置簇数为 3。随机选择 3 个点作为簇中心	

(续表)

算法步骤	可视化
步骤(2)　分配：将每个数据点分配到与其最近的簇中心。在该示例中有 3 个中心点(簇中心)。分别计算每个点到这 3 个簇中心的距离。将数据点添加到与其最近的簇中心	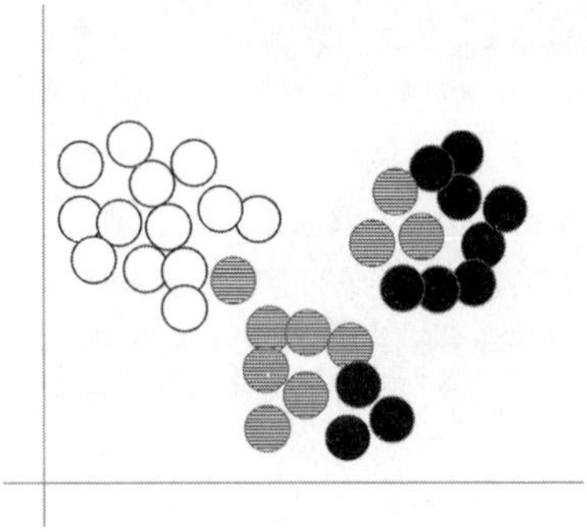
步骤(3)　更新：通过计算每个簇中记录的平均值来重新计算簇中心，更新簇中心。例如，如果两个客户属于一个簇，客户 1 的收入为 10 000，客户 2 的收入为 12 000，则簇中心的收入值为 11 000。在图中可以看出，更新后的簇类用星状图形标记了	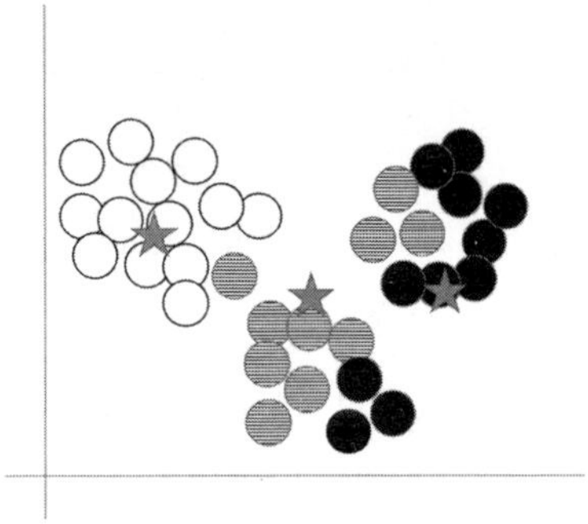
步骤(4)　重新分配：如果簇中心改变，则回到步骤(2)并基于每个点到簇中心的距离重新分配所有数据点。在该示例中，簇中心已经改变了，需要重新分配所有数据点到与其最近的簇中心。在该步骤中，右上角的几个数据点改变了所属的簇。图下方的一些数据点也改变了其所属的簇。重新分配是一个重要的步骤，通过该步骤可以让数据点能够正确分配到与其距离最近的簇	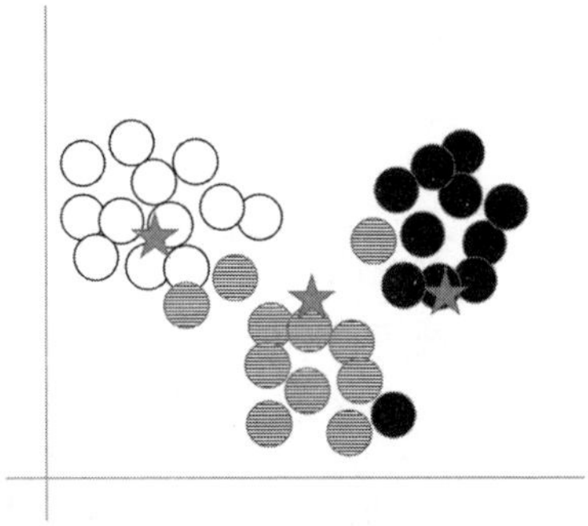
步骤(5)　停止迭代：重复步骤(2)、(3)、(4)直到簇中心不再变化。在该示例中仅显示了一次迭代。簇中心不断更新则需要重复分配步骤。最后，当所有数据点都添加到了与其最近的簇中，簇中心不再改变或更新。此时，算法将停止训练过程并返回最终的簇划分	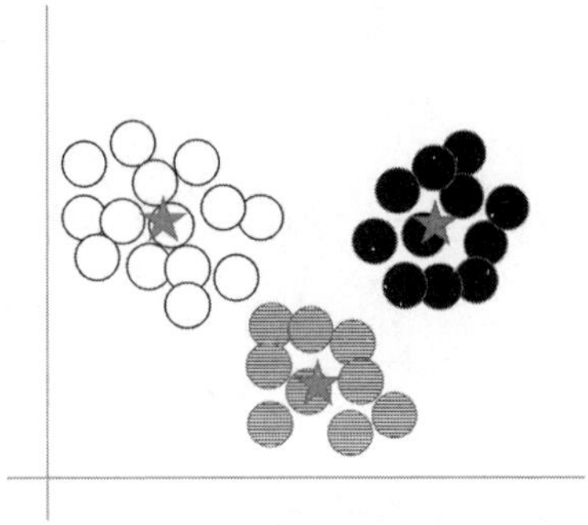

6.3.2 *K*-means 算法: 图解

从数据集中再抽取 30 条记录作为样本，并尝试理解 *K*-means 算法的迭代。图 6.5 所示的散点图显示了每次迭代后簇的状态。在解决实际业务问题时不需要将这些数据点可视化。

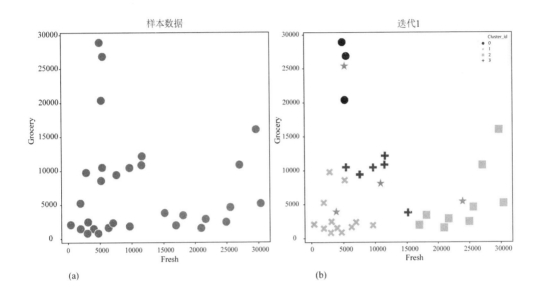

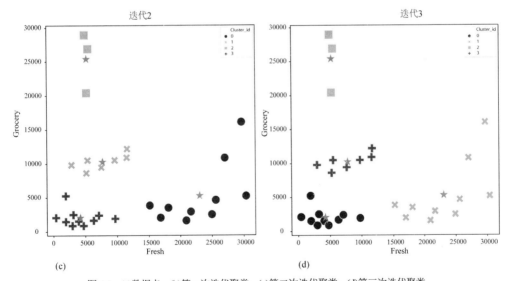

图 6.5　(a)数据点；(b)第一次迭代聚类；(c)第二次迭代聚类；(d)第三次迭代聚类

图 6.5 中显示了簇 ID(Cluster ID)的变化。随着簇 ID 的改变，每个簇中数据点的颜色和形状也会变化。数据点的颜色和形状可以不考虑，重点关注图 6.5 中的 4 个聚类簇。

6.3.3 *K*-means 聚类算法：输出

K-means 聚类算法的最终输出结果是什么呢？聚类后将得到每条记录属于哪个簇中。*K*-means 算法的输出结果即为最终的聚类结果，然后将这些簇 ID 添加到原来的数据集中，接着可以分析聚类的特性。我们可以计算每个聚类中各列的聚类均值和分布。在研究了聚类簇的特性后，将根据聚类结果提供相应的市场营销活动或依据数据的其他策略。6.4 节将深入了解构建 *K*-means 聚类的详细内容。

6.4 构建 *K*-means 聚类模型

构建 *K*-means 聚类模型非常容易，需要指定的参数只有聚类簇的数量。通常，基于需要处理的业务，应该知道最佳的聚类簇数。对于市场细分和销售细分的业务，4 或 5 个簇就满足要求了。通常在一个客户群体中不会出现 50 或 60 个不同类型的客户。如果不知道 *K* 的最佳值，可以先指定一个数值，然后观察聚类的输出结果，接着通过增加或减少 *K* 值来重新构建模型。回到 6.1.2 节批发客户数据的客户细分示例中。该示例的数据集收集了客户在不同商品上的年度支出。构建 *K*-means 模型的代码如下所示。

```
from sklearn.cluster import KMeans
kmeans = KMeans(n_clusters=5, random_state=333)
#指定聚类簇的数量
X=cust_data.drop(['Cust_id', 'Channel', 'Region'],axis=1)
#不需要客户 ID
kmeans = kmeans.fit(X)
#构建模型

#获取聚类的簇标签并附加到原始数据
cust_data_clusters=cust_data
cust_data_clusters["Cluster_id"]= kmeans.predict(X)
cust_data_clusters.head(10)
```

在上述代码中，kmeans.fit()函数用于构建模型。删除数据中不相关的列，并将数据传递给 fit() 函数。使用 Cluster_id 参数获取在 *K*-means 模型中创建的 5 个聚类簇。设置 random_state 参数用于再次重新生成相同的数据。若不设置 random_state 参数值，则将随机初始化 *K*-means 模型，输出结果可能会有微小的变化。构建模型后，利用 predict()函数获得每个记录的预测结果，该函数返回 Cluster_id 的值。根据 Cluster_id 的值可以在数据集中找到对应的属于该聚类簇的记录。在一个聚类簇中，所有记录的 Cluster_id 都是一样的。上述代码的输出结果如下所示。

```
cust_data_clusters.head(10)
   Cust_id  Channel  Region    Fresh    Milk  Grocery  Frozen  Detergents_Paper \
0        1        2       3    12669    9656     7561     214               2674
1        2        2       3     7057    9810     9568    1762               3293
2        3        2       3     6353    8808     7684    2405               3516
3        4        1       3    13265    1196     4221    6404                507
4        5        2       3    22615    5410     7198    3915               1777
5        6        2       3     9413    8259     5126     666               1795
6        7        2       3    12126    3199     6975     480               3140
7        8        2       3     7579    4956     9426    1669               3321
```

8	9	1	3	5963	3648	6192	425	1716
9	10	2	3	6006	11093	18881	1159	7425

	Delicatessen	Cluster_id
0	1338	0
1	1776	0
2	7844	0
3	1788	4
4	5185	4
5	1451	0
6	545	0
7	2566	0
8	750	0
9	2098	2

根据 *K*-means 模型的输出结果，将 Cluster_id 添加到数据中。下面的代码用于查看聚类簇的数量和聚类簇的平均值。

```
cluster_counts = cust_data_clusters['Cluster_id'].value_counts(sort=False)

cluster_means = cust_data_clusters.groupby(['Cluster_id']).mean()

print(cluster_counts)
print(cluster_means)
```

输出结果如下所示。

```
print(cluster_counts)
0    217
1     27
2     82
3      7
4    107
```

从上述输出结果可以看到，所有客户被分成 5 个簇。聚类簇的 ID(Cluster_id)为 0、1、2、3 和 4。Cluster_id 为 0 的簇中有 217 条记录，Cluster_id 为 4 的簇中有 107 条记录，Cluster_id 为 2 的簇中有 82 条记录。Cluster_id 为 0、4、2 的 3 个簇中的记录都超过 50 条。Cluster_id 为 3 的簇中只有 7 条记录。将聚类算法应用于实时数据集后，聚类簇就形成了。我们不能保证聚类簇中的记录数是平均分配的。总会有一两个聚类簇中有较多的记录，还有一些聚类簇中的记录数很少。例如，在典型的客户细分案例中，消费极端的人会非常少。消费接近平均水平的客户会更多，并且这些客户将形成一个聚类簇。下面我们看一下聚类簇的平均值，它表示每个聚类簇中每个字段(列)数据的平均值。

Cluster_id	Cust_id	Channel	Region	Fresh	Milk	Grocery	Frozen \
0	230.0	1.2	2.5	5834.0	3322.4	4096.3	2635.2
1	225.1	1.1	2.7	46916.6	7033.6	6205.3	9757.0
2	207.1	1.9	2.5	5057.0	12105.1	18414.1	1580.7
3	127.9	2.0	2.6	20031.3	38084.0	56126.1	2564.6
4	216.4	1.2	2.5	20490.7	3554.1	5040.1	3446.8

Cluster_id	Detergents_Paper	Delicatessen
0	1234.7	995.5

1	936.4	4199.3
2	8092.0	1828.7
3	27644.6	2548.1
4	1099.0	1623.9

从输出结果中可以看到每个聚类簇中的平均值。Cluster_id 为 3 的聚类簇中只有 7 条记录，出现了异常。与其他聚类簇相比，牛奶(Milk)、食品杂货(Grocery)及洗涤剂和纸张(Detergents_Paper)支出的平均值最高。即使我们构建 4 个聚类簇，这个异常的聚类簇也会出现在这 4 个聚类簇中。为了更好地理解这些聚类簇，需要查看每个聚类簇中变量的分布，而不仅仅是查看这些变量的平均值。以下代码用于绘制每个簇中所有变量的箱形图。

```
df_melt = pd.melt(cust_data_clusters.drop(['Cust_id', 'Channel', 'Region'],axis=1),
"Cluster_id", var_name="Prod_type", value_name="Spend")

plt.figure(figsize=(20,10))
sns.boxplot(x='Cluster_id', hue="Prod_type", y="Spend", data=df_melt)
plt.title("Cluster wise Spending", size=20)
```

在上述代码中，pd.melt()函数用于将数据转换为 3 列来存储。在绘制箱形图时将使用这 3 列数据。上面代码的输出结果如图 6.6 所示。x 轴表示数据所属的聚类簇 ID(Cluster_id)，y 轴表示每个聚类簇中对每类产品的平均支出。

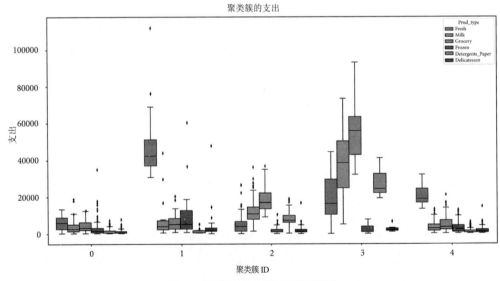

图 6.6　聚类簇对每类商品支出的箱形图

为了更清晰地看到每个聚类簇对每类商品的平均支出情况，分别为每个聚类簇绘制箱形图，代码如下所示。

```
##聚类簇0
Cluster=df_melt[(df_melt['Cluster_id']==0)] #将该值分别取0、1、2、3、4
plt.figure(figsize=(7,7))
sns.boxplot(x='Cluster_id', hue="Prod_type", y="Spend", data=Cluster)
plt.title("Cluster0", size=20)
```

上述代码用于获取每个聚类簇中的数据，并分别为每个聚类簇绘制箱形图，如图 6.7 所示。

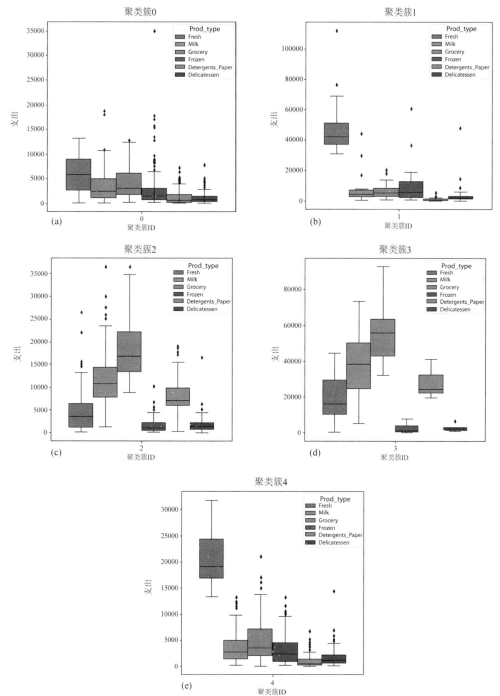

图 6.7　(a)聚类簇 0 箱形图；(b)聚类簇 1 箱形图；(c)聚类簇 2 箱形图；(d)聚类簇 3 箱形图；(e)聚类簇 4 箱形图

在图 6.7 中可以看到每个聚类簇的平均支出情况。现在已经做好了解释批发客户数据的案例研究的所有工作。下面将重新讨论问题定义中提及的所有目标，并讨论相应的解决方案。

批发客户数据案例研究的最终结果

该案例研究的目标是对目标客户开展市场营销活动。我们要实现如下 3 个目标。

目标 1：新鲜食品(Fresh)是最畅销的商品。是否有一部分客户购买的新鲜食品少于其他商品，如食品杂货或牛奶？我们希望确认这部分客户的细分，并向这些客户发送新鲜食品的促销优惠信息。

解决方案：聚类簇 ID 为 2 和 3 的两个簇中，与其他商品相比，新鲜食品的支出较少。这两个聚类簇中共有 82+7=89 位客户。可以向这些客户发送有针对性的促销优惠信息，鼓励他们购买新鲜食品类的商品。如果需要，可以根据客户所在的地区和客户类型进一步划分，并发送特定优惠信息。下面只重新绘制这两个聚类簇的图，如图 6.8 所示。

```
Cluster_2and3=df_melt[(df_melt['Cluster_id']==2)|(df_melt['Cluster_id']==3)]

plt.figure(figsize=(10,7))

sns.boxplot(x='Cluster_id', hue="Prod_type", y="Spend", data=Cluster_2and3)
plt.title("Cluster 2 and 3 only", size=20)
```

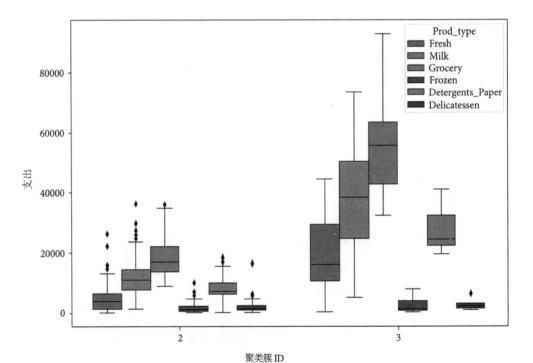

图 6.8　聚类簇 2 和聚类簇 3 的支出箱形图

从图 6.6 和图 6.8 中可以看出：在这两个聚类簇中，在新鲜食品(Fresh)上的支出少于其他项目，如牛奶、食品杂货以及洗涤剂和纸张。下面的代码列出了这两个聚类簇中的客户 ID。

```
obj1_data= cust_data_clusters[(cust_data_clusters['Cluster_id']==2)| (cust_data_
clusters ['Cluster_id']==3)]

print(list(obj1_data["Cust_id"]))
[10, 11, 17, 24, 29, 38, 39, 43, 44, 46, 47, 48, 50, 54, 57, 58, 62, 64, 66,
78, 82, 83, 86, 87, 93, 95, 101, 102, 107, 108, 110, 112, 146, 156, 157, 160,
164, 166, 171, 172, 174, 176, 183, 189, 190, 194, 201, 202, 206, 210, 212,
215, 216, 217, 219, 246, 252, 265, 266, 267, 269, 294, 302, 304, 305, 306,
307, 310, 313, 316, 320, 332, 334, 344, 347, 350, 352, 354, 358, 377, 385,
397, 408, 417, 419, 421, 427, 431, 438]
```

目标 2：找到一类在新鲜食品上消费多、而在冷冻食品上消费少的客户，尝试向这些客户利用交叉销售方法销售冷冻食品。

解决方案：在聚类簇 4 中，新鲜食品(Fresh)和冷冻食品(Frozen)的支出存在巨大差异。使用交叉销售方法销售冷冻食品的目标人群是聚类簇 4 中的客户。由于冷冻食品在聚类簇 1 中的销售额最高，因此没有选择聚类簇 1 来做交叉销售。我们可以随时与营销团队沟通，选择其他聚类簇来应用这种交叉销售策略。在该示例中，选择聚类簇 4 应用交叉销售，如图 6.9 所示。

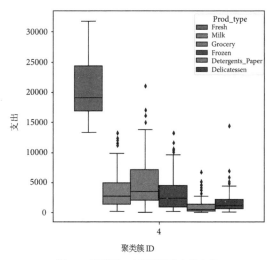

图 6.9　聚类簇 4 在每类商品上的支出

从图 6.6 和图 6.9 中可以看出，冷冻食品的花费比新鲜食品少得多。在该聚类簇中，冷冻食品的支出比牛奶和食品杂货要少。该聚类簇中的客户 ID 如下所示。

```
obj2_data= cust_data_clusters[cust_data_clusters['Cluster_id']==4]
print(list(obj2_data["Cust_id"]))
[4, 5, 13, 14, 15, 19, 21, 23, 25, 26, 28, 31, 33, 34, 37, 41, 42, 55, 59,
68, 71, 72, 74, 76, 84, 90, 105, 106, 113, 114, 115, 119, 121, 127, 128, 133,
139, 141, 142, 145, 150, 151, 153, 158, 163, 191, 192, 196, 203, 211, 218,
221, 227, 233, 235, 238, 241, 242, 243, 248, 249, 254, 256, 263, 268, 270,
277, 280, 284, 288, 289, 295, 297, 301, 308, 312, 323, 324, 325, 329, 333,
335, 336, 337, 348, 355, 357, 361, 369, 372, 374, 381, 382, 388, 394, 402,
403, 404, 405, 407, 422, 423, 424, 425, 433, 435, 436]
```

目标 3：找到在食品杂货(Grocery)上花费较少的客户群体，并向他们发送与食品杂货相关的促销优惠信息。

解决方案：聚类簇 1 满足该目标的标准。我们选择向该聚类簇中的客户发送食品杂货的促销优惠信息，如图 6.10 所示。聚类簇 0 中在食品杂货类商品上支出也较少，但其他类型商品的支出在聚类簇 0 中也非常少。

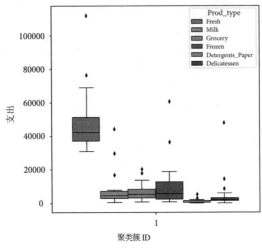

图 6.10　聚类簇 1 的支出

从图 6.6 和 6.10 中可以得出：与其他商品类型相比，食品杂货类商品支出较少。聚类簇 1 中的客户 ID 如下所示。

```
obj3_data= cust_data_clusters[cust_data_clusters['Cluster_id']==1]
print(list(obj3_data["Cust_id"]))
[30, 40, 53, 88, 104, 125, 126, 130, 143, 177, 182, 184, 197, 240, 259, 260,
274, 283, 285, 286, 290, 326, 371, 378, 383, 428, 437]
```

上述的交叉销售和追加销售策略只是举几个例子。聚类簇的数量可能因客户而异。但是，在每个目标的聚类结果中最终的结果和客户 ID 是相同的。实际上，我们研究每个细分市场，并在每个细分市场应用最适合的营销策略。策略的选择取决于营销和促销活动的预算。营销专业人员的目标是在给定的预算下实现回报最大化(包括销售收入或品牌资产)。

6.5　聚类簇数量的选取

在构建模型时，可以根据业务知识设置聚类簇的数量。或者采用一种称为"肘部法则"(Elbow Method)的技术来获得给定数据集的聚类簇的最优数量。肘部法则用于估计聚类簇数量。通过肘部法则可以得到一个基本的聚类簇数量，然后微调并最终确定聚类簇的数量。

肘部法则

在构造聚类簇时，必须确保簇内距离最小。簇内距离是每个点与其簇中心的距离。通过选取多

个 K 值来构建多个聚类簇。对于每个聚类模型，计算簇内每个样本点的距离平方和。该值被称为 Inertia。直觉上，Inertia 是误差平方和(Sum of Squares of Errors，SSE)。具体的公式如下所示。

$$\text{Inertia} = \sum_{i=1}^{n_1}(x_i - \mu_1)^2 + \sum_{i=1}^{n_2}(x_i - \mu_2)^2 + \sum_{i=1}^{n_3}(x_i - \mu_3)^3 + \cdots + \sum_{i=1}^{n_k}(x_i - \mu_k)^2$$

这里，μ_1、μ_2、μ_3 表示聚类簇的中心。

在肘部法则中，我们绘制了一张图，并确定了 K 的最优值。该图是通过计算 x 轴上的聚类簇数 K 和 y 轴上的 inertia 绘制的。该图看起来像一个肘部(见图 6.11)。

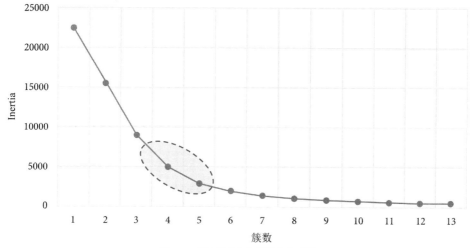

图 6.11　簇内平方和与簇数的关系图

随着聚类簇数量 K 的增加，每个簇中的样本变得越来越少。因此，簇内距离减小，Inertia 值也减小。如果 K 太大，$K=N$(记录数)，则是一个极端值，那么每个聚类簇中只有一条记录。在这种情况下，Inertia 为 0。但是，并不需要这么多的聚类簇。另一方面，如果 K 的值太小，如 $K=1$，则 Inertia 值最大。当然，在 $K=1$ 时，与使用几个单独的簇中心相比，整体的簇中心并不接近数据集中的每个点。K 值较小时，Inertia 值最大。随着 K 值的增加，Inertia 值迅速减小；在 K 取特定值之后，Inertia 值到达临界点。临界点(Saturation Point)是 Inertia 减少不多的数据点，此时 K 可以作为最佳值选取。该图看起来像一个肘部，因此需要选择拐点作为聚类簇的最佳值。

在 6.4 节构建了 5 个聚类簇。可以利用命令"kmeans.inertia_" print(kmeans.inertia_)检查 Inertia 值。

现在，将通过更改簇的数量 K 来构建几个模型。从 $K=1$ 开始，然后通过迭代将簇的数量增加到 15。我们选取 K 在 1 和 15 之间的所有整数，保存 Inertia 值，并创建肘部曲线。

```
elbow_data=pd.DataFrame()

for i in range(1,15):
    kmeans_m2 = KMeans(n_clusters=i, random_state=333)
    X=cust_data.drop(['Cust_id', 'Channel', 'Region'],axis=1)
    model= kmeans_m2.fit(X)
    elbow_data.at[i,"K"]=i
    elbow_data.at[i,"Inertia"]=round(model.inertia_)/10000000
```

```
print(elbow_data)
```

上面的代码构建了 15 个模型，并将 Inertia 值存储在 elbow_data 中。注意，Inertia 值以十亿为单位。我们对这些数据进行了缩放，以便绘制肘部曲线。输出结果如下所示。

```
print(elbow_data)
        K        Inertia
1     1.0    15759.585837
2     2.0    11321.752961
3     3.0     8034.216798
4     4.0     6485.574107
5     5.0     5313.877813
6     6.0     4727.387665
7     7.0     4131.258478
8     8.0     3627.142213
9     9.0     3281.378566
10   10.0     3006.729241
11   11.0     2837.224803
12   12.0     2659.655791
13   13.0     2455.059454
14   14.0     2258.887159
15   15.0     2118.656948
```

从输出结果中可以看到，Inertia 以较快的速率减小，直到遇到第四或第五个簇。接着，Inertia 值减小得很少。我们将绘制肘部曲线，以验证并最终确定最佳的 K 值。下面的代码绘制了 K 值与 Inertia 变化的肘部图，如图 6.12 所示。

```
plt.figure(figsize=(15,8))
plt.title("Elbow Plot", size=20)
plt.plot(elbow_data["K"],elbow_data["Inertia"],'--bD')
plt.xticks(elbow_data["K"])
plt.xlabel("K", size=15)
plt.ylabel("Inertia", size=15)
```

从图 6.12 所示的肘部图可以看到，在 $K=5$ 处取到了肘部。我们可以选择 $K=4$ 或 5 或 6 作为该数据的最佳聚类簇数量。这只是 K 的一个建议值。根据业务问题，可以选择不同的 K 值。根据业务知识，可以在这里选择最接近肘部的最佳 K 值。

肘部法则并不能在每种场景下都提供最佳结果。在解决实际问题时，应该更多地依靠商业知识来选择聚类簇。在我们的案例研究中，需要查看聚类簇的输出并相应地微调 K 值。例如，如果选择一个非常大的 K 值，那么在几个聚类簇中将得到相同的特性。我们通过减小 K 值，将相似的簇合并到一个簇中。如果 K 太小，那么在每个聚类簇中将有大量的数据。对于这样的模型，观察特定聚类簇内变量的分布时，会发现一个显著的方差。我们需要通过增加 K 值，将这些巨大的聚类簇分成两到三个。作为一般实践，采用肘部法则估算 K 值，并进一步进行微调。在大多数案例中，根据对业务领域的了解最终确定 K 值。

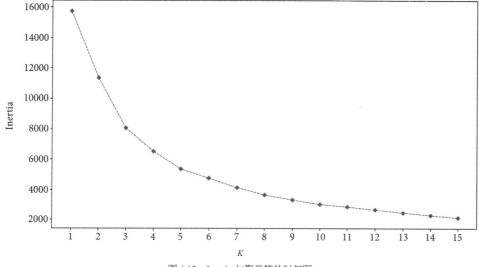

图 6.12 Inertia 与聚类簇的肘部图

6.6 本章小结

　　K-means 聚类分析是应用最广泛的无监督学习方法之一。K-means 算法相对于其他聚类算法，速度快且易于扩展。在 K-means 聚类算法中，很容易解释聚类后的结果。无监督学习算法的有效性是一个挑战。我们确实有一些度量指标来验证模型，但这些指标没有有监督学习中所用的验证指标那么强大。也可以将聚类方法作为有监督学习中的一种特征重构技术。我们可以将数据划分成聚类簇并分配 ID，通过分配的 ID 变量可以提高模型的准确率。本章只列举了一个数值类型数据的聚类案例。对于非数值数据，需要使用不同的距离度量方法。此外，还有其他类型的聚类分析算法，可以在需要时探索。

6.7 本章习题

1. 下载 World Happiness Report 2018 年和 2019 年数据集。
- 导入数据，完成数据探索和数据清理。
- 基于属性来构建机器学习模型对数据进行分类。
- 寻求提高模型准确率的创新方法。

数据集下载：https://www.kaggle.com/unsdsn/world-happiness。

2. 下载 Young People Survey dataset 数据集。
- 导入数据，完成数据探索和数据清理。
- 基于用户行为属性构建机器学习模型将数据进行分类。
- 寻求提高模型准确率的创新方法。

数据集下载：https://www.kaggle.com/miroslavsabo/young-people-survey。

第**7**章

随机森林和 Boosting

线性回归、逻辑回归和决策树等模型简单且易于解释。这些模型擅长识别数据中的简单模式。这些模型很容易构建，而且训练时间较短。下面将开始介绍一些高级的机器学习算法，这类算法也被称为黑箱方法，如随机森林(Random Forest)、Boosting(提升方法)和人工神经网络(ANNs)算法。这些算法可以识别数据中的复杂模式。与本书前面讨论的简单模型相比，这些黑箱方法的准确率更高。但是，这些黑箱方法不像基本的机器学习模型那样简单或易于解释。

一般来说，黑箱方法在识别输入变量和隐藏模式的交互效应方面非常出色。这些模型的训练时间更长，在大规模的数据集上执行这些算法需要一台高性能的计算机。如果只追求模型的高准确率，而不担心单个变量的影响和模型可解释性，则可以选择采用黑箱方法。如果模型的可解释性和变量的影响与准确率同样重要，则选择更简单的模型，如逻辑回归。

尝试根据传感器提供的数据预测事故可以选择黑箱方法。在银行业和金融业，所有信用风险模型都需要提交监管机构批准，然后才能将其用于实际客户。有关部门需要了解每个变量及这些变量对目标结果的影响。在这样的案例中，需要采用简单的模型，但是模型的预测结果在准确率上会受一些影响。

本书在逻辑上分为四部分。第一部分是关于 Python 和统计的基础知识；第二部分讨论了简单的算法，如线性回归和逻辑回归；第三部分讨论随机森林、Boosting 和 ANNs 等黑箱方法；第四部分也是最后一部分，介绍深度学习算法，如卷积神经网络(CNN)、递归神经网络(RNN)和长短期记忆(LSTM)。在了解了一些机器学习的基本术语后，下面将深入了解更多的机器学习算法。

7.1 集成模型

集成模型(Ensemble Model)的构建方法是指构建多个模型来替代一个模型。集成模型类似于心理学中群体智慧的概念。如果无法做出一个恰当的选择，可以选择人群中最喜欢的选项，因为人群中的每个人都很聪明，每个人都有独立的意见。

7.1.1 群体智慧

假设我们想在网上购买一种产品，如手机或笔记本电脑，但是我们不确定如何选择最适合的。在这种情况下，该怎么办呢？我们查看商品的所有评论，但不是所有评论都要考虑，只考虑明智和有建设性的评论。我们倾向于选择得到最积极评价或评级的商品。这种做法就是一种群体智慧(Wisdom of Crowds)。亚里士多德是第一个在他的著作《政治学》(*Politics*)中描写群体智慧的人。他写道：

有些人虽然不是优秀的人，但这些人联合起来可能会比一个优秀的人更加优秀，这是集体的力量，正如由很多人出资的宴会比一个人出资的更好。

作家兼记者詹姆斯·苏罗维茨基推广了这种群体智慧的概念。在他的著作 *Wisdom of Crowds* 中写道：

一个人不应该花费精力试图找出一个小组中的专家，而应该依赖于小组的群体智慧，但是，要确保每个意见都是独立的，一些小组成员应该具备一些相同的知识背景。

你可以永远跟随人群的共同选择，因为人群中的每个人都很聪明，每个人都在独立思考。当由一些愚蠢的人组成群体时，群体智慧就会失败。如果人们不独立思考，群体智慧也不起作用。只有一个人做决定，其他人都跟着他，这并不能满足群体智慧的默认假设。

下面构建一个模型，用于预测在一个城市中家庭的平均消费支出。我们把该问题定义交给了一位著名的教授，他也是一位著名的数据科学家。他构建了一个模型并给出了一个预测值。同样的问题定义又交给了 200 名助理教授——他们都是优秀的数据科学家。他们每个人都构建了模型，并分享了他们的模型对这些家庭平均消费支出的预测值。对于同一个数据集，我们从 200 名助理教授所构建的模型中得到了 200 个预测结果，如图 7.1 所示。

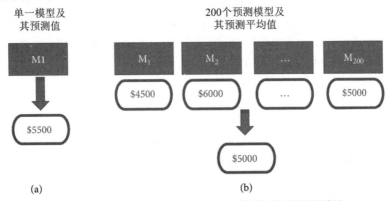

图 7.1 (a)使用一个模型预测；(b)从 200 个模型得到的平均预测结果

在图 7.1 中有两个模型的预测结果，分别是 5500 美元和 5000 美元，这两个预测值哪个更接近真实值？我们认为从 200 个模型的预测结果中取平均值的方式其预测结果准确率更高，因为仅使用一个模型可能在学习数据中的所有模式时缺乏灵活性。模型可能会忽略一些数据模式。如果构建多个单独的模型，错过数据中任何模式的机会就会减少。群体智慧就是这样的道理。多个独立且中等质量的模型总是比单个模型的准确率更高。构建多个模型并汇总这些模型的预测结果称为集成模型构建方法。与单个模型相比，集成模型的准确率略高。下面将进一步讨论集成模型。

7.1.2　构建集成模型的方法

我们已经讨论过许多构建模型的算法。采用这些算法创建模型时，其过程是获取一个数据集并在其上构建一个模型。每个模型对每一个新的数据点都有一个预测结果。本章将尝试构建集成模型，也就是构建几个质量较高的模型。对于每一个新的数据点，将从这些独立的模型中得到多个预测结果。然后，把所有预测结果进行汇总并给出最终的一个预测结果。构建集成模型需要两个步骤：第一步是构建多个模型，第二步是汇总预测结果。汇总结果的步骤是在预测结果时执行的。解决回归问题时，将使用所有模型预测结果的平均值作为汇总结果。解决分类问题时，最终的预测结果是获取所有模型的预测结果中出现最频繁的分类。例如，如果建立 200 个回归模型，对于每个新的数据点会有 200 个预测值。将这些模型预测结果的平均值看作最终的预测结果。如果建立了 200 个分类模型，那么对于一个新数据点来说，若 160 个模型预测该数据属于 class-0，其余 40 个模型预测该数据属于 class-1，则来自集成模型的预测结果是最频繁或投票最多的类。在本例中，该数据点属于 class-0(见图 7.2)。

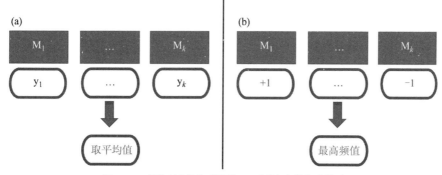

图 7.2　(a)回归任务的集成模型；(b)分类任务的集成模型

集成模型在识别特征之间的交互效果方面很优秀。如果一个模型出现了错误，其他模型可能弥补这个错误。由于每个模型都是质量较高的，我们不希望这些模型对同一个数据点犯同样的错误。如果有一个模型预测的准确率为 90%，那么剩下的 10% 的预测结果是错误的。假设 100 个模型，准确率为 80%。那么对于一个新的数据点，少数模型可能会预测错误。但是，其他几个模型(在 100 个模型中)可能预测结果是正确的，这些模型将会提高预测结果的总体准确率。与使用经典的单个模型相比，在使用多个模型时所用的硬件要具备更好的计算能力。随着计算机硬件在存储和计算能力方面的进步，我们可以轻松地采用集成模型。有两种标准的集成方法——Bagging(自助聚合)和Boosting (提升方法)。7.2 节介绍 Bagging 算法。

7.2　Bagging

Bagging 表示自助聚合(Bootstrap Aggregating)。它包含两个步骤：自助采样和聚合分类结果。7.2.1 节讨论自助采样法。我们知道简单的随机采样，例如，一个数据集中有 10 条记录，若采用随机采样方法抽取 10 条记录作为样本，则抽取的样本就是整个数据集。自助采样法的工作方式略有不同。

7.2.1 自助采样法

对于前面讨论的示例，若采用自助采样法在 10 条记录中抽取 10 个样本，不会一次性抽取所有记录，而是每次只抽取一个样本。例如，在 10 条记录中，随机抽取一条记录，可能抽取的是记录 7。我们再抽取一个样本，在 1～10 之间，抽取的样本是有偶然性的，这次抽取的可能是记录 4。现在已经抽取了两个样本。接着再抽取一个样本，这次可能抽取的又是记录 7。重复 10 次自助采样过程后就会得到 10 条记录的样本。需要注意的关键点是，第二次抽取记录时，自助采样法是对总体样本中的全部 10 条记录采样，用这种方式采样可能会导致某些数据点被重复采样。在自助采样的示例中，有几条记录被重复抽取多次，而其他一些记录从未被抽取。在表 7.1 中创建一个自助采样的示例 Sample1，接着继续重复相同的过程，创建 Sample2 等采样过程(如表 7.1 所示)。

表 7.1　对原始数据的不同自助采样集合

原始数据				自助采样 Sample1			
1	2	3	4	10	6	8	8
5	6	7	8	6	7	3	6
	9	10			9	4	

自助采样 Sample2				自助采样 Sample3			
1	4	10	6	6	4	9	2
7	10	9	3	3	2	10	5
	4	5			7	3	

自助采样 Sample4				自助采样 Sample5			
6	1	9	4	4	8	4	4
5	8	7	9	2	2	1	6
	5	2			4	9	

自助采样法也被称为有放回的采样。在逐个抽取样本记录时，会将之前抽取的样本放回数据集。接着，在所有的数据中再随机抽取样本。使用自助采样法完整地得到的样本集中，是否存在 10 条记录都是同一条记录的情况(比如每次都选择记录 4)？这种情况也许是可能的，但这种情况发生的概率很低。从样本中不重复记录的平均数来看，每次自助采样都有 63%的概率获取不重复的记录，有 37%概率获取重复的记录。在我们的示例中，可以在每次自助采样中看到 6 个或 7 个唯一的数值。默认情况下，自助采样的规模与总体样本的规模相同。每个自助采样集中有 N 条记录。N 是数据的记录总数。但是，自助采样并不是完全复制总体样本。

7.2.2 Bagging 算法

Bagging 算法的第一步是自助采样。理解了自助采样方法后，剩下的步骤就很简单了。下面给出了 Bagging 算法的步骤。

(1) 使用 K 次自助采样法抽取样本，K 值越大越好。

(2) 在每个自助采样的样本集合中构建模型(最终会构建 K 个模型)。

(3) 通过获取回归模型预测结果的平均值，获取分类模型的最大投票数对新数据点的结果进行汇总。

图 7.3 所示为自助采样算法的图示。$B_1 \sim B_k$ 是通过自助采样得到的样本集。$M_1 \sim M_k$ 是在相应的样本集上构建的模型。如果构建的模型是回归模型，则最终的预测结果是所有模型预测结果的平均值；如果模型是分类模型，则最终的预测结果是所有分类模型中的最大投票数。

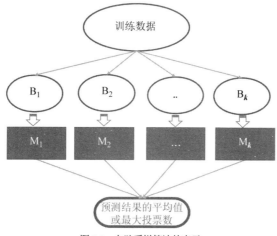

图 7.3　自助采样算法的表示

这里，$M_1 \sim M_k$ 可以是逻辑回归模型、决策树或线性回归模型。如果重复构建同样的模型，每个模型会有什么样的变化？模型的变化就是每次构建的模型所使用的样本集不同。M_1 是在 Sample1 上构建的，M_2 是 Sample2 上构建的，依此类推。7.3 节将讨论 Bagging 算法的一种特殊情况——随机森林。

7.3　随机森林

在 Bagging 算法中，如果构建的模型都是决策树模型，那么这些模型合在一起称为随机森林。一些树合在一起形成一片森林(在现实生活中)，一些决策树形成一个随机森林(在机器学习中)。随机森林模型通常优于单个决策树模型。如果计算机具有很好的计算能力，那么构建随机森林模型是获取高准确率预测结果的首选方案。标准的 Bagging 算法存在一点问题。在构建单个决策树时，如果使用所有的(预测)变量，那么几乎所有的决策树都会给出相同的规则。这意味着多次构建的都是相同的模型，并聚合其输出结果。尽管数据样本中存在一些随机性，不同的模型所使用的数据样本不同，但这些是不够的。群体理论的独立性是一个重点。如果构建和计算 100 次相同的模型，未必会提高整体预测结果的准确率。我们需要在模型构建过程中增加随机性，让所构建的每个模型都是独立的。随机森林算法是在基本的 Bagging 算法中又增加一个了调整步骤。以下是随机森林算法的详细内容。

7.3.1 随机森林算法

随机森林是一种特殊的 Bagging 类的方法。下面是随机森林算法的步骤。

(1) 使用 K 次自助采样法抽取样本，K 的值越大越好。

(2) 在每个自助采样的样本上构建一个决策树模型。在构建模型时，不要考虑所有变量(在每个决策树模型中)作为拆分节点。

(a) 在拆分决策树中的每个节点时，只考虑随机选择的 p 个变量。如果数据中有 t 个变量，则 $p \ll t$。

(b) 使用 p 个变量中信息增益最高的变量作为拆分节点，利用该节点拆分子节点。

(c) 重复上述两个步骤拆分每个子节点。

(d) 在树生长过程中不进行剪枝。

(3) 获取投票数量最高的类别，将该类别作为最终的预测结果。

在随机森林中，随机性源自两个方面：数据的随机性和特征(变量)的随机性。这两个随机因素促成了模型之间的独立性。在构建决策树时，在每次划分节点时只考虑 p 个列，其中，p 比训练数据中的总列数 t 小得多。注意，每次在决策树中拆分节点时，都只考虑 p 个列。例如，以构建一棵决策树为例。当从根节点生成两个子节点时，使用一个随机生成的 p 个列的集合。在这个集合中，采用信息增益最大的变量对节点进行划分。然后，在拆分子节点 1 时，再使用一个由随机采样方法生成的 p 个列的集合并选择最佳的拆分变量。重复拆分节点的步骤，在不进行剪枝的情况下生长这棵决策树。图 7.4 是随机森林生成过程的图示。$B_1 \sim B_k$ 是通过自助采样后得到的样本集。$D_1 \sim D_k$ 是对应 $B_1 \sim B_k$ 样本集所创建的决策树模型。

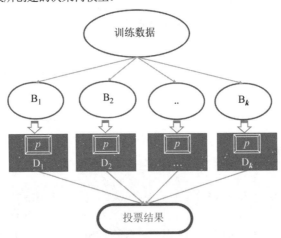

图 7.4　随机森林算法的表示

下面再通过一个例子来更深入地理解随机森林。首先随机抽取 p 个特征(变量)，然后根据这 p 个特征划分节点；这些特征可能会被重复抽取。例如，如果训练数据中有 30 列，当 $p=5$ 时，构建第一个决策树，在划分根节点的子节点时，随机从训练数据中抽取 5 列作为划分节点的特征；接着在进行每个子节点的划分时也是从 30 列中随机抽取 5 列作为划分节点的特征。重复上述步骤生长最终的决策树。以同样的方式构建所有决策树模型。图 7.5 中比较了传统决策树与随机森林中的决策树。

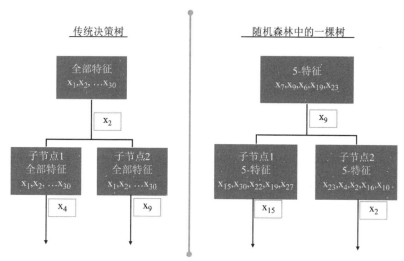

图 7.5 传统的决策树与随机森林中的决策树

7.3.2 节将介绍随机森林的详细内容。

7.3.2 随机森林中的超参数

p(特征数量)必须小于 t(全部数据中的总列数)。如果 $p=t$，那么几乎所有的决策树模型都是一样的。我们不会影响决策树模型的独立性。就一般经验而言，可以把 p 设置为 $\sqrt{t}$。尝试在 $\sqrt{t}$ 范围内搜索 p 的最优值。

- 第一个超参数是特征个数 p。p 的值越小越好。从 $p=\sqrt{t}$ 开始，在 $\sqrt{t}$ 的范围内搜索最优值。
  如果 p 的值太大，那么所构建的决策树模型不是独立的。
  如果 p 值很小，就需要构建更多的决策树模型。要确保所有的变量(特征)都能被选择为拆分变量。如果 p 的值较小且决策树的数量也很少，将得到一个欠拟合的模型。
- 第二个超参数是树的数目 k。k 必须设置大一些。在一些开发工具中，k 的默认值为 500。在 50～500 的范围内找到最优的 k 值。k 大于最优值对模型的预测结果不会造成影响。
  在构建随机森林模型时，需要对这两个超参数(p 和 k)进行微调。如果在构建模型时不指定这些参数的值，则这些参数值采用默认值。因此，需要更改这些参数的值并搜索最优的值。理论上，不应该对随机森林中的决策树剪枝，要让每棵树都完全生长。在实践中，为了避免过拟合和减少计算时间，通过设置 max_depth(树的深度)参数来对决策树进行剪枝。
- 第三个超参数是 max_depth。如果 max_depth 的值设置得太小，将得到一个欠拟合的模型。因此，我们将 max_depth 的值设置为一个稍微大一点的数值，并联合其他的两个超参数(p 和 k)一起使用。

7.4 案例研究：交通事故预测

本节的案例来源于福特汽车公司举办的一项数据科学竞赛。案例中所用的数据来源于

Kaggle.com 上的原始比赛。你需要注册并使用创建的 ID 登录网站后下载该数据。这个竞赛的名称为"保持警惕！福特挑战"(Stay Alert! The Ford Challenge)。源数据的下载链接是https://www.kaggle.com/c/stayalert/data。在本节的案例研究中，使用的不是原始数据，我们将从原始数据中随机抽取一个数据集，并对数据进行清理。为了增强数据的可读性，也更改了数据集中的列名。

7.4.1 研究背景和目标

在该案例研究中，我们将尝试根据传感器提供的数据来预测事故是否会发生。如果能在事故发生的前几秒预测到会发生事故，就可以采取一些预防措施来降低事故的死亡率。事故发生的原因有很多。有些因素与车辆有关，如车速和车轮定位。有些因素与司机有关，比如在开车时接听电话，吃东西。天气也可能是发生事故的一个原因，如下雪、下雨或有雾。基于上述(也许还有一些)因素，我们想构建一个适合的模型来预测是否会发生事故。我们可以将该模型部署在汽车上，通过调整汽车的参数来降低事故的死亡率，比如降低车速、打开安全气囊、更换汽车悬架等。福特公司在其汽车上安装了不同类型的传感器。这些传感器用于收集天气、周围环境、车辆及驾驶员的生理数据。福特公司没有透露这些传感器的实际名称和测量单位。

7.4.2 数据探索

该数据集包含来自 22 个传感器的数据以及一个目标变量。下面是数据集的一些基本信息。

```
#导入数据集
car_train=pd.read_csv(r"D:\Chapter7\5.Datasets\car_accidents\car_sensors.csv")

#获取行数和列数
print(car_train.shape)

#输出列名
print(car_train.columns)

#输出列类型
print(car_train.info())
```

上述代码的输出结果如下所示。

```
print(car_train.shape)
(33239, 23)

print(car_train.columns)
Index(['safe', 'S1', 'S2', 'S3', 'S4', 'S5', 'S6', 'S7', 'S8', 'S9', 'S10',
'S11', 'S12', 'S13', 'S14', 'S15', 'S16', 'S17', 'S18', 'S19', 'S20', 'S21', 'S22'],
    dtype='object')

print(car_train.info())
<class 'pandas.core.frame.DataFrame'>
RangeIndex: 33239 entries, 0 to 33238
Data columns (total 23 columns):
```

```
safe        33239 non-null int64
S1          33239 non-null float64
S2          33239 non-null float64
S3          33239 non-null float64
S4          33239 non-null int64
S5          33239 non-null float64
S6          33239 non-null float64
S7          33239 non-null float64
S8          33239 non-null int64
S9          33239 non-null int64
S10         33239 non-null float64
S11         33239 non-null int64
S12         33239 non-null int64
S13         33239 non-null int64
S14         33239 non-null int64
S15         33239 non-null float64
S16         33239 non-null float64
S17         33239 non-null int64
S18         33239 non-null float64
S19         33239 non-null int64
S20         33239 non-null float64
S21         33239 non-null int64
S22         33239 non-null float64
dtypes: float64(12), int64(11)
memory usage: 5.8 MB
```
None

从输出结果中可以看到，该数据集中共有 33 239 条记录。数据集中包含 23 个变量。目标变量的列名是 "safe"；其他变量代表了从 22 个传感器收集的数据。数据集中的所有列均为数值类型。下面对预测变量和目标变量进行基本的数据探索。

```
##数据探索
#摘要
all_cols_summary=car_train.describe()
print(round(all_cols_summary,2))


##目标变量
print(car_train['safe'].value_counts())
```

上述代码的输出结果如下所示。

```
all_cols_summary=car_train.describe()
print(round(all_cols_summary,2))


           safe        S1        S2        S3         S4        S5        S6 \
count  33239.00  33239.00  33239.00  33239.00   33239.00  33239.00  33239.00
mean       0.58     35.46     12.04      0.18     837.14     77.98     10.44
std        0.49      7.27      3.75      0.33    2187.28     18.95     13.96
min        0.00    -22.16    -45.61      0.04     136.00      0.26      0.00
25%        0.00     31.79      9.92      0.09     668.00     66.67      0.00
50%        1.00     34.16     11.43      0.11     800.00     75.00      0.00
75%        1.00     37.37     13.72      0.14     900.00     89.82     28.18
max        1.00    101.34     71.15     11.72  228812.00    441.18     96.84
```

```
                 S7         S8         S9        S10        S11        S12        S13  \
count      33239.00   33239.00   33239.00   33239.00   33239.00   33239.00   33239.00
mean         103.32       0.28      -4.05       0.02     358.82       1.37       0.88
std          127.53       0.99      35.90       0.00      27.26       1.58       0.33
min            0.00       0.00    -250.00       0.01     260.00       0.00       0.00
25%            0.00       0.00      -8.00       0.02     348.00       0.00       1.00
50%            0.00       0.00       0.00       0.02     365.00       1.00       1.00
75%          213.52       0.00       6.00       0.02     367.00       2.00       1.00
max          359.96       4.00     250.00       0.02     513.00       9.00       1.00

                S14        S15        S16        S17        S18        S19        S20  \
count      33239.00   33239.00   33239.00   33239.00   33239.00   33239.00   33239.00
mean          63.35       1.39      -0.04     572.37      20.01       0.18      12.62
std           18.94       5.40       0.40     297.92      63.43       0.38      11.55
min            0.00       0.00      -4.30     240.00       0.00       0.00       0.00
25%           52.00       0.00      -0.18     255.00       1.49       0.00       0.00
50%           67.00       0.00       0.00     511.00       3.02       0.00      12.80
75%           73.00       0.00       0.07     767.00       7.48       0.00      21.90
max          126.00      52.00       3.60    1023.00     481.51       1.00      71.50

                S21        S22
count      33239.00   33239.00
mean           3.31      11.60
std            1.25       8.98
min            1.00       1.68
25%            3.00       7.97
50%            4.00      10.77
75%            4.00      15.25
max            7.00     262.45
```

```
print(car_train['safe'].value_counts())
1      19139
0      14100
```

目标变量有两个值：1 代表 safe(安全)，0 代表 not safe(不安全)。如果知道关于这些传感器的详细信息，就可以对这些数据做一些特征工程工作。7.4.3 节将开始构建模型。

7.4.3 构建模型和验证模型

首先构建一个决策树模型。然后比较该决策树模型和随机森林模型的结果。我们期望随机森林模型的准确率稍微好一些。

下面的代码用于创建训练数据和测试数据。

```
##定义训练数据和测试数据
features=car_train.columns.values[1:]
print(features)
X = car_train[features]
y = car_train['safe']

X_train, X_test, y_train, y_test = model_selection.train_test_split(X, y, test_size=0.2,
random_state=55)
```

```
print("X_train Shape ",X_train.shape)
print("y_train Shape ", y_train.shape)
print("X_test Shape ",X_test.shape)
print("y_test Shape ", y_test.shape)
```

上述代码的输出结果如下所示。

```
X_train Shape (26591, 22)
y_train Shape (26591,)
X_test Shape (6648, 22)
y_test Shape (6648,)
```

下面的代码用于构建一个决策树模型。

```
###在训练数据上构建决策树模型 ####
D_tree = tree.DecisionTreeClassifier(max_depth=7)
D_tree.fit(X_train,y_train)

#####训练数据上的准确率 ####
tree_predict1=D_tree.predict(X_train)
cm1 = confusion_matrix(y_train,tree_predict1)
accuracy_train=(cm1[0,0]+cm1[1,1])/sum(sum(cm1))
print("Decision Tree Accuracy on Train data = ", accuracy_train )

#####测试数据上的准确率 ####
tree_predict2=D_tree.predict(X_test)
cm2 = confusion_matrix(y_test,tree_predict2)
accuracy_test=(cm2[0,0]+cm2[1,1])/sum(sum(cm2))
print("Decision Tree Accuracy on Test data = ", accuracy_test )

##训练数据上的AUC(曲线下面积)
false_positive_rate,true_positive_rate,thresholds =roc_curve(y_train, tree_predict1)
auc_train = auc(false_positive_rate, true_positive_rate)
print("Decision Tree AUC on Train data = ", auc_train )

##测试数据上的AUC
false_positive_rate,true_positive_rate,thresholds =roc_curve(y_test, tree_predict2)
auc_test = auc(false_positive_rate, true_positive_rate)
print("Decision Tree AUC on Test data = ", auc_test )
```

在完成上述这些代码后，我们使用 max_depth 参数优化结果，设置 max_depth=7。输出结果如下所示。

```
Decision Tree Accuracy on Train data = 0.88
Decision Tree Accuracy on Test data =0.88
Decision Tree AUC on Train data = 0.87
Decision Tree AUC on Test data =0.87
```

最优的决策树模型得到的准确率为 88%，AUC 为 87%。如果将 max_depth 增大，则将得到一个过拟合的模型。下面构建随机森林模型。在随机森林模型中树的个数与特征(变量)数量是两个重要的超参数。在该案例中，将 max_depth 设置为 10。

```
####构建随机森林模型
R_forest=RandomForestClassifier(n_estimators=300, max_features=4, max_depth=10)
```

```
R_forest.fit(X_train,y_train)

#####训练数据上的准确率 ####
forest_predict1=R_forest.predict(X_train)
cm1 = confusion_matrix(y_train,forest_predict1)
accuracy_train=(cm1[0,0]+cm1[1,1])/sum(sum(cm1))
print("Random Forest Accuracy on Train data = ", round(accuracy_train,2) )

####测试数据上的准确率 ####
forest_predict2=R_forest.predict(X_test)
cm2 = confusion_matrix(y_test,forest_predict2)
accuracy_test=(cm2[0,0]+cm2[1,1])/sum(sum(cm2))
print("Random Forest Accuracy on Test data = ", round(accuracy_test,2) )

##训练数据上的 AUC
false_positive_rate, true_positive_rate, thresholds=roc_curve(y_train, forest_predict1)
auc_train = auc(false_positive_rate, true_positive_rate)
print("Random Forest AUC on Train data =", round(auc_train,2) )

##测试数据上的 AUC
false_positive_rate,true_positive_rate,thresholds =roc_curve(y_test, forest_predict2)
auc_test= auc(false_positive_rate, true_positive_rate)
print("Random Forest AUC on Test data =", round(auc_test,2) )
```

下面来看一下构建随机森林模型的代码。

```
R_forest=RandomForestClassifier(n_estimators=300, max_features=4, max_depth=10)
```

- n_estimators = 300　表示在该模型中创建 300 棵树。n_estimators 的值越大越好。如果数据集的规模庞大，则 n_estimators 的值可以设置小一些。我们尝试在 100～500 选择最优值。
- max_features=4　表示随机选择的特征数量。max_features 值越小越好。可以尝试将 max_features 值设置为 3、4 或 5。
- max_depth=10　与标准的决策树相比，在这里设置一个固定值 10。如果设置的值小于 10，则该模型在训练数据上和测试数据上的准确率较低。

上述代码的输出结果如下所示。

```
Random Forest Accuracy on Train data = 0.92
Random Forest Accuracy on Test data =0.91
Random Forest AUC on Train data = 0.91
Random Forest AUC on Test data =0.9
```

在测试数据上，随机森林模型预测的准确率为 91%，AUC 的值为 90%。与单独的决策树模型相比，随机森林模型预测的准确率增加了 3%。随机森林模型通常会比单独的决策树模型的准确率高 1%～5%。

还有一种与随机森林非常不同的集成方法——Boosting。将在下面几节中详细讨论。

7.5 Boosting 算法

在 Bagging 算法中，并行构建了多个模型。在 Boosting 算法中，构建各种弱模型，并将它们组合成一个鲁棒模型。在 Boosting 算法中需要按顺序构建模型，这也是 Bagging 算法和 Boosting 算法的主要区别。如果我们认为 Bagging 算法是使用了群体智慧，那么 Boosting 算法就是在群体智慧的基础上，基于每个人的技能加上一些权重值。

7.6 AdaBoosting 算法

第一种 Boosting 族算法是 AdaBoosting 算法。该算法在决策树上使用了一个小技巧，通过该技巧提高了模型的准确率。AdaBoosting 是 Adaptive Boosting 简写。以下是 AdaBoosting 算法的 4 个重要步骤。

(1) 数据和弱分类器。首先在完整的训练数据上构建一个弱分类器模型。什么是弱分类器？弱分类器是指准确率高于随机猜测或抛硬币预测的模型。例如，在车辆事故的案例中，如果通过抛硬币来预测是否会发生事故，当抛出的硬币正面朝上时预测的结果是"事故(Accident)"，则该模型的准确率约为 50%。这样，弱分类器的准确率大于 50%即可。

(2) 误差计算和加权样本。在构建弱分类器模型后，如步骤(1)所述，需要注意误差。在弱分类器模型中会有一些记录被模型错误分类。我们重新创建一个新的加权样本集。在加权样本集中，将给于上一个模型中错误分类的记录更多的权重。下面通过一个例子来理解权重的概念。如果数据集中有 10 条记录，那么抽取任一条记录的概率为 0.1。将记录 6 的权重值设置为 0.5。现在从数据集中抽取 10 条记录后，记录 6 将在新的加权样本集中出现 5 次。

(3) 重建模型并不断迭代。通过步骤(2)获取一个新的加权样本集，接着在该样本集上重建一个新的弱分类器模型。由于对上一次模型中被错误分类的记录赋予了更多的权重，因此新构建的模型必然会学习到之前的模型未能学习的模式。但是，该模型可能并不是最佳的。我们需要再次关注该模型的误差率。该模型也会把一些记录错误分类。这时，我们将创建一个新的加权样本集。再给该模型错误分类的记录加上更多的权重。然后，继续重建一个新的模型。我们需要重复步骤(2)和步骤(3)，重新创建加权样本集，并在新的加权样本集上构建分类模型。

(4) 停止迭代。每构建一个模型就是一次迭代。当模型达到零误差或最大迭代标准时，将停止迭代。严格的零误差可能会导致模型的过拟合。迭代次数是构建模型的一个超参数。在每次迭代中，误差随之减小。迭代次数太多会导致模型过拟合，迭代次数太少会导致模型欠拟合。迭代次数并不是所有模型都统一的。模型最终的分类结果由所有模型的预测结果和相应的模型权重决定，这些权重将根据它们的准确率来计算。例如，在 Model-1 中可以观察到很多数据点预测结果。在 Model-50 中也许只能观察到一部分数据得到预测结果。那么，最终的分类不是通过简单投票决定的，而是由加权投票来决定的。

AdaBoosting 算法中蕴含的道理是，无论是数据模式还是记录，如果模型没有学习到模式(错误预测结果)，则将会给这些被预测错误的样本提高权重，以获得更多预测的机会。

图 7.6 是上述 Boosting 算法的图解表示。

基于全部训练数据的初始模型
选取全部训练数据(N 个样本)，
每个样本的权重==1/N

构建模型
在训练样本上构建弱分类器模型，
计算分类误差，计算准确度参数，
用于新样本权重计算

创建加权样本
对于错误分类的样本分配更高的权重，
对于剩下的样本分配低权重。
返回上一步构建模型步骤

停止条件
当达到分类误差为0或者最大迭代次数时
停止训练。利用交叉验证
确定最后的迭代次数

图 7.6　Boosting 算法的过程

样本的权重是由前一个模型的准确率决定的。权重值计算有相应的公式。下面将介绍 AdaBoosting 算法中涉及的理论知识。

(1) 假设 N 表示训练集中的总记录数。每个样本的权重值为 w_i，i 表示迭代的次数。AdaBoosting 算法在第一次迭代时每个样本的权重值为 $w_1 = 1/N$。

(2) 构建模型 M，然后利用如下公式计算误差和准确率。误差因子是错误分类的权重值/总权重值。准确率因子与模型准确率的计算相似。这些公式还会在后续更新权重值时使用。

$$误差因子\ e_M = \frac{\sum_{i=1}^{N} w_i I(y_i \neq \hat{y}_i)}{\sum_{i=1}^{N} w_i}$$

$$准确率因子\ \alpha_M = \log\left(\frac{1-e_M}{e_M}\right)$$

(3) 首先，识别出所有被错误分类的记录。然后通过如下公式更新权重值。

- 更新后的权重值 $w_{i+1} = w_i e^{\alpha_M I}(y_i \neq \hat{y}_i)$。
- 将权重标准化，让其所有样本的权重值的和为 1。

(4) 在模型达到零误差前，重复构建新的模型和更新权重值的过程。

(5) 基于每个模型的投票得到最终分类预测。每个模型投票的权重值 a_m，则预测分类的公式如下：

$$预测分类 = sign(\sqrt{\alpha_m \hat{y}_m})$$

AdaBoosting 算法是 Boosting 族算法中较早的算法之一。Gradient Boosting(梯度提升)算法是最新的、应用最广泛的 Boosting 族算法。7.7 节将讨论 Gradient Boosting 算法。AdaBoosting 算法是对

前一次所构建的模型中错误分类的记录赋予了更多的权重，并通过迭代构建模型来减少误差。Gradient Boosting 算法则以略有不同的方式来处理模型的误差。

7.7 Gradient Boosting 算法

利用线性回归模型很容易理解 Gradient Boosting 算法。我们在全部训练数据上构建第一个线性回归模型。此时的线性回归模型并不是最佳的。接着，从该线性回归模型的预测结果中计算误差。然后，构建一个新的线性回归模型，可以专门学习这些预测错误的记录。最后，重新计算误差并重复上述过程。下面将详细讲解 Gradient Boosting 算法的步骤。

7.7.1 Gradient Boosting 算法

为了弄清楚 Gradient Boosting 算法，下面以线性回归为例来讲解。线性回归模型以一种更直观的方式呈现了 Gradient Boosting 算法的每个步骤。

(1) 构建初始模型。训练数据中的数据点表示为(x_1, y_1), (x_2, y_2), (x_3, y_3)…(x_N, y_N)。在完整的训练数据上构建一个回归模型，表示为 model1。设为 $y=F(x)$。y 的预测值为：$\hat{y}_i = F(x_i)$。

(2) 计算残差。第一个模型可能不是最佳的。计算每个数据点的误差 $y_i = \hat{y}_i + e1_i$。这些误差也称为残差。真实值表示为 $y=F(x)+e1$。这里的 $e1$ 是 model1 在第一次迭代中所产生的误差。

(3) 基于残差构建模型。基于残差构建一个新的模型 $h(x)$。在这个新模型中，目标变量不是真实值 y，而是残差。该模型 $h(x)$ 建立在$(x_1,e1_1)$, $(x_2,e1_2)$, $(x3,e1_3)$…$(x_N,e1_N)$数据点上。如果在上一个模型中存在未学习到的模式，那么在新的模型中将有机会再次学习这些模式。

(4) 更新残差和模型。在模型 $h(x)$中会得到新的残差，记做 $e1$。更新后的残差为：$e1_i = \widehat{e1}_i + e2_i$。基于残差创建的模型为 $e1 = h(x) + e2$。原始模型为 $y=F(x)+e1$。更新后的原始模型表示为 $y=F(x)+h(x)+e2$。将方程中的 $h(x)$模型上加入权重系数：$y=F(x)+\rho*h(x)+e2$。这样，不直接考虑 $h(x)$ 值而是考虑 $\rho*h(x)$的值。ρ 是模型 $h(x)$的学习率(也可以称为收缩系数)，$\rho=1$，表示最大的学习率。

(5) 停止迭代。重复计算残差的步骤，然后根据残差构建模型再更新整个模型，直到模型的预测误差为 0。一次迭代就是构建一个模型；通过设置参数"最大迭代次数(Maximum Number of Iterations)"来避免模型的过拟合问题。迭代次数过少也可能会导致出现欠拟合模型，迭代次数过多会导致模型的过拟合。迭代次数是一个超参数，需要通过比较训练数据和测试数据上的验证指标来微调。如果 ρ(学习率)非常小，则所需要的迭代次数会增加。如果 ρ 较小，则最终的模型在 $h(x)$的预测结果所占的权重也较少。通常，ρ 设置为 0.01～1 的数值。参数 ρ 减缓了模型的学习过程。如果 ρ 的值较小，则模型需要更多的迭代次数，从而导致模型的过拟合。缓慢的学习有助于模型在最优的迭代次数处停止迭代，并提高模型的准确率。

上述算法也可以应用到决策树中。在第 4 章中已经讨论过分类决策树。下面将讨论如何使用回归决策树以及在分类决策树使用 Gradient Boosting 算法。

7.7.2 Gradient Boosting 算法在决策树上的应用

在第 4 章已经详细讨论过了分类树。在分类树中，试图用一种方式来划分整个数据集，这样划分后的子集是纯的。如果一个子集中包含的都是同一类的记录，那么，该子集是纯的。我们还讨论了不纯度的度量方法熵和基尼系数。纯段(子集)的熵较低。回忆一下，在创建回归树时，目标变量是连续变量，回归树将目标变量划分为纯子集。分类树和回归树之间唯一的区别是不纯度的度量。在分类树中使用了熵来度量，在回归树中用离差平方和来度量。回归树中段的不纯度为：

$$\sum(y_i - \overline{y})^2 \ .$$

- 如果一个子集中所有记录的 y 值都相同，则这个段是纯的，离差平方和为 0：$\sum(y_i - \overline{y})^2 = 0$。
- 如果在子集中只有少数记录的 y 值不同，而大部分记录的 y 值相同，则说明该段的纯度略低。
- 如果子集中记录的 y 值区别很大，那么该段是不纯的，离差平方和将非常高。

在回归树中，与构建分类树相同。我们基于所有样本开始构建模型。首先，选择最适合划分数据的变量。最佳变量是根据划分后子集的最高纯度来设置的。子节点中不纯度的平均值应该是最小的。接着，继续这个过程，直到子集达到最大的纯度。最后，可以在训练数据和测试数据上验证，并查找最优的剪枝参数。对于新的数据点，回归树的最终预测是基于该数据点所属的叶子节点决定的。预测结果是目标变量的平均值，如 $\overline{y}$。

现在在上面构建的回归树中应用 Gradient Boosting 技术来解决分类问题。分类问题要使用分类数据集。首先，构建第一棵树模型，该树模型可以看作一个弱学习器，用于预测新数据点所属类别的概率。如果目标分类结果有两个类，那么把 0.5 作为初始概率，或者可以考虑以样本出现的频率作为初始预测概率。该概率值是第一个模型 $y = F(x)$ 的预测结果。目标值 y 取 0 和 1。$F(x)$模型的预测结果是 0~1 之间的数字。我们可以计算误差的值：$y_i = F(x_i) + e1_i$。第一个集合的残差是实际值与概率之间的差：$e1_i = y_i - F(x_i)$。下面在 $(x_1, e1_1)(x2, e1_2)\cdots(x_N, e1_N)$ 上构建一个回归树模型 $h(x)$。修正后的模型为：$y = F(x) + \rho * h(x) + e2$。

重复在残差上构建模型和更新模型的过程，在最优的迭代次数处停止该模型的学习过程。

7.7.3 Boosting 算法中的超参数

在 Boosting 算法中有很多超参数。我们将讨论对最终的 Boosted 模型有较大影响的基本超参数。
- 迭代次数(n)：Boosting 是一种迭代算法。每次迭代误差减小。迭代次数是 Boosting 中的第一个超参数。迭代次数的值过大会导致模型的过拟合，迭代次数较小则会导致模型的欠拟合。迭代次数需要在训练数据和测试数据上验证并进行微调。
- 收缩率或学习率(ρ)：我们不直接考虑残差模型的预测，而是通过学习率(ρ)来控制模型的预测。学习率(ρ)使整个模型的学习过程变慢。在每次迭代中，误差减小也不明显。下面举一个例子来了解学习率(ρ)的重要性。假设有一个数据集，根据先验信息构建机器学习模型，并将误差降低到 10%。下面我们开始构建 $\rho=1$ 的 Boosted 模型。我们的 Boosted 模型在迭代 1 次后误差为 40%，在迭代 2 次后误差为 20%，在迭代 3 次后误差为 0。在测试数据上验证该模型时，发现模型经过 3 次迭代构建了一个过拟合模型。经过 2 次迭代，该模型在训练数据上的误差为 20%。但是，前面已经根据先验信息构建了模型且误差可以降低到 10%。如何构建决策树并让其在误差为 10%时停止迭代呢？在该示例中，Boosted 模型在第三次迭代后完成模型构建。模型根据误差学习和建模的速度太快了。如何减缓这个过程呢？在模型 $F(x)+\rho*h(x)$ 的方程中引入学习率 ρ。如果 $\rho=1$，则直接根据 $h(x)$ 模型预测结果。如果 $\rho=0.1$，则根据 $h(x) *\rho$ 来预测结果。在模型第一次迭代之后也会有很大的误差。大致上，我们可以将 $\rho=0.1$ 理解为需要 10 个步骤来完成 $\rho=1$ 时一个步骤减小的误差。在上面的例子中，为了达到零误差目标，模型需要 3 次迭代，如果设置 $\rho=0.1$，则可能需要迭代 30 次才能达到零误差。在 20 次迭代结束后模型的误差将为 20%。接着，可以将迭代次数设置为 25 或 26 次，让模型的误差达到 10%。类似地，如果设置 $\rho=0.01$，则可能需要 300 次迭代才能达到零误差。此时，模型的最佳迭代次数可能是 240～260。有些开发工具将 $\rho=0.01$ 作为默认值。通常，我们将 ρ 的值设置为[0.001-1]，并在此区间内选择最佳的迭代次数。根据模型在训练数据和测试数据上的预测效果选择最佳的迭代次数。如果 ρ 和迭代次数都很少，那么最终将构建一个欠拟合模型。

- 树的大小：在解决实际问题的同时让树的学习过程慢下来是一个好的解决方案。集成模型的真正能力就在于构建弱模型并对这些模型的推荐结果进行聚合。为了让单个树成为弱学习器，需要将每棵树的 max_depth 设置为一个较小值。通常，将 max_depth 参数设置为 1～5 的数字。根据构建模型的数据更改 max_depth 参数。

Gradient Boosting 中还有其他一些参数。有些参数也可替代上述 3 个参数。一般来说，设置弱学习器(小规模的树)、低学习率($\rho = 0.01$)和大量的树($n > 100$)会得到一个优质的提升树(Boosted Tree)。

7.7.4 Gradient Boosting 算法的图解

下面使用一个数据集来深入理解 Boosting 算法和学习率参数(learning rate)。宠物收养数据集由两列构成，一列表示客户的年龄，另一列是目标列，表示是否会收养宠物。在目标列中有两个值：0 和 1，0 表示不收养宠物，1 表示会收养宠物。我们将尝试使用 GBM(Gradient Boosting Method)模型根据客户的年龄来预测其收养宠物的概率。下面的代码用于构建 Boosted 树。设置 learning_rate 为 1，并在迭代 20 次后得出预测结果。

```python
import pandas as pd
pets_data = pd.read_csv(r"D:\Chapter7\Pet_adoption\\adoption.csv")
pets_data.columns.values
pets_data.head(10)

X=pets_data[["cust_age"]]
y=h=pets_data['adopted_pet']

from sklearn.ensemble import GradientBoostingClassifier
from sklearn.metrics import f1_score
import matplotlib.pyplot as plt

for i in range (1,21):

    #构建模型并预测
    boost_model=GradientBoostingClassifier(n_estimators=i,learning_rate=1,
    max_depth=1)
```

```
boost_model.fit(X,y)
pets_data["iteration_result"]=boost_model.predict_proba(X)[:,1] boost_predict=
boost_model.predict(X)

#绘制图
fig = plt.figure()
plt.rcParams["figure.figsize"] = (7,5)
plt.title(['Iteration :', i ], fontsize=20)
ax1 = fig.add_subplot(111)
ax1.scatter(pets_data["cust_age"],pets_data["adopted_pet"],
s=50, c='b', marker="x")
ax1.scatter(pets_data["cust_age"],pets_data["iteration_result"],
s=50, c='r', marker="o")
ax1.set_xlabel('cust_age')
ax1.set_ylabel('adopted_pet')

#SSE 与准确率
print("SSE : ", sum((pets_data["iteration_result"] - y)**2))
accuracy=f1_score(y, boost_predict, average='micro')
print("Accuracy : ", accuracy)
```

图 7.7 显示了上述代码的结果。

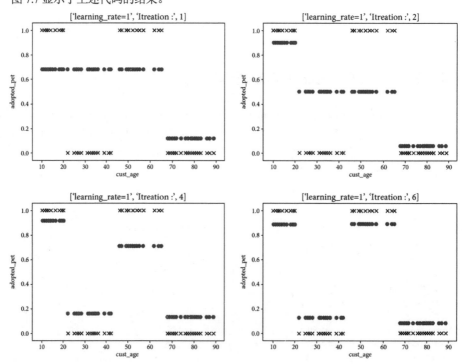

图 7.7　Boosting 迭代

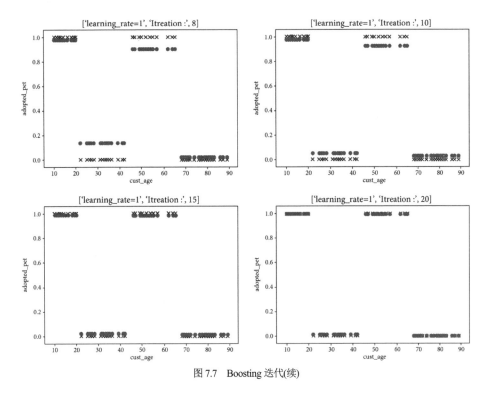

图 7.7　Boosting 迭代(续)

从图 7.7 的输出结果可以看出，真实值用"×"标记，预测值用"•"标记。在第一次迭代后，真实值与预测值之间有很大的误差。逐次迭代，直到在第 20 次迭代后，预测值已经逼近了真实值。如果尝试使用较低的学习率，那么，在第 20 次迭代结束后，真实值与预测值之间仍然会有很大的误差。下面只需要在上述代码中将模型中的学习率(learning_rate)参数更改为 0.1，代码的运行结果如图 7.8 所示。

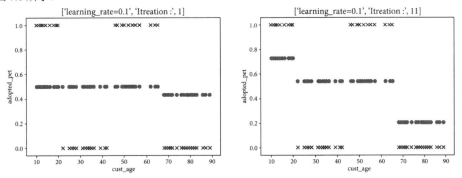

图 7.8　learing_rate=0.1 时的 Boosting 迭代

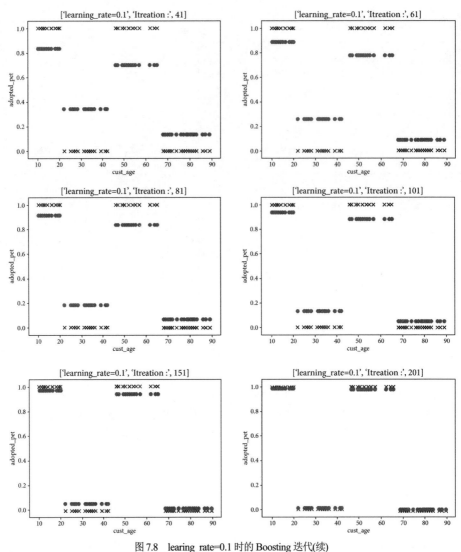

图 7.8　learing_rate=0.1 时的 Boosting 迭代(续)

从上面的输出结果中可以看到 learning_rate 参数对预测结果的影响。learning_rate 为 1 时迭代 10 次与 learning_rate 为 0.1 时迭代 100 次时产生的误差差不多。通常，learning_rate 值较低的缓慢学习模型是首选方案。

7.8　案例研究：基于人口普查数据的收入预测

该案例研究中使用的是 1994 年美国人口普查数据库的数据。该数据集在 CC0:Public Domain License 下是公开可用的。我们已经清理了原始数据集，并在本案例中使用部分数据作为案例研究。

7.8.1　研究背景和目标

我们需要研究该数据集,并基于此预测一个人的年收入是否超过 5 万美元(50K)。在对客户做营销宣传或电话营销前,了解客户的预期收入对预测结果有帮助。该数据集包含了客户信息以及收入的分类。客户信息包括教育(education)、职业(occupation)、婚姻状况(marital status)和每周工作时间(hours-per-week)等。目标列是收入分类,它取两个值:≤50K 和>50K。本案例的研究目标是根据客户的详细信息预测客户的收入分类。表 7.2 是该数据集中的列及取值的相关信息描述。

表 7.2　列名、描述以及取值

序号	列名	描述	取值
1	age	个人年龄	Continuous
2	workclass	个人就业类型	Private, Self-emp-not-inc, Self-emp-inc, Federal-gov, Local-gov, State-gov, Without-pay, Never-worked
3	education	学历	Bachelors, Some-college, 11th, HS-grad, Prof-school, Assocacdm, Assoc-voc, 9th, 7th-8th, 12th, Masters, 1st-4th, 10th, Doctorate, 5th-6th, Preschool
4	education-num	学历转换为数字	Continuous
5	marital-status	婚姻状况	Married-civ-spouse, Divorced, Never-married, Separated, Widowed, Married-spouse-absent, Married-AF-spouse
6	occupation	职业类别	Tech-support, Craft-repair, Other-service, Sales, Execmanagerial, Prof-specialty, Handlers-cleaners, Machine-opinspect, Adm-clerical, Farming-fishing, Transport-moving, Priv-house-serv, Protective-serv, Armed-Forces
7	sex	性别	Female, Male
8	capital-gain	个人资本收益	Continuous
9	capital-loss	个人资本损失	Continuous
10	hours-per-week	每周工作时间	Continuous
11	native-country	国籍	United-States, Cambodia, England, Puerto-Rico, Canada, Germany, India, Japan, Greece, China, Cuba, Iran, Honduras, Philippines, Italy, Poland, Jamaica, Vietnam, Mexico, Portugal, Ireland, France, Dominican-Republic, Laos, Ecuador, Haiti, Columbia, Hungary, Guatemala, Nicaragua, Scotland, Thailand, Yugoslavia, El-Salvador, Trinidad&Tobago, Peru, Holland-Netherlands.
12	income	目标列	≤50K and >50K

本案例研究的目标是利用 11 个与客户相关的变量预测客户的收入分类(≤50K 和>50K)。

7.8.2　数据探索

在该数据集中有一些连续变量和分类变量。下面对该数据集进行一些必要的数据探索。下面的代码用于导入数据，并给出数据的必要信息。

```python
income = pd.read_csv(r"D:\ Chapter7\5.Datasets\Adult_Census_Income\Adult_Income.csv")

#获取行数和列数
print(income.shape)

#输出列名
print(income.columns)

#输出列类型
print(income.info())

##数据探索
#摘要
all_cols_summary=income.describe()
print(round(all_cols_summary,2))
```

上述代码的输出结果如下所示。

```
print(income.shape)
(32561, 12)

print(income.columns)
Index(['age', 'workclass', 'education', 'education.num', 'marital. status','occupation',
'sex', 'capital.gain', 'capital.loss', 'hours.per.week','native.country', 'income'],
    dtype='object')

print(income.info())
<class 'pandas.core.frame.DataFrame'>
RangeIndex: 32561 entries, 0 to 32560
Data columns (total 12 columns):
age                 32561 non-null int64
workclass           32561 non-null object
education           32561 non-null object
education.num       32561 non-null int64
marital.status      32561 non-null object
occupation          32561 non-null object
sex                 32561 non-null object
capital.gain        32561 non-null int64
capital.loss        32561 non-null int64
hours.per.week      32561 non-null int64
native.country      32561 non-null object
income              32561 non-null object
dtypes: int64(5), object(7)
memory usage: 3.0+ MB
None

all_cols_summary=income.describe()
```

```
print(round(all_cols_summary,2))
           age  education.num  capital.gain  capital.loss  hours.per.week
count  32561.00       32561.00      32561.00      32561.00        32561.00
mean      38.58          10.08       1077.65         87.30           40.44
std       13.64           2.57       7385.29        402.96           12.35
min       17.00           1.00          0.00          0.00            1.00
25%       28.00           9.00          0.00          0.00           40.00
50%       37.00          10.00          0.00          0.00           40.00
75%       48.00          12.00          0.00          0.00           45.00
max       90.00          16.00      99999.00       4356.00           99.00
```

describe()函数用于输出数值列的摘要信息。从输出结果中可以看出，在数据集中有一些数值列存在异常值，如资本收益(capital.gain)和资本损失(capital.loss)。其余的列都没问题。我们需要清理数据中的异常值，或者直接利用原始数据集构建模型的第一个版本。下面研究分类变量。下面的代码用于提取所有分类变量并输出它们的频次。

```
##分类变量探索
categorical_vars=income.select_dtypes(include=['object']).columns
print(categorical_vars)

##所有分类变量列的频次表
for col in categorical_vars:
    print("Frequency Table for the column ", col )
    print(income[col].value_counts())
```

上述代码的输出结果如下所示。

```
print(categorical_vars)

Index(['workclass', 'education','marital.status','occupation','sex',
'native.country', 'income'], dtype='object')
##workclass 列的频次表
Private              22696
Self-emp-not-inc      2541
Local-gov             2093
?                     1836
State-gov             1298
Self-emp-inc          1116
Federal-gov            960
Without-pay             14
Never-worked             7
Name: workclass, dtype: int64

##education 列的频次表
HS-grad             10501
Some-college         7291
Bachelors            5355
Masters              1723
Assoc-voc            1382
11th                 1175
Assoc-acdm           1067
10th                  933
7th-8th               646
Prof-school           576
```

```
9th                   514
12th                  433
Doctorate             413
5th-6th               333
1st-4th               168
Preschool              51
Name: education, dtype: int64
```

##marital.status 列的频次表

```
Married-civ-spouse          14976
Never-married               10683
Divorced                     4443
Separated                    1025
Widowed                       993
Married-spouse-absent         418
Married-AF-spouse              23
Name: marital.status, dtype: int64
```

##occupation 列的频次表

```
Prof-specialty        4140
Craft-repair          4099
Exec-managerial       4066
Adm-clerical          3770
Sales                 3650
Other-service         3295
Machine-op-inspct     2002
?                     1843
Transport-moving      1597
Handlers-cleaners     1370
Farming-fishing        994
Tech-support           928
Protective-serv        649
Priv-house-serv        149
Armed-Forces             9
Name: occupation, dtype: int64
```

##sex 列的频次表

```
Male       21790
Female     10771
Name: sex, dtype: int64
```

##native.country 列的频次表

```
United-States               29170
Mexico                        643
?                             583
Philippines                   198
Germany                       137
Canada                        121
Puerto-Rico                   114
El-Salvador                   106
India                         100
Cuba                           95
England                        90
Jamaica                        81
China                          75
```

```
Italy                         73
Dominican-Republic            70
Vietnam                       67
Guatemala                     64
Japan                         62
Poland                        60
Columbia                      59
Haiti                         44
Iran                          43
Portugal                      37
Nicaragua                     34
Peru                          31
France                        29
Greece                        29
Ecuador                       28
Ireland                       24
Cambodia                      19
Trinidad&Tobago               19
Thailand                      18
Laos                          18
Yugoslavia                    16
Honduras                      13
Hungary                       13
Scotland                      12
Holland-Netherlands            1
Name: native.country, dtype: int64
```

```
##income 列的频次表
<=50K           24720
>50K             7841
Name: income, dtype: int64
```

从输出结果中可以看到，有一些列中有缺失值，这些值用"？"表示。在一些变量中，有些类别的频次是非常少的。例如，education 列中的 preschool 类别的频次仅占全部 32 561 条记录中的 51 条。只有 9 个人的职业(occupation)为 armed-forces。我们通过合并一些频次较少的类别来清理这些数据。接着，为这些分类变量中的每一个值创建一个独热编码列。目标列也是分类变量，将其转换为用 0(<=50K)和 1(>50K)表示。

7.8.3　数据清洗和特征工程

在构建模型前执行一些必要的数据清洗和特性工程任务。在处理非数值变量时使用下面的代码将低频次的类别合并到 Other 类别中。

```
income["workclass"] = income["workclass"].replace(['?','Never-worked','Without- pay'],
'Other')
print(income["workclass"] .value_counts())
Private              22696
Self-emp-not-inc      2541
Local-gov             2093
Other                 1857
State-gov             1298
Self-emp-inc          1116
```

```
Federal-gov              960
Name: workclass, dtype: int64


income["marital.status"] = income["marital.status"].replace(['Never-married
','Divorced','Separated','Widowed'], 'Not-married')
print(income["marital.status"] .value_counts())
Not-married          17144
Married-civ-spouse   14976
Married-spouse-absent  418
Married-AF-spouse        23
Name: marital.status, dtype: int64


income["occupation"] = income["occupation"].replace(['?'], 'Other-service')
print(income["occupation"] .value_counts())
Other-service        5138
Prof-specialty       4140
Craft-repair         4099
Exec-managerial      4066
Adm-clerical         3770
Sales                3650
Machine-op-inspct    2002
Transport-moving     1597
Handlers-cleaners    1370
Farming-fishing       994
Tech-support          928
Protective-serv       649
Priv-house-serv       149
Armed-Forces            9
Name: occupation, dtype: int64


freq_country=income["native.country"].value_counts()
less_frequent= freq_country[freq_country <100].index
print(less_frequent)
Index(['Cuba', 'England', 'Jamaica', 'China', 'Italy', 'Dominican-Republic', 'Vietnam',
'Guatemala', 'Japan', 'Poland', 'Columbia', 'Haiti', 'Iran', 'Portugal', 'Nicaragua',
'Peru', 'France', 'Greece', 'Ecuador', 'Ireland', 'Cambodia', 'Trinidad&Tobago', 'Thailand',
'Laos', 'Yugoslavia', 'Honduras', 'Hungary', 'Scotland', 'Holland-Netherlands'],
dtype='object')


income["native.country"]=income["native.country"].replace([less_frequent], 'Other')
income["native.country"] = income["native.country"].replace(['?'], 'Other')
print(income["native.country"].value_counts())
United-States        29170
Other                 1972
Mexico                 643
Philippines            198
Germany                137
Canada                 121
Puerto-Rico            114
El-Salvador            106
India                  100
Name: native.country, dtype: int64
```

我们将二分类的变量转换为数值，将多分类的变量转换为独热编码的格式。在 Pandas 中利用

get_dummies()函数来创建独热编码的变量。

```
print(income["sex"].value_counts())
income['sex']=income['sex'].map({'Male': 0, 'Female': 1})
Male           21790
Female         10771
Name: sex, dtype: int64
```

```
print(income["income"].value_counts())
income['income']=income['income'].map({'<=50K': 0, '>50K': 1})
<=50K          24720
>50K            7841
Name: income, dtype: int64
```

```
one_hot_cols=['workclass','marital.status','occupation','native.country']
one_hot_data = pd.get_dummies(income[one_hot_cols])
print(one_hot_data.shape)
(32561, 34)
```

```
print(one_hot_data.columns.values)
['workclass_Federal-gov' 'workclass_Local-gov' 'workclass_Other''workclass_ Private'
 'workclass_Self-emp-inc' 'workclass_Self-emp-not-inc' 'workclass_ State-gov'
 'marital.status_Married-AF-spouse''marital.status_Married-civ-spouse'
 'marital.status_Married-spouse-absent' 'marital.status_Not-married' 'occu-
pation_Adm-clerical' 'occupation_Armed-Forces' 'occupation_Craft-repair'
 'occupation_Exec-managerial' 'occupation_Farming-fishing' 'occupation_Handlers-cleaners'
 'occupation_Machine-op-inspct' 'occupation_Other-service' 'occu-
pation_Priv-house-serv' 'occupation_Prof-specialty' 'occupation_Protective-serv'
 'occupation_Sales' 'occupation_Tech-support''occupation_Transport-moving'
 'native.country_Canada''native.country_El-Salvador' 'native.country_Germany'
 'native.country_India' 'native.country_Mexico' 'native.country_Other' 'native.
country_Philippines' 'native.country_Puerto-Rico' 'native.country_ United-States']
```

在 4 个分类变量(列)中创建了 34 个独热编码列。我们将这些转换后的列与数值列的数据合并。代码如下所示。

```
##最终数据集
print(income.shape)
income_final = pd.concat([income, one_hot_data], axis=1)
print(income_final.shape)
print(income_final.info())

##特征
one_hot_features=list(one_hot_data.columns.values)
numerical_features=['age','education.num', 'sex', 'capital.gain', 'capital.loss',
'hours.per.week']
all_features=one_hot_features+numerical_features

##数据
X=income_final[all_features]
y=income_final['income']
X_train, X_test, y_train, y_test = train_test_split(X, y, test_size=0.2)
```

```
print(X_train.shape)
print(y_train.shape)
print(X_test.shape)
print(y_test.shape)
```

上述代码的输出结果如下所示。

```
print(income.shape)
(32561, 12)
```

```
income_final = pd.concat([income, one_hot_data], axis=1)
print(income_final.shape)
(32561, 46)
```

```
print(all_features)
['workclass_Federal-gov', 'workclass_Local-gov', 'workclass_Other', 'workclass_Private',
'workclass_Self-emp-inc', 'workclass_Self-emp-not-inc', 'workclass_State-gov',
'marital.status_Married-AF-spouse','marital.status_Married-civspouse',
'marital.status_Married-spouse-absent', 'marital.status_Not-married',
'occupation_Adm-clerical', 'occupation_Armed-Forces', 'occupation_Craft-repair',
'occupation_Exec-managerial', 'occupation_Farming-fishing', 'occupation_Handlers-cleaners',
'occupation_Machine-op-inspct', 'occupation_Other-service', 'occupation_Priv-house-serv',
'occupation_Prof-specialty', 'occupa-tion_Protective-serv', 'occupation_Sales',
'occupation_Tech-support', occupation_Transport-moving', 'native.country_Canada',
'native.country_El-Salvador', 'native.country_Germany', 'native.country_India',
'native.country_Mexico', 'native.country_Other', 'native.country_Philippines',
'native.country_Puerto- Rico', 'native.country_United-States', 'age', 'education.num',
'sex', 'capital.gain', 'capital.loss', 'hours.per.week']
```

```
print(X_train.shape)
(26048, 40)
```

```
print(y_train.shape)
(26048,)
```

```
print(X_test.shape)
(6513, 40)
```

```
print(y_test.shape)
(6513,)
```

7.8.4 构建模型与验证模型

下面开始构建模型。构建模型时必须设置 3 个参数，分别为 learning_rate、max_depth 和 n_estimators。learning_rate 的取值范围是 0.1～0.01，max_depth 的取值范围是 1～5， n_estimators 的取值范围是 10～1000。构建的第一个模型中 learning_rate 的值为 0.01，max_depth 的值为 4， n_estimators 的值为 10。这样，构建的第一个模型是一个欠拟合模型，主要是由于迭代次数少且 learning_rate 参数的值较小。

```
##构建模型
gbm_model1=GradientBoostingClassifier(learning_rate=0.01,max_depth=4,
n_estimators=10, verbose=1)
gbm_model1.fit(X_train, y_train)
```

##在训练数据和测试数据上验证模型

```
#训练数据
predictions=gbm_model1.predict(X_train)
actuals=y_train
cm = confusion_matrix(actuals,predictions)
print(cm)
accuracy=(cm[0,0]+cm[1,1])/(sum(sum(cm)))
print(accuracy)
#测试数据
predictions=gbm_model1.predict(X_test)
actuals=y_test
cm = confusion_matrix(actuals,predictions)
print(cm)
accuracy=(cm[0,0]+cm[1,1])/(sum(sum(cm)))
print(accuracy)
```

上述模型的输出结果如下所示。

```
       Iter      Train Loss     Remaining Time
         1         1.0911              0.73s
         2         1.0834              0.59s
         3         1.0759              0.50s
         4         1.0686              0.42s
         5         1.0615              0.35s
         6         1.0546              0.28s
         7         1.0479              0.21s
         8         1.0413              0.14s
         9         1.0349              0.07s
        10         1.0287              0.00s


Confusion Matrix on Train data
[[19832       0]
 [ 6216       0]]
Train Accuracy 0.7613636363636364
Confusion Matrix on Test data
[[4888       0]
 [1625       0]]
Test Accuracy 0.7504990019960079
```

我们将增加迭代次数，让模型有更多的机会学习。将迭代次数增加到 1000 后，模型的预测结果如下所示。

```
       Iter      Train Loss     Remaining Time
         1         1.0911              6.81s
         2         1.0834              6.50s
         3         1.0759              6.54s
         4         1.0686              6.43s
         5         1.0615              6.34s
         6         1.0546              6.52s
         7         1.0479              6.59s
         8         1.0413              6.49s
         9         1.0349              6.39s
        10         1.0287              6.33s
```

```
         20            0.9737              5.46s
         30            0.9290              4.79s
         40            0.8918              4.10s
         50            0.8597              3.41s
         60            0.8323              2.92s
         70            0.8085              2.17s
         80            0.7880              1.43s
         90            0.7701              0.71s
        100            0.7545              0.00s
Confusion Matrix on Train data
[[19276     556]
 [ 3450    2766]]
Train Accuracy 0.8462070024570024
Confusion Matrix on Test data
[[4741      147]
 [ 890      735]]
Test Accuracy 0.8407799785045295
```

我们已经使用了固定的低学习率和树的大小构建了模型。可以编写一个设置迭代次数的循环语句，并在训练数据和测试数据上查看结果。下面的代码使用了不同的迭代次数构建 20 个模型。

```python
##使用不同的迭代进行循环
for i in range(5,1000, 50):
    gbm_model1 = GradientBoostingClassifier(
    learning_rate=0.01, max_depth=4,n_estimators=i)
    gbm_model1.fit(X_train, y_train)

    print("N_estimators=" , i)
    #训练数据
    predictions=gbm_model1.predict(X_train)
    actuals=y_train
    cm = confusion_matrix(actuals,predictions)
    accuracy=(cm[0,0]+cm[1,1])/(sum(sum(cm)))
    print("Train Accuracy", accuracy)

    #测试数据
    predictions=gbm_model1.predict(X_test)
    actuals=y_test
    cm = confusion_matrix(actuals,predictions)
    accuracy=(cm[0,0]+cm[1,1])/(sum(sum(cm)))
    print("Test Accuracy", accuracy)
```

上述代码的输出结果如表 7.3 所示。

表 7.3　20 个模型在测试数据和训练数据上的准确率

迭代次数	训练准确率	测试准确率
5	76.2%	74.9%
55	81.7%	80.7%
105	84.9%	84.1%
155	85.5%	84.6%
205	86.1%	85.1%

(续表)

迭代次数	训练准确率	测试准确率
255	86.3%	85.3%
305	86.4%	85.4%
355	86.5%	85.5%
405	86.6%	85.6%
455	86.7%	85.7%
505	86.8%	85.8%
555	86.9%	85.8%
605	87.0%	85.8%
655	87.2%	85.8%
705	87.3%	86.0%
755	87.4%	86.2%
805	87.5%	86.2%
855	87.6%	86.3%
905	87.7%	86.4%
955	87.8%	86.4%

从表 7.3 中可以看出，模型在测试数据上的准确率在 85%～86% 范围内达到饱和。低于 200 次的迭代会导致模型欠拟合，超过 1 000 次的迭代可能会使模型过拟合。最终，可以确定学习率为 0.01，迭代次数为 200。我们可以进一步尝试改变学习率，并从不同的学习率和迭代次数的组合中验证预测结果。我们可以对数据做大量的特征工程，以提高模型准确率。由于存在轻微的类不平衡问题，还可以考虑在验证这些模型时只关注单个类。因此，在构建 Boosted Tree(提升树)时总是尝试使用弱学习器和低学习率。

7.9　本章小结

集成模型是强大的机器学习算法。当预测准确率要求较高，且不担心变量的影响时，集成模型是首选模型。如果每个变量的影响和模型的解释也很重要，那么线性回归和树模型这样的简单模型是首选。与其他简单模型相比，构建和微调集成模型相对复杂。然而，最佳的集成模型准确率是很高的。近年来，使用集成模型的应用突然增加。现在设备的计算能力很强，即使是个人电脑和笔记本电脑，计算能力也很强。数据科学家可以毫不费力地在规定的时间内构建这些集成模型。

7.10　本章习题

1. 下载 Heart Disease Data Set 数据集。
- 导入数据。对数据进行必要的数据探索和数据清洗。

- 基于数据集中的变量构建机器学习模型，用于预测心脏病。
- 对模型进行验证，并使用准确率指标验证模型。
- 寻求改进模型的创新方法。

数据集下载: https://archive.ics.uci.edu/ml/datasets/Heart+disease。

2. 下载 New York City Taxi Fare Prediction 数据集。

- 导入数据。对数据进行必要的数据探索和数据清洗。
- 构建机器学习模型，用于预测合理的车费。
- 对模型进行验证，并使用准确率指标验证模型。
- 寻求提高模型准确率的创新方法。
- 在 date 和 location 列加入特征工程的技巧，以提高模型的准确率。

数据集下载：https://www.kaggle.com/c/new-york-city-taxi-fare-prediction/data。(这是一个巨大的数据集，可以随机抽取上百万行样本。)

第**8**章

人工神经网络

线性回归、逻辑回归和决策树是机器学习算法中相对简单的算法。只有掌握了这些算法才能更好地学习高级的机器学习算法。线性回归和决策树算法很简单，预测结果很容易理解和解释。这些模型能很好地识别数据中的简单模式，并且模型所用的执行时间很短。然而，这些基本算法无法识别数据中的非线性模式。因此，我们需要使用更复杂的算法来找出交互效应并自动识别非线性的隐藏模式。神经网络，也称为通用函数逼近器，是最复杂的机器学习算法之一。神经网络模型具有灵活性和复杂性，可以学习数据中几乎任何非线性模式。8.1 节将从逻辑回归开始介绍神经网络的本质。

8.1 逻辑回归的网络图

前面讨论过逻辑回归。神经网络的术语与逻辑回归中的术语不同。在逻辑回归中，使用希腊字母 β 表示系数。逻辑回归中的变量称为自变量和因变量。前面一直使用典型的数学或统计学中的术语。在神经网络中，用计算机科学术语表示逻辑回归。在神经网络中，系数称为权重，变量称为输入变量和输出变量。神经网络的模型利用网络图表示。我们首先需要了解神经网络中所用的术语。下面给出了带有两个预测变量的标准逻辑回归线方程。

$$y = \frac{e^{\beta_0 + \beta_1 x_1 + \beta_2 x_2}}{1 + e^{\beta_0 + \beta_1 x_1 + \beta_2 x_2}}$$

将上述的曲线方程以不同的方式表示。使用 w 替换 β，上述方程将转换为如下形式。

$$y = \frac{e^{w_0 + w_1 x_1 + w_2 x_2}}{1 + e^{w_0 + w_1 x_1 + w_2 x_2}}$$

Logistic(逻辑)函数 $g(x)$ 也被称为 Sigmoid 激活函数。

$$g(x) = \frac{e^x}{1 + e^x}$$

上述函数通常写成如下的等价形式：

$$g(x) = \frac{1}{1 + e^{-x}}$$

下面重写逻辑回归方程：

$$y = g(w_0 + w_1 x_1 + w_2 x_2)$$

上述方程等价于如下方程：

$$y = g\left(\sum w_i x_i\right)$$

最后，将方程表示为一个网络图，如图 8.1 所示。

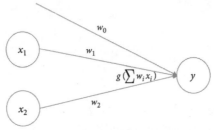

图 8.1 逻辑回归的网络图表示

在图 8.1 中，权重(相关系数)用边表示。节点表示输入变量和输出变量。通常，$g(x)$不显示在图中。从图中可以看出 Logistic 函数或 Sigmoid 函数应用到最终的求和计算中。最终的逻辑回归的网络图如图 8.2 所示。

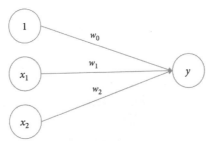

图 8.2 重新定义的逻辑回归的网络图

在图 8.2 中，将与截距相关的权重值连接到常数节点上，该节点的取值通常是 1，该节点被称为偏置项。首先计算 $(w_0 * 1) + (w_1 * x_1) + (w_2 * x_2)$，相当于计算 $\sum w_i x_i$。接着，对权重的和应用 Sigmoid 函数 $g(x)$。最后，得到的逻辑回归方程为 $y = g\left(\sum w_i x_i\right)$。这个网络图是对逻辑回归线的新的表示方法。在本章及后续章节中，将仅看到这种网络图表示的方程。用网络图的形式表示方程是有充分理由的，将在后面讨论。

这里，函数 $g(x)$ 是激活函数。Sigmoid 函数是激活函数的一种。如果激活函数是线性函数，则该方程将成为线性回归方程。同样的网络表示也可以用于线性回归。线性回归方程和逻辑回归方程表示的唯一的区别是激活函数 $g(x)$。在逻辑回归方程中使用了 Sigmoid 激活函数。如果在逻辑回归方程中使用线性函数 $g(x) = x$，那么，$y = g\left(\sum w_i x_i\right)$ 将成为一条线性回归线。不同的激活函数使用相同的图形表示方法，即 $g(x)$为线性函数时，网络图表示简单的线性回归，$g(x)$是逻辑回归方程时，网络图表示逻辑回归。至此，我们已经了讨论了逻辑回归的两种不同表示方法。表 8.1 对比了逻辑回归的新旧术语。

表 8.1 逻辑回归的新旧术语对比

逻辑回归术语	新术语
x_1 和 x_2 是预测变量(Predictor Variables)	x_1 和 x_2 是输入变量(Inputs)
y 是目标变量(Target Variable)	y 是输出变量(Output)
β_0、β_1 和 β_2 是相关系数(Coefficients)	w_0、w_1 和 w_2 是权重(Weights)
β_0 是截距(Intercept)	w_0 是偏置的权重(the Weight of the Bias)
Logistic 函数 $g(x) = \dfrac{e^x}{1+e^x}$	Sigmoid 激活函数 $g(x) = \dfrac{1}{1+e^{-x}}$
$y = \dfrac{e^{\beta_0+\beta_1 x_1+\beta_2 x_2}}{1+e^{\beta_0+\beta_1 x_1+\beta_2 x_2}}$	$y = \dfrac{e^{w_0+w_1 x_1+w_2 x_2}}{1+e^{w_0+w_1 x_1+w_2 x_2}}$
$y = \dfrac{e^{\beta_0+\beta_1 x_1+\beta_2 x_2}}{1+e^{\beta_0+\beta_1 x_1+\beta_2 x_2}}$	$y = g\left(\sum w_i x_i\right)$
$y = \dfrac{e^{\beta_0+\beta_1 x_1+\beta_2 x_2}}{1+e^{\beta_0+\beta_1 x_1+\beta_2 x_2}}$	

在本章后续各节以及后续的章节中将多次回顾这种网络表示方法。

8.2 决策边界的概念

逻辑回归线的最终预测结果是 0～1 的值。对于一个新的数据点，如果模型对该数据点的预测值是 0.95，则可以将其预测为 Class-1 类；如果模型对该数据点的预测值为 0.05，则可以将其预测为 Class-0 类。通常，在分类时设置的阈值为 0.5。如果预测值低于 0.5，则将其归类为 Class-0 类，其余预测值则归类为 Class-1 类。逻辑回归线看起来像一条"S"形曲线。当涉及模型的预测结果时，将利用该曲线划分 Class-0 和 Class-1 的决策边界(见图 8.3)。

在逻辑回归的输出结果中，没有看到在 0.5 处的决策边界。但是，在逻辑回归模型中得到的最终分类结果是基于 0.5 的决策边界。当逻辑回归模型中采用多个预测变量时，也是根据决策边界为 0.5 预测分类结果。下面以两个预测变量 x_1、x_2 和一个目标变量 y 为例绘制这些真实数据的分布，如图 8.4 所示。

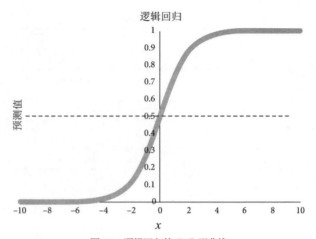

图 8.3 逻辑回归的"S"形曲线

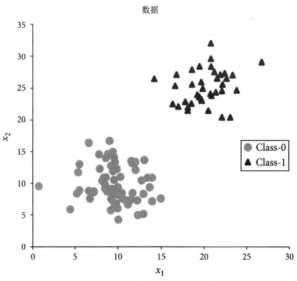

图 8.4 Class-0 类和 Class-1 类的真实数据点

图 8.4 中显示了 x_1、x_2 和 y 之间的关系。y 变量包含两个分类值：Class-0 和 Class-1。如果为这些数据建立逻辑回归线，则决策边界会出现在这两个类之间。决策边界相当于 Class-0 和 Class-1 之间的分隔符。决策边界的推导过程如下所示。

逻辑回归线

$$y = \frac{e^{\beta_0 + \beta_1 x_1 + \beta_2 x_2}}{1 + e^{\beta_0 + \beta_1 x_1 + \beta_2 x_2}}$$

将上述公式两边取对数，可以写为如下形式：

$$\log\left(\frac{y}{1-y}\right) = \beta_0 + \beta_1 x_1 + \beta_2 x_2$$

将 $y = 0.5$ 带入上述公式中，决策边界线的方程如下所示。

$$\log\left(\frac{0.5}{0.5}\right) = \beta_0 + \beta_1 x_1 + \beta_2 x_2$$

$$0 = \beta_0 + \beta_1 x_1 + \beta_2 x_2$$

$$-\beta_2 x_2 = \beta_0 + \beta_1 x_1$$

$$\beta_2 x_2 = -\beta_0 - \beta_1 x_1$$

$$x_2 = -\frac{\beta_0}{\beta_2} - \frac{\beta_1}{\beta_2} x_1$$

　　上述方程式的结果是决策边界线。我们利用上述公式构建一条逻辑回归线并推导出决策边界。可以将决策边界覆盖在原始数据分布的上面。决策边界线只适合在两个预测变量的模型中使用，因为我们无法想象在超出三维空间时绘制决策边界线的情况(见图 8.5)。

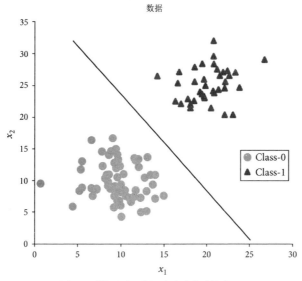

图 8.5　数据和由逻辑回归产生的决策边界

　　图 8.5 中显示了数据及其决策边界。逻辑回归线是一条 S 形曲线；由逻辑回归推导出的决策边界是一条分隔这两种类别数据的直线。

决策边界：编码

　　本例所用的是员工消费的数据，包括 3 列：员工年龄、工作经验和是否会购买产品。该示例中的产品是指与保险有关的产品。通过该示例要根据员工的年龄和经验预测是否购买保险，员工的年龄(Age)和经验(Experience)作为预测变量，而目标变量是"购买"(Purchase)。

　　我们将构建一个逻辑回归模型。但是，在该示例中我们更关注决策边界。决策边界是在构建逻辑回归模型后得到的。在该示例中使用员工消费数据的一个子集。后续将使用完整的数据集。

导入数据并显示数据必要信息的代码如下所示。

```
Emp_Purchase_raw = pd.read_csv(r"D:\Chapter8 ANN\5.Datasets\Emp_Purchase\
Emp_Purchase.csv")

####从数据集中筛选出数据子集，筛选条件是 Sample_Set<3
Emp_Purchase1=Emp_Purchase_raw[Emp_Purchase_raw.Sample_Set<3]
print(Emp_Purchase1.shape))
print(Emp_Purchase1.columns.values)
print(Emp_Purchase1.head(10))
```

上述代码的输出结果如下所示。

```
print(Emp_Purchase1.shape)
(74, 4)

print(Emp_Purchase1.columns.values)
['Age' 'Experience' 'Purchase' 'Sample_Set']

print(Emp_Purchase1.head(10))
      Age   Experience   Purchase   Sample_Set
0    20.0       2.3          0           1
1    16.2       2.2          0           1
2    20.2       1.8          0           1
3    18.8       1.4          0           1
4    18.9       3.2          0           1
5    16.7       3.9          0           1
6    16.3       1.4          0           1
7    20.0       1.4          0           1
8    18.0       3.6          0           1
9    21.2       4.3          0           1
```

该示例所用的子集(完整数据集的一部分)中有 74 条记录。我们将利用 Age 变量和 Experience 变量来预测目标变量 Purchase。下面将这些数据绘制为散点图，通过散点图可以显示预测变量和目标变量之间关系，代码如下所示。

```
fig = plt.figure()
ax1 = fig.add_subplot(111)
plt.rcParams["figure.figsize"] = (8,6)
plt.title('Age, Experiencevs Purchase', fontsize=20)

ax1.scatter(Emp_Purchase1.Age[Emp_Purchase1.Purchase==0],Emp_Purchase1.
Experience[Emp_Purchase1.Purchase==0], s=100, c='b', marker="o", label='Purchase 0')
ax1.scatter(Emp_Purchase1.Age[Emp_Purchase1.Purchase==1],Emp_Purchase1.
Experience[Emp_Purchase1.Purchase==1], s=100, c='r', marker="x", label= 'Purchase 1')

ax1.set_xlabel('Age',fontsize=15)
ax1.set_ylabel('Experience',fontsize=15)

plt.xlim(min(Emp_Purchase1.Age), max(Emp_Purchase1.Age))
plt.ylim(min(Emp_Purchase1.Experience), max(Emp_Purchase1.Experience))
plt.legend(loc='upper left');
```

```
plt.show()
```

需要注意的是，在解决实际问题时，不需要绘制这些图。在这里，只是为了更直观地显示这些数据。上述代码的输出结果如图 8.6 所示。

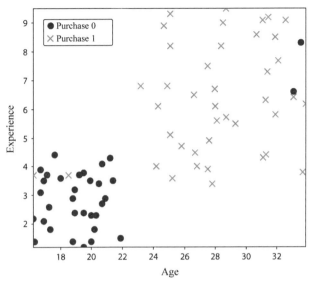

图 8.6　为不同的 Age 值和 Experience 值绘制出按照 Purchase 分类的 Class-0 和 Class-1 的数据点

在图 8.6 中可以看出，这些数据分为两个类别输出：Purchase=0 和 Purchase=1。下面在该数据上构建逻辑回归曲线，并推导出决策边界，然后在该图上绘制决策边界。我们已经可以猜测决策边界在图中出现的位置。构建逻辑回归线的代码如下所示，图 8.7 所示的曲线图显示了决策边界。

```
###逻辑回归模型 model1
model1 = sm.logit(formula='Purchase ~ Age+Experience', data=Emp_Purchase1)
fitted1 = model1.fit()
fitted1.summary2()

#######模型 model1 的准确率与误差
#创建混淆矩阵
predicted_values=fitted1.predict(Emp_Purchase1[["Age"]+["Experience"]])
predicted_values[1:10]
threshold=0.5

import numpy as np
predicted_class=np.zeros(predicted_values.shape)
predicted_class[predicted_values>threshold]=1

predicted_class
from sklearn.metrics import confusion_matrix as cm
ConfusionMatrix = cm(Emp_Purchase1[['Purchase']],predicted_class)
print(ConfusionMatrix)
accuracy=(ConfusionMatrix[0,0]+ConfusionMatrix[1,1])/sum(sum(Confusion Matrix))
print('Accuracy : ',accuracy)
error=1-accuracy
```

```
print('Error: ',error)

#系数
slope1=fitted1.params[1]/(-fitted1.params[2])
intercept1=fitted1.params[0]/(-fitted1.params[2])

#最后，为该逻辑回归模型绘制决策边界

fig = plt.figure()
ax1 = fig.add_subplot(111)
plt.rcParams["figure.figsize"] = (8,6)
plt.title('Decision Boundary', fontsize=20)

ax1.scatter(Emp_Purchase1.Age[Emp_Purchase1.Purchase==0],Emp_Purchase1.
Experience[Emp_Purchase1.Purchase==0],s=100,c='b',marker="o",label= 'Purchase 0')
ax1.scatter(Emp_Purchase1.Age[Emp_Purchase1.Purchase==1],Emp_Purchase1.
Experience[Emp_Purchase1.Purchase==1],s=100,c='r',marker="x",label= 'Purchase 1')
ax1.set_xlabel('Age',fontsize=15)
ax1.set_ylabel('Experience',fontsize=15)

plt.xlim(min(Emp_Purchase1.Age), max(Emp_Purchase1.Age))
plt.ylim(min(Emp_Purchase1.Experience), max(Emp_Purchase1.Experience))
plt.legend(loc='upper left');

x_min, x_max = ax1.get_xlim()
ax1.plot([0, x_max], [intercept1, x_max*slope1+intercept1])

plt.show()
```

上述代码的输出结果如图 8.7 所示。

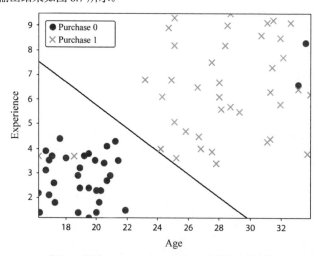

图 8.7 用于 Purchase 0 和 Purchase 1 分类的决策边界

从图 8.7 的输出结果可以看到根据逻辑回归线创建的决策边界。正如预期的那样，决策边界在两个类之间。本节的内容到此就结束了。本节讨论的要点是，每一条逻辑回归线都会创建一个决策边界，决策边界看起来像两个类之间的一条直线。

8.3 多决策边界问题

当目标变量中的两个类可以用直线分离时，说明决策边界被正确创建。但是，不是每个数据集都有明确的分离边界。如图 8.8 所示的数据集，其中有两个输入变量和一个二分类的输出变量。图中的数据看起来像逻辑回归线可以解决的分类问题。然而，我们知道逻辑回归给出的决策边界是一条直线。对于图 8.8 所示的数据，需要两个决策边界来将这两类数据分离。

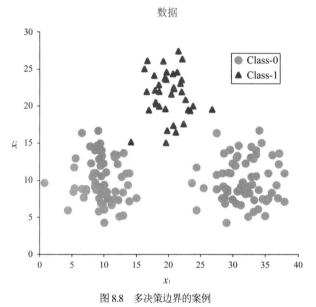

图 8.8 多决策边界的案例

一个决策边界不能有效地将上述数据分离为两类。在这种情况下，使用逻辑回归线来分类是失败的。在分离边界为非线性的情况下，或者需要多个决策边界时，使用逻辑回归都会失败。在图 8.7 所示的示例中，只考虑了数据集的一个子集。下面来看一下在完整数据集上的数据分布，代码如下所示。

```
##绘制完整数据集的散点图

fig = plt.figure()
ax = fig.add_subplot(111)
plt.rcParams["figure.figsize"] = (8,6)
plt.title('Age, Experiencevs Purchase - Overall Data', fontsize=20)

ax.scatter(Emp_Purchase_raw.Age[Emp_Purchase_raw.Purchase==0],Emp_Purchase_raw.
Experience[Emp_Purchase_raw.Purchase==0],s=100,c='b',marker="o", label='Purchase 0')
ax.scatter(Emp_Purchase_raw.Age[Emp_Purchase_raw.Purchase==1],Emp_Purchase_raw.
Experience[Emp_Purchase_raw.Purchase==1],s=100,c='r',marker="x", label='Purchase 1')
ax1.set_xlabel('Age',fontsize=15)
ax1.set_ylabel('Experience',fontsize=15)

plt.xlim(min(Emp_Purchase_raw.Age), max(Emp_Purchase_raw.Age))
plt.ylim(min(Emp_Purchase_raw.Experience), max(Emp_Purchase_raw.Experience))
```

```
plt.legend(loc='upper left');
plt.show()
```

上述代码的输出结果如图 8.9 所示。

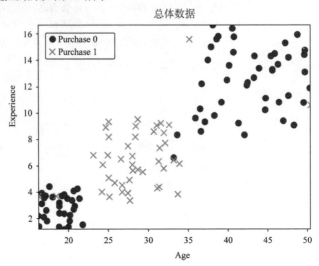

图 8.9　Purchase 0 和 Purchase 1 类别的输出结果

　　下面将对这些数据使用逻辑回归线强制拟合，并尝试绘制决策边界。在前面的例子中，能很容易猜测决策边界会出现的位置，但现在无法猜测决策边界的位置了。逻辑回归模型在完整的数据集上不起作用。我们尝试强制利用逻辑回归模型拟合数据并查看预测结果。下面的代码构建了一条逻辑回归线，并在数据上绘制决策边界。

```
model = sm.logit(formula='Purchase ~ Age+Experience', data=Emp_Purchase_raw)
fitted = model.fit()
fitted.summary2()

#获取逻辑回归线的斜率和截距
slope=fitted.params[1]/(-fitted.params[2])
intercept=fitted.params[0]/(-fitted.params[2])

##模型 model1 的准确率和误差
predicted_values=fitted.predict(Emp_Purchase_raw[["Age"]+["Experience"]])
predicted_values[1:10]

#使用阈值(threshold 参数)将其转换为分类
threshold=0.5
threshold

predicted_class=np.zeros(predicted_values.shape)
predicted_class[predicted_values>threshold]=1

#预测类
predicted_class[1:10]

from sklearn.metrics import confusion_matrix as cm
```

```
ConfusionMatrix = cm(Emp_Purchase_raw[['Purchase']],predicted_class)
print(ConfusionMatrix)
accuracy=(ConfusionMatrix[0,0]+ConfusionMatrix[1,1])/sum(sum(Confusion Matrix))
print(accuracy)

error=1-accuracy
error

fig = plt.figure()
ax = fig.add_subplot(111)
plt.rcParams["figure.figsize"] = (8,7)
plt.title('Decision Boundary - Overall Data', fontsize=20)

ax.scatter(Emp_Purchase_raw.Age[Emp_Purchase_raw.Purchase==0],Emp_Purchase_raw.
Experience[Emp_Purchase_raw.Purchase==0],s=100,c='b',marker="o", label='Purchase 0')
ax.scatter(Emp_Purchase_raw.Age[Emp_Purchase_raw.Purchase==1],Emp_Purchase_raw.
Experience[Emp_Purchase_raw.Purchase==1], s=100, c='r', marker="x", label= 'Purchase 1')
plt.xlim(min(Emp_Purchase_raw.Age), max(Emp_Purchase_raw.Age))
plt.ylim(min(Emp_Purchase_raw.Experience), max(Emp_Purchase_raw.Experience))
plt.legend(loc='upper left');

x_min, x_max = ax.get_xlim()
ax.plot([0, x_max], [intercept, x_max*slope+intercept],linewidth=5)
plt.show()
```

输出结果如图 8.10 所示。

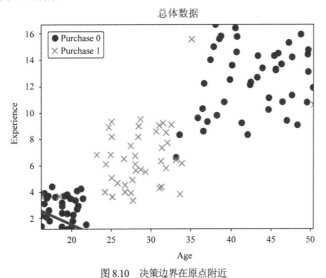

图 8.10　决策边界在原点附近

图 8.10 所示的结果中，在靠近原点左下角的位置可以找到决策边界。很明显，这个决策边界不能分离这两类数据。本节的内容可以总结为：一条逻辑回归线在具有多个决策边界的数据集中不起作用。

8.4 多决策边界问题的解决方案

如果数据中存在多个决策边界，那么直接用输入变量预测目标变量是不行的。我们需要一个更好的分类模型来解决多个决策边界数据的分类问题。在使用完整数据集的图(见图 8.11 和图 8.12)中，如果只考虑区域 1(R1)中的数据，那么逻辑回归模型就可以完美地分离这两个类。同样，如果只考虑区域 2(R2)，逻辑回归也可以完美地分离这两类数据。我们为区域 1(R1)构建逻辑回归模型(Model-1)，通过该模型获得预测值。这些预测值作为中间输出结果 h_1。为区域 2 建立另一个逻辑回归模型(Model-2)，将其预测结果作为第二个中间输出结果 h_2。最后，使用这些中间输出结果 h_1 和 h_2 来预测 y。现在不是为(x_1, x_2 vs. y)建立一条逻辑回归线，而是要分别建立 3 条逻辑回归线，分别是(x_1, x_2 vs. h_1)；(x_1, x_2 vs. h_2)以及(h_1, h_2 vs. y)。由于在数据中绘制的区域发生变化，在 h_1 和 h_2 的中间模型中，x_1 和 x_2 的值不同。

下面将构建 3 个模型。

R1 中的 Model-1 给出的中间输出 Output-1:

$$h_1 = \frac{e^{w_{01}+w_{11}x_1+w_{21}x_2}}{1+e^{w_{01}+w_{11}x_1+w_{21}x_2}}$$

R2 中的 Model-2 给出的中间输出 Output-2:

$$h_2 = \frac{e^{w_{02}+w_{12}x_1+w_{22}x_2}}{1+e^{w_{02}+w_{12}x_1+w_{22}x_2}}$$

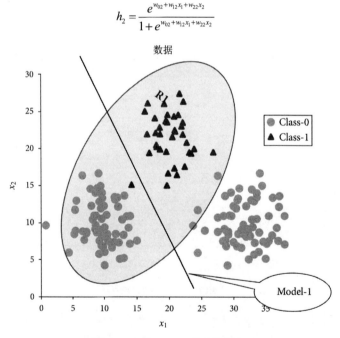

图 8.11　R1 中 Model-1 的决策边界

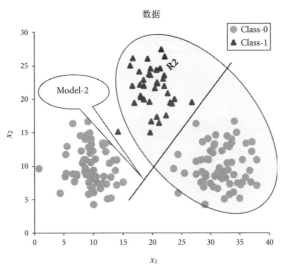

图 8.12　R2 中 Model-2 的决策边界

Model-3 利用中间输出结果预测最终结果：

$$y = \frac{e^{w_0+w_1h_1+w_2h_2}}{1+e^{w_0+w_1h_1+w_2h_2}}$$

图 8.13 显示了上述模型方程的网络表示。

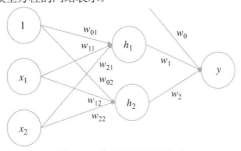

图 8.13　模型方程的网络表示

如果要建立一条逻辑回归线以预测目标变量，则只需要获得 3 个权重值。但是，由于数据是非线性的，因此该模型是无效的。通过 3 个逻辑回归模型构建的模型必须获得 9 个权重值，包括 3 个与 h_1 相关的权重值，3 个与 h_2 相关的权重值以及从(h_1, h_2 vs. y)中得到的 3 个权重值。

构建中间输出模型

在该练习中仍然用到前面的数据集。在该数据集中仍然考虑在 R1 和 R2 上构建两个中间模型。数据集中有一个名为 Sample_Set 的列，用于区分 R1 和 R2 区域。在前面构建的第一个决策边界示例中，已经研究了 R1，并创建了一个决策边界(见图 8.7)。

下面的代码用于构建两个中间模型，并创建这两个模型的中间输出 h_1 和 h_2。中间模型如图 8.14 所示。

```
##模型 h₁
Emp_Purchase1=Emp_Purchase_raw[Emp_Purchase_raw.Sample_Set<3]
model1 = sm.logit(formula='Purchase ~ Age+Experience', data=Emp_Purchase1)
fitted1 = model1.fit(method="bfgs")

##预测
Emp_Purchase_raw ['h1']=fitted1 . predict ( Emp_Purchase_raw [[ "Age" ]+ ["Experience"]])

##模型 h₂
Emp_Purchase2=Emp_Purchase_raw[Emp_Purchase_raw.Sample_Set>1]
model2 = sm.logit(formula='Purchase ~ Age+Experience', data=Emp_Purchase2)
fitted2 = model2.fit(method="bfgs")

##预测
Emp_Purchase_raw ['h2']=fitted2 . predict ( Emp_Purchase_raw [[ "Age" ]+ ["Experience"]])

##数据集中的 h₁和 h₂
print(Emp_Purchase_raw[['Age', 'Experience','h1','h2','Purchase']])
```

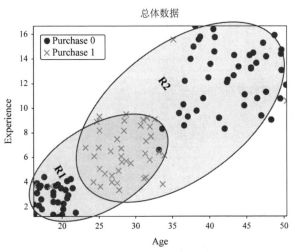

图 8.14　在区域中构建中间模型

上述代码的输出结果如下所示。

```
print(Emp_Purchase_raw[['Age', 'Experience','h1','h2','Purchase']])

        Age    Experience         h1         h2    Purchase
0      20.0           2.3   0.114232   0.999578           0
1      16.2           2.2   0.040805   0.999910           0
2      20.2           1.8   0.092027   0.999595           0
3      18.8           1.4   0.051521   0.999790           0
4      18.9           3.2   0.139552   0.999661           0
...     ...           ...        ...        ...         ...
114    48.8          15.9   0.999999   0.000865           0
115    48.3           9.1   0.999944   0.005522           0
116    45.4          14.3   0.999994   0.004948           0
```

| 117 | 40.8 | 15.8 | 0.999992 | 0.021197 | 0 |
| 118 | 49.5 | 10.8 | 0.999985 | 0.002266 | 0 |

在输出结果中可以看到 h_1 和 h_2 的值。这些值是根据逻辑回归线得到的预测结果。在继续构建模型前，先绘图表示 h_1、h_2 与目标变量），代码如下所示。

```
fig = plt.figure()
ax = fig.add_subplot(111)
plt.rcParams["figure.figsize"] = (8,6)
plt.title('h1, h2 vs target ', fontsize=20)

ax.scatter(Emp_Purchase_raw.h1[Emp_Purchase_raw.Purchase==0],Emp_Purchase_raw.
h2[Emp_Purchase_raw.Purchase==0], s=100, c='b', marker="o", label='Purchase 0')
ax.scatter(Emp_Purchase_raw.h1[Emp_Purchase_raw.Purchase==1],Emp_Purchase_raw.
h2[Emp_Purchase_raw.Purchase==1], s=100, c='r', marker="x", label='Purchase 1')
ax.set_xlabel('h1',fontsize=15)
ax.set_ylabel('h2',fontsize=15)

plt.xlim(min(Emp_Purchase_raw.h1), max(Emp_Purchase_raw.h1)+0.2)
plt.ylim(min(Emp_Purchase_raw.h2), max(Emp_Purchase_raw.h2)+0.2)

plt.legend(loc='lower left');
plt.show()
```

输出结果如图 8.15 所示。

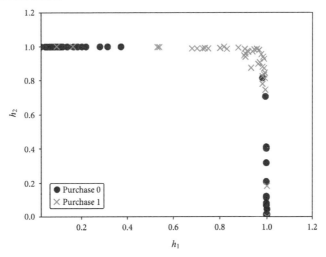

图 8.15　绘制不同的 h_1、h_2 与目标变量的关系图

观察输出结果并尝试回答以下问题：我们现在将这些数据划分为两类了吗？现在可以创建一条逻辑回归线，在这两类数据之间给出一个决策边界吗？在图中可以观察到输入变量 h_1 和 h_2 对目标变量 y 进行的分类。可以绘制一条直线，将 Class-0 和 Class-1 分开。如果构建一个逻辑回归模型，决策边界线可能会出现在右上角的位置类似于一条对角线。下面绘制该决策边界。

```
###用中间输出作为输入构建逻辑回归模型
model_combined = sm.logit(formula='Purchase ~ h1+h2', data=Emp_Purchase_raw)
fitted_combined = model_combined.fit(method="bfgs")
```

```
fitted_combined.summary()

#获取逻辑回归线的斜率和截距
slope_combined=fitted_combined.params[1]/(-fitted_combined.params[2])
intercept_combined=fitted_combined.params[0]/(-fitted_combined.params[2])

##最后，绘制该逻辑回归模型的决策边界
fig = plt.figure()
ax2 = fig.add_subplot(111)
plt.rcParams["figure.figsize"] = (8,7)
plt.title('h1, h2 vs target ', fontsize=20)

ax2.scatter(Emp_Purchase_raw.h1[Emp_Purchase_raw.Purchase==0],Emp_Purchase_raw.
h2[Emp_Purchase_raw.Purchase==0],s=100,c='b',marker="o",label= 'Purchase 0')
ax2.scatter(Emp_Purchase_raw.h1[Emp_Purchase_raw.Purchase==1],Emp_Purchase_raw.
h2[Emp_Purchase_raw.Purchase==1], s=100, c='r', marker="x", label='Purchase 1')
ax2.set_xlabel('h1',fontsize=15)
ax2.set_ylabel('h2',fontsize=15)

plt.xlim(min(Emp_Purchase_raw.h1), max(Emp_Purchase_raw.h1)+0.2)
plt.ylim(min(Emp_Purchase_raw.h2), max(Emp_Purchase_raw.h2)+0.2)

plt.legend(loc='lower left');

x_min, x_max = ax2.get_xlim()
y_min,y_max=ax2.get_ylim()
ax2.plot([x_min, x_max], [x_min*slope_combined+intercept_combined, x_max*slope_
combined+intercept_combined],linewidth=4)
plt.show()
```

上述代码的输出结果如图 8.16 所示。

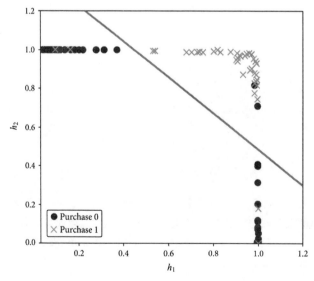

图 8.16　最终的逻辑回归模型的决策边界

下面的代码给出图 8.16 所示模型的准确率。

```
#######最终模型的准确率与误差
predicted_values=fitted_combined.predict(Emp_Purchase_raw[["h1"]+["h2"]])

#用阈值将其转换为分类
threshold=0.5
threshold

predicted_class=np.zeros(predicted_values.shape)
predicted_class[predicted_values>threshold]=1

#混淆矩阵
from sklearn.metrics import confusion_matrix as cm
ConfusionMatrix = cm(Emp_Purchase_raw[['Purchase']],predicted_class)
print(ConfusionMatrix)
accuracy=(ConfusionMatrix[0,0]+ConfusionMatrix[1,1])/sum(sum(Confusion Matrix))
print(accuracy)
```

上述代码的输出结果如下所示。

```
ConfusionMatrix
 [[74 2]
 [ 4 39]]
accuracy
 0.9495798319327731
```

决策边界和我们预想的一样，将数据划分为两个类。这样就利用中间输出模型解决了需要多决策边界数据的问题。我们将 x_1、x_2 与 y 的对应关系转换成了不同空间 h_1、h_2 与 y 的对应关系。 在第一种情况下，x_1、x_2 与 y 的对应关系中不能用直线决策边界来分离这两个类。当这些输入变量转换成中间变量时，可以找出这些数据的决策边界。

为了解决数据的非线性或多决策边界的问题，我们使用了分层逻辑回归线方法。逻辑回归的第一层是从输入到中间结果的输出。第二层是从中间结果的输出到最终结果的输出。

中间输出 h_1 和 h_2 的最终目标函数为：

$$y = g\left(\sum w_i h_i\right)$$

但是，h_1 和 h_2 是 x_1 和 x_2 的函数：

$$h_i = g\left(\sum w_{ji} x_i\right)$$

这样，y 就是 x_1 和 x_2 的函数：

$$y = g\left(\sum w_i \left(g\left(\sum w_{ji} x_i\right)\right)\right)$$

图 8.17 给出了上述方程的网络图表示。

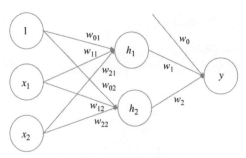

图 8.17 网络图表示

最终对 y 进行了分类并获得了高准确率。我们用 3 个模型实现 90% 以上的预测准确率。如果数据集存在高度的非线性，那么可能需要在第一层使用多个中间模型。需要两个决策边界来对这些数据进行分类。绘制两个中间输出模型 h_1 和 h_2 的决策边界，代码如下所示。

```
##两个决策边界
slope1=fitted1.params[1]/(-fitted1.params[2])
intercept1=fitted1.params[0]/(-fitted1.params[2])

slope2=fitted2.params[1]/(-fitted2.params[2])
intercept2=fitted2.params[0]/(-fitted2.params[2])

fig = plt.figure()
ax1 = fig.add_subplot(111)
plt.rcParams["figure.figsize"] = (8,6)
plt.title('Age, Experience  vs Purchase - Overall Data', fontsize=20)


ax1.scatter(Emp_Purchase_raw.Age[Emp_Purchase_raw.Purchase==0],Emp_Purchase_raw.
Experience[Emp_Purchase_raw.Purchase==0], s=100, c='b', marker="o", label= 'Purchase 0')
ax1.scatter(Emp_Purchase_raw.Age[Emp_Purchase_raw.Purchase==1],Emp_Purchase_raw.
Experience[Emp_Purchase_raw.Purchase==1], s=100, c='r', marker="x", label= 'Purchase 1')
ax1.set_xlabel('Age',fontsize=15)
ax1.set_ylabel('Experience',fontsize=15)

plt.xlim(min(Emp_Purchase_raw.Age), max(Emp_Purchase_raw.Age))
plt.ylim(min(Emp_Purchase_raw.Experience),max(Emp_Purchase_raw.Experience))

x_min, x_max = ax1.get_xlim()
ax1.plot([0, x_max], [intercept1, x_max*slope1+intercept1],linewidth=4)
ax1.plot([0, x_max], [intercept2, x_max*slope2+intercept2],linewidth=4)

plt.legend(loc='upper left');
plt.show()
```

上述代码的输出结果如图 8.18 所示。

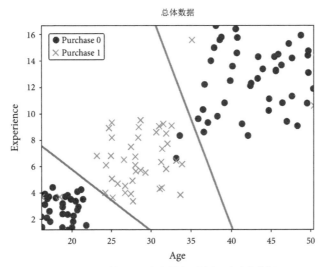

图 8.18　代码输出：用多决策边界划分两个类的数据

从输出结果可以观察到，第 1 层(Layer-1)中的两个模型在识别两个类之间的总体边界方面很有效。这就是我们想说明的问题。从本质上来说，我们使用的是分层建模方法，并通过创建中间输出模型来解决非线性数据问题或具有多决策边界的数据集的问题。通过增加中间输出模型的数量，可以解决任何复杂的非线性模式问题。

我们想到的一个关键问题是：如何在真实场景中划分数据呢？在真实数据集中，不能像这样绘制数据。在上面的数据集中只有两个变量，而在真实的数据集中包含有多个变量。不能在二维空间中绘制图形表示多个自变量。此外，不能人工挑选区域和中间模型。在这种情况下，如何找到与第一层和第二层相关的所有权重值呢？我们无法在二维空间中表示多维数据，也无法猜测决策边界的数量。使用神经网络可以解决多维数据的问题。神经网络可以一次自动找到所有权重值，而无须逐个人工构建模型。到目前为止，本章讨论的内容还没有涉及神经网络。但是，我们会利用这些观点来理解神经网络的概念。8.5 节将深入了解神经网络模型的详细内容。

8.5　直观理解神经网络

神经网络主要包括 3 层：输入层、隐藏层和输出层。图 8.19 所示是一个简单的神经网络图，在该图中有两个输入变量和一个隐藏层。

输入层包含输入变量。输入层中节点的数量取决于输入变量的数量。输入层连接隐藏层。隐藏层与前面示例中的中间输出类似。隐藏层中节点的数量与数据的非线性或复杂性有关。如果每类数据之间有明显的划分，则隐藏层中的节点会少一些。如果数据涉及多决策边界，则隐藏层中需要更多的节点。输出层包含目标变量。从输入层到隐藏层和隐藏层到输出层的所有这些连接都使用激活函数 $g(x)$。对于分类问题，激活函数是 Sigmoid 函数；对于回归问题，激活函数是线性函数。此外，还有一些其他的激活函数，后续再讨论。

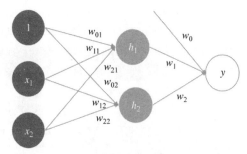

图 8.19　一个简单的神经网络图

构建神经网络模型就是获取每个节点的权重值。一旦获取了每个节点的权重值，就可以使用这些权重值来构造模型方程(如下所示)，预测结果。由于在输入层和隐藏层中的节点很多，因此很难写出一个包含所有权重值的方程。神经网络模型用网络图的形式表示，因此不用写像线性回归和逻辑回归那样的模型方程。

$$y = g\left(\sum w_i\left(g\left(\sum w_{ji} x_i\right)\right)\right)$$

隐藏层和隐藏节点

假设一个数据集中的数据能明显分离 Class-0 和 Class-1 的数据。那么在图 8.20 所绘制的数据中需要多少个隐藏节点呢？

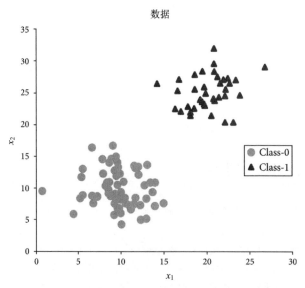

图 8.20　一个虚拟数据集上 Class-0 和 Class-1 的聚类簇

在图 8.20 所示数据分布的情况下，不需要隐藏节点。我们直接使用标准的逻辑回归模型即可给出预测结果。逻辑回归线是一个有 0 个隐藏层的神经网络。在构建神经网络模型时，除了为其提供 X 和 Y 的数据外，还需要通过设置隐藏层和隐藏节点的数量来配置神经网络。如果这两类数据能分离成两个簇(如图 8.20 所示)，则不需要任何隐藏层，这是最简单的一种情况。如果数据存在一些复杂性，则神经网络中可能只需要一个隐藏层和几个隐藏节点。如果数据非常复杂，则神经网络中可能需要一个以上的隐藏层，每个隐藏层中有多个隐藏节点。图像处理和计算机视觉问题的输入数据都是像素值，然后通过目标检测或面部识别方法得到最终的分类结果。在这些案例中，不能使用简单的模型，而是需要在模型中设置多个隐藏层和多个隐藏节点。

1. 微调隐藏节点

为了便于讨论，首先假设所有的神经网络模型中都有一个隐藏层和多个隐藏节点。如何确定隐藏节点的数量呢？现在，假设一个特定的数据集需要 6 个隐藏节点获得最佳模型。如果构建该模型时使用了 50 个隐藏节点，则该模型为过拟合模型。在训练数据和测试数据上分别检验模型的准确率，以检测模型是否过拟合。无论如何，如果在构建模型时使用了两个隐藏节点(6 个节点能获得最佳模型)，则模型是欠拟合模型。我们无法在第一次构建模型时就确定好模型中隐藏节点的数量。我们需要构建一个模型，然后通过二分搜索方法微调隐藏节点的数量。对于该示例，最佳的隐藏节点数量是 6 个，微调隐藏节点数量的步骤如表 8.2 所示。

表 8.2　微调隐藏节点

模型	隐藏节点	测试结果	备注
M1	0	训练准确率为 50% 测试准确率为 50%	M1 欠拟合，构建 M2 模型考虑大量隐藏节点
M2	50	训练准确率为 100% 测试准确率为 55%	M2 过拟合，构建 M3 模型包含 25 个隐藏节点
M3	25	训练准确率为 97% 测试准确率为 54%	M3 仍然过拟合，构建 M4 模型包含 12 个隐藏节点
M4	12	训练准确率为 92% 测试准确率为 76%	M4 过拟合，构建 M5 模型包含 6 个隐藏节点
M5	6	训练准确率为 85% 测试准确率为 84%	M5 模型看起来很完美。为了安全起见，还可以使用隐藏节点数为 7 或 8 进行检查

从表 8.2 中可以看出，通过 5 次调整隐藏节点数量来构建具有最佳隐藏节点数量的模型。如果在相似的数据上再构建神经网络模型，可以直接从隐藏节点个数为 6 或 7 开始尝试构建模型。为了得到最佳的神经网络模型，首先需要给定隐藏节点的数量并构建一个神经网络模型，然后微调隐藏节点的数量，以获得最佳模型。

2. 隐藏层与隐藏节点

到目前为止，主要讨论的是只有一个隐藏层的神经网络模型。简单的逻辑回归解决了许多实际的业务问题。逻辑回归是一个有 0 个隐藏层的神经网络。如果添加一个隐藏层和多个隐藏节点，神经网络就可以解决更复杂的问题。通过在单个隐藏层中添加越来越多的隐藏节点来拟合任何数据，或者可以在神经网络中再增加一个隐藏层来拟合数据。一般来说，在神经网络中添加一个隐藏层比在一个隐藏层中添加多个隐藏节点更有效。例如，可以在一个隐藏层添加 15 个隐藏节点，也可以在两个隐藏中添加 4 个隐藏节点。为了在神经网络中利用一个隐藏层实现与多个隐藏层相同的准确率，可能需要在一个隐藏层中添加指数级数量的隐藏节点。

理论上，可以通过使用一个隐藏层的神经网络在任何数据上构建模型，但这需要指数级数量的隐藏节点。对于非常复杂的问题，最好是建立多层的神经网络。但是，微调这些隐藏层和隐藏节点的数量需要付出一定的努力。在本章后续的内容中，将介绍一些更好的方法来微调神经网络模型。在真实业务场景中的银行、金融、保险和许多其他与客户相关的数据上，使用神经网络构建模型时可能不需要多层结构的神经网络。然而，在计算机视觉、自动驾驶汽车、目标检测及其他一些场景，可能需要多层结构的神经网络。本章将使用只有一个隐藏层的神经网络。后面将处理具有多个隐藏层的神经网络(见图 8.21)。

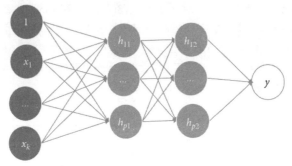

图 8.21　带隐藏层的神经网络

隐藏层和隐藏节点的数量是由数据的非线性程度来确定的。隐藏节点的数量不依赖于输入变量。在一些数据集中含有数百个变量，但这些数据在目标变量中都有明确的区分。在这种情况下，简单的逻辑回归就可以胜任，即使用具有 0 个隐藏节点的神经网络。在一些数据集中可能只有几个变量，但这些数据在目标变量中具有很多的非线性问题。在这样的场景中，神经网络模型需要一些隐藏节点。因此，隐藏节点的数量与输入变量的数量无关，而是与数据的非线性程度有关。

8.6　神经网络算法

构建神经网络模型就是寻找所有节点的权重值。权重的数量取决于神经网络的设置。如果构建一个设置为[2,2,1](两个输入节点，两个隐藏节点，一个输出节点)节点的模型，则需要计算一个含有 9 个权重值的神经网络。如果在隐藏层中再增加一个节点，即设置为[2,3,1]，则在神经网络中需要计算 13 个权重值。如前所述，可以通过计算网络中边的数量来获取权重的数量。或者使用下面的公式计算权重的数量。

单个隐藏层的计算公式如下所示。

$$输入节点数——n;\ 隐藏节点数——k;\ 输出节点数——r$$

$$从输入层到隐藏层的权重数量 = (n+1)*k$$

$$从隐藏层到输出层的权重数量 = (k+1)*r$$

$$整体权重数量 = (n+1)*k + (k+1)*r$$

多个隐藏层的权重数量计算公式:

输入节点数——n;第 i 层的隐藏节点数——k_i;输出节点数——r

从输入层到隐藏层 1 的权重数量 = $(n+1) * k_1$

从隐藏层 1 到隐藏层 2 的权重数量 = $(k_1+1) * k_2$

从隐藏层 i 到隐藏层 $i+1$ 的权重数量 = $(k_i+1) * k_{i+1}$

从最后一个隐藏层到输出层的权重数量 = $(k_l+1) * r$

整体权重数量 = $(n+1) * k_1 + (k_1+1) * k_2 + \cdots + (k_i+1) * k_i+1 + \cdots + (k_l+1) * r$

表 8.3 中显示了一些神经网络的示例及其权重的数量。

表 8.3 网络示例及其权重的数量

输入节点	隐藏层	隐藏节点列表	输出节点	权重计算	权重数目
2	1	[2]	1	$(2+1) \times 2$ $+(2+1) \times 1$	9
2	1	[3]	1	$(2+1) \times 3$ $+(3+1) \times 1$	13
3	1	[2]	1	$(3+1) \times 2$ $+(2+1) \times 1$	11
3	1	[5]	1	$(3+1) \times 5$ $+(5+1) \times 1$	26
5	2	[3,3]	1	$(5+1) \times 3$ $+(3+1) \times 3$ $+(3+1) \times 1$	34
10	3	[4,4,3]	1	$(10+1) \times 4$ $+(4+1) \times 4$ $+(4+1) \times 3$ $+(3+1) \times 1$	83

8.6.1 神经网络算法:非技术方式

在构建神经网络时,需要提供 X 和 Y 轴的数据及隐藏层的信息。配置好神经网络后,神经网络就会尝试使用反向传播算法(Backpropagation Algorithm)获取权重值。反向传播算法主要包含 5 个步骤。通过该算法将得到所有权重的最佳值。

下面采用一个简单的网络来可视化反向传播算法的步骤,图 8.22 显示了一个简单神经网络图。

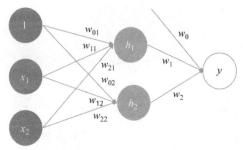

图 8.22 带权重的神经网络

(1) 随机初始化。

- 通过随机选择权重来初始化权重。
- 如果有一些先验知识，就可以非常巧妙地初始化权重，该算法会收敛得快一些。
- 大多数情况下，权重的初始化都是采用一些标准分布中的随机值进行的。
- 在我们的示例中，需要初始化全部 9 个权重(w_{ij} 和 w_j)。

(2) 激活函数和正向传播。

- 获取数据并使用当前的权重。计算权重与 x 相乘的积，并应用激活函数。激活函数为

$$h_j = \left(\sum w_{ij} x_i \right)$$

- 计算隐藏节点的值，并计算 y 的值。
- 获取 y 的预测值。

$$\hat{y} = g\left(\sum w_j \left(g\left(\sum w_{ij} x_i \right) \right) \right)$$

(3) 误差计算和反向传播。

- 已经知道了真实值和预测值，可以计算真实值与预测值的误差了。
- 输出层的误差并不完全是由连接到该层的权重造成的。首先需要修正权重，然后计算隐藏层的误差。
- 目标变量 y 是 h_1 和 h_2 的函数。如果 y 存在一些误差，可以找出 h_1 和 h_2 所带来的误差。比如，如果 $y = 80h_1 + 20h_2$，并且知道在 y 处的误差值，则可以向后找出 h_1 和 h_2 的误差。输出变量 y 并不总是简单的线性函数。使用链式法则和求偏导数的方法来找出 h_1 和 h_2 所带来的误差。
- 在输出层中获取误差，并使用向后传播找出在隐藏层中的误差，这个过程称为反向传播。神经网络算法通常被称为反向传播算法。

(4) 更新权重。

- 我们已经找出了每个隐藏节点的误差。通过调整节点的权重来减少隐藏节点的误差，就能使总误差减小。
- 权重的改变将按照误差减少的方向进行。如果增加权重会减少误差，就增加权重；如果减少权重会减少误差，就减少权重。
- 权重更新将使用梯度下降的方法：$w_{新} = w_{旧} + \Delta w$。
- 该步骤结束后，将有一个更新后的权重集合。利用新的权重替换随机权重。

(5) 停止迭代。

- 在一个完整周期(Epoch)中，在正向传播中发送全部数据，然后计算误差和反向传播，最后更新权重值。
- 在 Epoch-1 结束后，获得了一个新的权重集合，并略微减小了误差，但还没得到最小的总误差。
- 再次发送全部数据，正向传播，计算误差，反向传播，更新权重。
- 直到误差为 0 或权重停止更新时才停止迭代过程。

误差计算、反向传播及更新权重用到了一些数据公式，8.6.2 节将讨论这些公式。

8.6.2　神经网络算法：数学公式

$$x_1, x_2, x_3 \cdots x_k \qquad \text{输入变量}$$

$$h_1, h_2, h_3 \cdots h_j \qquad \text{隐藏节点(单个隐藏层)}$$

$$y \qquad \text{目标变量}$$

$$w_{11}, w_{21} \cdots w_{ij}, w_1, w_2 \cdots w_j \qquad \text{权重}$$

(1) 随机初始化。

- 在初始化权重时可以利用均匀分布或截尾正态分布，或者将权重设置为任意的随机值。

(2) 激活函数和正向传播。

- $\hat{y} = g\left(\sum w_j h_j\right)$，其中 $h_j = g\left(\sum w_{ij} x_i\right)$。

- $\hat{y} = g\left(\sum w_j \left(g\left(\sum w_{ij} x_i\right)\right)\right)$。

(3) 误差计算和反向传播。

- 采用误差的平方或交叉熵误差。总误差平方为：$E = \dfrac{1}{2} \sum (y - \hat{y})^2$。

- 输出层的梯度误差：$\delta = \hat{y}(1 - \hat{y})(y - \hat{y})$。

- 隐藏层的梯度误差：$\delta_j = \hat{y}(1 - \hat{y}) w_j \delta$。

(4) 更新权重值。

- 输出层修正的权重 $\Delta w_j = \eta h_j \delta$。

- 输出层更新的权重 $w_j := w_j + \Delta w_j$。

- 隐藏层修正的权重 $\Delta w_{ij} = \eta x_i \delta_j$。

- 隐藏层更新的权重 $w_{ij} := w_{ij} + \Delta w_{ij}$。

(5) 停止迭代。

- 满足最小误差阈值的设置。

- 误差不再减少或权重不再更新。

- 达到了最大的 Epoch 设置。

η 是学习率参数。学习率参数将在稍后的内容中详细讨论。

8.6.3 神经网络算法：示例

下面介绍一个神经网络应用的简单案例，在该案例中使用 8.6.2 节中的公式，以便更好地理解神经网络算法。表 8.4 给出了示例中所用的数据集及数据可视化的效果。

表 8.4 数据集

x_1	x_2	y
1	1	0
0	1	1
1	0	1
0	0	0

表 8.4 中数据集的图形表示如图 8.23 所示。

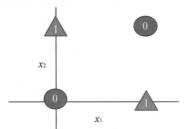

图 8.23 数据集的图形表示

在该数据集只有 4 条记录和 2 个输入变量。需要两个隐藏节点来划分这两个类。前面讨论过，隐藏节点的数量只取决于数据中的非线性，而不是输入变量或记录的数量。使用神经网络对数据集进行分类的网络图表示如图 8.24 所示。

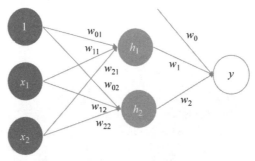

图 8.24 使用网络图来处理神经网络问题

下面按照如下的步骤应用公式。

(1) 随机初始化。

- 在初始化权重时可以利用均匀分布或截尾正态分布，或者将权重设置为任意的随机值。初始化的效果如图 8.25 所示。

- $w_{01} = 1$, $w_{11} = 0.5$, $w_{21} = 0.5$, $w_{02} = 1$, $w_{12} = 1$, $w_{22} = -1$。

- $w_0 = 1, w_1 = -1, w_2 = 1$。

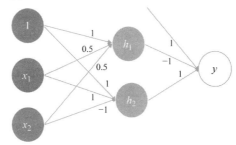

图 8.25　权重的随机初始化

(2) 激活函数和正向传播。

- 隐藏层的激活函数 $h_j = g\left(\sum w_{ij} x_i\right)$。
- 输出层的激活函数 $\hat{y} = g\left(\sum w_j h_j\right)$。
- 第一个数据点为 [1,1,0]，如图 8.26 所示。
- $x_1 = 1$，　$x_2 = 1$，　$y = 0$。
- $h_1 = 0.8808$，　$h_2 = 0.7311$，　$\hat{y} = 0.7006$。

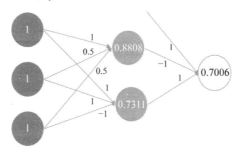

图 8.26　激活函数和正向传播

(3) 计算误差和反向传播。

- 输出层的梯度误差 $\delta = \hat{y}\,(1 - \hat{y})(y - \hat{y})$。
- 输出层修正的权重 $\Delta w_j = \eta h_j \delta$。
- 其他层更新后的误差 $w_j := w_j + \Delta w_j$。
- 其他层的梯度误差 $\delta_j = \hat{y}(1 - \hat{y}) w_j \delta$，如图 8.27 所示。
- $\delta = -0.1470$，　$\eta = 0.5$。
- $\Delta w_0 = -0.0735$，　$\Delta w_1 = -0.0647$，　$\Delta w_2 = -0.0537$。
- 更新后的权重：$w_0 = 0.9265$，　$w_1 = -1.0647$，　$w_2 = 0.9463$。
- $\delta_1 = 0.0164$，　$\delta_2 = -0.0273$。

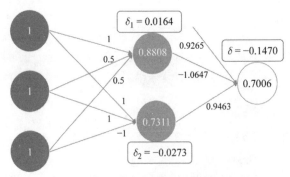

图 8.27　步骤(3)结束后更新梯度误差后的网络图

(4) 更新权重。

- 输出层修正的权重　$\Delta w_{ij} = \eta x_i \delta_j$。
- 输出层更新的权重　$w_{ij} := w_{ij} + \Delta w_{ij}$，如图 8.28 所示。
- $\Delta w_{01} = 0.0082$，$\Delta w_{11} = 0.0082$，$\Delta w_{21} = 0.0082$，$\Delta w_{02} = -0.0137$，$\Delta w_{12} = -0.0137$，$\Delta w_{22} = -0.0137$。
- $w_{01} = 1.0082$，$w_{11} = 0.5082$，$w_{21} = 0.5082$，$w_{02} = 0.9863$，$w_{12} = 0.9863$，$w_{22} = -1.0137$。

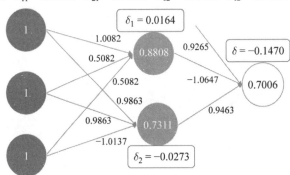

图 8.28　步骤(4)结束后由更新的权重生成的网络图

(5) 停止迭代。

- 满足最小误差阈值的设置。
- 误差不再减少或权重不再更新。
- 达到了最大的 Epoch 设置。
- 多次迭代的过程见表 8.5。

表 8.5　反向传播中的多次迭代

Epoch-0	随机初始化	$w_{01} = 1$，$w_{11} = 0.5$，$w_{21} = 0.5$
		$w_{02} = 1$，$w_{12} = 1$，$w_{22} = -1$
		$w_0 = 1$，$w_1 = -1$，$w_2 = 1$

(续表)

Epoch-1	迭代-1 [1,1,0] (如上所示)	$w_{01} = 1.0082$，$w_{11} = 0.5082$，$w_{21} = 0.5082$ $w_{02} = 0.9863$，$w_{12} = 0.9863$，$w_{22} = -1.0137$ $w_0 = 0.9265$，$w_1 = -1.0647$，$w_{02} = 0.9463$
	迭代-2 [1,0,1]	$w_{01} = 1.0036$，$w_{11} = 0.5036$，$w_{21} = 0.5082$ $w_{02} = 0.9895$，$w_{12} = 0.9895$，$w_{22} = -1.0137$ $w_0 = 0.9545$，$w_1 = -1.0399$，$w_2 = 0.9728$
	迭代-3 [0,1,1]	$w_{01} = 0.9998$，$w_{11} = 0.5036$，$w_{21} = 0.5045$ $w_{02} = 0.9956$，$w_{12} = 0.9895$，$w_{22} = -1.0076$ $w_0 = 0.9781$，$w_1 = -1.0197$，$w_2 = 0.9850$
	迭代-4 [0,0,0]	……
Epoch-2	迭代-1	……
……	……	……
Epoch 1000	迭代-4	$w_{01} = -2.1562$，$w_{11} = 4.3476$，$w_{21} = -4.778$ $w_{02} = 4.2160$，$w_{12} = 6.6021$，$w_{22} = -6.9031$ $w_0 = 3.2884$，$w_1 = 6.8628$，$w_2 = -6.8066$ $(y - \hat{y}) = 0$，$\delta = 0$

图 8.29 所示为分类图，是根据表 8.5 中最终的权重创建的决策边界。

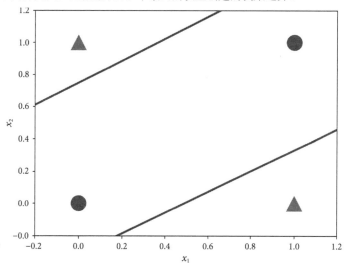

图 8.29　利用最终的权重绘制的分类图(决策边界)

8.7　梯度下降的概念

把神经网络算法看作一个优化问题，然后试着找到减少总体误差的最佳权重值。

$$最小化 E = \frac{1}{2}\sum(y - \hat{y})^2$$

$$最小化 E = \frac{1}{2}\sum\left(y - g\left(\sum w_j h_j\right)\right)^2$$

$$获取 E 最小时 w 的 E = \frac{1}{2}\sum\left(y - g\left(\sum w_j\left(g\left(\sum w_{ij} x_i\right)\right)\right)\right)^2$$

下面采用梯度下降法来解决神经网络中的优化问题。首先从随机权重开始，然后在总误差减小的方向更新权重。负梯度是误差减小的方向。可以把误差曲面想象成山脉。在随机初始化后，我们已经站在山脉的某个地方了。为了回到地面，要向山脉最陡下降的方向移动，即负梯度方向。神经网络算法通常也称为梯度下降算法。

$$W := W + \Delta W$$

$$\Delta W \propto -\frac{\partial E}{\partial W}$$

图 8.30 所示为误差曲面，同时显示了权重是如何向最陡下降的方向移动的。

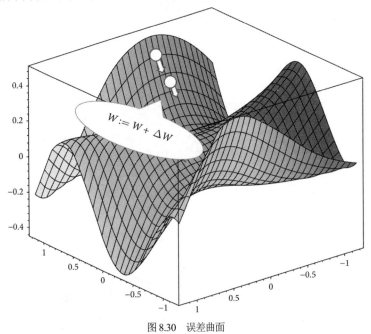

图 8.30　误差曲面

8.7.1　梯度下降在回归模型中的应用

为了理解和可视化梯度，下面以回归模型为例来讲解。

$$y = w_0 + w_1 x$$

$$最小化 E = \frac{1}{2} \sum (y - \hat{y})^2$$

$$最小化 E = \frac{1}{2} \sum \left(y - (w_0 + w_1 x)\right)^2$$

计算相关权重的负梯度：

$$\Delta W \propto -\frac{\partial E}{\partial W}$$

$$-\frac{\partial E}{\partial w_0} = -\sum \left(y - (w_0 + w_1 x)\right)$$

$$-\frac{\partial E}{\partial w_1} = -\sum x * \left(y - (w_0 + w_1 x)\right)$$

更新权重的公式：

$$W := W + \Delta W$$

$$w_0 := w_0 + \left(-\frac{\partial E}{\partial w_0}\right)$$

$$w_1 := w_1 + \left(-\frac{\partial E}{\partial w_1}\right)$$

8.7.2 学习率

我们对上述的权重更新公式做一个小的调整。不直接关注修正的权重，而是在修正的权重 ΔW 上乘以学习率 η。如果 $\eta = 1$，则公式不变。在修正权重时可以设置学习率指定每次迭代中权重应该变化多少。学习率越高，权重的变化越大；学习率越低，权重的变化越小。学习率既不能太小，也不能太大。学习率参数是需要微调的。这里，回归模型中的误差函数是一个简单的函数，为其选择学习率相对容易。当误差曲面复杂时，如神经网络，最佳的学习率有助于避免局部极小值。一些开发工具将学习率的默认值设置为 0.1 或 0.01。权重更新的新公式如下所示。

$$W := W + \eta * \Delta W$$

$$w_0 := w_0 + \eta * \left(-\frac{\partial E}{\partial w_0}\right)$$

$$w_1 := w_1 + \eta * \left(-\frac{\partial E}{\partial w_1}\right)$$

在误差为 0 时停止更新权重。

8.7.3 梯度下降在回归模型中的编码

下面使用一个示例数据集，利用梯度下降方法获取权重。梯度下降函数的代码如下所示。

```python
def lr_gd(X, y, w1, w0, learning_rate, epochs):
    for i in range(epochs):
        y_pred = (w1 * X) + w0
        error = sum([k**2 for k in (y-y_pred)])

        ##梯度
        w0_gradient = -sum(y - y_pred)
        w1_gradient = -sum(X * (y - y_pred))

        ##更新权重
        w0 = w0 - (learning_rate * w0_gradient)
        w1 = w1 - (learning_rate * w1_gradient)

    return error, w0, w1
```

我们将利用上面的函数来解决该回归问题。利用公式 $y = 10+20x$ 生成一些随机数据。这表示在得到这条回归线后，应该得到权重 $w_0 = 10$ 和 $w_1 = 20$ 作为输出。下面是数据创建和使用梯度下降方法的代码。

```python
##使用 GD 函数
x_data=np.random.random(10)
y_data= x_data*20 + 10

w0_init=5
w1_init=10

lr_gd(X=x_data,y=y_data, w1=w1_init,w0=w0_init,learning_rate=0.01, epochs=600)
```

上述代码的输出结果如下所示。

```
epoch 0    error => 1295.14 w0 =>   6.11 w1 =>   10.74
epoch 1    error =>  964.61 w0 =>   7.06 w1 =>   11.38
epoch 2    error =>  719.44 w0 =>   7.88 w1 =>   11.94
epoch 3    error =>  537.57 w0 =>   8.58 w1 =>   12.42
epoch 4    error =>  402.64 w0 =>   9.18 w1 =>   12.84
epoch 5    error =>  302.53 w0 =>    9.7 w1 =>    13.2
epoch 6    error =>  228.25 w0 =>  10.14 w1 =>   13.52
epoch 7    error =>  173.11 w0 =>  10.52 w1 =>   13.79
epoch 8    error =>  132.19 w0 =>  10.84 w1 =>   14.03
epoch 9    error =>   01.79 w0 =>  11.12 w1 =>   14.24
epoch 10   error =>   79.22 w0 =>  11.36 w1 =>   14.43
epoch 11   error =>   62.44 w0 =>  11.56 w1 =>   14.59
epoch 12   error =>   49.95 w0 =>  11.73 w1 =>   14.73
epoch 13   error =>   40.66 w0 =>  11.88 w1 =>   14.86
..................................................................
epoch 584 error =>    0.05 w0 =>  10.17 w1 =>   19.74
epoch 585 error =>    0.05 w0 =>  10.17 w1 =>   19.74
epoch 586 error =>    0.05 w0 =>  10.16 w1 =>   19.74
epoch 587 error =>    0.05 w0 =>  10.16 w1 =>   19.74
epoch 588 error =>    0.05 w0 =>  10.16 w1 =>   19.75
epoch 589 error =>    0.05 w0 =>  10.16 w1 =>   19.75
epoch 590 error =>    0.05 w0 =>  10.16 w1 =>   19.75
epoch 591 error =>    0.04 w0 =>  10.16 w1 =>   19.75
epoch 592 error =>    0.04 w0 =>  10.16 w1 =>   19.75
```

```
epoch 593 error => 	0.04 w0 => 	10.16 w1 => 	19.75
epoch 594 error => 	0.04 w0 => 	10.16 w1 => 	19.75
epoch 595 error => 	0.04 w0 => 	10.16 w1 => 	19.75
epoch 596 error => 	0.04 w0 => 	10.16 w1 => 	19.76
epoch 597 error => 	0.04 w0 => 	10.16 w1 => 	19.76
epoch 598 error => 	0.04 w0 => 	10.15 w1 => 	19.76
epoch 599 error => 	0.04 w0 => 	10.15 w1 => 	19.76
```

从输出结果中可以看到，在 600 个周期(epoch 0～epoch 599)后，误差几乎为 0，由 GD 函数得出的最终权重为[w_0=10.15 和 w_1=19.76]。如果把这个结果与权重的真实值[w_0=10 和 w_1=20]相比较，这个结果几乎是完美的。

在上述线性回归实例中，误差函数简单，优化相对容易。然而，在神经网络中，误差曲面非常复杂。输出层中的误差函数依赖于输出层及其前面隐藏层的权重。在神经网络模型中，不会一次性解决上述的优化问题。我们需要在输出层使用链式法则求偏导数，并在反向传播步骤计算隐藏层带来的误差，然后根据相应的负梯度更新权重。

8.7.4　一题多解

神经网络中的梯度下降算法不一定总能得到全局最小值。该算法可能在达到局部最小值后停止。为了避免与局部最小值相关的高误差，可以对学习率进行微调。即使在微调学习率后，也不能保证算法最终获得全局最小值。然而，使用最佳的学习率时，最终可以得到一个非常接近全局最小值的局部最小值。两个人在相同的数据上构建的两个神经网络模型可以用不同的权重，但两个模型可能得到相同的准确率。这两个模型最终会得到两个局部最小值。图 8.31 中显示了误差函数(包含局部最小值和全局最小值)。

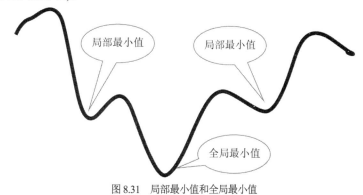

图 8.31　局部最小值和全局最小值

例如，图 8.32 中显示了一个用于神经网络模型的数据集。8.6.3 节使用过该数据集。

在图 8.32 中的模型有一个权重集合。模型的准确率为 100%。我们可以构建一个权重完全不同的模型，准确率也可能达到 100%，如图 8.33 所示。

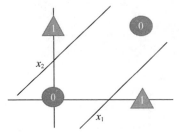 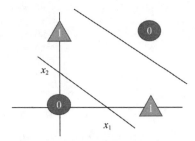

图 8.32 神经网络模型 model-1　　　　　　　图 8.33 神经网络模型 model-2

图 8.32 和图 8.33 中的两个模型使用了不同的权重，但得到了相同准确率。神经网络可以用不同的解决方案得到相同的准确率。图 8.34 显示了能获得相同准确率的一些模型。

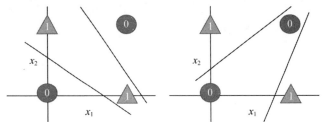

图 8.34 同一个数据集中不同的神经网络解决方案

到目前为止，我们一直使用简单的数据集来理解神经网络的概念。神经网络的真正作用是找出数据中复杂的非线性模式。带有两个隐藏节点的神经网络用于在数据中找出简单的模式，而带有30 个隐藏节点的神经网络在数据中可以学习更复杂的模式。神经网络被称为通用函数逼近器。无论数据中有什么样的模式，都可以在神经网络中通过配置适当数量的隐藏节点和激活函数来对其构建模型。

8.8　案例研究：手写数字识别

在本案例研究中，将获取手写数字的图像并对其构建一个神经网络模型，该模型的输入为手写数字的图像，根据这些图像中的数字构建模型来预测图像中的数字。这种图像识别模型还有很多应用，例如，自动读取车辆的车牌以跟踪车辆或检测交通违规行为，从支票中读取账户号码以加快银行流程，以及自动读取人工填写的纸质表格的内容。

8.8.1　研究背景和目标

输入一幅图像并预测其中的数字。一幅图像是用像素表示的集合。如果在 Python 中导入并存储一幅图像，它将被存储为一个数组。如果绘制该图像，若可以打印由像素值构成的数组，则可以看到该图。彩色图像是一个三维数组：行中的像素数(图像的高度)和列中的像素数(图像的宽度)是两个维度。在每个像素中，三原色(RGB)的强度是第三个维度。红色、绿色和蓝色的强度值为0～255。如果一个像素值表示为 RGB(0,0,0)，它将最终显示为纯黑色的像素。类似地，RGB(255, 255, 255)

是纯白色的像素，RGB(255, 0, 0)是红色的像素。下面是用于导入图像和打印像素值的代码。

```
x=plt.imread(r'D:\Chapter8\ANN\5.Datasets\Sample_images\Marketvegetables.jpg')

plt.rcParams["figure.figsize"] = (12,8)
plt.imshow(x)

print('Shape of the image',x.shape)
print(x)
```

上述代码的输出结果如下所示，输出的图像如图 8.35 所示。

```
print('Shape of the image',x.shape) print(x)

Shape of the image (2400, 1600, 3)
[[[100    85    82]
  [103    89    86]
  [108    97    91]
  ...
  [111    88    74]
  [ 98    74    64]
  [105    80    73]]

 [[164   122   126]
  [128    87    91]
  [ 80    41    42]
  ...
  [ 98    75    59]
  [104    82    69]
  [105    83    72]]
 [[213   171   173]
  [199   155   156]
  [170   121   124]
  ...
  [105    84    63]
  [109    90    73]
  [ 93    74    59]]

  ...
 [[142   123   108]
  [150   131   117]
  [144   124   113]
  ...
  [ 32    22    20]
  [ 47    34    28]
  [ 49    26    20]]

 [[140   122   100]
  [143   122   105]
  [142   120   106]
  ...
  [ 41    25    25]
  [ 53    29    29]
  [ 56    18    17]]
```

```
[[[131    113     89]
 [132    111     90]
 [134    111     95]
 ...
 [ 30      8     10]
 [ 46     11     15]
 [ 59      6     12]]]
```

In [9]: plt.rcParams ["figure.figsize"] = (12,8)
  ... : plt.imshow(x)
Out [9]: <matplotlib.image.AxesImage at 0x286d8684358>

图 8.35　代码输出的图像

从上面的输出结果中可以看到，该图像共有 2400 行和 1600 列；2400 行是图像高度的像素数。1600 列是图像宽度的像素数。深度为 3，这个数字 3 对应于 RGB 强度。如果打印图像的像素值，可以看到每行的数值，在每个单元格中，有 3 个 0~255 的数值。

本案例研究中所用的数据集使用的是灰度图像。灰度图像有高度和宽度，但没有深度的 3 个值。灰度图像的颜色维度中会有一个数字。本案例研究的目标是在神经网络模型中输入灰度图像，利用模型预测图像上的数字。在神经网络模型中输入的图像实际上是图像的像素强度数值，模型根据该数值来预测图像上的数字。

8.8.2　数据

本案例中所用的数据是将图像转换为数值数组形式，并存储到一个文本文件中。在前面的例子中，我们看到了一张像素为 2400×1600 的图像。这张图像共有 3 840 000 像素。如果把每个像素都作为一个输入变量，则会有 384 万个输入变量。对构建模型的操作系统来说，要构建一个有 384 万个输入变量的模型很有挑战性。因此，我们在该案例中所用的数字数据集包含的像素较少。

我们所用的数据中每个图像由 16×16 像素构成——每张图像是 256 像素。在我们所构建的模型中有 256 个输入变量：$x_1, x_2, x_3 \dots x_{256}$。我们所用的数据是一个名为 USPS 数据的标准数据集；USPS

表示 United States Postal Services(美国邮政服务数据)。该数据集包含 7291 个手写体数字的扫描图像，通过获取这些图像的像素强度将这些图像转换为 CSV 格式的文件。

AT&T 研究实验室分享了 USPS 数据集。MNIST 数据集也是一个标准数字数据集，在该数据集中共有 60 000 条记录，每张图像是由 28×28 像素构成，稍后将会使用该数据。本案例研究中使用 USPS 的数据。

导入数据的代码如下所示。

```
##导入 USPS 数据集

digits_data_raw = np.loadtxt(r"D:\Chapter8\ANN\5.Datasets\USPS\USPS_train.txt")

##导入的数据是 nparray 格式，这里将其转换为 dataframe 格式，以便更好处理
digits_data=pd.DataFrame(digits_data_raw)

#绘制数据形状
print(digits_data.shape)

##数据细节
print(digits_data.head())
```

上述代码的输出结果如下所示。

```
print(digits_data.shape)
(7291, 257)


print(digits_data.head())
     0    1    2    3      4       5  ...     251     252     253     254     255  256
0  6.0 -1.0 -1.0 -1.0 -1.000 -1.000  ...  -0.474  -0.991  -1.000  -1.000  -1.000 -1.0
1  5.0 -1.0 -1.0 -1.0 -0.813 -0.671  ...   0.762   0.126  -0.095  -0.671  -0.828 -1.0
2  4.0 -1.0 -1.0 -1.0 -1.000 -1.000  ...   1.000  -0.179  -1.000  -1.000  -1.000 -1.0
3  7.0 -1.0 -1.0 -1.0 -1.000 -1.000  ...  -1.000  -1.000  -1.000  -1.000  -1.000 -1.0
4  3.0 -1.0 -1.0 -1.0 -1.000 -1.000  ...   0.791   0.439  -0.199  -0.883  -1.000 -1.0

[5 rows x 257 columns]
```

与预期的一样，每张图像都有 256 个像素值。额外的一列是目标列，即属于每个图像的标签。标签都储存在第一列中。例如，第一行的图像其标签为 6。查看数据集中每个标签出现的频次，代码如下所示。

```
##目标出现的频次
print(digits_data[0:][0].value_counts())
```

上述代码的输出结果如下所示。

```
print(digits_data[0:][0].value_counts())
0.0    1194
1.0    1005
2.0     731
6.0     664
3.0     658
4.0     652
7.0     645
```

```
9.0      644
5.0      556
8.0      542
Name: 0, dtype: int64
```

从输出结果中可以看到，数字 0 出现次数超过了 1000 次。类似地，数字 1 的出现次数也约有 1000 次。现在可以看到一些图像。在创建该数据集时，将 16×16 像素的图像展平，让其转换为数据集中的一行存储。我们需要从该数据集中提取一行，然后构建大小为 16×16 的像素矩阵。下面的代码用于绘制图像。

```
#第一幅图像
i=0
data_row=digits_data_raw[i][1:]
pixels = np.matrix(data_row)
pixels=pixels.reshape(16,16)
plt.title(["Row number ", i] , fontsize=20)
plt.imshow(pixels, cmap='Greys')

#第二幅图像
i=1
data_row=digits_data_raw[i][1:]
pixels = np.matrix(data_row)
pixels=pixels.reshape(16,16)
plt.title(["Row number ", i] , fontsize=20)
plt.imshow(pixels, cmap='Greys')
```

在上述代码中，i 是行号，通过改变 i(行号)的值，绘制一些图像。上述代码的输出结果如图 8.36 所示。

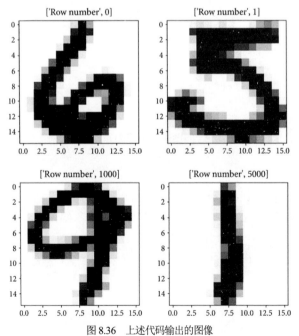

图 8.36　上述代码输出的图像

现在准备用于构建模型的数据。

```
##创建训练数据和测试数据
X=digits_data.drop(digits_data.columns[[0]], axis=1)
y=digits_data[0:][0]

X_train, X_test, y_train, y_test = train_test_split(X, y ,test_size=0.2)

#输出数据形状
print("X_train shape", X_train.shape)
print("y_train shape", y_train.shape)
print("X_test shape", X_test.shape)
print("y_test shape", y_test.shape)
```

上述代码的输出结果如下所示。

```
X_train shape  (5832, 256)
y_train shape  (5832,)
X_test shape  (1459, 256)
y_test shape  (1459,)
```

8.8.3　构建模型

在构建模型前需要进行必要的数据转换。前面只讨论过目标变量是一个二分类的输出结果。本案例中数据集的目标变量不是二分类的。数据集的输出结果共有 10 个类。图像上的数字是 0~9 的任意数字。因此，数据集的输出是多个类，要构建的是一个多分类模型。我们可以将二分类概念扩展到多分类。假设正在构建一个预测目标为是否为 0 的模型，这是一个二分类模型。假设第二个模型的预测目标是否为 1。同样，需要建立 10 个这样的模型；每个模型都有一个二分类的预测目标，从是 0 或不是 0 开始，直到是 9 或不是 9。这意味着所构建的神经网络模型中输出层将有 10 个节点。目标变量中有 10 个类，然后为每个类创建一个二分类的变量。将目标变量转换为独热编码的形式存储。为目标变量创建独热编码的代码如下所示。

```
##为多个输出创建多个二分类列
digit_labels=pd.DataFrame()

#将目标转换为独热编码
digit_labels = pd.get_dummies(y_train)

#查看新创建的标签数据
digit_labels.head(10)
```

上述代码的输出结果如下所示。

```
digit_labels.head(10)
        0.0    1.0    2.0    3.0    4.0    5.0    6.0    7.0    8.0    9.0
7140     0      0      0      0      0      1      0      0      0      0
2853     0      1      0      0      0      0      0      0      0      0
3941     0      0      0      0      0      1      0      0      0      0
1896     0      1      0      0      0      0      0      0      0      0
3306     0      0      1      0      0      0      0      0      0      0
```

1548	0	0	0	0	0	0	0	1	0	0
3089	1	0	0	0	0	0	0	0	0	0
511	0	0	0	1	0	0	0	0	0	0
141	0	0	0	0	1	0	0	0	0	0
6188	0	0	0	0	0	0	0	1	0	0

从上面的输出可以看到，目标变量从一个列派生出了 10 个新创建的二分类变量。由于在输出层中有 10 个节点，对于每个新的数据点，将得到 10 个预测值——10 个概率形式的值。这 10 个概率值即为输出结果，只需要选择其中一个值作为目标的预测值。我们将从这 10 个概率值中选择概率值最大的类作为最终的预测结果。现在，在神经网络模型中的输入层中有 256 个节点，输出层中有 10 个节点。我们已经做好构建模型的准备工作了。在构建神经网络模型前，需要创建一个包含所有输入变量的最小值和最大值的列表(list)。该列表将在稍后的模型中使用。创建一个存储 256 对值的列表——每个输入变量对应一对值，代码如下所示。

```
#获取 x_训练数据每列的最大值和最小值，并把它们放入列表
min_max_all_cols=[[X_train[i][0:].min(),X_train[i][0:].max()] for i in
range(1,X_train.shape[1]+1)]

print(len(min_max_all_cols))
print(min_max_all_cols)
```

上述代码的输出结果如下所示。

```
print(len(min_max_all_cols))
256
```

```
print(min_max_all_cols)
[[-1.0, 0.638], [-1.0, 1.0], [-1.0, 1.0], [-1.0, 1.0], [-1.0, 1.0], [-1.0, 1.0],
[-1.0, 1.0], [-1.0, 1.0], [-1.0, 1.0], [-1.0, 1.0], [-1.0, 1.0], [-1.0, 1.0],
[-1.0, 1.0], [-1.0, 1.0], [-1.0, 1.0], [-1.0, 0.752], [-1.0, 0.776], [-1.0, 1.0],
[-1.0, 1.0], [-1.0, 1.0], [-1.0, 1.0], [-1.0, 1.0], [-1.0, 1.0], [-1.0, 1.0],
[-1.0, 1.0], [-1.0, 1.0], [-1.0, 1.0], [-1.0, 1.0], [-1.0, 1.0], [-1.0, 1.0],
[-1.0, 1.0], [-1.0, 0.997], [-1.0, 0.796], [-1.0, 1.0], [-1.0, 1.0],
        ...................................................................
[-1.0, 1.0], [-1.0, 1.0], [-1.0, 1.0], [-1.0, 1.0], [-1.0, 1.0], [-1.0, 1.0],
[-1.0, 1.0], [-1.0, 1.0], [-1.0, 1.0], [-1.0, 1.0], [-1.0, 0.539]]
```

构建神经网络模型的代码如下所示。

```
##配置网络
import neurolab as nl
net = nl.net.newff(minmax=min_max_all_cols, size=[20,10], transf=[nl.trans. LogSig()]*2)

##训练方法为弹性反向传播法
net.trainf = nl.train.train_rprop

##训练网络
net.train(X_train, digit_labels, show=1, epochs=300)
```

表 8.6 给出了部分代码的解释。

表8.6　代码解释

import neurolab	导入构建神经网络模型的软件包
newff()	配置神经网络的函数
minmax	该参数需要一个列表作为输入。我们需要提供所有输入变量的最小值和最大值。 该参数用于算法中权重的初始化
size=**[20,10]**	提供列表作为输入数据。 除了输入层，还需要为每层设置节点数量。 [隐藏层 1 的节点数，隐藏层 2 的节点数，……隐藏层 k 的节点数，输出层的节点数]。 [20,10]: 一个带 20 个节点的隐藏层和一个带 10 个节点的输出层
Transf= nl.trans.LogSig()	Transf 是激活函数的参数。 LogSig()是 Sigmoid 函数的标准语法。对于回归模型使用 PureLin
[nl.trans.LogSig()]*2	*2 表示从输入到隐藏层、从隐藏层到输入层用两次激活函数。 如果有两个隐藏层，则我们需要设置 *3
net.trainf = nl.train. train_rprop	在该步骤设置反向传播方法
net.train	拟合模型的函数。使用训练数据作为输入数据
show=1	show=1: 表示在每个 Epoch 中显示误差值。 show=0: 直接构建模型，不显示误差值
epochs	设置 Epoch 的数量。一个 Epoch 是在数据上的完整运行。Epoch 设置的数值 为 50～500

在神经网络模型的输入层中有 256 个节点,在隐藏层中有 20 个节点,在输出层中有 10 个节点。神经网络图如图 8.37 所示。

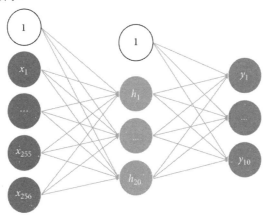

图 8.37　带 20 个隐藏节点的神经网络图

该网络有很多权重。因此,训练过程会耗费一些时间。下面来计算权重,以了解该优化问题的复杂性(如表 8.7 所示)。

表8.7 权重的数量

描述	计算	详细内容
输入节点	256	
隐藏节点	20	
输入节点连接隐藏节点权重	$(256+1) \times 20 = 5140$	1 是偏差项(偏置项)
隐藏节点连接输出节点权重	$(20+1) \times 10 = 210$	1 是偏差项(偏置项)
总体权重	$5140 + 210 = 5350$	

我们需要计算 5350 个权重。在数据集中有 7291 条记录。在每个周期中，将在正向传播和反向传播步骤中执行至少 5350×7291 次计算。如果有 300 个周期，那么计算的总次数将至少为 300×5350×7291=11 702 055 000。实际计算的次数甚至比这还要多。该案例研究中的模型可能需要大约 5~10 分钟才能收敛。前面构建该模型的代码的输出结果如下所示。

```
Epoch: 1; Error: 9455.013182029094;
Epoch: 2; Error: 5030.587645099068;
Epoch: 3; Error: 3428.0018261229907;
Epoch: 4; Error: 2506.792840890022;
Epoch: 5; Error: 2170.068250358049;
Epoch: 6; Error: 1960.129130528695;
Epoch: 7; Error: 1817.9416148782927;
Epoch: 8; Error: 1681.7147938612607;
...........................
Epoch: 54; Error: 173.37241914568668;
Epoch: 55; Error: 170.31735671858064;
Epoch: 56; Error: 167.13513606363136;
Epoch: 57; Error: 163.9595221056975;
...........................
Epoch: 133; Error: 75.19772053990428;
Epoch: 134; Error: 74.88067178682655;
Epoch: 135; Error: 74.58012183106469;
...........................
Epoch: 204; Error: 60.81190149673153;
Epoch: 205; Error: 60.701523978641156;
Epoch: 206; Error: 60.576765509324815;
Epoch: 207; Error: 60.42412633897462;
Epoch: 208; Error: 60.26046374620901;
...........................
Epoch: 246; Error: 55.64719942209722;
Epoch: 247; Error: 55.58679036996949;
Epoch: 248; Error: 55.52024126099841;
...........................
Epoch: 296; Error: 51.62127794531158;
Epoch: 297; Error: 51.55689143321883;
Epoch: 298; Error: 51.47452795411011;
Epoch: 299; Error: 51.357848342655274;
Epoch: 300; Error: 51.246705558021446;
```

现在输出该模型。该模型的输出就是权重的集合。从模型中获取权重的代码如下所示。

```
#模型结果
##输入层到隐藏层的权重
```

```
print(net.layers[0].np['w'])
print(net.layers[0].np['b'])
```

##隐藏层到输出层的权重
```
print(net.layers[1].np['w'])
print(net.layers[1].np['b'])
```

上述代码的输出结果如下所示。

```
print(net.layers[0].np['w'])
[[ 0.35746658   0.05278264 -0.10881015 ...   0.18619654  0.07496636  -0.0574272 ]
 [ 0.21625002  -0.0726982  -0.29443584 ...  -0.00643208 -0.01758393  -0.32367234]
 [-0.12848771  -0.22832443  0.03700611 ...  -0.04455668 -0.05013741  -0.29095858]
 ...
 [-0.07392276  -0.34128372 -0.55736005 ...  -0.40142089 -0.58627276  -0.43219117]
 [ 0.16730895   0.00682749 -0.15222545 ...  -0.21038047 -0.46275667  -0.15019614]
 [-0.72170932  -0.86444701 -0.6580617  ...  -0.95910974 -0.65948987  -1.64598035]]
```

```
print(net.layers[0].np['b'])
[-2.7919784  -2.4022574   2.40409585  1.97727187 -1.69377248  1.31945481
 -0.84373513  0.93267911 -0.35511918  0.67121341 -0.06856221  0.94108216
 -0.87433817  1.1804362  -1.73962796 -1.48973649  1.70233063  2.6714419
  2.8696523   4.90559859]
```

```
print(net.layers[1].np['w'])
[[-7.08558315e+00 -2.21569837e+00 -2.06117061e+00  6.63863589e+00
  -1.24507839e+01  2.27819908e+00  5.23086220e+00 -1.29955523e+01
  -1.67971851e+01 -1.78199979e+00 -3.70834475e+00  1.86135131e+00
  -1.66316034e+00 -6.57511914e-01 -1.70506992e+00 -2.30374410e+00
   5.40778544e+00  1.44604719e+00  7.47212159e-01 -1.44428093e+00]
 ...

 [ 6.81077116e+00  6.60175408e+00  1.71551747e+00 -2.03934684e+01
   4.24100207e+00  8.01552310e-02  1.26657163e+00 -1.67994455e+00
  -7.68184791e-01 -2.20653785e+00 -7.72908416e+00 -8.68998621e+00
  -4.72371621e+00 -3.31745354e+02 -2.44455054e+01 -4.32516689e+00
   1.99581193e+00 -2.44861958e+00  4.13027154e+00 -1.80259303e+00]]
```

```
print(net.layers[1].np['b'])
[ 2.90183573 -4.48091727  3.48703738  2.27825865 -16.72443277
 -4.1181299  -1.91023727  5.13861223  9.6709162    8.02037892]
```

下面的代码给出了网络中权重的数量。

##绘制权重的形状
```
print(net.layers[0].np['w'].shape)
(20, 256)
```

```
print(net.layers[0].np['b'].shape)
(20,)
```

```
print(net.layers[1].np['w'].shape)
(10, 20)
```

```
print(net.layers[1].np['b'].shape)
(10,)
```

至此，已经完成了模型的构建。必须使用这些权重来预测给定的新数据点。

在一个神经网络模型中有一些超参数。对模型影响最大的超参数是隐藏节点的数量。如果该数值太大，模型就会过拟合；如果该数值太小，模型就会欠拟合。需要验证模型在训练数据和测试数据上的准确率，以微调该参数。可以利用二分搜索方法来微调该参数。

8.8.4　模型预测与验证模型

对于测试数据中的每个新数据点，模型都会给出 10 个概率值——每个数字对应一个概率值。我们从最终的概率值中选择概率最大的数字作为预测结果。

```
##在测试数据上进行预测
predicted_values = net.sim(X_test.as_matrix())
predicted=pd.DataFrame(predicted_values)
print(round(predicted.head(10),1))

##将预测的可能结果转换为数值
predicted_number=predicted.idxmax(axis=1)
print(predicted_number.head(15))
```

上述代码的输出结果如下。

```
print(round(predicted.head(10),3))
        0      1      2      3      4      5      6      7      8      9
0   0.000    0.0  0.000    0.0  0.226  0.000    1.0  0.000  0.000    0.0
1   0.000    1.0  0.000    0.0  0.000  0.000    0.0  0.004  0.000    0.0
2   0.008    0.0  0.003    0.0  0.000  0.284    0.0  0.000  0.003    0.0
3   0.000    0.0  0.000    0.0  0.001  0.000    0.0  1.000  0.000    0.0
4   0.000    1.0  0.000    0.0  0.009  0.000    0.0  0.001  0.000    0.0
5   0.000    1.0  0.000    0.0  0.007  0.000    0.0  0.002  0.000    0.0
6   0.000    0.0  0.000    0.0  0.000  0.000    0.0  0.421  0.000    0.0
7   0.000    0.0  0.000    0.0  0.000  0.999    0.0  0.000  0.000    0.0
8   0.000    1.0  0.000    0.0  0.038  0.000    0.0  0.000  0.000    0.0
9   0.000    0.0  0.000    1.0  0.000  0.000    0.0  0.000  0.026    0.0
```

```
print(predicted_number.head(15))
0      6
1      1
2      5
3      7
4      1
5      1
6      7
7      5
8      1
9      3
10     5
11     8
12     0
13     0
14     0
```

从输出结果中可以看到，每个数据点都有 10 个概率值。我们将概率最高的类转换为单个数字。例如，第一条记录在 Class-6 上的概率值为 1.0；最后一条记录在 Class-3 上的概率为 1.0。下面的代码用于创建混淆矩阵并计算准确率。

```
ConfusionMatrix = cm(y_test,predicted_number)
print("ConfusionMatrix on test data \n", ConfusionMatrix)
ConfusionMatrix on test data
[[264    0    2    0    0    0    1    0    0    0]
 [  0  196    0    0    1    0    0    0    0    0]
 [  3    1  126    1    1    1    0    1    4    0]
 [  1    0    4  127    1    1    0    0    3    0]
 [  0    2    3    0  113    0    2    0    1    2]
 [  3    2    5    3    1   91    2    0    4    2]
 [  1    0    0    0    2    0  125    0    0    0]
 [  0    0    1    1    1    0    0  120    0    3]
 [  0    2    3    1    2    1    1    1   96    0]
 [  0    0    0    1    2    0    0    2    0  118]]

accuracy=np.trace(ConfusionMatrix)/sum(sum(ConfusionMatrix))
print("Test Accuracy", accuracy)
Test Accuracy 0.9431117203564084
```

从结果可以看出，模型在测试数据上的准确率超过了 90%。下面使用该模型来预测测试数据上的一些数据点。

```
#在 0~7291 之间随机选取数值
i=500

random_sampel_data=digits_data_raw[[i]]
random_sampel_data1=pd.DataFrame(random_sampel_data)
X_sample=random_sampel_data1.drop(random_sampel_data1.columns[[0]], axis=1)

predicted_values = net.sim(X_sample)
predicted=pd.DataFrame(predicted_values)
predicted_number=predicted.idxmax(axis=1)
predicted_number

data_row=random_sampel_data[0][1:]
pixels = np.matrix(data_row)
pixels=pixels.reshape(16,16)
plt.title(["Row number = ", i, "Predicted Digit ", predicted_number[0]], fontsize=20)
plt.imshow(pixels, cmap='Greys')
```

上述代码从数据中随机选择了数据点，并给出了预测值。图 8.38 显示了上述代码的输出结果。

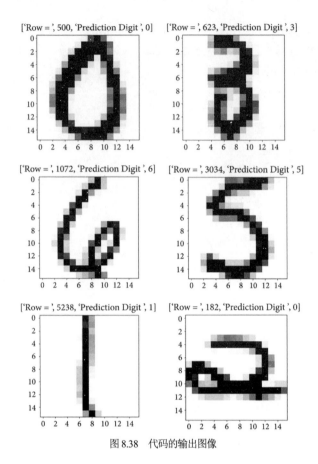

图 8.38 代码的输出图像

8.9 深度神经网络

到目前为止，我们一直在研究有一个隐藏层的神经网络。在最后的案例研究中，输入数据为 256 个像素，建立了一个有 20 个隐藏节点的神经网络。假设在一些真实的图像处理和计算机视觉问题中，输入到模型的数据集有 200 万像素，就不能利用只有一个隐藏层的神经网络来解决这样的问题。我们需要带多个隐藏层的神经网络来解决这样复杂的图像处理问题。有多个隐藏层的神经网络称为深度神经网络。

深度神经网络比单层神经网络要复杂得多，必须要处理成千上万的权重。还必须微调许多参数，以构建最优的模型。深度神经网络是人工神经网络(ANN)的一个特例，但现在已经发展为机器学习的一个独立分支，称为深度学习。谈及深度学习时，将讨论不同类型的深度神经网络，如卷积神经网络(CNNs)和递归(或循环)神经网络(RNNs)。在构建深度神经网络模型时需要花费大量的时间，且所用的设备需要具备强大的计算能力。标准 Python 软件包无法处理深度学习中的计算。我们需要能够高效执行这些计算的软件包。幸运的是，谷歌发布了一个用于深度学习算法的软件包——TensorFlow。第 9 章将利用 TensorFlow 来处理不同类型的深度学习算法。

8.10　本章小结

本章讨论了神经网络的基本概念和反向传播算法。反向传播算法将在以后的多个章节中涉及。神经网络是机器学习的顶峰，也是深度学习的起点。充分理解人工神经网络对于即将学习的关于深度学习的内容是必要的。2010 年以后，由于计算机的计算能力增强，神经网络算法得到了迅速普及。目前该领域正在进行大量的研究。人工神经网络在工业和日常生活中有着广泛的应用。

8.11　本章习题

1. 下载 Breast Cancer Wisconsin (Diagnostic)Data Set 数据集。

- 导入数据. 完成数据探索和数据清理。
- 构建一个机器学习模型，用于实现对乳腺肿瘤的分类(malignant 或 benign)。
- 执行模型的验证并度量模型的准确率。
- 寻求提高模型准确率的创新方法。

数据集下载：http://archive.ics.uci.edu/ml/datasets/breast+cancer+wisconsin+(diagnostic)。

2. 下载 Porto Seguro's Safe Driver Prediction 数据集。

- 导入数据. 完成数据探索和数据清理。
- 构建一个机器学习模型来预测车险投保人是否提出索赔。
- 执行模型的验证并度量模型的准确率。
- 寻求提高模型准确率的创新方法。

数据集下载：https://www.kaggle.com/c/porto-seguro-safe- driver-prediction/data。

第 9 章

TensorFlow 和 Keras

逻辑回归模型可以解决简单的问题。逻辑回归模型可以很好地处理目标变量的分类是线性可分的问题。我们介绍了神经网络模型,它是分层的网络模型,可以用于解决多个决策边界和非线性决策边界的问题。神经网络模型能设置多个隐藏节点和隐藏层。神经网络优化函数中的自由参数(权重)可达数千个。基于 NumPy 的标准 Python 计算库可能不足以处理这些复杂的优化算法。我们需要用专用的框架或工具来有效地处理大型神经网络模型。本章将讨论一款流行的开源工具 TensorFlow(由 Google 开发)的用法。

9.1 深度神经网络

单层的神经网络称为浅层神经网络。当模型需要处理的是高度非线性问题时,在神经网络中可能需要添加多个隐藏层。例如,几乎所有的计算机视觉问题都需要多个隐藏层。具有多个隐藏层的神经网络称为深度神经网络。深度神经网络有好几种类型。研究深度神经网络的学科被称为深度学习。我们可以把深度学习作为机器学习的一个子集。其背后的原因是,深度学习只是一种机器学习算法的改进版,即神经网络。

图 9.1 显示了一个带 '*l*' 个隐藏层的深度神经网络。

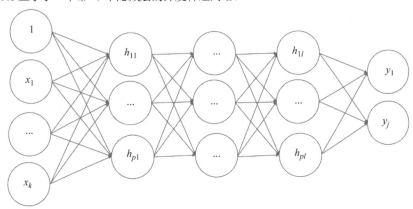

图 9.1　深度神经网络的通用示例

参数的数量

机器学习算法和深度学习算法的一个显著区别是执行时间不同。与机器学习模型相比，深度神经网络需要更长的执行时间和大量的计算资源。训练时间过长的主要原因是优化函数中自由参数的数量。自由参数就是梯度下降算法中的权重。下面看几个计算权重数量的示例(见表 9.1)。

表 9.1　计算神经网络中的权重数量

输入层节点	隐藏层节点	输出层节点	权重的数量
100	10	10	1 120
256	[64,64]	10	21 258
576	[128,100,15]	10	88 431
1024	[100,150,100,40]	10	137 200
4096	[256, 256, 256, 256, 256]	100	1 337 700

从表 9.1 可以看出，在深度神经网络中权重参数的数量达到了数千个。一个优化函数要执行数百万次计算，才能为这些深度神经网络找到最终的最优权重。我们需要编写高效的代码，使其可以并行执行多个计算，并在规定的时间内给出结果。Scikit-learn 等标准软件包可以很好地解决机器学习问题，但它们不适用于深度神经网络。

9.2　深度学习框架

几乎所有的科技公司都在处理一种或多种深度学习问题，比如，谷歌、脸书、微软和亚马逊。它们建立了一些专门的工具用于有效地解决各自公司特定的复杂优化问题。其中一些公司已经将它们的工具或软件包做成了开源产品。这些强大的软件包现在可以免费提供给数据科学家来破解深度学习问题。有两个主要的深度学习框架：TensorFlow 和 PyTorch(见表 9.2、图 9.2 和图 9.3)。

表 9.2　TensorFlow 和 PyTorch

TensorFlow
1. 开源框架
2. 由 Google Brain 组开发，供 Google 内部使用
3. 发布于 2015 年 11 月
4. 利用数据流图执行计算
5. 被很多公司采用，用于其实现深度学习算法
6. 用户语言：Python 和 C++
PyTorch
1. 开源框架
2. 由 Facebook AI 组开发
3. 发布于 2016 年 10 月
4. 被广泛地用于计算机视觉和深度学习
5. 用户语言：Python

图 9.2　TensorFlow 的标志

图 9.3　PyTorch 的标志

除了 TensorFlow 和 PyTorch，还有一些深度学习软件包，比如 MXNet、CNTK、Caffe 和 Paddle。这些软件包也被许多开发人员使用。然而，TensorFlow 和 PyTorch 拥有最广泛的用户基础和快速增长的用户社区的支持。在这两个软件包中，TensorFlow 在 Google 发布后不久就深受欢迎。9.2.1 节将介绍 TensorFlow。

9.2.1　什么是 TensorFlow

TensorFlow 是一个可以有效执行复杂数学计算的库。张量(tensor)是一个多维向量。我们可以简单地将张量看成数据，把 TensorFlow 看成数据流。正如我们前面所讨论的，深度学习算法涉及复杂的矩阵计算。TensorFlow 在矩阵计算方面效果很好。TensorFlow 可以在多个 CPU 甚至 GPU(图形处理单元)上使用。TensorFlow 用计算图的形式表示数据和计算。这些以图和独立节点形式进行的计算可以并行计算。TensorFlow 允许并行处理多个计算，这样就减少了总的计算时间。

简单地说，TensorFlow 软件包重写了矩阵计算的代码，使其允许并行计算。我们可以利用 Python 的 NumPy 来构建模型。TensorFlow 可以完成与 NumPy 相同的工作，但它提供了快速有效地构建模型的功能。TensorFlow 有完备的文档记录，并拥有优秀的社区支持。

9.2.2　计算图

TensorFlow 的特殊之处是什么呢？为什么 TensorFlow 比标准的机器学习库要快得多？TensorFlow 速度快的主要原因是计算图。在 TensorFlow 内部，计算是利用计算图表示的。我们也可以称它们为数据流图。

计算图由节点和边构成。节点表示数据或操作(运算)。边表示操作和数据之间的关系。例如，如果 c＝a+b 是操作节点，那么 a 是一个节点，b 是连接到操作节点 a+b 的另一个节点(见图 9.4)。

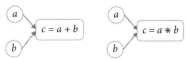

图 9.4　节点和操作

节点是数据和操作，边则是数据从一个节点流向另一个节点的方向。节点可以包含多维数据和矩阵计算。图 9.5 是逻辑回归线的计算图。

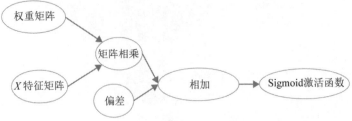

图 9.5　逻辑回归线的计算图

图 9.6 是逻辑回归线在真实数据上的计算图。

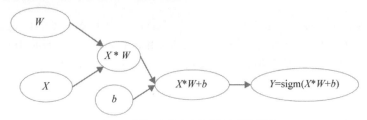

图 9.6　逻辑回归线在真实数据上的计算图

如果我们将最后的方程从 Sigmoid 函数换成线性函数，则图 9.6 所示的图将成为线性回归的计算图。图 9.7 所示是神经网络的计算图。

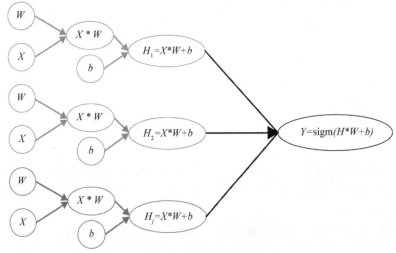

图 9.7　神经网络的计算图

从图 9.7 的神经网络计算图可以看出，如果在网络中涉及多个复杂的操作，计算图的作用就更加明显。在计算图中独立的节点称为并行计算。在图 9.7 中，当我们在计算 H_2 时，不需要等待 H_1 计算结束。在图中，H_1，H_2，$\cdots$，H_j 的值都是并行计算的。如果网络中有 1000 个隐藏节点，则这 1000 个隐藏节点都是并行计算的。独立节点的并行计算这一特点在执行复杂的运算时节省了大量时间。独立的子图计算最终构成了整体的计算。计算图中的并行计算有利于解决深度学习问题。利用计算图可以有效地处理偏导数和链式法则的应用。此外，计算图更有利于分布式计算，将工作分散到多个 CPU、GPU 或操作系统中。

9.2.3　Python Notebook

Jupyter Notebook 是一个交互式的集成开发环境(Integrated Development Environment，IDE)，该环境集成 Python。Jupyter 是一个基于 Web 浏览器的 IDE。我们可以在浏览器中打开一个 Notebook 文件，并开始在单元格中编写代码。使用 Jupyter Notebook 有两个主要原因。首先，个人电脑可能没有构建深度学习模型的资源。我们经常在服务器或云上构建模型。由于 Jupyter Notebook 是基于 Web 浏览器的，因此很容易在服务器上编写代码。其次，幸运的是，谷歌和微软向数据科学家提供了免费的云访问，用于学习和开发深度学习模型。我们需要在这些公司的云平台的笔记本上编写代码。即使我们没有一台好的计算机(满足深度学习算法所需的足够计算能力的计算机)，也可以利用 Google Colab notebook 或 Azure notebook 进行编码和学习。我们将学习一些使用 Jupyter Notebook 的基本命令，不需要单独安装 Jupyter Notebook。在安装 Anaconda 时，Anaconda 会自动安装 Spyder 和 Jupyter Notebook。下面将详细介绍使用 Jupyter Notebook 时所需的一些基本概念。

1. 打开 Jupyter Notebook

从 Anaconda prompt 中打开 Jupyter Notebook。

(1) 打开 Anaconda prompt >> 输入 Jupyter Notebook。

(2) notebook 将在一个 Web 浏览器中打开。

(3) Jupyter 使用 localhost 作为本地服务器。

图 9.8 显示了 Anaconda prompt 的界面。

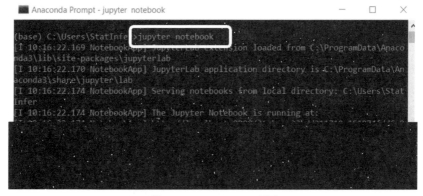

图 9.8　Anaconda prompt 界面

图 9.8 显示了在 Anaconda prompt 界面输入 jupyter notebook 命令，随后打开如图 9.9 所示的界面。

在图 9.9 中，Jupyter 的默认文件模型是用户的主页路径。如果需要在一个指定位置打开 Jupyter Notebook，需要按照如下步骤设置。

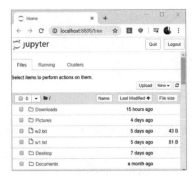

图 9.9　Jupyter Notebook 的主页

(1) 转到目标文件夹>>单击路径>>输入命令"Jupyter Notebook"。

(2) "Jupyter Notebook"命令将目标文件设置为主页路径。

图 9.10 和图 9.11 说明了如何启动 Jupyter Notebook 以及如何输入命令的界面。

图 9.10　在目标文件夹下启动 Jupyter Notebook

图 9.11　输入 Jupyter Notebook 命令

通过图 9.11 中的命令打开 Jupyter Notebook 的主页，如图 9.12 所示。

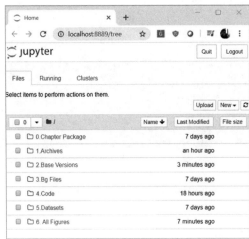

图 9.12　Jupyter Notebook 的主页

2. Jupyter Notebook 中的基本命令

表 9.3 显示的命令有助于我们使用 Jupyter Notebook。

表 9.3　Jupyter Notebook 中的基本命令

创建一个新的 notebook 文件	单击 New 打开一个新的 Python3 notebook 文件
	打开一个新的 Python notebook
	上述命令打开了如下的 notebook 文件：
	一个新的 Python notebook
编写和提交代码	打开 notebook 文件后，尝试在单元格中输入如下命令：
	输入 Python 代码
	按下 Ctrl+Enter 组合键或 Shift+Enter 组合键，或在菜单选项中单击 Run 按钮来执行代码，执行结果如下所示。
	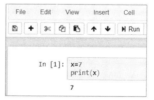
	Python 代码的输出结果

(续表)

添加一个输入代码的单元格	使用 Insert 选项: 在 notebook 中添加一个用于输入代码的单元格 或者在菜单项中单击'+'图标: 用另一种方式添加一个用于输入代码的单元格
添加一个非代码单元格	将单元格类型从 code 更改为 Markdown。 更改单元格类型 上述代码给出的输出结果: Markdown 的输出
添加标题	将单元格类型更改为 Heading，或利用# (#后面加入空格) 改变单元格类型，添加 heading 输出结果如下: 利用#、##和###创建不同的标题级别

(续表)

更改 notebook 的文件名称	单击 notebook 的名称并编辑。 ⟳ Jupyter　**Untitled** Last Checkpoint: 更改 Jupyter Notebook 的名称 如果我们单击 "Untitled"，则打开输入窗口： Rename Notebook Enter a new notebook name: Chapter9_code_v01 更改 Jupyter Notebook 的名称
保存 notebook	使用 save 按钮保存 Notebook。 💾 ＋ ✂ 🗐 📋 ↑ Save and Checkpoint 保存并设置检查点 或使用菜单中的 File 选项保存 Notebook 文件。 File　Edit　View New Notebook ▶ Open... Make a Copy... Save as... Rename... Save and Checkpoint Revert to Checkpoint ▶ Print Preview Download as ▶ Trusted Notebook Close and Halt 另一种保存文件的方法
Notebook 的文件扩展名	Python notebook 文件的扩展名为 ipynb。 ☐ Chapter9_code_v0.1.ipynb Notebook 文件的扩展名

(续表)

Google Colab notebook 文件	https://colab.research.google.com/
	(1) 不需要安装 Python，需要一个 Google 账号。
	(2) 免费访问 GPUs (有限制的 GPUs)。
	(3) 易于编码和共享。
	(4) 它是最佳的深度学习训练工具
	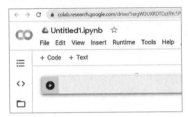
	Google Colab notebook

在 Jupyter Notebook 中还有很多命令。基于构建模型的需要，我们将学习其中的一些命令。上述介绍的这些命令足以支持我们使用 Jupyter Notebook。

9.2.4　安装 TensorFlow

在 Python 中，我们使用命令"!pip install" 安装新的软件包。我们可以在 Anaconda prompt 中使用 pip install 安装软件包，或者直接在 Jupyter Notebook 中使用"!pip install"命令安装软件包。

下面的命令用于安装 TensorFlow。如果有需要，也可以为 TensorFlow 加上精确的版本号。

```
!pip install tensorflow
```

该命令需要在网上下载 TensorFlow 软件包。以下代码用于查看 TensorFlow 的安装版本。

```
!pip show tensorflow
```

图 9.13 是输出结果。

```
!pip show tensorflow

Name: tensorflow
Version: 2.0.0
Summary: TensorFlow is an open source machine learning
framework for everyone.
Home-page: https://www.tensorflow.org/
Author: Google Inc.
Author-email: packages@tensorflow.org
License: Apache 2.0
Location: c:\users\statinfer\appdata\roaming\python\py
thon37\site-packages
Requires: wheel, protobuf, grpcio, keras-applications,
numpy, tensorboard, astor, gast, google-pasta, wrapt,
absl-py, keras-preprocessing, termcolor, tensorflow-es
timator, opt-einsum, six
Required-by:
```

图 9.13　!pip show tensorflow 的输出结果

9.3　TensorFlow 中的关键术语

TensorFlow 有一个不同的编码规范。可以将 TensorFlow 看成 NumPy 软件包的高级版本。在 TensorFlow 中存储数据和处理计算可能有点复杂。TensorFlow 2.0 与旧版本相比有一些变化。但是，使用 TensorFlow 2.0 还是比较容易的。本节将探讨 TensorFlow 中的一些关键术语。

张量

直观上，可以认为张量(tensor)是一个多维数组。在 TensorFlow 中，数据表示为张量。数组或向量是标量值的集合，矩阵是二维数组，张量是多维数组(见图 9.14)。

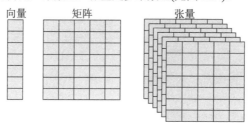

图 9.14　向量、矩阵以及张量的表示

需要注意的是，在数学中向量、矩阵和张量的严格定义略有不同——这里给出的解释是基于一般的编码术语。表 9.4 给出了一些张量的示例。

表 9.4　不同维度的张量表示

来自六个不同公司的智能手机价格——一维张量	智能手机的价格和评分——二维张量	智能手机的价格以及每个手机在 3 个不同地区的评分——三维张量	智能手机的价格，以及在过去两年内在 3 个不同地区的评分——四维张量
700 450 350 200 580 300 1D tensor	700　4.5 450　5.0 350　3.6 200　4.2 580　4.3 300　2.9 2D tensor	700　4.5 450　5.0 350　3.6 200　4.2 580　4.3 300　2.9 3D tensor	700　4.5 450　5.0 350　3.6 200　4.2 580　4.3 300　2.9 4D tensor

在实际应用中，彩色图像被表示为三维张量。第一维是图像的高度，第二维是图像的宽度，第三维是图像的深度。图像中的每个像素都有 3 个值——构成深度的 RGB 值。

图 9.15 显示了一个三维图像的示例。如果我导入一个图像再打印它的形状，就会看到图像的高、宽以及颜色[Height, Width, Color]。

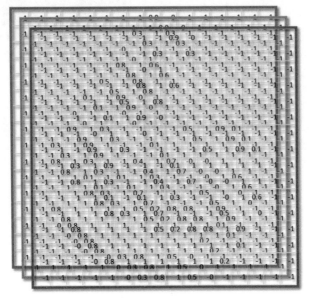

图 9.15　3D 图像的表示

张量的两个类型：常量和变量。

1. 常量张量

包含常量的张量称为常量张量。我们使用 tf.constant()函数来定义常量张量。可以设置常量张量的类型，并用值对其初始化。常量张量的定义与任何通用编程语言中的常量和变量一样没有特殊的含义。

在 TensorFlow 中，数据值以张量形式存储。下面查看一些张量的示例。下面给出的代码用于创建变量和常量。

```
a = tf.constant([50,10])
print(a)

print('a in tensorflow ==>', a)
print('numpy value of a ==>', a.numpy())
print('dtype of a ==>', a.dtype)
print('shape of a ==>', a.shape)
```

上述代码的输出结果如下。

```
print(a)
tf.Tensor([50 10], shape=(2,), dtype=int32)

a in tensorflow ==> tf.Tensor([50 10], shape=(2,), dtype=int32)
numpy value of a ==> [50 10]
dtype of a ==> <dtype: 'int32'>
shape of a ==> (2,)
```

我们使用内置函数 tf.XX() 来创建常量张量，与 numpy 类似。

```
print('Tensor of Ones: \n',tf.ones(shape=(2, 2)))
print('Tensor of Zeros: \n',tf.zeros(shape=(2, 2)))
print('Random Normal Distribution \n', tf.random.normal(shape=(3, 2), mean=5, stddev=1))
```

上述代码的输出结果如下。

```
Tensor of Ones:
 tf.Tensor(
[[1. 1.]
 [1. 1.]], shape=(2, 2), dtype=float32)

Tensor of Zeros:
 tf.Tensor(
[[0. 0.]
 [0. 0.]], shape=(2, 2), dtype=float32)

Random normal values tf.Tensor(
[[4.7691674 4.7110634]
 [4.4724483 3.3842342]
 [4.229244 4.7824235]], shape=(3, 2), dtype=float32)
```

2. 变量

变量是指允许更改以前分配的值的数据类型，可用于训练参数。我们使用 tf.variable() 定义变量，其中包含变量的类型和初始值。我们通常创建一个变量并对其进行初始化。下面给出了几个变量的示例。

```
##声明变量
x = tf.Variable(5)
print(x)
```

Output
```
<tf.Variable 'Variable:0' shape=() dtype=int32, numpy=5>
```

```
##随机初始化变量，例如初始化模型中的权重
w = tf.Variable(tf.random.normal(shape=(2, 2)))
print(w)
```

Output
```
<tf.Variable 'Variable:0' shape=(2, 2) dtype=float32, numpy=
array([[ 1.5475181 , -1.0206841 ],
       [ 0.07939683, -0.6459112 ]], dtype=float32)>
```

```
##声明变量
m = tf.Variable(5)
print(m)
```

Output
```
<tf.Variable 'Variable:0' shape=() dtype=int32, numpy=5>
```

```
m = tf.Variable(5)
print('New value', m.assign(2))
```

```
Output
New value <tf.Variable 'UnreadVariable' shape=() dtype=int32, numpy=2>

m = tf.Variable(5)
print('increment by 1', m.assign_add(1))

Output
increment by 1 <tf.Variable 'UnreadVariable' shape=() dtype=int32, numpy=6>

m = tf.Variable(5)
print('Decrement by 2', m.assign_sub(2))

Output
Decrement by 2 <tf.Variable 'UnreadVariable' shape=() dtype=int32, numpy=3>
```

9.4 使用 TensorFlow 构建模型

使用 TensorFlow 构建模型需要遵循如下的步骤。首先，我们定义模型方程。接着，对权重进行了初始化并定义了代价(cost)函数。最后，使用一个优化算法来迭代参数训练的过程。图 9.16 显示了在 TensorFlow 中构建模型的大致步骤。

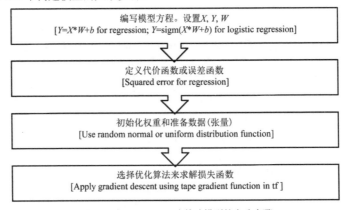

图 9.16 在 TensorFlow 中构建模型的大致步骤

9.4.1 使用 TensorFlow 构建回归模型

在 TensorFlow 中构建回归模型的代码如下所示。我们将创建一些样本数据，并在 TensorFlow 中使用这些数据构建模型。

```
#生成 x 和 y 中的数据
x_train= np.array(range(5000,5100)).reshape(-1,1)
y_train=[3*i+np.random.normal(500, 10) for i in x_train]

import matplotlib.pyplot as plt
plt.title("x_train vs y_train data")
plt.plot(x_train, y_train, 'b.')
plt.show()
```

通过将训练 x_train 乘以 3 再加入一些随机性来创建数据。在构建回归模型后，我们期望 x 的最终权重值为 3。该代码生成的图像如图 9.17 所示。

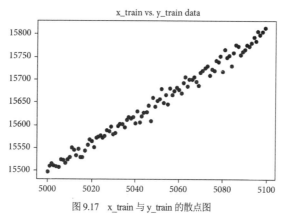

图 9.17　x_train 与 y_train 的散点图

构建模型的代码如下所示。

```
#模型y=X*W+b
#定义模型的函数
def output(x):
return W*x + b


#定义均方误差作为损失函数
def loss_function(y_pred, y_true):
    return tf.reduce_mean(tf.square(y_pred - y_true))


#初始化权重值
W = tf.Variable(tf.random.uniform(shape=(1, 1)))
b = tf.Variable(tf.ones(shape=(1,)))


#优化
##使用GradientTape函数编写训练或学习循环
learning_rate = 0.000000001
steps = 200 #迭代次数


for i in range(steps):
    with tf.GradientTape() as tape:
        predictions = output(x_train)
        loss = loss_function(predictions,y_train)
        dloss_dw, dloss_db = tape.gradient(loss, [W, b])
    W.assign_sub(learning_rate * dloss_dw)
    b.assign_sub(learning_rate * dloss_db)
    print(f"epoch is: {i}, loss is {loss.numpy()},W is: {W.numpy()}, b is
{b.numpy()}")
```

在上述代码中，需要了解的关键函数是 tf.gradientTape()。该函数用于计算梯度。使用这些梯度与学习率相乘，并在每个 epoch 后更新权重。即使我们不理解语法，也没关系。在后面关于 Keras 的小节中，将讨论为什么不掌握 TensorFlow 语法也没关系。下面是上述代码的输出结果。

```
epoch : 0, loss 212363920.0, W : [[0.36013526]], b[1.0000291]
epoch : 1, loss 191256560.0, W : [[0.49980214]], b[1.0000567]
```

```
epoch : 2, loss 172247104.0, W : [[0.6323465]],   b[1.000083]
epoch : 3, loss 155127040.0, W : [[0.75813156]],  b[1.0001079]
epoch : 4, loss 139708608.0, W : [[0.877502]],    b[1.0001315]
                  · · · · · · · · · · · · · · · · · · · · · ·
epoch : 197, loss 124.76454, W : [[3.0987952]],   b[1.0005703]
epoch : 198, loss 124.74134, W : [[3.0987997]],   b[1.0005703]
epoch : 199, loss 124.72179, W : [[3.098804]],    b[1.0005703]
```

正如我们期待的，x 的权重是 3。我们在数据中没有设置任何偏置。偏置的期望为 0，在 TensorFlow 中将偏置估计为 1。模型总体的准确率较好。通过打印和可视化方法来看看整体模型是如何收敛的(见图 9.18)。

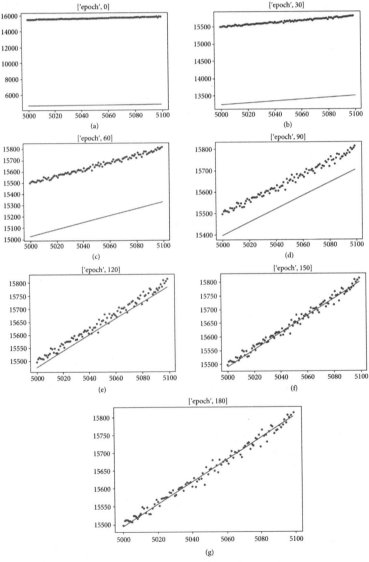

图 9.18　(a) Epoch 0 plot (b) Epoch 30 plot (c) Epoch 60 plot (d) Epoch 90 plot (e) Epoch 120 plot (f) Epoch 150 plot (g) Epoch 180 plot

9.4.2　使用 TensorFlow 构建逻辑回归模型

在 TensorFlow 中构建逻辑回归模型的代码如下所示：

```
#下面的代码用于生成数据
x_train= np.random.rand(100,1)
y_train=np.array([0 if i < 0.5 else 1 for i in x_train]).reshape(-1,1)

import matplotlib.pyplot as plt
plt.plot(x_train, y_train, 'b.',)
plt.show()
```

上述代码的输出结果如图 9.19 所示。

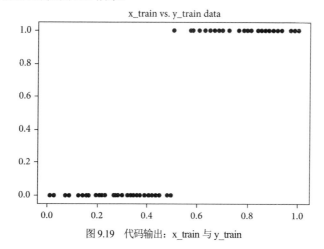

图 9.19　代码输出：x_train 与 y_train

构建模型的代码如下所示。只有模型方程改变了，其他的代码都与上一节构建回归模型的代码一样。

```
#使用 sigmoid 函数转换线性方程
def output(x):
    return tf.sigmoid(W*x + b)

#损失函数：误差平方和
def loss_function(y_pred, y_true):
    return tf.reduce_sum(tf.square(y_pred - y_true))

#初始化权重值
W = tf.Variable(tf.random.uniform(shape=(1, 1)))
b = tf.Variable(tf.zeros(shape=(1,)))

##优化
learning_rate = 0.1
steps = 300 #epochs

for i in range(steps):
    with tf.GradientTape() as tape: predictions = output(x_train)
```

```
        loss = loss_function(y_train, predictions)
        dloss_dw, dloss_db = tape.gradient(loss, [W, b])
    W.assign_sub(learning_rate * dloss_dw)
    b.assign_sub(learning_rate * dloss_db)
    print(f"epoch : {i}, loss {loss.numpy()}, W : {W.numpy()}, b {b.numpy()}")
```

上述代码的输出结果如下。

```
epoch : 0, loss 22.734655,   W : [[1.0051948]], b [-1.0418472]
epoch : 1, loss 18.946268,   W : [[1.6631205]], b [-0.69767785]
epoch : 2, loss 16.435150,   W : [[1.8341044]], b [-1.2462128]
epoch : 3, loss 14.747210,   W : [[2.2962391]], b [-1.1231506]
epoch : 4, loss 13.4111223,  W : [[2.4752746]], b [-1.4781798]
epoch : 5, loss 12.355062,   W : [[2.8097491]], b [-1.4635689]
                     ..............................................

epoch : 294, loss  2.295719861, W : [[13.713083]], b [-7.182775]
epoch : 295, loss  2.2923476696,W : [[13.729434]], b [-7.191068]
epoch : 296, loss  2.2889902591,W : [[13.745748]], b [-7.1993423]
epoch : 297, loss  2.2856481075,W : [[13.762024]], b [-7.2075977]
epoch : 298, loss  2.2823212146,W : [[13.778264]], b [-7.2158346]
epoch : 299, loss  2.2790091037,W : [[13.794468]], b [-7.224053]
```

通过打印和可视化的方法来看看整体模型是如何收敛的(见图 9.20)。

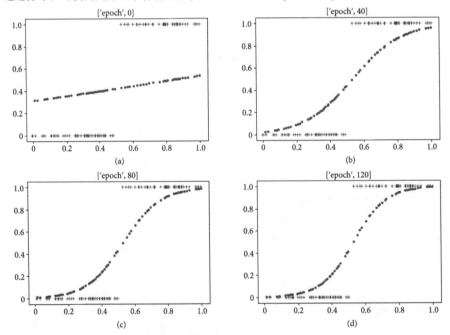

图 9.20　随着 epoch 增加模型收敛的过程：(a) Epoch 0 plot (b) Epoch 40 plot (c) Epoch 80 plot

(d) Epoch 120 plot (e) Epoch 160 plot (f) Epoch 200 plot (g) Epoch 240 plot (h) Epoch 280 plot

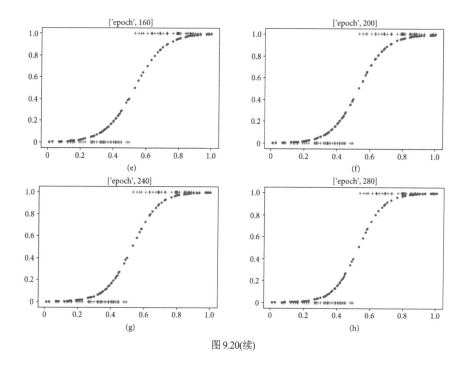

图 9.20(续)

9.5 Keras

在 TensorFlow 中编程与在 Python 中使用 NumPy 和其他函数编程非常类似。回归算法是相同的，只是数据因案例不同而发生变化。本书前面的章节中构建机器学习算法时，既没有创建代价函数，也没有编写迭代过程。这是因为在软件包中提供了预先创建好的代码库，如 Scikit-learn。我们需要传递数据并从代码库中调用正确的函数。Scikit-learn 在内部使用 NumPy 并执行所有优化任务。

类似地，在 TensorFlow 上是否有一个软件包或编程接口包，它只从用户那里获取数据，并自己执行优化任务呢？是的，有这样的软件包，这个包的名称是"Keras"。简单地说，Keras 提供了一些实用的函数让使用 TensorFlow 编写程序变得容易。

9.5.1 什么是 Keras

Keras 是 TensorFlow 上的高级 API。Keras 有一些函数和特征，它可以在后台自动编写 TensorFlow 代码。我们不需要在 TensorFlow 中编写底层代码。Keras 语法简单，与在 TensorFlow 中编写代码相比，使用 Keras 编写的代码行数较少。类似地，使用 TensorFlow 就像使用 Numpy，而使用 Keras 就像使用 Scikit-learn 软件包。Scikit-learn 内部使用 NumPy，Keras 内部使用 TensorFlow。大多数数据科学家使用 Keras 构建深度学习模型。在 Keras 中编写的代码行数少，且其语法容易学习。最重要的是，在构建模型时，Keras 提供了许多实用的选项。不需要单独安装 Keras。随着 TensorFlow 2.0 的发展，Keras 自动与 TensorFlow 一起安装。我们可以使用以下命令导入 Keras：

```
from tensorflow import keras
```

9.5.2　使用 Keras

Keras 的编码风格也尝试模仿神经网络的网络结构。在 Keras 中，我们使用一系列网络层来配置和构建模型。顺序模型是网络层的线性叠加。顺序模型(堆栈)中的第一层是"第一个隐藏层"。我们设置输入数据的形状的信息。最后一层是"输出层"，模型从最后一层获取标签信息。我们可以在顺序模型的中间添加其他的"模型层"(model layers)。该模型将根据输入层、隐藏层和输出层自动配置权重参数。在 TensorFlow 中，用户必须人工设置这些内容。模型配置完成后，我们就可以向模型传递输入数据并开始模型的训练过程。下面介绍一个使用 Keras 的示例。

9.5.3　在 Keras 中应用 MNIST 数据集的示例

数据集 MNIST(Modified National Institute of Standards and Technology)是计算机视觉领域应用最广泛的数据集。该数据集是 Keras 代码库中的示例数据集。

模型实现的目标是通过将图像像素值作为输入来预测图像中的数字。下面将编写代码来理解数据，并使用这些数据构建模型。

```
##导入包
from tensorflow import keras
from tensorflow.keras import layers
from tensorflow.keras.models import Sequential
from tensorflow.keras.layers import Dense

##加载数据，并将其随机拆分成训练集和测试集
(X_train, Y_train), (X_test, Y_test) = keras.datasets.mnist.load_data() num_classes=10
x_train = X_train.reshape(60000, 784)
x_test = X_test.reshape(10000, 784)
x_train = x_train.astype('float32')
x_test = x_test.astype('float32') x_train /= 255
x_test /= 255
print(x_train.shape, 'train input samples')
print(x_test.shape, 'test input samples')

#将类向量转换成二进制类矩阵
y_train = keras.utils.to_categorical(Y_train, num_classes)
y_test = keras.utils.to_categorical(Y_test, num_classes)

print(y_train.shape, 'train output samples')
print(y_test.shape, 'test output samples')
```

上述代码用于导入数据。该数据是 Keras 示例数据集的一部分。上述代码的输出结果如下。

```
(60000, 784) train input samples
(10000, 784) test input samples
(60000, 10) train output samples
(10000, 10) test output samples
```

从输出结果可以看出，在训练集中有 60 000 张图像，在测试集中有 10 000 张图像。每张图像为 784 像素。在构建模型前先看几张图像。下面的代码用于查看图像的草图。

```
#Plot 4 images
%matplotlib inline
import matplotlib.pyplot as plt
plt.subplot(221)
plt.imshow(X_train[1], cmap=plt.get_cmap('gray'))
plt.subplot(222)
plt.imshow(X_train[6], cmap=plt.get_cmap('gray'))
plt.subplot(223)
plt.imshow(X_train[7], cmap=plt.get_cmap('gray'))
plt.subplot(224)
plt.imshow(X_train[9], cmap=plt.get_cmap('gray'))
plt.show()
```

图 9.21 显示了代码的输出结果。

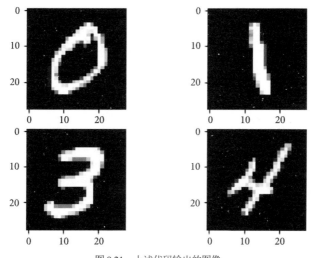

图 9.21　上述代码输出的图像

现在将继续构建模型。我们需要配置模型。在配置模型时，我们需要依次设置顺序模型中的每一层。下面给出了构建模型的代码，该模型由 2 个隐藏层、每个隐藏层 20 个节点构成。我们构建的神经网络是[输入层有 784 个节点；在 H_1 上有 20 个节点；在 H_2 上有 20 个节点；在输出层有 10 个节点]。我们预计第一层的权重参数数量为 15 700(785×20)，第二层的权重参数数量为 420(21×20)，最后一层的权重参数数量为 210(21×10)；model.summary()函数给出了在网络中权重参数的摘要。

```
model = keras.Sequential()

model.add(layers.Dense(20, activation='sigmoid', input_shape=(784,)))

model.add(layers.Dense(20, activation='sigmoid'))

model.add(layers.Dense(10, activation='softmax'))

model.summary
```

代码说明：密集层(dense layer)就是上一层中的每个节点都与下一层中的每个节点紧密相连的层。在上述代码中，我们在第一步配置隐藏层。模型需要知道输入数据的形状。因此，顺序模型中的第一层需要接收关于其输入数据形状的信息。只有第一层需要设置数据形状的信息，因为其后面的每一层都可以自动进行数据形状的推断。最后一层设置的节点数量就是输出结果中数据分类的数量。上述代码的输出结果如表 9.5 所示。

表 9.5　代码的输出结果

```
Model: "sequential"

Layer (type)        Output Shape      Param #
=================================================
dense (Dense)       (None, 20)        15700
dense_1 (Dense)     (None, 20)        420
dense_2 (Dense)     (None, 10)        210
=================================================
Total params: 16,330
Trainable params: 16,330
Non-trainable params: 0
```

现在我们已经完成了模型的构建。下面的代码用于在输入数据上编译和训练模型。

```
model.compile(loss='categorical_crossentropy', metrics=['accuracy'])

model.fit(x_train, y_train, epochs=10)
```

在 compile 函数中，需要设置损失(loss)函数和验证指标。我们已经讨论过使用"均方误差(mean squared error)"作为损失函数。在损失函数中还有很多可选的函数。我们将在下一章讨论所有可能用到的超参数。这里，我们将 categorical_crossentropy 作为该模型的损失函数。上述代码的输出结果如下。

```
Train on 60000 samples
Epoch 1/10
60000/60000 [======] - 4s 61us/sample- loss:0.9420- accuracy:0.7941
Epoch 2/10
60000/60000 [======] - 3s 48us/sample- loss:0.3382- accuracy:0.9055
Epoch 3/10
60000/60000 [======] - 3s 45us/sample- loss:0.2610- accuracy:0.9242
Epoch 4/10
60000/60000 [======] - 3s 47us/sample- loss:0.2270- accuracy:0.9338
Epoch 5/10
60000/60000 [======] - 3s 48us/sample- loss:0.2067- accuracy:0.9398
Epoch 6/10
60000/60000 [======] - 4s 64us/sample- loss:0.1920- accuracy:0.9439
Epoch 7/10
60000/60000 [======] - 3s 47us/sample- loss:0.1816- accuracy:0.9470
Epoch 8/10
60000/60000 [======] - 3s 51us/sample- loss:0.1730- accuracy:0.9493
Epoch 9/10
60000/60000 [======] - 3s 49us/sample- loss:0.1651- accuracy:0.9518
Epoch 10/10
60000/60000 [======] - 3s 47us/sample- loss:0.1594- accuracy:0.9537
```

模型已经完成了训练。利用下面的代码可以获得模型在测试集上的准确率。

```
loss, acc = model.evaluate(x_test, y_test, verbose=2)
```

```
print("Test Accuracy: {:5.2f}%".format(100*acc))
```

模型在测试集上的准确率如下：

```
10000/1 - 0s - loss: 0.0838 - accuracy: 0.9594
Test Accuracy: 95.94%
```

该模型的准确率达到了近 96%。如果我们使用基于 NumPy 的标准 Python 包，则具有 16 330 个权重的同一个模型将花费更多的训练时间。Keras 和 TensorFlow 完成任务的速度要比使用 NumPy 的方式快得多。到这里就结束了关于使用 Keras 构建模型的讨论。

9.6　本章小结

本章讨论了一个著名的深度学习框架 TensorFlow。首先，我们学习了 TensorFlow 中的一些基本命令。接着，我们讨论了 Keras，它是 TensorFlow 的顶层接口。软件包 Keras 是独立开发的，它不是 TensorFlow 中的一部分。从 TensorFlow 2.0 开始，Keras 将自动与 TensorFlow 一起安装。目前，TensorFlow 的文档使用了大量的 Keras 代码。Keras 可能是构建和实现深度学习模型的最好和最简单的方式。在接下来的章节中，我们将在练习中频繁使用 Keras。TensorFlow 的替代产品是 PyTorch。TensorFlow 和 PyTorch 都很好。你可以选择其中一个框架来构建深度学习模型。

第**10**章

深度学习中的超参数

几乎所有的机器学习算法都有超参数。在一些算法中，我们利用这些超参数的默认值，而在其他一些算法中，我们必须微调这些超参数并找到最优值。例如，在决策树中，我们需要微调的超参数是树的深度或叶子节点的数量。大多数的基本机器学习算法最多有 2 到 3 个超参数。深度学习算法则至少有 6 个超参数。除了与准确率相关的超参数会影响模型的过拟合和欠拟合，很多超参数会影响模型的执行时间，这在神经网络中是至关重要的。从原则上来说，任何人都能建立一个基本的深度学习模型。但是，微调超参数并掌握每个超参数的含义需要大量的专业知识。本章将讨论一些在深度神经网络中起关键作用的超参数。

10.1   正则化

在前面的章节中，我们已经讨论了隐藏层的数量和隐藏节点的数量这两个超参数，这两个超参数在深度神经网络中起到了重要的作用。如果隐藏节点数量过多，则模型可能会过拟合。如果隐藏节点的数量太少，则模型可能会欠拟合。为了从任何深度学习模型中获得最佳的预测结果，我们需要有一个最优的隐藏节点数量。在处理深度神经网络问题时，我们可以尝试使用隐藏层和隐藏节点的不同组合，并为每个组合建立模型，以找到最终的最优的隐藏层的数量和隐藏节点的数量，这个寻找的过程是烦琐而耗时的。本节介绍的正则化技术可以用于调整深度神经网络。

使用正则化技术时，首先，选择一个规模相对较大的神经网络开始构建模型，此时的模型可能是过拟合的。然后，对权重设置一些约束，使其始终处于较低的值。通过这种方式，可以用几个节点来解释(在数据中的)复杂性。由于每个节点都没有显示出其全部能量，过拟合也被克制了。简言之，我们没有删除隐藏节点，而是保留这些节点但其权重较低。

在常规的建模过程中，我们在寻找权重的同时要尽量减小总误差；而在正则化模型中，我们要最小化误差和权重。

$$实际误差或代价函数 = \sum \left(y - g \left(\sum_{k=1}^{m} w_k h_k \right) \right)^2$$

上述公式是常用的平方误差。正则化的误差公式如下所示。

$$加入正则项后的误差 = \sum\left(y - g\left(\sum_{k=1}^{m} w_k h_k\right)\right)^2 + \lambda \sum w_i^2$$

通常，我们只是尽力将误差最小化。这里，我们要最小化误差和权重的平方和。第二项($\lambda \sum w_i^2$)对权重增加了一定的惩罚。上述给出的新的正则化误差方程中，λ 是正则化参数。我们需要考虑两种情况——λ 值太大和太小的情况。如果 λ 值太大，那么为了保持总体代价函数(cost function)的值较低，我们可能要减少很多权重。即使我们在模型中有几个(或很多)隐藏节点，对权重增加很高的惩罚也会导致欠拟合。另一方面，如果 λ 是 0(或非常接近 0)，则不会产生正则化项；权重将会发挥其全部的效果，最终导致模型的过拟合。我们需要通过微调以找出正则化参数的最佳值。

10.1.1 回归模型中的正则化

在回归模型中，我们要最小化平方误差。

$$回归模型的代价函数 = \sum\left(y_i - \sum_{k=1}^{m} \beta_k x_{ki}\right)^2$$

如果在预测变量列表中多项式项很多，回归模型将会出现过拟合。如果在数据中做了很多的特征工程并创建了很多派生变量，则也可能导致模型的过拟合。但是，可以利用正则化方法保留一些特征。

$$加入正则项后的代价函数 = \sum\left(y_i - \sum_{k=1}^{m} \beta_k x_{ki}\right)^2 + \lambda \sum_{k=1}^{m} \beta_k^2$$

在上述方程中：

(1) 如果 λ 值太小，则方程中的第二项会接近于 0。那么权重的计算没有变化，这样会导致模型的过拟合。

(2) 如果 λ 值太大，则会通过增加对权重的惩罚来降低整体代价函数(cost function)的值。这样会导致模型的欠拟合。

(3) 正则化参数需要微调

下面使用一个小的数据集来演示在回归模型中应用正则化。创建数据集并在图中显示数据的代码如下所示。

```
#输入包
import pandas as pd
import numpy as np

#数据集
x=[-0.99768,-0.69574,-0.40373,-0.10236,0.22024,0.47742,0.82229]
y=[2.0885,1.1646,0.3287,0.46013,0.44808,0.10013,-0.32952]
input_data = pd.DataFrame(list(zip(x, y)), columns =['x', 'y'])
print(input_data)

#封装数据
x = np.array(input_data.x)
```

```
y = input_data.y
import matplotlib.pyplot as plt
get_ipython().run_line_magic('matplotlib', 'inline')
plt.title("Input data", fontsize=20)
plt.scatter(x,y,s=50,c="g")
plt.xlabel("X")
plt.ylabel("Y")
plt.show()
```

上述代码的输出结果如图 10.1 所示。

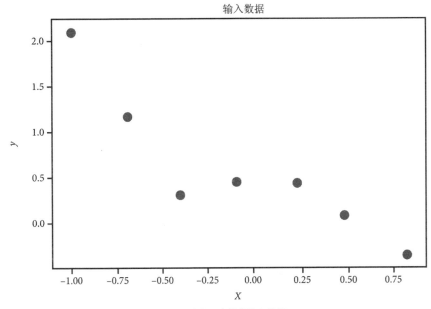

图 10.1　由代码生成的输入数据

我们尝试构建简单的回归模型以及五阶的多项式回归模型。对于本例中的数据，利用简单的线性回归会得到一个欠拟合的模型。然而，一个五阶多项式的回归会得到一个过拟合的模型。

```
#####简单的回归模型
import statsmodels.api as sm
x1 = sm.add_constant(x)
m1 = sm.OLS(y,x1).fit()
print("m1 SSE", m1.ssr)


#####二阶多项式回归模型
x2 = sm.add_constant(np.column_stack([x,np.square(x)]))
m2 = sm.OLS(y,x2).fit()
print("m2 SSE", m2.ssr)


#####五项多项式回归模型
x3 = sm.add_constant(np.column_stack([x, np.power(x,2),np.power(x,3),np.
power(x,4),np.power(x,5)]))
m3 = sm.OLS(y,x3).fit()
print("m3 SSE", m3.ssr)
```

上述代码的输出结果如下。

```
print("m1 SSE", m1.ssr)
m1 SSE 0.7107401451797566

print("m2 SSE", m2.ssr)
m2 SSE 0.457231720521299

print("m3 SSE", m3.ssr)
m3 SSE 0.010562888801624625
```

下面采用五阶多项式的回归模型，它是过拟合的模型。五阶的多项式用于 7 个数据点通常是过拟合的。

$$y = w_0 + w_1 x_1 + w_2 x_2 + w_3 x_3 + w_4 x_4 + w_5 x_5$$

我们将使用一个正则化参数。利用正则化后的代价函数，权重将会被重新计算。我们能获取到 6 个权重，权重值随着 λ(lambda)值的增加而减少。

```
X = x3
y = np.array(y)
n_col = X.shape[1]
d = np.identity(n_col)
d[0,0] = 0
w = []

reg =0
w.append(np.linalg.lstsq(X.T.dot(X) + reg * d, X.T.dot(y))[0])

reg =1
w.append(np.linalg.lstsq(X.T.dot(X) + reg * d, X.T.dot(y))[0])

reg =10
w.append(np.linalg.lstsq(X.T.dot(X) + reg * d, X.T.dot(y))[0])

print("Regularized weights lambda=0 \n", w[0])
print("Regularized weights lambda=1 \n", w[1])
print("Regularized weights lambda=10 \n", w[2])
```

正则化后的权重输出结果如下。

```
Regularized weights lambda=0
 [ 0.47252877 0.68135289 -1.38012842
-5.97768747 2.44173268 4.73711433]

Regularized weights lambda=1
 [ 0.3975953 -0.420666370.12959211
-0.39747390.17525553 -0.33938772]

Regularized weights lambda=10
 [ 0.52047074 -0.182507060.06064258
-0.14817721 0.07433006 -0.12795737]
```

在 lambda=0 时所获得的权重与五阶的多项式回归是一样的。五阶多项式回归模型就是前面创建的模型 m3。下面的代码用于对比这两个模型的权重值。

```
print("Regularized Weights With lambda = 0 \n", list(w[0]))
print("Standard Weights With inbuilt package \n",list(m3.params))

Regularized Weights With lambda = 0
 [0.4725287728743442, 0.6813528948567631, -1.3801284186124971,
-5.9776874674697105, 2.441732684793457, 4.737114334831566]

Standard Weights With inbuilt package
 [0.47252877287434003, 0.6813528948567651, -1.3801284186124536,
-5.977687467469684, 2.4417326847934, 4.7371143348315226]
```

与预期的结果一样，在 lambda=0 时，正则化后的权重值与模型 m3 的权重值相同。下面看一下在 lambda=0，lambda=1 以及 lambda=10 时的五阶多项式模型的输出结果。

```
import matplotlib.pyplot as plt
get_ipython().run_line_magic('matplotlib', 'inline')
plt.rcParams["figure.figsize"] = (8,6)
plt.title('Model results for different lambda values', fontsize=20)
plt.scatter(x,y, s = 50, c = "g")
x_new = np.linspace(x.min(), x.max(), 200)

plt.plot(x_new, np.poly1d(np.polyfit(x, X.dot(w[0]), 5))(x_new),label='$\
lambda$ = 0', c = "b")
plt.plot(x_new, np.poly1d(np.polyfit(x, X.dot(w[1]), 5))(x_new),label='$\
lambda$ = 1', c = "r")
plt.plot(x_new, np.poly1d(np.polyfit(x, X.dot(w[2]), 5))(x_new),label='$\
lambda$ = 10', c = "g")
plt.legend(loc='upper right');
plt.show()
```

上述代码的输出结果如图 10.2 所示。

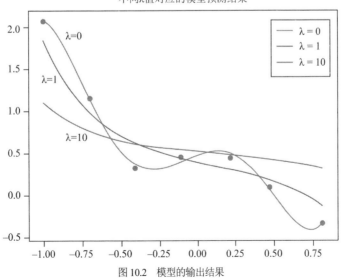

图 10.2　模型的输出结果

从图 10.2 所示的曲线图可以观察到，第一条回归线是 lambda = 0 的模型；该模型是过拟合的。lambda = 0 的模型等价于标准的五阶多项式回归模型，相当于没有正则化。第二条回归线是 lambda = 10 的模型，这个模型是欠拟合的。最后一条回归线是 lambda = 1 的模型；该模型比其他两个模型都好。

我们得出的结论是：在 3 个五阶多项式模型中，通过改变正则化参数，可以避免模型的过拟合。根据图 10.2 中显示的输出结果，我们选择 lambda = 1 的模型。

```
Final Weights
 [ 0.3975953   -0.42066637  0.12959211
-0.3974739    0.17525553  -0.33938772]
Final SSE  0.24363202160352718
```

10.1.2 L1 正则化与 L2 正则化

在回归模型中增加太多的多项式项会导致模型的过拟合。在上一节中，我们在回归方程没有减少多项式项的数量，而是利用了一个正则化的代价函数来调整权重。我们是通过最小化权重的平方和(使用正则化的代价函数)来构建模型的。这种方法被称为 L2 范数或 L2 正则化。基于这种方法的回归模型称为岭回归(ridge regression)。

$$加入L2正则项后的代价函数 = \sum \left(y_i - \sum_{k=1}^{m} \beta_k x_{ki} \right)^2 + \lambda \sum_{k=1}^{m} \beta_k^2$$

另一种方法，可以利用权重绝对值之和最小化的代价函数。这种方法被称为 L1 范数或 L1 正则化。在回归模型中，这种模型被称为套索回归(Losso regression)。

$$加入L1正则项后的代价函数 = \sum \left(y_i - \sum_{k=1}^{m} \beta_k x_{ki} \right)^2 + \lambda \sum_{k=1}^{m} |\beta_k|$$

对于特定类型的数据，L1 正则化的效果最好；对于其他特定类型的数据，L2 正则化会比 L1 正则化更好。L1 正则化和 L2 正则化都能有效地减少模型的过拟合；可以任选其中一个正则化方法应用于模型中。在选择正则化方法时，经验是最好的老师。

10.1.3 在神经网络中应用正则化

隐藏节点和隐藏层过多会导致神经网络的过拟合。在神经网络的案例中，可以利用以下正则化的代价函数。

$$加入L2正则项后的误差函数 = \sum \left(y - g\left(\sum_{k=1}^{m} w_k h_k \right) \right)^2 + \lambda \sum w_i^2$$

在构建神经网络模型时，如果将上述方程最小化，权重就不会过高。使用正则化的代价函数将减少模型的过拟合。为了理解和可视化正则化对神经网络的影响，我们在 TensorFlow playground 网站上模拟神经网络，该网站的网址为：https://playground.TensorFlow.org/。该网站是一个实用的资源，它用于试验和理解神经网络中的不同超参数。打开该网站后，需要在页面的左侧和页面的上方配置神经网络的参数。图 10.3 提供了与该网站相关的内容。

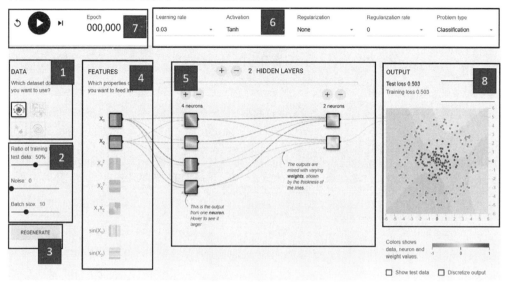

图 10.3　TensorFlow playground 网站

下面分别解释图 10.3 中所示的每个窗口。

(1) Box1：选择用于试验的数据集。在该网站中提供了 4 个数据集：Circle、 XOR、 Gaussian 和 Spiral (见图 10.4)。

图 10.4　playground 网站上的数据集

(2) Box2：选择训练数据和测试数据的比例。选择噪声或者不可约误差，然后选择 batch size(批大小)，如图 10.5 所示。我们将在后续内容中讨论这些。

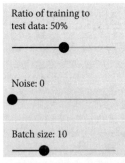

图 10.5　选择 batch size

(3) Box3：单击 REGENERATE 按钮，生成一个新的随机数据(见图 10.6)。

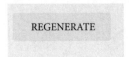

图 10.6　重新生成新的随机数据

(4) Box4 和 Box5——输入层的细节：真实变量和它们转换后的变量都可以使用，这些变量将作为输入节点。在 Box5 中可以设置隐藏层和隐藏节点(见图 10.7)。

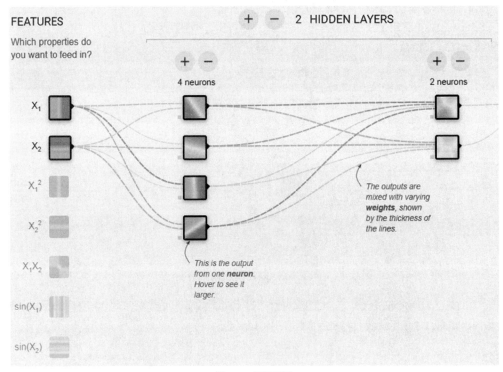

图 10.7　网络配置

(5) Box6：用于配置神经网络中的超参数，将在后续的内容中讨论(见图 10.8)。

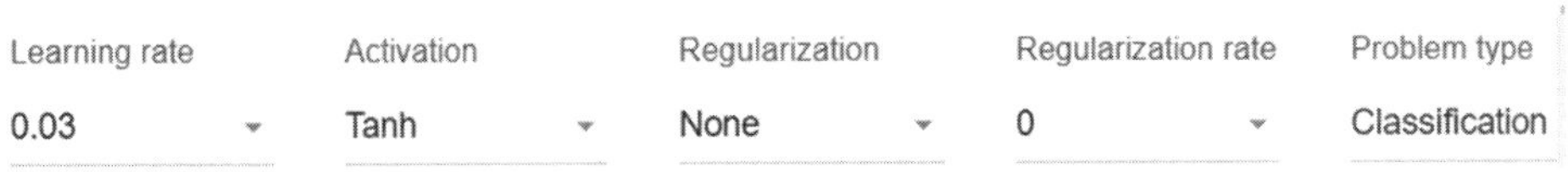

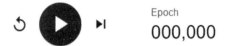

Learning rate
0.03
Activation
Tanh
Regularization
None
Regularization rate
0
Problem type
Classification

图 10.8　配置超参数

(6) Box7：单击 play 按钮开始执行算法。在算法执行过程中显示 Epoch 的值(见图 10.9)。

Epoch
000,000

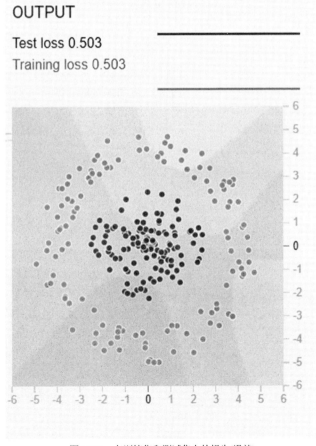

图 10.9　开始执行算法的界面

(7) Box8：该窗口用于显示输出最终的结果。每个 Epoch 中都显示模型在训练集和测试集上的误差。我们也能看到分类图(见图 10.10)。

OUTPUT
Test loss 0.503
Training loss 0.503

图 10.10　在训练集和测试集上的损失(误差)

我们需要设置所有的参数，接着单击 play 按钮。然后，模型将开始训练过程。可以在完成指定的 Epoch 周期后停止模型的训练过程。现在建立一个具有多个隐藏层和隐藏节点的过拟合的神经网络模型。接着，我们将利用正则化来避免模型的过拟合。表 10.1 给出了构建神经网络模型的参数配置；该模型在执行 100 个 Epoch 后停止，然后查看其在训练数据和测试数据的准确率。

表 10.1　参数配置表

数据	异或
训练数据与测试数据的比例(Ratio of training to test data)	50%
噪声(Noise)	25
批大小(Batch size)	10
特征(Features)	$x_1, x_2, x_1^2, x_2^2, x_1 * x_2, \sin x_1, \sin x_2, ...$
隐藏层(Hidden layers)	6
神经元或隐藏节点(Neurons or hidden nodes)	每层 8 个节点，一共 48 个节点
学习率(Learning rate)	0.03
激活函数(Activation)	Tanh
正则化处理(Regularization)	None
正则化率(Regularization rate)	0
问题类型(Problem type)	分类问题

使用表 10.1 列出的参数配置，并单击 play 按钮，使模型执行 100 个 Epoch。然后，在输出结果中查看模型在训练数据和测试数据上的误差。重置和重新生成样本(Box-3)；然后让模型再运行 100 个 Epoch。尝试上述过程多次。这样，我们可以持续观察模型的过拟合的效果。

图 10.11 显示了使用表 10.1 中的参数配置的模型结果。

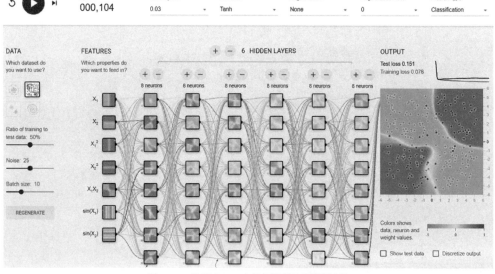

图 10.11　使用表 10.1 中的参数配置的模型结果

下面重点关注输出结果(见图 10.12)。

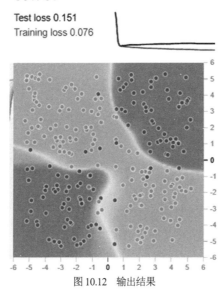

OUTPUT

Test loss 0.151
Training loss 0.076

图 10.12　输出结果

　　与我们预期的结果一样,模型在测试数据上的误差大而在训练数据上的误差小。我们只要 1 个隐藏层和两个隐藏节点在该数据集上构建模型即可,但我们使用 6 个隐藏层,并且每个隐藏层都设置了 8 个隐藏节点。若你不能查看到相同的结果,则可以单击 REGENERATE 按钮从第 0 个 epoch 开始训练。现在使用正则化方法,在保证相同的隐藏层和隐藏节点数量的基础上避免模型的过拟合。带有正则化的模型参数设置,如表 10.2 所示。模型的 Epoch 仍然设置为 100。

表 10.2　带正则化的模型参数配置

数据	异或
训练数据与测试数据的比例(Ratio of training to test data)	50%
噪声(Noise)	25
批大小(Batch size)	10
特征(Features)	x_1, x_2, x_1^2, x_2^2, $x_1 * x_2$, $\sin x_1$, $\sin x_2$,
隐藏层(Hidden layers)	6
神经元或隐藏节点(Neurons or hidden nodes)	每层 8 个节点,一共 48 个节点
学习率(Learning rate)	0.03
激活函数(Activation)	Tanh
正则化处理(Regularization)	L2
正则化率(Regularization rate)	0.1
问题类型(Problem type)	分类问题

　　表 10.2 中配置的模型输出结果如图 10.13 所示。

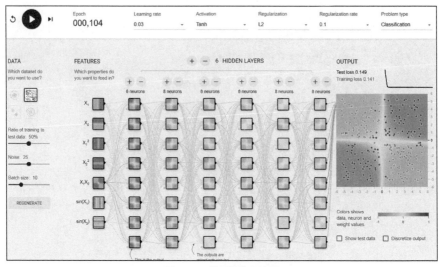

图 10.13　模型的输出结果

放大后的输出结果如图 10.14 所示。

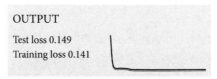

图 10.14　模型的训练和测试的损失(误差)

在该实验中共使用了 48 个隐藏节点；但是，我们使用了 L2 正则化避免了模型的过拟合。下面将使用 L1 正则化重建模型，并将 lambda 值设为 0.03。图 10.15 显示了采用 L1 正则化的结果。

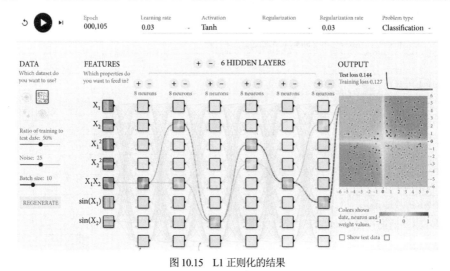

图 10.15　L1 正则化的结果

放大后的输出结果如图 10.16 所示。

图 10.16　L1 正则化后的输出结果

L1 正则化和 L2 正则化以及它们对神经网络的影响的讨论到这里就结束了。下面将看到在构建神经网络模型时如何配置 L1 正则化和 L2 正则化。

10.1.4　L1 正则化和 L2 正则化的编码

在 Keras 中，我们利用 layers.Dense()函数中的 kernel_regularizer 参数来配置正则化参数。表 10.3 显示了在构建时未使用正则化和使用正则化的代码。

表 10.3　未使用正则化和使用正则化的代码

Without Regularization

```
model.add(layers.Dense(128, activation='sigmoid'))

model.add(layers.Dense(10, activation='softmax'))
```

With Regularization

```
model_r.add(layers.Dense(256, activation='sigmoid', input_
shape=(784,), kernel_regularizer=regularizers.l2(0.01)))

model_r.add(layers.Dense(128, activation='sigmoid',kernel_
regularizer=regularizers.l2(0.01)))
```

当构建一个隐藏节点过多的模型时，可以看到模型从第一个 Epoch 开始，其在训练数据上的准确率就很高。同样的模型使用正则化参数训练时，在相应的 Epoch 中准确率较低。下面给出了两个模型的结果：第一个模型是没加正则化的，第二个模型是加了正则化的。

```
model = keras.Sequential()
model.add(layers.Dense(256, activation='sigmoid', input_shape=(784,)))
model.add(layers.Dense(128, activation='sigmoid'))
model.add(layers.Dense(10, activation='softmax'))
model.summary()

model.compile(loss='categorical_crossentropy', metrics=['accuracy'])
model.fit(x_train, y_train,epochs=10)
```

上述代码的输出结果如下。

```
Train on 60000 samples
Epoch 1/10
60000/60000 [=====]   7s 111us/sample- loss:0.3734- accuracy:0.8954
Epoch 2/10
60000/60000 [=====]   6s105us/sample- loss:0.1657- accuracy:0.9494
Epoch 3/10
60000/60000 [=====]   7s112us/sample- loss:0.1170- accuracy:0.9641
Epoch 4/10
```

```
60000/60000 [=====]   7s118us/sample- loss:0.0903- accuracy:0.9724
Epoch 5/10
60000/60000 [=====]   7s119us/sample- loss:0.0738- accuracy:0.9771
Epoch 6/10
60000/60000 [=====]   7s116us/sample- loss:0.0621- accuracy:0.9813
Epoch 7/10
60000/60000 [=====]   7s112us/sample- loss:0.0532- accuracy:0.9847
Epoch 8/10
60000/60000 [=====]   6s101us/sample- loss:0.0451- accuracy:0.9867
Epoch 9/10
60000/60000 [=====]   7s117us/sample- loss:0.0400- accuracy:0.9883
Epoch 10/10
60000/60000 [=====]   7s113us/sample- loss:0.0347- accuracy:0.9902

#Final Results
loss, acc = model.evaluate(x_train, y_train, verbose=2)
print("Train Accuracy: {:5.2f}%".format(100*acc))

loss, acc = model.evaluate(x_test, y_test, verbose=2)
print("Test Accuracy: {:5.2f}%".format(100*acc))

60000/1 - 2s - loss: 0.0142 - accuracy: 0.9920
Train Accuracy: 99.20%
10000/1 - 0s - loss: 0.0424 - accuracy: 0.9774
Test Accuracy: 97.74%
```

我们可以看到在这个模型中有些轻微的过拟合。可以看到从第二个 Epoch 开始，模型的准确率在 90%以上。现在使用正则化方法构建相同的模型。

```
from tensorflow.keras import regularizers
model_r = keras.Sequential()
model_r.add(layers.Dense(256, activation='sigmoid', input_shape=(784,), kernel_
regularizer=regularizers.l2(0.01)))
model_r.add(layers.Dense(128, activation='sigmoid',kernel_regularizer=
regularizers.l2(0.01)))
model_r.add(layers.Dense(10, activation='softmax'))
model_r.summary()

model_r.compile(loss='categorical_crossentropy', metrics=['accuracy'])
model_r.fit(x_train, y_train,epochs=10)
```

上述代码的输出结果如下所示。

```
Train on 60000 samples
Epoch 1/10
60000/60000 [=====] - 7s 119us/sample- loss:1.7504- accuracy:0.6602
Epoch 2/10
60000/60000 [=====] - 8s 134us/sample- loss:1.3363- accuracy:0.7459
Epoch 3/10
60000/60000 [=====] - 9s 145us/sample- loss:1.2472- accuracy:0.7570
Epoch 4/10
60000/60000 [=====] - 8s 139us/sample- loss:1.1956- accuracy:0.7654
Epoch 5/10
60000/60000 [=====] - 8s 141us/sample- loss:1.1568- accuracy:0.7727
Epoch 6/10
```

```
60000/60000 [=====] - 9s 143us/sample- loss:1.1159- accuracy:0.7875
Epoch 7/10
60000/60000 [=====] - 7s 116us/sample- loss:1.0757- accuracy:0.8009
Epoch 8/10
60000/60000 [=====] - 7s 118us/sample- loss:1.0428- accuracy:0.8104
Epoch 9/10
60000/60000 [=====] - 7s 122us/sample- loss:1.0114- accuracy:0.8158
Epoch 10/10
60000/60000 [=====] - 8s 127us/sample- loss:0.9873- accuracy:0.8214


#Final Results
loss, acc = model_r.evaluate(x_train,y_train, verbose=2)
print("Train Accuracy: {:5.2f}%".format(100*acc))

loss, acc = model_r.evaluate(x_test,y_test, verbose=2)
print("Test Accuracy: {:5.2f}%".format(100*acc))

60000/1 - 2s - loss: 0.9381 - accuracy: 0.7984
Train Accuracy: 79.84%
10000/1 - 0s - loss: 0.8485 - accuracy: 0.8025
Test Accuracy: 80.25%
```

现在可以看到正则化对权重的影响。通过对训练数据的每个 Epoch 的比较显示出惩罚(正则化)对权重的影响。最终得到的模型并没有明显的过拟合现象。也可以利用参数 kernel_regularizer = regularizers.l1(0.01)以类似的方式在模型中使用 L1 正则化。

10.1.5 在 L1 正则化和 L2 正则化中应用数据标准化

在处理 L1 正则化和 L2 正则化时，有一个关键点需要注意——直接对权重施加惩罚，并且对所有权重一起使用同一个正则化参数 λ。我们需要让所有的特征都在相同的尺度上。在应用深度神经网络模型前，需要对数据进行标准化。如果数据未标准化，则正则化参数可能不会对一些输入数据和隐藏节点产生影响。在 10.1.4 节的示例中，使用了以下代码对数据进行标准化。我们将所有的输入数据除以 255，255 是训练数据列中的最大值。通过这段代码将数据转换为 0 到 1 之间的任意值。

```
x_train /= 255
x_test /= 255
```

这里，通过将所有数据值除以 255 来对数据进行标准化。然而，对于复杂一些的数据集，可能需要执行不同类型的操作对数据进行标准化，对数据的标准化操作将取决于数据的类型。

10.2 随机丢弃正则化

丢弃(dropout)正则化方法能帮助我们减少单个隐藏节点的主导权。dropout 方法是另一种避免过拟合的有效方法。在 dropout 方法中，在训练模型时可以忽略掉一些隐藏节点。在反向传播中，在每个前向传播中随机丢弃几个节点。这种节点的随机丢弃将确保没有单个隐藏节点在网络中占据主导地位。我们必须设置丢弃每个节点的概率(p)。如果 p 接近于 0，则隐藏节点太多，模型可能会出现过拟合。如果 p 接近于 1，那么即使有很多的隐藏节点，我们也可以避免过拟合。表 10.4 显示了

一个 $p = 0.5$ 的 dropout 方法的示例，这里 p 为丢弃节点的概率。

表 10.4 dropout 正则化

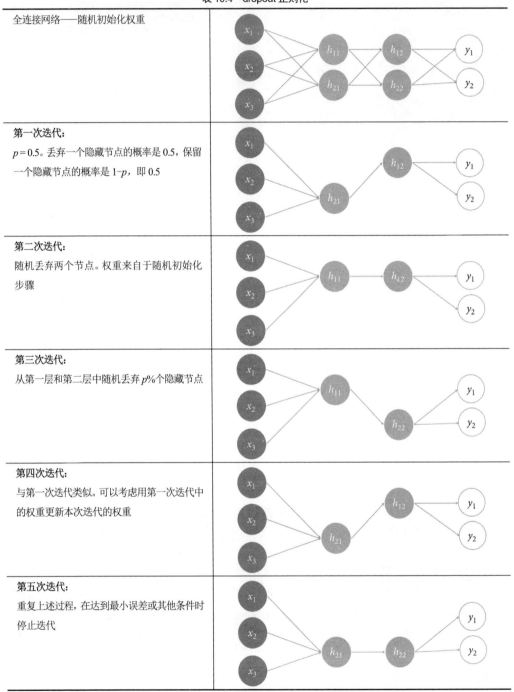

全连接网络——随机初始化权重
第一次迭代： $p = 0.5$。丢弃一个隐藏节点的概率是 0.5，保留一个隐藏节点的概率是 $1-p$，即 0.5
第二次迭代： 随机丢弃两个节点。权重来自于随机初始化步骤
第三次迭代： 从第一层和第二层中随机丢弃 $p\%$ 个隐藏节点
第四次迭代： 与第一次迭代类似。可以考虑用第一次迭代中的权重更新本次迭代的权重
第五次迭代： 重复上述过程，在达到最小误差或其他条件时停止迭代

在训练模型时,我们没有考虑全部 4 个隐藏节点。我们总是在每个隐藏层中删除 p% 的隐藏节点。当模型停止迭代,如何使用该模型进行预测呢?例如,原始模型有 14 个权重 $(6+4+4)$。在每一次迭代中,我们只训练了 6 个权重 $(3+1+2)$。我们将从训练后的模型中获取全部 14 个权重的最终值。从前一次迭代中获取可用的权重,剩余的权重可以在权重前一次出现时从其前一次迭代中获取。在计算预测值时,我们将每个权重乘以 $q(q=1-p)$,其中,q 是保留一个节点的概率。由于在训练网络时没有使用所有节点,因此,在测试网络中也不使用所有节点。如果我们在测试网络时使用所有权重,则必须将这些权重乘以 q,以包含丢弃节点的影响。公式如下所示:

$$\text{训练模型}\quad y=\text{sigmoid}(w_{22}h_{22})\ \text{or}\ y=\text{sigmoid}(w_{12}h_{12})$$

$$\text{使用模型预测结果}\quad y=\text{sigmoid}(q*w_{22}h_{22}+q*w_{12}h_{12})$$

类似地,我们也在隐藏层上应用相同的乘法因子 q。在我们的网络中共有 14 个权重,模型在预测时使用全部权重,但需要将每个权重乘以 q。

在 dropout 方法中需要注意以下 3 个要点:

(1) 不是所有网络层次上都应用 dropout(随机丢弃);dropout 只在每个隐藏层中使用。我们可以在几个层上应用 dropout,并将所有节点保留在其余层中。

(2) 在每次迭代中都会使用 dropout。我们不能在一次迭代中 dropout 所有节点,然后训练网络。我们应该在每次迭代中随机地丢弃权重。我们无法猜出在给定的迭代中网络架构是什么样的?

(3) 第三点是权重。在使用模型预测时考虑全部权重,则每个权重要乘以 q,其中 $q=1-p$。

dropout 方法的编码

我们需要把 dropout 作为一层来设置。dropout 层是一个应用于隐藏层的虚构层。每个 dropout 层都可以设置不同的随机丢弃率(dropout rate)。

```python
from tensorflow.keras.layers import Dropout

model_rd = keras.Sequential()

model_rd.add(layers.Dense(256, activation='sigmoid', input_shape=(784,)))
model_rd.add(Dropout(0.7))

model_rd.add(layers.Dense(128, activation='sigmoid'))
model_rd.add(Dropout(0.6))

model_rd.add(layers.Dense(10, activation='softmax'))
model_rd.summary()
```

从上述代码中可以找到在隐藏层后的 dropout 层。在第一个 dropout 层中设置 $p=0.7$,这表示在第一个隐藏层中有 70% 的节点被丢弃;在第二个 dropout 层中 $p=0.6$,则在第二个隐藏层中将删除 60% 的节点。在任何给定的迭代中,我们只能在第一个隐藏层中看到 77 个节点,在第二个隐藏层中看到 51 个节点。上述代码的输出结果如表 10.5 所示。

表 10.5　输出结果

Layer (type)	Output Shape	Param #
dense_6 (Dense)	(None, 256)	200960
dropout (Dropout)	(None, 256)	0
dense_7 (Dense)	(None, 128)	32896
dropout_1 (Dropout)	(None, 128)	0
dense_8 (Dense)	(None, 10)	1290

```
Total params: 235,146
Trainable params: 235,146
Non-trainable params: 0
```

dropout 层是一个没有节点的抽象层。现在已经做好了训练模型的准备。对于一个单独的 Epoch(周期)，模型的准确率较低，这是因为在模型中只使用了少量的节点。在完成了全部 Epoch 后，模型在训练数据和测试数据的准确率较高。

```
model_rd.compile(loss='categorical_crossentropy', metrics=['accuracy'])
model_rd.fit(x_train, y_train,epochs=10)
```

上述代码的输出结果如下。

```
60000/60000 [=====] - 7s 120us/sample- loss:0.8283- accuracy:0.7303
Epoch 2/10
60000/60000 [=====] - 8s 126us/sample- loss:0.4358- accuracy:0.8732
Epoch 3/10
60000/60000 [=====] - 7s 115us/sample- loss:0.3768- accuracy:0.8950
Epoch 4/10
60000/60000 [=====] - 7s 122us/sample- loss:0.3405- accuracy:0.9054
Epoch 5/10
60000/60000 [=====] - 7s 119us/sample- loss:0.3188- accuracy:0.9146
Epoch 6/10
60000/60000 [=====] - 7s 120us/sample- loss:0.3047- accuracy:0.9173
Epoch 7/10
60000/60000 [=====] - 8s 127us/sample- loss:0.2980- accuracy:0.9218
Epoch 8/10
60000/60000 [=====] - 7s 115us/sample- loss:0.2903- accuracy:0.9244
Epoch 9/10
60000/60000 [=====] - 7s 109us/sample- loss:0.2783- accuracy:0.9290
Epoch 10/10
60000/60000 [=====] - 7s 109us/sample- loss:0.2734- accuracy:0.9315

#Final Results
loss, acc = model_rd.evaluate(x_train,y_train, verbose=2)
print("Train Accuracy: {:5.2f}%".format(100*acc))

loss, acc = model_rd.evaluate(x_test,y_test, verbose=2)
print("Test Accuracy: {:5.2f}%".format(100*acc))

60000/1 - 2s - loss: 0.0781 - accuracy: 0.9603
```

```
Train Accuracy: 96.03%
10000/1 - 1s - loss: 0.0869 - accuracy: 0.9575
Test Accuracy: 95.75%
```

从上述的输出结果中可以看出模型并没有出现过拟合的现象。

10.3　早停法

早停法(early stopping method)是一种避免过拟合的简单的方法。如果在网络中隐藏节点和隐藏层的数量太多，则模型在训练数据上的准确率随着 Epoch 的数量的增加而增加。如果有足够的隐藏节点和足够的时间，模型的准确率甚至可以达到 100%。在测试数据中，情况则有所不同。模型在测试数据上的准确率可能在最初的几个 Epoch 上有所提高；之后，当模型即将进入过拟合区域时，准确率可能会降低。我们可以在模型的准确率没有显著提高时，将模型在当前的 Epoch 结束后停止，这个过程被称为早停法。在构建模型的过程中，可以将每个 Epoch 后的模型保存在一个文件中，最后从这些模型中选择在训练数据上准确率最高且在测试数据上也有与之匹配的高准确率模型。

早停法与人工操作避免模型过拟合的做法是非常相似的。我们观察在测试数据中模型准确率下降的点。如果我们在代码中也加入在模型准确率下降时停止迭代的方法，那么模型就会提前停止迭代。

首先，需要学习如何存储模型及其在每个 Epoch 中的权重。为了存储模型权重，我们利用 h5py 软件包来实现。我们利用 h5py 软件包将模型的权重存储在一个文件中。模型权重文件的扩展名为 hdf5。

下面给出的代码用于保存模型(每个 Epoch 后的模型)。

```
model_re = keras.Sequential()
model_re.add(layers.Dense(256, activation='sigmoid', input_shape=(784,)))
model_re.add(layers.Dense(128, activation='sigmoid'))
model_re.add(layers.Dense(10, activation='softmax'))
model_re.summary()

model_re.compile(loss='categorical_crossentropy', metrics=['accuracy'])

from tensorflow.keras.callbacks import ModelCheckpoint
import h5py

checkpoint = ModelCheckpoint(r"D:\Chapter10 Deep Learning Hyperparameters\4.
Code\epoch-{epoch:02d}.hdf5")

model_re.fit(x_train, y_train,epochs=10,validation_data=(x_test, y_test),
callbacks=[checkpoint])
```

上述代码将所有模型权重文件保存到我们在代码中设置的路径中。上述代码的输出结果如下所示。在该代码中重要的步骤是保存模型的检查点。我们首先设置保存模型检查点的路径，然后在 fit()函数的 callbacks 参数中使用它。

```
Train on 60000 samples, validate on 10000 samples
Epoch 1/10
60000/60000 [=====] - 8s 128us/sample -loss: 0.3773- accuracy:0.8932-
```

```
val_loss: 0.1967 - val_accuracy: 0.9388
Epoch 2/10
60000/60000 [=====] - 7s 116us/sample -loss: 0.1664- accuracy:0.9490-
val_loss: 0.1353 - val_accuracy: 0.9598
Epoch 3/10
60000/60000 [=====] - 7s 117us/sample -loss: 0.1160- accuracy:0.9650-
val_loss: 0.1047 - val_accuracy: 0.9677
Epoch 4/10
60000/60000 [=====] - 7s 116us/sample -loss: 0.0881- accuracy:0.9729-
val_loss: 0.0987 - val_accuracy: 0.9718
Epoch 5/10
60000/60000 [=====] - 7s 117us/sample -loss: 0.0729- accuracy:0.9782-
val_loss: 0.0840 - val_accuracy: 0.9756
Epoch 6/10
60000/60000 [=====] - 7s 118us/sample -loss: 0.0606- accuracy:0.9817-
val_loss: 0.0792 - val_accuracy: 0.9771
Epoch 7/10
60000/60000 [=====] - 7s 117us/sample -loss: 0.0522- accuracy:0.9840-
val_loss: 0.0793 - val_accuracy: 0.9764
Epoch 8/10
60000/60000 [=====] - 7s 117us/sample -loss: 0.0448- accuracy:0.9864-
val_loss: 0.0763 - val_accuracy: 0.9786
Epoch 9/10
60000/60000 [=====] - 7s 118us/sample -loss: 0.0391- accuracy:0.9881-
val_loss: 0.0900 - val_accuracy: 0.9743
Epoch 10/10
60000/60000 [=====] - 8s 127us/sample -loss: 0.0341- accuracy:0.9900-
val_loss: 0.0786 - val_accuracy: 0.9787
```

在上述输出结果中，模型的损失(loss)和准确率(accuracy)是在训练数据上计算的。val_loss 和 val_accuracy 是在测试数据上计算的结果。上述代码创建的 hdf5 文件列表如图 10.17 所示。

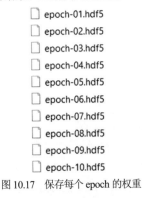

图 10.17　保存每个 epoch 的权重

下面的代码用于从一个特定 epoch 文件中加载模型权重。假设在第 7 个 epoch 后，模型进入过拟合状态；那么，可以使用 load_weights()函数加载 epoch 7 的权重文件。

```
model_re.load_weights(r"D:\Chapter10 Deep Learning Hyperparameters\4.Code\
epoch-07.hdf5")
```

可以利用上面的存储权重(和 load_weights)方法手动提前停止对权重的正则化，也可以直接使用 keras.callbacks.EarlyStopping()函数来停止模型的训练。在 keras.callbacks.EarlyStopping()函数中，必须设置希望在每次迭代中看到模型在测试数据中的准确率和 monitor 参数指定的验证标准的最小的改进率。

```
es = keras.callbacks.EarlyStopping(monitor='val_accuracy',
                                   min_delta=0.01,
                                   patience=2)
```

在上面的代码中，需要注意如下内容。

(1) monitor：在训练数据或测试数据中监控的准确率或损失率。

(2) min_delta：每个 epoch 的最小改进率。

(3) patience：是指在达到监视器终止条件，需要等待的 epoch 的数量。有时模型的准确率会在一个 epoch 后下降，但之后又开始上升。为了避免在 epoch 下降立即停止模型训练，可以利用 patience 参数使模型在停止训练前再多执行几个 epoch。

(4) 通常上述代码说明：当模型的准确率(val_accuracy)在连续两次 epoch 后提高的值小于 0.01 时，停止模型的构建。

```
model_re = keras.Sequential()
model_re.add(layers.Dense(256, activation='sigmoid', input_shape=(784,)))
model_re.add(layers.Dense(128, activation='sigmoid'))
model_re.add(layers.Dense(10, activation='softmax'))
model_re.summary()

model_re.compile(loss='categorical_crossentropy', metrics=['accuracy'])

es = keras.callbacks.EarlyStopping(monitor='val_accuracy',
                                   min_delta=0.01,
                                   patience=2)
```

```
#用回调方法训练模型
model_re.fit(x_train, y_train, epochs=30,validation_data=(x_test, y_test),
callbacks=[es])
```

在上述代码中，模型中设置了 epochs=30，该模型在达到 min_delta 参数设置的值后停止构建模型。上述代码的输出结果如下所示。

```
Train on 60000 samples, validate on 10000 samples
Epoch 1/30
60000/60000 [=====] - 7s 125us/sample -loss: 0.3745- accuracy:0.8940-
val_loss: 0.1940 - val_accuracy: 0.9401
Epoch 2/30
60000/60000 [=====] - 7s 112us/sample -loss: 0.1665- accuracy:0.9495-
val_loss: 0.1350 - val_accuracy: 0.9585
Epoch 3/30
60000/60000 [=====] - 6s 105us/sample -loss: 0.1176- accuracy:0.9646-
val_loss: 0.1062 - val_accuracy: 0.9657
Epoch 4/30
60000/60000 [=====] - 6s 104us/sample -loss: 0.0908- accuracy:0.9726-
val_loss: 0.0941 - val_accuracy: 0.9714
Epoch 5/30
60000/60000 [=====] - 7s 113us/sample -loss: 0.0740- accuracy:0.9776-
val_loss: 0.0841 - val_accuracy: 0.9739
Epoch 6/30
```

```
60000/60000 [=====] - 7s 119us/sample -loss: 0.0616- accuracy:0.9814-
val_loss: 0.0799 - val_accuracy: 0.9770
```

由于模型在验证数据上的准确率在连续两次 epoch 后的改进小于 1%，则模型在第 6 个 epoch 后退出迭代。这样，模型的训练就停止了。

10.4 损失函数

在我们已经讨论过的内容中，误差函数使用的是平方误差函数或均方误差函数。误差函数被称为代价函数或损失函数。在训练模型时，我们将真实值与预测值之间的距离看成损失。我们试图找到使这种损失最小化的权重。神经网络中误差的平方和公式如下所示。

$$平方损失(E) = \frac{1}{2}\sum(y - \hat{y})^2, \ 这里 \hat{y} = g\left(\sum w_j\left(g\left(\sum w_{ij}x_i\right)\right)\right)$$

我们寻找权重的最优值，以最小化最终的误差函数。我们利用梯度下降(GD)方法来寻找最优权重。下面给出了几个损失函数的示例。

$$均方误差(MSE) = \frac{1}{n}\sum(y - \hat{y})^2$$

$$平均绝对误差(MAE) = \frac{1}{n}\sum|y - \hat{y}|$$

$$平均绝对百分比误差(MAPE) = \frac{1}{n}\sum\frac{|y - \hat{y}|}{y}$$

上面给出的大多数函数都是统计真实值和预测值之间的差值。不是所有的损失函数在数学上都便于优化或求偏导数。因此，我们使用了一些标准的损失函数。上述函数用于解决回归问题，其中 y 的输出值是连续的情况。

对于分类问题有专门的损失函数。分类问题中最常用的损失函数是交叉熵函数(cross-entropy)。

$$二元交叉熵 = -\sum\left(y\log(\hat{y}) + (1 - y)\log(1 - \hat{y})\right)$$

下面将检查交叉熵函数(代价函数)是否会获取到误差。让我们通过表 10.6 列举的一些数据点来了解损失函数。在表 10.6 中，我们计算给定数据点的损失(loss)。

表 10.6 二元交叉熵公式

实际值(y)	预测值(y)	交叉熵公式	损失(对数基数-10)	损失(对数基数-e)
0	0.01	$-((0)\log(0.01) + (1)\log(0.99))$	0.004	0.01
0	0.99	$-((0)\log(0.99) + (1)\log(0.01))$	2	4.605
1	0.01	$-((0)\log(0.01) + (0)\log(0.99))$	2	4.605
1	0.99	$-((0)\log(0.99) + (0)\log(0.01))$	0.004	0.01

从表 10.6 可以观察到，当真实值和预测值相距较远时，交叉熵最大。在这个示例中，交叉熵是一个完美的损失函数。表 10.7 是表 10.6 的扩展版本。

表 10.7　计算二元交叉熵

实际值(y)	预测值($\hat{y}$)	交叉熵公式(对数基数-10)	交叉熵公式(对数基数-e)
0	0.01	0.00	0.01
0	0.11	0.05	0.12
0	0.21	0.10	0.24
0	0.31	0.16	0.37
0	0.41	0.23	0.53
0	0.51	0.31	0.71
0	0.61	0.41	0.94
0	0.71	0.54	1.24
0	0.81	0.72	1.66
0	0.91	1.05	2.41
0	0.99	2.00	4.61
1	0.01	2.00	4.61
1	0.11	0.96	2.21
1	0.21	0.68	1.56
1	0.31	0.51	1.17
1	0.41	0.39	0.89
1	0.51	0.29	0.67
1	0.61	0.21	0.49
1	0.71	0.15	0.34
1	0.81	0.09	0.21
1	0.91	0.04	0.09
1	0.99	0.00	0.01

表 10.7 显示了不同的真实值和预测值的交叉熵。当真实值与预测值接近时,交叉熵最小。我们可以在表中的前几行和后几行中观察到交叉熵的最小值。在表中间的行显示的结果中预测值与真实值相差很大;因此,这些值的损失较大。

至此,我们讨论了一个目标变量是二分类的问题。假设输出类分别为 y_1 和 y_2,则二元的交叉熵公式可以改写为:

$$二元交叉熵 = -\sum (y_1 \log(\hat{y}_1) + y_2 \log(\hat{y}_2))$$

如果输出结果的分类是 3 个类,则交叉熵公式将变为:

$$3个类的交叉熵 = -\sum (y_1 \log(\hat{y}_1) + y_2 \log(\hat{y}_2) + y_3 \log(\hat{y}_3))$$

对于多分类的任务,需要利用上述公式的泛化版本,也被称为分类交叉熵损失函数(categorical cross-entropy):

$$分类交叉熵损失函数 = -\sum_{j=1}^{m} y_j \log(\hat{y}_j)$$

这里，j 表示 1 到 m 个类。

在有 n 条记录的完整数据集上，分类交叉熵损失函数(categorical cross-entropy)的公式如下所示：

$$\text{分类交叉熵损失函数} = -\sum_{i=1}^{n}\left(\sum_{j=1}^{m} y_j \log(\hat{y}_j)\right)$$

这里，i 表示 1 到 n 条记录，j 表示 1 到 m 个类。

对于分类问题来说，基于交叉熵的损失函数是有效的。对于回归问题来说，基于偏差的损失函数是有效的。我们可以在 model.compile()函数中设置损失函数，示例如下：

```
model.compile(loss='categorical_crossentropy', metrics=['accuracy'])
```

10.5　激活函数

下面回顾神经网络模型的公式：

$$y = g\left(\sum w_i h_i\right),\ \text{这里 } h_i = g\left(\sum w_{ij} x_j\right)$$

$$y = g\left(\sum w_i \left(g\left(\sum w_{ij} x_j\right)\right)\right)$$

上述公式中的函数 $g(x)$ 被称为激活函数。到目前为止，我们在本章和前面的章节中只讨论了 Sigmoid 激活函数。本节将讨论一些常用的激活函数。

10.5.1　Sigmoid 函数

我们利用 Sigmoid 激活函数处理分类问题(见图 10.18)。该函数可将输入的数据转换为 0 到 1 之间的值。

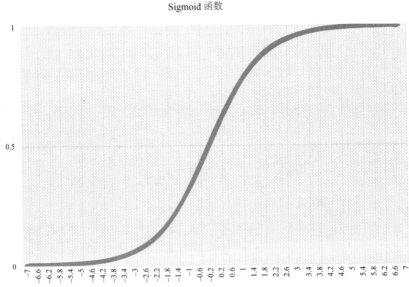

图 10.18　Sigmoid 函数

$$\text{sigmoid}(x) = \frac{e^x}{1 + e^x}$$

$$\text{sigmoid}(x) = \frac{1}{1 + e^{-x}}$$

10.5.2　Tanh 函数

Sigmoid 函数看起来像一个 "S" 形曲线，它将输入值转换为 0 到 1 之间的值。Tanh 函数(双曲正切函数)看起来也像一个"S"形曲线(见图 10.19)。Tanh 函数可以写成"tanh"或"TanH"或"Tanh"。我们可以将 Tanh 理解为 Sigmoid 函数的重置尺度(取值范围)的版本。Tanh 将输入的数据转换为-1 和 1 之间的值。

$$\text{Tanh}(x) = \frac{e^x - e^{-x}}{e^x + e^{-x}}$$

$$\text{Tanh}(x) = \frac{e^{2x} - 1}{e^{2x} + 1}$$

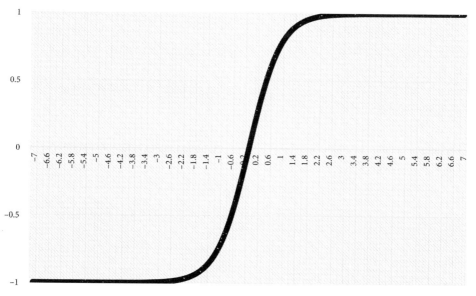

Tanh函数

图 10.19　Tanh 函数

Sigmoid 与 Tanh

Sigmoid 和 Tanh 的图像看起来相似，但它们的输出范围却有所不同。Sigmoid 函数是一个不以 0 为中心的曲线。Sigmoid 函数曲线的中心在 0.5 处，而 Tanh 函数是以 0 为中心的曲线。Sigmoid 和 Tanh 的导数不同。当对几个分类问题进行测试时，Tanh 函数看起来收敛得更快(见图 10.20)。

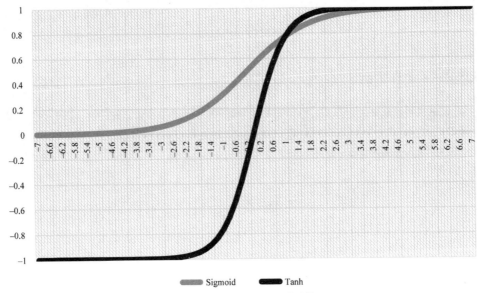

图 10.20　Sigmoid 和 Tanh 的比较

　　下面是在相同数据上对两个模型的比较结果。我们在一个模型中的激活函数使用 sigmoid 函数，在另一个模型中的激活函数使用 Tanh 函数。首先，尝试在 TensorFlow playground 上模拟模型的构建。

　　Model1 模型的激活函数是 sigmoid：按照表 10.8 中的配置并运行，直到模型在测试数据上的误差小于 10%停止迭代。

表 10.8　使用 Sigmoid 激活函数的模型配置

数据	异或(XOR)
训练与测试数据的比例(Ratio of training to test data)	50%
噪声(Noise)	5
批量大小(Batch size)	10
特征(Features)	x_1, x_2
隐藏层(Hidden layers)	1
神经元或隐藏节点(Neurons or hidden nodes)	3
学习率(Learning rate)	0.03
激活函数(Activation)	**Sigmoid**
正则化处理(Regularization)	**None**
正则化率(Regularization rate)	0
问题类型(Problem type)	分类问题

　　Model1 按照表 10.8 的配置构建模型，运行的结果如图 10.21 所示。

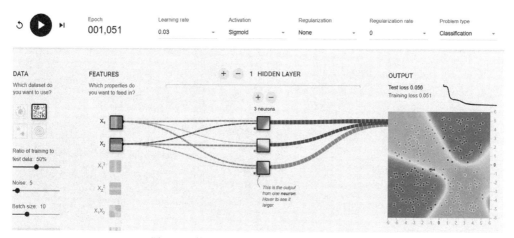

图 10.21　使用 Sigmoid 激活函数的 Model1 的结果

模型按照表 10.8 中的配置大约需要 1000 个 Epoch 才能达到测试损失小于 0.05。可以重新生成数据，并多次运行相同配置的模型。表 10.9 显示了更多的模型构建结果。

表 10.9　使用 sigmoid 激活函数的模型结果

Epoch	Output
1039	Test loss 0.076
	Training loss 0.045
Epoch	Output
1008	Test loss 0.065
	Training loss 0.050

现在，在相同的数据上使用相同的网络配置，利用 Tanh 激活函数并验证达到测试损失为 0.05 时所需的 Epoch 数量(见表 10.10)。

表 10.10　使用 Tanh 激活函数的模型的配置表

数据	异或(XOR)
训练与测试数据的比例(Ratio of training to test data)	50%
噪声(Noise)	5
批量大小(Batch size)	10
特征(Features)	x_1, x_2
隐藏层(Hidden layers)	1
神经元或隐藏节点(Neurons or hidden nodes)	3
学习率(Learning rate)	0.03
激活函数(Activation)	**Tanh**
正则化处理(Regularization)	None
正则化率(Regularization rate)	0
问题类型(Problem type)	分类问题

图 10.22 显示了利用 Tanh 激活函数的模型的结果。

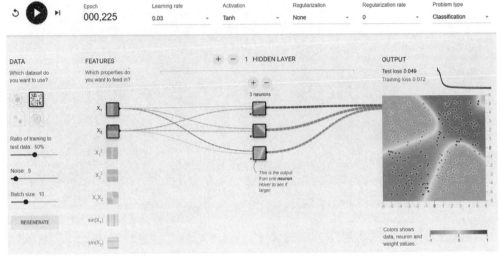

图 10.22　利用 Tanh 激活函数的模型的结果

在 Tanh 作为激活函数时，模型可以在 300 个 Epoch 内达到测试损失为 0.05，Epoch 的数量比使用 Sigmoid 激活函数的模型少。我们重新生成数据并多次运行相同配置的模型。表 10.11 显示了更多的模型结果。

表 10.11　使用 Tanh 激活函数的模型的结果

Epoch	Output
128	Test loss 0.068
	Training loss 0.056
Epoch	Output
227	Test loss 0.077
	Training loss 0.068

这两种激活函数所构建的模型在执行时间上是有差异的，这些差异在大型数据集上进行整体神经训练是有显著影响的。

10.5.3　ReLU 函数

ReLU 函数也是一个激活函数。在具有多个隐藏层的深度神经网络中，ReLU 函数往往是首选的。ReLU 激活函数解决了梯度消失的问题，关于这个问题将在下一小节介绍。

1. 梯度消失问题

隐藏层太多的深度神经网络经常遇到梯度消失的问题。基于梯度值更新权重。如果输出层的梯度值较小，则当模型训练到达输入层附近的隐藏层时，梯度将进一步减少。计算 Sigmoid 函数的导数时，在两端的值导数都接近于 0(见图 10.23)。

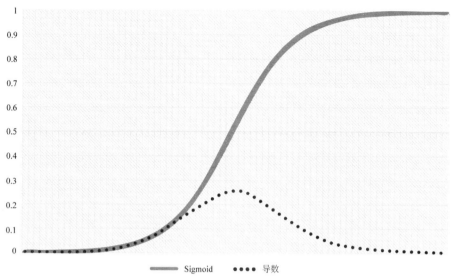

图 10.23　虚线是 Sigmoid 函数的导数值

当 Sigmoid 值接近于 0 或 1 时，靠近输出层的梯度接近于 0。这意味着梯度将进一步减小，在靠近输入层时没有明显的变化。这导致靠近输入层的权重没有变化。靠近输入层的权重将不会再发生改变。这个问题被称为梯度消失问题。

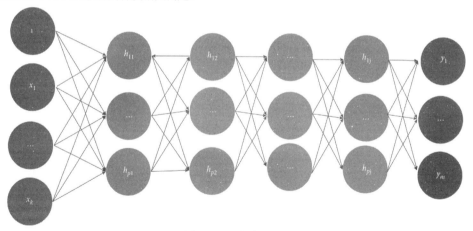

图 10.24　深度神经网络

例如，在图 10.24 所示的网络中共有 j 个隐藏层，每个隐藏层中有 p 个隐藏节点。如果最后一个隐藏层的梯度已经很低，我们将进一步将它们与很小的值相乘来计算前一个隐藏层的梯度。当我们执行所有的矩阵计算并从第 j 层到达第 1 层时，第一个隐藏层的最终梯度值将几乎为 0。这意味着权重不会有变化。如果权重不变，则模型在对应的 Epoch 中不会学习到任何东西。这是一个梯度消失的问题。我们需要一个能获得更大梯度的激活函数，并且不会在深度神经网络中出现梯度消失的问题。我们将在下一节讨论这个问题。

2. 修正线性单元

修正线性单元(Rectified Linear Unit)激活函数，被称为 ReLU 激活函数，该激活函数解决了我们在前一节讨论的梯度消失的问题。ReLU 激活函数是一个简单的函数；如果输入值为负数，则 ReLU 函数的值为 0；对于其余的值，ReLU 函数值仍为其输入值(见图 10.25)。

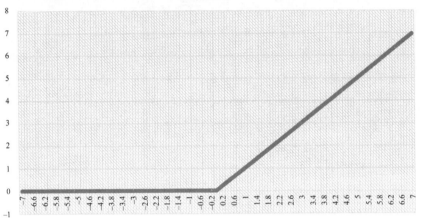

图 10.25　ReLU 函数

$$\text{ReLU}(x) = \max(0, x)$$

$$\text{ReLU}(x) = \begin{cases} 0, x < 0 \\ x, x \geq 0 \end{cases}$$

对于 x 小于 0 的值，ReLU 函数的导数为 0；当 x 为正值时，导数为 1(见图 10.26)。ReLU 函数的这一性质有助于我们解决梯度消失的问题。

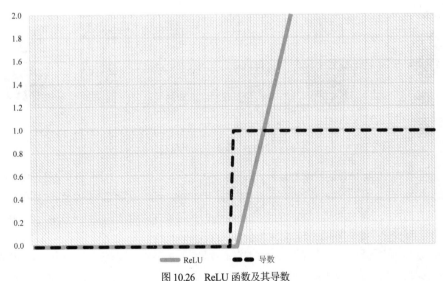

图 10.26　ReLU 函数及其导数

ReLU 函数是构建计算机视觉模型时最常用的激活函数。在大多数情况下，这些图像处理模型的网络都是层次非常多的。下一节我们将讨论在输出层使用的激活函数。

10.5.4 Softmax 函数

在前面的内容中我们已经讨论了隐藏层的激活函数。那么在最终的输出层使用哪些激活函数呢？如果输出结果是简单的二分类，则可以在输出层使用 Sigmoid 或 Tanh 函数。如果输出结果是多分类，则需要使用 Sigmoid 函数的泛化版本，Softmax 激活函数。如果输出结果包括 10 个类，则输出层将有 10 个节点，我们要从神经网络的结果中获取这 10 个节点的分类概率。我们利用 Softmax 函数来处理分类结果。每个类都用独热编码表示，Softmax 函数的值是用 class-j 的预测概率值除以所有类的预测概率之和来计算的。

$$\text{Softmax}(y_j) = \frac{e^{y_j}}{\sum_{k=1}^{K} e^{y_k}}$$

如果在输出结果中有 4 个类，则每个类的 Softmax 函数的值为：

$$y_1 = \begin{pmatrix} 1 \\ 0 \\ 0 \\ 0 \end{pmatrix}, y_2 = \begin{pmatrix} 0 \\ 1 \\ 0 \\ 0 \end{pmatrix}, y_3 = \begin{pmatrix} 0 \\ 0 \\ 1 \\ 0 \end{pmatrix}, y_4 = \begin{pmatrix} 0 \\ 0 \\ 0 \\ 1 \end{pmatrix}$$

$$输出类 y_1 = \frac{e^{w_1 x}}{e^{w_1 x} + e^{w_2 x} + e^{w_3 x} + e^{w_4 x}}$$

$$输出类 y_2 = \frac{e^{w_2 x}}{e^{w_1 x} + e^{w_2 x} + e^{w_3 x} + e^{w_4 x}}$$

$$输出类 y_3 = \frac{e^{w_3 x}}{e^{w_1 x} + e^{w_2 x} + e^{w_3 x} + e^{w_4 x}}$$

$$输出类 y_4 = \frac{e^{w_4 x}}{e^{w_1 x} + e^{w_2 x} + e^{w_3 x} + e^{w_4 x}}$$

对于所有多分类问题，输出层的激活函数都可以采用 Softmax 函数。

10.5.5 激活函数的编码

下面给出的示例代码说明了如何在一个网络中配置不同的激活函数。可以在不同的层中设置不同的激活函数。

```
model2 = keras.Sequential()

model2.add(layers.Dense(15, activation='sigmoid', input_shape=(784,)))
model2.add(layers.Dense(15, activation='relu'))
model2.add(layers.Dense(15, activation='tanh'))
model2.add(layers.Dense(15, activation='relu'))
model2.add(layers.Dense(10, activation='softmax'))
model2.summary()
```

```
model2.compile(loss='categorical_crossentropy', metrics=['accuracy'])
model2.fit(x_train, y_train,epochs=10)
```

表 10.12 和图 10.27 显示了代码的输出结果。

表 10.12　代码的输出结果

Layer (type)	Output Shape	Param #
dense_21 (Dense)	(None, 15)	11775
dense_22 (Dense)	(None, 15)	240
dense_23 (Dense)	(None, 15)	240
dense_24 (Dense)	(None, 15)	240
dense_25 (Dense)	(None, 10)	160

```
Total params: 12,655
Trainable params: 12,655
Non-trainable params: 0
```

```
model2.compile(loss='categorical_crossentropy', metrics=['accuracy'])
model2.fit(x_train, y_train,epochs=10)

Train on 60000 samples
Epoch 1/10
60000/60000 [==============================] - 4s 59us/sample - loss: 0.1521 - accuracy: 0.9554
Epoch 2/10
60000/60000 [==============================] - 3s 51us/sample - loss: 0.1477 - accuracy: 0.9574
Epoch 3/10
60000/60000 [==============================] - 3s 50us/sample - loss: 0.1465 - accuracy: 0.9575
Epoch 4/10
60000/60000 [==============================] - 3s 48us/sample - loss: 0.1430 - accuracy: 0.9584
Epoch 5/10
60000/60000 [==============================] - 3s 48us/sample - loss: 0.1415 - accuracy: 0.9589
Epoch 6/10
60000/60000 [==============================] - 3s 47us/sample - loss: 0.1392 - accuracy: 0.9595
Epoch 7/10
60000/60000 [==============================] - 3s 48us/sample - loss: 0.1379 - accuracy: 0.9601
Epoch 8/10
60000/60000 [==============================] - 3s 47us/sample - loss: 0.1356 - accuracy: 0.9609
Epoch 9/10
60000/60000 [==============================] - 3s 48us/sample - loss: 0.1341 - accuracy: 0.9611
Epoch 10/10
60000/60000 [==============================] - 3s 47us/sample - loss: 0.1329 - accuracy: 0.9616
```

图 10.27　模型训练结果

线性函数是另一个可以用来解决具有连续输出的问题的激活函数。可以利用一个简单的线性激活函数解决回归问题。

10.6　学习率

在神经网络中，使用反向传播解决优化问题时，利用如下公式更新权重。

$$W := W + \Delta W$$

$$\Delta W = \eta * \left(-\frac{\partial E}{\partial W} \right)$$

$$W := W + \eta * \left(-\frac{\partial E}{\partial W} \right)$$

为了得到最小的误差，我们在总误差减小的方向上改变权重。误差的负梯度就是改变权重的方向。我们用真实的梯度 Δw 乘以 η(Eta)，η 是学习率(learning rate)。通过增加或减少学习率的值，可以指定在一次迭代中权重应该改变的大小。

误差函数的曲面极其复杂。在局部最小值处停止迭代的概率很大。如果该局部最小值接近全局最小值，则停止迭代仍然是可以接受的。但是，真正的问题是模型在局部最小值处停止迭代，而模型的预测结果仍然存在较大的误差。为了避免让模型在局部最小值处停止迭代，可以使用较大的学习率来越过局部最小值。如果学习率很高，那么我们将在改变权重的同时让模型学习得更快。

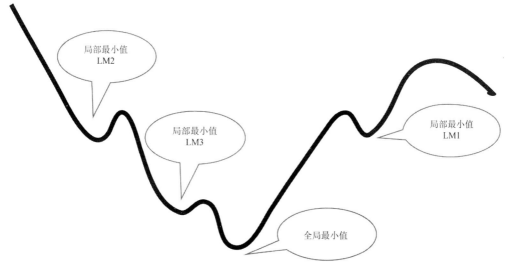

图 10.28　在最终的代价函数中局部和全局的最小值

图 10.28 显示了最终的代价函数。从图 10.28 可以看出有 3 个局部最小值点。如果在 LM1 或 LM2 处停止迭代，则模型的预测结果误差就会很大。如果学习率很低，则模型可能会在这些局部最小值点处停止迭代。通过一个最优的学习率，可以避免在局部最小值处停止迭代。图 10.29 显示了学习率较低时对模型的影响。较低的学习率会让模型的整个训练过程变慢。

学习率过大也同样会遇到问题。如果学习率过大，则我们可能永远没有机会达到全局误差的最小值。权重变化非常大导致优化函数在一组权重之间不断变化；这样优化函数将永远不会收敛到一个最小值。图 10.30 显示了一个学习率过大的示例。

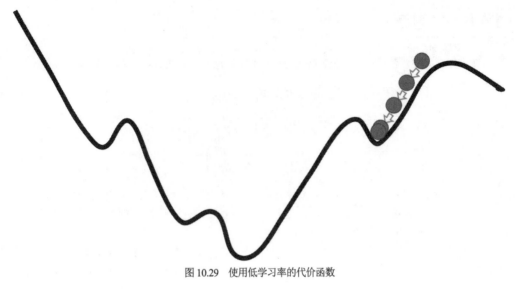

图 10.29　使用低学习率的代价函数

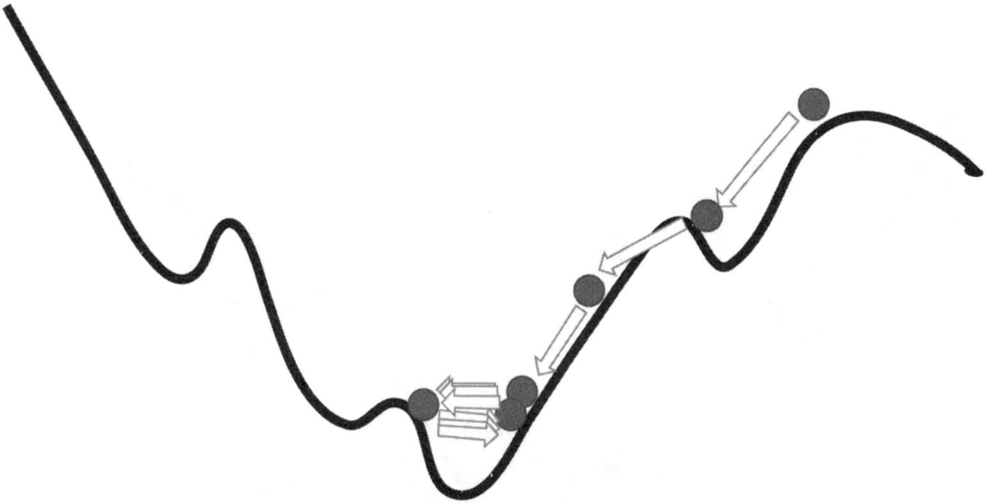

图 10.30　使用高学习率的代价函数

　　一个最佳的学习率将确保模型避开局部最小值，而最终收敛于全局最小值或接近全局最小值的位置。图 10.31 显示了使用最佳学习率的模型收敛于全局最小值的例子。

　　我们通常在模型中将学习率设置在 0.0001 和 0.1 之间。寻找最优学习率是没有捷径的。在数据集上第一次构建模型时，可能会花费大量时间寻找最优学习率。我们使用一个学习率(通常小于 1)来构建模型，然后观察模型是如何收敛的。通过观察模型的训练过程，我们可以提高或降低学习率。如果模型是欠拟合的，并且在收敛过程中花费了很多时间，则需要提高学习率。如果模型在最初的几个 Epoch 的结果中误差减少，而在后续几个 Epoch 后的结果中误差并没有明显变化，则需要降低学习率。我们只有根据实际经验才能更好地设置模型中的学习率(这些实际经验最好是在解决一些实际问题的实时项目中得到的经验)。

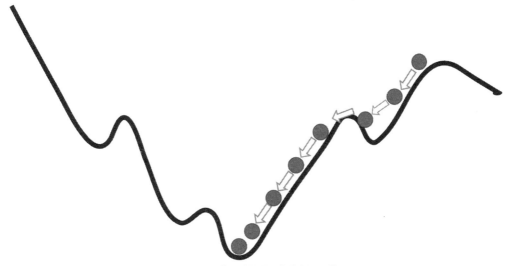

图 10.31　使用最佳学习率的代价函数

10.6.1　学习率的应用示例

我们将在 TensorFlow playground 上尝试使用不同的学习率来构建模型。在本实验中，我们将尝试建立一个具有高学习率的模型，模型的配置如表 10.13 所示。

表 10.13　高学习率模型的配置表

数据	圆
训练与测试数据的比例(Ratio of training to test data)	50%
噪声(Noise)	10
批量大小(Batch size)	10
特征(Features)	x_1, x_2
隐藏层(Hidden layers)	2
神经元或隐藏节点(Neurons or hidden nodes)	[3,3]
学习率(Learning rate)	**3(非常高)**
激活函数(Activation)	Tanh
正则化处理(Regularization)	None
正则化率(Regularization rate)	0
问题类型(Problem type)	分类问题

根据表 10.13 中的配置，模型的结果如图 10.32 所示。

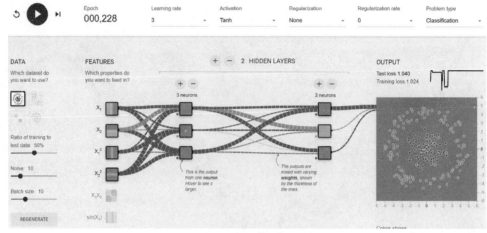

图 10.32　学习率设置为 3 时模型的预测结果

高学习率的优化确实并没有将模型收敛到全局最小值。模型在训练了几个 Epoch 后，其损失率停止减少。即使我们使模型继续训练更多的 Epoch，模型也不会有改善。通过多次重新生成数据来观察相同配置下模型的预测结果，如图 10.33 所示。

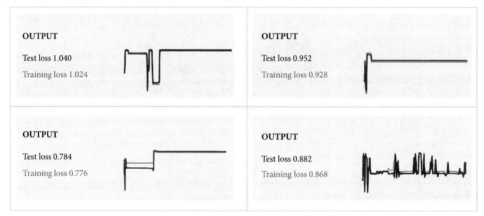

图 10.33　高学习率模型的预测结果

现在，我们将使用相同的配置在相同的数据集上构建模型，只是采用了一个较小的学习率。学习率的变化对模型的第一个影响就是训练时间。即使在数千个 Epoch 之后，损失的改善也是很少的，如表 10.14 所示。

表 10.14　低学习率模型的配置表

数据	圆
训练与测试数据的比例(Ratio of training to test data)	50%
噪声(Noise)	10
批量大小(Batch size)	10
特征(Features)	x_1, x_2

(续表)

数据	圆
隐藏层(Hidden layers)	2
神经元或隐藏节点(Neurons or hidden nodes)	[3,3]
学习率(Learning rate)	**0.00001 (非常低)**
激活函数(Activation)	Tanh
正则化处理(Regularization)	None
正则化率(Regularization rate)	0
问题类型(Problem type)	分类问题

根据表 10.14 配置的模型，其预测结果如图 10.34 所示。

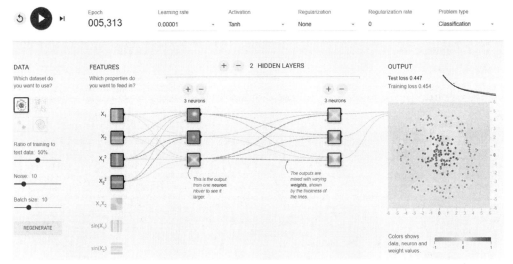

图 10.34　学习率为 0.00001 的模型的预测结果

将学习率降低后，学习时间(模型的训练时间)确实延长了。我们运行了 50 000 个 Epoch，但损失仍然是 0.45(见图 10.34)。我们很有可能被困在局部的最小值中。在多次实验中可以观察到相同的情况(见图 10.35)。

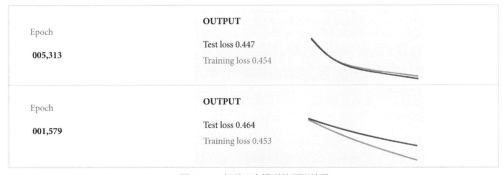

图 10.35　低学习率模型的预测结果

下面将尝试在 0.00001 到 3 之间查找最优学习率。在表 10.15 中用 0.1 作为学习率来构建模型。

表 10.15　最佳学习率模型的配置表

数据	圆
训练与测试数据的比例(Ratio of training to test data)	50%
噪声(Noise)	10
批量大小(Batch size)	10
特征(Features)	x_1, x_2
隐藏层(Hidden layers)	2
神经元或隐藏节点(Neurons or hidden nodes)	[3,3]
学习率(Learning rate)	**0.1 (最优)**
激活函数(Activation)	Tanh
正则化处理(Regularization)	None
正则化率(Regularization rate)	0
问题类型(Problem type)	分类问题

根据表 10.15 的配置构建的模型，其预测结果如图 10.36 所示。

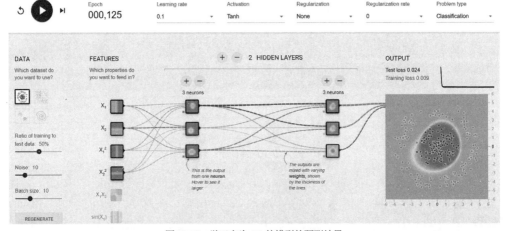

图 10.36　学习率为 0.1 的模型的预测结果

在图 10.36 的结果中有两点需要注意。第一点是损失值。损失为 0.02，这意味着模型没有停留在局部最小值处。第二点是 Epoch；我们在 150 个 Epoch 内达到了 0.02 的损失，因此，模型的学习过程耗时不长。可以使用重新生成(regenerate)选项对不同的样本重复多次相同的模型构建过程。我们将观察到相同的结果。

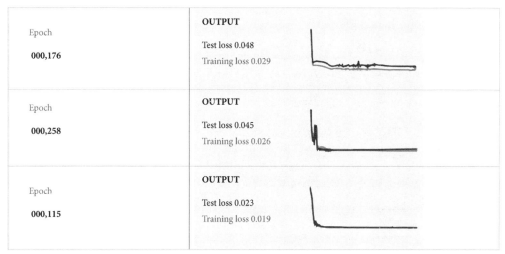

图 10.37　使用最优学习率的结果

从图 10.37 可以看出，学习率为 0.1 时模型在当前数据集上的预测看似没问题。我们分别将学习率设置为 0.3 和 0.01，然后重复同样的实验，此时模型会得到类似的预测结果，这与之前介绍的一样。只有极端的学习率才会引起模型的问题。最优学习率不是一个值而是一个小区间内的值。可以在这个区间内选择任何学习率都会得到相似的预测结果。在本示例中，可以选择 0.01 到 0.3 之间的任意数值。

10.6.2　设置学习率的代码

学习率是梯度下降函数的一部分。我们需要在优化器函数中设置学习率。例如，tf.keras.optimizers.SGD() 是一个优化器函数。SGD 是一种随机梯度下降函数，它是梯度下降函数的一种特殊类型。下面给出了在优化器函数中设置学习率的代码。

```
opt_new = tf.keras.optimizers.SGD(learning_rate=0.01)

model3.compile(optimizer=opt_new, loss='categorical_crossentropy', metrics=
['accuracy'])
```

我们在优化器函数中设置学习率，并将其传递给 compile 函数。下面给出了一个高学习率模型的代码。

```
model3 = keras.Sequential()
model3.add(layers.Dense(20, activation='sigmoid', input_shape=(784,)))
model3.add(layers.Dense(20, activation='sigmoid'))
model3.add(layers.Dense(10, activation='softmax'))
model3.summary()

#High Learning Rate
opt_new = tf.keras.optimizers.SGD(learning_rate=10)
model3.compile(optimizer=opt_new, loss='categorical_crossentropy', metrics=
['accuracy'])
model3.fit(x_train, y_train,epochs=20)
```

上述代码的输出结果如下所示。

```
Train on 60000 samples
Epoch 1/20
60000/60000 [======] - 3s 51us/sample- loss:3.9900- accuracy:0.1026
Epoch 2/20
60000/60000 [======] - 3s 45us/sample- loss:3.5914- accuracy:0.1680
Epoch 3/20
60000/60000 [======] - 3s 45us/sample- loss:3.4296- accuracy:0.1986
Epoch 4/20
60000/60000 [======] - 3s 46us/sample- loss:3.3977- accuracy:0.2019
Epoch 5/20
60000/60000 [======] - 3s 44us/sample- loss:2.8417- accuracy:0.1979
Epoch 6/20
60000/60000 [======] - 3s 47us/sample- loss:2.1760- accuracy:0.2013
Epoch 7/20
60000/60000 [======] - 3s 46us/sample- loss:2.1548- accuracy:0.2046
Epoch 8/20
60000/60000 [======] - 3s 44us/sample- loss:2.1463- accuracy:0.2056
Epoch 9/20
60000/60000 [======] - 3s 44us/sample- loss:2.1469- accuracy:0.2064
Epoch 10/20
60000/60000 [======] - 3s 43us/sample- loss:2.1370- accuracy:0.2084
Epoch 11/20
60000/60000 [======] - 3s 45us/sample- loss:2.1403- accuracy:0.2059
Epoch 12/20
60000/60000 [======] - 3s 44us/sample- loss:2.1521- accuracy:0.2031
Epoch 13/20
60000/60000 [======] - 3s 43us/sample- loss:2.1633- accuracy:0.2060
Epoch 14/20
60000/60000 [======] - 3s 44us/sample- loss:2.1453- accuracy:0.2051
Epoch 15/20
60000/60000 [======] - 3s 44us/sample- loss:2.1397- accuracy:0.2078
Epoch 16/20
60000/60000 [======] - 3s 43us/sample- loss:2.1454- accuracy:0.2063
Epoch 17/20
60000/60000 [======] - 3s 44us/sample- loss:2.1363- accuracy:0.2066
Epoch 18/20
60000/60000 [======] - 3s 43us/sample- loss:2.1498- accuracy:0.2088
Epoch 19/20
60000/60000 [======] - 3s 44us/sample- loss:2.1559- accuracy:0.2072
Epoch 20/20
60000/60000 [======] - 3s 43us/sample- loss:2.1491- accuracy:0.2046
```

从上述结果中可以看到，模型的准确率在 0.2 时就不再变化了。权重必须在两点之间变化，不应该在最小值内再进一步减少。现在将尝试把学习率设置得非常低。

```
model3 = keras.Sequential()
model3.add(layers.Dense(20, activation='sigmoid', input_shape=(784,)))
model3.add(layers.Dense(20, activation='sigmoid'))
model3.add(layers.Dense(10, activation='softmax'))
model3.summary()

#低学习率
```

```
opt_new = tf.keras.optimizers.SGD(learning_rate=0.00001)
model3.compile(optimizer=opt_new, loss='categorical_crossentropy',
metrics= ['accuracy'])
model3.fit(x_train, y_train,epochs=20)
```

上述代码的输出结果如下。

```
Train on 60000 samples
Epoch 1/20
60000/60000 [=====] - 3s 51us/sample- loss:2.5737- accuracy:0.0992
Epoch 2/20
60000/60000 [=====] - 3s 46us/sample- loss:2.5655- accuracy:0.0992
Epoch 3/20
60000/60000 [=====] - 3s 47us/sample- loss:2.5577- accuracy:0.0992
Epoch 4/20
60000/60000 [=====] - 3s 48us/sample- loss:2.5501- accuracy:0.0992
Epoch 5/20
60000/60000 [=====] - 3s 48us/sample- loss:2.5429- accuracy:0.0992
Epoch 6/20
60000/60000 [=====] - 3s 51us/sample- loss:2.5358- accuracy:0.0992
Epoch 7/20
60000/60000 [=====] - 3s 44us/sample- loss:2.5291- accuracy:0.0992
Epoch 8/20
60000/60000 [=====] - 3s 46us/sample- loss:2.5226- accuracy:0.0992
Epoch 9/20
60000/60000 [=====] - 3s 46us/sample- loss:2.5163- accuracy:0.0992
Epoch 10/20
60000/60000 [=====] - 3s 58us/sample- loss:2.5102- accuracy:0.0992
Epoch 11/20
60000/60000 [=====] - 3s 50us/sample- loss:2.5044- accuracy:0.0992
Epoch 12/20
60000/60000 [=====] - 3s 49us/sample- loss:2.4987- accuracy:0.0992
Epoch 13/20
60000/60000 [=====] - 3s 50us/sample- loss:2.4932- accuracy:0.0992
Epoch 14/20
60000/60000 [=====] - 3s 48us/sample- loss:2.4880- accuracy:0.0992
Epoch 15/20
60000/60000 [=====] - 3s 48us/sample- loss:2.4829- accuracy:0.0992
Epoch 16/20
60000/60000 [=====] - 3s 49us/sample- loss:2.4779- accuracy:0.0992
Epoch 17/20
60000/60000 [=====] - 3s 48us/sample- loss:2.4732- accuracy:0.0992
Epoch 18/20
60000/60000 [=====] - 3s 49us/sample- loss:2.4685- accuracy:0.0992
Epoch 19/20
60000/60000 [=====] - 3s 48us/sample- loss:2.4641- accuracy:0.0992
Epoch 20/20
60000/60000 [=====] - 3s 49us/sample- loss:2.4597- accuracy:0.0992
```

从上面的输出结果可以看到，模型会出现两种情况，即在局部最小值处停止迭代和模型学习速度极其缓慢。下面将尝试用中等大小的学习率构建模型。

```
model3 = keras.Sequential()
model3.add(layers.Dense(20, activation='sigmoid', input_shape=(784,)))
model3.add(layers.Dense(20, activation='sigmoid'))
```

```
model3.add(layers.Dense(10, activation='softmax'))
model3.summary()

#优化学习率
opt_new = tf.keras.optimizers.SGD(learning_rate=0.01)
model3.compile(optimizer=opt_new, loss='categorical_crossentropy',
metrics= ['accuracy'])
model3.fit(x_train, y_train,epochs=20)
```

上述代码的输出结果如下。

```
Train on 60000 samples
Epoch 1/20
60000/60000 [=====] - 3s 50us/sample- loss:2.2487- accuracy:0.2494
Epoch 2/20
60000/60000 [=====] - 3s 47us/sample- loss:2.0170- accuracy:0.4581
Epoch 3/20
60000/60000 [=====] - 3s 44us/sample- loss:1.6577- accuracy:0.5755
Epoch 4/20
60000/60000 [=====] - 3s 45us/sample- loss:1.3164- accuracy:0.6801
Epoch 5/20
60000/60000 [=====] - 4s 64us/sample- loss:1.0575- accuracy:0.7509
Epoch 6/20
60000/60000 [=====] - 3s 53us/sample- loss:0.8729- accuracy:0.8001
Epoch 7/20
60000/60000 [=====] - 3s 45us/sample- loss:0.7379- accuracy:0.8337
Epoch 8/20
60000/60000 [=====] - 2s 41us/sample- loss:0.6395- accuracy:0.8535
Epoch 9/20
60000/60000 [=====] - 3s 42us/sample- loss:0.5673- accuracy:0.8673
Epoch 10/20
60000/60000 [=====] - 3s 44us/sample- loss:0.5138- accuracy:0.8769
Epoch 11/20
60000/60000 [=====] - 3s 48us/sample- loss:0.4735- accuracy:0.8843
Epoch 12/20
60000/60000 [=====] - 3s 47us/sample- loss:0.4423- accuracy:0.8889
Epoch 13/20
60000/60000 [=====] - 3s 43us/sample- loss:0.4178- accuracy:0.8922
Epoch 14/20
60000/60000 [=====] - 3s 45us/sample- loss:0.3979- accuracy:0.8962
Epoch 15/20
60000/60000 [=====] - 3s 42us/sample- loss:0.3814- accuracy:0.8993
Epoch 16/20
60000/60000 [=====] - 4s 59us/sample- loss:0.3674- accuracy:0.9021
Epoch 17/20
60000/60000 [=====] - 3s 51us/sample- loss:0.3554- accuracy:0.9042
Epoch 18/20
60000/60000 [=====] - 2s 41us/sample- loss:0.3447- accuracy:0.9065
Epoch 19/20
60000/60000 [=====] - 3s 47us/sample- loss:0.3353- accuracy:0.9084
Epoch 20/20
60000/60000 [=====] - 3s 42us/sample- loss:0.3267- accuracy:0.9107s
```

要得到最优学习率是没有捷径的。由于最优学习率是一个取值区间，因此，寻找最优学习率并不是一个巨大的挑战。只要你付出合理的努力，是完全可以实现的。

10.6.3　动量

学习率可以通过再增加一个附加因子来改善，该附加因子被称为动量(momentum)。在初始的 epoch 中，权重的变化较大。当误差函数达到最小值时，权重的变化将会变小。如果模型要达到一个局部最小值，那么动量可以把模型从局部最小值中推出来，并让其更快地收敛。

在图 10.38 可以看到，在每个 Epoch 中的误差函数、权重的变化以及相应的误差变化。梯度下降优化方法看起来就像一个在曲面上滚动的球。球在滚动时会获得一些动量。我们可以获取这种动量，并利用它摆脱局部最小值。下面的公式用于将动量附加到学习率并进一步影响整体权重训练。

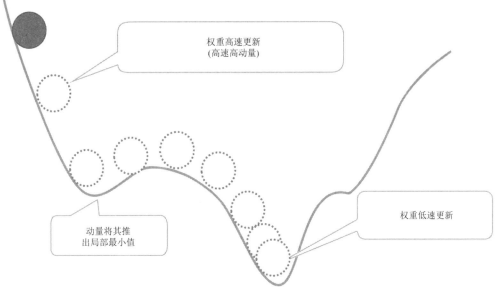

图 10.38　不同速度和动量的误差函数

原始的权重更新公式：

$$W := W + \Delta W$$

由于我们必须保留当前的 Epoch 以及上一次 Epoch 的变化率，在公式中加入了时间参数。

$$W(t) := W(t-1) + \Delta W(t)$$

$$\Delta W(t) = \eta * \left(-\frac{\partial E}{\partial W} \right)$$

至此，权重是通过 $\eta * \left(-\dfrac{\partial E}{\partial W} \right)$ 因子更新的。新更新因子如下：

$$\eta * \left(-\frac{\partial E}{\partial W} \right) + \alpha * \Delta W(t-1)$$

更新权重的公式写成：

$$W(t) := W(t-1) + \eta * \left(-\frac{\partial E}{\partial W} \right) + \alpha * \Delta W(t-1)$$

简化的形式如下：

$$W(t) := W(t-1) + \Delta W(t) + \alpha * \Delta W(t-1)$$

方程 $\alpha * \Delta W(t-1)$ 中的附加项是动量项。该项把动量传递到下一个步骤中。如果上一个 epoch 中权重发生了巨大的变化，则现在将其中的一个因子添加到新的权重更新公式中。它将帮助模型更快地收敛，最重要的是，它可以帮助模型避开局部最小值。该项中的 α 是我们在建立模型时配置的动量参数。如果我们在模型中设置动量参数，那么可以观察到模型会稍微快一点地收敛和更好地避开局部最小值。没有单独使用动量的情况；动量是与学习率一起使用。动量应该被看成学习率的一个助力参数；动量不是用来代替学习率的。下面给出的代码在构建模型时使用了动量和学习率。

```
model3 = keras.Sequential()
model3.add(layers.Dense(20, activation='sigmoid', input_shape=(784,)))
model3.add(layers.Dense(20, activation='sigmoid'))
model3.add(layers.Dense(10, activation='softmax'))
model3.summary()


#Optimal learning rate
opt_new = tf.keras.optimizers.SGD(learning_rate=0.01, momentum=0.5)
model3.compile(optimizer=opt_new, loss='categorical_crossentropy',
metrics= ['accuracy'])
model3.fit(x_train, y_train,epochs=20)
```

上述代码与前面模型的构建代码一样，只是在原来的代码中加入了一个动量参数 (momentum=0.5)。上述代码的运行结果如下。

```
Train on 60000 samples
Epoch 1/20
60000/60000 [=====] - 3s 48us/sample- loss:2.1933- accuracy:0.3189
Epoch 2/20
60000/60000 [=====] - 3s 46us/sample- loss:1.5562- accuracy:0.6173
Epoch 3/20
60000/60000 [=====] - 3s 44us/sample- loss:0.9885- accuracy:0.7617
Epoch 4/20
60000/60000 [=====] - 3s 46us/sample- loss:0.7133- accuracy:0.8293
Epoch 5/20
60000/60000 [=====] - 3s 46us/sample- loss:0.5652- accuracy:0.8588
Epoch 6/20
60000/60000 [=====] - 3s 48us/sample- loss:0.4825- accuracy:0.8761
Epoch 7/20
60000/60000 [=====] - 3s 48us/sample- loss:0.4303- accuracy:0.8874
Epoch 8/20
60000/60000 [=====] - 3s 48us/sample- loss:0.3934- accuracy:0.8954
Epoch 9/20
60000/60000 [=====] - 3s 47us/sample- loss:0.3654- accuracy:0.9014
Epoch 10/20
60000/60000 [=====] - 3s 49us/sample- loss:0.3431- accuracy:0.9069
Epoch 11/20
```

```
60000/60000 [=====] - 3s 49us/sample- loss:0.3245- accuracy:0.9116
Epoch 12/20
60000/60000 [=====] - 3s 47us/sample- loss:0.3085- accuracy:0.9154
Epoch 13/20
60000/60000 [=====] - 3s 46us/sample- loss:0.2948- accuracy:0.9186
Epoch 14/20
60000/60000 [=====] - 3s 46us/sample- loss:0.2826- accuracy:0.9218
Epoch 15/20
60000/60000 [=====] - 3s 47us/sample- loss:0.2717- accuracy:0.9243
Epoch 16/20
60000/60000 [=====] - 3s 48us/sample- loss:0.2619- accuracy:0.9268
Epoch 17/20
60000/60000 [=====] - 3s 47us/sample- loss:0.2529- accuracy:0.9294
Epoch 18/20
60000/60000 [=====] - 3s 48us/sample- loss:0.2447- accuracy:0.9319
Epoch 19/20
60000/60000 [=====] - 3s 50us/sample- loss:0.2372- accuracy:0.9337
Epoch 20/20
60000/60000 [=====] - 3s 50us/sample- loss:0.2301- accuracy:0.9357
```

我们可以观察到，在加入了动量参数后，模型收敛的速度更快。在宽而深的神经网络中使用动量参数非常方便。

10.7　优化器

现在我们已经讨论过使用梯度下降算法来更新权值。最初的梯度下降理论是使用所有数据计算梯度来更新权重。

$$W := W + \eta * \left(-\frac{\partial E}{\partial W} \right)$$

如果有数百万个数据点，那么一次计算所有这些数据点的梯度需要很多时间。一般来说，上面这个公式是有效的，但是对于大规模数据集会遇到一些挑战。

10.7.1　SGD—Stochastic Gradient Descent

随机梯度下降(Stochastic Gradient Descent，SGD)，SGD 使用的是梯度估计而不是真实梯度。SGD 利用单个数据点估计整体梯度。SGD 将确保单独的梯度计算得更快，权重也被更新得更快。在梯度下降中，权重的更新是在经过完整的训练数据后进行的；而 SGD 则是每个记录(数据点)的权重都在更新。当我们要结束数据训练时，我们已经对权重有了合理的估计。

一个 Epoch 是一个模型在训练数据上的一次完整的运行过程。如果数据中有 N 个记录，那么在每个 Epoch 中，如果模型使用的是 SGD 算法，模型就会迭代 N 次。如果模型在 100 万条记录上运行 10 个 Epoch，则在使用 SGD 算法时权重的更新将共计产生 1000 万次迭代。SGD 算法适用于小型的数据集，但对于较大或海量的数据集，SGD 算法的执行时间比较长。此外，我们对更新每一个记录的权重是没有信心的。GD 利用 N 个记录进行梯度计算，SGD 一次利用一条记录计算。对于海量数据集来说，这两种方法都不够完美。我们需要一个介于这两者之间的方法。

10.7.2 小批量梯度下降法(Mini-Batch Gradient Descent)

我们将在 SGD 的基础上做一个小的修改。我们不为每一个记录计算梯度，而是将记录分成一批数据，将这一批数据作为一个数据的小的子集，并计算这个子集中数据的梯度来更新权重。例如，有 20 000 条记录，批的大小是 100，那么，首先取数据中的前 100 条记录来计算梯度和更新权重。然后，移动到下 100 个记录并重复相同的操作。因此，在一个 epoch 中，将有 200 次迭代(20 000/100)。这个数据子集称为批。这种方法被称为小批量梯度下降法(mini-batch GD)。在实际问题中，我们都采用小批量梯度下降法。小批量梯度下降法在构建时加入了一个新的超参数，即批大小(batch size)。在 GD 方法中，批大小是基于数据中的记录总数来设置的。通常，专业人员会试图将批大小保持在总记录的 1%到 5%左右。为了让模型获得最好的结果，批大小应保持在 2 的幂范围内，如 32、64、128、256、512 等。从内存分配来说，批大小为 65 100 的内存分配与批大小为 128 的内存分配相同。所以最好的批大小为 128 而不是 100。类似地，批大小从 33 到 64 都会得到相同的内部内存分配，因此，与其将批大小设置为 50，不如将其设置为 64。

GD、SGD 和 mini-batch GD 是一样的。唯一的区别是批的大小(batch size)。如果 batch size 为 1，则为 SGD 方法；如果 batch size 为 N，则为 GD 方法；如果 batch size 在 1 到 N 之间，则为 mini-batch GD 方法。下面给出了在 Keras 中设置优化器的代码。下面将构建第一个模型，batch size 表示数据中的行数。

```
model4 = keras.Sequential()
model4.add(layers.Dense(20, activation='sigmoid', input_shape=(784,)))
model4.add(layers.Dense(20, activation='sigmoid'))
model4.add(layers.Dense(10, activation='softmax'))
model4.summary()

opt_new = tf.keras.optimizers.SGD(learning_rate=0.01, momentum=0.5)
model4.compile(loss='categorical_crossentropy', metrics=['accuracy'])

#Batch size=full data(GD)
model4.fit(x_train, y_train,batch_size=x_train.shape[0], epochs=10)
```

我们需要在 model.fit()函数中加入 batch-size 参数。上述代码的结果如下。

```
Train on 60000 samples
Epoch 1/10
60000/60000 [=====] - 1s 15us/sample - loss: 2.4585 - accuracy: 0.0987
Epoch 2/10
60000/60000 [=====] - 0s 3us/sample - loss:2.4167- accuracy:0.0987
Epoch 3/10
60000/60000 [=====] - 0s 3us/sample - loss:2.3907- accuracy:0.0987
Epoch 4/10
60000/60000 [=====] - 0s 3us/sample - loss:2.3712- accuracy:0.0989
Epoch 5/10
60000/60000 [=====] - 0s 3us/sample - loss:2.3553- accuracy:0.0999
Epoch 6/10
60000/60000 [=====] - 0s 3us/sample - loss:2.3417- accuracy:0.1026
Epoch 7/10
60000/60000 [=====] - 0s 3us/sample - loss:2.3298- accuracy:0.1073
Epoch 8/10
```

```
60000/60000 [=====] - 0s 3us/sample - loss:2.3190- accuracy:0.1149
Epoch 9/10
60000/60000 [=====] - 0s 3us/sample - loss:2.3091- accuracy:0.1249
Epoch 10/10
60000/60000 [=====] - 0s 3us/sample - loss:2.2998- accuracy:0.1375
```

从上述的输出结果可以看出，在经过了 10 个 Epoch 后损失并没有明显地减少。下面将构建带
SGD 的模型，将 batch size 设置为 1。

```
model4 = keras.Sequential()
model4.add(layers.Dense(20, activation='sigmoid', input_shape=(784,)))
model4.add(layers.Dense(20, activation='sigmoid'))
model4.add(layers.Dense(10, activation='softmax'))
model4.summary()

opt_new = tf.keras.optimizers.SGD(learning_rate=0.01, momentum=0.5)
model4.compile(loss='categorical_crossentropy', metrics=['accuracy'])

#Batch size=1 (SGD)
model4.fit(x_train, y_train,batch_size=1, epochs=2)
```

上述代码的运行结果如下。

```
Train on 60000 samples
Epoch 1/2
60000/60000 [=====] - 80s 1ms/sample - loss: 0.5104 - accuracy: 0.8616
Epoch 2/2
60000/60000 [=====] - 80s 1ms/sample - loss: 0.3648 - accuracy: 0.9124
```

从上面的输出结果可以观察到，在两个 Epoch 后模型达到了很高的准确率。然而，这次的问题
出在执行时间上。每个 Epoch 都需要很多的时间。下面我们将构建 batch size 在 1 到 N 之间的第三
个模型。

```
model4 = keras.Sequential()
model4.add(layers.Dense(20, activation='sigmoid', input_shape=(784,)))
model4.add(layers.Dense(20, activation='sigmoid'))
model4.add(layers.Dense(10, activation='softmax'))
model4.summary()

opt_new = tf.keras.optimizers.SGD(learning_rate=0.01, momentum=0.5)
model4.compile(loss='categorical_crossentropy', metrics=['accuracy'])

#Batch size = 512
model4.fit(x_train, y_train,batch_size=512, epochs=10)
```

上述代码的输出结果如下。

```
Train on 60000 samples
Epoch 1/10
60000/60000 [=====] - 1s 14us/sample - loss: 2.0902 - accuracy: 0.4012
Epoch 2/10
60000/60000 [=====] - 0s 8us/sample - loss:1.6120- accuracy:0.6944
Epoch 3/10
60000/60000 [=====] - 0s 6us/sample - loss:1.2406- accuracy:0.7579
Epoch 4/10
```

```
60000/60000 [=====] - 0s 7us/sample - loss:0.9523- accuracy:0.8217
Epoch 5/10
60000/60000 [=====] - 0s 6us/sample - loss:0.7359- accuracy:0.8597
Epoch 6/10
60000/60000 [=====] - 0s 6us/sample - loss:0.5813- accuracy:0.8793
Epoch 7/10
60000/60000 [=====] - 0s 8us/sample - loss:0.4759- accuracy:0.8921
Epoch 8/10
60000/60000 [=====] - 0s 7us/sample - loss:0.4037- accuracy:0.9022
Epoch 9/10
60000/60000 [=====] - 0s 7us/sample - loss: 0.3535 - accuracy: 0.9102
Epoch 10/10
60000/60000 [=====] - 0s 8us/sample - loss: 0.3181 - accuracy: 0.9160
```

从输出结果可以看出，mini-batch GD 比 GD 和 SGD 的效果更好。由于 mini-batch GD 在执行时间和准确率方面优于其他两种方法，因此，在解决实际业务问题时使用 mini-batch GD。此外，还有一些其他的优化函数，我们将在后面的章节学习这些优化函数。

10.8 本章小结

本章讨论了深度神经网络中一些基本的超参数。我们讨论了正则化、激活函数、学习率和批大小(每批数据量大小)。虽然超参数有很多，但我们所讨论的超参数是被最广泛使用的。在使用深度神经网络时，有两个重大挑战。第一个挑战是建立一个既不是过拟合又不是欠拟合的最优模型。第二个挑战是在规定的时间内构建模型。在构建模型的方法中采用默认值设置这些超参数，我们可能建立的不是一个最优的模型。此外，使用这些超参数设置的默认值可能让模型需要花费更多的时间收敛。寻找这些超参数的最优值是没有捷径的。超参数的取值完全依赖于数据、数据中的内容和(数据中)所涉及的复杂性。处理计算机视觉问题最有效的超参数设置可能对银行或营销相关数据不太有效。我们需要通过解决许多不同的问题来培养直觉力。任何人都可以构建深度学习模型。专家和初学者在构建模型方面的区别在于微调超参数(fine-tuning hyperparameters)的专业水平以及对这些超参数含义的充分理解。

第 11 章

卷积神经网络

深度学习在图像处理或计算机视觉方面得到了广泛的应用。计算机视觉方面的应用使深度学习在最近一段时间非常出名。深度学习中常见的应用包括人脸检测、物体识别、数字识别以及从图像中提取文本。深度学习几乎被用到了每个行业和我们日常生活的许多地方。

医疗保健行业将深度学习用于 X 射线图像分析。自动驾驶汽车应用深度学习通过分析输入视频图像来感知道路。在农业中使用深度学习来区分蔬菜的好坏。很多行业都使用了深度学习技术，包括计算输入图像中的人脸数量、使用安全摄像头视频片段检测入侵者以及年龄和性别的预测。基于深度学习的计算机视觉的应用是不计其数的。图 11.1 显示了一个深度学习技术应用案例，该案例利用目标检测来解决实际业务问题。

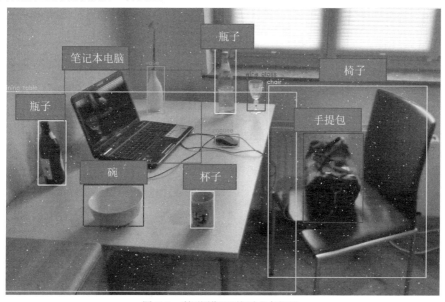

图 11.1　利用图像识别解决业务问题

标准的人工神经网络在检测数据中的复杂模式方面做得很出色。我们需要对标准的人工神经网络做一些修改，使其在图像数据上有效地应用。在深度学习中有一种专门处理计算机视觉的算法，即卷积神经网络(CNN)算法。本章将讨论卷积神经网络算法。

11.1 用于图像的人工神经网络

标准的人工神经网络(ANN)几乎可以学习到数据中的任何模式。我们在使用 ANN 构建模型时将图片的每个像素作为输入数据。将图片的每个像素作为输入数据在实际应用中是不行的。因此，使用 ANNs 时需要先将图像进行平坦化处理，这也是数据预处理的步骤。图像平坦化后图像会失去空间依赖性的基本属性。图像像素也具有局部相关性。这些是本节将要讨论的内容。

11.1.1 空间依赖性

如果我们拍一张狗的照片(图像)，那么我们会发现在狗眼睛周围的像素非常相似。类似地，耳朵周围的像素也是相似的。鼻子周围的像素与其他区域的像素不同。在构建模型时，我们需要考虑像素的空间依赖性。像素的这种局部相关性有助于精确地区分图像特征，如图 11.2 所示。

图 11.2　图像分类需要像素的局部相关性

在使用 ANN 时，首先需要将图像数据展平为由像素点组成的一行数据。例如，图 11.3 所示的图像，它描绘的是数字 6。

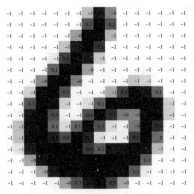

图 11.3　用数值表示图像

在构建 ANN 模型时，不能直接使用图 11.3 中的原图。需要将该图像转换为一行数据，并将其作为输入数据传递给模型。图 11.3 中的图像被展平为一行，如图 11.4 所示。

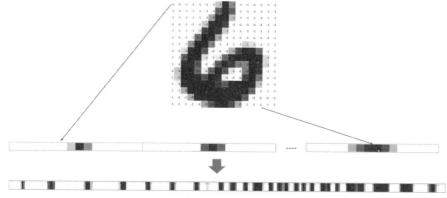

图 11.4 展平后的图像

图 11.4 中的图像看起来是矩阵形状的图像，可以很容易地说出它是一个数字 6 的图像。但是，在看到展开后的数组时，我们不可能猜出它所代表的数字。在 MNIST 数据集中，每个图像的大小是 28×28 像素。MNIST 数据集的训练数据有 60 000 个图像。在构建 ANN 模型的第一步就是每个 28×28 像素的矩阵展平为 1×784 的数组。在构建 ANN 模型前，通常利用重塑(reshape)函数转换数组的维度。

```
(X_train, Y_train), (X_test, Y_test) = keras.datasets.mnist.load_data()
print("X_train shape", X_train.shape)
print("X_test shape", X_test.shape)

x_train = X_train.reshape(60000, 784)
x_test = X_test.reshape(10000, 784)

print("X_train new shape", x_train.shape)
print("X_test new shape", x_test.shape)
```

上述代码的输出结果如下。

```
X_train shape (60000, 28, 28)
X_test shape (10000, 28, 28)
X_train new shape (60000, 784)
X_test new shape (10000, 784)
```

原始数据中有 60 000 张图像，每张图像的大小为 28×28 像素。原始数据是一个三维张量。我们利用 reshape 函数将 28×28 的图像扁平化为 784 像素的单行数据。重塑后的张量现在只有一维。我们使用重塑后的数据来构建模型，代码如下所示。

```
num_classes=10
x_train = x_train.astype('float32')
x_test = x_test.astype('float32')
x_train /= 255
x_test /= 255

##Convert class vectors to binary class matrices
y_train = keras.utils.to_categorical(Y_train, num_classes)
y_test = keras.utils.to_categorical(Y_test, num_classes)
```

```
model = keras.Sequential()
model.add(layers.Dense(20, activation='sigmoid', input_shape=(784,)))
model.add(layers.Dense(20, activation='sigmoid'))
model.add(layers.Dense(10, activation='softmax'))
model.summary()
model.compile(loss='categorical_crossentropy', metrics=['accuracy'])
model.fit(x_train, y_train,epochs=10)
```

表 11.1 显示了上述代码中输出的模型摘要。

表 11.1　模型的摘要

Layer (type)	Output Shape	Param #
dense (Dense)	(None, 20)	15700
dense_1 (Dense)	(None, 20)	420
dense_2 (Dense)	(None, 10)	210

```
Total params: 16,330
Trainable params: 16,330
Non-trainable params: 0
```

将图像数据转换为单行数据——也将其称为扁平化(或展平)图像——消除了图像中像素之间的空间相关性。不管怎样，我们需要保留像素的局部相关性。我们在 ANN 中观察到的第一个问题是空间依赖性的丢失。

11.1.2　ANNs 中自由参数的数量

ANN 的第二个问题是权重参数的数量。到目前为止，我们使用的是 MNIST 数据集，每个图像有 28×28=784 像素。现实生活中的图像，每幅图像有数百万像素。考虑一下分辨率为 200 万像素的智能手机摄像头，它拍出的图像宽度是 2000 像素，高度是 1000 像素，每个图像总计为 2 000 000 像素。此外，彩色图像的第三个维度是深度。RGB 值是每个像素的深度因子。在 200 万像素的图像中会有 600 万个数值。如果我们把每个像素作为一个输入节点，那么输入层将有 600 万个节点。我们将在该输入层中添加隐藏层和隐藏节点。该网络将有自由参数(权重)高达数十亿。实际上，在指定的时间框架内很难构建这样的模型。即使我们构建了一个这样的模型，则在实际的应用程序中实现和使用它可能并不容易。标准 ANN 是完全连接的稠密层(dense layer)，这就导致了权重的数量是指数级的。自由参数的数量和稠密连通性(全连通层)是图像处理中需要解决的第二个问题。

我们需要找到解决上述两个问题的方法。第一是保留像素的局部相关性；第二是全连通的稠密层。在这两个问题中，保留像素的局部相关性是最重要的。不管怎样，我们可以处理像素的计算，但管理像素的空间依赖问题需要一个创新的解决方案。在下一节将了解相关的内容。

11.2　卷积核

我们可以把卷积核(filter)看成图像上的子区域。到目前为止，我们考虑的是图像中的像素，这是最原始的子区域。我们不是从单个像素中获取输入信息，而是从图像的较大子区域中获取信息。我们利用卷积核获取图像子区域的信息。卷积核是用数值矩阵表示的。可以在图像上利用一个卷积核来提取图像的区域信息。这样，可以保证像素的空间相关性不变，并且像素之间的局部相关性不会丢失。

11.2.1　卷积核的工作原理

黑白图像是一个由数字构成的矩阵——包括行和列。卷积核也是一个矩阵，但它的尺寸稍小一些。通常，卷积核是一个 3×3 或 5×5 的矩阵。我们在图像上使用一个卷积核，并计算图像的像素值与卷积核的内积。例如，图 11.5 显示了一个包含一些大小为 7×8 的图像的值。图像矩阵内部的这些值是像素值；它们依赖于输入的图像。我们设置一个 3×3 矩阵的卷积核。我们将该卷积核滚动到图像的行和列，通过取内积的方法创建一个新图像。

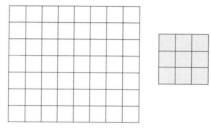

图 11.5　图像和卷积核

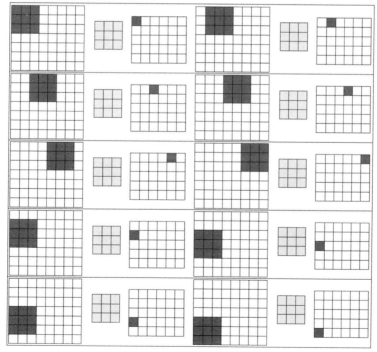

图 11.6　在图像上使用卷积核

我们将卷积核在图像上重复滚动以创建新图像(见图 11.6)。图像和卷积核的矩阵如表 11.2 所示；在这个例子中，我们用 1 填充了卷积核中的所有单元格。通过在图像上滚动该卷积核，并计算内积(dot product)来创建新的图像。

表 11.2 通过卷积核的滚动创建一个新图像

Image, filter, and resultant matrices

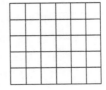

Filter and image pixels dot product

$0*1+0*1+0*1+0*1+0*1+0*1+0*1+0*1+0*1 \rightarrow 0$

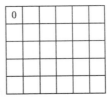

Filter and image pixels dot product

$0*1+0*1+0*1+0*1+0*1+1*1+0*1+0*1+0*1 \rightarrow 1$

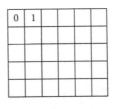

Filter and image pixels dot product

$0*1+0*1+1*1+0*1+1*1+1*1+0*1+0*1+1*1 \rightarrow 4$

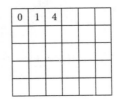

(续表)

The final result

0	0	0	0	1	0	0	0
0	0	0	1	1	0	0	0
0	0	0	0	1	0	0	0
0	0	0	0	1	0	0	0
0	0	0	0	1	0	0	0
0	0	0	0	1	0	0	0
0	0	1	1	1	1	1	0

1	1	1
1	1	1
1	1	1

0	1	4	4	3	0
0	1	4	4	3	0
0	0	3	3	3	0
0	0	3	3	3	0
1	2	5	5	5	2

现在已经把一个 7×8 像素的图像重新创建为一个 5×6 像素的图像。这种新创建的矩阵被称为卷积图像或卷积特征。该卷积核被称为核矩阵(kernel matrix)，文中统称为卷积核。新的卷积图像保留了像素的局部相关性。根据卷积核中的值，我们能够从图像中提取特定的特征。

11.2.2　利用卷积核执行特征检测

一个卷积核(kernel matrix)的值决定了最终的卷积特征。在上面给出的例子中，我们使用的是元素全为 1 的核矩阵。根据矩阵中的值，每个卷积核用于获取特定类型的特征。一些卷积核获取图像中的直线，其他一些卷积核获取图中的圆。少数的卷积核获取图中锋利的边缘，而其他一些卷积核用于获取图中的曲线，如图 11.7 所示。

图像平滑卷积核

1	1	1
1	1	1
1	1	1

图像锐化卷积核

0	–1	0
–1	10	–1
0	–1	0

图像中水平线检测卷积核

0	0	0
1	1	1
0	0	0

图像中垂直线检测卷积核

0	1	0
0	1	0
0	1	0

图 11.7　用于特征检测的核矩阵

我们已经在许多智能手机的相机应用程序或 Instagram 应用程序中使用了滤镜(filters)。下面列举了一些用于图像处理的滤镜例子，包括复古效果的滤镜、锐化效果的滤镜和黑白图像的滤镜，如图 11.8 所示。

图 11.8   使用不同效果的滤镜重建图像

然而，这些 Instagram 的滤镜对分类模型是没用的。我们需要能够从数据中捕捉某些特定特征的滤镜。每个图像都是由少量的特征组成的。大多数图像都包含直线、曲线和圆形。如果我们能以某种方式使用卷积核来捕捉这些特征，那么就可以很容易地根据图像中存在的独特特征对图像进行分类。下面让我们用一个基本示例来理解使用卷积核捕获的图像特征。我们用数字数据来讲解，因为数字是直观和易于理解的。在本章后面的内容中将介绍更多实用的 CNN 案例。下面查看如图 11.9所示的数字图像。

图 11.9   用于讨论卷积核如何捕获特征的数字数据

图 11.9 所示的 4 幅图像，每一幅图像都有一些基本特征。该数据集中的所有图像都是由水平线和垂直线构成的。其中一些图像有"L"形的拐角，而只有倒"L"形的边。每个数字都是这些基本特征(或形状)的组合。如果我们以某种方式从数据中提取这些基本特征，那么就可以很容易地利用这些特征对图像进行分类。我们将使用卷积核提取特定的特征(见图 11.10)。

从图 11.10 可以观察到，我们已经利用卷积核捕捉到了垂直线。但是，只使用该卷积核还不足以对数字分类。因此，在这些图像中还有一些其他的特征。另一个重要的特征是水平线。图 11.11显示了检测水平线的卷积核。

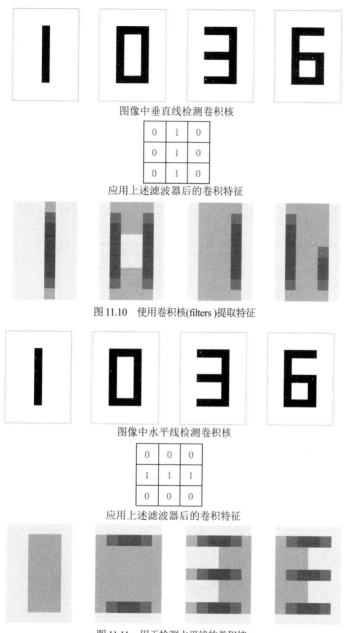

图像中垂直线检测卷积核

0	1	0
0	1	0
0	1	0

应用上述滤波器后的卷积特征

图 11.10 使用卷积核(filters)提取特征

图像中水平线检测卷积核

0	0	0
1	1	1
0	0	0

应用上述滤波器后的卷积特征

图 11.11 用于检测水平线的卷积核

从图 11.11 可以看到，数字 1 的图像是没有水平线的。数字 3 和 6 的图像中有 3 条水平线。这几个示例都是获取图像的低级特征。这些基本特征合在一起构成了完整的图像。可以进一步对这些低级特征(或卷积图像)应用卷积核来提取中级特征。我们往往在捕获图像特征时尽可能多地添加卷积核，这样我们就可以捕获所有的低级、中级和高级的特征。图 11.12 是一个截屏，显示了通过不同卷积核学习到的各种特征。

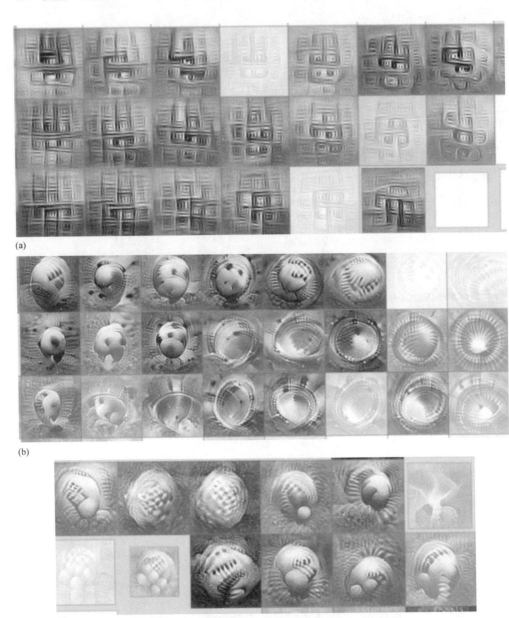

图 11.12 (a)低级特征 (b)中级特征 (c)高级特征。预测结果：volleyball, 90%; golf ball, 30%; balloons, 25%; parachute, 20%

图 11.13 显示了另一个特征检测的示例。下面让我们学习更多关于卷积核(kernel matrix)的内容。

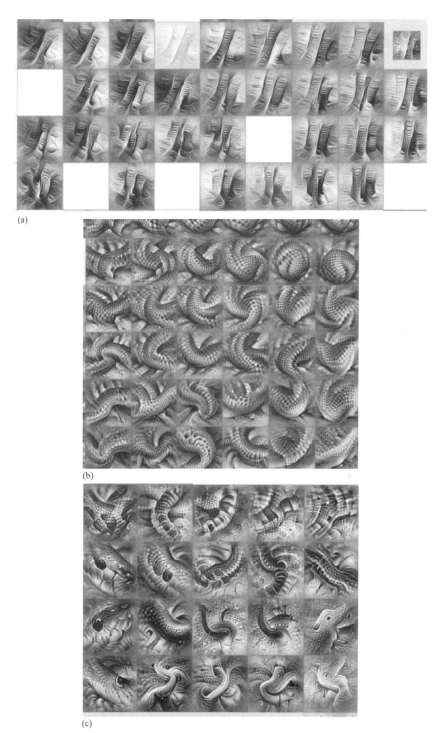

图 11.13 (a)低级特征 (b) 中级特征 (c)高级特征。 预测结果：Indian cobra, 67%; green mamba, 60%; alligator lizard, 34%; mud turtle, 10%

11.2.3　卷积核中的权重

到目前为止，我们讨论的是如何保留图像中像素的空间相关性。可以使用卷积核捕捉图像的所有基本特征。我们想到的一个问题，如何知道使用哪个卷积核呢？用什么值填充卷积核(kernel matrix)？真实的图像有成百上千的特征。如何检测任何给定数据集中的所有特征？我们不需要人工检测特征，也不需要填充卷积核中的值。我们要让模型在其训练过程中检测特征。我们只需要随机初始化卷积核的值。可以调用卷积核中的值作为权重。一个 3×3 的卷积核由 9 个权重和 1 个偏置项构成，共计有 10 个权重(见图 11.14)。

w1	w2	w3
w4	w5	w6
w7	w8	w9

图 11.14　初始化卷积核的权重

卷积核是在开始构建模型时创建的一个随机权重矩阵。在模型训练过程结束后，每个核矩阵将作为特征检测的卷积核取出。如果图像数据含有直线，则卷积核最终是一个直线检测卷积核。如果图像数据含有圆，则卷积核最终是一个圆检测卷积核。图像数据中还有许多难以想象的抽象特征和模式。通过分配足够的卷积核来配置模型，我们就可以从图像中捕获所有的特征。这些特征将有助于我们为图像进行分类。因此，构建模型的第一步是在输入层应用随机权重矩阵，并创建新的卷积特征。本节的讨论到这里就结束了。特征检测伴随在整个训练过程中。我们不用人工提供特征。

11.3　卷积层

ANN 中有一个输入层，在输入层之后是一个全连接的隐藏层。但是，在 CNN 中，则是在输入层上应用了一个卷积核，并创建卷积的特征。卷积核只是一个权重矩阵。卷积核中的权重值是在模型训练中得到的。CNN 的第一层是卷积层。卷积层用于保持局部相关性不变。卷积层从输入数据中捕获所有特征。ANN 是将隐藏层全连接到输入层，而 CNN 中的卷积层是稀疏连接的。对于一个 3×3 的核矩阵，它只包括 9 个权重和 1 个偏置项。这 10 个权重被所有输入数据共享。但是，在 ANN 中，每个像素都有一个权重。与全连通的深度 ANN 相比，CNN 中的自由参数会少一些。

- 用一张 1000 像素的黑白图像作为输入数据；如果我们构建一个 ANN 模型，在该模型的第一层上设置 10 个隐藏节点，那么在第一层将需要(1000+1)×10=10 010 个权重。
- 假设我们使用同样的数据，构建一个 CNN 模型，并在该模型中应用 10 个卷积核，每个卷积核的大小为 5×5，则权重的数量为(5×5+1)×10=260。与 ANN 模型中的 10 000 个权重相比，我们使用这 260 个权重可以获得对数据更深层次的理解和更多特征。

在卷积层中，我们对输入数据做了微调。卷积层给输入数据带来误差了吗？卷积层会丢失输入数据吗？是的，在卷积层中处理数据时会丢失一些数据。由于每个卷积核都能捕捉到数据中的空间相关性，因此，通过使用足够数量的卷积核，可以最大限度地减少数据损失。

应用卷积核后得到的结果矩阵也称为激活图(activation map)。我们采用多个卷积核，则在最终的结果中就会包含多个卷积特征或激活图。所有这些卷积特征构成卷积层，如图 11.15 所示。

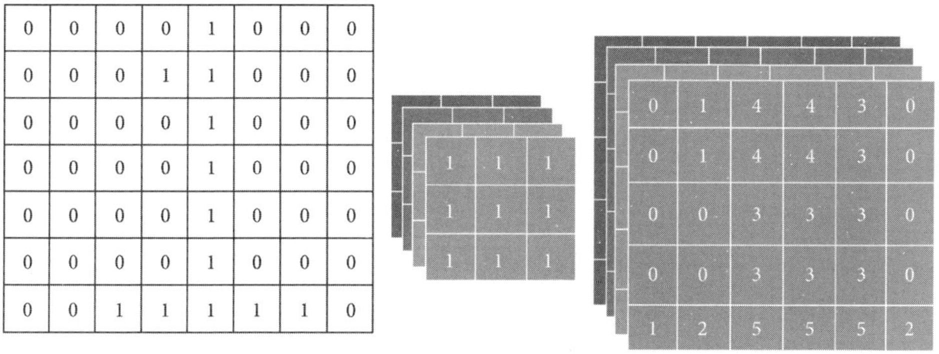

图 11.15　激活图和卷积层

在图 11.15 中展示了 4 个大小为 3×3 的卷积核，这样我们将得到 4 个激活图——每个卷积核得到一个激活图。所有这 4 个激活图放在一起称为卷积层。下面让我们计算图 11.15 中卷积层的权重数量。每个卷积核有 9 个权重和 1 个偏置项，每个卷积核有 10 个权重，共有 4 个卷积核，因此，在该卷积层中总计有 40 个权重。

11.3.1　在 Keras 中使用卷积层

下面将介绍如何添加卷积层的示例。我们利用 Conv2D()函数来添加卷积层。该函数使卷积核矩阵沿图像的行和列移动，因此将该函数称为 Conv2D。我们通常随机初始化卷积核中的权重。向模型添加卷积层的代码如下所示。

```
from tensorflow.keras.layers import Conv2D
model=Sequential()
model.add(Conv2D(filters=1,
                 kernel_size=7,
                 input_shape=(28,28,1),
                 kernel_initializer='random_uniform'))
```

上述代码中的参数说明如下：
- Conv2D()：用于在行和列两个维度上移动卷积核。
- filters: 卷积核或核矩阵的数量。我们需要使用足量的卷积核来获取数据的所有特征。这里，将 filters 参数设置为 1。通常，在解决实际问题时，将 filters 参数设置为 8、16 或 32。
- kernel_size：卷积核的大小。这里，将 kernel_size 设置为 7，即 7×7 的矩阵。通常，将 kernel_size 设置为 3×3、5×5 或 7×7。
- input_shape：在第一个卷积层中所需的数据形状。从第二个卷积层开始，数据形状将自动获取。在本示例中，输入图形的形状为(28,28,1)
- kernel_initializer：卷积核的初始值。通常，初始值是随机生成的。

上述代码将图像作为数据输入，输出结果为卷积的特征。在解决实际问题时，我们不需要将所有卷积特征的结果可视化。大多数卷积核都会显示出一些抽象的隐藏特征，这些特征很难直观地显示出来。但是，在本例中为了直观地了解卷积核的工作过程，我们打印出了卷积层的图像。代码如下所示。

```
img_reshape=np.expand_dims(x, axis=0)
img_reshape=np.expand_dims(img_reshape, axis=3)
img_reshape=model.predict(img_reshape)
pixels = np.matrix(img_reshape[:][:][:][0])
plt.imshow(pixels,cmap=plt.get_cmap('gray'))
plt.show()
```

上述代码的输出结果如图 11.16 所示。

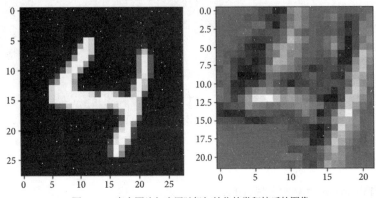

图 11.16　真实图片与应用随机初始化的卷积核后的图像

在图 11.16 的输出结果中可以看到，使用随机初始化卷积核后的图像。在训练过程中，卷积核中的这些权重将被调整。最后，每个卷积核将识别一个特征。现在，我们将创建自定义的卷积核来检测水平线和垂直线。这些卷积核在 Keras 中被称为常数初始化器。下面的代码用于创建常数核矩阵。

```
import numpy as np
filter1=np.array([[1,1,1,1,1,1,1],
          [1,1,1,1,1,1,1],
          [100,100,100,100,100,100,100],
          [100,100,100,100,100,100,100],
          [100,100,100,100,100,100,100],
          [1,1,1,1,1,1,1],
          [1,1,1,1,1,1,1]])
print("filter1 \n", filter1)

filter2=np.transpose(filter1)
print("filter2 \n",filter2)
```

上述代码的输出结果如下所示。

```
filter1
 [[  1    1    1    1    1    1    1]
 [  1    1    1    1    1    1    1]
 [100  100  100  100  100  100  100]
 [100  100  100  100  100  100  100]
 [100  100  100  100  100  100  100]
```

```
 [ 1    1    1    1    1    1    1]
 [ 1    1    1    1    1    1    1]]
filter2
[[ 1  1  100  100  100   1    1]
 [ 1  1  100  100  100   1    1]
 [ 1  1  100  100  100   1    1]
 [ 1  1  100  100  100   1    1]
 [ 1  1  100  100  100   1    1]
 [ 1  1  100  100  100   1    1]
 [ 1  1  100  100  100   1    1]]
```

利用常数核函数的代码如下所示。

```
model=Sequential()
model.add(Conv2D(1, kernel_size=7,input_shape=(28,28,1), kernel_initializer=
keras.initializers.Constant(filter1)))
```

将上述代码中的 filter1 换成 filter2。

```
model=Sequential()
model.add(Conv2D(1, kernel_size=7,input_shape=(28,28,1), kernel_initializer=
keras.initializers.Constant(filter2)))
```

打印从卷积核中最终得到的激活图，如图 11.17 所示。

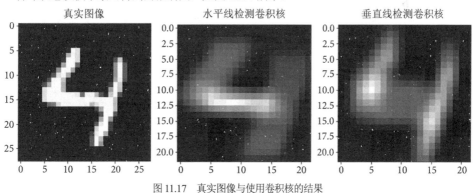

图 11.17　真实图像与使用卷积核的结果

从图 11.17 的结果中可以看到，水平线和垂直线的高亮部分。一般，我们仅从图中是不容易观察到图像中的这种模式的。图 11.18 显示了水平和垂直线特征检测卷积核的多个示例。

11.3.2　彩色图像的卷积核

彩色图像包含深度，因此，卷积核也需要有表示深度的参数。卷积核就像应用在黑白图像上的一样，只是在计算内积时要考虑深度(见图 11.19)。

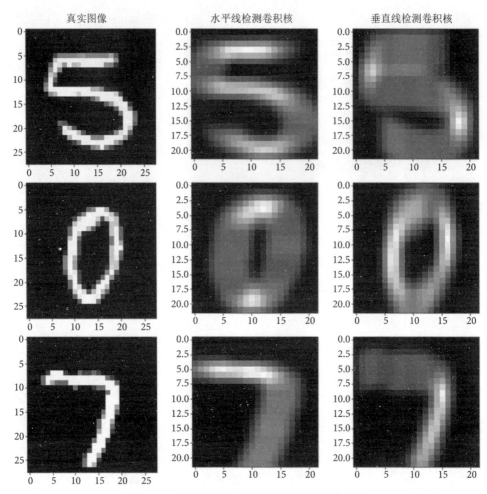

图 11.18　使用水平线和垂直线特征检测卷积核的示例

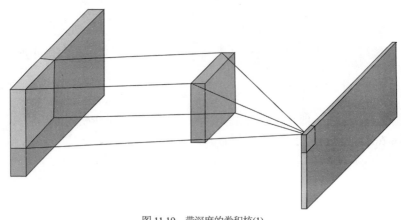

图 11.19　带深度的卷积核(1)

图 11.19 显示了卷积核的深度。整个计算结果最终将成为卷积图像中的一个数字。图 11.20 显示了内积计算。

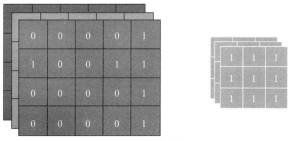

图 11.20　带深度的卷积核(2)

在进一步讨论彩色图像的卷积核前，需要注意如下几点：

(1) 深度有 3 个通道，即 RGB。在上下文中通道(channel)与深度(depth)是同义词。

(2) 图像有深度，因此，卷积核中也要有深度。

(3) 卷积核的深度与图像的深度相同。

(4) 权重值或卷积核的值在每个维度是不同的。

图 11.21 给出了图像展开的视图和卷积核。

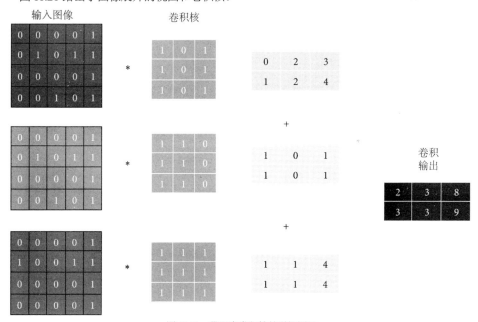

图 11.21　带深度卷积核的详细图示

我们将每个通道的输入数据与相应通道的卷积核执行内积操作。最终的结果是将 3 个通道得到内积之和。可以将这些计算用两个矩阵之间的内积来表示。上例中最终输出的深度只是一个数字。在输入图像为 $4 \times 5 \times 3$ 的情况下，在应用了 $3 \times 3 \times 3$ 的卷积核后，最终输出结果为 $2 \times 3 \times 1$ 的矩阵。为了便于可视化，在这里不显示偏置项。在解决实际问题时会有一个额外的偏置项。图 11.22

显示了最终的计算结果。

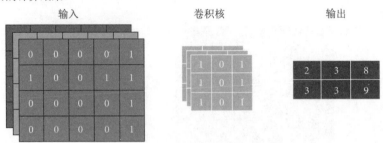

图 11.22　输入图像，应用卷积核，输出结果

　　如果我们在输入数据上应用多个卷积核，那么在输出结果中也会有深度(depth)。通常，我们在每个卷积层中都有多个滤波器。图 11.23 是多个过滤器的应用程序的图表表示。

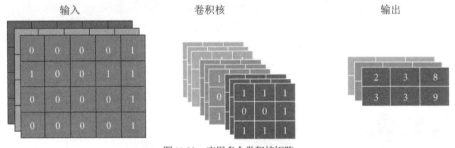

图 11.23　应用多个卷积核矩阵

　　由于输入层和卷积层都涉及深度，我们不能像在标准的 ANN 中那样绘制常用的二维网络图。在这种情况下，将需要用 3D 网络图来重新表示通道或深度。在图 11.23 中，输入数据的形状为 4×5×3，卷积核的形状为 3×3×3×3，输出结果的形状为 2×3×3，如图 11.24 所示。

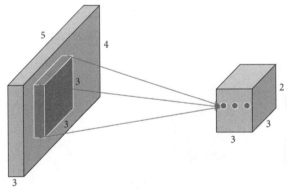

图 11.24　用于表示深度的 3D 网络图

　　通常，在图中不显示卷积核的数量；图中显示的结果是根据输出的形状推导出来的，特别是输出的深度。下面我们就用 3D 卷积层构建模型。

创建卷积层的代码

创建卷积层的代码如下所示。

```
model = models.Sequential()
model.add(layers.Conv2D(32, (5, 5), activation='relu', input_shape=(32, 32, 3)))

model.add(layers.Conv2D(64, (3, 3), activation='relu'))
```

上述代码的解释如下：

- Conv2D()函数用于对输入图像执行卷积操作(点积)。输入数据有 3 个维度：高度、宽度和深度。然而，卷积核只在 2D 中移动——高度和宽度。在每个卷积核中，我们计算全部深度的内积。如果输入数据是单个序列，则使用 Conv1D()。在数组中，我们只需要向一个方向移动卷积核。但是，对于二维矩阵和图像，我们使用 Conv2D()函数。
  视频由 4 个维度组成。每个视频由帧(或图像)组成。例如，如果一秒钟的镜头有 24 帧，则 4 个维度是高度、宽度、深度(RGB)和图像数量。在这种情况下，我们在每个图上移动核矩阵，并对所有图像都这样操作。然后，我们使用 Conv3D 函数实现卷积。
- 在第一个卷积层中共有 32 个卷积核(或者特征，或者核矩阵)。卷积后的结果将作为在下一层的深度。
- 在第一个卷积层中卷积核大小为(5，5)；默认情况下，该卷积核的权重采用随机填充。
- 输入形状参数用于指定输入图像的形状。
- 第二个卷积层有 64 个卷积核。每个卷积核的大小为 3×3。

11.3.3　零填充

现在我们已经看到了在输入图像中采用一个卷积核的效果。每个卷积核都试图从输入数据中提取一个特征。在应用卷积核后，我们可以观察到输出的图像略有缩小。如果使用的卷积核是 3×3 的矩阵，那么输出结果中的矩阵将减少两行两列。图 11.25 显示了在前面几节讨论过的一些示例结果。

0	0	0	0	1	0	0	0
0	0	0	1	1	0	0	0
0	0	0	0	1	0	0	0
0	0	0	0	1	0	0	0
0	0	0	0	1	0	0	0
0	0	0	0	1	0	0	0
0	0	1	1	1	1	1	0

1	1	1
1	1	1
1	1	1

0	1	4	4	3	0
0	1	4	4	3	0
0	0	3	3	3	0
0	0	3	3	3	0
1	2	5	5	5	2

图 11.25　在输入图像上应用卷积核

输入数据为 7×8 的矩阵，使用 3 × 3 的卷积核后，输出结果为 5×6 的矩阵。图 11.26 是 MNIST 数据中的一个示例。输入数据的形状是 28×28，卷积核大小为 7×7，输出结果是一个 22×22 的矩阵。同样，输入数据为 28×28 的矩阵，卷积核为 5×5，则输出结果为 24×24 的矩阵。

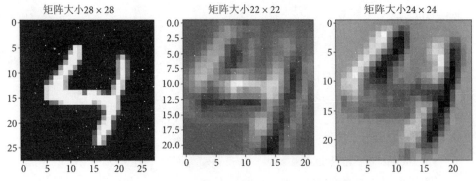

图 11.26　真实图像与使用了不同卷积核后得到的输出结果

表 11.3 给出了输出结果中矩阵维度减少的计算公式。

表 11.3　卷积核与输出形状的计算

输入形状	卷积核形状	输出形状
7×8	3×3	5×6
28×28	5×5	24×24
28×28	7×7	22×22
Any shape	$F \times F$	Reduced by $(F-1)$
7×8	3×3	$(7 - [3-1]) \times (8 - [3-1])$
		$(7 - [2]) \times (8 - [2])$
		5×6
28×28	5×5	$(28 - [5-1]) \times (28 - [5-1])$
		$(28 - [4]) \times (28 - [4])$
		24×24
28×28	7×7	$(28 6) \times (28 - 6)$
		22×22
$n \times n$	$F \times F$	$(n - [F-1]) \times (n - [F-1])$

在图 11.27 中，如果输入图像的边缘有一些特征信息，在结果中减少了矩阵大小可能是一个很大的问题。在下面的示例中应用了一个卷积核来检测水平线。如果图像都在图的中间位置显示，而没有重要的特征在图的边缘处，那么通过卷积核得到的结果矩阵对图像特征的提取没有大的影响。图 11.28 给出了用于检测水平线的卷积核。

下面来看看如果这些图像不在图片的中间，而是在图片的边缘处有一些特征信息，会出现什么情况？我们采用相同的水平线检测卷积核，结果如下(见图 11.29)。

0	0	0	0	1	0	0	0
0	0	0	1	1	0	0	0
0	0	0	0	1	0	0	0
0	0	0	0	1	0	0	0
0	0	0	0	1	0	0	0
0	0	0	0	1	0	0	0
0	0	1	1	1	1	1	0

1	1	1
1	1	1
1	1	1

0	1	4	4	3	0
0	1	4	4	3	0
0	0	3	3	3	0
0	0	3	3	3	0
1	2	5	5	5	2

图 11.27　在应用卷积核后图像减少的规模

Filter-1		
0	0	0
1	1	1
0	0	0

图 11.28　用于检测水平线的卷积核

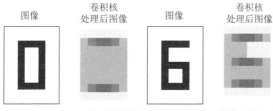

图 11.29　在应用 filter-1 后得到的图像和结果(在使用水平线检测的卷积核后)

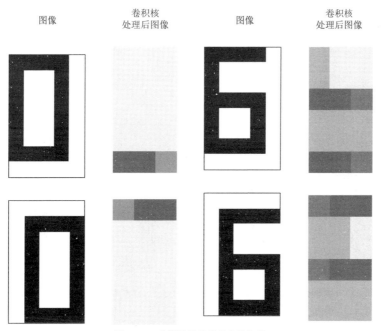

图 11.30　在图的边缘处丢失的信息

在数字 0 的原始图像中有两条水平线，当数字 0 位于图像的中间而不在图像的边缘时，卷积核可以捕捉到这两条水平线。在图 11.30 中，在这里，数字 0 在图像的上边缘或下边缘。在这两种情况下，我们都在输出结果中丢失了图片的边缘信息。我们在输出结果中看到卷积核只识别出了一条水平线。数字 6 的识别也是如此。当数字 6 在图像的顶部边缘或底部边缘时，我们只能在输出结果中看到两条水平线。当我们采用卷积核检测垂直线时，也会遇到同样的问题。图 11.31 显示了用于检测垂直线的卷积核。

Filter-2		
0	1	0
0	1	0
0	1	0

图 11.31　检测垂直线的卷积核

从图 11.32 中的图像可以看出，如果我们在图像上应用了卷积核，则图像上的边缘信息将会丢失。如何才能保存这些边缘信息呢?有一个简单的方法就是零填充(zero padding)。通过将 0 填充到图像的边缘，使得图像边缘上的内容可以推到图片中间位置。

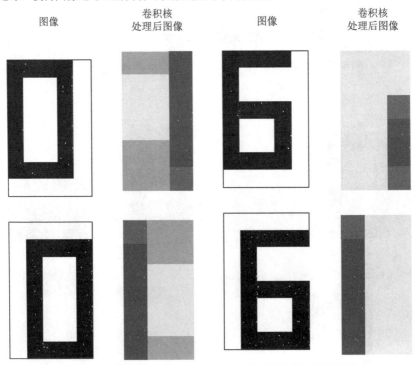

图 11.32　原始图像与采用 filter-2 后的图像(用于检测垂直线的卷积核)

零填充的原理

零填充只是向输入图像添加一个透明的边框。我们在图像的边缘处添加一行 0 和一列 0。零填充并不会让输入图像产生任何误差或偏差。这种零填充方法可以保证输入图像在应用卷积核后不改变图像的大小。最重要的是，零填充方法能保证图像的边缘信息不受损失。如图 11.33 所示。

输入图像

0	0	0	0	1	0	0	0
0	0	0	1	1	0	0	0
0	0	0	0	1	0	0	0
0	0	0	0	1	0	0	0
0	0	0	0	1	0	0	0
0	0	0	0	1	0	0	0
0	0	1	1	1	1	1	0

零填充后的图像(P=1)

0	0	0	0	0	0	0	0	0	0
0	0	0	0	0	1	0	0	0	0
0	0	0	0	1	1	0	0	0	0
0	0	0	0	0	1	0	0	0	0
0	0	0	0	0	1	0	0	0	0
0	0	0	0	0	1	0	0	0	0
0	0	0	0	0	1	0	0	0	0
0	0	0	1	1	1	1	1	0	0
0	0	0	0	0	0	0	0	0	0

零填充后的图像(P=2)

0	0	0	0	0	0	0	0	0	0	0	0
0	0	0	0	0	0	0	0	0	0	0	0
0	0	0	0	0	0	1	0	0	0	0	0
0	0	0	0	0	1	1	0	0	0	0	0
0	0	0	0	0	0	1	0	0	0	0	0
0	0	0	0	0	0	1	0	0	0	0	0
0	0	0	0	0	0	1	0	0	0	0	0
0	0	0	0	0	0	1	0	0	0	0	0
0	0	0	0	1	1	1	1	1	0	0	0
0	0	0	0	0	0	0	0	0	0	0	0
0	0	0	0	0	0	0	0	0	0	0	0

图 11.33　输入图像、使用零填充后的图像($P = 1$)、使用零填充后的图像($P = 2$)

通常，我们对 3×3 的卷积核采用 size-1 填充来保持原始图像的形状。使用 size-2 填充 5×5 的卷积核的效果是较好的。我们需要认真微调填充的大小来构建高效的模型。图 11.34 和图 11.35 比较了无填充和零填充后的结果。

从输出结果中可以看到零填充对输出结果的影响。在每个图像中，如果我们不采用零填充方法，则会丢失一些重要的边缘信息。在解决实际问题时，我们倾向于缩小原始图像的大小，然后再构建分类模型。例如，如果原始图像的大小是 1000×2000，那么可能会将图像的大小调整为 250×500，甚至是 100×200。调整大小后的图像在其边缘处会有一些关键信息，因此，在这种情况下，在图像边缘处有一些关键信息。这确实说明在解决实际问题时，零填充是必不可少的。

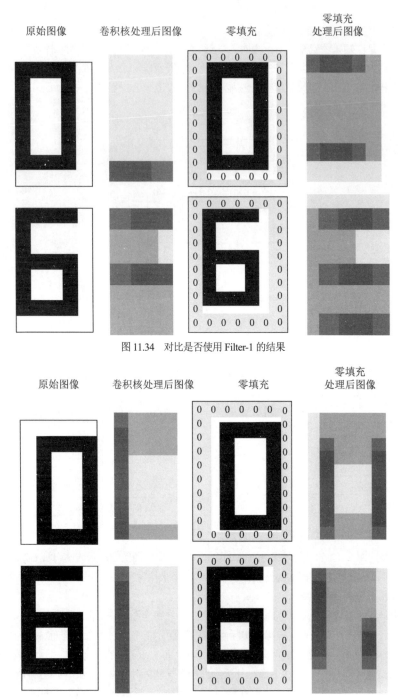

图 11.34　对比是否使用 Filter-1 的结果

图 11.35　对比使用 Filter-2 的结果

11.3.4 跨步卷积(stride)

在前面的内容中，我们在输入图像的水平方向和垂直方向上应用了卷积核。这些卷积核在图像上应用时所用的步长为1。卷积核在图像上每次移动一个像素，也被称为stride-1。如果按照stride-1移动，则数据会在边缘处进行下采样。可以通过添加零填充来避免数据丢失。到目前为止，我们只使用过stride为1的卷积核。图11.36显示了使用stride-1的示例。

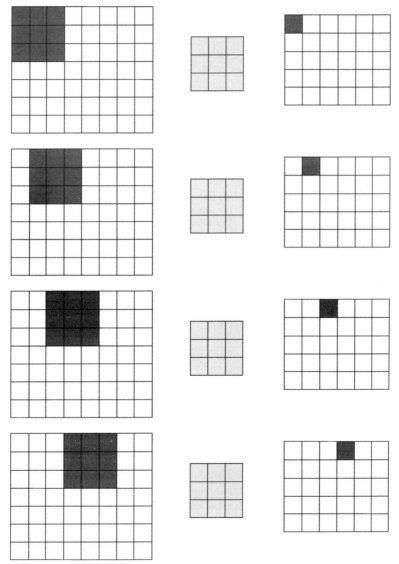

图 11.36　stride-1 的示例

如果我们将卷积核每次在图像上移动2步，则得到的结果中图像的大小几乎减半。卷积核在每次移动中，它都会跨过两个像素。图11.37显示了使用stride-2的示例。

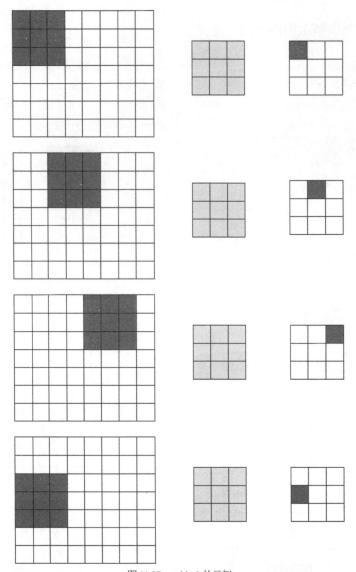

图 11.37 stride-2 的示例

一幅 7×8 的图像在应用了一个 3×3 的 stride-2 卷积核后，输出结果为 3×3 的矩阵。大的跨步(或步长)会显著缩小原始图像。有时我们在卷积核中使用跨步可以节省计算时间。我们可能会在特征图(或激活图)上丢失一些信息。我们可以权衡节省的时间和损失的准确率，以选择最佳的跨步。在实际问题中，倾向于采用 strides 的默认值，即 stride-1。如果输入的数据很大，卷积层对大图像太笨重，那么可以在不同的步长中进行下采样，这就是池化层的工作。下面让我们看看什么是池化层。

11.4 池化层

CNN 的第一层是卷积层。此外，我们添加尽可能多的卷积核来检测图像内部的所有特征。首先，检测图像的基本特征，如直线、圆和曲线；然后，添加更多的卷积层来检测中级特征，这些中级特征是低层特征的组合。接着，我们增加了一些卷积层来检测高级特征，这些高级特征是中级特征的组合。在这些卷积层之间，可以添加池化层。池化层仅用于对数据的下采样。我们在添加卷积层后再添加池化层。有两种池化的方法，即最大池化和平均池化。

11.4.1 池化的工作原理

通常，我们使用 stride-2 对一个 2×2 矩阵执行池化。下面给出了一个最大池化的示例。我们在输入数据上移动 2×2 矩阵，并从每个 2×2 子区域中获得最大值。

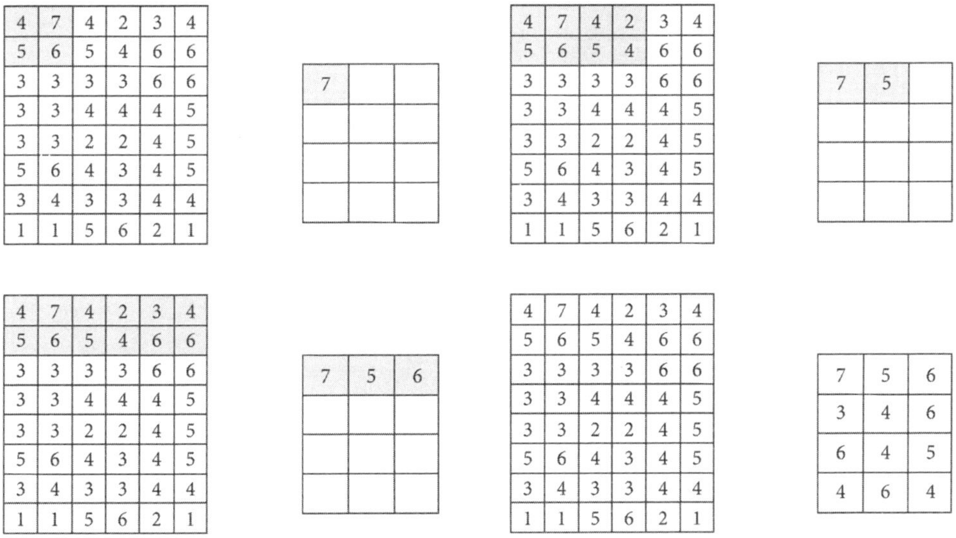

图 11.38 最大池化的示例

从图 11.38 的描述可以看到，输入数据的形状是 8×6，最大池化后的输出结果恰好是输入数据规模的一半。我们还可以对其采用平均池化的方法。我们不取矩阵中的最大值，而是考虑矩阵中的平均值。图 11.39 显示了平均池化的示例。

11.4.2 为什么进行池化

我们添加池化层的主要原因有两个：首先，网络中的参数太多；其次是与感受野有关。

在下一节讨论感受野的细节前，需要注意如下两点：

(1) 由于每个卷积层都从其前一层获得足够的信息，因此对卷积层的下采样不会损害模型的整体准确率。

(2) 对于大规模的数据集或参数较多的深度网络，下采样是一个有用的技巧。

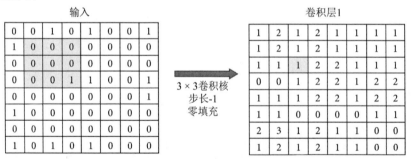

图 11.39　平均池化的示例

感受野

简单地说，感受野是输入图像的一个子区域。由一个卷积层产生的一个特定特征图可以映射到输入图像的区域，称为感受野。这些特征可以来自第 1 个卷积层或第 2 个卷积层或任何其他卷积层。图 11.40 是关于感受野的示例。如果卷积核的大小是 3×3，那么在第一个卷积层后得到的感受野则为卷积核的大小。

输入　　　　　　　　　　　　　　　　　　卷积层1

0	0	1	0	1	0	0	1
1	0	0	0	0	0	0	0
0	0	0	0	0	0	0	0
0	0	0	1	1	0	0	1
0	0	0	0	0	0	1	0
1	0	0	0	0	0	0	0
0	0	0	0	0	0	0	0
1	0	1	0	1	0	0	0

3×3卷积核
步长-1
零填充

1	2	1	2	1	1	1	1
1	2	1	2	1	1	1	1
1	1	1	2	2	1	1	1
0	0	1	2	2	1	2	2
1	1	1	2	2	1	2	2
1	1	0	0	0	0	1	1
2	3	1	2	1	1	0	0
1	2	1	2	1	1	0	0

图 11.40　感受野的示例

在图 11.40 中，在卷积层中(3,3)位置的元素，其感受野是输入图像的矩阵[2:4,2:4](或者若矩阵的起始索引从 0 开始，则是[1:3, 1:3])。换言之，通过获取输入图像的像素子区域[2:4，2:4]的信息生成了位置(3，3)中的数字。输入图像上的这个矩阵(子区域[2:4，2:4])称为感受野。下面让我们看一个包含两个卷积层的示例，如图 11.41 所示。

图 11.41　两个卷积层的示例

第 2 个卷积层(Conv layer2)中(3,3)元素的感受野是第一个卷积层(Conv layer1)中[2:4,2:4]矩阵，其在输入图像上是一个具有大小为 5×5 矩阵[1:5,1:5]的感受野。因此，在第 2 个卷积层中元素的感受野是一个 5×5 的矩阵。如果我们在第二个卷积层后再加入一个卷积层，则第 3 个卷积层(Conv layer 3)中的一个元素将具有来自输入图像的 7×7 的感受野。

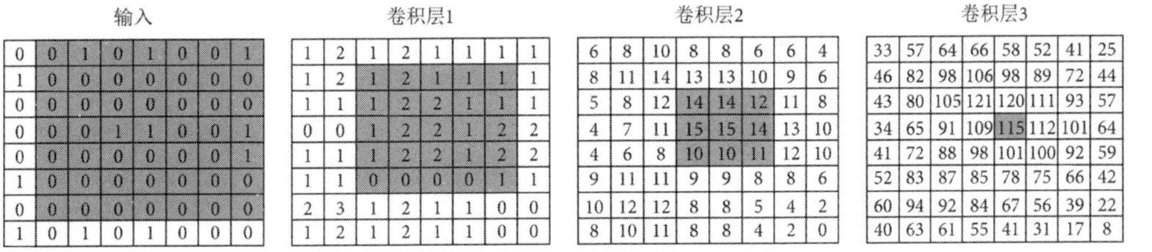

图 11.42　带 3 个卷积层的感受野示例

在图 11.42 中，我们在每个卷积层中应用了 3×3 的卷积核，并采用了零填充方法。第 3 个卷积层的元素有 7×7 的感受野。下面让我们应用一个卷积层，然后对其池化并计算感受野(见图 11.43)。

图 11.43　池化后卷积层中的感受野

在图 11.43 中，第 2 个卷积层(Conv layer 2)中一个元素的感受野对应输入图像上 7×7 的矩阵。不使用池化层时，我们需要 3 个卷积层。在使用了池化层后，在两个卷积层中就获得了一个 7×7 矩阵的感受野。这意味着，如果我们在网络中添加池化层，池化层可以使整个网络中的深度减少。利用小的感受野，就可以学习低级特征。如果我们用少量的卷积层可以获取大的感受野，则网络可以更快地学习到输入数据的中级和高级特征。如果在模型中不使用池化层，则模型需要多个卷积层来学习低层、中层和高级特征。因此，不使用池化层会使整个网络变得很深，并且耗费大量的计算时间。更重要的是，在池化层中是没有任何参数的。池化层只是一个简单的下采样过程。数据科学家通常在 CNN 模型的一个卷积层后加入一个池化层。

11.5 CNN 模型的架构

在前面的内容中，我们已经讨论了卷积层和池化层。标准 ANN 与 CNN 的主要区别是卷积层。ANN 有一个输入层，接着是隐藏层，最后是输出层。在 CNN 中，输入层后面会加入一个卷积层来捕捉特征。卷积层后是池化层，然后是很多成对的卷积层和池化层。最后，网络在捕获(学习)了所有的特征后，再将所有的特征都压平，并添加几个完全连接的密集的隐藏层。我们先将数据压缩成一个向量，然后再将其传递给一个密集层(dense layer)。扁平化只是将 3D 数组转换成 1D 数组。

在学习了 CNN 的主要特点后，我们会发现 CNN 与基本的 ANN 是相似的。在 CNN 和 ANN 中，都是将数据扁平化为一维向量，并使用 Softmax 激活函数将其连接到输出层。即使在 CNN 中，我们也有密集的隐藏层，但隐藏层添加在输出层之前，如图 11.44 所示。

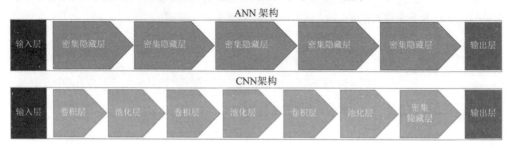

图 11.44　ANN 与 CNN 的架构

通常，在网络的最终的体系结构图中不显示池化层。在神经网络图中边通常表示权重。池化层和平坦层是没有权重的。这可能是它们没有显示在最终的 CNN 架构图中的原因。但是，如果我们想要显示一个清晰和描述性的架构图，则可以在图上加入池化层和平坦层。图 11.45 显示了一个简单 CNN 模型的示例。

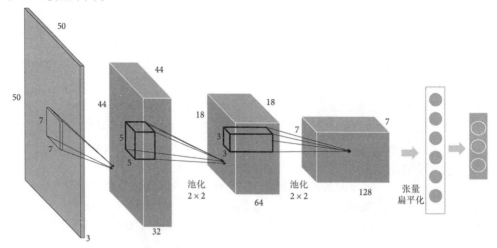

图 11.45　一个简单的 CNN 模型示例

表 11.4 解释了图 11.45 中 CNN 的架构。

表 11.4　CNN 架构的描述

层	释义
输入层: 图像的大小为 $50 \times 50 \times 3$	<ul><li>第一个 50 表示图像的高</li><li>第二个 50 表示图像的宽</li><li>3 RGB 表示 RGB 3</li></ul>
卷积层 1 的大小为 $44 \times 44 \times 32$	<ul><li>在输入图像上使用 7×7 卷积核。带深度的 7×7 矩阵为 $7 \times 7 \times 3$</li><li>在未填充的 50×50 的输入图像上使用 7×7 的卷积核。输出结果的矩阵为 44×44</li><li>共计使用了 32 个 7×7 的卷积核</li></ul>
最大池化层的大小为 2×2	<ul><li>使用了池化操作，但没有在网络架构图中将其作为一层显示</li><li>在 44×44 的矩阵上用 2×2 的矩阵执行池化操作，结果为 22×22 的矩阵</li></ul>
卷积层 2 的大小为 $18 \times 18 \times 64$	<ul><li>在最大池化后，矩阵的大小为 22×22。如果我们在输入图像上用 5×5 的卷积核，则输出结果会得到 18×18 的矩阵(未填充)</li><li>在 22×22 的矩阵上使用 64 个 5×5 的卷积核。最终结果的矩阵为 $18 \times 18 \times 64$</li></ul>
最大池化层的大小为 2×2	<ul><li>再一次使用最大池化层，但仍然没有在网络架构图中将其作为一层显示。在 18×18 的矩阵上使用了 2×2 的矩阵池化后，结果为 9×9 的矩阵</li></ul>
卷积层 3 的大小为 $18 \times 18 \times 64$	<ul><li>在最大池化后，图像的大小为 9×9。如果我们使用 3×3 的卷积核，则结果为 7×7 的矩阵(未填充)</li><li>这里，使用了 128 个 3×3 的卷积核</li></ul>
平坦层	<ul><li>在添加密集层前加入对数据进行平坦化</li><li>将 3D 数组 $18 \times 18 \times 64$ 平坦化为一个向量或 1D 数组</li><li>这里，将得到 $20\,736 \times 1$ 的数组</li></ul>
密集层(全连接层)	<ul><li>$20\,736$ 个节点将连接到密集层(dense layer)</li><li>密集的隐藏层的节点的精确数量未在图中显示</li></ul>
输出层	<ul><li>隐藏层连接到输出层。我们在输出层中使用基本的 Softmax 激活函数</li></ul>

11.5.1　CNN 模型中的权重

下面将讨论如何计算 CNN 上权重的数量。图 11.46 显示了 CNN 模型的一个示例。

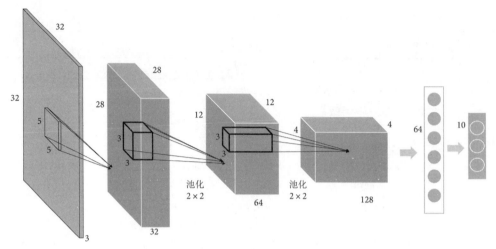

图 11.46　　计算 CNN 模型上权重数量的示例

在表 11.5 的 CNN 架构中所需的权重总数为 226 570442。与 ANN 中所需的权重数量相比，CNN 中的权重数量要少一些。假设一个基本 ANN 模型的输出数据的大小为 $32 \times 32 \times 3$，仅有一个包含 128 个节点的隐藏层，那么，我们需要在第一层的训练中得到 393 344{[($32 \times 32 \times 3$)+1]$ \times 128$}个权重。接着，我们可能需要在 ANN 中加入更多的层(即需要更多的权重)。

表 11.5　　不同网络层的形状和权重数量

层	Shape Calculation 形状的计算	Weights Calculation 权重数量的计算
输入层	$32 \times 32 \times 3$	
卷积层 1 使用 32 个 5×5 的卷积核	$28 \times 28 \times 32$	• 卷积核的权重数量为 $5 \times 5 \times 3 = 75$ • 每个卷积核有 1 个偏置项，则一个卷积核需要 76 个权重 • 共有 32 个卷积核，即 76×32 • 在卷积层 1 中共有 2432 个权重
最大池化层 2×2	$14 \times 14 \times 32$	• 0 个权重
卷积层 2 中有 64 个 3×3 的卷积核	$12 \times 12 \times 64$	• 卷积核的权重数量为 $3 \times 3 \times 32 = 288$ • 每个卷积核有 1 个偏置项，则一个卷积核需要 289 个权重 • 共有 64 个卷积核，即 289×64 • 在卷积层 2 中共有 18 496 个权重
最大池化层 2×2	$6 \times 6 \times 64$	• 0 个权重
卷积层 3 中有 128 个 3×3 的卷积核	$4 \times 4 \times 128$	• 卷积核的权重数量为 $3 \times 3 \times 64 = 576$ • 每个卷积核有 1 个偏置项，则一个卷积核需要 577 个权重 • 共有 128 个卷积核，即 577×128 • 在卷积层 3 中共有 73 856 个权重
平坦层	2048×1	• 0 个权重

(续表)

层	Shape Calculation 形状的计算	Weights Calculation 权重数量的计算
64 个节点的密集层	64 × 1	• 将平坦后的 2048 个节点连接到密集层的节点中 • 需要 2048 × 64 个权重 • 每个节点增加一个偏置项，则权重数量为(2048 + 1) × 64 • 在密集层中共有 131 136 个权重
输出层	10 × 1	• 每个密集层的节点都连接到输出层的节点上 • 共计需要 64×10 个权重 • 每个节点增加一个偏置项，则权重数量为(64 + 1) ×10 • 在输出层中有 650 个权重
权重数量总计		在卷积层 1 中有 2432 个权重 +在卷积层 2 中有 18 496 个权重 +在卷积层 3 中有 73 856 个权重 +在密集层中有 131 136 个权重 +在输出层中有 650 个权重 = 226 570 共计 226 570 个权重

11.5.2 CNN 模型的编码

在 11.5.1 节计算权重的 CNN 示例不是一个随意的 CNN 模型。该示例模型是用于对 CIFAR10 数据集中图像分类的模型。CIFAR10 是 CIFAR100 数据的子集。CIFAR100 是由 Alex Krizhevsky、Vinod Nair 和 Geoffrey Hinton 采集的，该数据集由 8000 万个微小图像数据组成。CIFAR10 是 Keras 中的示例数据集库。CIFAR10 数据由 6 万张图像组成；每个图像大小为 32×32×3，输出结果中包括 10 个分类。输出结果的分类包括飞机(airplane)、汽车(automobile)、鸟(bird)、猫(cat)、鹿(deer)、狗(dog)、蛙(frog)、马(horse)、船(ship)和卡车(truck)。

下面的代码用于下载该数据并显示一些图像：

```
from tensorflow.keras import datasets, layers, models
import matplotlib.pyplot as plt

(X_train, y_train), (X_test, y_test) = datasets.cifar10.load_data()

#将输入数据归一化
X_train=X_train/255
X_test=X_test/255

print("X_train.shape", X_train.shape)
print("y_train.shape", y_train.shape)
print("X_test.shape", X_test.shape)
print("y_test.shape", y_test.shape)
```

```
#绘制少量图片
class_names = ['airplane', 'automobile', 'bird', 'cat', 'deer', 'dog', 'frog', 'horse',
'ship', 'truck']
plt.figure(figsize=(10,10))
for i in range(16):
    plt.subplot(4,4,i+1)
    plt.imshow(X_train[i], cmap=plt.cm.binary)
    plt.xlabel(class_names[y_train[i][0]])
    plt.xticks([])
    plt.yticks([])
plt.show()
```

上述代码的输出结果如下。

```
X_train.shape (50000, 32, 32, 3)
y_train.shape (50000, 1)
X_test.shape (10000, 32, 32, 3)
y_test.shape (10000, 1)
```

图 11.47 数据集中的图像样本

图 11.47 中的图像既不是被像素化的也不是低质量的截图。数据集本身的图像是大小为 32×32 的低质量的像素化图像。下面可以继续构建模型了。我们将使用与在计算权重的示例中的相同架构，如图 11.48 所示。

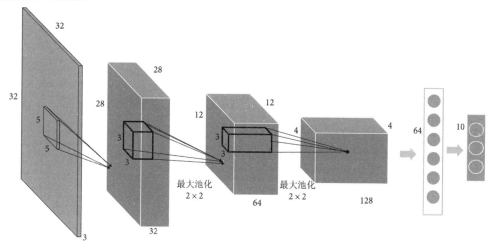

图 11.48 CNN 的架构

构建 CNN 模型的代码如下所示。

```
model = models.Sequential()

model.add(layers.Conv2D(32, (5, 5), activation='relu', input_shape=(32, 32, 3)))

model.add(layers.MaxPooling2D((2, 2)))

model.add(layers.Conv2D(64, (3, 3), activation='relu'))

model.add(layers.MaxPooling2D((2, 2)))

model.add(layers.Conv2D(128, (3, 3), activation='relu')) model.add(layers.Flatten())

model.add(layers.Dense(64, activation='relu')) model.add(layers.Dense(10))

model.summary()
```

典型处理图像的网络架构层次是非常深的。数据科学家经常在图像处理案例中使用 ReLU 激活函数。ReLU 比 sigmoid 和 tanh 激活函数更有效。

在前面的内容中我们已经深入讨论了 CNN 架构中的每一层，并计算了该网络中所需的权重数量。

表 11.6 显示了输出结果。

表 11.6　用于 CIFAR10 数据集的模型摘要

```
Model: "sequential"
```

Layer (type)	Output Shape	Param #
conv2d (Conv2D)	**(None**, 28, 28, 32)	2432
max_pooling2d (MaxPooling2D)	**(None**, 14, 14, 32)	0
conv2d_1 (Conv2D)	**(None**, 12, 12, 64)	18496
max_pooling2d_1 (MaxPooling2	**(None**, 6, 6, 64)	0
conv2d_2 (Conv2D)	**(None**, 4, 4, 128)	73856
flatten (Flatten)	**(None**, 2048)	0
dense (Dense)	**(None**, 64)	131136
dense_1 (Dense)	**(None**, 10)	650

```
Total params: 226 570
Trainable params: 226 570
Non-trainable params: 0
```

我们可以将前面用人工计算得到的结果与表 11.6 中的结果进行交叉验证。下面我们将继续训练模型，代码如下所示。

```
model.compile(
optimizer=tf.keras.optimizers.SGD(), loss=tf.keras.losses.SparseCategorical
Crossentropy(from_logits=True),

metrics=['accuracy'])

model.fit(X_train, y_train,
        batch_size=32,
        epochs=20,
        validation_data=(X_test, y_test))
```

在这段代码中，我们使用了 SGD 优化器。损失函数通常是分类交叉熵函数(categorical cross-entropy)。在该数据中没有对目标变量进行独热(one-hot)编码。目标变量是整数类型。对于没使用 one-hot 编码的目标变量，我们必须使用 SparseCategoricalCrossentropy()作为损失函数；from_logits=true 表示预测值是对数形式，而不是概率形式。该选项能够节省模型的训练时间。上述代码的输出结果如下。

```
Train on 50000 samples, validate on 10000 samples
Epoch 1/12
50000/50000 [==========] - 53s 1ms/sample - loss: 1.8569 - accuracy: 0.3249
val_loss: 1.5443 - val_accuracy: 0.4411
Epoch 2/12
50000/50000 [==========] - 49s 982us/sample - loss: 1.4183 - accuracy: 0.4879
val_loss: 1.3052 - val_accuracy: 0.5274
Epoch 3/12
50000/50000 [==========] - 51s 1ms/sample - loss: 1.2444 - accuracy: 0.5590 -
val_loss: 1.2131 - val_accuracy: 0.5616
```

```
Epoch 4/12
50000/50000 [==============] - 50s 994us/sample - loss: 1.1180 - accuracy: 0.6056 -
val_loss: 1.1202 - val_accuracy: 0.5992
Epoch 5/12
50000/50000 [==============] - 49s 985us/sample - loss: 1.0173 - accuracy: 0.6425 -
val_loss: 1.0124 - val_accuracy: 0.6427
Epoch 6/12
50000/50000 [==============] - 50s 998us/sample - loss: 0.9323 - accuracy: 0.6755 -
val_loss: 1.0272 - val_accuracy: 0.6407
Epoch 7/12
50000/50000 [==============] - 49s 984us/sample - loss: 0.8568 - accuracy: 0.7032 -
val_loss: 0.9878 - val_accuracy: 0.6605
Epoch 8/12
50000/50000 [==============] - 51s 1ms/sample - loss: 0.7909 - accuracy: 0.7236 -
val_loss: 0.9460 - val_accuracy: 0.6766
Epoch 9/12
50000/50000 [==============] - 49s 984us/sample - loss: 0.7292 - accuracy: 0.7473 -
val_loss: 0.9363 - val_accuracy: 0.6803
Epoch 10/12
50000/50000 [==============] - 49s 984us/sample - loss: 0.6762 - accuracy: 0.7636 -
val_loss: 0.8751 - val_accuracy: 0.7026
Epoch 11/12
50000/50000 [==============] - 49s 983us/sample - loss: 0.6189 - accuracy: 0.7844 -
val_loss: 0.9910 - val_accuracy: 0.6807
Epoch 12/12
50000/50000 [==============] - 49s 983us/sample - loss: 0.5689 - accuracy: 0.8021 -
val_loss: 0.9346 - val_accuracy: 0.6972
Execution time is 603 seconds
```

从上面的输出结果可以看到，模型在测试数据上经过 10 个 epoch 后准确率在 70%左右。如果我们再运行几个 epoch，模型就会出现过拟合。我们可以通过微调参数和增加正则化来提高模型的准确率。我们将在接下来的内容中学习如何构建最佳的 CNN 模型。

11.6 案例研究：从图像中识别手势

本案例是根据手势表示的符号来预测数字。在该案例研究中使用的是手语数据集(sign-language dataset)。该数据集的使用许可是 CCBY-SA 4.0。该数据集最初是由土耳其安卡拉 Ayrancı Anadolu 高中学生制作的。我们感谢分享该数据集的项目主管 Zeynep Dikle 和 Arda Mavi。获取该数据集的 GitHub 地址为 https://github.com/ardamavi/Sign-Language-Digits-Dataset。

11.6.1 项目背景和研究目标

数据集中的样本是从 218 名参与者的数字手势中收集的。每个图像包括数字 0 到 9 用单手表示的手势图。每个彩色图像的大小为 100×100 像素。本案例的研究目标是构建一个模型，以预测图像上用手势表示的数字。该模型可以用于基于手势或手信号操作设备这样的高级应用。该模型的适用范围是根据手势(symbol)预测数字。图 11.49 显示了数据集中的一些图像。我们应该注意数字 6 的表示，它看起来像 3，但在手语中表示的是 6。

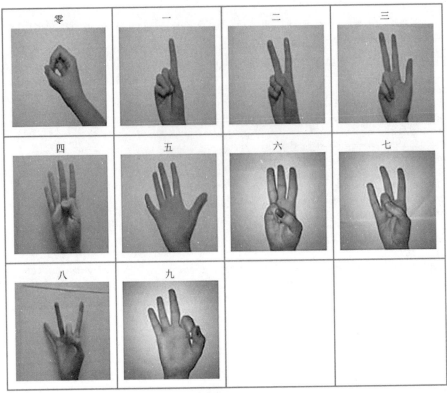

图 11.49　不同数字的手语表示

11.6.2　数据

在导入数据之前，我们将利用如下代码查看一些从数据中随机取出的图像。

```
fig, ax = plt.subplots(2,2)
location='D:\\Chapter11 CNN\\5.Datasets\\Sign_Language_Digits\\Sign-
Language-Digits-Dataset-master\\Dataset\\'

i=random.randint(0, 9)
img_id=18+i
img=imageio.imread(location+str(i)+"\\IMG_11"+str(img_id)+".JPG")
ax[0,0].imshow(img)

i=random.randint(0, 9)
img_id=18+i
img=imageio.imread(location+str(i)+"\\IMG_11"+str(img_id)+".JPG")
ax[0,1].imshow(img)

i=random.randint(0, 9)
img_id=18+i
img=imageio.imread(location+str(i)+"\\IMG_11"+str(img_id)+".JPG")
ax[1,0].imshow(img)
```

```
i=random.randint(0, 9)
img_id=18+i
img=imageio.imread(location+str(i)+"\\IMG_11"+str(img_id)+".JPG")
ax[1,1].imshow(img)
```

结果如图 11.50 所示。

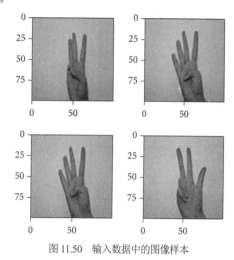

图 11.50　输入数据中的图像样本

图 11.50 显示了一些图像样本。下面我们将导入该数据集。

导入数据

图像数据的导入与标准数字数据的导入不同。通常，每个图像都存储在各自的文件夹中。本案例的输入数据集中有 10 个文件夹，每个文件夹存放大约 200 个示例图像。每个图像的名称(label)用文件夹的名字表示。函数 flow_from_directory()用于遍历数据目录并为我们创建随机采样的数据。导入数据需要如下 3 个主要步骤。

- tf.keras.preprocessing.image.ImageDataGenerator：生成图像张量数据的批量，包括图像的规模，重建图像以及其他命令。
- flow_from_directory：用于创建训练集、验证集以及测试集。
- fit_generator：该函数利用输入数据来拟合模型。

下面看一下导入数据的代码。下面的语法不是新的，只是导入数据的方式不同。

```
###图像数据生成器
from tensorflow.keras.preprocessing.image import ImageDataGenerator

batch_size = 256
target_size = (100,100)

###数据的存储路径
data_dir = location

###生成图片数据
datagen = ImageDataGenerator(rescale = 1./255,
```

```
                                        validation_split=0.2)

###生成训练集数据
train_generator = datagen.flow_from_directory(
    data_dir,
    target_size=target_size,
    batch_size=batch_size,
    color_mode = 'grayscale',
    class_mode='categorical',
    subset="training")

####生成验证集数据
validation_generator = datagen.flow_from_directory(
    data_dir,
    target_size=target_size,
    batch_size=batch_size,
    color_mode = 'grayscale',
    class_mode='categorical',
    subset="validation")
```

上述代码的解释如表 11.7 所示。

表 11.7　代码解释

`data_dir = location`	图像数据集的路径
`Data generator`	用于设置预处理图像的选项或步骤
	rescale：用于对图像矩阵进行缩放。这是一个标准的预处理步骤
	validation_split：设置验证集的划分比例
`train_generator()`	target_size：用于将输入图像设置到指定的大小
	color_mode：用于将通道保留为灰度，便于计算
	batch_size：批的大小。迭代器将生成与大小 batch_size 一样的随机批
	subset：作为训练数据或测试数据的集合

输出结果如下所示。

```
Found 1653 images belonging to 10 classes.

Found 409 images belonging to 10 classes.
```

从输出结果可以看出在训练集和测试集上图像的数量。

11.6.3　构建模型和验证模型

构建 CNN 模型的代码如下。

```
model1 = Sequential()

#卷积层
model1.add(Conv2D(64, (3, 3), input_shape = (100, 100, 1), activation =
'relu'))
```

```
#池化层
model1.add(MaxPooling2D(pool_size = (2, 2)))

#添加第 2 个卷积层
model1.add(Conv2D(64, (3, 3), activation = 'relu'))

#池化层
model1.add(MaxPooling2D(pool_size = (2, 2)))

#添加第 3 个卷积层
model1.add(Conv2D(64, (3, 3), activation = 'relu'))

#池化层
model1.add(MaxPooling2D(pool_size = (2, 2)))

#平坦化
model1.add(Flatten())

#步骤 4，全连接的密集层
model1.add(Dense(units = 256, activation = 'relu'))
model1.add(Dense(units = 10, activation = 'softmax'))

model1.summary()
```

在上面的代码中，我们在模型中添加了 3 个卷积层。每个卷积层含有 64 个卷积核，每个卷积核的大小为 3×3。我们还在模型中添加了一些池化层。最后的密集层(dense layer)共有 256 个隐藏节点。表 11.8 给出了这个模型的摘要，在继续构建模型前，需要查看模型中所需的权重数量。

表 11.8　手势数据的模型摘要

```
Model: "sequential_2"
```

Layer (type)	Output Shape	Param #
conv2d_6 (Conv2D)	(None, 98, 98, 64)	640
max_pooling2d_6 (MaxPooling2	(None, 49, 49, 64)	0
conv2d_7 (Conv2D)	(None, 47, 47, 64)	36928
max_pooling2d_7 (MaxPooling2	(None, 23, 23, 64)	0
conv2d_8 (Conv2D)	(None, 21, 21, 64)	36928
max_pooling2d_8 (MaxPooling2	(None, 10, 10, 64)	0
flatten_2 (Flatten)	(None, 6400)	0
dense_4 (Dense)	(None, 256)	1638656
dense_5 (Dense)	(None, 10)	2570

```
Total params: 1 715 722
Trainable params: 1 715 722
Non-trainable params: 0
```

从表 11.8 可以看出，在模型中需要有近 170 万个权重。现在可以开始编译和拟合模型了。训练 170 万个参数需要很多时间。我们将记录模型的训练时间，同时也将保存最终的模型。

```
#编译 model1
model1.compile(optimizer =SGD(lr=0.01, momentum = 0.9), loss = 'categorical_
crossentropy', metrics = ['accuracy'])


##########################
#拟合模型并训练
##########################

import time
start = time.time()

model1.fit_generator(
        train_generator,
        steps_per_epoch = len(train_generator),
        epochs=20,
        validation_data = validation_generator,
        validation_steps = len(validation_generator),
        verbose=1)

model1.save_weights('m1_Sign_Language_20epochs.h5')

end = time.time()
print("Execution time is", int(end - start), "seconds")
```

我们在模型中设置了训练数据、验证数据以及 Epoch 的数量。每个 Epoch 的步骤数量是一次训练 Epoch 中的批处理总数，即(总的训练记录÷批量大小)，也称为每个 Epoch 的迭代次数。下面是上述代码的输出结果。model1.save_weights()函数用于保存模型的权重。在构建模型需要较长的时间时，保存权重是很重要的。

```
Epoch 1/20
7/7 [====] - 34s 5s/step - loss:2.3045- accuracy:0.0992- val_loss:2.3017-
val_accuracy: 0.0831
Epoch 2/20
7/7 [====] - 34s 5s/step - loss:2.2991- accuracy:0.1446- val_loss:2.2996-
val_accuracy: 0.1760
Epoch 3/20
7/7 [====] - 35s 5s/step - loss:2.2957- accuracy:0.1337- val_loss:2.2973-
val_accuracy: 0.1125
Epoch 4/20
7/7 [====] - 34s 5s/step - loss:2.2915- accuracy:0.1404- val_loss:2.2944-
val_accuracy: 0.1785
Epoch 5/20
7/7 [====] - 33s 5s/step - loss:2.2868- accuracy:0.2269- val_loss:2.2899-
val_accuracy: 0.2274
Epoch 6/20
7/7 [====] - 35s 5s/step - loss:2.2794- accuracy:0.3388- val_loss:2.2854-
val_accuracy: 0.2274
Epoch 7/20
7/7 [====] - 38s 5s/step - loss:2.2711- accuracy:0.3454- val_loss:2.2775-
val_accuracy: 0.2225
```

```
Epoch 8/20
7/7 [====] - 33s 5s/step - loss:2.2545- accuracy:0.2541- val_loss:2.2630-
val_accuracy: 0.2861
Epoch 9/20
7/7 [====] - 29s 4s/step - loss:2.2289- accuracy:0.3430- val_loss:2.2373-
val_accuracy: 0.3374
Epoch 10/20
7/7 [====] - 31s 4s/step - loss:2.1789- accuracy:0.4670- val_loss:2.1915-
val_accuracy: 0.3692
Epoch 11/20
7/7 [====] - 33s 5s/step - loss:2.0885- accuracy:0.4204- val_loss:2.1035-
val_accuracy: 0.3472
Epoch 12/20
7/7 [====] - 35s 5s/step - loss:1.8657- accuracy:0.4955- val_loss:1.9547-
val_accuracy: 0.3178
Epoch 13/20
7/7 [====] - 34s 5s/step - loss:1.4969- accuracy:0.5396- val_loss:1.6527-
val_accuracy: 0.3936
Epoch 14/20
7/7 [====] - 32s 5s/step - loss:1.6009- accuracy:0.5009- val_loss:1.5533-
val_accuracy: 0.4450
Epoch 15/20
7/7 [====] - 32s 5s/step - loss:0.9421- accuracy:0.7048- val_loss:1.2894-
val_accuracy: 0.5550
Epoch 16/20
7/7 [====] - 33s 5s/step - loss:0.6899- accuracy:0.7725- val_loss:1.4266-
val_accuracy: 0.5330
Epoch 17/20
7/7 [====] - 32s 5s/step - loss:0.5730- accuracy:0.8076- val_loss:1.8965-
val_accuracy: 0.5281
Epoch 18/20
7/7 [====] - 33s 5s/step - loss:0.5097- accuracy:0.8312- val_loss:1.8776-
val_accuracy: 0.5623
Epoch 19/20
7/7 [====] - 30s 4s/step - loss:0.4508- accuracy:0.8560- val_loss:1.7863-
val_accuracy: 0.5721
Epoch 20/20
7/7 [====] - 29s 4s/step - loss:0.3907- accuracy:0.8754- val_loss:1.8954-
val_accuracy: 0.5721
Execution time is 658 seconds
```

从输出的结果中可以看出，该模型是过拟合的。该模型执行 20 个 Epoch 大概需要 10 分钟。我们可以再建一个需要 50 个 Epoch 的模型。下面给出的是模型在执行 50 个 Epoch 后的结果。

```
Epoch 1/50
7/7 [====] - 3s 485ms/step -loss: 2.3026- accuracy:0.0992- val_loss:
2.3013 - val_accuracy: 0.0905
Epoch 2/50
7/7 [====] - 3s 429ms/step -loss: 2.2984- accuracy:0.1361- val_loss:
2.2988 - val_accuracy: 0.1271
Epoch 3/50
7/7 [====] - 3s 439ms/step -loss: 2.2956- accuracy:0.1216- val_loss:
2.2972 - val_accuracy: 0.1125
Epoch 4/50
7/7 [====] - 3s 439ms/step -loss: 2.2914- accuracy:0.1603- val_loss:
```

```
2.2937 - val_accuracy: 0.1540
===========================================================
Epoch 41/50
7/7 [====] - 3s 409ms/step - loss: 0.0231- accuracy:0.9958- val_loss:
2.0978 - val_accuracy: 0.6406
Epoch 42/50
7/7 [====] - 3s 409ms/step - loss: 0.0127- accuracy:0.9994- val_loss:
2.1736 - val_accuracy: 0.6430
Epoch 43/50
7/7 [====] - 3s 409ms/step - loss: 0.0104- accuracy:0.9994- val_loss:
2.2443 - val_accuracy: 0.6381
Epoch 44/50
7/7 [====] - 3s 405ms/step - loss: 0.0082- accuracy:1.0000- val_loss:
2.2888 - val_accuracy: 0.6406
Epoch 45/50
7/7 [====] - 3s 412ms/step - loss: 0.0064- accuracy:1.0000- val_loss:
2.1680 - val_accuracy: 0.6553
Epoch 46/50
7/7 [====] - 3s 415ms/step - loss: 0.0059- accuracy:1.0000- val_loss:
2.2846 - val_accuracy: 0.6455
Epoch 47/50
7/7 [====] - 3s 440ms/step - loss: 0.0046- accuracy:1.0000- val_loss:
2.3375 - val_accuracy: 0.6406
Epoch 48/50
7/7 [====] - 3s 419ms/step - loss: 0.0041- accuracy:1.0000- val_loss:
2.2884 - val_accuracy: 0.6479
Epoch 49/50
7/7 [====] - 3s 408ms/step - loss: 0.0038- accuracy:1.0000- val_loss:
2.3382 - val_accuracy: 0.6430
Epoch 50/50
7/7 [====] - 3s 408ms/step - loss: 0.0033- accuracy:1.0000- val_loss:
2.3458 - val_accuracy: 0.6504
```

利用下面的代码，可以加载上述训练 50 个 Epoch 后的模型，并在此基础上再运行两个 Epoch。

```
model1.load_weights(r"D:\Chapter11 CNN\Datasets\Pre_trained_models\ m1_Sign_
Language_50epochs.h5")
```

```
model1.fit_generator(
        train_generator,
        steps_per_epoch = len(train_generator),
        epochs=2,
        validation_data = validation_generator,
        validation_steps = len(validation_generator),
        verbose=1)
```

上述代码的输出结果如下所示。

```
Epoch 1/2
7/7 [==============================] - 30s 4s/step - loss: 0.0054 - accuracy:
1.0000 - val_loss: 2.0783 - val_accuracy: 0.6381
Epoch 2/2
7/7 [==============================] - 32s 5s/step - loss: 0.0076 - accuracy:
1.0000 - val_loss: 2.0829 - val_accuracy: 0.6504
```

从上述结果可以看出，该模型是过拟合的。我们可以遵循特征的规则来构建一个最优的 CNN

模型。下一节将学习如何配置一个 CNN 模型。

11.7　规划理想的 CNN 模型

在前面的示例中建立 CNN 模型时，我们随机采用了一些卷积核，并添加了 3 个卷积层。选择卷积层的数量和卷积核的数量是没有逻辑和理由的。在构建 CNN 模型时，可以使用本章介绍的技巧。

11.7.1　卷积层和池化层的数量

在构建模型前，卷积层的数量不能确定。我们需要根据图像的大小来选择卷积层的数量。卷积层的层数取决于最后一层的感受野。一般的经验法则是，最后一个卷积层的感受野大小应该与输入数据的大小相同。在前面的内容中，我们已经讨论过感受野。图 11.51 是一个感受野示例。

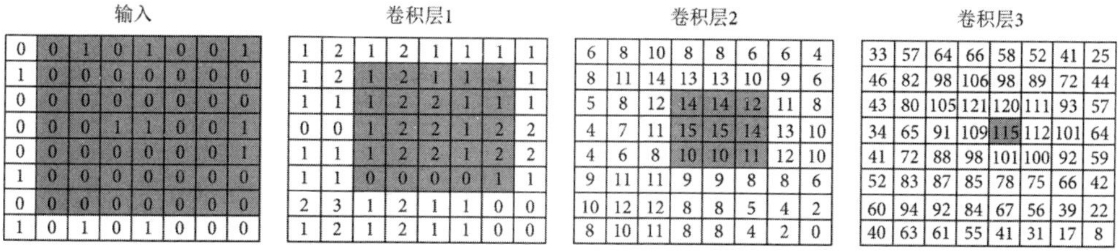

图 11.51　感受野的示例

第三层元素的感受野是 7×7 的矩阵。感受野要遵循的规则是在卷积层被平坦化前，我们应该确保最后一个卷积层中的每个元素都可以访问整个图像。池化层显著增加了感受野的面积。事实上，在卷积层上使用了 2×2 矩阵的池化层后，感受野增加了一倍。此外，在每两个卷积层之后增加一个池化层；它在实际应用中将给出最好的结果。下面让我们计算前面 CNN 网络中的感受野(见表 11.9)。

表 11.9　感受野的计算

层	输出的形状	感受野	权重数量
输入层	$100 \times 100 \times 1$		
卷积层 1 使用 64 个 3×3 的卷积核	$98 \times 98 \times 64$	3×3	● $3 \times 3 = 9 + 1$ 个偏置项 ● 64 个卷积核 ● $10 \times 64 = 640$ 个权重
最大池化层为 2×2	$98 \times 98 \times 64$	6×6	
卷积层 2 使用 64 个 3×3 的卷积核	$47 \times 47 \times 64$	8×8	● $3 \times 3 \times 64 = 576 + 1$ 个偏置项 ● 64 个卷积核 ● 577×64 ● 36 928 个权重
最大池化层为 2×2	$23 \times 23 \times 64$	16×16	

(续表)

层	输出的形状	感受野	权重数量
卷积层 3 使用 64 个 3×3 的卷积核	21×21×64	18×18	• 3×3×64＝576＋1 个偏置项 • 64 个卷积核 • 577×64 • 36 928 个权重
最大池化层为 2×2	10×10×64	36×36	
平坦层	6400×1		
有 256 个节点的密集层(或称为全连接层)	256×1		• 6400 个输入节点 ＋1 个偏置项 • 256 个节点 • 1 638 656 个权重
有 10 个节点的密集层(或称为全连接层)	10×1		• 256＋1 个偏置项 • 10 个节点 • 2570 个权重
权重数量总计			• 1 715 722

从表 11.9 中可以看到，最后一层的感受野只有 36×36。输入图像的大小为 100×100。因此，该模型需要修改，让感受野接近 100，网络需要比现在层次更多。一个层次更多的网络将意味着需要更多的参数。增加了参数也就增加了模型的训练时间。在图像样本中，可以看到图像的原始大小为 100×100；我们可以将它们重塑(reshape)为 64×64。这样将有助于减少网络层次和减少模型的训练时间。在构建 CNN 模型前，调整图像的大小是常用的方法。

11.7.2 卷积层中卷积核的数量

在我们的模型中有 3 个卷积层。每个卷积层有 64 个卷积核。卷积层中的每一个卷积核最终都会生成一个特征。初始位置的卷积层学习低级特征；中间位置的卷积层学习中级特征；最后在靠近输出层的卷积层学习高级特征。在大多数数据集中，低级特征是一系列直线、圆、曲线和简单形状。通常，16 或 32 个卷积核就足以捕获低级别的基本形状。在我们的数据中，可以考虑在第一个卷积层中使用 16 个卷积核。第二个卷积层采用基本形状的组合来检测中级特征。在我们的数据中，中级特征是手指形状，如拇指、食指和指甲的形状。由于中级特征的排列和组合有很多，我们需要添加几乎两倍于前一层的卷积核。通常增加 2 或 3 个卷积层，卷积核的数量为 64 或 128。对于检测高级特征也遵循类似的逻辑。在我们的示例中，高级特征是数字的真实符号(手势)。这些手势是由手指的多个组合形成的。因此，在最后一个卷积层中建议使用卷积核的数量应为 256 至 512。在彻底了解这些卷积层的特点后，我们就不需要很多密集层了。在 CNN 模型中，权重总数的很大一部分是由密集层产生的。在我们的示例中，总共 170 万个权重中有 160 万个权重是由密集层贡献的。如果可能的话，去掉密集层是一个好方法。在将数据平坦化后直接连接到输出层模型的效果也会非常好。以下是我们对 CNN 网络分层的最终建议：

- 将图像从 100×100 重塑到 64×64
- 低级特征：

- ◆ 添加卷积层 1，使用 16 个卷积核，大小为 3×3
- ◆ 添加卷积层 2，使用 32 个卷积核，大小为 3×3
- ◆ 最大池化层的大小为 2×2
- ● 中级特征：
  - ◆ 添加卷积层 3，使用 64 个卷积核，大小为 3×3
  - ◆ 添加卷积层 4，使用 64 个卷积核，大小为 3×3
  - ◆ 最大池化层的大小为 2×2
- ● 高级特征：
  - ◆ 添加卷积层 5，使用 128 个卷积核，大小为 3×3
  - ◆ 添加卷积层 6，使用 128 个卷积核，大小为 3×3
  - ◆ 最大池化层的大小为 2×2
- ● 平坦化并添加带少量节点的密集层
  - ◆ 带 32 个节点的密集层

表 11.10 给出了感受野的计算。

表 11.10 感受野的计算

层	感受野
输入层	
卷积层 1 使用 16 个 3×3 的卷积核	3×3
卷积层 2 使用 32 个 3×3 的卷积核	5×5
最大池化层为 2×2	10×10
卷积层 3 使用 64 个 3×3 的卷积核	12×12
卷积层 4 使用 64 个 3×3 的卷积核	14×14
最大池化层为 2×2	28×28
卷积层 5 使用 128 个 3×3 的卷积核	30×30
卷积层 6 使用 128 个 3×3 的卷积核	32×32
最大池化层为 2×2	64×64

构建 CNN 模型的代码如下。

```
model2 = Sequential()

#卷积层和池化层
model2.add(Conv2D(16, (3, 3), input_shape = (64, 64, 1), activation = 'relu'))
model2.add(Conv2D(32, (3, 3), activation = 'relu'))
model2.add(MaxPooling2D(pool_size = (2, 2)))

model2.add(Conv2D(64, (3, 3), activation = 'relu'))
model2.add(Conv2D(64, (3, 3), activation = 'relu'))
model2.add(MaxPooling2D(pool_size = (2, 2)))

model2.add(Conv2D(128, (3, 3), activation = 'relu'))
model2.add(Conv2D(128, (3, 3), activation = 'relu'))
```

```
model2.add(MaxPooling2D(pool_size = (2, 2)))

#平坦化和全连接的密集层
model2.add(Flatten())
model2.add(Dense(units = 32, activation = 'relu'))
model2.add(Dense(units = 10, activation = 'softmax'))

model2.summary()
```

上述代码的输出结果如表 11.11 所示。

表 11.11　代码输出的结果

Model: "sequential_7"

Layer (type)	Output	Shape	Param #
conv2d_30 (Conv2D)	**(None,**	62, 62, 16)	160
conv2d_31 (Conv2D)	**(None,**	60, 60, 32)	4640
max_pooling2d_21 (MaxPooling	**(None,**	30, 30, 32)	0
conv2d_32 (Conv2D)	**(None,**	28, 28, 64)	18496
conv2d_33 (Conv2D)	**(None,**	26, 26, 64)	36928
max_pooling2d_22 (MaxPooling	**(None,**	13, 13, 64)	0
conv2d_34 (Conv2D)	**(None,**	11, 11, 128)	73856
conv2d_35 (Conv2D)	**(None,**	9, 9, 128)	147584
max_pooling2d_23 (MaxPooling	**(None,**	4, 4, 128)	0
flatten_7 (Flatten)	**(None,**	2048)	0
dense_14 (Dense)	**(None,**	32)	65568
dense_15 (Dense)	**(None,**	10)	330

```
Total params: 347,562
Trainable params: 347,562
Non-trainable params: 0
```

该模型共有 347 562 个参数。我们现在已经将权重数量从 170 万降低到了 34 万。下面利用以下代码编译和构建模型。

```
#编译模型
model2.compile(optimizer =SGD(lr=0.01, momentum = 0.9), loss = 'categorical_
```

```
crossentropy', metrics = ['accuracy'])


#######################
#拟合模型并训练
#######################

import time
start = time.time()

model2.fit_generator(
        train_generator,
        steps_per_epoch = len(train_generator),
        epochs=50,
        validation_data = validation_generator,
        validation_steps = len(validation_generator),
        verbose=1)

model2.save_weights('m2_ Receptive_field_50epochs.h5')

end = time.time()
print("Execution time is", int(end - start), "seconds")
```

上述代码的输出结果如下。

```
Epoch 1/50
7/7 [===]- 17s 2s/step- loss:2.1598- accuracy:0.2456- val_loss:2.1324-
val_accuracy: 0.2665
Epoch 2/50
7/7 [===]- 16s 2s/step- loss:1.9181- accuracy:0.3775- val_loss:1.8004-
val_accuracy: 0.4254
Epoch 3/50
7/7 [===]- 15s 2s/step- loss:1.9567- accuracy:0.4035- val_loss:2.0482-
val_accuracy: 0.2714
Epoch 4/50
7/7 [===]- 15s 2s/step- loss:1.8628- accuracy:0.4580- val_loss:1.7952-
val_accuracy: 0.3765
Epoch 5/50
7/7 [===]- 16s 2s/step- loss:1.3513- accuracy:0.5233- val_loss:1.7946-
val_accuracy: 0.4499
Epoch 6/50
7/7 [===]- 15s 2s/step- loss:1.1147- accuracy:0.6134- val_loss:1.5928-
val_accuracy: 0.4963
Epoch 7/50
7/7 [===]- 15s 2s/step- loss:0.8437- accuracy:0.7181- val_loss:1.3423-
val_accuracy: 0.5648
Epoch 8/50
7/7 [===]- 15s 2s/step- loss:0.7133- accuracy:0.7828- val_loss:1.3853-
val_accuracy: 0.5721
Epoch 9/50
7/7 [===]- 14s 2s/step- loss:0.5564- accuracy:0.8227- val_loss:1.4136-
val_accuracy: 0.5892
Epoch 10/50
7/7 [===]- 15s 2s/step- loss:0.4774- accuracy:0.8475- val_loss:1.3425-
val_accuracy: 0.5990
```

```
================================================
Epoch 44/50
7/7 [====]- 15s 2s/step - loss: 0.0095 - accuracy: 0.9994 - val_loss:1.8748-
val_accuracy: 0.7408
Epoch 45/50
7/7 [====]- 15s 2s/step - loss: 0.0094 - accuracy: 0.9994 - val_loss:1.8046-
val_accuracy: 0.7359
Epoch 46/50
7/7 [====]- 14s 2s/step - loss: 0.0094 - accuracy: 0.9994 - val_loss: 1.7886 -
val_accuracy: 0.7359
Epoch 47/50
7/7 [====]- 14s 2s/step - loss: 0.0094 - accuracy: 0.9994 - val_loss: 1.8710 -
val_accuracy: 0.7335
Epoch 48/50
7/7 [====]- 15s 2s/step - loss: 0.0094 - accuracy: 0.9994 - val_loss: 1.7576 -
val_accuracy: 0.7335
Epoch 49/50
7/7 [====]- 14s 2s/step - loss: 0.0094 - accuracy: 0.9994 - val_loss: 1.7355 -
val_accuracy: 0.7359
Epoch 50/50
7/7 [====]- 14s 2s/step - loss: 0.0094 - accuracy: 0.9994 - val_loss: 1.9889 -
val_accuracy: 0.7408 Execution time is 734 seconds
```

从输出结果中可以看到，上述模型也是过拟合的(在训练数据上的准确率为100%，在测试数据上的准确率为 74%)。我们现在有两个方法调整模型，一个是减少卷积层的数量和节点数量，另一个是我们可以在保持相同的 CNN 网络结构的同时引入正则化。正则化通常是调整模型的首选。下面的代码在 CNN 模型中引入了 dropout 正则化层。我们还可以将批处理大小减少到 128 或 64，以增加每个 Epoch 中的迭代次数，这样有助于减少总的 Epoch 数量。下面给出了带正则化的 CNN 模型代码。

```
model2 = Sequential()

#卷积层和池化层
model2.add(Conv2D(16, (3, 3), input_shape = (64, 64, 1), activation = 'relu'))
model2.add(Conv2D(32, (3, 3), activation = 'relu'))
model2.add(MaxPooling2D(pool_size = (2, 2)))
model2.add(Dropout(0.5))

model2.add(Conv2D(64, (3, 3), activation = 'relu'))
model2.add(Conv2D(64, (3, 3), activation = 'relu'))
model2.add(MaxPooling2D(pool_size = (2, 2)))
model2.add(Dropout(0.5))

model2.add(Conv2D(128, (3, 3), activation = 'relu'))
model2.add(Conv2D(128, (3, 3), activation = 'relu'))
model2.add(MaxPooling2D(pool_size = (2, 2)))
model2.add(Dropout(0.5))

#平坦化和全连接的密集层
model2.add(Flatten())
model2.add(Dense(units = 32, activation = 'relu'))
model2.add(Dropout(0.5))
```

```
model2.add(Dense(units = 10, activation = 'softmax'))

model2.summary()
```

在上述模型的代码中可以看到 dropout 层。输出结果如表 11.12 所示。

表 11.12　代码输出的结果

Model: "sequential"

Layer(type)	Output	Shape			Param #
conv2d (Conv2D)	(None,	62,	62,	16)	160
conv2d_1 (Conv2D)	(None,	60,	60,	32)	4640
max_pooling2d (MaxPooling2D)	(None,	30,	30,	32)	0
dropout (Dropout)	(None,	30,	30,	32)	0
conv2d_2 (Conv2D)	(None,	28,	28,	64)	18496
conv2d_3 (Conv2D)	(None,	26,	26,	64)	36928
max_pooling2d_1 (MaxPooling2	(None,	13,	13,	64)	0
dropout_1 (Dropout)	(None,	13,	13,	64)	0
conv2d_4 (Conv2D)	(None,	11,	11,	128)	73856
conv2d_5 (Conv2D)	(None,	9,	9,	128)	147584
max_pooling2d_2 (MaxPooling2	(None,	4,	4,	128)	0
dropout_2 (Dropout)	(None,	4,	4,	128)	0
flatten (Flatten)	(None,	2048)			0
dense (Dense)	(None,	32)			65568
dropout_3 (Dropout)	(None,	32)			0
dense_1 (Dense)	(None,	10)			330

Total params: 347 562
Trainable params: 347 562
Non-trainable params: 0

下面可以编译并运行模型。还可以通过在历史对象中保存模型的 Epoch 来跟踪每个 Epoch 的准确率变化。

```
#model compilation
```

```
model2.compile(optimizer =SGD(lr=0.01, momentum = 0.9), loss = 'categori-
cal_crossentropy', metrics = ['accuracy'])


########################
#fit model and train
########################

import time
start = time.time()


history=model2.fit_generator(
        train_generator,
        steps_per_epoch = len(train_generator),
        epochs=50,
        validation_data = validation_generator,
        validation_steps = len(validation_generator),
        verbose=1)
model2.save_weights('m2_Dropout_Rec_fld_50epochs.h5')
end = time.time()
print("Execution time is", int(end - start), "seconds")
```

上述代码的输出结果如下。

```
Epoch 1/50
26/26 [====] - 18s 690ms/step - loss: 2.3038 - accuracy: 0.0865 - val_loss:
2.3027 - val_accuracy: 0.0978
Epoch 2/50
26/26 [====] - 17s 670ms/step - loss: 2.3031 - accuracy: 0.0926 - val_loss:
2.3024 - val_accuracy: 0.1002
Epoch 3/50
26/26 [====] - 18s 705ms/step - loss: 2.3045 - accuracy: 0.0847 - val_loss:
2.3025 - val_accuracy: 0.1002
Epoch 4/50
26/26 [====] - 18s 703ms/step - loss: 2.3028 - accuracy: 0.0895 - val_loss:
2.3029 - val_accuracy: 0.0978
Epoch 5/50
26/26 [====] - 18s 707ms/step - loss: 2.3023 - accuracy: 0.1053 - val_loss:
2.3030 - val_accuracy: 0.1002
Epoch 6/50
26/26 [====] - 20s 760ms/step - loss: 2.3032 - accuracy: 0.0938 - val_loss:
2.3024 - val_accuracy: 0.0978
Epoch 7/50
26/26 [====] - 20s 757ms/step - loss: 2.3035 - accuracy: 0.0938 - val_loss:
2.3022 - val_accuracy: 0.1002
Epoch 8/50
26/26 [====] - 19s 737ms/step - loss: 2.3036 - accuracy: 0.0932 - val_loss:
2.3024 - val_accuracy: 0.0978
Epoch 9/50
26/26 [====] - 20s 768ms/step - loss: 2.3034 - accuracy: 0.0986 - val_loss:
2.3027 - val_accuracy: 0.1369
Epoch 10/50
26/26 [====] - 19s 749ms/step - loss: 2.3035 - accuracy: 0.1047 - val_loss:
2.3024 - val_accuracy: 0.1002
        ============================================
Epoch 44/50
```

```
26/26 [====] - 17s 660ms/step - loss: 0.6490 - accuracy: 0.7750 - val_loss:
0.7262 - val_accuracy: 0.7800
Epoch 45/50
26/26 [====] - 17s 666ms/step - loss: 0.5881 - accuracy: 0.7973 - val_loss:
0.8850 - val_accuracy: 0.7237
Epoch 46/50
26/26 [====] - 18s 695ms/step - loss: 0.5349 - accuracy: 0.8191 - val_loss:
1.0071 - val_accuracy: 0.7164
Epoch 47/50
26/26 [====] - 17s 656ms/step - loss: 0.5593 - accuracy: 0.8125 - val_loss:
0.6546 - val_accuracy: 0.7873
Epoch 48/50
26/26 [====] - 17s 650ms/step - loss: 0.5278 - accuracy: 0.8246 - val_loss:
0.7862 - val_accuracy: 0.7482
Epoch 49/50
26/26 [====] - 17s 646ms/step - loss: 0.5205 - accuracy: 0.8342 - val_loss:
0.7355 - val_accuracy: 0.7555
Epoch 50/50
26/26 [====] - 17s 650ms/step - loss: 0.4767 - accuracy: 0.8367 - val_loss:
0.6292 - val_accuracy: 0.8142
Execution time is 880 seconds
```

从输出结果中可以看到每个 Epoch 中有 26 次迭代。模型在训练数据上的准确率为 83%，在验证数据上的准确率在 80%以上。下面的代码用于绘制和可视化模型在训练数据和验证数据的准确率。

```python
plt.plot(history.history['accuracy'], label='accuracy')
plt.plot(history.history['val_accuracy'], label = 'val_accuracy')
plt.title("Train and Valid Accuracy by Epochs")
plt.xlabel('Epoch')
plt.ylabel('Accuracy')
plt.ylim([0,1])
plt.legend(loc='lower right')
```

上述代码的输出结果如图 11.52 所示。

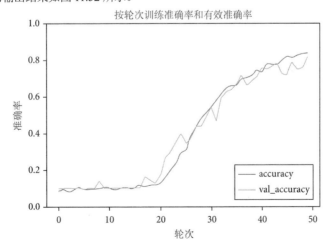

图 11.52 模型在训练数据和验证数据上的准确率对比

图 11.52 显示了每个 Epoch 中模型在训练数据和测试数据上的准确率。从结果可以看出模型没有过拟合的信号。模型在经历了 50 个 Epoch 后，其在训练数据和验证数据都显示出了 80% 的准确率。模型在经过 100 个 Epoch 后，该模型在训练和测试数据的准确率在 85% 以上。由于批处理较小，每个 Epoch 的迭代次数较多。一个 Epoch 执行的时间比以前要长很多。下面给出的是模型运行 100 个 Epoch 的输出结果。模型在训练数据和验证数据的准确率比较，如图 11.53 所示。

```
Epoch 96/100
26/26 [====] - 19s 742ms/step - loss: 0.2034 - accuracy: 0.9286 - val_loss:
0.4783 - val_accuracy: 0.8484
Epoch 97/100
26/26 [====] - 18s 710ms/step - loss: 0.2024 - accuracy: 0.9298 - val_loss:
0.6207 - val_accuracy: 0.8240
Epoch 98/100
26/26 [====] - 20s 767ms/step - loss: 0.1846 - accuracy: 0.9401 - val_loss:
0.4215 - val_accuracy: 0.8704
Epoch 99/100
26/26 [====] - 20s 760ms/step - loss: 0.1428 - accuracy: 0.9486 - val_loss:
0.5452 - val_accuracy: 0.8484
Epoch 100/100
26/26 [====] - 25s 971ms/step - loss: 0.1866 - accuracy: 0.9383 - val_loss:
0.3812 - val_accuracy: 0.8509
```

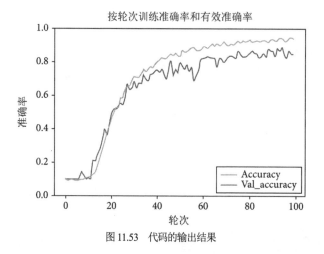

图 11.53　代码的输出结果

此外，还有一些改进模型性能的技巧。改进模型的目的不仅是为了提高模型的准确率，减少模型中的参数个数、减少模型的训练时间以及减少过拟合也是模型的改进目标。我们可以尝试不同的优化函数。有些函数在特定类型的数据集上效果更好。批量归一化是改进模型的另一种方法。

11.7.3　批量归一化(Batch Normalization)

在构建模型前，我们通常需要对输入数据进行归一化或缩放。例如，如果一些输入数据是以千为单位的，而有一些数据则是以小数为单位，那么我们需要将输入数据进行归一化。输入数据的不同分布是需要考虑的问题；我们对输入数据进行归一化可以消除数据的不同分布。归一化的公式很简单：(*x*-mean(*x*))/sd(*x*)。输入数据的归一化有助于提高模型的计算速度，也避免了少数输入数据的优势。几乎所有的模型都对输入数据采用了归一化。在某些情况下，输入数据的归一化默认是在训练数据中完成的。如果中间层也有类似的问题，该怎么办？

当训练模型时，中间层改变了数据的值(或分布)来学习和适应新的一批数据输入。如果网络的层次足够多，则这种分布的变化会使网络学习变得非常困难，并且会减慢整个训练过程。这个问题被称为内部协变量偏移(internal covariate shift)。简单地说，由于前面每层的参数变化而引起的中间激活的分布变化是内部协变量偏移。如果归一化方法在输入数据上有效，为什么我们不能在中间层上应用同样的归一化方法呢？批量归一化方法通过对中间值进行归一化来减少中间值的波动。

在批量归一化中，我们使用公式(*h*_i-mean(*h*_i))/*s.d*(*h*_i)对前面隐藏层的输出结果进行归一化。我们对每一批输入数据都进行归一化。在批量归一化中还有一个缩放步骤。下面给出了批量归一化的公式。

$$\hat{h}_i = \frac{h_i - \text{mean}(h_i)}{s.d(h_i)}$$

$$y_i = \gamma(\hat{h}_i) + \beta$$

这里，h_i 是在 minibatch B 中的一个输入样本。

下一层将使用归一化和缩放的输出结果 y_i 代替 h_i。参数 γ 和 β 是两个待学习的参数。这两个参数的初始权重是随机初始化得到的，随后它们也是通过在训练过程中学习并更新的。

批量归一化是 2015 年引入的一个相对较新的概念。从表面上看，这是一个简单的技巧，使用归一化后的结果再应用激活函数，以减少隐藏层的输出结果出现巨大波动。批量归一化对于特定类型的问题非常有效。在其他一些类型的数据集中，我们可能看不到相当大的改进。在构建神经网络模型时，为其增加批量归一化层，这样，该层也有参数 γ 和 β。批量归一化不一定都能使模型得到更好的准确率或更快的速度。批量归一化与网络的其他优化配置一起使用能得到最好的结果。

在我们应用批量归一化之前，要了解在批量归一化层中计算的参数数量。每个批量归一化层增加了 4 个新参数。在这 4 个参数中，两个是待训练的参数，两个是直接计算的。待训练的参数为 γ 和 β，直接计算的参数是每批中数据的均值和标准差。γ 和 β 在训练过程中随机初始化并学习。基于数据计算的两个参数不是从反向传播得到的。下面给出的示例代码用于理解计算参数的数量。

```
model = Sequential()
model.add(Conv2D(1, (3, 3), input_shape = (32, 32, 1)))
model.add(BatchNormalization())

model.add(MaxPooling2D(pool_size = (2, 2)))
model.add(BatchNormalization())

model.add(Conv2D(2, (3, 3)))
model.add(BatchNormalization())

model.add(MaxPooling2D(pool_size = (2, 2)))
model.add(BatchNormalization())

model.add(Conv2D(3, (3, 3)))
model.add(BatchNormalization())
```

```
model.summary()
```

代码输出结果如表 11.13 所示。

表 11.13 代码输出的结果

Model: "sequential_11"

Layer(type)	Output Shape	Param #
conv2d_15 (Conv2D)	**(None,** 30, 30, 1)	10
batch_normalization_29 (Batc	**(None,** 30, 30, 1)	4
max_pooling2d_14 (MaxPooling	**(None,** 15, 15, 1)	0
batch_normalization_30 (Batc	**(None,** 15, 15, 1)	4
conv2d_16 (Conv2D)	**(None,** 13, 13, 2)	20
batch_normalization_31 (Batc	**(None,** 13, 13, 2)	8
max_pooling2d_15 (MaxPooling	**(None,** 6, 6, 2)	0
batch_normalization_32 (Batc	**(None,** 6, 6, 2)	8
conv2d_17 (Conv2D)	**(None,** 4, 4, 3)	57
batch_normalization_33 (Batc	**(None,** 4, 4, 3)	12

Total params: 123
Trainable params: 105
Non-trainable params: 18

表 11.14 用于解释上述代码的输出结果。

表 11.14 输出参数的解释

层	输出形状	权重数量
输入层	$32 \times 32 \times 1$	
卷积层 1 使用 1 个 3×3 的卷积核	$30 \times 30 \times 1$	● $3 \times 3 = 9 + 1$ 个偏置项 ● 10 个权重 ● 所有参数(权重)都是可训练参数
批量归一化层	$30 \times 30 \times 1$	● 4 个权重 ● 2 个可训练权重 ● 2 个非训练权重
最大池化层为 2×2	$15 \times 15 \times 1$	
批量归一化层	$15 \times 15 \times 1$	● 4 个权重 ● 2 个可训练权重 ● 2 个非训练权重

(续表)

层	输出形状	权重数量
卷积层 1 使用 2 个 3×3 的卷积核	$13 \times 13 \times 2$	• $3 \times 3 = 9 + 1$ 个偏置项 • 2 个卷积核 • 20 个权重 • 所有权重都是可训练权重
批量归一化层	$13 \times 13 \times 2$	• 4 个权重×2 个通道 • 4 个可训练权重 • 4 个非训练权重
最大池化层 2×2	$6 \times 6 \times 2$	
批量归一化层	$6 \times 6 \times 2$	• 4 个权重×2 个通道 • 4 个可训练权重 • 4 个非训练权重
卷积层 3 有 3 个 3×3 的卷积核	$4 \times 4 \times 3$	• $3 \times 3 \times 2 = 18 + 1$ 个偏置项 • 3 个卷积核 • $19 \times 3 = 57$ 个权重 • 所有权重都是可训练权重
批量归一化层	$4 \times 4 \times 3$	• 4 个权重×3 个通道 • 6 个可训练权重 • 6 个非训练权重
权重(参数) 数量总计		• 123 个参数(权重) • 105 个可训练权重 • 18 个非训练权重

现在我们理解了批量归一化方法, 下面回到之前的案例研究中, 在之前的模型中加入批量归一化层。加入批量归一化层后, 模型的网络层次减少了。下面是带有批量归一化层的模型代码。

```
model3 = Sequential()

model3.add(Conv2D(16, (3, 3), input_shape = (64, 64, 1), activation = 'relu'))
model3.add(BatchNormalization())
model3.add(Dropout(0.5))

model3.add(Conv2D(16, (3, 3), activation = 'relu'))
model3.add(MaxPooling2D(pool_size = (2, 2)))
model3.add(BatchNormalization())
model3.add(Dropout(0.5))

model3.add(Conv2D(32, (3, 3), activation = 'relu'))
model3.add(MaxPooling2D(pool_size = (2, 2)))
model3.add(BatchNormalization())
model3.add(Dropout(0.5))

model3.add(Conv2D(32, (3, 3), activation = 'relu'))
```

```
model3.add(MaxPooling2D(pool_size = (2, 2)))
model3.add(BatchNormalization())
model3.add(Dropout(0.5))

model3.add(Conv2D(64, (3, 3), activation = 'relu'))
model3.add(BatchNormalization())
model3.add(Dropout(0.5))

model3.add(Flatten())
model2.add(Dense(units = 16, activation = 'relu'))
model2.add(Dropout(0.5))
model2.add(Dense(units = 10, activation = 'softmax'))

model3.summary()
```

从上述代码中可以看出卷积层的数量显著减少了。在表 11.11 中得到的最后一个模型所用的权重数量为 347 562 个。由于我们删除了两个带有 128 个节点的卷积层，因此，新创建的模型所用的权重数量较少。上述代码的输出结果如表 11.15 所示。

表 11.15　CNN 模型的输出结果

Model: "sequential_15"

Layer (type)	Output	Shape	Param #
conv2d_29 (Conv2D)	**(None,**	62, 62, 16)	160
batch_normalization_49 (Batc	**(None,**	62, 62, 16)	64
dropout_5 (Dropout)	**(None,**	62, 62, 16)	0
conv2d_30 (Conv2D)	**(None,**	60, 60, 16)	2320
max_pooling2d_23 (MaxPooling	**(None,**	30, 30, 16)	0
batch_normalization_50 (Batc	**(None,**	30, 30, 16)	64
dropout_6 (Dropout)	**(None,**	30, 30, 16)	0
conv2d_31 (Conv2D)	**(None,**	28, 28, 32)	4640
max_pooling2d_24 (MaxPooling	**(None,**	14, 14, 32)	0
batch_normalization_51 (Batc	**(None,**	14, 14, 32)	128
dropout_7 (Dropout)	**(None,**	14, 14, 32)	0
conv2d_32 (Conv2D)	**(None,**	12, 12, 32)	9248
max_pooling2d_25 (MaxPooling	**(None,**	6, 6, 32)	0
batch_normalization_52 (Batc	**(None,**	6, 6, 32)	128
dropout_8 (Dropout)	**(None,**	6, 6, 32)	0
conv2d_33 (Conv2D)	**(None,**	4, 4, 64)	18496
batch_normalization_53 (Batc	**(None,**	4, 4, 64)	256

(续表)

dropout_9 (Dropout)	**(None,**	4, 4, 64)	0
flatten_1 (Flatten)	**(None,**	1024)	0
dense (Dense)	**(None,**	16)	16400
dropout_10 (Dropout)	**(None,**	16)	0
dense_1 (Dense)	**(None,**	10)	170

```
Total params: 52 074
Trainable params: 51 754
Non-trainable params: 320
```

从模型的摘要中可以看到参数数量有明显的减少。这里，我们尝试构建一个更简单的模型，可以给出与前一个模型相同的准确率。下面给出了训练模型和为结果绘图的代码。

```
model3.compile(optimizer =SGD(lr=0.03, momentum = 0.9), loss = 'categorical_
crossentropy', metrics = ['accuracy'])

#######################
#拟合模型并训练
#######################

import time
start = time.time()

history=model3.fit_generator(
        train_generator,
        steps_per_epoch = len(train_generator),
        epochs=200,
        validation_data = validation_generator,
        validation_steps = len(validation_generator),
        verbose=1)

model3.save_weights('m3_BatchNorm_200epochs.h5')

end = time.time()
print("Execution time is", int(end - start), "seconds")

##Plotting the results
plt.plot(history.history['accuracy'], label='accuracy')
plt.plot(history.history['val_accuracy'], label = 'val_accuracy')
plt.title("Train and Valid Accuracy by Epochs")
plt.xlabel('Epoch')
plt.ylabel('Accuracy')
plt.ylim([0,1])
plt.legend(loc='lower right')
```

上述代码的输出结果如下。

```
Epoch 1/200
26/26 [====]- 27s 1s/step - loss: 2.4620 - accuracy: 0.1307 - val_loss:
12.3212 - val_accuracy: 0.1027
```

```
Epoch 2/200
26/26 [====]- 25s 951ms/step - loss: 2.1956 - accuracy:
0.1664 - val_loss: 2.8450 - val_accuracy: 0.1345
                    ================================
Epoch 42/200
26/26 [====]- 16s 609ms/step - loss: 0.8787 - accuracy:
0.6824 - val_loss:
0.8359 - val_accuracy: 0.7531
Epoch 43/200
26/26 [====]- 17s 660ms/step - loss: 0.8932 - accuracy:
0.6776 - val_loss:
1.0753 - val_accuracy: 0.6088
Epoch 44/200
                    ================================
Epoch 71/200
26/26 [====]- 14s 548ms/step - loss: 0.7183 - accuracy:
0.7508 - val_loss: 1.0862 - val_accuracy: 0.6919
                    ================================
Epoch 103/200
26/26 [====]- 14s 546ms/step - loss: 0.6082 - accuracy:
0.7925 - val_loss: 0.8440 - val_accuracy: 0.7775
Epoch 104/200
26/26 [====]- 14s 542ms/step - loss: 0.5951 - accuracy:
0.7895 - val_loss: 0.8129 - val_accuracy: 0.7677
Epoch 105/200
26/26 [====]- 14s 547ms/step - loss: 0.5392 - accuracy:
0.8119 - val_loss: 0.8771 - val_accuracy: 0.7775
                    ================================
Epoch 139/200
26/26 [====]- 14s 544ms/step - loss: 0.5376 - accuracy:
0.8113 - val_loss: 0.8353 - val_accuracy: 0.7628
Epoch 140/200
26/26 [====]- 14s 554ms/step - loss: 0.5791 - accuracy:
0.8022 - val_loss: 0.8834 - val_accuracy: 0.7579
                    ================================
Epoch 162/200
26/26 [====]- 19s 747ms/step - loss: 0.5458 - accuracy:
0.8185 - val_loss: 0.6304 - val_accuracy: 0.7971
Epoch 163/200
26/26 [====]- 22s 847ms/step - loss: 0.4964 - accuracy:
0.8282 - val_loss: 0.6141 - val_accuracy: 0.7873
Epoch 164/200
                    ================================
Epoch 198/200
26/26 [====]- 17s 654ms/step - loss: 0.4645 - accuracy:
0.8445 - val_loss: 0.6623 - val_accuracy: 0.8117
Epoch 199/200
26/26 [====]- 17s 650ms/step - loss: 0.5333 - accuracy:
0.8330 - val_loss: 0.7620 - val_accuracy: 0.7702
Epoch 200/200
26/26 [====]- 17s 655ms/step - loss: 0.4684 - accuracy:
0.8475 - val_loss: 0.6996 - val_accuracy: 0.7897
Execution time is 3476 seconds
```

从图 11.54 可以看出，模型的准确率没有明显提高；模型在训练数据和测试数据上都得到了 80% 的准确率。这里需要注意的是模型的简单性。我们几乎用了少于原模型 6/7 的参数获得了同样的准确率。正如前面所讨论的，单靠批量归一化方法可能不会给我们带来完美的结果。批量归一化和其他的最佳参数配置才能得到最好的结果。下一节将介绍如何选择恰当的优化器。

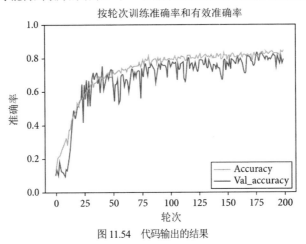

图 11.54 代码输出的结果

11.7.4 选择优化器

现在我们已经看到了几种梯度下降算法的变形，如 SGD 优化器和 mini-batch 梯度下降。我们还经常使用带动量的 SGD。在前面内容中可以看到 SGD 在模型中应用的效果较好。一些其他的优化器函数也可以应用。对于某些类型的问题，这些优化器函数可能会让模型得到更好的结果。这些优化器之间只是有一些小的改变。每个优化器对动量和学习率的处理不同，它们都是为了实现快速到达全局最小值，同时避免局部最小值的目标。

下面的方程用于在带动量的 SGD 中更新权重。

$$W(t) := W(t-1) + \Delta W(t)$$

$$\Delta W(t) = \eta * \left(-\frac{\partial E}{\partial W} \right)$$

$$W(t) := W(t-1) + \eta * \left(-\frac{\partial E}{\partial W} \right) + \alpha * \Delta W(t-1)$$

简写为

$$W(t) := W(t-1) + \Delta W(t) + \alpha * \Delta W(t-1)$$

这里，η 是学习率，α 是动量。

至此，我们对所有参数都采用了相同的学习率。对于不同的参数，采用不同的学习率会怎么样呢？表 11.16 讨论了几种采用自适应学习率的方法。

表 11.16 一些自适应学习率的方法

Adagrad	自适应梯度是指采用学习率对参数进行单独调整。对于频繁出现(更新)的特征，学习率应该较小，而对于数据中稀疏(很少更新)的特征，学习率应该较大。这个技巧有助于加快模型收敛的速度。自适应学习率等于真实学习率除以历史梯度值的总和。 $$W(t) := W(t-1) + \frac{\eta}{\sqrt{G_{t-1}}} * \left(-\frac{\partial E}{\partial W} \right)$$ $$W(t) := W(t-1) - \frac{\eta}{\sqrt{G_{t-1}}} * g_t$$ 此处，$g_t = -\frac{\partial E}{\partial W}$，$G_{t-1} = \sum_{i=0}^{t-1} g_i^2$ $\frac{\eta}{\sqrt{G_{t-1}}}$ 表示自适应学习率 如果一个参数更新的梯度多，则 $\sqrt{G_{t-1}}$ 变大，而 $\frac{\eta}{\sqrt{G_{t-1}}}$ 变小
Adadelta / RMSprop	在 Adagrad 方法中，采用的是学习率除以梯度，这有时会引发一些问题。当学习率是一个小数再除以梯度的总和，则用于权重更新时学习率可能会陷入梯度消失的问题。我们稍微修改了一下自适应学习率，这就是 RMSprop。 在 Adadelta 方法中，利用指数加权平均数改变学习率而不是基于历史的梯度总和来改变学习率。我们可以限制只使用前面的几个梯度，而不是在当前迭代之前使用所有梯度。 $$E\left[g^2 \right]_t = \gamma E\left[g^2 \right]_{t-1} + (1-\gamma)g_t^2$$ $$W(t) := W(t-1) - \frac{\eta}{\sqrt{E\left[g^2 \right]_t}} * g_t$$ $$W(t) := W(t-1) - \frac{\eta}{\text{RMS}(g_t)} * g_t$$ 此处，γ 与动量参数类似。该方法也被称为均方根传播方法，正式名称为 RMSProp
Adam	自适应矩估计：Adam 保留了 RMSProp 的优点，它具备自适应的学习率和带动量的 SGD，收敛速度快。在 RMSProp 方法中，我们使用指数衰减平均值来估计学习率。对于动量项，我们也可以重复同样的方法。均值被称为一阶矩，方差被称为二阶矩。这里，在 Adam 方法中，我们估计梯度和梯度平方的自适应学习率。 RMSProp 方程： $$W(t) := W(t-1) - \frac{\eta}{\sqrt{E\left[g^2 \right]_t}} * g_t$$ 一阶矩估计的指数衰减率：$(m_t) = \beta_1 m_{t-1} + (1-\beta_1)g_t$ 二阶矩估计的指数衰减率：$(v_t) = \beta_2 v_{t-1} + (1-\beta_2)g_t^2$ 最终更新权重的方程： $$W(t) := W(t-1) - \frac{\eta}{\sqrt{E[v]_t}} * E[m]_t$$ 方程中的 m_t 表示梯度的指数衰减平均值，与动量相似。V_t 是自适应的学习率，与 EMSprop 相似

我们可以在给定的数据集上尝试使用优化器，但不能保证模型的准确率一定会提高。这些优化器帮助我们减少模型的整体执行时间。在实践中，我们几乎尝试所有可用的优化器——没有特定的偏好。对于特定类型的数据集，特定类型的优化器的效果最好。在手势数据集上应用 Adam 优化器的代码如下所示。

```
model3.compile(optimizer =Adam(learning_rate=0.005, beta_1=0.9,beta_2= 0.999),
loss = 'categorical_crossentropy', metrics = ['accuracy'])


########################
#拟合模型并训练
########################

import time
start = time.time()

history=model3.fit_generator(
        train_generator,
        steps_per_epoch = len(train_generator),
        epochs=100,
        validation_data = validation_generator,
        validation_steps = len(validation_generator),
        verbose=1)

model3.save_weights('m3_BatchNorm_and_Adam_100epochs.h5')

end = time.time()
print("Execution time is", int(end - start), "seconds")
```

从上面的代码中看到，模型并没有改变。我们只是将优化函数从 SGD 换成了 Adam。上述代码的输出结果如下。

```
Epoch 1/100
26/26 [====] - 18s 701ms/step - loss: 2.4890 - accuracy: 0.1077 - val_loss:
 2.4831 - val_accuracy: 0.1002
Epoch 2/100
26/26 [====] - 17s 663ms/step - loss: 2.2032 - accuracy: 0.1627 - val_loss:
2.9257 - val_accuracy: 0.1002
                            ================================
Epoch 13/100
26/26 [====] - 21s 824ms/step - loss: 1.0929 - accuracy: 0.6001 - val_loss:
9.5128 - val_accuracy: 0.1027
Epoch 14/100
26/26 [====] - 18s 680ms/step - loss: 1.0860 - accuracy: 0.5820 - val_loss:
9.8711 - val_accuracy: 0.1051
                            ================================
Epoch 24/100
26/26 [====] - 24s 933ms/step - loss: 0.7912 - accuracy: 0.7078 - val_loss:
1.1113 - val_accuracy: 0.6993
Epoch 25/100
26/26 [====] - 24s 919ms/step - loss: 0.8054 - accuracy: 0.6969 - val_loss:
1.7334 - val_accuracy: 0.5428
                            ================================
Epoch 33/100
```

```
26/26 [====] - 17s 647ms/step - loss: 0.7017 - accuracy: 0.7314 - val_loss:
2.6751 - val_accuracy: 0.4230
Epoch 34/100
26/26 [====] - 17s 636ms/step - loss: 0.7508 - accuracy: 0.7290 - val_loss:
1.3554 - val_accuracy: 0.5966
                    ===================================
Epoch 44/100
26/26 [====] - 17s 657ms/step - loss: 0.6686 - accuracy: 0.7629 - val_loss:
1.2933 - val_accuracy: 0.7311
Epoch 45/100
26/26 [====] - 16s 633ms/step - loss: 0.6471 - accuracy: 0.7604 - val_loss:
1.1294 - val_accuracy: 0.7384
                    ===================================
Epoch 62/100
26/26 [====] - 17s 650ms/step - loss: 0.5528 - accuracy: 0.8016 - val_loss:
3.9618 - val_accuracy: 0.4743
Epoch 63/100
                    ===================================
Epoch 85/100
26/26 [====] - 16s 629ms/step - loss: 0.5257 - accuracy: 0.8167 - val_loss:
0.7451 - val_accuracy: 0.8117
Epoch 86/100
26/26 [====] - 17s 659ms/step - loss: 0.4771 - accuracy: 0.8270 - val_loss:
0.7204 - val_accuracy: 0.8093
Epoch 87/100
26/26 [====] - 17s 637ms/step - loss: 0.4852 - accuracy: 0.8252 - val_loss:
1.0546 - val_accuracy: 0.8020
Epoch 88/100
26/26 [====] - 17s 636ms/step - loss: 0.5126 - accuracy: 0.8215 - val_loss:
0.7782 - val_accuracy: 0.8093
                    ===================================
Epoch 97/100
26/26 [====] - 15s 561ms/step - loss: 0.5319 - accuracy: 0.8100 - val_loss:
0.9935 - val_accuracy: 0.7555
Epoch 98/100
26/26 [====] - 15s 567ms/step - loss: 0.5219 - accuracy: 0.8227 - val_loss:
1.1883 - val_accuracy: 0.7726
Epoch 99/100
26/26 [====] - 15s 568ms/step - loss: 0.4840 - accuracy: 0.8258 - val_loss:
1.0252 - val_accuracy: 0.7702
Epoch 100/100
26/26 [====] - 14s 555ms/step - loss: 0.4751 - accuracy: 0.8312 - val_loss:
0.6235 - val_accuracy: 0.8289
Execution time is 1716 seconds
```

从图 11.55 可以看出，在模型中使用 Adam 优化器与示例中的 SGD 几乎相同。但是，Adam 与 SGD 方法都可以让模型达到 80%的准确率且没有过拟合，采用 Adam 时模型在 100 个 Epoch 后结束训练。在执行时间上，Adam 与 SGD 也有很大的差异。在一些案例中，Adam 方法比 SGD 和 RMSprop 的效果更好。到目前为止，我们已经讨论了许多用于 CNN 模型上的概念和技巧。下面讨论的是构建 CNN 模型的步骤。

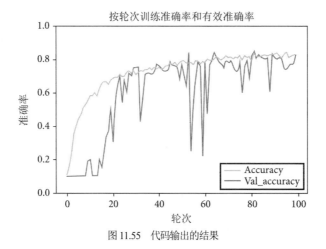

图 11.55 代码输出的结果

11.8 构建 CNN 模型的步骤

CNN 模型也有其他的应用，但它主要用于图像处理。以下是构建 CNN 模型的步骤，不是规则，只是一些建议。通过对多个实际项目的总结得出如下构建 CNN 模型的步骤。

(1) 数据预处理。如果可能的话，可以减小图像的大小。检查我们是否需要 RGB 的所有 3 个通道来对图像分类。

(2) 添加卷积层，并随着网络的加深增加卷积核的数量。通常，在第一个卷积层(conv1)中采用 16 个卷积核，在第二个卷积层(conv2)中采用 32 个卷积核，在第三个卷积层(conv3)中采用 64 个卷积核。

(3) 在卷积层之间添加池化层。每两个卷积层之后至少添加一个池化层。

(4) 卷积层和池化层的数量应根据感受野的大小来决定。通常的经验法则是，一旦在最后一个卷积层看到完整的图像就停止添加卷积层。这就说明最后一个卷积层的感受野与原始图像大小相同。

(5) 在卷积层和池化层之间添加批量归一化层。尝试在每个池化层前面添加至少一个批量归一化层。

(6) 尽量让密集层的节点少一些。如果可能，删除所有密集层。

(7) 选择优化器，尝试使用默认的学习率并构建模型。

(8) 观察模型的输出结果，如果模型始终是过拟合的，则在模型中加入 dropout 层。

(9) 修复过拟合问题后，尝试使用优化器和学习率进行试验。

(10) 模型在训练数据和测试数据上取得相匹配的准确率的基础上，对模型进行优化。

11.9 本章小结

与其他深度神经网络算法相比，卷积神经网络(CNN)是目前非常受欢迎的。CNN 模型的特征学习部分在解决一些现实世界的问题时几乎像魔法一样发挥作用。由于智能手机和相机的出现，图像数据集大量增加。CNN 在处理图像方面很有效。近年来，硬件设备的计算能力也有了显著的提高。基于这些因素，CNN 的被认可程度和普及度有了显著的提高。在一个大规模的数据集上，从零开始构建 CNN 模型并不像本章介绍的内容这样简单。现在，图形处理单元(GPU)可以更快地处理图像。目前，在 CNN 方面的研究很多。因此，我们会发现有很多影响我们日常生活的图像和视频的相关问题是由 CNN 模型解决的。

11.10　本章习题

1. 下载 Malaria Cells 数据集。该数据集包含两个文件夹，共计 27 558 个图像，分别存放感染的细胞图像和未感染的细胞图像。

- 导入数据。完成对数据的必备的数据探索和清洗。
- 构建深度学习模型，预测细胞是否为感染的细胞。
- 执行模型验证和度量模型的准确率。
- 寻求改进模型准确率的创新方法。

数据集下载：此数据集来自官方 NIH 网站：https://ceb.nlm.nih.gov/repositories/ malaria-datasets/。

第**12**章

RNN 与 LSTM

在分类问题中，如果分类问题的决策边界是线性的，则逻辑回归就完全可以胜任。人工神经网络(ANNs)是非线性决策边界的分类问题的明智选择。在数据集是高度非线性的情况下，我们需要使用深度神经网络。在图像分类的案例中需要保留图像的局部相关性，因此，我们使用卷积神经网络(CNNs)。在某些数据集中，我们需要为序列数据建模，序列数据是指前后顺序有关系的数据(当前值依赖于其之前的值)。这些涉及序列数据的案例需要其他类型的神经网络。本章将讨论序列数据建模的算法。

12.1 横截面数据和序列数据

本节讨论横截面数据(cross-sectional data)和序列数据(sequential data)之间的区别。

12.1.1 横截面数据

在前面章节中用过的数据集均为横截面数据。例如，我们曾用过随机收集的两年的房价数据。在其他案例研究中，我们用过随机收集的杂货消费数据或客户的信用卡数据。此外，当前最畅销智能手机的价格数据也是一个横截面数据。在所有这些示例中，数据的时间窗是固定的，可能是一年或两年。在横截面数据中，数据集中的所有记录都是同一时期收集的。横截面数据中的时间范围有时会汇总到不同的分类中，如周、月、季度或年。

12.1.2 序列数据

本章将研究在序列数据上的建模。在序列数据中，数据内部的排序是最重要的。当前记录值应该严格遵循前一条记录。序列数据也称为时间序列数据。例如，一家公司的股票价格每日变化的数据就是时间序列数据。时间序列的定义是指按时间顺序记录的数据点序列。在时间序列中，每一行(或记录)都有一个时间戳。时间序列的另一个关键点是，时间序列中的数据是在连续的等间隔时间点上获取的。我们不能在一年的时间序列数据中随机抽取样本。顺序和间隔在时间序列数据中都是关键的要素。我们可以把构成句子的单词也看成序列数据；但是，文本文件中的单词序列并不是精确的时间序列数据。例如，如果我们给单词打上时间戳，把时间戳 0 加到第一个单词上，把时间戳 1 加到第二个单词上，以此类推，那么一个单词序列(比如说，单词被记录在一个时间线上)就可以被称为时间序列数据。

12.2　在序列数据上构建模型

下面让我们考虑一个简单的序列数据示例。在智能手机上输入一些文本时，与我们使用 WhatsApp 或电子邮件的应用一样，手机软件通常会给出下一个可能使用的单词的建议。如果我们想输入 "Can I have your number" 这句话，只要我们输入 "can"，就会看到软件推荐的用于完成这句话的几个单词。每个用户得到的推荐(建议)结果是不同的。对于一些手机，推荐的下一个单词可能是 "I" "you" "this"；在另一些手机中，推荐的单词则可能是 "be" "we" "i"。基于前两个单词推荐第三个单词。如果我们没有得到正确的单词推荐，则会选择手动输入单词。重复上述过程，直到我们完成句子的输入。表 12.1 显示了输入单词的过程。

表 12.1　通过选择单词来生成句子

输入单词序列	预测输出
Can	I, you, it, see, do
Can I	see, come, get, have
Can I have	your, this, my, a
Can I have your	number, name, own, not

现在我们可以思考用于构建预测下一个单词所用的模型。该模型的输入数据是一个单词序列，并根据该单词序列预测下一个单词。在序列数据中顺序非常重要。我们不能把 3 个单词"Can I have"一起用作输入数据；在预测下一个单词时，必须保留单词的序列依赖关系。下面我们来看看用什么模型可以实现预测下一个单词。

12.2.1　在序列数据上使用 ANN 模型

我们将 3 个单词的序列作为输入数据，接着来预测第 4 个单词。例如，如果输入的单词序列是 "can I have"，则预测的第 4 个单词中有一个预测结果是"your"。同样，如果输入的单词序列是"what do you"，则预测的第 4 个单词中有一个预测结果是 "mean"。但是，预测结果将取决于我们正在训练的输入数据。假设单词的输入序列为 x_1，x_2，x_3。我们要预测第 4 个单词，用 y 表示。传统的神经网络模型不能用于对 y 的预测。在标准 ANN 模型 $y \sim x_1 + x_2 + x_3$ 中，不关心变量的顺序。所有变量都被认为是相互独立的。简言之，在构建 ANN 模型时，数据之间是没有顺序依赖关系的。即 $y \sim x_1 + x_2 + x_3$ 与 $y \sim x_2 + x_3 + x_1$ 和 $y \sim x_3 + x_1 + x_2$ 是相同的。在本示例的数据集中，x_3 严格遵循 x_2，x_1，x_2 遵循 x_1。因此，标准的人工神经网络模型不能处理序列输入数据。我们可以通过 x_1，x_2，x_3 作为输入数据来构建神经网络模型，但模型的预测结果将是不准确或无效的。如果输入数据只有两个单词 x_1 和 x_2，那么在给定第一个单词的情况下，神经网络模型可以最好地预测出第二个单词。同样地，仅凭第二个单词，ANN 也能很好地完成第三个单词的预测。表 12.2 显示了输入单词和预测结果的示例。

表 12.2　基于输入单词预测一组单词

输入单词	预测输出
Can	I, you, it, see, do
I	was, am, thought
have	you, a, to, no
your	day, not, phone

人工神经网络(ANN)可以将一个单词作为输入数据，并给出下一个单词的预测结果。预测结果依赖于训练数据。现在我们可以得出的结论是：标准人工神经网络模型不能为序列数据给出预测结果。下面让我们看看是否可以利用 CNN 模型来处理序列数据。

12.2.2　在序列数据上使用 CNN 模型

标准 ANN 模型不能保留空间依赖性，而 CNN 模型能保留空间依赖性。因此，我们在图像处理问题中使用了 CNN 模型。CNN 模型在处理图像分类问题方面几乎完美。卷积层中的卷积核用于保持局部相关性不变。但是，卷积核不能确保数据中的序列依赖。在卷积层中，卷积核混合了一个子区域中的所有像素。卷积核和输入数据的内积不会保留数据的序列依赖关系。因此，CNN 模型在输入数据是序列数据的情况是不适合的。这样，CNN 模型也无法胜任预测序列中下一个单词的任务。但是，CNN 模型可以处理将输入单词组成一个簇(cluster)，接着再根据该簇来预测下一个单词的任务。这里我们讨论的是一个单词之间没有顺序的单词簇。这个单词簇(或集合)可能具有局部相关性，但没有顺序依赖关系。如表 12.3 所示的预测结果，这是 CNN 模型最适合处理的问题。

表 12.3　基于输入单词序列预测一组单词

输入单词簇	预测输出
Can I have your	number,　mobile, permission
I Can have your	number,　mobile, permission
Have Can your I	number,　mobile, permission
Your I have can	number,　mobile, permission

在处理序列数据问题时，ANN 和 CNN 模型都不适合。但是，ANN 模型可以处理的问题是输入数据为一个单词，并给出下一个单词的一组预测结果。我们将尝试利用 ANN 模型找出长序列数据的预测问题，得到处理方法。

12.2.3　处理序列数据的 ANN(Sequential ANN)

给定一个单词，标准 ANN 模型可以给出其下一个单词的预测。下面我们研究一个示例，基于两个单词 x_1 和 x_2 的序列来预测第三个单词。由于一个单独的 $y \sim x_1+x_2$ 神经网络是无法操作的，因此我们以串行的方式构建两个 ANN 模型，并将它们组合成一个满足序列数据需求的神经网络模型。我们构建 ANN 模型 model-1，该模型将 x_1 作为输入数据，并给出 x_2 作为输出结果。接着我们再构建 ANN 模型 model-2，该模型将 x_2 作为输入数据，并给出 y (或 x_3)作为输出结果。但是，在构建第二个 ANN 模型时，我们将把 model-1 的隐藏层输出结果追加到 x_2 中来构建第二个模型。这个部分输出依赖(partial-output-appending)步骤将确保我们在预测 x_3 值时携带了来自 x_1 的一些信息(见图 12.1)。

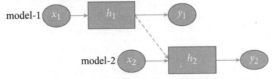

图 12.1　两个连接在一起的 ANN 模型

通过将第一个模型的隐藏层输出结果结合到第二个模型中，最终预测结果来自第二个单词中的获得信息和从第一个单词中获得的部分信息依赖。我们首先需要对数据进行独热编码。例如，有一个包含 3 列的表，这些列中存放不同的单词，这些单词中有重复的也有唯一的。如果表中共有 100 个唯一的单词，我们将这 100 个单词用独热编码的形式表示。假设我们构建的 ANN 模型含有一个带 20 个隐藏节点的隐藏层，模型的输入数据是 word-1，预测结果为 word-2。model-1 的架构如图 12.2 所示。

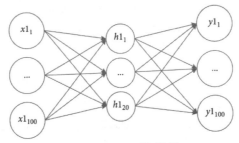

图 12.2　model-1 的网络图

从图 12.2 的模型中可以看出，该模型共有 100 个输入节点、20 个隐藏节点以及 100 个输出节点。在构建 model-2 时，我们将 model-1 的中间输出结果与采用独热编码表示后的 word-2 一起作为输入数据。这意味着在第二个模型中的输入节点为 100+20 个。model-2 的网络图如图 12.3 所示。

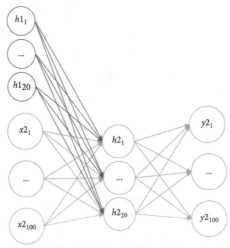

图 12.3　model-2 架构的网络图

从图 12.3 的网络图中可以看到，该模型的输入层节点数为 120，隐藏节点数量为 20，输出层节点数量为 100。使用这种方法，可以根据前两个单词来预测第三个词。这种方法利用了顺序(或串行)的神经网络模型来处理序列数据。同样，如果我们要预测第 4 个单词，则需要建立 3 个 ANN 模型，并耐心地将这些模型堆叠起来。ANN 中的第三个模型的输入层中有 100+20 个节点。基于顺序的 ANN 模型的通用网络图如图 12.4 所示。

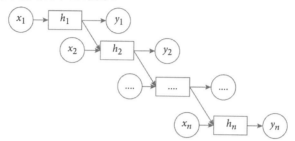

图 12.4　顺序 ANN 模型的通用网络图

对图 12.4 的另一种表示方法如图 12.5 所示。

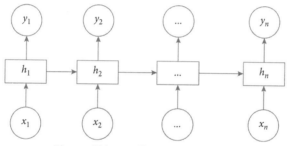

图 12.5　顺序 ANN 模型的另一种表示方法

最终预测结果 y_n 是基于输入数据 x_n, x_{n-1}, x_{n-2} 一直到 x_1。在预测第 n 个输出结果时，我们需要得到所有的输入数据以及中间输出结果。例如，在预测第三个单词时，首先需要使用序列中的第一个单词输入并计算 model-1 中隐藏层的输出结果，然后将其与序列中的第二个单词一起输入，以此来预测第三个单词。我们将通过一个案例来深入理解构建顺序 ANN 模型。

12.3　案例研究：单词预测

本节的案例研究是利用一个简单的数据集来演示顺序 ANN 模型。

12.3.1　研究目标和数据

在该案例中，我们希望根据两个单词的序列来预测第三个单词。数据集包含一个由 3 个单词组成的列表。这种类型的数据也被称为三元模型(three-gram)数据。如果我们考虑最频繁出现的 N 个单词序列，那么它被称为 N 元模型(N-gram)数据。该数据集是免费的，下载数据的网站 COCA(Corpus of Contemporary American English)的网址是 https://www.english-corpora.org/COCA/。该示例使用的是真实数据集中的一个子集。子集中的数据主要包括以 love 或 hate 开头的单词序列。部分数据如表 12.4 所示。

表 12.4　数据样本

love	to	see
love	it	when
hate	to	use
love	more	than
love	more	than
love	it	when
love	of	the
love	letter	to
love	to	see
loved	nothing	better

本实例要实现的最终目标是根据输入的前两个单词来预测最后一个单词(即第三个单词)。下述代码用于导入数据。

```
import pandas as pd
column_names = ['word1', 'word2', 'word3']

input_3gram = pd.read_csv(r'D:\Google Drive\Training\Book\0.Chapters\Chapter12
RNN and LSTM\5.Datasets\3Gram_love_data.txt', delimiter='\t', names=column_ names)
#Importing csv file with column names
print("shape of data", input_3gram.shape)
print("Few sample records from data \n", input_3gram.sample(10))
```

上述代码的输出结果如下。

```
shape of data (5351, 3)

Few sample records from data
     word1      word2      word3
2776  love        to        see
2     hate        to        see
3260  love        to        see
2713  love        the        way
404   hated        to       think
2707  love        the        way
623   love        it         or
1477  love        to        get
1354  love        the       look
2545  love        the        way
```

在该数据集中共有 5351 行数据，每一行数据由 3 个单词构成；这里，3 个单词分别在 3 列存放。下面的代码用于找出第一列和第二列中单词的频次。

```
print("\nFrequency of word1 values \n", input_3gram["word1"].value_counts())
```

```
print("\nFrequency of word2 values \n", input_3gram["word2"].value_counts())
```

表 12.5 前两列单词频次的统计

Frequency of word1 values		Frequency of word2 values	
love	4327	to	1866
loved	416	it	1361
hate	400	the	548
hated	80	with	240
loves	72	you	144
lovely	24	him	144
loving	24	of	136
hates	8	her	104
Name: word1, dtype: int64		for	96
		and	88
		what	56
		is	48
		in	40
		each	40
		them	32
		nothing	32
		me	32
		ones	32
		every	24
		as	24
		going	16
		being	16
		affair	16
		my	16
		more	16
		that	16
		one	8
		a	8
		thy	8
		story	8
		man	8
		your	8
		makes	8
		this	8
		got	8
		on	8
		husband	8
		at	8
		letter	8
		hearing	8
		lost	8
		about	8
		most	8
		all	8
		song	8
		view	8
		when	8
		Name: word2, dtype: int64	

从表 12.5 可以看出，第一列中的单词都与 love 和 hate 有关，并且 90%以上的单词都与 love 有

关。第二列中不重复的单词较多。

12.3.2　数据预处理

在构建模型之前，我们需要执行如下 3 个步骤：

(1) 从 3 列数据中找出所有唯一的单词。

(2) 我们不能使用字符串类型的数据构建模型。需要创建一个单词索引(word_indices)字典。需要把单词映射到对应的数字，用字典的方式存储单词和其对应的数字，即单词作为字典的键(key)、其对应的数字作为字典中的值(value)。稍后，我们将为所有唯一的数字创建独热编码变量。这种数据转换方式对于构建模型是必要的。

(3) 模型的最终预测结果以数字形式表示。我们不能以数字的形式作为预测结果。由于每个数字都是有意义的，因此，将最后给出预测结果转换为数字对应的单词。这样，我们就需要维护第二个字典，该字典将数字作为键(key)，将单词作为值(value)。

下面看看上述这些步骤所需的代码。第一步是从 3 列数据中找到所有唯一的单词。

```python
unique_words = []
for i in list(input_3gram.columns.values):
    for j in pd.unique(input_3gram[i]):
        unique_words.append(j)
unique_words = np.unique(unique_words)

print('Count of unique words overall:', len(unique_words))
print('unique words list:', unique_words)
```

上述代码的输出结果如下。

```
Count of unique words overall: 139
unique words list: ['a' 'able' 'about' 'admit' 'affair' 'affection' 'all' 'and' 'another'
'answer' 'as' 'at' 'be' 'because' 'being' 'better' 'between' 'bother' 'break' 'care' 'cared'
'come' 'concern' 'country' 'cut' 'disappoint' 'do' 'each' 'every' 'fact' 'feel' 'feeling'
'find' 'first' 'for' 'from' 'get'
'go' 'god' 'going' 'got' 'hate' 'hated' 'hates' 'have' 'he' 'hear' 'hearing''her' 'here'
'him' 'his' 'husband' 'i' 'idea' 'if' 'in' 'interrupt' 'is' 'it' 'kind' 'know' 'leave'
'letter' 'life''like' 'listen' 'look' 'lost' 'lot' 'love' 'loved' 'lovely' 'loves' 'loving'
'make' 'makes' 'man' 'marriage' 'me' 'minute' 'more' 'most' 'much' 'music' 'my' 'nature'
'neighbor' 'not' 'nothing' 'of' 'on' 'one' 'ones' 'or' 'other' 'over' 'play' 'respect' 'say'
'see' 'sit' 'smell' 'so' 'someone' 'song' 'sound' 'story' 'stronger' 'support' 'take' 'talk'
'tell' 'than' 'that' 'the' 'them' 'they' 'think' 'this' 'thought' 'thy''to' 'too' 'united'
'use' 'very' 'view' 'watch' 'way' 'we' 'what' 'when' 'wife' 'will' 'with' 'work' 'you'
'your']
```

从上面的输出结果可以看出，在这 3 列中共有 139 个唯一的单词。这些单词都是来自 3 列的唯一单词。在前面的输出结果中，我们已经看到在第一列(column1)的唯一单词较少。下面将创建两个字典：单词映射到索引值(words to indices)和索引值映射到单词(indices to words)。

```python
word_indices = dict((w, i) for i, w in enumerate(unique_words))
indices_words = dict((i, w) for i, w in enumerate(unique_words))

print("word_indices dictionary \n",word_indices)
print("word_indices.keys \n", word_indices.keys())
```

```python
print("word_indices.values \n", word_indices.values())
print("\n #####################################\n")
print("indices_words dictionary \n", indices_words)
print("indices_words keys \n",indices_words.keys())
print("indices_words values \n",indices_words.values())
```

上述代码的输出结果如下。

```
word_indices dictionary
{'a': 0, 'able': 1, 'about': 2, 'admit': 3, 'affair': 4, 'affection': 5,
'all': 6, 'and': 7, 'another': 8, 'answer': 9, 'as': 10, 'at': 11, 'be': 12,
'because': 13, 'being': 14, 'better': 15, 'between': 16, 'bother': 17,
'break': 18, 'care': 19, 'cared': 20, 'come': 21, 'concern': 22, 'country':
23, 'cut': 24, 'disappoint': 25, 'do': 26, 'each': 27, 'every': 28, 'fact':
29, 'feel': 30, 'feeling': 31, 'find': 32, 'first': 33, 'for': 34, 'from':
35, 'get': 36, 'go': 37, 'god': 38, 'going': 39, 'got': 40, 'hate': 41,
'hated': 42, 'hates': 43, 'have': 44, 'he': 45, 'hear': 46, 'hearing': 47,
'her': 48, 'here': 49, 'him': 50, 'his': 51, 'husband': 52, 'i': 53, 'idea':
54, 'if': 55, 'in': 56, 'interrupt': 57, 'is': 58, 'it': 59, 'kind': 60,
'know': 61, 'leave': 62, 'letter': 63, 'life': 64, 'like': 65, 'listen': 66,
'look': 67, 'lost': 68, 'lot': 69, 'love': 70, 'loved': 71, 'lovely': 72,
'loves': 73, 'loving': 74, 'make': 75, 'makes': 76, 'man': 77, 'marriage':
78, 'me': 79, 'minute': 80, 'more': 81, 'most': 82, 'much': 83, 'music': 84,
'my': 85, 'nature': 86, 'neighbor': 87, 'not': 88, 'nothing': 89, 'of': 90,
'on': 91, 'one': 92, 'ones': 93, 'or': 94, 'other': 95, 'over': 96, 'play':
97, 'respect': 98, 'say': 99, 'see': 100, 'sit': 101, 'smell': 102, 'so':
103, 'someone': 104, 'song': 105, 'sound': 106, 'story': 107, 'stronger':
108, 'support': 109, 'take': 110, 'talk': 111, 'tell': 112, 'than': 113,
'that': 114, 'the': 115, 'them': 116, 'they': 117, 'think': 118, 'this': 119,
'thought': 120, 'thy': 121, 'to': 122, 'too': 123, 'united': 124, 'use': 125,
'very': 126, 'view': 127, 'watch': 128, 'way': 129, 'we': 130, 'what': 131,
'when': 132, 'wife': 133, 'will': 134, 'with': 135, 'work': 136, 'you': 137,
'your': 138}
```

从上面的输出结果中可以看到，每个单词都会映射到一个数字。在 word_indices 字典中，单词是键(key)，数字(字典的索引值)是值(value)。输出结果分别显示了字典的键(key)和值(value)；在这里没有显示单独输出的键和值。注意从 0 到 138 总共有 139 个数字。"love"映射的索引值为 70，"way"映射的索引值为 129。输出结果的第二部分是索引到单词的映射字典(indices to words)。

```
indices_words dictionary
{0: 'a', 1: 'able', 2: 'about', 3: 'admit', 4: 'affair', 5: 'affection', 6:
'all', 7: 'and', 8: 'another', 9: 'answer', 10: 'as', 11: 'at', 12: 'be', 13:
'because', 14: 'being', 15: 'better', 16: 'between', 17: 'bother', 18: 'break',
19: 'care', 20: 'cared', 21: 'come', 22: 'concern', 23: 'country', 24: 'cut',
25: 'disappoint', 26: 'do', 27: 'each', 28: 'every', 29: 'fact', 30: 'feel',
31: 'feeling', 32: 'find', 33: 'first', 34: 'for', 35: 'from', 36: 'get', 37:
'go', 38: 'god', 39: 'going', 40: 'got', 41: 'hate', 42: 'hated', 43: 'hates',
44: 'have', 45: 'he', 46: 'hear', 47: 'hearing', 48: 'her', 49: 'here', 50:
'him', 51: 'his', 52: 'husband', 53: 'i', 54: 'idea', 55: 'if', 56: 'in', 57:
'interrupt', 58: 'is', 59: 'it', 60: 'kind', 61: 'know', 62: 'leave', 63:
'letter', 64: 'life', 65: 'like', 66: 'listen', 67: 'look', 68: 'lost', 69:
'lot', 70: 'love', 71: 'loved', 72: 'lovely', 73: 'loves', 74: 'loving', 75:
'make', 76: 'makes', 77: 'man', 78: 'marriage', 79: 'me', 80: 'minute', 81:
'more', 82: 'most', 83: 'much', 84: 'music', 85: 'my', 86: 'nature', 87:
```

```
'neighbor', 88: 'not', 89: 'nothing', 90: 'of', 91: 'on', 92: 'one', 93:
'ones', 94: 'or', 95: 'other', 96: 'over', 97: 'play', 98: 'respect', 99:
'say', 100: 'see', 101: 'sit', 102: 'smell', 103: 'so', 104: 'someone', 105:
'song', 106: 'sound', 107: 'story', 108: 'stronger', 109: 'support', 110:
'take', 111: 'talk', 112: 'tell', 113: 'than', 114: 'that', 115: 'the', 116:
'them', 117: 'they', 118: 'think', 119: 'this', 120: 'thought', 121: 'thy',
122: 'to', 123: 'too', 124: 'united', 125: 'use', 126: 'very', 127: 'view',
128: 'watch', 129: 'way', 130: 'we', 131: 'what', 132: 'when', 133: 'wife',
134: 'will', 135: 'with', 136: 'work', 137: 'you', 138: 'your'}
```

上面的输出结果与前一个字典内容是一样的，只是键和值换了位置。在 indices_words 字典中，键是数字，值是单词。数字 70 映射为 "love"，129 映射为 "way"。这两个字典将在后续的代码中使用。第一个字典在构建模型前使用，第二个字典在预测结果时使用。现在，我们把第 1 列中的数字转换为独热编码。在 word_indices 的第一列里 139 个唯一的单词。因此，第一列(word1)将用 139 列进行独热编码。下面的代码用于将第一列的数字转换为独热编码。

```
###One-hot encoding of word1
word1 = input_3gram['word1'].map(word_indices)
word1_onehot = keras.utils.to_categorical(np.array(word1), num_classes=len
(word_indices))
print("word1_onehot shape is ",word1_onehot.shape)
```

上述代码的输出结果如下。

```
word1_onehot shape is(5351, 139)
```

与预期的一样，输出结果有 139 列。每列都对应唯一的一个单词。下面来看两个示例。

```
print("The word in row 0 is -->"+input_3gram['word1'][0])
print("The one-hot encoded version of the word in row 0 is \n",word1_ onehot[0])

print("\nThe word in row 500 is --> "+input_3gram['word1'][500])
print("The one-hot encoded version of the word in row 500 is \n",word1_ onehot[500])
```

上述代码的输出结果如下。

```
The word in row 0 is -->hate
The one-hot encoded version of the word in row 0 is
[0. 0. 0. 0. 0. 0. 0. 0. 0. 0. 0. 0. 0. 0. 0. 0. 0. 0. 0. 0. 0. 0. 0. 0.
 0. 0. 0. 0. 0. 0. 0. 0. 0.0.0. 0. 0. 0. 0. 1. 0. 0. 0. 0. 0.
 0. 0. 0. 0. 0. 0. 0. 0. 0.0.0. 0. 0. 0. 0. 0. 0. 0. 0. 0. 0.
 0. 0. 0. 0. 0. 0. 0. 0. 0.0.0. 0. 0. 0. 0. 0. 0. 0. 0. 0. 0.
 0. 0. 0. 0. 0. 0. 0. 0. 0.0.0. 0. 0. 0. 0. 0. 0. 0. 0. 0. 0.
 0. 0. 0. 0. 0. 0. 0. 0. 0.0. 0. 0. 0. 0. 0. 0.]

The word in row 500 is --> love
The one-hot encoded version of the word in row 500 is
[0. 0. 0. 0. 0. 0. 0. 0. 0. 0. 0. 0. 0. 0. 0. 0. 0. 0. 0. 0. 0. 0. 0. 0.
 0. 0. 0. 0. 0. 0. 0. 0. 0.0. 0. 0. 0. 0. 0. 0. 0. 0. 0. 0. 0.
 0. 0. 0. 0. 0. 0. 0. 0. 0.0. 0. 0. 0. 0. 0. 0. 0. 0. 0. 1. 0.
 0. 0. 0. 0. 0. 0. 0. 0. 0.0. 0. 0. 0. 0. 0. 0. 0. 0. 0. 0. 0.
 0. 0. 0. 0. 0. 0. 0. 0. 0.0. 0. 0. 0. 0. 0. 0. 0. 0. 0. 0. 0.
 0. 0. 0. 0. 0. 0. 0. 0. 0.0. 0. 0. 0. 0. 0. 0.]
```

从上面的输出结果中可以看到，第一行的单词是"hate"，该行的独热编码值在第 42 列中显示的值为"1"。第 500 行中的单词是"love"，对应的独热编码值在第 71 列中的值为"1"。我们用同样的方法将第 2 列和第 3 列(序列中的 word2 和 word3)也转换为独热编码的形式，代码如下所示。

```
word2 = input_3gram['word2'].map(word_indices)
word2_onehot = keras.utils.to_categorical(np.array(word2), num_classes=len
(word_indices))
print("word2_onehot shape is ",word2_onehot.shape)
word3 = input_3gram['word3'].map(word_indices)
word3_onehot = keras.utils.to_categorical(np.array(word3), num_classes=len
(word_indices))
print("word3_onehot shape is ",word3_onehot.shape)
```

上述代码的输出结果如下。

```
word2_onehot shape is (5351, 139)
word3_onehot shape is (5351, 139)
```

我们现在已经完成了数据预处理的操作。下面将构建两个模型。

12.3.3　构建模型

如前所述，在本例中我们将构建两个模型。第一个神经网络模型以 word1_onehot 作为输入数据，以 word2_onehot 作为输出结果。我们将从这个模型中提取隐藏层的输出结果，并将其用在下一个模型中。构建模型的代码如下所示。

```
ANN_model1 = Sequential()
ANN_model1.add(Dense(10,input_dim=word1_onehot.shape[1],activation='sigmoid'))
ANN_model1.add(Dense(word2_onehot.shape[1] ,activation='softmax'))
ANN_model1.summary()

ANN_model1.compile(loss='binary_crossentropy', optimizer='adam',metrics= ['accuracy'])
history =ANN_model1.fit(word1_onehot,word2_onehot,epochs=20, batch_ size=50,
verbose=1)
```

上述代码的输出结果如下。

```
Train on 5351 samples
Epoch 1/20
5351/5351 [[====]] - 1s 155us/sample - loss: 0.0399 - accuracy: 0.9928
Epoch 2/20
5351/5351 [[====]] - 0s 38us/sample - loss: 0.0329 - accuracy: 0.9928
Epoch 3/20
5351/5351 [[====]] - 0s 39us/sample - loss: 0.0271 - accuracy: 0.9928
Epoch 4/20
5351/5351 [[====]] - 0s 41us/sample - loss: 0.0240 - accuracy: 0.9928
Epoch 5/20
5351/5351 [[====]] - 0s 35us/sample - loss: 0.0231 - accuracy: 0.9928
Epoch 6/20
5351/5351 [[====]] - 0s 35us/sample - loss: 0.0228 - accuracy: 0.9928
Epoch 7/20
5351/5351 [[====]] - 0s 37us/sample - loss: 0.0227 - accuracy: 0.9928
Epoch 8/20
```

```
5351/5351 [[====]] - 0s 40us/sample - loss: 0.0226 - accuracy: 0.9928
Epoch 9/20
5351/5351 [[====]] - 0s 41us/sample - loss: 0.0225 - accuracy: 0.9928
Epoch 10/20
5351/5351 [[====]] - 0s 88us/sample - loss: 0.0225 - accuracy: 0.9928
Epoch 11/20
5351/5351 [[====]] - 0s 58us/sample - loss: 0.0224 - accuracy: 0.9928
Epoch 12/20
5351/5351 [[====]] - 0s 49us/sample - loss: 0.0224 - accuracy: 0.9928
Epoch 13/20
5351/5351 [[====]] - 0s 54us/sample - loss: 0.0224 - accuracy: 0.9928
Epoch 14/20
5351/5351 [[====]] - 0s 44us/sample - loss: 0.0223 - accuracy: 0.9928
Epoch 15/20
5351/5351 [[====]] - 0s 43us/sample - loss: 0.0223 - accuracy: 0.9928
Epoch 16/20
5351/5351 [[====]] - 0s 45us/sample - loss: 0.0223 - accuracy: 0.9928
Epoch 17/20
5351/5351 [[====]] - 0s 44us/sample - loss: 0.0223 - accuracy: 0.9928
Epoch 18/20
5351/5351 [[====]] - 0s 46us/sample - loss: 0.0222 - accuracy: 0.9928
Epoch 19/20
5351/5351 [[====]] - 0s 43us/sample - loss: 0.0222 - accuracy: 0.9928
Epoch 20/20
5351/5351 [[====]] - 0s 43us/sample - loss: 0.0222 - accuracy: 0.9928
```

我们并不关注上述模型的最终输出结果，仅关注每个记录的中间输出值。由于有 10 个隐藏节点，这些隐藏节点将生成一个5351 行和 10列的矩阵。这些隐藏层输出值被称为隐藏层激活值(hidden layer activations)。下面的代码用于提取隐藏层激活值。

```
model1_hidden = Sequential()
model1_hidden.add(Dense(10,input_dim=word1_onehot.shape[1],weights=ANN_
model1.layers[0].get_weights()))
model1_hidden.add(Activation('sigmoid'))

#Getting the hidden layer activations model1_hidden_output =
model1_hidden.predict(word1_onehot)
#peak into our hidden layer activations
print("The hidden layer output for every record - Shape of it \n", model1_
hidden_output.shape)
print("Few records from hidden layer \n",model1_hidden_output[:5])
```

上述代码的输出结果如下。

```
The hidden layer output for every record - Shape of it
  (5351, 10)
Few records from hidden layer
 [[0.8781716  0.88077706 0.77781826  0.8785578   0.731379   0.8384166
   0.8529098  0.79941416 0.8221394   0.8138482 ]
  [0.8781716  0.88077706 0.77781826  0.8785578   0.731379   0.8384166
   0.8529098  0.79941416 0.8221394   0.8138482 ]
  [0.8781716  0.88077706 0.77781826  0.8785578   0.731379   0.8384166
   0.8529098  0.79941416 0.8221394   0.8138482 ]
  [0.8781716  0.88077706 0.77781826  0.8785578   0.731379   0.8384166
   0.8529098  0.79941416 0.8221394   0.8138482 ]
```

```
[0.8781716  0.88077706 0.77781826  0.8785578  0.731379  0.8384166
 0.8529098  0.79941416 0.8221394  0.8138482 ]]
```

与预期的一样, model1 的隐藏层输出结果的形状为(5351, 10)。输出结果还显示了前 5 条记录的隐藏节点的输出结果; 每个记录都包括从 10 个输出节点中计算出的 10 个值。下面我们将把这些值追加到 word2_onehot 中并构建第二个 ANN 模型。

```
word2_hidden_append = np.append(model1_hidden_output, word2_onehot, axis=1)
print("word2_hidden_append Shape", word2_hidden_append.shape)
```

上述代码的输出结果如下。

```
word2_hidden_append Shape (5351, 149)
```

构建第二个 ANN 模型 model2 的代码如下所示。

```
ANN_model2 = Sequential()
ANN_model2.add(Dense(10, input_dim=word2_hidden_append.shape[1], activation=
'sigmoid'))
ANN_model2.add(Dense(word3_onehot.shape[1], activation='softmax'))
ANN_model2.summary()

ANN_model2.compile(loss='binary_crossentropy', optimizer='adam', metrics=
['accuracy'])
#Train model
history = ANN_model2.fit(word2_hidden_append, word3_onehot, epochs=20, batch_size=50,
verbose=1)
```

上述代码的输出结果如下。

```
Train on 5351 samples
Epoch 1/20
5351/5351 [====] - 1s 108us/sample - loss: 0.0402 - accuracy: 0.9928
Epoch 2/20
5351/5351 [====] - 0s 37us/sample - loss: 0.0342 - accuracy: 0.9928
Epoch 3/20
5351/5351 [====] - 0s 50us/sample - loss: 0.0309 - accuracy: 0.9928
Epoch 4/20
5351/5351 [====] - 0s 46us/sample - loss: 0.0302 - accuracy: 0.9928
Epoch 5/20
5351/5351 [====] - 0s 36us/sample - loss: 0.0300 - accuracy: 0.9928
Epoch 6/20
5351/5351 [====] - 0s 35us/sample - loss: 0.0298 - accuracy: 0.9928
Epoch 7/20
5351/5351 [====] - 0s 38us/sample - loss: 0.0295 - accuracy: 0.9928
Epoch 8/20
5351/5351 [====] - 0s 36us/sample - loss: 0.0290 - accuracy: 0.9928
Epoch 9/20
5351/5351 [====] - 0s 36us/sample - loss: 0.0285 - accuracy: 0.9928
Epoch 10/20
5351/5351 [====] - 0s 43us/sample - loss: 0.0279 - accuracy: 0.9928
Epoch 11/20
5351/5351 [====] - 0s 43us/sample - loss: 0.0272 - accuracy: 0.9944
Epoch 12/20
5351/5351 [====] - 0s 30us/sample - loss: 0.0265 - accuracy: 0.9945
Epoch 13/20
```

```
5351/5351 [====] - 0s 33us/sample - loss: 0.0258 - accuracy: 0.9945
Epoch 14/20
5351/5351 [====] - 0s 38us/sample - loss: 0.0252 - accuracy: 0.9945
Epoch 15/20
5351/5351 [====] - 0s 41us/sample - loss: 0.0246 - accuracy: 0.9945
Epoch 16/20
5351/5351 [====] - 0s 35us/sample - loss: 0.0241 - accuracy: 0.9945
Epoch 17/20
5351/5351 [====] - 0s 40us/sample - loss: 0.0237 - accuracy: 0.9949
Epoch 18/20
5351/5351 [====] - 0s 34us/sample - loss: 0.0233 - accuracy: 0.9950
Epoch 19/20
5351/5351 [====] - 0s 41us/sample - loss: 0.0229 - accuracy: 0.9950
Epoch 20/20
5351/5351 [====] - 0s 37us/sample - loss: 0.0226 - accuracy: 0.9949
```

我们已经完成了顺序 ANN 模型。模型预测的代码与标准 ANN 模型不同。下一节将介绍如何利用这些模型获得在新数据点上的预测值。

12.3.4　预测

我们需要编写一个自定义的预测函数，该函数的输入参数是一个两个单词的序列。这两个单词通过使用 word_indices 字典转换为数值，然后再对其进行独热编码。该函数中的第一个单词利用 ANN_model1 预测，并提取其在隐藏层的激活值。这些激活值将被追加到第二个单词上。最终的预测结果将利用第二个模型(ANN_model2)来预测。预测结果是一个数字；然后通过 indices_words 字典将其转换为对应的单词。下面的代码用于编写自定义的预测函数。

```python
def two_step_pred(words_in):

    index_input=word_indices[words_in[0]]
    indices_in = keras.utils.to_categorical
                        (index_input,    num_classes=len(word_indices))
    indices_in=indices_in.reshape(1,len(word_indices))
    h1_test = model1_hidden.predict(indices_in) #getting our intermediate
    hidden activations from model1h

     index_input2=word_indices[words_in[1]]
     indices_in2 = keras.utils.to_categorical
                            (index_input2, num_classes=len(word_indices))
     indices_in2= indices_in2.reshape(1,len(word_indices))
     X2_test = np.append(h1_test, indices_in2, axis=1) #preparing final test
     data by appending hidden with word2

     yhat = ANN_model2.predict_classes(X2_test) #predicting final output from model2

     print("Input words --> ", words_in)
     print("Predicted word --> ", indices_words[yhat[0]])
```

下面的代码用于调用自定义函数。

```python
two_step_pred(['love', 'it'])
two_step_pred(['love', 'to'])
```

```
two_step_pred(['love', 'the'])
```

上述代码的输出结果如下。

```
Input words -->['love', 'it'] Predicted word -->when
Input words -->['love', 'to'] Predicted word -->see
Input words -->['love', 'the'] Predicted word -->way
```

该模型的准确率取决于训练数据。从预测结果可以看出，该模型的预测结果是不错的。在该案例中，我们使用了顺序神经网络(sequential ANN)模型来解决数据的序列依赖问题，即用前两个单词作为输入数据来预测第三个单词。以上就是对本案例的总结。理解该案例所用的方法对于掌握下一节要介绍的 RNN(Recurrent Neural Networks)模型至关重要。

12.4　RNN 模型

在上一节中，我们构建了顺序 ANN 模型来解决序列数据问题，这项工作主要是人工完成的。循环(递归)神经网络(RNN)是可编程的顺序神经网络模型。到目前为止，我们用 ANN 完成的步骤都可以由 RNN 自动完成。如果在 RNN 中设置时间步长，RNN 模型会自动叠加所需数量的 ANN 模型。如果我们要预测一个序列中的第 n 个值，则需要建立一个时间步长为(n-1)的 RNN 模型。RNN 模型将按顺序方式堆叠(n-1)个 ANN 模型，其中前一个 ANN 模型的隐藏层连接到下一个 ANN 模型的隐藏层。为了便于理解，假设所有这些 ANN 模型都有一个隐藏层。RNN 模型被称为具有记忆的 ANN 模型。图 12.6 是 RNN 模型的图解表示。

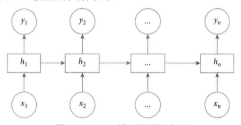

图 12.6　RNN 模型的图解表示

在图 12.6 可以看出，RNN 是"n"个时间步长的展开版本。RNN 通常是用收拢形式表示，如图 12.7 所示。

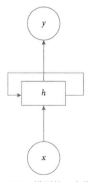

图 12.7　RNN 模型的一个收拢表示

在图 12.7 中的收拢形式表示 RNN 的图中，隐藏层上有一个自循环表示。该自循环表示在 ANN 堆栈中从一个隐藏层到另一个隐藏层的连接。本节将更详细地讨论 RNN 模型。

12.4.1 时间反向传播

在 RNN 模型中，我们必须计算 3 种类型的权重：从输入层到隐藏层的权重，从隐藏层到隐藏层的权重，以及从隐藏层到输出层的权重，如图 12.8 所示。

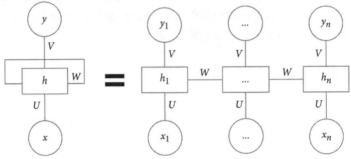

图 12.8 RNN 模型的展开表示

我们需要应用反向传播来获取这 3 组权重。我们应用反向传播跨越所有时间步长。跨越所有时间步长的反向传播被称为时间反向传播(BPTT)。

在基本 ANN 模型中，反向传播算法的 3 个主要步骤如下：第一步是前向传播(feedforward)，第二步是误差计算和反向传播，最后一步是更新权值。在 RNN 模型中，我们应用前向传播步骤并计算到最后一个时间步长 n 的权重。第二步是计算误差。在计算误差时，我们将计算时间从 0 到 n 的输出层中误差的总和。然后，通过每个网络和所有时间步长反向传播误差。我们在整个 RNN 模型中的每一个隐藏层获取误差值。然后更新权重以减少误差。这里需要注意的一点是共享权重的概念。权重在所有时间步长的全部网络中共享。在堆栈中的所有 ANN 模型中，U, V 和 W 的权重集合是相同的。从输入层到隐藏(U)层的权重在时间步长 0 和时间步长 n 相同。集合 W 和 V 的情况也是如此。这是 BPTT 中的一个约束，其作用是使总误差最小化。下面通过一个示例来理解这些权重的计算(见图 12.9~图 12.11)。

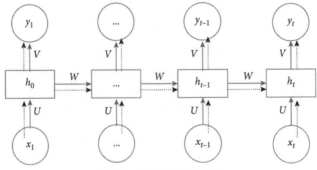

图 12.9 前向传播步骤的表示

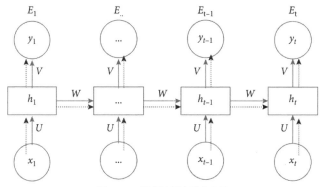

图 12.10　误差计算步骤的表示

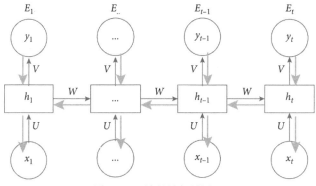

图 12.11　反向传播步骤的表示

下面是时间反向传播的数学推导。

在时间步长 t 上的前向传播：

$$h_t = g(Ux_t + Wh_{t-1})$$
$$\hat{y}_t = \text{softmax}(Vh_t)$$

在每个时间步长 t 上的损失(误差)：

$$E_t(y_t, \hat{y}_t) = \sum -y_t \log \hat{y}_t$$

总损失是所有时间步长上的损失和：

$$E_t(y, \hat{y}) = \sum_t E_t(y_t, \hat{y}_t)$$

找出总体误差相对于 V、W、U 的梯度：

$$\frac{\partial E}{\partial V}, \frac{\partial E}{\partial W}, \frac{\partial E}{\partial U}$$

与基本 ANN 查找梯度的方法不同，V 的梯度为：

$$\frac{\partial E}{\partial V} = \frac{\partial E_t}{\partial \hat{y}_t}\frac{\partial \hat{y}_t}{\partial V} + \frac{\partial E_{t-1}}{\partial \hat{y}_{t-1}}\frac{\partial \hat{y}_{t-1}}{\partial V} + \cdots + \frac{\partial E_1}{\partial \hat{y}_1}\frac{\partial \hat{y}_1}{\partial V}$$

从上述公式中可以看出，在更新权重前要增加梯度。

$$V(\text{new}) = V(\text{old}) + \eta\frac{\partial E}{\partial V}$$

W 的梯度为：

$$\frac{\partial E}{\partial W} = \frac{\partial E_t}{\partial \hat{y}_t}\frac{\partial \hat{y}_t}{\partial h_t}\frac{\partial h_t}{\partial W} + \frac{\partial E_{t-1}}{\partial \hat{y}_{t-1}}\frac{\partial \hat{y}_{t-1}}{\partial h_{t-1}}\frac{\partial h_{t-1}}{\partial W} + \cdots + \frac{\partial E_1}{\partial \hat{y}_1}\frac{\partial \hat{y}_1}{\partial h_1}\frac{\partial h_1}{\partial W}$$

在上述方程中，必须展开隐藏状态的偏导数。

$$\frac{\partial E}{\partial W} = \frac{\partial E_t}{\partial \hat{y}_t}\frac{\partial \hat{y}_t}{\partial h_t}\frac{\partial h_t}{\partial W} + \frac{\partial E_{t-1}}{\partial \hat{y}_{t-1}}\frac{\partial \hat{y}_{t-1}}{\partial h_t}\frac{\partial h_t}{\partial h_{t-1}}\frac{\partial h_{t-1}}{\partial W} + \cdots + \frac{\partial E_1}{\partial \hat{y}_1}\frac{\partial \hat{y}_1}{\partial h_t}\frac{\partial h_t}{\partial h_{t-1}}\frac{\partial h_{t-2}}{\partial h_{t-3}}\cdots\frac{\partial h_2}{\partial h_1}\frac{\partial h_1}{\partial W}$$

$$W(\text{new}) = W(\text{old}) + \eta\frac{\partial E}{\partial W}$$

相似地，U 的梯度为：

$$\frac{\partial E}{\partial U} = \frac{\partial E_t}{\partial \hat{y}_t}\frac{\partial \hat{y}_t}{\partial h_t}\frac{\partial h_t}{\partial x_t}\frac{\partial x_t}{\partial U} + \frac{\partial E_{t-1}}{\partial \hat{y}_{t-1}}\frac{\partial \hat{y}_{t-1}}{\partial h_t}\frac{\partial h_t}{\partial h_{t-1}}\frac{\partial h_{t-1}}{\partial x_{t-1}}\frac{\partial x_{t-1}}{\partial U} + \cdots + \frac{\partial E_1}{\partial \hat{y}_1}\frac{\partial \hat{y}_1}{\partial h_t}\frac{\partial h_t}{\partial h_{t-1}}\frac{\partial h_{t-2}}{\partial h_{t-3}}\cdots\frac{\partial h_2}{\partial h_1}\frac{\partial h_1}{\partial x_1}\frac{\partial x_1}{\partial U}$$

$$U(\text{new}) = U(\text{old}) + \eta\frac{\partial E}{\partial U}$$

在 BPTT 算法中，在所有时间步长 t 中还有一个隐藏约束，即 $V_t = V_{t-1}$；$W_t = W_{t-1}$；$U_t = U_{t-1}$。

12.4.2　计算参数的数量：一个示例

下面给出了计算 RNN 模型中参数数量的公式。

- 从输入层到隐藏层的权重数量：$\dim(U) = nm$
- 从隐藏层到下一个隐藏层的权重数量：$\dim(W) = n^2$
- 从隐藏层到输出层的权重数量：$\dim(V) = kn$

这里，

m=输入层的维度

n=隐藏层的维度

k=输出层的维度

$$\text{权重数量的总和} = nm + n^2 + kn$$

权重的数目不会根据时间步长而改变。在 RNN 模型中的所有 ANN 模型都共享相同的权重。下面看一下两个时间步长的 RNN 模型(见图 12.12)。

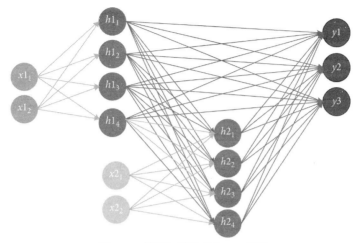

图 12.12　带两个时间步长的 RNN 模型

在图 12.12 的示例中：

- $m = 2$ (输入层的维度)
- $n = 4$ (隐藏层的维度)
- $k = 3$ (输出层的维度)
- 时间步长 $= 2$

模型中参数数量的总和为：

$$参数数量的总和 = nm + n^2 + kn$$
$$= 8 + 16 + 12 = 36$$

- 从输入层到隐藏层的权重数量：$\dim(U) = nm$ (见图 12.13)

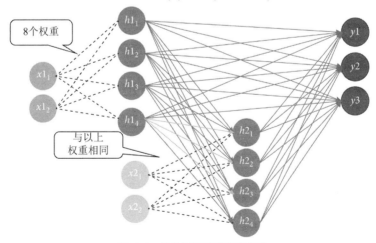

图 12.13　从输入层到隐藏层的权重

- 从隐藏层到下一个隐藏层的权重数量：$\dim(W) = n^2$ (见图 12.14)

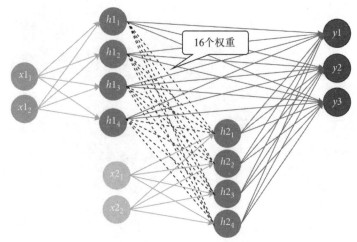

图 12.14　从隐藏层到下一个隐藏层的权重

● 从隐藏层到输出层的权重数量：$\dim(V) = kn$ (见图 12.15)

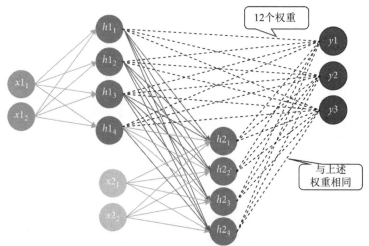

图 12.15　从隐藏层到输出层的权重

在前面的权重计算中没有加入偏置项(bias term)。如果在权重中加入偏置项，则权重参数总量的计算公式为：

$$(n+1)m + n^2 + (k+1)n$$

对于上述的 RNN 模型，权重参数的总量为：$3\times4 + 4\times4 + 5\times3 = 43$。

12.4.3　构建 RNN 模型的示例代码

在构建 RNN 模型时，我们需要设置时间步长以及隐藏节点的数量、输入形状等基本参数。需要添加简单的 RNN 层并设置这些参数。下面用代码实现前一节中的 RNN 示例，在输入层中设置 2

个节点，在隐藏层中设置 4 个节点，在输出层中设置 3 个节点。最后，时间步数设置为 2。具体代码如下所示。

```
model = Sequential()
model.add(SimpleRNN(4, use_bias=False, input_shape=(2,2)))
model.add(Dense(3, use_bias=False, activation='softmax'))
model.summary()
```

在上述代码中，SimpleRNN()函数是一个重要函数。该函数的定义如下：

```
SimpleRNN(hidden_nodes_count, input_shape=(time_steps,input_nodes))
```

上述代码的输出结果如表 12.6 所示。

表 12.6 上述 RNN 模型的输出结果

Layer (type)	Output Shape	Param #
simple_rnn_8 (SimpleRNN)	**(None**, 4)	24
dense_12 (Dense)	**(None**, 3)	12

```
Total params: 36
Trainable params: 36
Non-trainable params: 0
```

由于我们在权重中未使用偏置项，因此，在上述 RNN 模型中用了 36 个参数(权重)。下面在该 RNN 模型中加入偏置项，并查看参数(权重)的数量。

```
model = Sequential()
model.add(SimpleRNN(4, input_shape=(2,2)))
model.add(Dense(3, activation='softmax'))
model.summary()
```

上述代码的输出结果如表 12.7 所示。

表 12.7 带偏置项的 RNN 模型的摘要

Layer (type)	Output Shape	Param #
simple_rnn_11 (SimpleRNN)	**(None**, 4)	28
dense_15 (Dense)	**(None**, 3)	15

```
Total params: 43
Trainable params: 43
Non-trainable params: 0
```

从表 12.7 所示的输出结果中可以看到，参数的数量与我们使用公式进行的人工计算的结果是一致的。由于在模型中的各层存在共享权重，时间步长或序列长度不会影响参数的数量。如果我们把时间步长更改为 4，则 RNN 模型仍将产生 43 个参数。

```
model = Sequential()
model.add(SimpleRNN(4, input_shape=(4,2)))
```

```
model.add(Dense(3, activation='softmax'))
model.summary()
```

在上述代码中时间步长为 4。输出结果如表 12.8 所示。

表 12.8　时间步长为 4 的 RNN 模型的输出结果

Layer (type)	Output Shape	Param #
simple_rnn_14 (SimpleRNN)	(None, 4)	28
dense_18 (Dense)	(None, 3)	15

```
Total params: 43
Trainable params: 43
Non-trainable params: 0
```

12.4.4　使用 RNN 模型预测单词

我们利用人工构建了一个序列 ANN 堆栈已经处理过单词预测的案例，在该案例中模型的目标是预测第三个单词。使用 RNN 模型来实现单词预测时，只需要设置时间步长；ANN 堆栈将由 RNN 模型自动处理。需要将 word1 和 word2 作为输入数据，并构建一个时间步长为 2(time steps = 2)的 RNN 模型。以下代码用于数据准备。

```
word1_word2 = input_3gram[['word1','word2']]
for i in list(word1_word2.columns.values):
    word1_word2[i] = word1_word2[i].map(word_indices)
word1_word2=np.array(word1_word2)
word1_word2=np.reshape(word1_word2,(word1_word2.shape[0],2,1))
word1_word2_onehot = keras.utils.to_categorical(np.array(word1_word2), num_
classes=len(word_indices))
print("word1_word2_onehot shape", word1_word2_onehot.shape)
```

在上述代码中，我们尝试按列的方式添加 word1 和 word2，然后对它们进行重塑，接着对它们进行独热编码。最后，上述代码的结果为一个三维数组，包括 5351 行和 2 列，并且每列的值有 139 个维度(已经采用了独热编码方式)。上述代码的输出结果如下。

```
word1_word2_onehot shape (5351, 2, 139)
```

现在已经准备好了数据。我们在预测第三个单词时，其时间步长是 2。目标变量是第三个单词，该变量也采用了独热编码。

```
print("time steps" , word1_word2_onehot.shape[1])
print("Input nodes" , word1_word2_onehot.shape[2])
print("output nodes" , word3_onehot.shape[1])
```

上述代码的输出结果如下。

```
Time steps 2
Input nodes 139
output nodes 139
```

构建 RNN 模型的代码如下所示。

```
model_rnn = Sequential()
#model.add(SimpleRNN('number of hidden nodes in each rnn cell', input_
shape=(timesteps, input_data_dim)))

model_rnn.add(SimpleRNN(30, input_shape=(word1_word2_onehot.shape[1],
word1_ word2_onehot.shape[2])))

model_rnn.add(Dense(word3_onehot.shape[1], activation='softmax'))
model_rnn.summary()
```

在上述代码中，我们将时间步长设置为 1，每个时间步长设置 30 个隐藏节点。上述代码给出的模型摘要如表 12.9 所示。

表 12.9　由代码得到的模型摘要

Layer (type)	Output Shape	Param #
simple_rnn_5 (SimpleRNN)	**(None**, 30)	5100
dense_10 (Dense)	**(None**, 139)	4309

```
Total params: 9,409
Trainable params: 9,409
Non-trainable params: 0
```

下面开始编译和训练 RNN 模型。

```
##compile network
model_rnn.compile(loss='categorical_crossentropy', optimizer='adam', metrics=
['accuracy'])
##train the network
model_rnn.fit(word1_word2_onehot, word3_onehot, epochs=20)
```

模型的准确率取决于训练数据的规模。模型所用的数据只有 5000 条记录，且只有 139 个维度。用这样的数据是很难得到高准确率模型的。我们需要更多的数据来训练模型以使模型获得更高的准确率。但是，我们创建的这个模型会比以前采用的顺序 ANN 模型更好。训练模型的输出结果如下。

```
Train on 5351 samples
Epoch 1/20
5351/5351 [===] - 2s 322us/sample - loss: 3.7738 - accuracy: 0.2551
Epoch 2/20
5351/5351 [===] - 0s 86us/sample - loss: 2.8423 - accuracy: 0.4868
Epoch 3/20
5351/5351 [===] - 1s 94us/sample - loss: 2.3925 - accuracy: 0.5339
Epoch 4/20
5351/5351 [===] - 0s 85us/sample - loss: 2.0859 - accuracy: 0.5679
Epoch 5/20
5351/5351 [===] - 0s 81us/sample - loss: 1.8948 - accuracy: 0.5853
Epoch 6/20
5351/5351 [===] - 0s 80us/sample - loss: 1.7591 - accuracy: 0.6038
Epoch 7/20
5351/5351 [===] - 0s 81us/sample - loss: 1.6533 - accuracy: 0.6188
Epoch 8/20
5351/5351 [===] - 1s 101us/sample - loss: 1.5677 - accuracy: 0.6320
```

```
Epoch 9/20
5351/5351 [====] - 0s 80us/sample - loss: 1.4947 - accuracy: 0.6498
Epoch 10/20
5351/5351 [====] - 0s 80us/sample - loss: 1.4325 - accuracy: 0.6601
Epoch 11/20
5351/5351 [====] - 0s 88us/sample - loss: 1.3810 - accuracy: 0.6623
Epoch 12/20
5351/5351 [====] - 0s 89us/sample - loss: 1.3369 - accuracy: 0.6647
Epoch 13/20
5351/5351 [====] - 0s 87us/sample - loss: 1.3024 - accuracy: 0.6631
Epoch 14/20
5351/5351 [====] - 0s 73us/sample - loss: 1.2745 - accuracy: 0.6647
Epoch 15/20
5351/5351 [====] - 0s 67us/sample - loss: 1.2521 - accuracy: 0.6645
Epoch 16/20
5351/5351 [====] - 0s 62us/sample - loss: 1.2342 - accuracy: 0.6655
Epoch 17/20
5351/5351 [====] - 0s 73us/sample - loss: 1.2209 - accuracy: 0.6625
Epoch 18/20
5351/5351 [====] - 0s 69us/sample - loss: 1.2103 - accuracy: 0.6627
Epoch 19/20
5351/5351 [====] - 0s 66us/sample - loss: 1.2016 - accuracy: 0.6642
Epoch 20/20
5351/5351 [====] - 0s 62us/sample - loss: 1.1931 - accuracy: 0.6625
```

下面使用该模型预测结果。代码如下所示。

```
def rnn_word_pred(in_text):
    print("Input is - " , in_text)

    encoded = [word_indices[i] for i in in_text]
    encoded = np.array(encoded).reshape(1,2,1)

    encoded =keras.utils.to_categorical(np.array(encoded), num_classes=len
    (word_indices))
    ypred = model_rnn.predict_classes(encoded, verbose=0)[0]
    print("Output is --> " ,indices_words[ypred])
```

上述预测函数有 3 个关键步骤。首先将单词转换成索引值，然后将其重塑为 3D 的输入数据格式。最后，对输入数据进行独热编码，使其重塑后的形状为(1,2,139)。预处理后的输入数据将被传入 RNN 模型中，并在预测函数(rnn_word_pred)中使用。最后，输出的数值将在打印前转换为单词。rnn_word_pred 函数的输入值为两个单词的列表。下面给出了调用 rnn_word_pred 函数的几个示例。

```
rnn_word_pred(['love', 'it'])
rnn_word_pred(['love', 'to'])
rnn_word_pred(['love', 'the'])
```

上述代码的输出结果如下。

```
Input is -['love', 'it'] Output is -->when
Input is -['love', 'to'] Output is -->see
Input is -['love', 'the'] Output is -->way
```

从输出结果可以看到，该模型的预测结果与以前的模型一样好。再强调一下，模型的预测结果是依赖于训练数据的。到这里我们就结束了关于构建 RNN 模型的讨论。

12.5　使用 RNN 模型处理长序列

RNN 模型对于解决与序列数据相关的问题是有用的。在实际场景中，RNN 模型似乎无法预测长序列数据。在时间步长大于 10 的序列数据中，RNN 模型不能给出准确的预测结果。在表 12.10 中给出了 3 个句子。

表 12.10　长句子的示例

<u>My</u> heart was heavy because it was open, and so things filled it, and so things rushed out of it, but still, the heart kept beating, tough and frighteningly powerful and meaning to shrug off the rest of <u>me</u> and continue on its own.

<u>Her</u> heart was heavy because it was open, and so things filled it, and so things rushed out of it, but still, the heart kept beating, tough and frighteningly powerful and meaning to shrug off the rest of <u>her</u> and continue on its own.

<u>His</u> heart was heavy because it was open, and so things filled it, and so things rushed out of it, but still, the heart kept beating, tough and frighteningly powerful and meaning to shrug off the rest of <u>him</u> and continue on its own

表 12.10 中的 3 个句子是相似的，唯一不同的是主语。在第一个句子中，主语是 "me"；在第二个句子中，主语是 "her"；在第三个句子中，主语是 "him"。根据这个主语，我们需要改变预测方法。由于句子太长，依赖主语也很远，RNN 模型似乎无法预测这种长期依赖(long-term dependencies)关系。理论上，RNN 模型应该适用于任意长度的序列数据。但是，在实际应用中，基本 RNN 模型并不具有长期记忆的特性。我们将通过一个简单的示例来说明。我们将以长期依赖关系为例，验证 RNN 模型的效果。

12.5.1　案例研究: 预测组成下一个单词的字符

本案例与前几节的案例类似，都是在一个短序列数据中预测下一个单词。在 12.1 节中，我们讨论了在智能手机上输入一个句子的案例。当在智能手机上输入 "Can I have your number" 时，可以观察到实际的预测结果不是在单词级别上的，而是在字符级别上的。当我们输入一个字符时，可以在智能手机上看到预测的输出结果。在后台工作的模型是获取字符序列，并根据我们输入的字符来预测下一个字符序列。表 12.11 显示了智能手机的输入数据和预测的输出结果，这些预测结果作为输入字符的建议(推荐)。

表 12.11　基于输入的字符序列的预测输出结果

输入的字符序列	预测的结果
C	Clg, Ch, Can
Ca	CA, Can, Call
Can	Can't, Cannot, do, mail
Can (Can \<space\>)	number, name, own, not
Can I	Get, have, come

表 12.11 显示了预测结果的输出。每个人得到的预测结果是不同的。该模型是在字符级别上建立的，并基于输入字符的序列来预测。我们还将构建一个这样的字符级别的序列模型。通常，在字符级别的预测模型中，用于训练的输入序列是较长的。在字符级别的模型中，2 个或 3 个单词的集合将会形成一个长度为 10 到 20 的序列。例如，如果我们要预测 "Can I have your" 之后的下一个字符序列，那么输入序列的长度为 15(3+1+1+1+4+1+4)。注意，空格也是一个输入字符。

1. 研究目标和数据

本示例中使用的是三元模型(three-gram)数据，但是数据是通过精心选择的长度超过 15 个字符的三元模型构成。研究目标是将前 14 个字符序列作为输入数据，并预测构成一个单词的下一个字符序列。预测的目标是下一个单词，但这个单词预测是通过将字符排列成一个序列来进行的。字符级的输入数据和输出结果是该模型与前面案例中模型不同的地方。下面的代码用于导入该示例的数据并打印。

```
longseq_3gram = open(r'D:\Google Drive\Training\Book\0.Chapters\Chapter12
RNN and LSTM\5.Datasets\Long_sequence_3gram.csv').read().lower()
print(longseq_3gram[495:801])
print(longseq_3gram[30615:31000])
```

表 12.12 是上述代码的输出结果。

表 12.12 示例数据的输出结果

a,combination,of	and,according,to
a,combination,of	and,according,to
a,combination,of	and,according,to
a,combination,of	and,according,to
a,combination,of	and,according,to
a,combination,of	and,according,to
a,combination,of	and,according,to
a,combination,of	and,according,to
a,combination,of	and,according,to
a,combination,of	and,according,to
a,combination,of	and,addresses,of
a,combination,of	and,adherence,to
a,combination,of	and,advocates,for
a,combination,of	and,aerospace,engineering
a,combination,of	and,americans,do
a,combination,of	and,analyzing,the
a,combination,of	and,announced,he
a,combination,of	and,announced,he
	and,announced,plans
	and,announced,that
	and,announced,that
	and,annou

表 12.12 中的输出显示了数据集中的几个示例。下面将进入预处理步骤。我们需要创建一个字符到索引(character to indices)的字典并准备 X 数据(输入数据)和 y 数据(目标数据)。

2. 数据预处理

数据预处理包括几个步骤。首先使用下面的代码将逗号替换为空格。

```
longseq_3gram1= longseq_3gram.replace(',',' ').replace('\r','')
print(longseq_3gram1[495:750])
print(longseq_3gram1[30615:30800])
```

表 12.13 显示了上述代码的输出结果。

表 12.13　代码输出的结果

a combination of	and according to
a combination of	and according to
a combination of	and according to
a combination of	and according to
a combination of	and according to
a combination of	and according to
a combination of	and according to
a combination of	and according to
a combination of	and according to
a combination of	and according to
a combination of	
a combination of	
a combination of	
a combination of	
a combination of	

在该模型中,在准备字符到索引的字典时需要将每个字符映射到一个索引,代码如下所示。

```
#Unique characters in our dataset we then sort it
chars = sorted(list(set(longseq_3gram1)))
print("Unique Characters in the text \n ",chars)
chars.remove('\n')
print("\n Character after removing newline symbol \'\\n\'",chars)
print("\n overall chars count", len(chars))
```

在上述代码中,我们尝试为所有唯一字符计数。最后,在得到的字符中移除换行符 "\n"。上述代码的输出结果如下所示。

```
Unique Characters in the text
  ['\n', ' ', '"', '(', '-', '.', '/', '0', '1', '3', '7', '9', 'a', 'b', 'c',
'd', 'e', 'f', 'g', 'h', 'i', 'j', 'k', 'l', 'm', 'n', 'o', 'p', 'q', 'r', 's', 't', 'u',
'v', 'w', 'x', 'y', 'z']

Character after removing newline symbol '\n' [' ', '"', '(', '-', '.', '/', '0', '1', '3',
'7', '9', 'a', 'b', 'c', 'd', 'e', 'f', 'g', 'h', 'i', 'j',
'k', 'l', 'm', 'n', 'o', 'p', 'q', 'r', 's', 't', 'u', 'v', 'w', 'x', 'y', 'z']

Overall, the chars count is 37.
```

从输出结果中可以看到，在文本中共有 37 个唯一的字符。除了字母，文本中还有一些数字和符号。下面将使用如下代码创建字符到索引和索引到字符的字典。

```
char_indices = dict((c, i) for i, c in enumerate(chars))

print("characters to indices dictionary\n", char_indices)
indices_char = dict((i, c) for i, c in enumerate(chars))
print("indices to char dictionary\n", indices_char)
print('unique chars: ', {len(chars)})
```

在上述代码中，我们创建了两个字典。上述代码的输出结果如下。

```
characters to indices dictionary
{' ': 0, "'": 1, '(': 2, '-': 3, '.': 4, '/': 5, '0': 6, '1': 7, '3': 8, '7':
9, '9': 10, 'a': 11, 'b': 12, 'c': 13, 'd': 14, 'e': 15, 'f': 16, 'g': 17,
'h': 18, 'i': 19, 'j': 20, 'k': 21, 'l': 22, 'm': 23, 'n': 24, 'o': 25, 'p':
26, 'q': 27, 'r': 28, 's': 29, 't': 30, 'u': 31, 'v': 32, 'w': 33, 'x': 34,
'y': 35, 'z': 36}
indices to char dictionary
{0: ' ', 1: "'", 2: '(', 3: '-', 4: '.', 5: '/', 6: '0', 7: '1', 8: '3', 9:
'7', 10: '9', 11: 'a', 12: 'b', 13: 'c', 14: 'd', 15: 'e', 16: 'f', 17: 'g',
18: 'h', 19: 'i', 20: 'j', 21: 'k', 22: 'l', 23: 'm', 24: 'n', 25: 'o', 26:
'p', 27: 'q', 28: 'r', 29: 's', 30: 't', 31: 'u', 32: 'v', 33: 'w', 34: 'x',
35: 'y', 36: 'z'}
unique chars: {37}
```

从上述结果中可以快速地找出，"a"在 char_indices 字典中映射的结果为 11，而 11 在 indices_char 字典中映射到 "a"。下一步是对全部数据应用 char_indices 字典，并将其从字符序列转换为数字序列。我们已经从数据中删除了换行符；需要在每行的末尾添加空格来替代换行符。

```
data = longseq_3gram1.splitlines()
##Adding a space at the end
data = [i+' ' for i in data]

##mapping our data into numbers
sentences = [[char_indices[j] for j in i] for i in data ]
print(data[0], sentences[0])
print(data[10], sentences[1])
print(data[20], sentences[2])
print(data[100], sentences[3])
print(data[400], sentences[400])
print(data[4000], sentences[4000])
print(data[9000], sentences[9000])
##Number of sentences
print("Number of sentences ", len(sentences))
```

上述代码简单地利用 char_indices 字典将每个字符映射为一个数字。在上述代码中输出了一些实例，如下所示。

```
a bewildering array [11, 0, 12, 15, 33, 19, 22, 14, 15, 28, 19, 24, 17, 0,
11, 28, 28, 11, 35, 0]
a celebration of [11, 0, 12, 15, 24, 15, 16, 19, 13, 19, 11, 28, 35, 0, 25,
16, 0]
a co-director of [11, 0, 12, 15, 33, 19, 22, 14, 15, 28, 19, 24, 17, 0, 32,
```

```
11, 28, 19, 15, 30, 35, 0]
a declaration of [11, 0, 12, 19, 30, 30, 15, 28, 29, 33, 15, 15, 30, 0, 23,
25, 23, 15, 24, 30, 0]
a significant risk [11, 0, 29, 19, 17, 24, 19, 16, 19, 13, 11, 24, 30, 0,
28, 19, 29, 21, 0]
been designed as [12, 15, 15, 24, 0, 14, 15, 29, 19, 17, 24, 15, 14, 0, 11,
29, 0]
from anywhere on [16, 28, 25, 23, 0, 11, 24, 35, 33, 18, 15, 28, 15, 0, 25,
24, 0]
Number of sentences 30307
```

从上面的输出结果中可以看到与字符序列相对应的数字序列。每个句子都以 0 结尾，0 代表是空格。在数据中共有 30 207 个句子。我们需要将这些数据转换为适用于 RNN 模型的数据。在该案例中，我们希望通过一个 14 个字符的序列来预测下一个字符。RNN 模型的输入序列长度为 14，每次输出一个预测结果。

例如，以第一句话为例：

```
a bewildering array [11, 0, 12, 15, 33, 19, 22, 14, 15, 28, 19, 24, 17, 0,
11, 28, 28, 11, 35, 0]
```

上述数据不能直接在 RNN 模型中使用。我们需要将这些数据转换为输入数据为 14 个字符和输出数据为 1 个字符的格式，如表 12.14 所示。

表 12.14　输入序列为 14 个字符的输出结果

输入序列的长度为 14	输出结果
a bewildering [11, 0, 12, 15, 33, 19, 22, 14, 15, 28, 19, 24, 17, 0]	a [11]
bewildering a [0, 12, 15, 33, 19, 22, 14, 15, 28, 19, 24, 17, 0, 11]	r [28]
bewildering ar [12, 15, 33, 19, 22, 14, 15, 28, 19, 24, 17, 0, 11, 28]	r [28]
ewildering arr [15, 33, 19, 22, 14, 15, 28, 19, 24, 17, 0, 11, 28, 28]	a [11]
wildering arra [33, 19, 22, 14, 15, 28, 19, 24, 17, 0, 11, 28, 28, 11]	y [35]
ildering array [19, 22, 14, 15, 28, 19, 24, 17, 0, 11, 28, 28, 11, 35]	<space> []

一个长度为 20 的句子被转换成 6 个句子，每个句子包括成对的 14 个字符的输入数据和一个字符的输出数据。使用以下代码对所有句子重复上述转换过程。

```
Seq_ln = 14
X = []
y = []
for i in sentences:
    for j in range(len(i)-Seq_ln):
        X.append(i[j:j+Seq_ln])
        y.append(i[j+Seq_ln])
len(X), len(y)
```

上述代码的输出结果如下。

```
(142142, 142142)
```

从上面的输出结果可以看到，数据中的句子数量从原来的 30 307 个增加到 142 142 个。每个原始句子都差不多生成了 5 对新的 X 和 y。下面的代码用于输出示例中的部分数据。

```
print("data[0:2]=", data[0:2])
print("sentences[0:2]=", sentences[0:2])

for i in range (0,20):
    print("X[",i,"]=", X[i],"y[",i,"]=", y[i])
```

利用上述代码打印前两个句子以及转换后得到的相应 X 和 y 值的值。输出结果如下。

```
data[0:2]= ['a bewildering array ', 'a beneficiary of ']
sentences[0:2]= [[11, 0, 12, 15, 33, 19, 22, 14, 15, 28, 19, 24, 17, 0, 11,
28, 28, 11, 35, 0], [11, 0, 12, 15, 24, 15, 16, 19, 13, 19, 11, 28, 35, 0,
25, 16, 0]]

X[ 0]=[11, 0, 12, 15, 33, 19, 22, 14, 15, 28, 19, 24,17, 0]
y[ 0]=11

X[ 1]=[0, 12, 15, 33, 19, 22, 14, 15, 28, 19, 24, 17,0, 11]
y[ 1]=28

X[ 2 ]= [12, 15, 33, 19, 22, 14, 15, 28, 19, 24, 17, 0, 11, 28]
y[ 2 ]= 28

X[ 3]=[15, 33, 19, 22, 14, 15, 28, 19, 24, 17, 0,11, 28, 28]
y[ 3]=11

X[ 4]=[33, 19, 22, 14, 15, 28, 19, 24, 17, 0, 11,28, 28, 11]
y[ 4]=35

X[ 5 ]= [19, 22, 14, 15, 28, 19, 24, 17, 0, 11, 28, 28, 11, 35]
y[ 5 ]= 0
            ················································
X[ 18 ]= [0, 12, 19, 30, 30, 15, 28, 29, 33, 15, 15, 30, 0, 23]
y[ 18 ]= 25

X[ 19 ]= [12, 19, 30, 30, 15, 28, 29, 33, 15, 15, 30, 0, 23, 25]
y[ 19 ]= 23
```

从上述的输出结果中可以看到成对的 X 和 y 值。我们已经准备好构建模型的数据了。我们需要将数据进行一次独热编码，然后再构建 RNN 模型。下面给出了数据处理中最后一步的代码。

```
X=np.array(X)
```

```
X1=np.reshape(X,(X.shape[0],X.shape[1],1))
X1=keras.utils.to_categorical(np.array(X1), num_classes=len(char_indices))
print(X1.shape)

y1 = np.array(y)
y1 = keras.utils.to_categorical(np.array(y), num_classes=len(char_indices))
y1.shape

from sklearn.model_selection import train_test_split

X_train, X_test, y_train, y_test = train_test_split(X1, y1, test_size=0.20)
print(X_train.shape)
print(y_train.shape)
print(X_test.shape)
print(y_test.shape)
```

在上述代码中，我们重塑了 X 和 y 中的值，并对它们进行了独热编码。由于 RNN 模型期望数据具有特定的格式，因此，我们就将数据重塑为模型所需的格式。以下是数据重塑后的结果。

```
X_train.shape (113713, 14, 37)
y_train.shape (113713, 37)
X_test.shape (28429, 14, 37)
y_test.shape (28429, 37)
```

我们已经完成了数据预处理；下面将继续构建 RNN 模型。

3. 构建模型

在构建 RNN 模型时，我们需要设置时间步长(time steps)和隐藏节点数两个参数。下面给出了构建模型的代码。

```
model_RNN2 = Sequential()
##model.add(SimpleRNN('number of hidden nodes in each rnn cell', input_
shape=(timesteps, data_dim)))
model_RNN2.add(SimpleRNN(16, input_shape=(X_train.shape[1], X_train.shape[2])))
model_RNN2.add(Dense(len(char_indices)))
model_RNN2.add(Activation('softmax'))
model_RNN2.summary()
```

从上述代码中可以看到，模型使用了 16 个隐藏节点。表 12.15 显示了该代码的输出结果。

表 12.15　模型摘要

Layer (type)	Output Shape	Param #
simple_rnn_4 (SimpleRNN)	(None, 16)	864
dense_9 (Dense)	(None, 37)	629
activation_1 (Activation)	(None, 37)	0

```
Total params: 1493
Trainable params: 1493
Non-trainable params: 0
```

下面编译和训练该模型。

```
model_RNN2.compile(loss='categorical_crossentropy', optimizer='adam', metrics=
['accuracy'])
model_RNN2.fit(X_train, y_train, epochs=30, verbose=1, validation_data=
(X_test, y_test))
model_RNN2.save_weights("char_rnn_model_weights_v1.hdf5")
```

模型训练了 30 个 epoch(周期)，并将其结果保存在模型的权重文件中。下面给出了上述代码的
输出结果。

```
Train on 113713 samples, validate on 28429 samples
Epoch 1/30
113713/113713 [====] - 18s 162us/sample - loss: 2.2410 - accuracy: 0.3640 -
val_loss: 1.9614 - val_accuracy: 0.4336
Epoch 2/30
113713/113713 [====] - 20s 177us/sample - loss: 1.9063 - accuracy: 0.4417 -
val_loss: 1.8585 - val_accuracy: 0.4537
Epoch 3/30
113713/113713 [====] - 17s 148us/sample - loss: 1.8317 - accuracy: 0.4590 -
val_loss: 1.8051 - val_accuracy: 0.4646
Epoch 4/30
113713/113713 [====] - 17s 148us/sample - loss: 1.7849 - accuracy: 0.4691 -
val_loss: 1.7657 - val_accuracy: 0.4772
Epoch 5/30
113713/113713 [====] - 17s 147us/sample - loss: 1.7547 - accuracy: 0.4740 -
val_loss: 1.7435 - val_accuracy: 0.4801
Epoch 6/30
113713/113713 [====] - 18s 162us/sample - loss: 1.7343 - accuracy: 0.4809 -
val_loss: 1.7272 - val_accuracy: 0.4838
Epoch 7/30
113713/113713 [====] - 17s 149us/sample - loss: 1.7194 - accuracy: 0.4851 -
val_loss: 1.7180 - val_accuracy: 0.4873
====================================================
Epoch 25/30
113713/113713 [====] - 17s 153us/sample- loss:1.6448- accuracy:0.5093-
val_loss: 1.6531 - val_accuracy: 0.5123
Epoch 26/30
113713/113713 [====] - 17s 152us/sample- loss:1.6433- accuracy:0.5096-
val_loss: 1.6520 - val_accuracy: 0.4987
Epoch 27/30
113713/113713 [====] - 17s 148us/sample- loss:1.6422- accuracy:0.5108-
val_loss: 1.6463 - val_accuracy: 0.5101
Epoch 28/30
113713/113713 [====] - 18s 156us/sample- loss:1.6404- accuracy:0.5112-
val_loss: 1.6424 - val_accuracy: 0.5103
Epoch 29/30
113713/113713 [====] - 17s 151us/sample- loss:1.6392- accuracy:0.5107-
val_loss: 1.6472 - val_accuracy: 0.5026
Epoch 30/30
113713/113713 [====] - 18s 156us/sample- loss:1.6381- accuracy:0.5114-
val_loss: 1.6422 - val_accuracy: 0.5080
```

从上面的输出结果中看到，模型在达到 51%的准确率后并没有再得到改善。即使模型再训
练 10 个 Epoch(周期)，模型的准确率也不会出现任何改进。下面给出了加载权重文件并继续训练模
型的代码。

```
weightsfile_model_RNN2= "char_rnn_model_weights_v1.hdf5"
model_RNN2.load_weights(weightsfile_model_RNN2)

##compile network
model_RNN2.compile(loss='categorical_crossentropy', optimizer='adam', metrics=
['accuracy'])
##fit network
model_RNN2.fit(X_train, y_train, epochs=10, verbose=1)
```

上述代码的输出结果如下。

```
Train on 113713 samples
Epoch 1/10
113713/113713 [====]- 18s 159us/sample- loss:1.6371- accuracy:0.5116
Epoch 2/10
113713/113713 [====]- 16s 139us/sample- loss:1.6357- accuracy:0.5127
Epoch 3/10
113713/113713 [====]- 17s 153us/sample- loss:1.6348- accuracy:0.5127
Epoch 4/10
113713/113713 [====]- 17s 153us/sample- loss:1.6341- accuracy:0.5120
Epoch 5/10
113713/113713 [====]- 17s 147us/sample- loss:1.6326- accuracy:0.5134
Epoch 6/10
113713/113713 [====]- 19s 167us/sample- loss:1.6323- accuracy:0.5130
Epoch 7/10
113713/113713 [====]- 20s 177us/sample- loss:1.6317- accuracy:0.5129
Epoch 8/10
113713/113713 [====]- 19s 165us/sample- loss:1.6303- accuracy:0.5138
Epoch 9/10
113713/113713 [====]- 16s 145us/sample- loss:1.6305- accuracy:0.5140
Epoch 10/10
113713/113713 [====]- 16s 139us/sample- loss:1.6296- accuracy:0.5131
```

下一节将利用该模型进行预测。

4. 预测

我们需要编写预测函数，预测函数用于将输入的字符转换为相应的数字。接着，利用转换后的数字来获取预测结果，最后将预测结果转换为字符作为最终的输出结果。我们要编写的预测函数，它不仅能预测一个字符，还能预测一个构成一个单词的字符序列。预测函数将循环执行对字符的预测，直到程序遇到一个空格结束循环，空格就标志一个单词的结束。下面给出了预测函数的代码。

```
##函数准备测试输入
def prepare_input(in_text):
    X1 = np. array([char_indices[i] for i in in_text]).reshape(1,14,1)
    X1=keras.utils.to_categorical(np.array(X1), num_classes=len(char_indices))
    return(X1)
##函数执行对字符的预测
def complete_pred(in_text):
    #original_text = in_text
    #generated = in_text
    completion = ''
    while True:
        x = prepare_input(in_text)
```

```
pred = model_RNN2.predict_classes(x, verbose=0)[0]

next_char = indices_char[pred]

in_text = in_text[1:] + next_char
completion += next_char

if len(completion)> 20 or next_char == ' ':
    return completion
```

在上面的代码中，可以看到两个函数。prepare_input 函数用于将字符转换到索引值(数字)，complete_pred 函数为给定的字符序列预测结果。下面利用上述函数进行预测。

```
in_text = 'officials say '
out_word = complete_pred(in_text)
print("Input text -->", in_text, "\npredicted word ---> ", out_word)
in_text = 'how dangerous '
out_word = complete_pred(in_text)
print("Input text -->", in_text, "\npredicted output ---> ", out_word)
in_text = 'political and '
out_word = complete_pred(in_text)
print("Input text -->", in_text, "\npredicted output ---> ", out_word)
in_text = 'whatever they '
out_word = complete_pred(in_text)
print("Input text -->", in_text, "\npredicted output ---> ", out_word)
in_text = 'of particular '
out_word = complete_pred(in_text)
print("Input text -->", in_text, "\npredicted output ---> ", out_word)
```

上述代码的输出结果如下。

```
Input text --> officials say
predicted word ---> to

Input text --> how dangerous
predicted output --->of

Input text --> political and
predicted output --->the

Input text --> whatever they
predicted output --->the

Input text --> of particular
predicted output --->to
```

从上述输出结果可以看到，几乎所有的预测结果都是简单的单词—— 如 to、of、the 等，这些单词是数据中出现频率最高的；这些单词也被称为停用词。RNN 模型对于给定的字符序列只能预测出停用词。对于该数据集来说，使用 RNN 构建模型的方案是失败的。之所以不能在该数据集上使用 RNN 建模，其原因是序列数据的长度为 14。在实际应用中，当序列数据的长度大于 10 时，RNN 模型通常是失效的。这次建模失败的原因是什么呢？我们将在下一节中讨论。

12.5.2　梯度消失问题

在实际应用中，RNN 模型不能用于学习长序列，其原因是梯度消失问题。在前面的内容中讨论过多个隐藏层的深度神经网络的梯度消失问题。权重的变化是基于梯度值的。在深度神经网络的案例中，如果在接近输出层时梯度值已经很小了，那么在反向传播过程中，我们将用更小的数值乘以这些小值。这样乘积将导致初始层的梯度值几乎可以忽略不计。由于梯度值已经非常小，因此，权重不会有任何的改善。这样的问题被称为梯度消失问题(见图 12.16)。

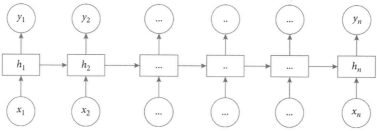

图 12.16　一个长链的基本 RNN 模型

在图 12.16 中，由于 x_1 与 y_n 之间的距离较远，因此，基本的 RNN 模型可能很难基于 x_1 的值预测 y_n 的值。sigmoid 的导数在两端为 0(当 sigmoid 接近 0 或 1 时)。如果后续的时间梯度值已经很低，矩阵中的值也很小，并且进行了多次矩阵乘法(时间戳从 n 到 1)，那么梯度值会以指数级的速度减少，在几个时间步长后梯度值将完全消失。来自"遥远"时间步长的梯度贡献变为 0，在这些步长处的值对模型的学习没有贡献。最终，该模型只捕获了短期依赖关系。在实践中，RNN 模型面临的困难是捕获超过 10 个步长的依赖关系。但是，从理论上讲，这个数字 10 并没有被证明，只是在处理实际问题时观察到了 RNN 模型不适用于超过 10 个时间步长的序列数据。表 12.16 给出了梯度消失问题的数学推导。

表 12.16　梯度消失问题的数学推导

$h_t = g(Ux_t + Wh_{t-1})$	激活和前馈
$h_t = g(Wh_{t-1})$	现在只关注 h，暂时忽略 x
$\dfrac{dh_t}{dh_{t-1}} \propto W$	由于 h_t 是 h_{t-1} 的函数
$\dfrac{dh_t}{dh_0} \propto W^t$	链式法则
$\dfrac{dE}{dh_0} = \dfrac{dE}{dh_t}\dfrac{dh_t}{dh_0}$	E 是最终的误差函数
$\dfrac{dE}{dh_0} = W^t\dfrac{dE}{dh_t}$	由于 $\dfrac{dh_t}{dh_0} \propto W^t$
$\dfrac{dE}{dh_0} = W^{t-1}\lambda\dfrac{dE}{dh_t}$	$W\dfrac{dE}{dh_t} = \lambda\dfrac{dE}{dh_t}$，这里，$\lambda$ 是 W 矩阵的特征值
$\dfrac{dE}{dh_0} = W^{t-1}\lambda\dfrac{dE}{dh_t} = W^{t-2}\lambda^2$	$\dfrac{dE}{dh_t} = W^{t-3}\lambda^3\dfrac{dE}{dh_t} = ...W^{t-k}\lambda^k\dfrac{dE}{dh^t}... = \lambda^t\dfrac{dE}{dh_t}$

如果时间步长 t 的值很大，如果 $\lambda < 1$，则梯度将消失；否则，将出现梯度爆炸

有办法解决这个梯度消失问题吗？我们是否可以对基本 RNN 模型做一些调整，使其能胜任在长序列数据上建模？在接下来的内容中将看到一些解决方案。

12.6 长短期记忆模型

长短期记忆(LongShort-Term Memory，LSTM)模型是基于对基本 RNN 模型进行一些修改来创建的。RNN 模型不具备长期记忆性，因此，我们为其添加了一些特性来使它记住长期依赖关系。图 12.17 显示了基本 RNN 模型的网络图。

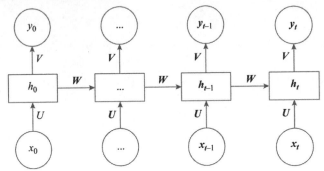

图 12.17 基本 RNN 模型的网络图

在上述 RNN 模型中，模型中间有一个隐藏状态。在时间 t 处的隐藏状态依赖于时间 $t-1$ 处的隐藏状态，时间 $t-1$ 处的隐藏状态依赖于 $t-2$，以此类推。我们将在基本 RNN 模型中添加一个状态，该状态被称为单元状态(cell state)。

在前面介绍的模型中，网络中的信息都是通过隐藏状态存储的。现在，我们又在网络中加入了一个信息存储项，称为"单元状态"。单元状态就像一条传送带，贯穿整个网络，它就像隐藏状态是一组隐藏节点一样，我们可以将一个单元状态想象成一组节点，这些节点与隐藏节点相似，但携带不同的信息。利用网络预测结果时，同时使用单元状态和隐藏状态中的信息。我们可以把隐藏状态称为短期记忆状态，把单元状态称为长期记忆状态。我们可以重新绘制图 12.18，标注这两个状态。

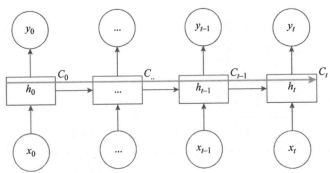

图 12.18 带单元状态的 RNN 模型

在图 12.19 中，隐藏状态 h_t 对应于短期记忆(STM)。单元状态 C_t 对应于长期记忆(LTM)。将这两者结合在一起就构成了长短期记忆(LSTM)。我们已经讨论过 h_t；h_t 只是基本 ANN 中的一个隐藏层。下面将讨论长短期记忆组件。

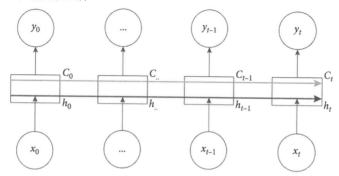

图 12.19　带单元状态和隐藏状态的 RNN 模型

12.6.1　LSTM 的控制门

单元状态用于记录一些信息，它比隐藏状态复杂得多。下面以一个 LSTM 单元为例来介绍 LSTM 建立的 3 个主要原则。

(1) 在构建序列模型时，不需要将所有信息移到下一个时间步长中。可以忘记一些不必要的信息。当然，这些都取决于训练数据。

(2) 在构建序列模型时，不需要考虑每个时间步长的所有信息。我们可以限制被写入记忆单元的信息量。这些也是基于历史的训练数据决定是否将全部信息写入记忆单元。

(3) 在构建序列模型时，不需要在每一个时间步长都从记忆单元输出完整的信息。根据时间步长，我们可能希望限制从记忆单元中读取的数据量。这依然是基于历史的训练数据来决定可以从特定记忆单元读取多少信息。

为了合并上述这 3 点，我们在记忆单元中添加了更多的节点。每个单元中都有隐藏节点和输入节点。我们在每个单元中合并上述三点原则。第一点是关于遗忘或保留来自上一个单元的信息。

1. 遗忘门

用于控制遗忘和保留来自以前单元状态的信息。基于当前的输入数据，我们需要决定有多少信息应该从上一个单元状态转到当前的单元状态。

在图 12.20 中，我们像往常一样将 x_t 追加到 h_{t-1} 节点上，这些节点已经传递到下一个时间步长的隐藏节点。该步骤是短期记忆部分关注的。我们现在获取 x_t 和 h_{t-1} 节点的副本，并为它们分配新的权重。我们将这些节点称为 set-1 节点。对 set-1 节点应用 Sigmoid 函数后，我们将这些节点与处于单元状态的节点相乘。在单元状态上不使用挤压激活函数(如 Sigmoid 或 Tanh)；这是跨越许多时间步长的信息流的关键。通过将单元状态与 set-1 节点的权重应用 Sigmoid 函数后的结果相乘，我们将从单元状态中删除或保留一些信息。这组新的权重将帮助我们"遗忘或保留一些信息"。set-1 节点权重决定要忘记或保留的信息量，权重是基于训练数据确定的。将单元状态与 set-1 节点应用 Sigmoid 函数后的结果相乘称为遗忘门(forget gate)。这些与 set-1 节点相关联的权重称为遗忘门权重

(forget gate weights)。在 LSTM 模型中还有其他门。我们需要注意的是，在模型中第一个应用的是遗忘门，当前单元状态是基于遗忘门和其他门计算的(见表 12.17)。

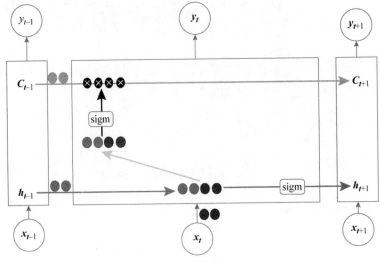

图 12.20 遗忘门

表 12.17 遗忘门的方程

$f = \sigma(x_t U^f + h_{t-1} W^f)$	与遗忘门相关的权重
$C_t = C_{t-1} \circ f$	更新单元状态
$h_t = \sigma(x_t U + h_{t-1} W)$	正则化权重 U 和 W

2. 输入门

第二个构建 LSTM 模型的原则是关于在单元状态中写入有限数量的信息。我们可能不需要在当前单元状态中写入完整的信息。基于上下文，我们可以写入全部信息或部分信息。该输入门用于控制对记忆单元的写入。在输入单元上使用 sigmoid 保持对输入的控制。如果在输入门处的 sigmoid 值为 0，则拒绝向记忆单元写入信息；如果为 1，则允许向记忆单元写入信息。这个门也称为写入门。输入门决定需要从当前时间步长中将多少信息写入单元状态。输入门控制进入单元状态的信息流。这里还有一个问题我们需要回答。应该在单元状态中写入哪些信息呢？我们还需要在单元状态中提供需要更新的"what"信息。遗忘门应用于单元状态。输入门用于输入信息。当前单元的输入是 x_t 和 h_{t-1}。输入门应用到当前的输入单元中。稍后，它将被添加、写入或者追加到单元状态。

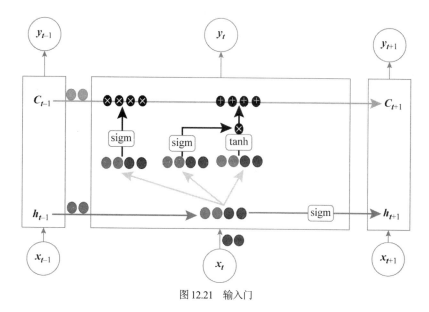

图 12.21　输入门

在图 12.21 中，输入门控制要写入的信息量。它是当前输入单元与前面的隐藏状态值的乘积。接着，将乘积追加到单元状态中。与遗忘门不同，输入门的结果将被添加到单元状态中，如表 12.18 所示。

表 12.18　输入门和遗忘门的方程

$f = \sigma(x_t U^f + h_{t-1} W^f)$	与遗忘门相关的权重
$C_t = C_{t-1} \circ f$	更新单元状态
$i = \sigma(x_t U^i + h_{t-1} W^i)$	与输入门相关的权重
$g = \tanh(x_t U^g + h_{t-1} W^g)$	与当前输入更新相关的权重
$C_t = C_{t-1} \circ f + g \circ i$	将当前输入写入单元状态
$h_t = \sigma(x_t U + h_{t-1} W)$	正则化权重 U 和 W

到目前为止，我们有 3 组权重：遗忘门权重(U^f, W^f)、输入门权重(U^i, W^i)和输入信息权重(U^g, W^g)；权重数量将是传统 RNN 模型的 4 倍。

3. 输出门

LSTM 的第三个重要思想是"我们不需要将所有信息从当前的隐藏状态输出到下一个隐藏状态"，根据单元状态，我们可以决定有多少信息输出到下一层。可以添加一个输出门，它将和当前隐藏状态的输出相乘。

在图 12.22 中可以看到，最终输出门输出的值与单元状态相乘，并将结果发送到下一个记忆单元。该输出的副本被发送到当前输出 y_t。

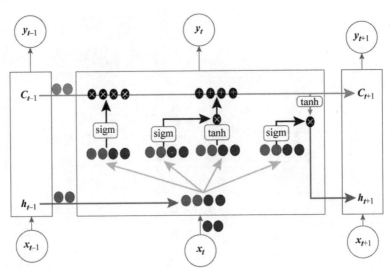

图 12.22 输出门

可以从表 12.19 的 LSTM 方程中看到，LSTM 单元中的权重数量是基本 RNN 模型的 4 倍。需要留意的是，在所有的隐藏节点和输入节点上都有 Sigmoid 或 Tanh 挤压函数，但在单元状态上没有使用 Sigmoid 函数。单元状态直接进入下一个单元。我们可以说，这个单元状态有一个权重为 1(weights=1)的线性激活函数。线性激活函数将确保模型没有梯度消失的问题。这也被称为常量误差传递(Constant Error Carousal，CEC)。在尝试用 LSTM 解决实际问题时，LSTM 模型可以用于学习 1000 个时间步长的序列数据。

表 12.19 LSTM 的方程

$f = \sigma(x_t U^f + h_{t-1} W^f)$	与遗忘门相关的权重
$C_t = C_{t-1} \circ f$	更新单元状态
$i = \sigma(x_t U^i + h_{t-1} W^i)$	与输入门相关的权重
$g = \tanh(x_t U^g + h_{t-1} W^g)$	与当前输入更新相关的权重
$C_t = C_{t-1} \circ f + g \circ i$	将当前输入写入单元状态
$O = \sigma(x_t U^o + h_{t-1} W^o)$	与输出门相关的权重
$h_t = \tanh(C_t) \circ O$	记忆单元的最终输出结果

LSTM 是一个创新的模型，其架构有些复杂。理解这些控制门及其功能需要一些时间。LSTM 记忆单元的最终表示如图 12.23 所示。

LSTM 单元有多种表示形式。图 12.24 显示了另一种表示记忆单元的方法。

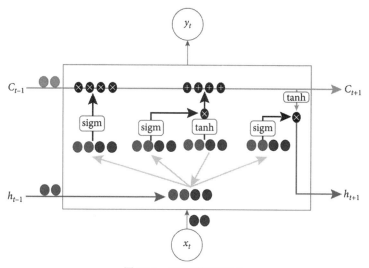

图 12.23　LSTM 的记忆单元

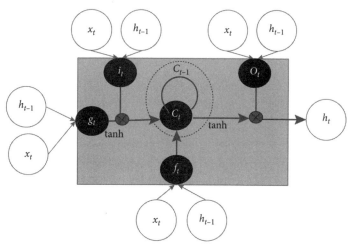

图 12.24　LSTM 记忆单元的另一种表示方法

图 12.25 显示了另一种 LSTM 网络的表示方法。

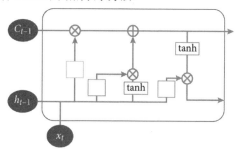

图 12.25　LSTM 网络的另一种表示方法

12.6.2 直观理解 LSTM

考虑下面以 Jim 开头的句子。我们需要预测序列中的下一个单词。在该句子的下方可以看到一些训练数据的样本。

Predict next word
- Jim is a software engineer. He works for an IT company. Lynda is a teacher.

————————————

Training data examples
- "Lynda was late that day. She apologized."
- "Lynda's alarm goes off at 5 am. She gets up early."
- "Jim told Lynda – 'you have such beautiful eyes.' Lynda smiled at him. She continued to walk."
- "Jim is a software engineer. He works for an IT company. Lynda is a teacher. She teaches in a school."
- "Lynda likes exploring new cities. She traveled to Paris last month."
- "Lynda got a promotion last month. She got a good pay hike."

为了便于理解，我们可以把单元状态看成一个包含句子当前主语的盒子，比如 Jim 或 Lynda。我们要用 LSTM 模型预测下一个单词。下面让我们看看 LSTM 模型是如何处理这些数据的。

遗忘门：为了预测单词，首先，我们需要忘记主语"Jim"。遗忘门负责从句子中擦除主语"Jim"。我们如何指示遗忘门精确地删除主语呢？它是基于训练数据完成的。如果训练数据中有许多这样的例子支持主语中的这种类型的变化，那么遗忘门权重将在这些示例上训练。这种类型的训练数据将确保遗忘门在到达第二个句子时擦除主语。遗忘门也被称为保留门。

输入门：在擦除 Jim 后，我们需要将一个新的主语 Lynda 写入单元记忆中。输入门负责将新主语写入单元状态。同样，我们如何确保输入门只写入这些信息？为什么它不像遗忘门一样删除信息？LSTM 中的公式是这样的，输入门将只写入信息。输入门不能从单元状态中删除任何信息。我们可以观察到单元状态和输入门之间的最终操作；输入门是加法操作。遗忘门的操作是乘法。输入门将添加新的信息。如果没有信息，则什么都不会添加。在训练过程中，模型将根据输入数据决定输入门的权重，这些权重最终决定是否将新的主语 Lynda 添加到单元状态中。输入门也被称为写入门。

输出门：在从单元状态中删除 Jim 之后，我们将 Lynda 添加到单元状态中。现在，输出什么呢？是"her"是"she"还是"Lynda"？输出结果仍然应该根据历史数据决定。我们需要再增加一个门，它决定什么信息应该输出。输出门根据当前输入和处于单元状态的对象来处理确切需要输出的内容。输出门也被称为读入门。

这 3 个控制门加在一起会预测下一个单词是"She"。但是，这个预测结果完全取决于训练数据。预测结果不能保证每次都是"She"。对于不同的数据集，预测可以是"Her"。利用 LSTM 记忆单元，我们为该模型创建了足够的参数，以准确地运行和预测。

单元状态：如果主语 Lynda 没有被遗忘门删除，它将自动进入下一个记忆单元。这种直接加入单元的信息有助于 LSTM 模型记录长期依赖关系。

在了解 LSTM 模型的同时，一个总是出现在我们脑海中的问题是—— 遗忘门是如何执行遗忘任务的？输入门是如何完成输入任务的？此外，输出门如何只对输出进行操作？如果我们看看 LSTM 的公式(见表 12.20)，就可以一目了然了。

表 12.20　LSTM 的公式

$f = \sigma(x_t U^f + h_{t-1} W^f)$	与遗忘门相关的权重
$C_t = C_{t-1} \circ f$	遗忘门更新前一个单元状态。这就像乘以一个 0~1 的数值。如果遗忘门的值接近于 0，则在单元中移除该信息。遗忘门被应用到单元状态中
$i = \sigma(x_t U^i + h_{t-1} W^i)$	与输入门相关的权重
$g = \tanh(x_t U^g + h_{t-1} W^g)$	与当前信息更新相关的权重
$C_t = C_{t-1} \circ f + g \circ i$	追加信息。输入门被应用到当前单元的输入。输入门的结果后续将添加到单元状态中。输入门不能处理遗忘任务
$O = \sigma(x_t U^o + h_{t-1} W^o)$	与输出门相关的权重
$h_t = \tanh(C_t) \circ O$	输出门被应用到最后的单元状态和当前的输出。输出门不能向单元状态写入信息。利用该公式，我们只能读取单元状态中的信息

12.6.3　应用 LSTM 的案例研究

在前面预测下一个字符的案例中，我们使用了基本的 RNN 模型，但 RNN 模型不适用于该案例。现在将在相同的数据上构建 LSTM 模型。下面给出了构建 LSTM 模型的代码。

```
model_LSTM = Sequential()
model_LSTM.add(LSTM(128, input_shape=(X_train.shape[1], X_train.shape[2])))
model_LSTM.add(Dense(len(char_indices)))
model_LSTM.add(Activation('softmax'))
model_LSTM.summary()
```

表 12.21 显示了上述代码的输出结果。

表 12.21　代码的输出结果

Layer (type)	Output Shape	Param #
lstm_2 (LSTM)	(None, 128)	84992
dense_21 (Dense)	(None, 37)	4773
activation_5 (Activation)	(None, 37)	0

```
Total params: 89,765
Trainable params: 89,765
Non-trainable params: 0
```

编译和训练模型的代码如下。

```
model_LSTM.compile(loss='categorical_crossentropy', optimizer='adam',
metrics=['accuracy'])
model_LSTM.fit(X_train, y_train, epochs=30, verbose=1)
```

```
model_LSTM.save_weights("char_LSTM_model_weights_v1.hdf5")
```

上述代码的输出结果如下。

```
Train on 113713 samples
Epoch 1/30
113713/113713[====]- 46s 404us/sample - loss: 0.6394 - accuracy: 0.7976
Epoch 2/30
113713/113713[====]- 45s 397us/sample - loss: 0.6268 - accuracy: 0.8018
Epoch 3/30
113713/113713[====]-45s 396us/sample- loss:0.6201- accuracy:0.8030
Epoch 4/30
113713/113713[====]-45s 400us/sample- loss:0.6136- accuracy:0.8047
Epoch 5/30
113713/113713[====]-44s 388us/sample- loss:0.6062- accuracy:0.8063
Epoch 6/30
113713/113713[====]-46s 402us/sample- loss:0.5993- accuracy:0.8089
Epoch 7/30
113713/113713[====]-46s 401us/sample- loss:0.5944- accuracy:0.8091
Epoch 8/30
113713/113713[====]-46s 406us/sample- loss:0.5897- accuracy:0.8118
Epoch 9/30
113713/113713[====]-44s 388us/sample- loss:0.5845- accuracy:0.8115
Epoch 10/30
113713/113713[====]-43s 377us/sample- loss:0.5785- accuracy:0.8145
Epoch 11/30
113713/113713[====]-43s 374us/sample- loss:0.5753- accuracy:0.8146
Epoch 12/30
113713/113713[====]-43s 380us/sample- loss:0.5713- accuracy:0.8163
Epoch 13/30
113713/113713[====]-45s 396us/sample- loss:0.5684- accuracy:0.8173
Epoch 14/30
113713/113713[====]-44s 390us/sample- loss:0.5652- accuracy:0.8176
Epoch 15/30
113713/113713[====]-42s 366us/sample- loss:0.5598- accuracy:0.8199
Epoch 16/30
113713/113713[====]-42s 374us/sample- loss:0.5588- accuracy:0.8189
Epoch 17/30
113713/113713[====]-45s 396us/sample- loss:0.5526- accuracy:0.8205
Epoch 18/30
113713/113713[====]-42s 367us/sample- loss:0.5531- accuracy:0.8207~
Epoch 19/30
113713/113713[====]-42s 372us/sample- loss:0.5486- accuracy:0.8216
Epoch 20/30
113713/113713[====]-42s 370us/sample- loss:0.5453- accuracy:0.8232
Epoch 21/30
113713/113713[====]-44s 390us/sample- loss:0.5416- accuracy:0.8235
Epoch 22/30
113713/113713[====]-42s 370us/sample- loss:0.5426- accuracy:0.8222
Epoch 23/30
113713/113713[====]-41s 364us/sample- loss:0.5363- accuracy:0.8254
Epoch 24/30
113713/113713[====]-42s 368us/sample- loss:0.5358- accuracy:0.8254
Epoch 25/30
113713/113713[====]-42s 365us/sample- loss:0.5338- accuracy:0.8266-
```

```
Epoch 26/30
113713/113713[====]-42s 366us/sample- loss:0.5322- accuracy:0.8255
Epoch 27/30
113713/113713[====]-43s 379us/sample- loss:0.5306- accuracy:0.8262
Epoch 28/30
113713/113713[====]-41s 365us/sample- loss:0.5266- accuracy:0.8275
Epoch 29/30
113713/113713[====]-42s 366us/sample- loss:0.5269- accuracy:0.8275
Epoch 30/30
113713/113713[====]-44s 384us/sample- loss:0.5250- accuracy:0.8274
```

在相同的数据集上，该模型的准确率为 80%；RNN 模型在该数据集上的准确率只有 50%。下面将采用该模型进行预测。模型的预测过程是每次预测一个字符，直到字符中出现了空格停止预测。这些字符序列将构成预测单词。

```python
#function to prepare test input
def prepare_input1(in_text):
    X1 = np.array([char_indices[i] for i in in_text]).reshape(1,14,1)
    X1= keras.utils.to_categorical(np.array(X1), num_classes=len(char_indices))
    return(X1)
#function to loop our preditions
def complete_pred1(in_text):
    #original_text = in_text
    #generated = in_text
    completion = ''
    while True:
        x = prepare_input1(in_text)
        pred = model_LSTM.predict_classes(x, verbose=0)[0]
        next_char = indices_char[pred]

        in_text = in_text[1:] + next_char
        completion += next_char

        if len(completion)> 20 or next_char == ' ':
            return completion
```

利用上述函数预测一些测试数据。

```python
in_text = 'the emergence '
out_word = complete_pred1(in_text)
print("Input text -->", in_text, "; predicted output ---> ", out_word)


in_text = 'officials say '
out_word = complete_pred1(in_text)
print("Input text -->", in_text, "; predicted output ---> ", out_word)


in_text = 'and sentenced '
out_word = complete_pred1(in_text)
print("Input text -->", in_text, "; predicted output ---> ", out_word)


in_text = 'a combination '
out_word = complete_pred1(in_text)
print("Input text -->", in_text, "; predicted output ---> ", out_word)
```

```
in_text = 'and according '
out_word = complete_pred1(in_text)
print("Input text -->", in_text, "; predicted output ---> ", out_word)
```

上述代码的输出结果如下。

```
Input text --> the emergence ; predicted output --->of
Input text --> officials say ; predicted output --->they
Input text --> and sentenced ; predicted output --->to
Input text --> a combination ; predicted output --->of
Input text --> and according ; predicted output --->to
```

我们将列举一些测试用例，并分别使用 RNN 和 LSTM 模型来预测。这样有助于帮助对比 RNN 模型和 LSTM 模型的效果。利用 RNN 模型和 LSTM 模型预测，代码如下所示。

```
in_text = 'how dangerous '
out_word = complete_pred1(in_text)
print("Input text -->", in_text, "\nLSTM Prediction ---> ", out_word)
out_word1 = complete_pred(in_text)
print("RNN Prediction ---> ", out_word1)
print("\n")
in_text = 'political and '
out_word = complete_pred1(in_text)
print("Input text -->", in_text, "\nLSTM Prediction ---> ", out_word)
out_word1 = complete_pred(in_text)
print("RNN Prediction ---> ", out_word1)

print("\n")
in_text = 'of particular '
out_word = complete_pred1(in_text)
print("Input text -->", in_text, "\nLSTM Prediction ---> ", out_word)
out_word1 = complete_pred(in_text)
print("RNN Prediction ---> ", out_word1)

print("\n")
in_text = 'whatever they '
out_word = complete_pred1(in_text)
print("Input text -->", in_text, "\nLSTM Prediction ---> ", out_word)
out_word1 = complete_pred(in_text)
print("RNN Prediction ---> ", out_word1)
```

上述代码的输出结果如下。

```
Input text --> how dangerous
LSTM Prediction --->is
RNN Prediction ---> of

Input text --> political and
LSTM Prediction ---> economic
RNN Prediction ---> the

Input text --> of particular
LSTM Prediction ---> interest
RNN Prediction ---> to
```

```
Input text --> whatever they
LSTM Prediction ---> can
RNN Prediction ---> the
```

从输出结果可以看出，RNN 模型的预测结果都是常用词，而 LSTM 预测的结果是与真实结果更相关的单词。下面将讨论另一个 LSTM 模型的应用。

12.7　序列到序列模型

上一节介绍的 LSTM 模型案例是将一个字符序列作为输入数据，并预测下一个字符。这种预测方式被称为多对一。虽然我们预测的结果是序列，但我们是通过每次预测一个字符，并将它们排列成一个序列。这种模型仍然被认为是多对一模型，即用多个输入数据预测一个输出结果(见图 12.26)。

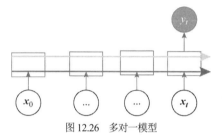

图 12.26　多对一模型

LSTM 模型是有吸引力的。我们将看到 LSTM 模型的一个强大的应用—— 机器翻译，简言之就是翻译语言的模型。在这种情况下，输入数据是输入语言(源语言，待翻译的语言)中的单词序列，输出结果则是目标语言中的单词序列。基于很多输入数据预测出很多输出结果；这种模型被称为多对多模型(见图 12.27)。在后面的内容中，我们将研究语言翻译的案例。

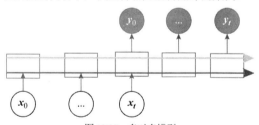

图 12.27　多对多模型

至此，在所有的文本数据示例中，我们都使用了单词或字符的独热编码。与文本数据相关的应用归属于一个独立的领域，即自然语言处理(NLP)。在 NLP 中有一个主要的主题就是 Word2vec。

Word2vec

在前面的内容中，我们已经讨论过很多机器学习算法和深度学习算法；这些算法都不能直接用于处理文本数据。我们需要将文本数据转换为数字数据，并在数字数据上应用我们的模型。我们对文本数据采用独热编码。在此之前，独热编码都可以很好地处理文本。当讨论句子翻译时，我们需要一个更好的方法把一段文字转换成数字。在将数字转换为单词时，我们需要以某种方式保留上下文信息。但是，独热编码删除了单词之间的上下文和关系。

1. 独热编码的问题

如果我们取任何一对独热编码的单词，它们之间没有相似之处。独热编码表示的向量总是相互正交的。下面通过以下文本来理解这个问题。

```
Training data:
  • 'king is a strong man',
  • 'queen is a wise woman',
  • 'boy is a young man',
  • 'girl is a young woman',
  • 'prince is a young',
  • 'prince will be strong',
  • 'princess is young',
  • 'man is strong',
  • 'woman is pretty',
  • 'prince is a boy',
  • 'prince will be king',
  • 'princess is a girl',
  • 'princess will be queen'
```

如果我们采用传统的独热编码方法，则将找到所有的唯一单词，并将每个单词转换成一个长度等于唯一词总数的向量。表 12.22 是独热编码表。

表 12.22　独热编码表

young	man	king	woman	she	strong	prince	girl	wise	princess	pretty	he	boy	queen
1	0	0	0	0	0	0	0	0	0	0	0	0	0
0	1	0	0	0	0	0	0	0	0	0	0	0	0
0	0	1	0	0	0	0	0	0	0	0	0	0	0
0	0	0	1	0	0	0	0	0	0	0	0	0	0
0	0	0	0	1	0	0	0	0	0	0	0	0	0
0	0	0	0	0	1	0	0	0	0	0	0	0	0
0	0	0	0	0	0	1	0	0	0	0	0	0	0
0	0	0	0	0	0	0	1	0	0	0	0	0	0
0	0	0	0	0	0	0	0	1	0	0	0	0	0
0	0	0	0	0	0	0	0	0	1	0	0	0	0
0	0	0	0	0	0	0	0	0	0	1	0	0	0
0	0	0	0	0	0	0	0	0	0	0	1	0	0
0	0	0	0	0	0	0	0	0	0	0	0	1	0
0	0	0	0	0	0	0	0	0	0	0	0	0	1

表 12.23 显示了在独热编码表(表 12.22)中表示的一些具体示例。

表 12.23　由独热编码表得到的一些示例

man	king	woman	she	strong	wise	he	queen
0	0	0	0	0	0	0	0
1	0	0	0	0	0	0	0
0	1	0	0	0	0	0	0
0	0	1	0	0	0	0	0
0	0	0	1	0	0	0	0
0	0	0	0	1	0	0	0
0	0	0	0	0	0	0	0
0	0	0	0	0	0	0	0
0	0	0	0	0	1	0	0
0	0	0	0	0	0	0	0
0	0	0	0	0	0	0	0
0	0	0	0	0	0	1	0
0	0	0	0	0	0	0	0
0	0	0	0	0	0	0	1

如果我们把 "king" "man" "he" 和 "strong" 用独热编码形式表示，这些词的表示都是不同的。它们的表示结果都是相互正交的。但是，这些词都在相同的上下文中。这些词之间有一定的联系；我们需要保留单词间的上下文关系，同时将它们转换为数字。同样，女王(queen)是在 "woman" "her" 和 "wise" 的上下文中出现的。这些词也应该有相似的表示。同样，"queen" 和 "man" 处于不同的上下文中。它们也应该被给予完全不同的表示。我们如何在把上下文与词的关系转换成数字的同时保持上下文的关系呢？我们将在下一节讨论该问题。

2. Word2vec 算法

在我们介绍详细的算法前，需要回答两个关键问题。第一，我们如何确定一个词的上下文？第二，在把单词转换成数字的同时，如何把单词与上下文联系起来？第一个问题的答案很容易。上下文是单词的窗口。上下文隐藏在窗口或单词序列中。上下文是潜在的或抽象的。通常，我们取一个 5 到 10 个单词的序列，并将其称为上下文。我们使用以下方法将单词与上下文联系起来。以上下文窗口大小是 3 为例。下面给出了一个示例序列：

```
'king is a strong man'
```

下面来看一个单词序列并移除不需要的停用词，比如 "a" "an" "this" "that" "is" 和 "are"。

```
'king strong man'
```

现在，我们创建一个数据集，将单词作为输入，并将上下文中的单词作为输出结果，如表 12.24 所示。

表 12.24 单词和它的上下文

单词	上下文
king	strong
king	man
strong	king
strong	man
man	king
man	strong

Word2vec 算法的主要思想是创建一个单词到上下文的映射数据，如表 12.24 所示，并在该数据上构建一个 ANN 模型。在构建 ANN 模型时，以单词作为输入，以该单词的上下文作为输出结果。我们建立了一个浅层次的 ANN 模型。对于特定单词的 ANN 模型，其隐藏层输出的输出结果是该单词的数值表示。通过这种方式，Word2vec 算法将单词转换成数字向量，以使相似的单词共享相似的向量表示。

在 Word2vec 算法中，通过以固定的窗口大小解析数据来构建训练样本。

```
'king strong man',
'queen wise woman'
```

输入和输出只是成对的单词和上下文。我们创建这些词到上下文对，并构建一个 ANN 模型。这种方式的目标是，相同上下文中的单词应该得到相似的向量表示。另一种思考方式是，我们使用一种特殊的逻辑将单词转换为数字，而不是简单的原始编码。由于我们将相似的单词映射到相似的上下文，我们将得到一个更恰当的向量表示，它能保留单词和上下文关系，如表 12.25 所示。

表 12.25 输入单词和上下文中的输出数据

输入	输出
king	strong
king	man
strong	king
strong	man
man	king
man	strong
queen	wise
queen	woman
wise	queen
wise	woman
woman	queen
woman	wise

这个示例的最终结果是隐藏层的输出结果。在图 12.28 中，隐藏层中隐藏节点的数量将决定每个向量的长度。我们可以在构建模型时更改隐藏节点的数量。为了构建单词到上下文的模型，我们需要将所有输入和输出的单词转换成一个独热编码的格式并构建模型。每个单词最终的向量表示来自于隐藏节点的计算，在隐藏节点中单词是以独热编码格式表示的。ANN 模型如图 12.18 所示，在图 12.28 中将确保相似单词的向量表示是相似的。例如，king 在 man 的上下文中，man 在 king 的上下文中。两者都不是在 woman 的上下文中。在构建 ANN 时，我们以输入数据和输出结果的形式提供了这些信息。

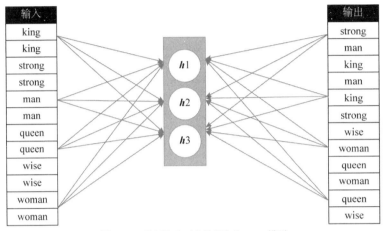

图 12.28　单词和上下文数据上的 ANN 模型

最终的结果将是用三维向量表示每个单词。如果我们取一个与一个立方体非常相似的三维物体，每个词都将嵌入到这个立方体的特定点上。因此，将单词转换为向量的方法也被称为词嵌入（word embeddings）。表 12.26 显示了讨论中数据的一个示例结果。

表 12.26　词向量表示的输出示例

king	3.248315	−0.29261	2.028029
man	1.032173	3.037509	−1.81039
strong	3.659783	0.865091	−1.71012
queen	−3.15127	−2.00917	0.550185
woman	−2.42096	0.980081	−0.39196
wise	0.273312	−0.99326	3.074272

认真观察图 12.29 可以发现，这些被嵌入的词彼此之间距离很近。在图上共有 3 个词簇。

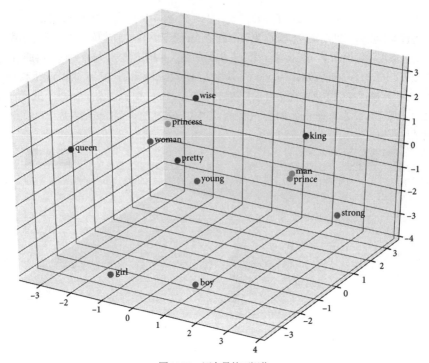

图 12.29　词向量的可视化

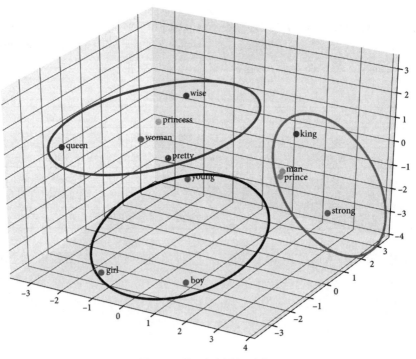

图 12.30　单词中清晰的 3 个簇

在图 12.30 中可以看到，单词被分成 3 个簇来标记。由于在图中可视化第三维度有些困难，因此可能会出现数据点(在本例中是单词)彼此相距很远的情况。但是，实际情况并不是这样的；在 Z 轴上，有些单词可能比看上去的要近一些。Word2vec 是一个应用广泛的方法。在本节中，我们只是对 LSTM 模型中应用 Word2vec 有了一个基本的了解。下面给出上述语料库数据的最终输出版本。

Word2vec 是将文本数据转换为数字的有效方法。我们可以使用 Word2vec 方法来解决复杂的问题，而不是使用简单的独热编码。我们不需要单独执行 Word2vec 步骤；在构建 LSTM 模型时，我们可以简单地将其作为一个层添加到模型中。Word2vec 层被称为词嵌入层。下面给出了如何添加嵌入层的示例代码。

```
model = Sequential()

model.add(Embedding(in_vocab, hidden_units, input_length=input_timesteps))

model_LSTM.add(LSTM(64, input_shape=(X_train.shape[1], X_train.shape[2])))
```

embeddings 函数中有 3 个参数：

(1) 第一个参数是词汇表中唯一单词的数量(in_vocab)。

(2) 第二个参数是 Word2vec ANN 中所需的隐藏节点数量(hidden_units)。换句话说，它是嵌入向量的大小。在我们的例子中设置了 3 个隐藏节点。如果词汇量很大，则可以选择一个更大的数字来设置隐藏节点。

(3) 第三个参数是输入序列的长度(input_length)。就是输入时间步长(input time steps)，与我们在 LSTM 和 RNN 层中设置的数量相同。

通过添加词嵌入层，每个单词将自动转换为给定长度的向量，并传递给 LSTM 模型。这一特定步骤使得 LSTM 或 RNN 模型非常强大。有时词嵌入就像魔法一样工作；有些问题没有词嵌入是无法解决的。独热编码在复杂问题上是无效的。

12.8 案例研究：语言翻译

LSTM 模型是目前功能强大的序列模型。LSTM 模型最实用的应用之一是序列到序列模型(sequence to sequence models)，在该模型中用序列作为输入和输出。如果我们构建一个聊天机器人，将一个问题作为单词的输入序列；输出(或回答)也是一个单词序列。类似地，如果我们讨论一个语言翻译模型，输入是来自 language-1 的单词序列，输出是来自 language-2 的单词序列。language-1 是源语言，language-2 是目标语言。下面我们将讨论英语到法语的翻译示例。

12.8.1 研究目标和数据

在本案例中，源语言是英语，目标语言是法语。研究目标是构建一个机器翻译模型。下载数据集的网站是 "http://www.manythings.org/anki/。该数据集的许可是 CC-BY 2.0。除了英语和法语外，该网站还提供其他几个数据集。下面的代码用于导入数据。

```
raw_data= open(r"D:\Datasets\fra-eng\fra.txt", mode='rt', encoding='utf-8').
read()
raw_data=raw_data.strip().split('\n')
```

```
raw_data=[i.split('\t') for i in raw_data]
lang1_lang2_data=array(raw_data)
print(lang1_lang2_data)
print("Overall pairs", len(lang1_lang2_data))
```

上述代码用于导入文本文件，并将文件中的数据拆分为单独的行。下面是上述代码的输出。

["Death is something that we're often discouraged to talk about or even think about, but I've realized that preparing for death is one of the most empower- ing things you can do. Thinking about death clarifies your life."

"La mort est une chose qu'on nous décourage souvent de discuter ou même de penser mais j'ai pris conscience que se préparer à la mort est l'une des cho- ses que nous puissions faire qui nous investit le plus de responsabilité. Réfléchir à la mort clarifie notre vie."

'CC-BY 2.0 (France) Attribution: tatoeba.org #1969892 (davearms) & #1969962 (sacredceltic)']

['Since there are usually multiple websites on any given topic, I usually just click the back button when I arrive on any webpage that has pop-up adver- tising. I just go to the next page found by Google and hope for something less irritating.'

"Puisqu'il y a de multiples sites web sur chaque sujet, je clique d'habitude sur le bouton retour arrière lorsque j'atterris sur n'importe quelle page qui contient des publicités surgissantes. Je me rends juste sur la prochaine page proposée par Google et espère tomber sur quelque chose de moins irritant."

'CC-BY 2.0 (France) Attribution: tatoeba.org #954270 (CK) & #957693 (sacredceltic)']

["If someone who doesn't know your background says that you sound like a native speaker, it means they probably noticed something about your speaking that made them realize you weren't a native speaker. In other words, you don't really sound like a native speaker."

"Si quelqu'un qui ne connaît pas vos antécédents dit que vous parlez comme un locuteur natif, cela veut dire qu'il a probablement remarqué quelque chose à propos de votre élocution qui lui a fait prendre conscience que vous n'êtes pas un locuteur natif. En d'autres termes, vous ne parlez pas vraiment comme un locuteur natif."

'CC-BY 2.0 (France) Attribution: tatoeba.org #953936 (CK) & #955961 (sacredceltic)']]

Overall pairs 175623

从上述输出结果中可以看到，language-1 语言的一些文本后面跟着 language-2 语言的对应文本。在本例子中，language-1 是英语，language-2 是法语。在后续的内容中，我们将分别称它们为 lang1 和 lang2，将其作为每个语言对的通用术语。在本例中，数据集中共有 175 623 对 lang1 和 lang2。我们可以用这些数据构建一个正式的模型。但是，我们需要更多的成对数据来构建像谷歌翻译那样的稳健模型。

12.8.2　数据预处理

下面执行一些基本的数据预处理任务，比如，删除标点符号和将文本内容转换为小写。

```
##Remove punctuation
lang1_lang2_data[:,0] = [word.translate(str.maketrans('','', string.
punctuation)) for word in lang1_lang2_data[:,0]]
lang1_lang2_data[:,1] = [word.translate(str.maketrans('','', string.
punctuation)) for word in lang1_lang2_data[:,1]]

##convert text to lowercase
for word in range(len(lang1_lang2_data)):
```

```
        lang1_lang2_data[word,0] = lang1_lang2_data[word,0].lower()
        lang1_lang2_data[word,1] = lang1_lang2_data[word,1].lower()

##Lang1 tokens
tokenizer = Tokenizer()
tokenizer.fit_on_texts(lang1_lang2_data[:, 0])
lang1_tokens=tokenizer
lang1_vocab_size = len(lang1_tokens.word_index) + 1
print("lang1_vocab_size", lang1_vocab_size)

##Lang2 tokens
tokenizer = Tokenizer()
tokenizer.fit_on_texts(lang1_lang2_data[:, 1])
lang2_tokens=tokenizer
lang2_vocab_size = len(lang2_tokens.word_index) + 1
print("lang2_vocab_size", lang2_vocab_size)
```

在上述代码中，我们删除了文本中的标点符号，然后将所有文本内容转换为小写，最后对文本进行分词(tokenizing)。分词是把数据拆分成单词。在前面的示例中，我们所用的数据集中词汇量很少，因此，我们使用了人工分词。但在本例中，使用的是分词函数(tokenizer)。上述代码的输出结果如下：

```
lang1_vocab_size 14671
lang2_vocab_size 33321
```

从上述的输出结果中可以看到，lang1 中有 14 671 个唯一单词，lang2 中有 33 321 个唯一单词。我们要把文本数据转换成单词序列。接着，将这些单词转换为词嵌入层中的向量。下面创建训练和测试数据。

```
train, test = train_test_split(lang1_lang2_data, test_size=0.1, random_state = 44)
```

我们已经准备好构建模型的数据了，但在构建模型前，需要将这些单词转换为数字，然后填充 0。填充 0 用于标记段落或句子的结尾。

```
X_train_seq=lang1_tokens.texts_to_sequences(train[:, 0])
X_train= pad_sequences(X_train_seq,lang1_seq_length,padding='post')

Y_train_seq=lang2_tokens.texts_to_sequences(train[:, 1])
Y_train= pad_sequences(Y_train_seq,lang2_seq_length,padding='post')

X_test_seq=lang1_tokens.texts_to_sequences(test[:, 0])
X_test= pad_sequences(X_test_seq,lang1_seq_length,padding='post')

Y_test_seq=lang2_tokens.texts_to_sequences(test[:, 1])
Y_test= pad_sequences(Y_test_seq,lang2_seq_length,padding='post')

print("X_train.shape", X_train.shape)
print("Y_train.shape",Y_train.shape)
print("X_test.shape",X_test.shape)
print("Y_test.shape", Y_test.shape)
```

上述代码首先使用 texts_to_sequences 函数将单词映射到数字。长句子被删减到 15 个单词。在这个示例中，我们已经把一个句子的平均长度设置为 15；如果一个句子的长度小于 15 个单词，则用 0 补全以保证每个句子的长度为 15。为了使每个句子的长度保持一致，这种填充 0 的方式是必要的。如果需要，可以将句子的长度从 15 个单词增加到 20 个单词。上述代码的输出结果如下：

```
X_train.shape (158060, 15)
Y_train.shape (158060, 15)
X_test.shape (17563, 15)
Y_test.shape (17563, 15)
```

为了查看数据的填充效果，从数据中打印一行。下面给出了打印示例数据点的代码。

```
print("Text data", train[5, 0])
print('Numbers sequence', X_train_seq[5])
print('Padded Sequence', X_train[5])
```

上述代码的输出结果如下。

```
Text data
['i had been studying music in boston before i returned to japan']
Numbers sequence
[1, 60, 91, 641, 451, 14, 236, 156, 1, 1285, 3, 476]
Padded Sequence
[1   60   91   641   451   14   236   156   1   1285   3   476   0   0   0]
```

从输出结果可以看出，句子已经被转换成数字。这个句子共有 12 个单词；因此，在该句子的结尾处填充了 3 个 0。现在可以建立模型了。

12.8.3 编码和解码

序列到序列(seq-seq)模型与我们到目前为止讨论过的所有模型不同。一个单词序列不能仅仅通过单词到单词的转换就简单地转换成一个单词序列。我们经常看到输入和输出的序列，其长度不同。我们需要遵循编码器和解码器的体系结构来建立序列到序列(seq-seq)的模型。编码器是用来理解和构建输入序列的 LSTM 模型。同样，解码器是用来建模输出序列的另一个 LSTM 模型。编码器 LSTM 读取输入序列并创建隐藏状态的向量。解码器从编码器获取最终隐藏状态，并生成输出结果。由编码器创建的隐藏状态向量被称为 "thought vector"。thought vector 是序列中最后一次输入后的隐藏状态输出。在我们的示例中，源语言句子的长度为 15，因此在 15 个时间步长后输出的隐藏状态就是 thought vector，如图 12.31 所示。

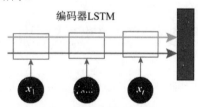

编码器LSTM

图 12.31　编码器 LSTM 模型

解码器是另一个 LSTM 模型，它将编码器产生的 thought vector 作为输入数据。编码器的最终结果是二维向量，但解码器 LSTM 期望得到的是三维向量。换言之，thought vector 没有时间步长，它只是最后时间步长的输出结果。为了解决这个问题，我们多次复制 thought vector，并将复制的值作为输入数据发送给解码器 LSTM 模型。这些复制被称为 repeated vectors。复制的数量取决于解码器 LSTM 模型，而不是编码器 LSTM 模型。repeated vectors 作为输入数据传进解码器。解码器尝试从这些输入数据中生成输出结果。解码器的整个输出结果(在每一个时间步)是必不可少的。

为了理解图 12.32 中所示架构的反向传播，假设编码器 LSTM 模型中的一些随机权重会产生一个随机的 thought vector。这些 thought vector 被复制并作为输入数据发送到解码器。假设在解码器 LSTM 模型中生成预测值的随机权重，即完成前馈步骤。这样，我们有了预测值和真实值，可以计算输出端的误差，并将其反向传到编码器 LSTM 模型中的隐藏层。thought vector 也是一个隐藏状态。我们计算解码器到 thought vector 的梯度来编码隐藏状态，这样就完成了反向传播步骤。然后进行权重的修正。重复上述过程，直到达到误差最小的状态。下面我们将研究实现构建序列到序列的 LSTM(seq-seq LSTM)模型的代码。

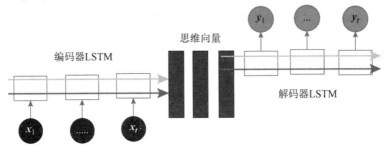

图 12.32　编码器和解码器的架构

12.8.4　构建模型

在本例中，构建模型需要如下 4 个重要步骤。

(1) language-1 的单词嵌入。

(2) 编码器 LSTM 模型。

(3) 由 thought vector 生成 repeat vector。该步骤要匹配解码器的大小。

(4) 解码器 LSTM 模型。

下面是涵盖这 4 个步骤的代码。

```
model = Sequential()
model.add(Embedding(lang1_vocab_size,256, input_length=lang1_seq_length,
mask_zero=True))
model.add(LSTM(128))
model.add(RepeatVector(lang2_seq_length))
model.add(LSTM(128, return_sequences=True))
model.add(Dense(lang2_vocab_size, activation='softmax'))
model.summary()
```

表 12.27 给出了在上述代码中构建模型的摘要信息。

表 12.27   代码输出的结果

Layer (type)	Output Shape	Param #
embedding (Embedding)	(None, 15, 256)	3755776
lstm (LSTM)	(None, 128)	197120
repeat_vector (RepeatVector)	(None, 15, 128)	0
lstm_1 (LSTM)	(None, 15, 128)	131584
dense (Dense)	(None, 15, 33321)	4298409

```
Total params: 8 382 889
Trainable params: 8 382 889
Non-trainable params: 0
```

使用如下代码编译和训练该模型。

```
model.compile(optimizer='adam', loss='sparse_categorical_crossentropy')
history = model.fit(X_train, Y_train.reshape(Y_train.shape[0],Y_train. shape[1], 1),
epochs=30, verbose=1, batch_size=1024)
model.save_weights(' Eng_fra_model.hdf5')
```

上述代码在一个典型系统上需要执行将近 4 个小时；共有 830 万个权重参数。该模型训练很有可能会导致计算机挂起的问题。为了方便起见，作者已经运行了模型并保存了权重文件。对于学习来说，你可以选择在保存的文件上再运行几个 Epoch。

现在已经有保存好的模型权重文件。可以直接将权重文件加载到模型中，代码如下所示。

```
model.load_weights('D:/0.Chapters/Chapter12 RNN and LSTM/1.Archives/Eng_fra_
model.hdf5')
```

12.8.5   用模型做预测

用模型做预测的步骤如下：

(1) 将文本数据作为输入数据。

(2) 对文本数据进行预处理。

(3) 将文本数据转换成数字。

(4) 预测输出序列。

(5) 将输出的数字序列转换成单词。

以下代码用于数据的预处理。

```
def to_lines(text):
    sents = text.strip().split('\n')
    sents = [i.split('\t') for i in sents]
    return sents
small_input = to_lines(text1)
small_input = array(small_input)

##Remove punctuation
small_input[:,0] = [s.translate(str.maketrans('', '', string.punctuation))
```

```
for s in
small_input[:,0]]
##convert text to lowercase
for i in range(len(small_input)):
    small_input[i,0] = small_input[i,0].lower()

##encode and pad sequences
small_input_seq=lang1_tokens.texts_to_sequences(small_input[0])
small_input= pad_sequences(small_input_seq,lang1_seq_length,padding='post')
```

利用下面的代码，我们加载模型并预测序列。

```
##Load the model
model.load_weights('D:/Chapter12 RNN and LSTM/1.Archives/Eng_fra_model. hdf5')

##Model predictions
pred_seq = model.predict_classes(small_input[0:1].reshape((small_input[0:1].
shape[0],small_input[0:1].shape[1])))
```

上述代码给出了一个数字序列。下面使用以下代码将这些数字序列映射到对应的单词。

```
def num_to_word(n, tokens):
    for word, index in tokens.word_index.items():
        if index == n:
            return word
    return None

Lang2_text = []
for word_num in pred_seq:
    sing_pred = []
    for i in range(len(word_num)):
        t = num_to_word(word_num[i], lang2_tokens)
        if i > 0:
            if(t == num_to_word(word_num[i-1], lang2_tokens)) or
            (t == None):
                sing_pred.append('')
            else:
                sing_pred.append(t)
        else:
            if(t == None):
                sing_pred.append('')
            else:
                sing_pred.append(t)
    Lang2_text.append(' '.join(sing_pred))
```

上述代码看起来很复杂，但它只做了一个简单的任务，即将数字序列映射到单词。在这段代码中，我们添加了几个 if-else 条件语句来处理异常，比如，是否有 null 值输入、是否遇到了行尾等。如果我们删除异常处理部分，只用下面 3 行就可以完成。

```
sing_pred = []
for i in range(len(word_num)):
    t = num_to_word(word_num[i], lang2_tokens)
    sing_pred.append(t)
```

通常，一个好的做法是将所有与预测相关的任务组合成一个预测函数。下面给出了模型预测的一些结果。

```
Input_sentences=["Have a good day",
        "Do you speak English",
        "I do not know your language",
        "I need help",
        "Thank you very much",
        "Where can I get this",
        "How much does it cost",
        "Where is the bathroom",
        "Where is the ATM",
        "I am a visitor here",
        "Excuse me",
        "What do you do for living",
        "Here is my passport"]

for sent in Input_sentences:
    print([sent] , " -->",one_line_prediction(sent))

['Have a good day'] --> ['une bonne journée          ']
['Do you speak English'] --> ['parlezvous langlais\u202f          ']
['I do not know your language'] --> ['je ne connais pas votre ville     ']
['I need help']--> ['jai besoin de daide          ']
['Thank you very much'] --> ['merci beaucoup          ']
['Where can I get this']  --> ['où puisje faire     ']
['How much does it cost']--> ['combien ça coûte\u202f         ']
['Where is the bathroom']--> ['où est la toilettes de     ']
['Where is the ATM']--> ['où est trouve la      ']
['I am a visitor here'] --> ['je suis ici          ']
  ['Excuse me'] --> ['excusezmoi          ']
['What do you do for living'] --> ['que à        ']
['Here is my passport'] --> ['voici mon passeport     ']
```

表 12.28 比较了本示例的模型与 Google Translate 模型的预测结果。

表 12.28　本示例的模型与 Google Translate 模型的预测结果的比较

输入文本	模型预测	Google 预测
"Have a good day",	'une bonne journée '	"bonne journée",
"Do you speak English",	'parlezvous langlais\u202f '	"Parlez vous anglais",
"I do not know your language",	'je ne connais pas votre ville '	"Je ne connais pas votre langue",
"I need help",	'jai besoin de daide '	"J'ai besoin d'aide",
"Thank you very much",	'merci beaucoup '	"merci beaucoup",
"Where can I get this",	'où puisje faire'	"Où puis-je obtenir ceci",
"How much does it cost",	'combien ça coûte\u202f '	"Combien ça coûte",
"Where is the bathroom",	'où est la toilettes de '	"Où se trouvent les toilettes",
"Where is the ATm",	'où est trouve la '	"Où est le guichet automatique",
"I am a visitor here",	'je suis ici'	"Je suis un visiteur ici",
"Excuse me",	'excusezmoi '	"Pardon",
"What do you do for living",	'que à '	"Que faites-vous pour vivre",
"Here is my passport"	'voici mon passeport'	"Voici mon passeport"

考虑到模型中的训练数据较少,该模型的预测结果可以认为是相当准确的。如果你不熟悉法语,检查预测是否正确的一个更好方法是在 Google Translate 中粘贴来查看翻译结果(预测结果),并将其转换回英语。如果 Google Translate 的预测与我们输入的句子相匹配,则我们的法语预测是准确的。表 12.29 列出了 Google Translate 的结果。

表 12.29　Google Translate 的结果

输入文本	模型预测	使用 Google English Translate 进行逆向翻译
"Have a good day",	'une bonne journée '	'a good day'
"Do you speak English",	'parlezvous langlais\u202f '	'do you speak english \ u202f'
"I do not know your language",	'je ne connais pas votre ville '	'I don't know your city'
"I need help",	'jai besoin de daide '	'I need help'
"Thank you very much",	'merci beaucoup '	'thank you very much '
"Where can I get this",	'où puisje faire '	'where can i do'
"How much does it cost",	'combien ça coûte\u202f '	'how much does it cost \ u202f'
"Where is the bathroom",	'où est la toilettes de '	'where's the toilet'
"Where is the ATm",	'où est trouve la '	'where is the'
"I am a visitor here",	'je suis ici '	'I am here'
"Excuse me",	'excusezmoi '	'excuse me '
"What do you do for living",	'que à '	'that at'
"Here is my passport"	'voici mon passeport'	'Here's my passport '

预测结果不是百分之百准确;但大多数都接近真实值。预测的准确率取决于输入数据。我们只训练了 10 万个样本的模型,所以该模型的准确率可能没有 Google Translate 那么高。通常,训练数据中需要有数百万个样本才能正确训练模型。

同样的模型架构也可以用于其他语言。我们鼓励读者尝试用其他语言构建模型。我们只需要更改数据集并重新训练模型。我们还尝试了使用该架构进行英语到印地语的翻译。印地语在印度被广泛使用。前 10 个 Epoch 的模型结果保存在权重文件 Eng_hin_model.hdf5 中。请注意,直接更新模型并使用预测函数是无法工作的。因为词表被更改了,这对模型参数有影响。我们需要重新配置模型,并使用 Eng_hin_model.hdf5 权重文件来训练更多的 Epoch。表 12.30 给出了模型的结果。在印度,表 12.30 中列出的短语对游客来说必不可少。

表 12.30　模型的结果

输入文本	模型预测	使用 Google English Translate 进行逆向翻译
"Have a great day",	ek mahaan din hi	'It's a great day'
"Do you speak English",	kya aap angreji bolthe hi	'Do you speak english'
"I do not know your language",	mei poori nahee jaanthaa	'I don't know'
"I need help",	mujhe madath hi	'I help'

(续表)

输入文本	模型预测	使用 Google English Translate 进行逆向翻译
"Thank you very much",	bahut dhanyawaad	'thanks a lot'
"Where can I get this",	Jahaa isey mali saktha hi	'Where it can be found'
"How much does it cost",	yahaa kitana kharch hi	'How much does it cost'
"Where is the bathroom",	Wahaa bathroom hi	'That's the bathroom'
"Where is the ATm",	Jahaa kahaa	'Where where'
"I am a visitor here",	mei ek pai hi	'I have a drink'
"Excuse me",	mujhe nahee	'not me '
"What do you do for living",	Aap keliye kya karte hi?	'What do you do for me'
"Here is my passport"	Halanka meri hi	'Although mine is'

从这些结果可以看出，模型的性能并不理想。但是，可以通过增加训练数据和增加 epoch 次数来改善模型的预测效果。语言翻译案例的研究就到此结束了。

12.9　本章小结

本章讨论了序列模型，例如，RNN 模型和 LSTM 模型。这两种模型是应用最广泛的序列模型。此外，也有一些其他模型可以用于序列数据的建模。在这一章中，我们讨论了 RNN 模型和 LSTM 模型与 NLP 相关的应用。NLP 是一个广阔的领域。我们在本章中只讨论了相关的 NLP 主题。LSTM 模型是目前深度学习中最先进的模型之一。众所周知，它在语言翻译、语言生成和聊天机器人应用中有着出色的表现。LSTM 模型的主要缺点是它的执行时间长。我们的个人电脑或笔记本电脑可能无法处理这些计算。为了满足学术学习来尝试这些模型，我们可以使用 Google Colaboratory notebooks。

12.10　本章习题

1. 下载 English to Spanish 的数据集。
- 导入数据。完成对数据的必须探索和清洗。
- 构建深度学习模型，实现从英语到西班牙语的句子翻译。
- 寻求提高模型的准确率的创新方法。

数据集下载地址：http://www.manythings.org/anki/。

2. 下载 New York Stock Exchange 数据集。
- 导入数据。完成对数据的必须探索和清洗。
- 构建深度学习模型，预测股票的价格。
- 寻求提高模型的准确率的创新方法。

数据集下载地址：https://www.kaggle.com/dgawlik/nyse。